Marc Oliver Opresnik / Carsten Rennhak

Grundlagen der Allgemeinen Betriebswirtschaftslehre

Marc Oliver Opresnik
Carsten Rennhak

Grundlagen der Allgemeinen Betriebswirtschaftslehre

Eine Einführung aus marketingorientierter Sicht

Fehlende Artikel

Thema

Personal

Unternehmensführung I

→ Grundlagen

→ Unternehmensziele / Interessengruppen

→ Planung / Entscheidung

GABLER

Bibliografische Information der Deutschen Nationalbibliothek
Die Deutsche Nationalbibliothek verzeichnet diese Publikation in der
Deutschen Nationalbibliografie; detaillierte bibliografische Daten sind im Internet über
<http://dnb.d-nb.de> abrufbar.

1. Auflage 2012

Alle Rechte vorbehalten
© Gabler Verlag | Springer Fachmedien Wiesbaden GmbH 2012

Lektorat: Ulrike Lörcher

Gabler Verlag ist eine Marke von Springer Fachmedien.
Springer Fachmedien ist Teil der Fachverlagsgruppe Springer Science+Business Media.
www.gabler.de

Umschlaggestaltung: KünkelLopka Medienentwicklung, Heidelberg
Druck und buchbinderische Verarbeitung: Ten Brink, Meppel
Gedruckt auf säurefreiem und chlorfrei gebleichtem Papier
Printed in the Netherlands

ISBN 978-3-8349-1562-7

Vorwort

Betriebswirtschaftliche Kenntnisse sind in unserer heutigen Welt eine wesentliche Voraussetzung für das Verständnis der komplexen Vorgänge innerhalb der Wirtschafts- und Gesellschaftssysteme.

Das vorliegende Buch soll als Einführung einen Überblick über das betriebswirtschaftliche Grundwissen geben. Es richtet sich an Dozenten, welche das Fach Betriebswirtschaftslehre an Universitäten, Fachhochschulen und Berufsschulen unterrichten und Studierende, die sich mit betriebswirtschaftlichen Fragen im Rahmen ihrer Aus- und Weiterbildung auseinandersetzen. Angesprochen sind aber auch Studierende, welche die Betriebswirtschaftslehre als Nebenfach gewählt haben (z. B. Juristen, Ingenieure, Psychologen etc.) und Praktiker, die mit betriebswirtschaftlichen Problemstellungen konfrontiert werden. Das Buch bietet die Möglichkeit, entweder einen vollständigen Überblick über die gegenwärtige Betriebswirtschaftslehre zu gewinnen oder aber nur einzelnen Fragestellungen zu bearbeiten.

Eine Durchsicht der zurzeit einschlägigen Lehrbücher führt zu der Erkenntnis, dass eine Zusammenfassung des umfangreichen betriebswirtschaftlichen Wissens in eine Gesamtschau zwangsläufig mit einer enormen Reduktion in der Darstellung der einzelnen Stoffgebiete verbunden ist. Desweiteren haben wir aufgrund der Sichtung entsprechender Bücher sowie der Rückmeldung zahlreicher Studierender bei der Konzeption dieses Lehrbuches folgende zentralen Elemente realisiert, um den Lernerfolg nachhaltig sicherzustellen und den Leserinnen und Lesern einen echten Mehrwert zu liefern:

- Durch die kompakte und verständliche Aufbereitung der entsprechenden Themenkomplexe ist das Buch auch für Studierende mit dem Fach „Betriebswirtschaftslehre" im Nebenfach sowie für Bachelorstudierende ideal geeignet und nicht überdimensioniert oder überfrachtet.

- Der Aufbau des Buches erlaubt es, jede unternehmerische Funktion wie Marketing, Investition oder Finanzierung für sich allein zu studieren bzw. zu vertiefen.

- Am Anfang jedes Kapitels geben Lernziele einen ersten Überblick über die nachfolgend dargestellten Zusammenhänge.

- Wichtige Definitionen werden im Text gesondert hervorgehoben.

- Unter der Rubrik Wirtschaftspraxis werden Beispiele dargestellt, welche der Verdeutlichung der theoretischen Sachverhalte dienen.

- Mit Hilfe der Wiederholungsfragen sind eine laufende Lernkontrolle und eine gezielte Prüfungsvorbereitung möglich.

Insbesondere wird der Bereich des Marketing in den meisten klassischen Lehrbüchern zur „Allgemeinen Betriebswirtschaftslehre" zu kompakt behandelt, was der zunehmenden Bedeutung dieses Gebietes nicht gerecht wird.

Vor diesem Hintergrund und aufgrund der Entwicklung des Marketing von einer unternehmerischen Funktion hin zu einer Führungsphilosophie, welche die bewusste Führung des gesamten Unternehmens vom Markt her beinhaltet, d.h. die Kunden und ihre Nutzenansprüche sowie deren konsequente Erfüllung in den Mittelpunkt des unternehmerischen Handelns stellt, um so unter Käufermarktbedingungen Erfolg und Existenz des Unternehmens dauerhaft zu sichern, bildet das Stoffgebiet des Marketing den inhaltlichen Schwerpunkt dieses Lehrbuches.

Unser großer Dank für die Unterstützung bei der Herausgabe dieser Auflage geht an unsere Familien ohne deren Unterstützung und Geduld dieses Buch nicht hätte realisiert werden können. Frau Ulrike Lörcher vom Gabler-Verlag danken wir für die hervorragende Betreuung des Projektes, insbesondere aber für ihre große Geduld mit den Autoren und ihre unablässige Motivation in der Endphase bei der Einreichung der Manuskripte. Besonderer Dank gebührt darüber hinaus Herrn Mathias Helms für dessen großartige Unterstützung im Rahmen der finalen Überarbeitung und der Erstellung der Grafiken.

Ein Buch lebt von den Anregungen seiner Leserinnen und Leser. Wir würden uns deshalb freuen, wenn Sie uns zukünftig über eine der angegebenen E-Mail-Adressen bei der Weiterentwicklung und kontinuierlichen Verbesserung dieses innovativen Lehrbuches unterstützen würden.

Herzlichen Dank im Voraus für Ihre Rückmeldungen und Anregungen!

Marc Oliver Opresnik   Carsten Rennhak
Lübeck University of Applied Sciences   ESB Business School
Opresnik@FH-Luebeck.de   Carsten.Rennhak@reutlingen-university.de

Inhaltsverzeichnis

1 Grundlagen der Betriebswirtschaftslehre

Lernziele

Die Betriebswirtschaftslehre basiert auf diversen spezifischen Begriffen und wirtschaftlichen Sachverhalten. Dieses Kapitel hat die entsprechenden Lernziele zum Inhalt und möchte folgendes vermitteln:

- was Gegenstand der Betriebswirtschaftslehre ist,
- was es bedeutet, zu wirtschaften,
- welche Arten von Gütern es gibt,
- was Märkte sind,
- welche Anspruchsgruppen es für Unternehmen gibt,
- wie die Betriebswirtschaftslehre in die Wissenschaften eingeordnet wird und
- wie die Betriebswirtschaftslehre weiter untergliedert werden kann.

1.1 Gegenstand der Betriebswirtschaftslehre

Die Betriebswirtschaftslehre ist eine relativ junge wissenschaftliche Disziplin, welche ihre Ausprägung als selbständige Wissenschaft der wirtschaftenden Unternehmen erst im Laufe des zwanzigsten Jahrhunderts gefunden hat.

Gegenstand und Erkenntnisobjekt der **Betriebswirtschaftslehre** ist das Wirtschaften in und von Unternehmen.

Im Mittelpunkt der folgenden Ausführungen stehen die spezifischen Merkmale von Betrieben, und was es bedeutet, zu „wirtschaften".

1.1.1 Grundlagen des Wirtschaftens

1.1.1.1 Bedürfnisse

Ausgangspunkt allen wirtschaftlichen Handelns sind die **Bedürfnisse** der Wirtschaftssubjekte.

Unter **Bedürfnissen** versteht man die Mangelempfindungen nach Gütern oder Dienstleistungen mit dem gleichzeitigen Wunsch ihrer Befriedigung.

Aus der Vielzahl der menschlichen Bedürfnisse interessieren in der Betriebswirtschaftslehre vor allem diejenigen, welche durch die Wirtschaft als Anbieter von Gütern und Dienstleistungen befriedigt werden können. Grundsätzlich können drei Arten von Bedürfnissen unterschieden werden (Jung, 2009):

■ **Existenzbedürfnisse**, auch **primäre Bedürfnisse** genannt, dienen der Selbsterhaltung, sind lebensnotwendig und müssen deshalb zuerst befriedigt werden. Beispiele sind Nahrung, Kleidung und Unterkunft.

■ **Grundbedürfnisse** ergeben sich aus dem kulturellen und sozialen Leben sowie dem allgemeinen Lebensstandard einer jeweiligen Gesellschaft. Als Beispiele sind die Bedürfnisse nach Bildung (Kurse, Bücher), Sport, Reisen oder Haushaltsgegenständen (Radio, Kühlschrank) zu nennen.

■ **Luxusbedürfnisse** erfüllen den Wunsch nach luxuriösen Gütern und Dienstleistungen. Sie können in der Regel nur von Personen mit hohem Einkommen befriedigt werden. Beispiele sind Schmuck, Ferienwohnungen und Luxusautos.

Da die den Wirtschaftssubjekten zur Verfügung stehenden Mittel im Allgemeinen limitiert sind, können sie niemals – oder zumindest nicht gleichzeitig – alle Bedürfnisse befriedigend. Die Wirtschaftssubjekte haben daher eine Wahl zu treffen, welche Bedürfnisse sie vor allem oder zuerst befriedigen möchten. Aus diesem Grunde fasst man die Grund- und Luxusbedürfnisse unter dem Begriff der **Wahlbedürfnisse** zusammen.

Der Übergang von den Existenz- über die Grund- zu den Luxusbedürfnissen ist dabei fließend. Was der eine als Grundbedürfnis empfindet, stuft der andere als Luxusbedürfnis ein. Die Einordnung eines Bedürfnisses hängt in starkem Maße von den Normen einer Gesellschaft sowie von den persönlichen Wertvorstellungen des Wirtschaftssubjektes ab. Diese können sich über die Zeit zudem stark verändern. Viele Bedürfnisse, die früher den Luxusbedürfnissen zugeordnet wurden, werden heute als selbstverständlich und mithin als Grundbedürfnisse betrachtet. Darüber hinaus ruft die Befriedigung einzelner Bedürfnisse meist neue Bedürfnisse auf den Plan, sogenannte **komplementäre Bedürfnisse**. So hat beispielsweise das Bedürfnis nach mehr Wohnraum häufig zur Folge, dass das Bedürfnis nach neuen und u.U. hochwertigeren Einrichtungsgegenständen (z.B. Möbel, Bilder) entsteht (Thommen und Achleitner, 2008).

Die von der Kaufkraft unterstützen Bedürfnisse führen zur gesamtwirtschaftlichen **Nachfrage** nach einem bestimmten Gut oder einer Dienstleistung. Zentrale Aufgabe der Wirtschaft ist es, bestimmte Bedürfnisse des Menschen zu befriedigen und dem Bedarf nach Gütern und Dienstleistungen ein entsprechendes Angebot gegenüberzustellen.

Zusammenfassend kann man unter dem Begriff **Wirtschaft** alle Institutionen und Prozesse verstehen, welche der Befriedigung menschlicher Bedürfnisse nach knappen Gütern dienen (Thommen und Achleitner, 2008).

1.1.1.2   Wirtschaftsgüter

Zur Bedürfnisbefriedigung dienen Gegenstände, Tätigkeiten und Rechte. Diese werden in der Betriebswirtschaftsehre unter dem Oberbegriff „**Güter**" zusammengefasst (Jung, 2009). Die Wirtschaftsgüter lassen sich nach verschiedenen Kriterien in die folgenden zentralen Kategorien unterteilen (**Abbildung 1.1**):

Abbildung 1.1   Arten von Wirtschaftsgütern

Verfügbarkeit	Einsatzart
▸ Freie Güter	▸ Produktionsgüter
▸ Knappe Güter	▸ Konsumgüter

Arten von Wirtschafts-gütern

Nutzungsart	Physische Substanz
▸ Gebrauchsgüter	▸ Materielle Güter
▸ Verbrauchsgüter	▸ Immaterielle Güter

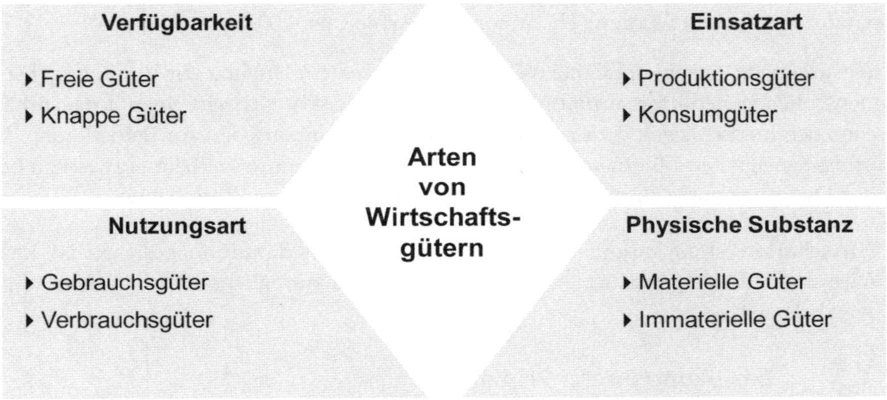

■ **Knappe Güter – freie Güter**

Güter, die in nahezu unbegrenzter Menge zur Verfügung stehen und für deren Gewinnung keinerlei Anstrengungen erforderlich sind, werden als freie Güter bezeichnet (z.B. Licht, Luft). Bei dieser Art von Gütern ist ein wirtschaftliches Handeln nicht erforderlich. Güter, die nur in begrenzter Menge vorhanden sind, bezeichnet man als wirtschaftliche oder knappe Güter.

■ **Produktionsgüter – Konsumgüter**

Diese Unterteilung basiert darauf, ob die Wirtschaftsgüter nur indirekt oder direkt ein menschliches Bedürfnis befriedigend. Konsumgüter (z.B. Schuhe, Ferienreisen) sind stets Outputgüter und dienen als solche unmittelbar dem Konsum, während Produktionsgüter oder Investitionsgüter (z.B. Werkzeuge, Maschinen) nicht nur Outputgüter, sonder zugleich auch Inputgüter für nachgelagerte Produktionsprozesse darstellen, an deren Ende letztlich wieder Konsumgüter stehen können.

■ **Verbrauchsgüter – Gebrauchsgüter**

Verbrauchsgüter sind Güter, die bei einem einzelnen Einsatz verbraucht werden, d.h. wirtschaftlich gesehen dabei untergehen (z.B. Schmierstoffe) oder in das Produkt eingehen (z.B. Material). Gebrauchsgüter dagegen stellen Güter dar, die einen wiederholten Gebrauch, eine längerfristige Nutzung erlauben (z.B. Kleidungsstücke, Lastwagen).

■ **Materielle Güter – immaterielle Güter**

Immaterielle Güter haben im Gegensatz zu den erstgenannten keine materielle Substanz. Beispiele sind Dienstleistungen (z.B. Seminare) und Rechte (z.B. Lizenzen).

Wie in der Volkswirtschaftslehre verwendet auch die Betriebswirtschaftslehre den Begriff der Produktionsfaktoren. In der Volkswirtschaftslehre werden typischerweise die drei Produktionsfaktoren Kapital, Boden und Arbeit unterschieden.

In der Betriebswirtschaftslehre bezeichnet man als **Produktionsfaktoren** alle Elemente, die im betrieblichen Leistungserstellungs- und Leistungsverwertungs-prozess miteinander kombiniert werden (Thommen und Achleitner, 2008).

Die überwiegende Anzahl der Güter steht nur in begrenztem Umfang zur Verfügung. Da aber die menschlichen Bedürfnisse quasi unbegrenzt sind, ergibt sich ein **Spannungsverhältnis** zwischen den menschlichen Bedürfnissen auf der einen Seite und den zur Befriedigung dieser Bedürfnisse geeigneten Gütern andererseits. Aus diesem Spannungsverhältnis zwischen Bedarf und den Deckungsmöglichkeiten entsteht die Notwendigkeit zum Wirtschaften.

Wirtschaften ist ein rationales Verhalten dar, welches darauf ausgerichtet ist, knappe Wirtschaftsgüter so einzusetzen, dass sie eine höchstmögliche Bedürfnisbefriedigung gewährleisten.

1.1.1.3   Das ökonomische Prinzip

Die Knappheit der meisten Güter zwingt die Wirtschaftssubjekte, wie oben aufgezeigt, zum Wirtschaften, d.h. Entscheidungen über ihre alternative Verwendung zu treffen. Das wirtschaftliche Handeln unterliegt wie jedes auf Zwecke gerichtete menschliche Handeln dem allgemeinen **Vernunftsprinzip** (**Rationalprinzip**), das fordert, ein bestimmtes Ziel mit dem Einsatz möglichst geringer Mittel zu erreichen. Auf die Wirtschaft übertragen wird das Rationalprinzip als **ökonomisches Prinzip** oder auch **Wirtschaftlichkeitsprinzip** bezeichnet. Das Wirtschaftlichkeitsprinzip kommt dabei in zwei wesentlichen Ausprägungen vor (Vahs und Schäfer-Kunz, 2007): :

■ **Minimalprinzip**

Das Minimalprinzip fordert, dass bei geringstmöglichem Einsatz an Produktionsfaktoren ein vorgegebener Güterertrag zu erwirtschaften ist.

■ **Maximalprinzip**

Das Maximalprinzip fordert, dass bei einem gegebenen Aufwand an Produktionsfaktoren der größtmögliche Güterertrag zu erzielen ist.

Das ökonomische Prinzip stellt jedoch kein Erklärungsmodell des wirtschaftlichen bzw. des allgemeinen Verhaltens dar, d.h. es macht keinerlei Aussagen über die Motive oder Zielsetzungen des wirtschaftlichen Handelns, sondern fordert lediglich ein spezifisches Verhalten, welches sowohl individuell als auch gesamtwirtschaftlich bei Konsumenten und Produzenten gültig ist.

1.1.2   Träger der Wirtschaft

Wirtschaften vollzieht sich in konkreten **Wirtschaftseinheiten** unterschiedlicher Größenordnungen. Unter dem Oberbegriff „**Einzelwirtschaft**" zusammengefasst, erfolgt in diesen organisierten Wirtschaftseinheiten der Prozess der Erstellung von Gütern und die Bereitstellung von Dienstleistungen, der Absatz von Gütern und Leistungen sowie deren Verbrauch.

In den folgenden Abschnitten werden die Träger der Wirtschaft und ihre Bedeutung erläutert. Einen Überblick gibt **Abbildung 1.2** (Schierenbeck und Wöhle, 2008).

Abbildung 1.2   Haushalte und Betriebe

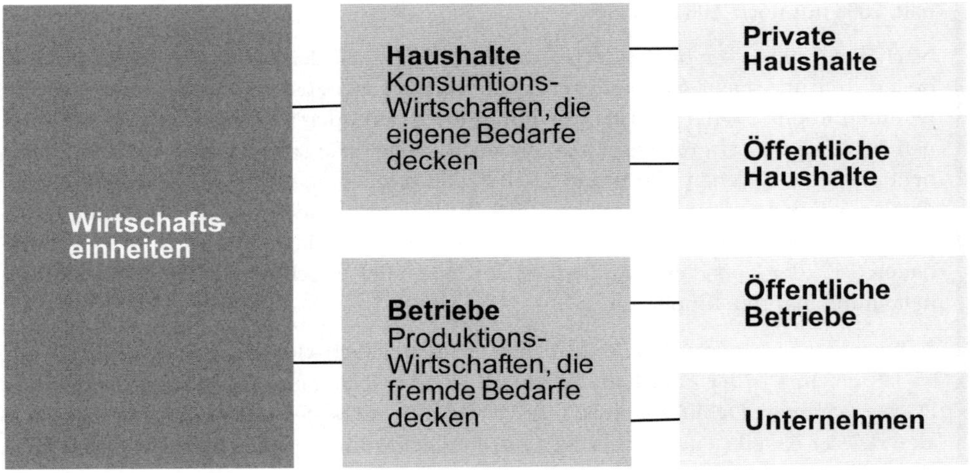

Wirtschafts-einheiten	Haushalte Konsumtions-Wirtschaften, die eigene Bedarfe decken	Private Haushalte
		Öffentliche Haushalte
	Betriebe Produktions-Wirtschaften, die fremde Bedarfe decken	Öffentliche Betriebe
		Unternehmen

Quelle: Schierenbeck, 2008

1.1.2.1   Haushalte

Haushalte sind primär dadurch charakterisiert, dass sie konsumorientiert sind, d.h. vor allem Konsumgüter verbrauchen.

> **Haushalte** sind Wirtschaftseinheiten, in welchen zur Deckung eigener Bedarfe Güter und Dienstleistungen konsumiert werden.

Aus diesem Grund werden Haushalte auch als **Konsumtionswirtschaften** bezeichnet, die auf Eigenbedarfsdeckung ausgerichtet sind. Als Gegenleistung für die konsumierten Güter und Dienstleistungen bieten die Haushalte den Unternehmen ihre Arbeitskraft als Produktionsfaktor an. Haushalte können in **private** und **öffentliche** Haushalte unterteilt werden. Diese beiden Kategorien unterscheiden sich dadurch, dass die privaten Haushalte (Einzel-

oder Mehrpersonenhaushalte) aufgrund von Individualbedürfnissen ihren Eigenbedarf decken, während die öffentlichen Haushalte (Bund, Länder, Gemeinden) ihren Bedarf aus den Bedürfnissen der privaten Haushalte deduzieren. Sowohl die privaten als auch die öffentlichen Haushalte sind als Konsumtionswirtschaften in der Regel nicht zentraler Gegenstand der Betriebswirtschaftslehre. Sie werden aber gleichwohl in die Betrachtung betriebswirtschaftlicher Problemkonstellationen einbezogen, die sie letztlich die Nachfrage nach Gütern und Dienstleistungen auslösen (Thommen und Achleitner, 2008).

Aus der Wirtschaftspraxis: Haushalte in Deutschland

Im Jahr 2008 gab es in Deutschland 40,1 Millionen Haushalte mit rund 82,3 Millionen Haushaltsmitgliedern. Damit ist die Zahl der Privathaushalte seit April 1991 um knapp 14%, die Zahl der Haushaltsmitglieder um knapp 3% gestiegen. Die durchschnittliche Haushaltsgröße ging zurück: 1991 lebten durchschnittlich 2,27 Personen in einem Haushalt, 2008 nur noch 2,05 Personen.

Nach den Ergebnissen des Mikrozensus gibt es in Deutschland kaum noch Haushalte, in denen drei und mehr Generationen unter einem Dach zusammenleben. Im Jahr 2008 wohnten in nur 1% der Haushalte Eltern mit Kindern, deren Großeltern sowie in seltenen Fällen deren Urgroßeltern zusammen. 30% der Haushalte waren Zweigenerationenhaushalte, in denen Eltern und ihren Kindern (auch Stief-, Pflege- und Adoptivkinder) oder Enkeln zusammen lebten. Doch auch deren Anteil an den Haushalten insgesamt nimmt ab (-8 Prozentpunkte gegenüber 1991). 2008 lebten in 8,4 Millionen Haushalten (21% der Haushalte) minderjährige Kinder. 1991 wuchsen noch in 27% der Haushalte minderjährige Kinder auf.

2008 wohnten in knapp 24% der Haushalte ausschließlich Menschen im Seniorenalter ab 65 Jahren. In 6% der Haushalte lebten Senioren mit jüngeren Menschen unter einem Dach zusammen. Damit war in 30% der Haushalte mindestens eine Person im Seniorenalter. Dieser Anteil ist gegenüber 1991 um 4 Prozentpunkte gestiegen.

Quelle: Statistisches Bundesamt Deutschland, www.destatis.de, Stand: 30.03.2010

1.1.2.2   Betriebe

Im Gegensatz zu Haushalten lassen sich Betriebe als produktionsorientierte Wirtschaftseinheiten umschreiben, die primär der **Fremdbedarfsdeckung** dienen und folglich auch **Produktionswirtschaften** genannt werden.

Betriebe sind Wirtschaftseinheiten, in denen zur Deckung fremder Bedarfe Güter produziert und abgesetzt werden.

Unternehmen können in **private** und **öffentliche (staatliche)** unterteilt werden. Daneben existieren Mischformen, bei denen die „öffentliche Hand" am Kapitel der privaten Betriebe beteiligt ist (Vahs und Schäfer-Kunz, 2007).

Den Ausführungen in den nachfolgenden Abschnitten und Kapiteln liegt als Wirtschaftseinheit primär das private Unternehmen zugrunde.

1.1.3 Betrieblicher Umsatzprozess

Der allgemeine betriebliche Umsatzprozess bestimmt die Verflechtungen des Unternehmens zu seiner Umwelt. Verknüpfungen des Unternehmens mit dem **Kapitalmarkt** dem **Beschaffungsmarkt** und dem **Absatzmarkt** ergeben die Grundstruktur der außerbetrieblichen Beziehungen (**Abbildung 1.3**).

Märkte bestehen aus der Gesamtheit von Wirtschaftseinheiten, die Güter anbieten und nachfragen, die sich gegenseitig ersetzen können.

Abbildung 1.3   Betrieblicher Umsatzprozess

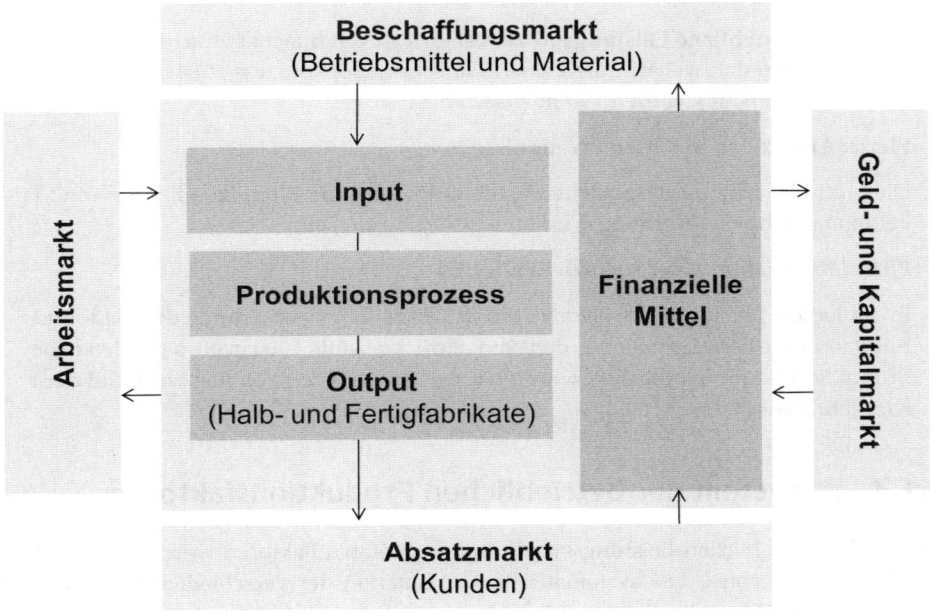

Quelle: Jung, 2009

Der betriebliche Umsatzprozess eines Unternehmens kann vorerst in einen güterwirtschaftlichen und in einen finanzwirtschaftlichen Umsatzprozess unterteilt werden, wobei die beiden Prozesse so eng miteinander verknüpft sind, dass auf eine gedankliche Trennung an dieser Stelle verzichtet wird.

Werden die einzelnen Phasen des gesamten betrieblichen Umsatzprozesses nach Maßgabe des logischen Ablaufs geordnet, ergibt sich folgender Prozess (Thommen und Achleitner, 2008):

1. **Phase: Beschaffung von finanziellen Mitteln**

   Für den Einkauf von Material und Betriebsmitteln bzw. für die Entlohnung von Arbeitskräften verwendet der Betrieb **finanzielle Mittel**. Diese werden entweder vom **Kapitalmarkt** (Fremd- oder Eigenkapital) bereitgestellt oder stammen aus dem Erlös, der durch den Absatz der betrieblichen Produkte und Dienstleistungen erzielt wird.

2. **Phase: Beschaffung der Produktionsfaktoren**

   Der **Beschaffungsmarkt** lässt sich sinnvoll in den **Arbeitsmarkt** (Beschaffung von Arbeitskräften), den **Betriebsmittelmarkt** (Beschaffung von Maschinen und Werkzeugen) und den **Materialmarkt** (Beschaffung von Roh-, Hilfs- und Betriebsstoffen) unterteilen.

3. **Phase: Transformationsprozess durch Kombination der Produktionsfaktoren**

   Der **innerbetriebliche Leistungsprozess** stellt sich vereinfacht betrachtet in Form von **Inputfaktoren** dar, welche durch einen Transformationsprozess zum **Output** (Halb- und Fertigfabrikate) werden, der abzusetzen ist.

4. **Phase: Absatz der erstellten Erzeugnisse**

   Die produzierten Produkte werden in dieser Phase an die Kunden mit Hilfe von Marketingmaßnahmen (Werbung, Verkaufsförderung etc.) abgesetzt.

5. **Phase: Rückzahlung der finanziellen Mittel**

   In der letzten Phase werden etwaige finanzielle Mittel, welche durch die Geld- und Kapitalmärkte bereitgestellt worden sind, zurückgezahlt. Gleichzeitig werden neue Produktionsfaktoren beschafft, womit wieder in Phase 2 eingetreten wird und der Kreislauf sich schließt.

1.1.4   System der betrieblichen Produktionsfaktoren

Die bei der betrieblichen Leistungserstellung eingesetzten Faktoren werden als Produktionsfaktoren bezeichnet. Die systematische Kombination der verschiedenen Produktionsfaktoren stellt im Ergebnis die betriebliche Leistung dar (**Abbildung 1.4**).

Abbildung 1.4   System der betrieblichen Produktionsfaktoren nach Gutenberg

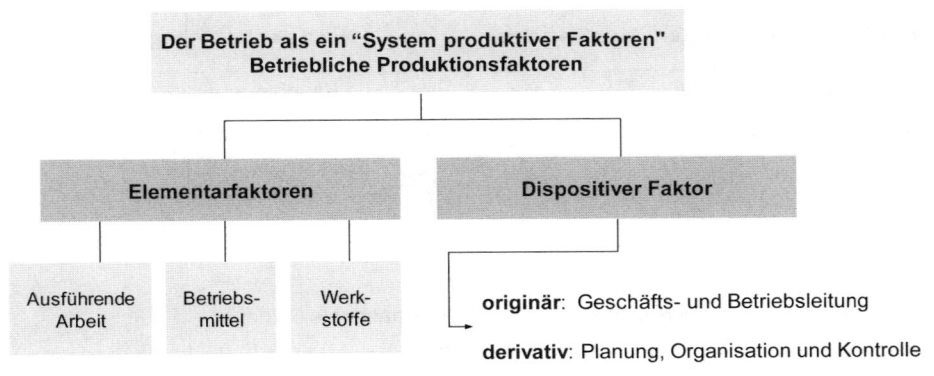

Nach Gutenberg wird die menschliche Arbeitsleistung dabei grundsätzlich in **ausführende Arbeit** und **leitende (dispositive) Arbeit** unterteilt (Gutenberg, 1983). Die ausführende Arbeit zählt dabei zusammen mit den Betriebsmitteln und den Werkstoffen zu den **Elementarfaktoren**, welche eine unmittelbare Beziehung zum Produktionsobjekt haben:

- **Ausführende Arbeit** ist objektbezogen und beinhaltet diejenigen Tätigkeiten, welche unmittelbar mit der Leistungserstellung und der Leistungsverwertung im Zusammenhang stehen.

- **Betriebsmittel** sind alle Einrichtungen und Anlagen, die der Leistungserstellung dienen (z.B. Grundstücke, Maschinen, Betriebs- und Geschäftsausstattung, Hilfs- und Betriebsstoffe).

- **Werkstoffe** sind alle Rohstoffe, Halb- und Fertigerzeugnisse, die als Grundmaterialien in die Herstellung der Endprodukte eingehen.

Die betriebliche Leistungserstellung erfordert die dispositive Arbeitsleistung, die in leitender Funktion den Einsatz der übrigen Produktionsfaktoren (ausführende Arbeit, Betriebsmittel und Werkstoffe) ermöglicht. Daher wird der dispositive Faktor als eigenständiger Produktionsfaktor angesehen. Er setzt sich zusammen aus einem originären Bestandteil in Form der Geschäfts- du Betriebsleitung sowie einem derivativen Bestandteil, bestehend aus Planung und Organisation sowie Kontrolle.

1.1.5   Betriebstypologie

Angesichts der Vielzahl unterschiedlicher Betriebstypen ist eine Gliederung in Form einer **Betriebstypologie** sinnvoll.

Aus der großen Zahl an möglichen Gliederungsmöglichkeiten werden im Folgenden die wichtigsten angeführt (**Abbildung 1.5**).

Abbildung 1.5   Gliederung der Betriebe: Betriebstypologie

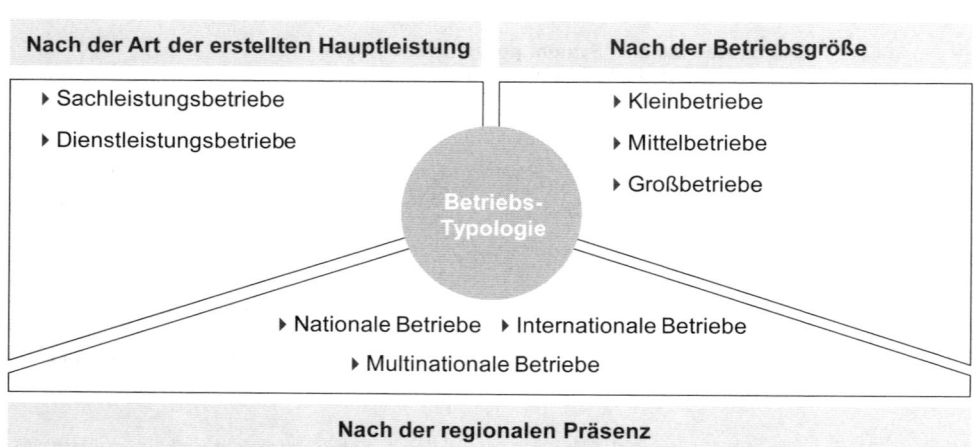

Nach der Art der erstellten Hauptleistung

▸ Sachleistungsbetriebe

▸ Dienstleistungsbetriebe

Nach der Betriebsgröße

▸ Kleinbetriebe

▸ Mittelbetriebe

▸ Großbetriebe

Betriebs-
Typologie

▸ Nationale Betriebe ▸ Internationale Betriebe
▸ Multinationale Betriebe

Nach der regionalen Präsenz

1.1.5.1   Unterteilung von Unternehmen nach der Güterart

In Abhängigkeit von den Gütern, die sie erstellen, können Unternehmen in Sachleistungs-
und Dienstleistungsunternehmen unterteilt werden (Wöhe, 2010).

Sachleistungsunternehmen

Zu den Sachleistungsunternehmen gehören insbesondere die Industrie- und Handwerks-
betriebe. Sie können entsprechender der Erzeugerstufen weiter in folgende Betriebsarten
unterteilt werden (Vahs und Schäfer-Kunz, 2007):

- ■ **Gewinnungsbetriebe**, wie landwirtschaftliche Betriebe, bringen Urprodukte hervor.
  Da es sich hierbei um die ersten wirtschaftlichen Tätigkeiten in der Entwicklungsge-
  schichte handelt, werden entsprechende Betriebe dem sogenannten **primären Sektor**
  zugeordnet.

- ■ **Veredelungs-** bzw. **Aufbereitungsbetriebe**, wie Stahlwerke, produzieren Zwischen-
  produkte aus den Urprodukten.

- ■ **Verarbeitungsbetriebe**, wie Automobilhersteller, produzieren Endprodukte aus den
  Zwischenprodukten. Sie werden wie die Veredelungsbetriebe dem **sekundären Sektor**
  zugeordnet.

Dienstleistungsunternehmen

Zu den Dienstleistungsunternehmen gehören beispielsweise Handels-, Bank-, Versiche-
rungs- und Beratungsbetriebe. Sie werden dem **tertiären Sektor** zugeordnet.

1.1.5.2 Unterteilung von Unternehmen nach der Größe

Mit Blick auf die Größe werden **kleine, mittlere** und **große Unternehmen** unterschieden. Als Maßgröße für die Betriebsgröße wird dabei häufig die Beschäftigtenzahl gewählt. Es gibt keine einheitliche Definition für den Wirtschaftsbereich der kleinen und mittleren Unternehmen (KMU). Nach einer weitverbreiteten Definition des **Institutes für Mittelstandsforschung** liegt die Grenze zwischen **Klein- und Mittelbetrieben (KMU)** und Großunternehmen bei einer Beschäftigtenzahl von 500. Auch das Bundesministerium für Bildung und Forschung hat diese Differenzierung festgelegt. Eine ebenfalls wichtige Einteilung bezieht neben der Anzahl der Beschäftigten auch den Umsatz mit ein und klassifiziert solche Betriebe als KMU, welche einen Jahresumsatz von unter 50 Millionen Euro erwirtschaften. Einen Überblick gibt **Abbildung 1.6**.

Abbildung 1.6 Klassifizierung der kleinen und mittleren Unternehmen (KMU)

Unternehmensgröße	Zahl der Beschäftigten	Umsatz € / Jahr	
klein	bis 9	bis unter 1 Million	KMU
mittel	10 bis 499	1 bis 50 Millionen	
groß	500 und mehr	50 Millionen und mehr	

Definition gem. IFM

▸ KMU sind Unternehmen mit weniger als 500 Beschäftigten und weniger als 50 Mio. € Jahresumsatz

Quelle: Institut für Mittelstandsforschung Bonn, Stand: 30.03.2010

Aus der Wirtschaftspraxis: KMUs in Deutschland

Legt man die KMU-Definition des IfM Bonn zu Grunde, so zählen 99,7 % der Unternehmen zu den kleinen und mittleren Unternehmen. Auf sie entfallen 37,5 % aller Umsätze und 70,6 % aller Beschäftigten bzw. 65,8 % aller sozialversicherungspflichtig Beschäftigten. Ihr Anteil an den Auszubildenden beläuft sich auf 83,1 %. An der Nettowertschöpfung der Unternehmen halten sie einen Anteil von 47,3 %.

Quelle: Institut für Mittelstandsforschung, www.ifm-bonn.org, Stand: 30.03.2010

1.1.5.3   Unterteilung von Unternehmen nach der regionalen Präsenz

Eine weitere Differenzierung von Unternehmen kann nach dem Grad der Internationalisierung erfolgen. Unternehmen können dazu nach der Anzahl der Betriebsstätten in

- Einbetrieb-Unternehmen und

- Mehrbetrieb-Unternehmen

unterteilt werden.

In Abhängigkeit von der regionalen Präsenz können Betriebe ferner unterteilt werden in

- nationale Unternehmen,

- internationale Unternehmen und

- multinationale Unternehmen.

Während es sich bei Unternehmen in der Gründungsphase zumeist um nationale Einbetrieb-Unternehmen handelt, entwickeln sich Unternehmen in der anschließenden Umsatzphase häufig über internationale Mehrbetrieb-Unternehmen zu multinationalen Mehrbetrieb-Unternehmen. Internationale Unternehmen sind dadurch gekennzeichnet, dass sich ihre Produktionsstandorte vorwiegend im Inland befinden und ihre Erzeugnisse exportiert werden. Multinationale Unternehmen haben demgegenüber zusätzlich in mehreren Ländern Produktionsstandorte (Schierenbeck und Wöhle, 2008).

1.1.6   Stakeholder

Die **Bezugsgruppen** bzw. **Stakeholder** eines Unternehmens sind alle Wirtschaftseinheiten, die in Beziehung zu dem Betrieb stehen und damit das Handeln des Betriebes beeinflussen und/oder von den Handlungen des Betriebes betroffen sind (Rüegg-Stürm, 2002).

Die Eigentümer, das Management und die Mitarbeiter stellen dabei interne, die Fremdkapitalgeber, die Lieferanten, die Kunden, die Konkurrenten, der Staat und die Gesellschaft externe Anspruchsgruppen dar (**Abbildung 1.7**).

Abbildung 1.7   Stakeholder von Unternehmen

Die wichtigsten Stakeholder eines Unternehmens verfolgen in der Regel folgende Interessen (Ulrich und Fluri, 1995):

■ **Eigentümer**

Typische Interessen der Eigentümer sind risikoadäquate Wertsteigerungen des investierten Kapitals, hohe Gewinne und damit eine hohe Verzinsung des investierten Kapitals, der Erhalt und die Selbständigkeit des Unternehmens und eine weitgehende Entscheidungsautonomie.

■ **Mitarbeiter**

Interessen der Mitarbeiter sind vor allem hohe Einkommen, sichere Arbeitsplätze, Möglichkeiten zur Weiterentwicklung, zwischenmenschliche Kontakte, Status und Anerkennung.

■ **Fremdkapitalgeber**

Typische Interessen der Fremdkapitalgeber sind sichere Kapitalanlagen und hohe Renditen.

■ **Lieferanten**

Interessen der Lieferanten sind in der Regel stabile Lieferbeziehungen, gute Verkaufs-
konditionen und die permanente Zahlungsfähigkeit der Abnehmer.

■ **Kunden**

Typische Motive der Kunden sind qualitativ hochwertige Produkte zu günstigen Preisen und ein guter Service.

■ **Konkurrenten**

Typische Interessen der Konkurrenten sind Markterfolge, Einhaltung der Regeln fairen
Wettbewerbs und Möglichkeiten der zwischenbetrieblichen Zusammenarbeit.

■ **Staat und Gesellschaft**

Vorherrschende Interessen von Staat und Gesellschaft sind hohe Steuerzahlungen,
Schaffung und Erhalt von Arbeitsplätzen, hohe Beiträge zur Infrastruktur, Einhaltung
von Rechtsvorschriften und Normen sowie Schutz der Umwelt.

1.2 Betriebswirtschaftslehre im System der Wissenschaften

1.2.1 Betriebswirtschaftslehre als Wissenschaft

Unter dem Begriff **Wissenschaft** wird ein dynamischer Erkenntnisprozess verstanden,
dessen Ziel die Erforschung der Wahrheit und die Gewinnung von gesicherten Urteilen ist.
Die Wissenschaft ist dabei in erster Linie eine Tätigkeit, die in der systematischen Erarbei-
tung, Diskussion und Wiedergabe des gesamten Wissens einer bestimmten Fachrichtung
besteht. Nach dieser Begriffsauffassung ist eine Wissenschaft durch folgende Merkmale
charakterisiert (Jung, 2009):

■ Jede Wissenschaft befasst sich mit einem bestimmten abgegrenzten Gegenstandsgebiet,
das als ihr **Erkenntnisobjekt** bezeichnet wird.

■ Die Zielsetzungen, d.h. die zu gewinnenden Erkenntnisse bilden ihr **Erkenntnisziel**.

■ Zur Erreichung der vorgegebenen Ziele benötigt jede Wissenschaft bestimmte **Methoden**, die je nach Gegenstandsgebiet unterschiedlich sind.

■ Die gewonnenen Erkenntnisse werden in einen **geordneten Zusammenhang (System)**
gebracht.

Vor dem oben dargestellten Hintergrund ist die Betriebswirtschaftslehre eine pragmati-
sche Wissenschaft, deren Aufgabe nicht nur die Beschreibung realer Sachverhalte (De-
skription) und theoretische Erklärung von Ursache-Wirkungs-Zusammenhängen (Kausali-
täten) ist; den Ausführungen in diesem Buch liegt vielmehr ein Wissenschaftsverständnis

zugrunde, das in der Regel als **angewandte** oder als **anwendungsorientierte Wissenschaft** bezeichnet wird. Darunter werden solche Tätigkeiten verstanden, die im Wesentlichen darauf ausgerichtet sind, mit Hilfe von Erkenntnissen der theoretischen oder Grundlagenwissenschaften sowie der Erfahrung der Praxis Problemlösungen (Regeln, Modelle, Verfahren) für praktisches Handeln zu entwickeln.

1.2.2 Eingliederung der Betriebswirtschaftslehre in das System der Wissenschaften

Aufgrund der Fülle an verschiedenen Wissenschaften und wissenschaftlichen Disziplinen wird im Folgenden die Position der Wirtschaftswissenschaften im Gesamtsystem der Wissenschaften festgelegt (**Abbildung 1.8.**).

Abbildung 1.8   Die Betriebswirtschaftslehre im System der Wissenschaften

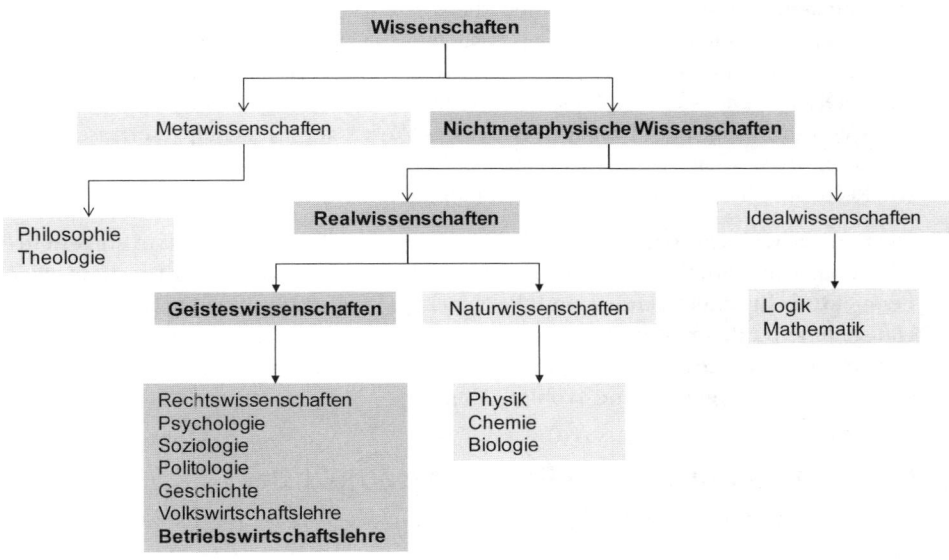

Innerhalb der Wissenschaften stellt die Betriebswirtschaftslehre eine **nicht-metaphysische Wissenschaft** dar, welche anders als metaphysische Wissenschaften, wie die Philosophie oder die Theologie, überprüfbare Sachverhalte zum Gegenstand hat.

Die nicht-metaphysischen Wissenschaften werden weiter in die Real- und die Idealwissenschaften unterteilt. Die Betriebswirtschaftslehre wird den **Realwissenschaften** zugeordnet, die in der Wirklichkeit vorhandene Sachverhalte zum Gegenstand haben. Die Objekte der Idealwissenschaften werden vom Denken erschaffen, d.h. sie sind nicht unabhängig vom Denken gegeben. Dies gilt für die Logik und die Mathematik.

Zu den Realwissenschaften gehören die Naturwissenshaften, wie die Physik, die Chemie oder die Biologie, die sich mit Sachverhalten auseinandersetzen, die auch ohne den Einfluss des Menschen existieren und deren Aussagen in der Natur überprüfbar sind, und die **Geisteswissenschaften**, die sich mit Sachverhalten befassen, die aufgrund des menschlichen Geistes existieren. Die Betriebswirtschaftslehre wird den Geisteswissenschaften zugeordnet.

Teilbereiche der Geisteswissenschaften sind unter anderem die Rechtswissenschaften, die Sprachwissenschaften und die **Sozialwissenschaften**, denen wiederum die Betriebswirtschaftslehre zugeordnet wird. Die Sozialwissenschaften beschäftigen sich mit dem Handeln und dem Zusammenleben der Menschen im sozialen und gesellschaftlichen Kontext.

Zu den Sozialwissenschaften gehören, neben der Soziologie, der Sozialpädagogik und der Politologie, die Wirtschaftswissenschaften als Überbegriff für die Volks- und Betriebswirtschaftslehre:

- Die **Volkswirtschaftslehre (Nationalökonomie)** untersucht die **gesamtwirtschaftlichen Zusammenhänge** der Aktivitäten, die von den einzelnen Wirtschaftseinheiten (Unternehmen, Organisationen, Staat) ausgehen. Sie ist durch eine **makroskopische**, auf das Ganze oder zumindest wesentliche Teile hiervor, gerichtete **Betrachtungsweise** charakterisiert. Die Nationalökonomie versucht aus der übergeordneten Perspektive eines Volkes, Staates oder Staatsverbandes das Wesen der Wirtschaft zu erfassen und ihre Strukturen sowie Abläufe zu gestalten. Dadurch sollen Lösungen für Probleme wie Rezession, Inflation oder Arbeitslosigkeit gefunden werden.

- Die **Betriebswirtschaftslehre** ist in Umkehrung zur Volkswirtschaftslehre **einzelwirtschaftlich** orientiert. Sie betrachtet die Wirtschaft in erster Linie aus **mikroskopischer Perspektive**. Ihr Interessenfeld sind die einzelnen Wirtschaftseinheiten (Betriebe, Haushalte) und deren Strukturen und Prozesse. Der Bezug zur gesamten Wirtschaft wird nur dann hergestellt, wenn er für die einzelwirtschaftliche Betrachtung von Bedeutung ist (Schierenbeck und Wöhle, 2008).

1.2.3 Erkenntnis- und Erfahrungsobjekt der Betriebswirtschaftslehre

Um den Forschungsgegenstand einer Realwissenschaft abzugrenzen, sind das Erfahrungs- und das Erkenntnisobjekt zu bestimmen (Jung, 2009):

- Das **Erfahrungsobjekt** ist das reale Erscheinungsbild, welcher zur wissenschaftlichen Betrachtung ansteht. Erfahrungen, die in der Realität gemacht wurden, sind Ausgangspunkt einer wissenschaftlichen Forschung.

- Das **Erkenntnisobjekt** stellt ein Teilgebiet des Gesamtkomplexes eines Erfahrungsobjektes dar, welches von den anderen Teilgebieten isoliert die wissenschaftliche Betrachtung bestimmt.

Grundsätzlich gelten in der Betriebswirtschaftslehre alle Wirtschaftseinheiten als Erfahrungsobjekte, sowohl die Konsumptions- als auch die Produktionswirtschaften. Aus betriebswirtschaftlicher Sichtweise sind insbesondere die produktiven Wirtschaftseinheiten interessant, da sie die Herstellung und Verteilung von Gütern ermöglichen und damit als die treibende Kraft des wirtschaftlichen Umsatzprozesses gelten. Prinzipiell gilt daher der **Betrieb** in der Betriebswirtschaftslehre als **Erfahrungsobjekt**.

Das **Erkenntnisobjekt** der Betriebswirtschaftslehre ist auf die wirtschaftliche Seite des Unternehmens ausgerichtet. Dies beinhaltet alle in den Betrieben auftretenden Entscheidungen über die Verwendung knapper Güter, also das **Wirtschaften**.

1.2.4 Erkenntnisziele der Betriebswirtschaftslehre

Wie bereits weiter oben dargestellt wird die Betriebswirtschaftslehre heute überwiegend als angewandte Wissenschaft bezeichnet und geht demnach über die Zielsetzungen einer reinen Wissenschaft hinaus und besteht aus einem **theoretischen** und einem **angewandten (praktischen)** Teil.

Die **theoretischen Grundlagen der Betriebswirtschaftslehre** basieren im Wesentlichen auf dem Werk **„Grundlagen der Betriebswirtschaftslehre" von Erich Gutenberg**. Das **Erkenntnisziel** besteht dabei in der Erklärung der Zustände und Vorgänge im Erkenntnisobjekt Betrieb als planvoll organisierter Wirtschaftseinheiten. Betriebsaufbau und Betriebsprozess als Gesamtheit der ablaufenden einzelnen Prozesse diesen der Erkenntnisgewinnung, die dann in einem System objektiver Sätze, einer Theorie, zusammengefasst werden.

Die **angewandte Betriebswirtschaftslehre** dient der Gestaltung des Betriebsablaufs. Sie orientiert sich an dem realen Betriebsgeschehen und sieht ihre Aufgabe in der Erkenntnisgewinnung von **zielgerichteten Handlungsempfehlungen und –Regeln**, ausgerichtet an den Handlungszielen eines Betriebes (Jung, 2009).

1.2.5 Gliederung der Betriebswirtschaftslehre

Im Folgenden werden die Gliederungsmöglichkeiten der Betriebswirtschaftslehre dargestellt. Es haben sich eine **institutionelle**, eine **funktionelle** und eine **genetische Gliederung** herauskristallisiert.

1.2.5.1 Institutionelle Gliederung

Nach institutionellen Gesichtspunkten unterscheidet man **Allgemeine Betriebswirtschaftslehre** und die **Speziellen Betriebswirtschaftslehren** (Vahs und Schäfer-Kunz, 2007):

■ Die **Allgemeine Betriebswirtschaftslehre** hat Sachverhalte und Probleme zum Gegenstand, die für alle Betriebe gleich sind, und zwar **unabhängig von dem Wirtschaftszweig**, dem sie angehören. Gegenstand der Allgemeinen Betriebswirtschaftslehre sind damit insbesondere die konstitutiven Entscheidungen von Betrieben, wie beispielsweise die Standortwahl, und die verschiedenen betrieblichen Funktionen, wie das Controlling, die Organisation, die Produktion , das Marketing oder das Rechnungswesen.

■ Die **Speziellen Betriebswirtschaftslehren** beschäftigen sich mit den **spezifischen Problemen und Fragestellungen** von Betrieben, die **einzelnen Wirtschaftszweigen** angehören. So hat die Industriebetriebslehre vor allem die Beschaffung, das Lagerwesen, die Produktion, das Marketing und das industrielle Rechnungswesen zum Gegenstand. Die Bankbetriebslehre beschäftigt sich mit der Organisation des Bankwesens, den einzelnen Bankgeschäften, dem speziellen bankbetrieblichen Rechnungswesen und der Analyse der Geld- und Kreditmärkte. Weitere wichtige Bereiche sind die Versicherungsbetriebslehre sowie die Betriebswirtschaftslehre des Handwerks und der Landwirtschaft.

1.2.5.2   Funktionelle Gliederung

Die funktionelle Gliederung teilt die Betriebswirtschaftslehre nach ihren Funktionen ein, wie sie sich aus dem betrieblichen Umsatzprozess ergeben. Dadurch lässt sich zwischen folgenden Funktionen unterscheiden (Jung, 2009):

■ **Unternehmensführung und Organisation**: Steuerung betrieblicher Vorgänge, Bestimmung der Organisationsstruktur in Bezug auf Kommunikation und Tätigkeitsbereiche.

■ **Materialwirtschaft**: Beschaffung, Lagerhaltung, Losgrößenplanung der Sachgüter, die zur betrieblichen Leistungserstellung eingesetzt werden.

■ **Produktionswirtschaft**: Produktions- und Kostentheorie, Planung und Gestaltung des Produktionsablaufes.

■ **Marketing**: Absatz der Produkte, Marktforschung und Gestaltung der Kundenbeziehung.

■ **Kapitalwirtschaft**: Finanzierung (Beschaffung / Rückzahlung von Kapital) und Investition (Kapitalverwendung).

■ **Personalwirtschaft**: Beschaffung, Einsatz, Entwicklung, Betreuung und Freisetzung von Personal.

■ **Rechnungswesen und Controlling**: Wertmäßige Erfassung, Planung, Steuerung und Kontrolle des betrieblichen Umsatzprozesses.

Nach der funktionellen Gliederung ist auch der Aufbau dieses Buches gestaltet.

1.2.5.3   Genetische Gliederung

Die genetische Gliederung basiert auf einem gewissen Lebenszyklus, den jeder Betrieb durchläuft. Aus dieser zeitlichen Betrachtungsweise lassen sich die **drei Phasen Gründung, Umsatz und Liquidation** ableiten (Jung, 2009):

■ In der **Gründungsphase** werden die **konstitutiven Entscheidungen** getroffen, die einen als langfristigen gültig gedachten Rahmen für die nachfolgenden laufenden Entscheidungen zur Leistungserstellung (Produktion) und Leistungsverwertung (Marketing) abstecken. Im Vordergrund stehen die Entscheidungen über das Leistungsprogramm, das Zielsystem, die Rechtsform, die Organisation sowie den Standort.

■ In der **Umsatzphase** stehen jene Entscheidungen im Mittelpunkt, die der Steuerung des güter- und finanzwirtschaftlichen Umsatzprozesses dient. Dazu zählen auch die Entscheidungen, die im Rahmen der gesellschaftlichen, ökologischen, technischen und ökonomischen Veränderungen getroffen werden. Es erfolgt außerdem eine Aufarbeitung der in der Gründungsphase getroffenen Entscheidungen, in der z.B. ein Unternehmenszusammenschluss oder auch eine andere Art der Leistungserstellung gewählt wird.

■ In der **Liquidationshase** findet die Veräußerung aller Vermögensteile eines Unternehmens statt. Ziel ist es, aus den erhaltenen flüssigen Mitteln alle Verbindlichkeiten zu tilgen und einen möglichen erzielten Überschuss an die Eigentümer des Unternehmens auszuzahlen. Eine Liquidation kann dabei aus verschiedenen Gründen erfolgen, am häufigsten wegen

–   Erreichen des Betriebszweckes,
–   ungenügender Rentabilität des eingesetzten Kapitals oder bereits eingetretener Verluste und wenn zudem keine Verbesserung der wirtschaftlichen Situation auf längere Sicht abzusehen ist,
–   Konkurseröffnung.

Wiederholungsfragen

1.   Was ist der Gegenstand der Betriebswirtschaftslehre?

2.   Was wird unter einem Betrieb verstanden?

3.   Wodurch unterscheiden sich Haushalte und Betriebe?

4.   Nach welchen Kriterien können Unternehmen systematisiert werden?

5.   Was beschreibt der Transformationsprozess?

6.   Welche Ausprägungen des ökonomischen Prinzips gibt es?

7.   Was wird unter dem Begriff „Wirtschaften" verstanden?

8.   Welche Arten von Wirtschaftsgütern gibt es?

9.   Was kennzeichnet Märkte?

10. Was wird unter Anspruchsgruppen verstanden und welche Interessen verfolgen sie?

11. Wie wird die Betriebswirtschaftslehre in die Wissenschaften eingeordnet?

12. Welche Unterschiede bestehen zwischen der Betriebs- und der Volkswirtschaftslehre?

2 Konstitutive Entscheidungen und Organisation

Lernziele

Zu den wichtigen konstitutiven Unternehmensentscheidungen gehören alle mit der Unternehmensgründung, mit der Standortwahl, mit der Rechtsformwahl, mit der Gestaltung der Organisation und mit möglichen Unternehmenszusammenschlüssen verbundenen Entscheidungen.

Nachfolgend wird deshalb vermittelt:

- wie bei der Entscheidungsfindung vorgegangen wird,

- welche Modelle für Entscheidungen bei Sicherheit, Unsicherheit und Risiko eingesetzt werden,

- welche Arten von Standortentscheidungen es gibt,

- wie bei Standortentscheidungen vorgegangen wird,

- welche Standortfaktoren zur Beurteilung von Standorteigenschaften eingesetzt werden,

- welche verschiedenen Arten von Rechtsformen existieren, welche Merkmale der verschiedenen Rechtsformen im Hinblick auf Rechtsformenentscheidungen von Bedeutung sind,

- was der Begriff Organisation bedeutet,

- wie bei der Organisationsgestaltung vorgegangen wird,

- welche Organisationsformen es gibt,

- welche Formen der betrieblichen Zusammenarbeit es gibt und welche Ziele Unternehmen bei der Zusammenarbeit mit anderen Unternehmen verfolgen.

Nach einer kompakten Einführung in die entscheidungstheoretischen Grundlagen werden in den nachfolgenden Abschnitten die wesentlichen konstitutiven Entscheidungen eines Unternehmens dargestellt.

2.1   Grundlagen der Entscheidungstheorie

Der betriebliche Alltag ist von einer Vielzahl von Entscheidungen aller Art geprägt. So wird beispielsweise:

- im Bereich der strategischen Planung darüber entschieden, ob, mit wem und in welcher Form ein Unternehmen mit anderen Unternehmen zusammenarbeitet,

- im Bereich Controlling darüber entschieden, welche Abteilungen welches Budget erhalten,

- im Bereich Personal darüber entschieden, wer eingestellt, wer befördert und wer freigestellt wird,

- im Bereich Absatzwirtschaft darüber entschieden, ob Reklamationen von Kunden akzeptiert werden oder nicht, und

- im Bereich der Investitionen darüber entschieden, ob und in welchem Maschinen investiert wird.

Diese Entscheidungen sind zum Teil interdependent, das bedeutet, die eine Entscheidung beeinflusst die andere. So hat beispielsweise die Entscheidung, zukünftig mit einem anderen Unternehmen zusammenzuarbeiten, in der Regel auch Auswirkungen auf Personal- und Investitionsentscheidungen.

Entscheidungen werden entweder nach vorangegangenen Überlegungen oder intuitiv getroffen. Finden die Wahlhandlungen aufgrund vor Rang gegangener Überlegungen statt, so wird versucht, die anschließend durchzuführende Aktivität zu durchdenken und zwischen möglichen Alternativen zu entscheiden. Das Ziel dabei ist, die nutzen maximale Alternative auszuwählen. Das Ergebnis dieses Wahlprozesses ist die Entscheidung.

Eine **Entscheidung** kann definiert werden als die Wahl zwischen mindestens zwei Alternativen, von denen einer die so genannte Unterlassungsalternative sein kann.

Allgemein werden zwei Teilbereiche der Entscheidungstheorie unterschieden:

- Erkenntnisgegenstand der **normativen Entscheidungstheorie** sind die Kriterien rationalen Entscheidens. Unter Zuhilfenahme vereinfachender Modellannahmen werden hier Regeln formuliert, wie Entscheidungen unter bestimmten Rahmenbedingungen getroffen werden sollen.

- Die **deskriptive Entscheidungstheorie** hingegen beschreibt tatsächliches Entscheidungsverhalten in der Praxis.

2.2 Grundelemente entscheidungstheoretischer Modelle

Damit ein Entscheidungsproblem gelöst werden kann, muss die entsprechende Entscheidungssituation erfasst werden. Dazu wird die Entscheidung des Situation in einem vereinfachenden Modell, dem so genannten **Grundmodell der Entscheidungstheorie** abgebildet. Dieses Modell umfasst die folgenden Elemente (Vahs und Schäfer-Kunz, 2007):

- das **Entscheidungsfeld,** das wiederum aus Aktionenraum, Zustandsraum, Ergebnisfunktion und Ergebnismatrix besteht,
- das **Zielsystem** und
- die **Nutzenmatrix**, welche sich aus der Anwendung der Nutzenfunktion ergibt.

Auf diese Elemente des Grundmodells wird nachfolgend ausführlich eingegangen (vgl. **Abbildung 2.1**).

Abbildung 2.1 Entscheidungsfeld mit Aktionsraum, Zustandsraum, Ergebnisraum

		Zustandsraum		
		U1 (w1)	U2 (w2)	U3 (w3)
Aktionsraum	A1	e	e	e
	A2	e	e	e
	A3	e	e	e

Quelle: Wöhe, 2010

Der **Aktionsraum** ist der vom Entscheidungsträger beeinflussbarer Teil des Entscheidungsfeldes. Er besteht aus allen möglichen, aber mindestens zwei Aktionen beziehungsweise Handlungsalternativen, welche dem Entscheidungsträger in einer bestimmten Entscheidungssituation offen stehen. Im Aktionsraum werden somit die Handlungsalternativen verzeichnet, welche sich gegenseitig ausschließen.

Im Gegensatz zum Aktionsraum ist der **Zustandsraum** vom Entscheidungsträger im Rahmen des zeitlichen Entscheidungshorizonts nicht beeinflussbar. Hier werden die vom Unternehmen nicht beeinflussbaren Umweltzustände U mit denen meist subjektiv geschätzten Eintrittswahrscheinlichkeiten w aufgeführt.

Im **Ergebnisraum** (in **Abbildung 2.1** hellgrau unterlegt) werden die Ergebnisbeiträge e in Abhängigkeit von der gewählten Handlungsalternative A dem möglichen Umweltzustand U aufgeführt. Der Ergebnisraum wird auch als **Ergebnismatrix** bezeichnet. Die in der Ergebnismatrix aufgeführten Ergebnisbeiträge e ergeben sich aus der Zielsetzung des Entscheidungsträgers .

Ein Beispiel soll die Zusammenhänge verdeutlichen (Wöhe, 2010): ein Entscheidungsträger hat die Auswahl zwischen drei Handlungsalternativen (A1-A3), zum Beispiel dem Absatz verschiedener Produkte, von denen er aber lediglich eine Handlung ausführen kann. Unter Berücksichtigung der **Unterlassungsalternative** A4 - also der Möglichkeit nichts zu tun - stehen somit insgesamt vier Alternativen zur Verfügung. Drei mögliche Umweltzustände sind denkbar (U1-U3), zum Beispiel veränderte Konkurrenzsituationen, welche die Zielerreichung des Entscheidungsträgers (zum Beispiel Gewinn) beeinflussen. Die Gewinnerwartungen e werden in der nachstehenden Ergebnismatrix abgebildet (**Abbildung 2.2**):

Abbildung 2.2 Beispiel einer Ergebnismatrix

A	U		
	U1 / w_1 = 0,5	U2 / w_2 = 0,4	U3 / w_3 = 0,1
A1	180	60	210
A2	100	110	180
A3	80	100	240
A4	0	0	0

Quelle: Wöhe, 2010

Die drei Produktionsalternativen A1-A3 lassen bei allen denkbaren Umweltzuständen positiver Erfolgsbeiträge erwarten. Die **Unterlassungsalternative** A4 ist **ineffizient**. Sie wird von den anderen Alternativen **dominiert**, da diese jeweils in allen Umweltzuständen zu einem höheren Gewinn führen, und kann im Folgenden vernachlässigt werden.

An dieser Stelle ist auf folgende entscheidungstheoretische Grundbegriffe einzugehen: die in **Erwartungswert** μ und die subjektive Risikoneigung des Entscheidungsträgers. Multipliziert man die zufallsabhängigen Einzelergebnisse e mit denen zugehörigen Eintrittswahrscheinlichkeiten w, so bildet die Summe der Produkte e x w den Erwartungswert. Es ergeben sich die folgenden Ergebnisse:

μ (A1)=180 x 0,5 + 60 x 0,4 + 210 x 0,1 = 135

μ (A2)=100 x 0,5 + 110 x 0,4 + 180 x 0,1 = 112

μ (A3)=80 x 0,5 + 100 x 0,4 + 240 x 0,1 = 104

Mit jeder der drei Aktionen gelang der Entscheidungsträger zu einem positiven Erwartungswert. Bei gleichen Erwartungswerten ist die Abhängigkeit des Entscheidungsträgers abhängig von der so genannten **Risikoneigung**: als Risikoneigung bezeichnet man die subjektive Bereitschaft eines Entscheidungsträgers, bei der Auswahl einer Handlungsmöglichkeit unsichere Ergebnismöglichkeiten e in Kauf zu nehmen. Da in der betriebswirtschaftlichen Realität Risikoscheue weit verbreitet ist, unterstellt die ökonomische Theorie in der Modellbildung üblicherweise Risikoscheu.

Bezüglich der Kenntnis der Entscheidungsträgers über den tatsächlich vorliegenden Umweltzustand unterscheidet die Entscheidungstheorie **Entscheidungen unter Sicherheit** (der tatsächlich vorliegende Umweltzustand ist bekannt), **Entscheidungen unter Unsicherheit** (der tatsächlich eintretende Umweltzustand ist nicht bekannt; es ist jedoch eine Wahrscheinlichkeitsverteilung für die möglicherweise eintretenden Umweltzustände bekannt) und **Entscheidungen unter Ungewissheit** (der tatsächlich eintretende Umweltzustand ist nicht bekannt; es ist auch keine Wahrscheinlichkeitsverteilung für die möglicherweise eintretenden Umweltzustände bekannt). Die Entscheidungstheorie gibt dem Entscheidungsträger je nach Entscheidungsproblem verschiedene Regeln zur Wahl der optimalen Handlungsoption als Hilfestellung (Wöhe, 2010).

Im Folgenden werden die verschiedenen Entscheidungsmodelle dargestellt, welche ein Entscheidungsträger für die von ihm zu treffende Entscheidung verwenden kann.

2.2.1 Entscheidungen unter Sicherheit

Unter der Annahme sicherer Erwartungen sind unternehmerische Entscheidungen relativ einfach zu treffen. Geht man im obigen Beispiel davon aus, dass die Konkurrenzsituationen für den Anbieter unverändert bleibt, dass also der Umweltzustand U1 mit Sicherheit (W1=1,0) eintreten wird, dann wird sich der Anbieter für die Produktionsalternative A1 entscheiden, weil diese den höchsten Gewinn (180) bringt.

In der Wirklichkeit ist unternehmerisches Handeln fast immer mit Risiko verbunden. Möglichkeiten zur Berücksichtigung dieses Risikos werden im Folgenden kurz vorgestellt (Wöhe, 2010).

2.2.2 Entscheidungen unter Risiko

Entscheidungsmodelle bei Risiko werden eingesetzt, wenn der Entscheidungsträger den möglichen Umweltzuständen bestimmte Eintrittswahrscheinlichkeiten zuordnen kann. Zum Treffen von Entscheidungen bei Risiko werden im Rahmen der Entscheidungstheorie folgende Entscheidungsregeln entwickelt (Wöhe, 2010):

- ▪ μ-Regel (Bayes-Prinzip)
- ▪ (μ, σ)-Regel
- ▪ Bernoulli-Prinzip

In der beschriebenen Risikosituation (vgl. **Abbildung 2.2**) empfehlen die weiter unten dargestellten Entscheidungsträger in dem Entscheidungsträger die folgenden Handlungsalternativen (**Abbildung 2.3**).

Abbildung 2.3   Regeln zur Entscheidung unter Risiko

Ergebnismatrix			Entscheidungsregeln bei Risiko							
			(1) μ-Regel	(2) (μ, σ)-Regel			(3) Bernoulli-Prinzip			
U1 $w_1 = 0,5$	U2 $w_2 = 0,4$	U3 $w_3 = 0,1$		σ	q	p	U1 $w_1 = 0,5$	U2 $w_2 = 0,4$	U3 $w_3 = 0,1$	B
A1 180	60	210	135	61,84	-0,8	85,52	13,42	7,75	14,49	11,3
A2 100	110	180	112	23,15	-0,8	93,48	10,00	10,49	13,42	10,5
A3 80	100	240	104	46,30	-0,8	66,96	8,94	10,00	15,49	10,0

Quelle: Wöhe, 2010

■ Die **μ-Regel (Bayes-Prinzip)** geht von einem risikoneutralen Entscheidungsträger aus. Der risikoneutrale Unternehmer entscheidet sich für die Alternative mit dem höchsten Erwartungswert μ, im vorliegenden Beispiel also für A1 (135). In der Realität liegen die meisten Entscheidungsträger ein Risiko ein **risikoaverses Entscheidungsverhalten** an den Tag. Für diese Entscheidungsträger ist diese Regel eher weniger geeignet.

■ Die **(μ, σ)-Regel** nimmt auf den Erwartungswert μ und das Risiko, gemessen als gewogene Standardabweichung σ, Bezug. Die gewogene Standardabweichung wird dabei nach folgender Formel berechnet:

$$\sigma = \sqrt{\sum_{i=1}^{n} w_i(e_i - \mu)^2}$$

Weisen mehrere Handlungsalternativen den gleichen Erwartung auf, dann entscheidet sich ein risikoscheues Wirtschaftssubjekt für die Alternative mit der geringsten Standardabweichung.

Durch die Einbeziehung des Risikomaßes σ wird es möglich, die individuelle Risikoneigung des Entscheidungsträgers zu berücksichtigen. Dies geschieht über den Risikopräferenzfaktor q. Entscheidungen werden nach Maßgabe des Präferenzwertes getroffen:

$$P(A_i) = \mu(A_i) + q\,\sigma(A_i)$$

Für risikoneutrale Wirtschaftssubjekte ist der Risikopräferenzfaktor q = 0. Für risikoscheue (risikofreudige) Entscheidungsträger ist q kleiner (größer) als Null. Im obigen Beispiel Fall hat der risikoscheue Entscheidungsträger einen Präferenzfaktor q=-0,8. Wegen des geringen Risikos (σ=23,15) entscheidet er sich für A2 (93,48).

■ Das **Bernoulli-Prinzip** erlaubt eine vergleichbare Berücksichtigung des Risikos. Zu diesem Zweck werden die risikobehafteten Einzelergebnisse e_i mithilfe der Bernoulli-Nutzenfunktion in risikoadjustierte Nutzenwerte u_i umgerechnet. Im obigen Beispielfall gilt für die Nutzenfunktion

$$u_i = \sqrt{e_i}$$

Hierbei werden die Nutzenäquivalente u_i mit der Eintrittswahrscheinlichkeit w_j gerichtet. Für den Entscheidungswert gilt dann

$$B = w_1 * u_1 + w_2 * u_2 \dots . + w_n * u_n$$

Bei dem oben genannten Beispielen entscheidet sich das risikoscheue Wirtschaftssubjekt für A1 mit dem Nutzenwert B=11,3.

2.2.3   Entscheidungen unter Unsicherheit

Wenn lediglich bekannt ist, dass irgendeiner der möglichen Umweltzustände aus den Zustandsraum eintreten wird, dafür aber keine Wahrscheinlichkeiten angegeben werden können, handelt es sich um eine Entscheidung unter Unsicherheit. Nachfolgend werden mit der Maximin-, der Maximax-, der Hurwicz-, der Laplace- und der Savage-Niehans-Regel fünf Entscheidungsmodelle bei Unsicherheit vorgestellt (Schildbach, 1993).

Zur Erläuterung dieser Regeln wird auf das obige Beispiel und die Ergebnismatrix aus **Abbildung 2.3** zurückgegriffen (Wöhe, 2010).

Abbildung 2.4   Regeln zur Entscheidung bei Unsicherheit

	Ergebnismatrix			Entscheidungsregeln bei Unsicherheit				
				(1) Laplace	(2) Minimax	(3) Maximax	(4) Hurwicz	(5) Sav.-N.
	U1 $w_1 = 0,5$	U2 $w_2 = 0,4$	U3 $w_3 = 0,1$					
A1	180	60	210	150	60	210	90	50
A2	100	110	180	130	100	180	116	80
A3	80	100	240	140	80	240	112	100

Quelle: Wöhe, 2010

■ Die **Laplace-Regel** beinhaltet folgende Vorgehensweise: wenn Eintrittswahrscheinlichkeit denn nicht bekannt sind, müssen alle denkbaren Umweltzustände als gleichermaßen wahrscheinlich gelten. Damit werden den drei Umweltzuständen gleich hohe Eintrittswahrscheinlichkeiten (w=1/3) zugeordnet. Unter Zugrundelegung dieser fiktiven

Wahrscheinlichkeiten wird der Erwartung berechnet. Empfohlen wird die Alternative mit dem höchsten Erwartungswert (A1).

■ Die **Minimax-Regel** empfiehlt die Wahl der Alternative, deren schlechtester Ergebniswert im Vergleich zu denen der anderen Alternativen am höchsten ist (A2=100). Weil nur das schlechtestmögliche Ergebnis betrachtet wird, geht diese Regel von extremer Risikoaversion aus.

■ Die **Maximax-Regel** wendet sich an Entscheidungsträger mit positiver Risikoneigung: empfohlen wird die Alternative mit dem höchstmöglichen Ergebniswert (A3=240).

■ Die **Hurwicz-Regel (Pessimismus-Optimismus-Regel)** lässt Raum für die Berücksichtigung subjektiver Risikoeinstellung. Hierzu führt sie den Risikoparameter λ ein. Die Zeilenmaxima werden mit dem Optimismusparameter λ, die Zeilenminima werden mit dem Pessimismusparameter $(1-\lambda)$ gewichtet. Der Risikoparameter kann Werte von 0 (extrem risikoscheu) bis 1 (extrem risikofreudig) annehmen. Im obigen Fall wurde für ein risikoscheues Wirtschaftssubjekt der Faktor $\lambda=0{,}2$ gewählt. Unter diesen Bedingungen fällt die Wahl auf A2.

■ Die **Savage-Niehans-Regel** wird auch als **Regel des kleinsten Bedauerns** bezeichnet. Als Bedauern gilt die Differenz zwischen dem im Hinblick auf die Zielerreichung besten und dem schlechtesten Ergebnis einer Alternative. Dieser Wert soll minimiert werden. Hierzu muss zunächst eine entsprechende Matrix erstellt werden. Es wird für jeden Nutzenwert der Entscheidungsmatrix der maximal mögliche Nachteile durch Differenzbildung des jeweiligen Spaltenmaximumwertes zum jeweiligen Nutzenwert ermittelt. Von diesen Werten wird für jede Handlungsalternative der maximale Betrag - das maximale Risiko - durch Zeilenmaximierung ermittelt, ehe aus diesen Werten in minimaler Wert - die Aktion, bei welcher das maximale Risiko am kleinsten ist - gewählt wird (vgl. **Abbildung 2.5**).

Abbildung 2.5   Bedauernsmatrix nach der Savage-Niehans-Regel

	Bedauernsmatrix			Maximales Risiko
	U1	U2	U3	
A1	0	50	30	50
A2	80	0	60	80
A3	100	10	0	100

Quelle: Wöhe, 2010

Diese Regel geht also von einem risikoscheuen Wirtschaftssubjekt aus, welches nur geringe Einbußen gegenüber dem besten Ergebnis erleiden möchte. Im obigen Beispiel ist Handlungsalternative A1 zu wählen, weil hier der Abstand zwischen den besten und schlechtesten Ergebnis nur 50 beträgt.

2.3   Standortentscheidungen

Der **Standort** ist der geographischer Ort, an dem ein Unternehmen seine Leistungen erstellt und absetzt. **Standortentscheidungen** sind Entscheidungen darüber, an wie vielen unter welchen geographischen Orten welche Leistungen eines Unternehmens erstellt und abgesetzt werden (Hansmann, 1974).

Die Wahl eines Standortes stellt sich bei

- Gründung,

- Standortverlagerungen oder

- Standortspaltung

eines Unternehmens.

Die Bedeutung von Standortentscheidungen ergibt sich dabei nicht nur aus der Tatsache, dass diese schwierig zu revidieren sind. Sie resultiert vielmehr auch daraus, mit der Entscheidung für einen bestimmten Standort die Rahmenbedingungen für zahlreiche Entscheidungen, wie etwa Rechtsform- oder Wachstumsentscheidungen, festgelegt werden.

Im Folgenden werden zunächst mögliche Ziele von Standortentscheidungen aufgezeigt eher Faktoren vorgestellt werden, welche die Attraktivität von Standorten beeinflussen und da im Zusammenhang mit der Standortwahl zu beachten sind.

2.3.1   Ziele von Standortentscheidungen

Grundsätzlich können Standortveränderungen wachstums-, schrumpfungs- oder strukturbedingt sein (Steiner, 1993):

- **Wachstumsbedingte Standortveränderungen**
  Diese Standortveränderungen führen zur Errichtung neuer und zur Erweiterung bestehender Standorte. Dabei streben Unternehmen meist nach folgenden Zielsetzungen:
  - Unternehmen versuchen sich räumlich näher an ihren Beschaffungsmärkten zu positionieren.
  - Unternehmen wollen ihre Produktionskapazitäten vergrößern.
  - Unternehmen wollen ihre Produktpalette erweitern und müssen daher neue Kapazitäten schaffen.
  - Unternehmen wollen neue Absatzmärkte erschließen.

■ **Schrumpfungsbedingte Standortveränderungen**
Im Rahmen des Stummfilms von Unternehmen kann es zu teilweisen oder kompletten Stilllegung von Standorten mit folgenden typischen Zielsetzungen kommen:

– Verringerung der Produktionskapazitäten von Unternehmen durch die teilweise oder vollständige Stilllegung von Produktionsstandorten und
– Verkleinerung des Produktsortiments und im Zuge dessen Stilllegung bestehender Absatzstandort und teilweise oder vollständige Stilllegung von Produktionsstandorten

■ **Strukturbedingte Standortveränderungen**
Bei strukturbedingten Standortveränderungen kommt es zur Aufteilung, Verlagerung oder Vereinigung von Standorten. Gründe hierfür können beispielsweise das ausnutzen von Synergieeffekten, die Reduktion von Arbeitskosten, die Reduktion von Transportkosten, die Realisierung einer Just-in-Time Lieferung oder eine Verbesserung der Infrastrukturanbindung sein.

2.3.2   Betriebliche Standortfaktoren

Der Begriff des Standortfaktors geht auf Alfred Weber zurück, welcher zu den Gründern der klassischen betriebswirtschaftlichen Standardlehre gehört (Weber, 1914).

Standortfaktoren sind entscheidungsrelevante Kriterien, anhand derer die Eignung eines bestimmten geographischen Ortes für die Errichtung einer Betriebsstätte überprüft werden kann (Vahs und Schäfer-Kunz, 2007).

Im Zuge der strategischen Standortplanung muss jeder potentielle Standort gründlich untersucht werden. Die vorteilhaft von Standorten wird dabei von einer Reihe von Faktoren beeinflusst. Diese lassen sich in folgende Bereiche einteilen (in Anlehnung an Wöhe, 2010):

■ **Beschaffungsorientierte Standortfaktoren**

– Grundstücke: Beschaffenheit, Anschaffungspreis bzw. Mietzins
– Roh-, Hilfs- und Betriebsstoffe: Preise, Transportkosten
– Arbeitskräfte: Arbeitskräftepotenzial (Anzahl), Lohnniveau, Qualifikation, Erfahrung, Teamgeist
– Energie: Verfügbarkeit, Kosten
– Verkehr: Verkehrsinfrastruktur (Autobahnanschluss, Gleisanschluss, Nähe zum Flughafen), Transportkosten und –dauer

■ **Produktions-/Fertigungsorientierte Standortfaktoren**

– Natürliche Gegebenheiten: Beschaffenheit des Bodens, Klimas
– Technische Gegebenheiten: Räumliche Nähe kooperationsbereiter Unternehmen (z.B. Zulieferer bei Just in Time-Logistik)

■ **Absatzorientierte Standortfaktoren**

- Absatzpotenzial: Bevölkerungsstruktur, Kaufkraft, Konkurrenz
- Herkunftsgoodwill: Image von Produktionsregionen
  (z.B. Schwarzwälder-/Parma-Schinken)
- Kontakte zu Abnehmern: Nähe zu Kundenwünschen,
  bei Dienstleistern: kurze Wege des Kunden zum Unternehmen
- Verkehr: Verkehrsanbindung, Transportkosten
- Kontakte zu Absatzhilfen: Makler, Messen, Werbeagenturen etc.

■ **Staatliche Standortfaktoren**

- Steuern: kommunale Gewerbesteuer, nationale Körperschaftssteuer etc.
- Grenzüberschreitende Regelungen: Zölle, Außenhandelsgesetz
- Wirtschaftsordnung: Wettbewerbsgesetze, Mitbestimmung, politische Stabilität
  (Gefahr einer Änderung der Wirtschaftsordnung mit Enteignungen, Einschränkun-
  gen)
- Staatliche Regulierungen: Genehmigungsverfahren, Zulassungsverfahren (Pharma,
  Gentechnik)
- Umweltschutzmaßnahmen: staatliche Auflagen, Aktivitäten von Bürgerinitiativen
- Staatliche Hilfen: Förderprogramme für Investitionen, Existenzgründung, For-
  schung und Entwicklung

2.4   Rechtsformentscheidungen

Die unternehmerische Tätigkeit beginnt mit der Gründung eines Unternehmens und damit
verbunden der Wahl einer Rechtsform. Nach deutschem Recht stehen hier für eine Reihe
von möglichen Rechtsformen zur Verfügung, zwischen denen ein Existenzgründer wählen
muss.

Im Folgenden werden zuerst wesentliche Entscheidungskriterien, welche bei der Wahl der
Rechtsform zu berücksichtigen sind, beschrieben. Anschließend werden die in Deutschland am weitesten verbreiteten Rechtsformen kurz dargestellt.

2.4.1   Ziele und Auswahlkriterien der Rechtsformenwahl

Jede unternehmerische Entscheidung orientiert sich auch die Wahl der Rechtsform in der
Regel am unternehmerischen Oberziel, als üblicherweise am Ziel der langfristigen Gewinnmaximierung. Bei der Wahl der Rechtsform sind damit alle Sachverhalte zu berücksichtigen, welche diese Zielgröße beeinflussen. Diese zielbeeinflussenden Sachverhalte
stellen gleichermaßen die Auswahlkriterien dar, welche im folgenden kurz skizziert werden sollen (Camphausen, 2008):

■ Leistungs- und Kontrollbefugnisse

Im Hinblick auf die Leitungsbefugnis bestehen gravierende Unterschiede zwischen Einzelunternehmungen und Personengesellschaften einerseits und Kapitalgesellschaften andererseits. Während Kapitalgesellschaften unabhängig von der Kapitalbeteiligung immer von Angestellten Geschäftsführern geführt werden, werden Eigentümer geführte Unternehmen meist von den alten Kapitalgebern geleitet. Bei Kapitalgesellschaften haben die Kapitalgeber nichts notwendigerweise Geschäftsführungsbefugnis.

■ Haftungsumfang der Eigenkapitalgeber

Im Hinblick auf die Haftung Regelungen der Rechtsformen interessiert die Unternehmer vor allem die Frage, ob ihr Kapital Verlustrisiko beschränkt ist oder nicht und in welchem Maße Anteilseigner für die Verbindlichkeiten des Unternehmens aufkommen. Der Grundsatz der unbeschränkten Haftung besagt, dass jede Person für ihre Verbindlichkeiten mit ihrem gesamten Vermögen haftet (Wöhe, 2010). Der Einzelunternehmer haftet für seine Verbindlichkeiten nicht nur mit seinem Betriebs-, sondern auch mit seinem Privatvermögen. Bei Personengesellschaften unterliegen alle Gesellschafter ebenfalls einer persönlichen und unbeschränkten Haftung und haften somit im schlimmsten Fall auch mit ihrem Privatvermögen. Die einzige Ausnahme bildet die GmbH & Co. KG, bei der die beschränkt haftende GmbH die Aufgabe des voll haftenden Gesellschafters übernimmt.

■ Finanzierungsmöglichkeiten

Die Wahl der Rechtsform hat einen großen Einfluss auf die Finanzierungsmöglichkeiten eines Betriebes. Zur Eigenfinanzierung steht in der Einzelunternehmung nur ein einziger Eigenkapitalgeber bereit. Damit ist der Einzelunternehmer bei der Kapitalbeschaffung auf sich allein gestellt und gegebenenfalls auf entsprechende Finanzinstitute angewiesen. Publikumsaktiengesellschaften können demgegenüber über den Kapitalmarkt ungleich leichter Kapital beschaffen. Da sich mit höherer Eigenkapitalausstattung auch die Finanzierungsmöglichkeiten verbessern, muss der Einfluss der Rechtsformwahl auf die Finanzierungsmöglichkeiten als außerordentlich bedeutsam eingeschätzt werden (Wöhe, 2010).

■ Rechnungslegung / Prüfung / Publizität und Mitbestimmung der Arbeitnehmer

Bei Publizität und Prüfung geht es um die Frage, ob der Jahresabschluss eines Unternehmens zu veröffentlichen und von einem Wirtschaftsprüfer zu kontrollieren ist. Publizitäts- und Prüfungspflichten sind für die entsprechenden Unternehmen mit hohen Kosten verbunden. Auch die Mitbestimmung der Arbeitnehmer wird von den Eigenkapitalgeber an meist als negativ empfunden, weil sie durch ihre Leitungs- und Kontrollrechte eingeschränkt werden. Da nicht alle Rechtsformen den gesetzlichen Publizitäts-, Prüfungs- und Mitbestimmungsvorschriften unterliegen, spielt dieses Kriterium bei der Rechtsformwahl ebenfalls eine zentrale Rolle.

■ Steuerbelastung

Zwischen den verschiedenen Rechtsformen bestehen grundlegende Unterschiede hinsichtlich der Besteuerung. Während bei Einzelunternehmungen und Personengesellschaften nicht das Unternehmen selbst, sondern die Gesellschafter steuerpflichtig sind,

sind Kapitalgesellschaften selbst steuerpflichtig. Generell sind besonders die folgenden Steuerarten von Bedeutung:

- Gewinne von natürlichen Personen (Einzelunternehmer an und Gesellschaftern) werden mittels der Einkommensteuer besteuert.
- Gewinne von juristischen Personen (Kapitalgesellschaften) unterliegen der Körperschaftssteuer.
- Zusätzlich zu den obigen Steuern fällt für alle Rechtsformen Gewerbesteuer an. Diese wird nicht an den Staat, sondern an die Stadt oder Gemeinde abgeführt in welcher das Unternehmen seine jeweilige Niederlassung hat.

Aus der Wirtschaftspraxis: steuerpflichtige Unternehmen und deren Umsatz 2008 nach der Rechtsform

Die wirtschaftliche Bedeutung verschiedener Rechtsformen kann aus der amtlichen Umsatzsteuerstatistik des Statistischen Bundesamtes Deutschland abgeleitet werden. In dieser Statistik werden die Gesamtzahl der Betriebe und die jeweiligen steuerlichen Umsätze angegeben (vgl. **Abbildung 2.6**).

Abbildung 2.6   Steuerpflichtige Unternehmen und deren Umsatz 2008 nach der Rechtsform

Rechtsformen	Steuerpflichtige		Steuerbarer Umsatz	
	Anzahl	Anteil an der Gesamtzahl	in Mio. €	Anteil am Gesamtumsatz
Einzelunternehmen	2.233.767	70,1%	535.956	9,9%
Offene Handelsgesellschaften	265.868	8,3%	234.825	4,3%
KG einschließlich GmbH & Co. KG	137.153	4,3%	1.250.983	23,1%
AG und KGaA	7.862	0,2%	1.037.478	19,2%
GmbH	465.694	14,6%	1.947.514	36,0%
Erwerbs- und Wirtschaftsgenossenschaften	5.192	0,2%	62.379	1,2%
Unternehmen gewerblicher Art von Körperschaften des öffentlichen Rechts	6.286	0,2%	33.789	0,6%
Sonstige Rechtsformen	65.056	2,0%	309.317	5,7%
Insgesamt	3.186.878	100,0%	5.412.240	100,0%

Quelle: Wöhe, 2010; Statistisches Bundesamt Deutschland: Umsatzsteuerstatistik, Fachserie 14, Reihe 8 (Stand: 31.03.2010), zugegriffen am 21.02.2011, https://www-ec.destatis. de/csp/shop/sfg/bpm.html.cms.cBroker.cls?cmspath=struktur,vollanzeige.csp&ID=1025520

Von der Anzahl der Unternehmen her bilden die Einzelunternehmen mit einem Anteil von gut 70 % an der Gesamtzahl der erfassten Betriebe die mit Abstand stärkste Gruppe. Aus der geringen Umsatzquote von knapp 10 % lässt sich erkennen, dass es sich bei den Einzelunternehmen zumeist um kleinere Betriebe handelt.

Die Gruppe der Kapitalgesellschaften (AG, KGaA, GmbH) erreicht demgegenüber nur einen Anteil von fast 15 %. Gleichzeitig erzielen diese Unternehmen aber über 50 % des Gesamtumsatzes.

Die folgende Abbildung enthält einen zusammenfassenden Überblick über die gebräuchlichsten Rechtsformen private Betriebe.

Abbildung 2.7   Die privatrechtlichen Rechtsformen der Betriebe im Überblick

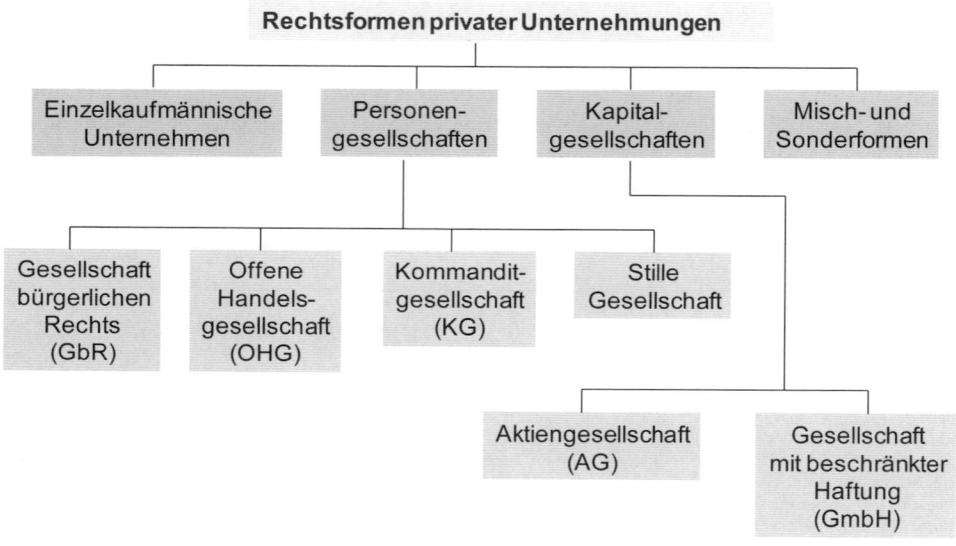

Einen Überblick hinsichtlich der wesentlichen Unterscheidungsmerkmale von Einzelunternehmen, Personengesellschaften und Kapitalgesellschaften gibt die nachfolgende Abbildung.

Abbildung 2.8   Charakteristika von Einzelunternehmen, Personen- und Kapitalgesellschaften

Einzelunternehmen	Personengesellschaften	Kapitalgesellschaften
‣ Einzelne Person als Unternehmer	‣ Mehrere Eigentümer ‣ Mitgliedschaft ohne Zustimmung aller Gesellschafter nicht frei übertragbar ‣ Alle oder ein Teil der Gesellschafter haften mit ihrem Gesamtvermögen ‣ Vollhaftende Gesellschafter haben Recht zur Geschäftsführung	‣ Juristische Personen, d.h. rechtlich selbständig (vom Wechsel der Gesellschafter unabhängig) ‣ In eigenem Namen klagen/verklagt werden/Rechtsgeschäfte abschließen ‣ Haftung durch Gesellschaftsvermögen

In den folgenden Abschnitten werden die wichtigsten Rechtsformen hinsichtlich der oben
genannten Kriterien kurz skizziert.

2.4.2   Einzelunternehmen

Ein **Einzelunternehmen** ist grundsätzlich jedes Unternehmen, welches von einer einzelnen
natürlichen Person als Rechtssubjekt geführt wird. Rechte und Pflichten obliegen bei dieser
Rechtsform nicht im Betrieb, sondern dem Unternehmer. Der Einzelunternehmer betreibt
dabei als Kaufmann seine Handelsgeschäfte unter dem Namen seiner Firma. Dabei ist der
Firmenname frei wählbar und muss bei Eintragung ins Handelsregister den Zusatz „einge-
tragener Kaufmann" (in der Regel abgekürzt: e.K.) enthalten. Die Einzelfirma besitzt keine
eigene Rechtspersönlichkeit was den Einzelunternehmer als **natürliche Person** zum Träger
von Rechten und Pflichten macht (Wöhe, 2010).

■ **Gründung**
   Die Gründung eines Einzelunternehmens erfolgt formlos durch den Einzelunternehmer. Je nach Umsatzgröße des Betriebes sind bestimmte Meldepflichten und Auflagen
   zu beachten. So genannte kaufmännische Betriebe müssen in das Handelsregister eingetragen werden. In der Praxis erfolgt die Einordnung meist anhand von finanziellen
   Kriterien. Demzufolge sind Unternehmen, welche einen Gewinn von 50.000 € oder einen Umsatz von 500.000 € und mehr erzielen kaufmännisch tätig.

■ **Leitung**
   Der Einzelunternehmer leitet das Unternehmen allein und ohne einen weiteren Geschäftsführer.

■ **Haftung**

Der Einzelunternehmer haftet mit seinem gesamten Vermögen (Betriebs- und Privatvermögen) persönlich unbeschränkt für sämtliche Verbindlichkeiten des Unternehmens. Die Eigenfinanzierung der Einzelunternehmung erfolgt dabei durch die Kapitalanlage vom Privat-ins Betriebsvermögen. Zur Fremdfinanzierung wird üblicherweise
auf Bankdarlehen zurückgegriffen. Dabei ist die Fremdfinanzierungsmöglichkeit abhängig von der Kreditwürdigkeit des Einzelunternehmers (Wöhe, 2010).

■ **Rechnungslegung / Publizität**

Als Kaufmann hat der Einzelunternehmer die Pflicht zur ordnungsgemäßen Buchführung. Diese beinhaltet die Pflicht, sämtliche Geschäfte des Unternehmens zu dokumentieren und zum Ende des Geschäftsjahres einen Jahresabschluss (Bilanz) zu erstellen.
Eine Prüfung oder Publizierung des Jahresabschlusses ist dabei allerdings nicht erforderlich.

■ **Steuerbelastung**

Einzelunternehmer unterliegende Einkommen-und der Gewerbesteuer. Eine Ausnahme bilden die so genannten Freiberufler, die nach Paragraph 18 des Einkommenssteu-
ergesetzes einen der dort erwähnten Katalogberufe ausüben wie zum Beispiel Ingenieure. Als Bemessungsgrundlage gilt der erwirtschaftete Gewinn der Einzelunternehmer.

2.4.3   Personengesellschaften

Die Rechtsform des Einzelunternehmens bringt eine Reihe von potentiellen Nachteilen mit
sich, so zum Beispiel beschränktes Eigenkapital, etwaige Überforderung mit der Unternehmensführung oder fehlende fachliche Kompetenzen. Vor diesem Hintergrund kann es
sinnvoll sein, dass sich mindestens zwei Personen auf der Grundlage eines privatrechtlichen Vertrages, dem so genannten **Gesellschaftsvertrag**, rechtsgeschäftlich zusammenschließen, um einen konkreten gemeinschaftlichen Zweck zu verfolgen. Eine **Personengesellschaft** entsteht demnach beim rechtsgeschäftlichen Zusammenschluss von mindestens
zwei natürlichen oder juristischen Personen. Wesentliche Merkmale der Personengesellschaften sind (Vahs und Schäfer-Kunz, 2007):

■ Die Gesellschafter als natürliche Personen besitzen besondere Bedeutung.

■ In der Regel sind Unternehmensleitung und Kapitaleigentum in Personalunion vereint.

■ Grundsätzlich besitzen die Gesellschafter die uneingeschränkte Leitungsbefugnis.

■ Alle oder ein Teil der Gesellschafter haften ihren gesamten Vermögen.

■ Es fehlt die eigene Rechte Persönlichkeit der Gesellschaft, und die Führungsnachfolge
ist in der Praxis problematisch.

2.4.3.1   Gesellschaft bürgerlichen Rechts

Die **Gesellschaft bürgerlichen Rechts** (Gbr / BGB-Gesellschaft) bildet die Grundform aller Personengesellschaften und somit den Prototypen für alle im folgenden behandelten Rechtsformen von Personengesellschaften (OHG, KG). Sie ist eine auf einem Vertrag beruhende Personengesellschaft zur Förderung eines von mindestens zwei Gesellschaftern gemeinsam verfolgten beliebigen Zwecks, welcher nicht auf den Betrieb eines Handelsgewerbes gerichtet ist (Klunzinger, 2004).

Eine GbR darf keine kaufmännische Tätigkeit ausüben und muss daher nicht im Handelsregister eingetragen werden. Wenn eine GbR eine bestimmte Umsatzgröße erzielt und somit kaufmännisch tätig wird, wird sie zu einer offenen Handelsgesellschaft (O. HG). Die Gesellschaft bürgerlichen Rechts kommt in der Wirtschaftspraxis relativ häufig vor, so beispielsweise bei (Stehle und Stehle, 2005):

■ Gelegenheitsgesellschaften, wie Arbeitsgemeinschaften und Konsortien,

■ Kartellen,

■ Holding-Gesellschaften und

■ Zusammenschlüssen von Handwerkern oder Freiberuflern, die zum Beispiel Ärzten in Praxen oder Architekten in Gemeinschaftsbüros.

■ **Gründung**
Eine GbR wird von mindestens zwei Gesellschaftern zur Erreichung eines gemeinsamen Zwecks gegründet. Gesellschafter können dabei sowohl natürliche Personen als auch juristische Personen sein. Eine **juristische Person** ist ein Körperschaftsgebilde mit eigener Rechtspersönlichkeit (zum Beispiel Mayr GmbH). Die Gründung erfolgt durch einen Vertrag, welcher ausdrücklich schriftlich, mündlich oder stillschweigend (durch konkludentes Verhalten) abgeschlossen werden kann. Vor diesem Hintergrund empfiehlt sich in der Praxis die Schriftform. Eine Handelsregistereintragung erfolgt nicht.

■ **Leitung**
Grundsätzlich übernehmen die Gesellschafter einer GbR Geschäftsführung gemeinsam. Abweichende Regelungen für interne Führungsstrukturen können aber von den Gesellschaftern im Gesellschaftsvertrag festgelegt werden.

■ **Haftung**
Die Gesellschafter einer GbR haften unbeschränkt sowohl mit ihrem betrieblichen als auch mit ihrem Privatvermögen. Die Haftung der Gesellschafter ist demzufolge unbeschränkt und gesamtschuldnerisch. Die **gesamtschuldnerische Haftung** besagt, dass jeder Gesellschafter dem Gläubiger gegenüber für den vollen geschuldeten Betrag haftet. Er kann die Haftung also nicht auf seinen Anteil am Gesellschaftsvermögen beschränken (Vahs und Schäfer-Kunz, 2007). Die Eigenfinanzierung der GbR ergibt sich aus den Einlagen der Gesellschafter. Zur Fremdfinanzierung greift die GbR in der Regel auf Bankkredite zurück. Aufgrund der gesamtschuldnerischen Haftung der Gesellschafter in die Kreditwürdigkeit der GbR von der Kreditwürdigkeit der Gesellschafter, insbesondere von der Höhe ihres summierten Reinvermögens, ab (Wöhe, 2010).

■ **Rechnungslegung / Publizität**

Da eine GbR naturgemäß keine kaufmännische Tätigkeit ausüben kann, entfallen hier die handelsrechtlichen Buchführungspflichten.

■ **Steuerbelastung**

Die Besteuerung der GbR ist abhängig von der Rechtsform der beteiligten Gesellschafter. Die Eigentums- beziehungsweise Körperschaftsteuer wird von den jeweiligen Gesellschaftern getragen. Die Gewerbesteuer trägt die GbR selbst.

2.4.3.2   Offene Handelsgesellschaft

Eine **offene Handelsgesellschaft** ist eine Personengesellschaft, deren Zweck auf den Betrieb eines kaufmännischen Handelsgewerbes unter gemeinschaftlicher Firma gerichtet ist, ohne, dass eine Haftungsbeschränkung der Gesellschafter gegenüber den Gläubigern besteht (Klunzinger, 2004). Es handelt sich dabei um die typische Rechtsform kleinerer und mittlerer Betriebe mit mehreren Gesellschaftern. Die OHG ist mit gut 8 % der Unternehmen die zweithäufigste Rechtsform in Deutschland (Töpfer, 2007).

■ **Gründung**

Der Gründungsprozess einer OHG verläuft analog zu dem der GbR: mindestens zwei Gesellschafter schließen einen formlosen Gesellschaftsvertrag. Die Gesellschafter können dabei sowohl natürliche als auch juristische Personen sein. Eine Eintragung in das Handelsregister ist vorgeschrieben. Die Firma einer O. HG muss die Bezeichnung „offene Handelsgesellschaft" oder eine allgemein verständliche Abkürzungen dieser Bezeichnung enthalten (Jung, 2009).

■ **Leitung**

Zur Führung der Geschäfte der Gesellschaft sind alle Gesellschafter berechtigt und verpflichtet. Es handelt sich hierbei um ein so genanntes **dispositives Recht**, das heißt, dass der Gesellschaftsvertrag eine abweichende Regelung festgelegt werden kann. Beispielsweise können durch den Gesellschaftsvertrag einer oder mehrere Gesellschafter von der Geschäftsleitung ausgeschlossen werden. Aus diesem Grund ist jeder Gesellschafter allein vertretungs- und geschäftsführungsberechtigt.

■ **Haftung**

Alle Gesellschafter der OHG haften für die Verbindlichkeiten solidarisch mit ihrem gesamten Vermögen direkt und unbeschränkt. Damit können Gläubiger der Gesellschaft für ihre gesamten Forderungen jedem Gesellschafter in Anspruch nehmen. Die Eigenfinanzierung der OHG erfolgt durch die Kapitalanlage der Gesellschafter. Die Fremdfinanzierung der OHG erfolgt in der Regel über die Aufnahme von Bankkrediten. Dabei ist die Kreditwürdigkeit der Gesellschafter von zentraler Bedeutung.

■ **Rechnungslegung / Publizität**

Aufgrund ihrer Kaufmannseigenschaften die OHG verpflichtet, Bücher zu führen und einen handelsrechtlichen Jahresabschluss zu erstellen. Eine Prüfung und Publizierung des Jahresabschlusses ist jedoch gesetzlich nicht vorgeschrieben.

■ **Steuerbelastung**

Die OHG unterliegt wie alle anderen Personen Gesellschaftern nicht der Körperschaftssteuer. Dafür unterliegen die Einkünfte aus dem Gewerbebetrieb der Einkommensteuer.

2.4.3.3   Kommanditgesellschaft

Eine **Kommanditgesellschaft (KG)** ist eine Personengesellschaft, deren Zweck auf den
Betrieb eines Handelsgewerbes unter gemeinschaftlicher Firma gerichtet ist und bei der
mindestens ein Gesellschafter über den Gläubigern unbeschränkt und mindestens ein
Gesellschafter nur mit seiner Kapitaleinlage haftet (Rose und Glorius-Rose, 2001).

Die Kommanditgesellschaft ist damit der offenen Handelsgesellschaft grundsätzlich sehr
ähnlich. Die wesentlichen Unterschiede liegen im Bereich der Haftung.

■ **Gründung**

Der Gründungsvorgang entspricht dem der GbR und der OHG: mindestens zwei Gesellschafter schließen einen formlosen Gesellschaftsvertrag. Die einzige Besonderheit ist, dass
alle Gesellschafter sowie deren Kapitaleinlage im Gründungsvertrag festzuhalten sind.

■ **Leitung**

Falls der Gesellschaftsvertrag keine abweichenden Regelungen vorsieht (dispositives
Recht), ob liegt die Geschäftsführung grundsätzlich den voll haftenden Gesellschaftern,
welche **Komplementäre** genannt werden.

■ **Haftung**

Charakteristisches Merkmal der Kommanditgesellschaft ist, dass die Gesellschafter unterschiedlich für die Verbindlichkeiten der Gesellschaft haften. Die Komplementäre
haften unbeschränkt persönlich. Die anderen Gesellschafter, die so genannten **Kommanditisten**, sind Teilhafter und haften maximal bis zur Höhe ihrer Kapitalanlage, das
heißt nur mit dem Kapital, welches sie in die Kommanditgesellschaft eingebracht haben. Häufig werden in Kommanditgesellschaften beschränkt haftende Kapitalgesellschaften als Komplementäre eingesetzt. Dies führt zur Entstehung von so genannten
Mischformen, wie beispielsweise der **GmbH & Co. KG**. Grundform dieser Gesellschaft bleibt die Kommanditgesellschaft, also eine Personengesellschaft. In dieser tritt
eine beschränkt haftende GmbH als Komplementär auf und ersetzt die natürliche Person als Vollhafter. Auf diese Weise wird das Haftungsrisiko der Kommanditgesellschaft auf das Gesellschaftsvermögen der GmbH und die Kapitaleinlagen der Kommanditisten beschränkt. Anders als in der OHG, in der es nur Vollhafter gibt, kann die
Kommanditgesellschaft ihren Gesellschafterkreis um (risikoscheue) Eigenkapitalgeber,
die beschränkt haftenden Kommanditisten, ausdehnen (Wöhe, 2010).

■ **Rechnungslegung / Publizität**

Für die Grundform der Kommanditgesellschaft bestehen keine Publizitätspflichten.
Wie aller kaufmännischen Betriebe ist jedoch auch die Kommanditgesellschaft zur ordnungsgemäßen Buchführung verpflichtet. Mischformen, wie die oben dargestellte
GmbH & Co. KG sind dagegen zur ordnungsgemäßen Buchführung verpflichtet und
müssen ihren Jahresabschluss veröffentlichen.

■ **Steuerbelastung**

Die Gewinne der Kommanditgesellschaft unterliegen anteilig der Einkommensteuer der Komplementäre und der Kommanditisten sowie der Gewerbesteuer, davon einer gewerblichen Tätigkeit der Gesellschaft ausgegangen wird.

2.4.3.4   Stille Gesellschaft

Bei der **stillen Gesellschaft** beteiligt sich ein Kapitalgeber (der so genannte stille Gesellschafter) am Handelsgewerbe eines Geschäftsinhabers in der Weise, dass seine Kapitaleinlage in das Vermögen des Geschäftsinhabers übergeht (Wöhe, 2010).

Die Bezeichnung stille Gesellschaft erklärt sich aus der Tatsache, dass die Kapitalbeteiligung des stillen Gesellschafters für Außenstehende nicht erkennbar ist. Die stille Gesellschaft ist keine Handelsgesellschaft an sich, sondern eine reine Innengesellschaft, welche nach außen hin nicht in Erscheinung tritt. Sie hat immer genau zwei Gesellschafter. Die Motive für die Gründung einer stillen Gesellschaft sind vorrangig finanzieller Natur (Stärkung des Eigenkapitals) oder sie haben einen wettbewerbs-, gewerbe- und steuerrechtlichen Hintergrund. Die stille Gesellschaft besitzt in der Praxis eine große Bedeutung, weil sie aus der Sicht des stillen Gesellschafters einer Reihe von Vorteilen bietet, wie beispielsweise einen begrenzten Kapitaleinsatz und keine unmittelbare Haftung (Vahs und Schäfer-Kunz, 2007).

■ **Gründung**

Die Gründung einer stillen Gesellschaft erfolgt über einen Vertrag, der formlos sein kann. Die stille Gesellschaft wird nicht in das Handelsregister eingetragen. Es handelt sich um eine reine Innengesellschaft, deren Regelungen im Gesellschaftsvertrag verankert sind.

■ **Leitung**

Der stille Gesellschafter ist grundsätzlich von der Geschäftsführung und der Vertretung ausgeschlossen.

■ **Haftung**

Der stille Gesellschafter haftet nicht mit seiner Einlage für Forderungen gegen das Unternehmen. Eine Zahlungsverpflichtung besteht für den stillen Gesellschafter nur bei Konkurs des Unternehmens. Nach der Eröffnung eines Insolvenzverfahrens kann der stille Gesellschafter über das Vermögen des Geschäftsinhabers seiner Einlage als Insolvenzgläubiger zurückfordern (Wöhe, 2010).

■ **Rechnungslegung / Publizität**

Als Betreiberin eines Handelsgewerbes ist die stille Gesellschaft in jedem Fall zur Erstellung eines handelsrechtlichen Jahresabschlusses verpflichtet. Eine gesetzliche Prüfungs-und Publizitätspflicht besteht dagegen nicht.

■ **Steuerbelastung**

Die Gewinne des typischen stillen Gesellschafters unterliegen der Einkommensteuer.

2.4.4   Kapitalgesellschaften

Kapitalgesellschaften sind Körperschaftsgebilde mit eigener Rechtspersönlichkeit (juristische Personen). Für die Unternehmen Verbindlichkeiten haftet somit die Gesellschaft (nicht die Gesellschafter) mit ihrem gesamten Vermögen (Wöhe, 2010).

Gegenüber den Personengesellschaften weisen die Kapitalgesellschaften folgende Merkmale auf (Vahs und Schäfer-Kunz, 2007):

- Die Kapitalanlage steht im Vordergrund, das heißt es handelt sich um eine unpersönliche Beteiligung von natürlichen und/oder juristischen Person.

- Die Gesellschafterhaftung ist auf die Höhe der Kapitalanlage begrenzt.

- Eine Trennung von Geschäftsführungsbefugnis und Beteiligung an der Gesellschaft ist möglich.

2.4.4.1   Gesellschaft mit beschränkter Haftung

Eine **Gesellschaft mit beschränkter Haftung** (GmbH) ist eine Kapitalgesellschaft, welche einen beliebigen Zweck verfolgen kann und bei welcher alle Gesellschafter gegenüber den Gläubigern nur mit ihrer Einlage haften (Klunzinger, 2004).

- **Gründung**
  Die GmbH kann von einer oder mehreren Personen gegründet werden und setzt einen Gesellschaftsvertrag voraus, welcher notariell beurkundet werden muss. Die Gründung einer GmbH endet mit ihrer Eintragung in das Handelsregister. Die GmbH muss bei Gründung über ein Stammkapital von mindestens 120.000 € verfügen, welches sich aus der Summe der Einlagen der einzelnen Gesellschafter zusammensetzt. Die Rechtsform „Limited" (Ltd.) ist die englische Form der deutschen GmbH.

- **Leitung**
  Die GmbH ist als Kapitalgesellschaft selbst ständigen Organen ausgestattet, welche für sie handeln. Die Organe der GmbH sind Geschäftsführer und Gesellschafterversammlung. Gesellschaften, welche der Mitbestimmung unterliegen, haben zusätzlich einen Aufsichtsrat. Die Leitungsbefugnis liegt bei der Geschäftsführung, die Kompetenz dagegen bei der Gesellschafterversammlung. Dabei richtet sich der Stimmen Gewicht in der Versammlung nach der Höhe der Stammkapitalanteile der jeweiligen Gesellschafter.

- **Haftung**
  Die GmbH haftet für ihre Verbindlichkeiten mit ihrem Gesellschaftsvermögen. Alle Gesellschafter haften mit ihrer Kapitalanlage, jedoch nicht mit ihrem Privatvermögen.

- **Rechnungslegung / Publizität**
  Die GmbH ist Publizitätspflicht dich, das heißt sie muss ihren Jahresabschluss im Handelsregister veröffentlichen. Ebenso wie aller kaufmännischen Betriebe ist auch eine GmbH zur ordnungsgemäßen Buchführung verpflichtet. In Abhängigkeit von der Un-

ternehmensgröße ist für die GmbH eine unabhängige Prüfung des Jahresabschlusses durch einen Wirtschaftsprüfer vorgeschrieben. Für diesen Fall muss der Jahresabschluss der GmbH um einen so genannten Lagebericht ergänzt werden.

■ **Steuerbelastung**
Die GmbH unterliegt der Körperschaftsteuer sowie der Gewerbesteuer.

2.4.4.2   Aktiengesellschaft

Eine **Aktiengesellschaft (AG)** ist eine Kapitalgesellschaft, welche einen beliebigen Zweck verfolgen kann, deren Grundkapital in Aktien zerlegt ist und bei welcher alle Aktionäre gegenüber Gläubigern nur mit ihrer Einlage haften (Klunzinger, 2004).

Vor dem Hintergrund der zunehmenden Globalisierung und Internationalisierung wird die Möglichkeit der Kapitalbeschaffung von Unternehmen immer wichtiger. Diese Entwicklung verhalf der Aktien der Gesellschaft als Rechtsform zu wachsender Popularität, da neues Kapital durch Ausgabe neuer Aktien relativ leicht zu beschaffen ist. Dies ist vor allem bei den so genannten **Publikumsgesellschaften** der Fall, deren Aktien an der Börse gehandelt werden.

■ **Gründung**
Eine Aktiengesellschaft kann von einer einzelnen oder von mehreren Personen gegründet werden. Die Gründungsphase beginnt mit der Feststellung der so genannten **Satzung**, welcher notariell beurkundet werden muss, und endet mit der Eintragung der Aktiengesellschaft in das Handelsregister. Das **Grundkapital** einer Aktiengesellschaft muss mindestens 50.000 € betragen und wird in Aktien zerlegt, welche von den Grund Aktionären (Aktionäre bei Gründung des Unternehmens) zu einem bestimmten Ausgabe übernommen werden müssen. Das Mindestgrundkapital muss bei Gründung zu mindestens einem fördere eingezahlt werden. Der Mindestnennbetrag/Aktie beträgt ein Euro. Das Grundkapital ist somit das Produkt aus Aktiennennbetrag und Aktienanzahl. Die Aktie ist dabei ein Wertpapier, welches seinem Inhaber die folgenden Rechte garantiert (Wöhe, 2010):

- Stimmrecht in der Hauptversammlung (Ausnahme: Stimmrecht lose Aktien),
- Recht auf Gewinnanteil (Dividende),
- Aktienbezugsrecht bei Kapitalerhöhung,
- Anteil am Liquidationserlös.

■ **Leitung**
Leitungs- und Kontrollbefugnisse sind in der Aktiengesellschaft auf die drei Organe **Vorstand**, **Aufsichtsrat** und **Hauptversammlung** verteilt. Der Vorstand leitet die Gesellschaft in eigener Verantwortung. Er besteht zumeist aus mehreren Personen und wird durch den Aufsichtsrat für maximal fünf Jahre bestellt wobei eine Wiederwahl möglich ist. Gegenüber dem Aufsichtsrat hat er entsprechende Berichtspflichten. Der Aufsichtsrat ist das Kontrollorgan der Aktiengesellschaft. Seine wichtigsten Aufgaben bestehen in der Wahl, der Überwachung und gegebenenfalls der Abberufung des Vorstandes. Die Aufsichtsratsmitglieder werden durch die Hauptversammlung für maxi-

mal 4 Jahre bestellt. Innen mit bestimmten Unternehmen bestimmt die Belegschaft die so genannten Arbeitnehmervertreter. Die Hauptversammlung ist die Versammlung aller Aktionäre, wobei diese jeweils eine Stimme pro Aktie haben (Ausnahme: Stimmrecht lose Vorzugsaktien). Die Hauptversammlung entscheidet über die Verwendung des Gewinns, die Bestellung von Abschlussprüfern, Satzungsänderungen, Kapitalerhöhungen und -herabsetzung sowie die Auflösung der Gesellschaft.

■ **Haftung**

Die Aktiengesellschaft haftet für ihre Verbindlichkeiten mit ihrem Gesellschaftsvermögen. Alle Gesellschafter (Aktionäre) haften mit ihrer Kapitalanlage, jedoch nicht mit ihrem Privatvermögen.

■ **Rechnungslegung / Publizität**

Aktiengesellschaften sind Publizitätspflicht dich, das heißt sie müssen ihren Jahresabschluss im Handelsregister veröffentlichen. Weiterhin sind alle Aktiengesellschaften zur ordnungsgemäßen Buchführung verpflichtet. Sofern eine Aktiengesellschaft bestimmte Größenmerkmale überschreitet, ist eine unabhängige Prüfung des Jahresabschlusses durch einen Wirtschaftsprüfer vorgeschrieben. Für diesen Fall muss der Jahresabschluss der Aktiengesellschaft um einen Lagebericht ergänzt werden. Diese hat die Aufgabe, die Lage der Gesellschaft für die Aktionäre transparenter zu machen.

■ **Steuerbelastung**

Aktiengesellschaften unterliegen der Körperschaftssteuer und der Gewerbesteuer. Die Einkünfte der Aktionäre (Aktiengewinne) unterliegen der Einkommensteuerpflicht.

2.5   Organisation

2.5.1   Ziele und Begriff der Organisation

Im Hinblick auf die bestmögliche Erfüllung der unternehmerischen Ziele ist es von entscheidender Bedeutung, dafür zu sorgen, dass sich die Erfüllung der diversen Teilaufgaben nicht isoliert und unkoordiniert vollzieht. Dies geschieht im weitesten durch die Schaffung einer so genannten Organisation. Im Rahmen der Organisation werden Anordnungs- und Beziehungen sowie Kommunikationsbeziehungen verschiedener Art erfasst und geregelt. Die Organisationsaufgaben bestehen somit darin, ein System zu errichten, welches gegebene Zielsetzungen möglichst ideal erreichen kann, und dieses System Änderungen des Zielkonzeptes, technischen Neuerungen, Umweltveränderungen sowie wissenschaftlichen Erkenntnissen kontinuierlich anzupassen (Nagel, 1991).

Unter dem Begriff **Organisation** versteht man das Bemühen der Unternehmensleitung, den komplexen Prozess betrieblicher Leistungserstellung und Leistungsverwertung so zu strukturieren beziehungsweise zu organisieren, dass die Effizienzverluste minimiert werden und die Zielerreichung bestmöglich gewährleistet werden kann (Schreyögg, 2008).

Organisation muss immer mit Blick auf das Unternehmen als Ganzes gesehen werden. Zum Zweck der besseren Analyse wird die Organisation in Aufbauorganisation und Ablauforganisation unterteilt sich im Folgenden kompakt dargestellt werden.

2.5.2   Aufbauorganisation

Die **Aufbauorganisation** ist das hierarchische Gerüst eines jeden Unternehmens. Dabei erfolgt die Bildung einer Aufbauorganisation in zwei Schritten: Spezialisierung und Konfiguration (Camphausen, 2008):

Spezialisierung

Der erste Schritt zur Gestaltung der Aufbauorganisation besteht darin, die Gesamtaufgabe eines Unternehmens (zum Beispiel die Herstellung von Automobilen) in einzelne Teilaufgaben zu untergliedern. Im Rahmen dieser so genannten **Aufgabenanalyse** wird die Gesamtaufgabe so lange in einzelne Aufgaben untergliedert, bis diese nicht weiter zerlegbar sind. Die Teilaufgaben der niedrigsten Ordnung (also diejenigen, welche sich nicht weiter unterteilen lassen), werden als **Elementaraufgaben** oder **Arbeitsgänge** bezeichnet, welche Mitarbeitern entsprechend geordnet werden können. Ziel der so genannten **Aufgabensynthese** ist anschließend die Zusammenfassung der Elementaraufgaben zu betriebswirtschaftlich sinnvollen Aufgabenkomplexen, welche in einem weiteren Schritt bestimmten Organisationseinheiten zugeordnet werden (Thommen und Achtleitner, 2006). Die kleinsten Organisationseinheiten werden als **Stellen** bezeichnet. Die Stellenbeschreibung umfasst dabei konkrete Aufgaben und Verantwortlichkeiten. Generell werden dabei Ausführungsstellen, Instanzen sowie Stabs- und Dienstleistungsstellen unterschieden (Wöhe, 2010):

■ **Ausführungsstellen**
   Ausführungsstellen sind die Stellen der untersten Hierarchieebene eines Unternehmens. Die Inhaber einer Stelle haben aus Führungsaufgaben ohne weitere Weisungsbefugnisse gegenüber anderen Stellen.

■ **Instanzen**
   Instanzen sind Leitungsstellen mit fachlicher und disziplinarischer Weisungsbefugnis. In der Regel sind ihnen eine Anzahl von Ausführungsstellen zugeordnet.

■ **Stabs- und Dienstleistungsstellen**
   Stabs- und Dienstleistungsstellen dienen zur Vorbereitung und Unterstützung. Sie besitzen keinerlei Leitungsbefugnis. Man spricht in diesem Kontext von nicht weisungsgebundener Führung. Der Hauptunterschied der beiden Stellenarten besteht darin, dass Stabs stellen direkt einer Instanz zugeordnet sind und dieser zuarbeiten während Dienstleistungsstellen ihrer Leistungen für verschiedene Instanzen erbringen (zum Beispiel Öffentlichkeitsabteilungen).

Die nachfolgende Abbildung gibt einen Überblick über das Vorgehen bei der Bildung der Aufbauorganisation. Im Vordergrund stehen dabei die folgenden Fragestellungen (Thommen und Achtleitner, 2006):

■ Nach welchen Kriterien kann die Gesamtaufgabe gegliedert und in Elementaraufgaben unterteilt werden?

■ Nach welchen Gesichtspunkten können die Elementaraufgaben zu Aufgabenkomplexen (Stellen) zusammengefasst und strukturiert werden?

■ Nach welchen Kriterien können die einzelnen Stellen ins Verhältnis zueinander gesetzt werden?

Abbildung 2.9   Prozess der Gestaltung der Aufbauorganisation

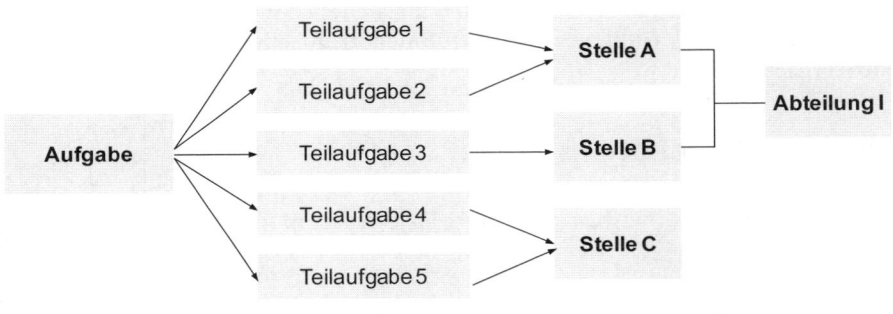

Aufgabenanalyse

Zerlegung der Unternehmensaufgabe, um Aufgabenelemente (= Teilaufgaben) zu erhalten, die in zweckmäßiger Form kombiniert werden können.

Aufgabensynthese

Verknüpfung der im Rahmen der Aufgabenanalyse entstandenen **Teilaufgaben** zu Stellen und zielwirksamen Strukturen.

Bei der Gestaltung der Aufbauorganisation stellt sich grundsätzlich die Frage nach der Breite der **Leitungsgliederung**, welche mit der **Kontroll-** und **Leitungsspanne** ausgedrückt werden kann:

■ **Kontrollspanne**
  „Unter der Kontrollspanne wird die Anzahl der einem Vorgesetzten unterstellten Mitarbeiter verstanden." (Thommen und Achtleitner, 2006, S. 779). Dabei gilt: je größer die Kontrollspanne, desto umfangreicher die durch den Vorgesetzten zu erfüllenden Leitungsaufgaben.

■ **Leitungstiefe**
  Die Leitungstiefe gibt die Anzahl der Managementebenen an. Im Gegensatz zur oben genannten Kontrollspanne handelt es sich dabei um eine vertikale Größe.

Konfiguration

Die Konfiguration beinhaltet die Zusammenfassung der Organisationseinheiten (Ausführungsstellen, Instanzen, Stabs- und Dienstleistungsstellen) zu einem Netzwerk von Leistungsbeziehungen. Ziel ist es, eine aufgabenorientierte Weisungsbeziehungen zu generieren (Ringlstetter, 1997). In diesem Zusammenhang versteht man unter einem **Organigramm** die schaubildartige Darstellung der entsprechenden Organisationsstruktur. Im Organigramm wird die Organisationsstruktur eines Unternehmens mit den Organisationseinheiten abgebildet. Bei denen in dem folgenden Abschnitt zu behandelnden Leitungssystemen geht es im Wesentlichen um zwei Fragekomplexe (Wöhe, 2010):

- ■ Wie werden die Organisationseinheiten vernetzt beziehungsweise wie werden die Weisungsbefugnisse geregelt?

- ■ Hat das Unternehmen eine funktionale oder eine Division aller Organisationsstruktur?

Zur Beantwortung dieser Fragen werden folgende Leitungssysteme vorgestellt: **Einliniensystem** und **Mehrliniensystem**, **Stablinienorganisation**, **Spartenorganisation** und **Matrixorganisation**.

2.5.3   Organisationsformen

2.5.3.1   Einliniensystem und Mehrliniensystem

Im **Einliniensystem** ist eine Stelle nur jeweils einer einzigen Instanz unterstellt. In Mehrliniensystem dagegen hat eine Stelle von mehreren übergeordneten Stellen Weisungen entgegenzunehmen (Wöhe, 2010).

Der zentrale **Vorteil** des **Einliniensystems** besteht in der klar abgegrenzten Kompetenz, welche Klarheit, Einfachheit und Übersichtlichkeit mit sich bringt. Dieses Leitungssystem impliziert auch eine relativ leichte Steuerbarkeit und straffe Kommunikationsbeziehungen. Der **Nachteil** dieses Systems liegt in den langen Kommunikationswegen und der entsprechend starken Belastung der Zwischeninstanzen. Meist geht auch eine verminderte Flexibilität und Reaktionsgeschwindigkeit mit diesem System einher.

Ein wesentlicher **Vorteil** des **Mehrliniensystems** besteht in den verkürzten Informationswegen, welche auch zu einer Entlastung der Unternehmensführung führen. Der entscheidende **Nachteil** des Mediensystems liegt dagegen in der Gefahr von Kompetenz- und Verantwortlichkeitskonflikten. Aufgrund dieses Mangels ist das Mehrliniensystem in der Praxis relativ selten anzutreffen.

Abbildung 2.10   Einlinien-System und Mehrlinien-System

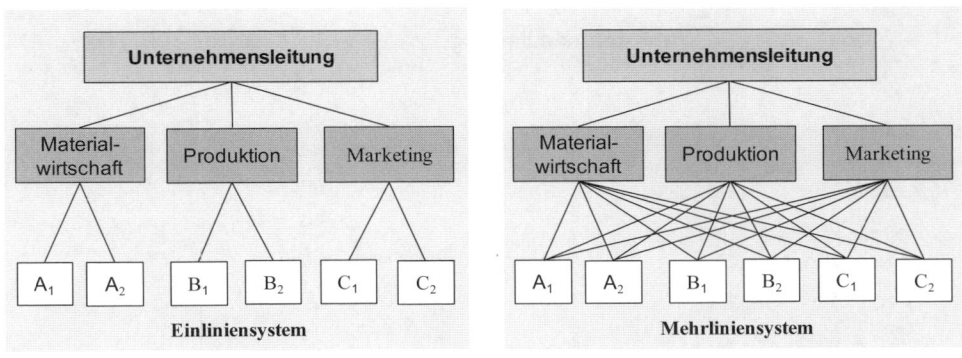

Quelle: Wöhe, 2010

Zur vereinfachten Koordination des Entscheidungsprozesses bedient man sich anderer Organisationsformen, welche im Folgenden skizziert werden sollen.

2.5.3.2   Stablinienorganisation

Beim **Stabliniensystem** sollen die Vorteile des Einliniensystems und des Mehrliniensystems kombiniert werden. Dies wird durch die Einrichtung von **Stabsstellen** ermöglicht, welche die Aufgabe haben Linieninstanzen zu entlasten. Dabei besitzen sie keinerlei Weisungsbefugnis sondern habe nur eine koordinierende und beratende Funktion.

Fließende Übergänge bestehen in der praktischen Anwendung zwischen der Stablinienorganisation und dem **Einliniensystem mit zentralen Dienststellen**. Die letztgenannten unterscheiden sich von den Stäben lediglich dadurch, dass sie im Hinblick auf die von ihnen zu lösenden Aufgaben nicht nur einer einzigen Instanz zugeordnet sind, sondern grundsätzlich mehreren oder sogar allen Instanzen beratend zur Seite stehen. Typische Einsatzgebiete für solche zentralen Dienststellen / **Zentralstellen** sind Berichtswesen, Rechnungswesen und die Personalabteilung.

Abbildung 2.11   Stablinienorganisation mit Zentralstellen

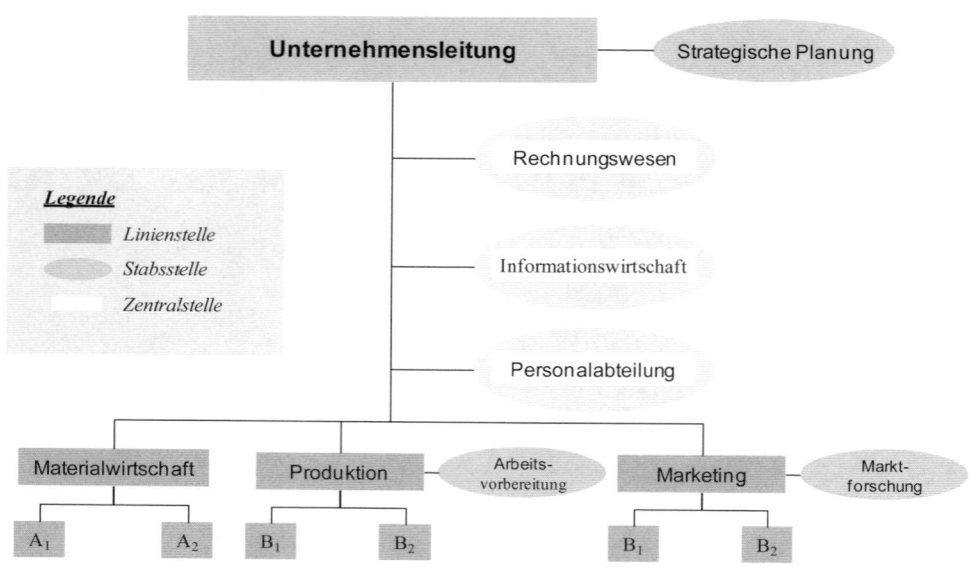

Quelle: Wöhe, 2010

Mit Hilfe der Stabsstellen und Zentralstellen sollen die **Vorteile** der klaren Abgrenzung des Einliniensystems mit den Vorteilen der Spezialisierung des Mehrliniensystems verbunden werden. **Nachteilig** wirkt sich die potentielle Gefahr aus, dass sich steht der als Konkurrenz zur Linie aufbauen. Aus der Perspektive der Stabsstellen können Konflikte entstehen, wenn Vorschläge und Strategien nicht anerkannt und umgesetzt werden und Mitarbeiter in den Stabsstellen aufgrund ihrer fehlenden Entscheidungskompetenz nicht anerkannt werden (Schierenbeck und Wöhle, 2008).

2.5.3.3   Spartenorganisation

In einer **Spartenorganisation** wird ein Betrieb nach Tätigkeitsbereiche (Sparten/Divisionen) gegliedert. Gängige Einteilung Strukturen können dabei Produktgruppen, Absatzregionen oder auch Kundengruppen sein. Unterhalb der Spartenebene kann der Aufbau einer funktionalen Gliederung folgen.

Abbildung 2.12   Stablinienorganisation mit Zentralstellen

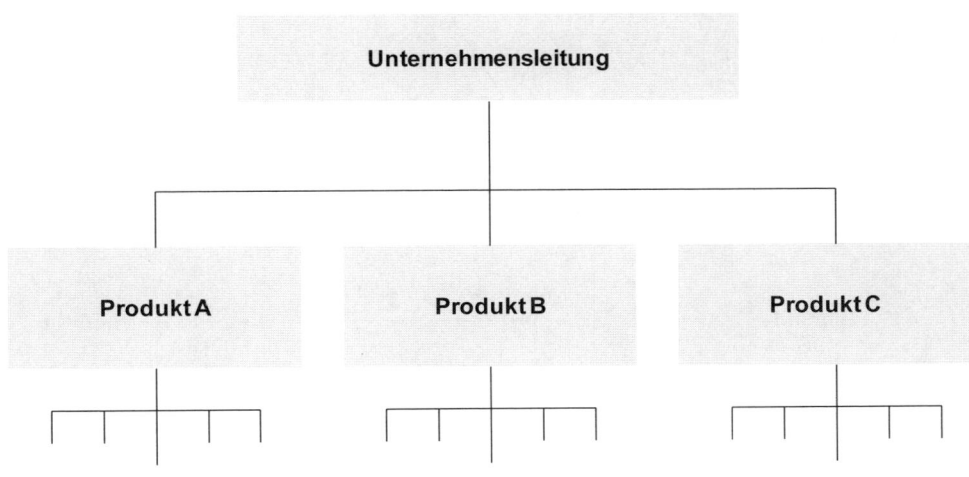

Die Spartenorganisation ist insbesondere für Unternehmen geeignet, welche einen sehr heterogenes Produktionsprogramm aufweisen sowie für Handelsunternehmen, welche regional stark unterschiedlichen Kundenwünschen Rechnung tragen müssen. Der zentrale **Vorteil** der Spartenorganisation liegt in der Möglichkeit zur Dezentralisierung von Entscheidungs- und Kontrollprozessen (Wöhe, 2010). Darüber hinaus kann eine größere Kundennähe beziehungsweise Marktnähe durch diese Organisationsform ermöglicht werden. Demgegenüber schlagen als **Nachteil** ein höherer Koordinierungsbedarf sowie eine hoher administrativer Aufwand zu Buche. Auch können höhere Personalkosten entstehen, z.B. durch den erhöhten Bedarf an Leitungsstellen und dadurch, dass bestimmte Positionen (z.B. Lohnbuchhaltung) immer wieder auftauchen und pro Geschäftsbereich einzeln wahrgenommen werden.

2.5.3.4   Matrixorganisation

Eine **Matrixorganisation** ist eine Form der Mehrlinienorganisation, bei welcher auf derselben hierarchischen Ebene zwei unterschiedliche Gliederungsprinzipien (zum Beispiel funktionale Gliederung und Produktgliederung) kombiniert werden. Insofern entsteht bei einer Matrixorganisation eine Stelle (Abteilung) im Fadenkreuz von einer Spartenleitung und einer Funktionsbereichsleitung.

Abbildung 2.13   Matrixorganisation

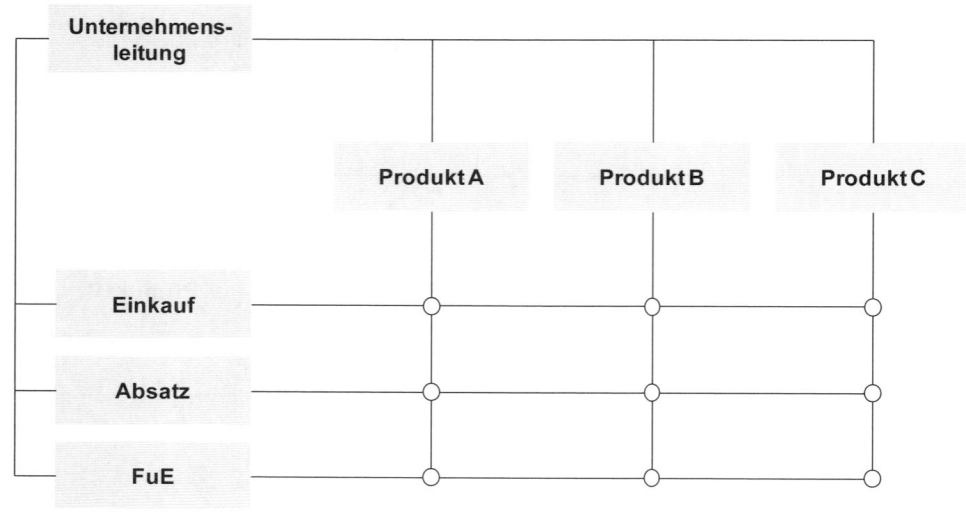

Selbstständige Funktionsbereiche übernehmen die Abwicklungstätigkeiten (Beschaffungs-, Produktions- und Vertriebsaktivitäten). Aufgabe des Spartenleiters ist, seine Projekte möglichst zügig durch alle für die Sparte zuständigen Funktionsbereiche zu schleusen. Er hat aber in der Regel keine Weisungsbefugnis gegenüber den Funktionsbereichen. Aufgabe des Funktionsbereichsleiters ist eine effiziente Projektabwicklung.

Die **Vorteile** der Matrixorganisation bestehen in der Motivation durch Partizipation am Problemlösungsprozess, der Ausgewogenheit von Entscheidungen, da Funktions- und Objektperspektive betrachtet werden, den kürzeren Kommunikationswegen, der Entlastung der Unternehmensleitung sowie der Marktnähe und Flexibilität (Jung, 2009). Die **Nachteile** liegen in der z.T. schwierigen Abgrenzung der Kompetenzen zwischen Objekt- und Funktionsverantwortlichen und den daraus resultierenden Konfliktpotentialen sowie dem grundsätzlich hohen Bedarf an Kommunikation und Abstimmung.

2.5.4   Ablauforganisation

Aufbau- und Ablauforganisation stehen in einem engen Abhängigkeitsverhältnis und betrachten gleiche Objekte unter verschiedenen Gesichtspunkten. Während die **Aufbauorganisation** festgelegt, welche Aufgaben von welchen Mitarbeitern zu bewältigen sind, setzt die **Ablauforganisation** Aufgaben der Organisationseinheiten in stellenübergreifende Arbeitsprozesse um. Gegenstand der Ablauforganisation ist die optimale zeitliche und räumliche Gestaltung der Arbeitsabläufe mit dem Ziel, eine möglichst gleichmäßige Auslastung der vorhandenen Kapazitäten (Menschen und Sachmittel) bei gleichzeitiger Minimierung der Durchlaufzeiten der zu bearbeitenden Objekte bzw. Leistungen zu erreichen. Diese Objekte können sowohl materieller (z.B. Werkstücke, Montageteile, Fertigprodukte) als auch geistig-kommunikativer Art (z. B. Verarbeitung von Informationen, Ablauf von Entscheidungsprozessen) sein.

Für dieses Ziel ist der Grad der **Regelbarkeit der Arbeitsabläufe** von großer Bedeutung. Je regelbarer Abläufe sind, um so eher kann das Ziel der Ablauforganisation erreicht werden. Die Regelbarkeit der Arbeitsabläufe hängt naturgemäß von der Art der Aufgabe ab: Mit steigender Gleichartigkeit und Häufigkeit der Aufgabe nimmt der Grad der Regelbarkeit zu.

Die Entstehung einer Ablauforganisation kann dabei in zwei Phasen unterteilt werden: **Arbeitsanalyse** und **Arbeitssynthese**. Zielsetzung der Arbeitsanalyse ist es, einen Überblick der Arbeitsschritte zu geben, welche in einer bestimmten Aufgabe enthalten sind. Im Rahmen des Prozesses werden diese, vergleichbar der Aufgabenanalyse, in ihre kleinsten Elemente zerlegt. Im Anschluss daran fast die Arbeitssynthese die einzelnen Elemente räumlich, zeitlich und personell zu effizienten Arbeitsschritte (Prozessen) zusammen.

Aufbauorganisatorische und ablauforganisatorische Regelungen bedingen einander und ergänzen sich.

Eine gut gestaltete Aufbauorganisation ist Voraussetzung für eine zweckmäßige Ablauforganisation, denn die Regelung der Aufgabenerfüllung (das "Wie") setzt dort ein, wo die Aufbauorganisation (das "Was") endet.

2.6   Unternehmensverbindungen

Zu den zentralen strategischen Zielen von Unternehmen zählen die langfristige Existenzsicherung sowie die Gewinnoptimierung. Beide Ziele hängen mit dem Wachstum und somit letztlich auch mit der Größe von Unternehmen zusammen, da die Unternehmensgröße neben Kostenvorteilen und der Reduktion von Risiken auch Vorteile in anderen Bereichen verschaffen kann. Grundsätzlich können die Unternehmen dabei zwei Wachstumsstrategien verfolgen (Steiner, 1993):

■ **Internes Wachstum**
Als internes Wachstum wird jede Art von Wachstum verstanden, welches durch die Eigenleistung des Betriebes entsteht. Hierzu zählen unter anderem die Gründung neuer Standorte, die Vergrößerung von Standorten oder auch die Ausweitung von Produktionsstätten. Man spricht in diesem Kontext auch von **natürlichem** oder **organischem Wachstum**.

■ **Externes Wachstum**
Externes Wachstum dagegen basiert auf der Zusammenarbeit mit anderen Unternehmen. Diese Form der Zusammenarbeit kann dabei von objektbezogener Kooperation bis hin zur Übernahme (Akquisition) von Wettbewerbern reichen. Häufig erfolgt das

externe Wachstum durch die Übernahme eines Unternehmens. Je nachdem, ob diese Übernahme Aussicht des Managements des übernommenen Unternehmens erwünscht oder nicht erwünscht ist, spricht man von einer **freundlichen (friendly)** oder **feindlichen (hostile) Übernahme (takeover)**. Allen Formen ist dabei gemein, dass kein interner Aufbau von Know-how stattfindet, sondern ein sprunghafter Anstieg durch die Zusammenarbeit mit anderen Unternehmen.

In den folgenden Abschnitten wird auf das externe Wachstum, also die zwischenbetrieblichen Zusammenarbeit eingegangen. Dieser hat in den vergangenen Jahren kontinuierlich an Bedeutung gewonnen. Ursache hierfür sind unter anderem die steigende Marktkomplexität, die verstärkte Marktdynamik durch die Globalisierung sowie damit einhergehend die Internationalisierung der Geschäftsbeziehungen sowie die verschärfte Wettbewerbssituation. Auch die fortschreitende Automatisierung der Produktion und die gestiegenen Aufwendungen in den Bereichen Forschung und Entwicklung (zum Beispiel in der Pharmaindustrie) führen letztlich durch den steigenden Kapitalbedarf dazu, dass immer mehr Unternehmen zusammenarbeiten (Vahs und Schäfer-Kunz, 2007).

Vor diesem Hintergrund stellen Unternehmenszusammenschlüsse eine weitere wichtige Art konstitutiver Unternehmensentscheidungen dar. Ein **Unternehmenszusammenschluss** (international als **Mergers and Acquisitions** bezeichnet) kann dabei als eine enge Zusammenarbeit (z. B. in Form einer Kooperation oder Partnerschaft) bzw. Vereinigung (z. B. in Form einer Fusion bzw. Akquisition) mehrerer unabhängiger Unternehmen definiert werden. Im Rahmen einer Zusammenarbeit bleiben die Unternehmen in der Regel rechtlich selbständig, während sie sich bei einer Vereinigung auch rechtlich zu einer neuen Wirtschaftseinheit verbinden.

2.6.1   Ziele von Unternehmenszusammenschlüssen

Unternehmenszusammenschlüsse werden vor allem durchgeführt, weil sich die beteiligten Unternehmen hiervon ökonomische Vorteile wie z. B. erhöhte Wachstumschancen, Erhöhung der Wirtschaftlichkeit durch Synergieeffekte oder eine Minderung des Risikos erwarten. Aus betriebswirtschaftlicher Sicht stehen im Rahmen von Unternehmensverbindungen folgende Motive im Vordergrund (Jung, 2009):

■ **Vereinigung von Ressourcen**
In vielen Fällen zieht die Zusammenarbeit von Betrieben auf die Kombinationen der Unternehmensressourcen ab. Dies geschieht beispielsweise um teure Entwicklungsprojekte für die beteiligten Firmen finanzierbar zu machen (zum Beispiel Entwicklung alternativer Antriebe in der Automobilindustrie).

■ **Kostenersparnis**
Unternehmensverbindungen können zu substantiellen Kostenersparnissen führen. Diese wiederum haben hauptsächlich drei Ursachen: Skaleneffekte, Kostendegressionseffekte und Verbundvorteile:

- **Skaleneffekte (Economies of Scale)** haben ihre Ursache in der Unternehmensgröße und der damit verbundenen Marktmacht. Ein einfaches Beispiel für einen Skaleneffekt sind geringere Einkaufspreise für Rohstoffe, welche große Unternehmen aufgrund des hohen Einkaufsvolumens von ihren Lieferanten erhalten.
- **Kostendegressionseffekte** beschreiben die Verteilung der Fixkosten auf die verkaufte Produktionsmenge. Fixe Kosten sind aber alle Kosten, welche für das Unternehmen, unabhängig von der produzierten Menge, entstehen (zum Beispiel Miete für eine Fabrikhalle). Diese verteilen sich auf die Zahl der verkauften Produkte. Je mehr Produkte daher produziert beziehungsweise verkauft werden, desto geringer ist der Anteil an Fixkosten pro Produkt.
- **Verbundeffekte (Economies of Scope)** beinhalten die Grundidee, dass die Summe der Teile größer ist, als das daraus entstehende Ganze. Dementsprechend wird dieses Prinzip auch als **1+1=3-Effekt** bezeichnet (Thommen und Achleitner, 2006). Ein Beispiel für einen Verbundeffekt ist die gemeinsame Nutzung von Vertriebsstrukturen bei einer Unternehmensverbindung, so dass nicht jedes Unternehmen eine eigene Vertriebsstruktur unterhalten muss. Selbiges gilt auch für andere Funktionen, wie den Einkauf oder das Personalwesen.

■ **Verbesserung der Marktstellung**
In vielen Fällen ist eine Verbesserung der Unternehmensposition in einem bestimmten Zielmarkt nur durch eine Zusammenarbeit mit einem anderen Betrieb möglich. So kann es beispielsweise seine, dass bestimmte Markteintrittsbarrieren einen Marktzutritt nur durch eine Zusammenarbeit mit einem Orts ansässigen Unternehmen möglich machen.

■ **Risikominimierung**
Durch die Diversifikation in neue Produkte und Märkte kann versucht werden, das Risiko auf verschiedene Geschäftsbereiche zu verteilen und damit zu reduzieren.

2.6.2   Einteilung von Unternehmenszusammenschlüssen

2.6.2.1   Einteilung nach der Art der verbundenen Wirtschaftsstufen

Ein wichtiges Kennzeichen von Unternehmenszusammenschlüssen stellt die Integrationsrichtung dar. Nach der Art der verbundenen Wirtschaftsstufen lassen sich horizontaler, vertikaler und diagonale (anorganische/konglomerate) Zusammenschlüsse unterscheiden (Jung, 2009; Wöhe, 2010):

■ **Horizontale Unternehmenszusammenschlüsse**
Eine Zusammenarbeit von Unternehmen auf derselben Produktions- oder Handelsstufe (zum Beispiel mehrere Walzwerke, mehrere Warenhäuser etc.) wird als horizontale Zusammenarbeit bezeichnet. Eine horizontale Unternehmensverbindung vergrößert die Produkt- oder Leistungsbreite der beteiligten Unternehmen und schafft die Voraussetzung für:

- die Ausschaltung der bisher bestehenden Konkurrenz zwischen den zusammenge-schlossenen Unternehmen,
- die Schaffung einer marktbeherrschenden Stellung gegenüber nicht angeschlosse-nen Betrieben des gleichen Wirtschaftszweiges sowie
- das Erringen gemeinsamer Marktmacht gegenüber Lieferanten und Kunden.

■ **Vertikale Unternehmenszusammenschlüsse**

Zusammenschlüsse auf vertikaler Ebene (**Integration**) entstehen durch eine Vereini-gung von aufeinanderfolgenden Produktion-oder Handelsstufen, wodurch eine **Ver-größerung der Leistungstiefe** herbeigeführt wird. Vertikale Verbindungen können in zwei verschiedene Richtungen erfolgen:

- **Rückwärtsintegration (backward integration)**
  Verbindung mit Unternehmen der vorgelagerten Produktions- oder Handelsstufe. Ein Beispiel ist der Kauf einer Ölfördergesellschaft durch eine Ölraffinerie. Primäre Zielsetzung ist die **Risikominimierung durch Sicherung der Rohstoffversorgung** und **Unabhängigkeit von Lieferanten**.
- **Vorwärtsintegration (forward integration)**
  Verbindung von Unternehmen der nachgelagerten Produktions- oder Handelsstu-fe. Ein Beispiel ist der Kauf eines Tankstellennetzes durch eine Ölraffinerie. Zentra-le Zielsetzung ist die **Risikominimierung durch Sicherung des Absatzes.**

■ **Diagonale (anorganische / konglomerate) Unternehmenszusammenschlüsse**

Zusammenschlüsse diagonaler Art liegen vor, wenn weder eine horizontale noch eine vertikaler Verbindung gegeben ist, sondern Unternehmen unterschiedlicher Branchen und/oder unterschiedlicher Produktions- und Handelsstufen sich vereinigen. Neben fi-nanzpolitischen Überlegungen kann der Zweck einer solchen Verbindung in einer **op-timalen Risikoverteilung** und/oder einer **Sicherung des Wachstums** liegen.

Abbildung 2.14   Formen von Unternehmenszusammenschlüssen nach Art der verbundenen Wirtschaftsstufen

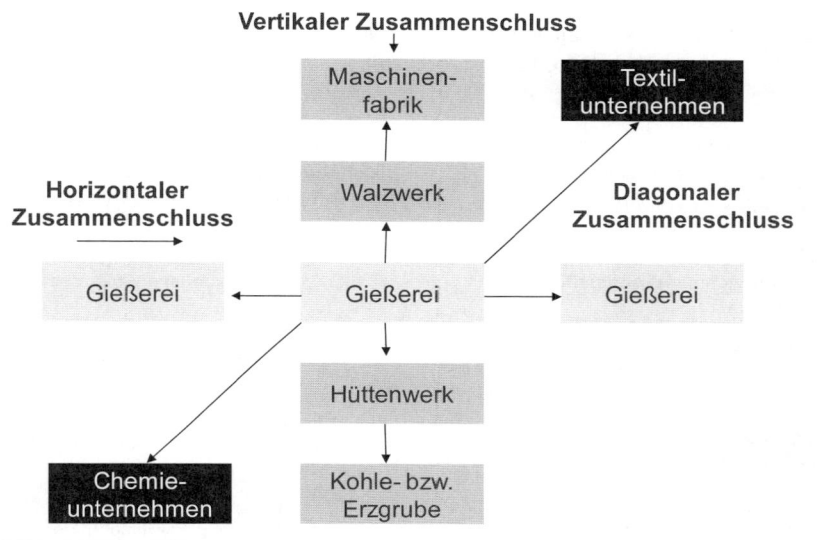

Quelle: Jung, 2009

2.6.2.2   Einteilung nach der wirtschaftlichen und der rechtlichen Selbständigkeit

Die einzelnen Formen der Unternehmensverbindungen beeinträchtigen auf verschiedenste
Weise die wirtschaftliche und recht rechtliche Selbstständigkeit der zusammengeschlosse-
nen Firmen. Grundsätzlich werden Kooperationen und Konzentration unterschieden
(Wöhe, 2010):

■ **Kooperation**
Die Kooperation ist gekennzeichnet durch eine freiwillige Zusammenarbeit von Unternehmen, welche rechtlich und in den nicht der vertraglichen Zusammenarbeit unter-
worfenen Bereichen wirtschaftlich selbstständig bleiben. Die beteiligten Betriebe geben
somit lediglich einen Teil ihrer wirtschaftlichen Souveränität auf.

■ **Konzentration**
In einer Konzentration dagegen werden nicht nur einzelne, sondern alle Funktionen
der zusammengeschlossenen Unternehmen gemeinsam erfüllt. Die beteiligten Betriebe
geben dabei ihre wirtschaftliche Selbstständigkeit auf. Hauptmerkmal derartiger Verbindungen ist die Unterordnung der zusammengeschlossenen Unternehmen unter eine
einheitliche Leitung. Geben die Unternehmen beim Zusammenschluss neben der wirt-

schaftlichen auch ihre rechtliche Selbstständigkeit auf, spricht man von einer Fusion der Unternehmen (Verschmelzung). In diesem Fall existiert nach dem Zusammenschluss lediglich eine rechtliche Einheit (Unternehmen).

Abbildung 2.15　　Arten von Unternehmenszusammenschlüssen nach der wirtschaftlichen und rechtlichen Selbständigkeit

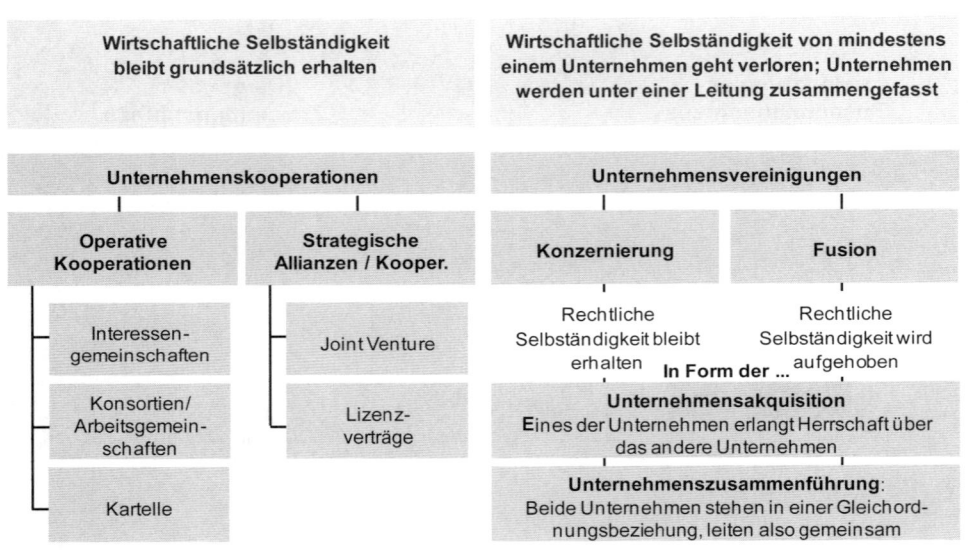

In den folgenden Abschnitten werden die wichtigsten Kooperations- und Konzentrationsformen kurz dargestellt.

2.6.3　　Kooperationsformen

2.6.3.1　　Gelegenheitsgesellschaften

Die **Kooperation** ist die freiwillige Zusammenarbeit rechtlich und wirtschaftlich selbstständiger Betriebe auf einer vertraglichen Basis (Wöhe, 2010).

Gesellschaften, welche sich nach der Erfüllung einer spezifischen Aufgabe wieder auflösen, werden **Gelegenheitsgesellschaften** genannt. Sie dienen zur Durchführung eines oder mehrerer Einzelgeschäfte auf gemeinsame Rechnung. Die Anzahl wird im Gesellschaftsvertrag festgelegt (Jung, 2009).

Gelegenheitsgesellschaften werden meist in der Rechtsform einer Gesellschaft des bürgerlichen Rechts (GbR) geführt und werden von verschiedenen Betrieben für ein gemeinsames Projekt begründet. Die Mitglieder dieser Gesellschaft bleiben dabei rechtlich selbstständig, nur ihre wirtschaftliche Unabhängigkeit oder teilweise, mit zeitlich begrenzter Wirkung, eingeschränkt. Die Zusammenarbeit erstreckt sich in diesem Zusammenhang nicht auf den gesamten Unternehmensbereich, sondern wird auf ein spezifisches Themengebiet begrenzt.

Die Motive für die Gründung von Gelegenheitsgesellschaften sind Risikoverteilung beziehungsweise -minderung bei größeren Projekten, Verstärkung der wirtschaftlichen Möglichkeiten durch gemeinsames aufbringen von Kapitalressourcen und letztlich die Erhöhung der Erfolgsaussichten (Schubert und Küting, 1981).

Gelegenheitsgesellschaften werden meistens in Form einer **Arbeitsgemeinschaft** gebildet. Arbeitsgemeinschaften sind Zusammenstöße von rechtlich und wirtschaftlich selbstständigen Unternehmen, welches Ziel verfolgen, eine zeitlich befristete und innerlich abgegrenzte Aufgabe gemeinschaftlich zu lösen. In der Praxis sind sie häufig im Baugewerbe anzutreffen (zum Beispiel Bau eines Flughafens). Der Zusammenschluss erfolgt in der Regel auf horizontaler Ebene, das heißt es handelt sich um Zusammenschlüsse von Unternehmen des gleichen Wirtschaftszweiges.

Stadt von einer Arbeitsgemeinschaft wird gelegentlich auch von einem **Konsortium** gesprochen. Dieser Begriff ist häufig bei Banken vorzufinden, welche sich zur Durchführung bestimmter, genau abgegrenzter Aufgabenbereiche zeitlich befristet zusammenschließen. So genannte Bankenkonsortien bilden sich insbesondere bei größeren Wertpapieremissionen (Wöhe, 2010).

2.6.3.2 Interessengemeinschaften

Ebenso wie eine Gelegenheitsgesellschaft entsteht eine Interessengemeinschaft als vertragliche Verbindung selbstständig bleiben Unternehmen zur Verfolgung eines gemeinsamen Interesses. Der Unterschied zur Gelegenheitsgesellschaft besteht bei der Interessengemeinschaft darin, dass diese inhaltlich und zeitlich weiter gefasst ist.

Generelles Ziel einer Interessengemeinschaft ist die Verfolgung eines gemeinsamen Zwecks, durch dessen Realisierung die verbundenen Unternehmen aufwenden, das unternehmerische Ziel der Gewinnmaximierung besser erreichen zu können. Zumeist soll dieses Ziel über Rationalisierungen, welche zu Kostensenkungen führen, erfolgen. Beispiele hierfür sind (Wöhe, 2010):

- das Zusammengehen in den Bereichen Forschung und Entwicklung,

- ein gemeinsamer Einkauf und

- die Aufteilung der Fertigung auf die angeschlossenen Betriebe.

Ebenso wie die Gelegenheitsgesellschaft ist die Interessengemeinschaft gewöhnlich eine Gesellschaft des bürgerlichen Rechts, welcher sich die Gesellschafter verpflichten, den gemeinsamen Zweck in der durch den Vertrag bestimmten Weise zu fördern.

2.6.3.3   Kartelle

Von einem **Kartell** wird gesprochen, wenn die Zusammenarbeit rechtlich selbstständiger Unternehmen der Zielsetzung oder tatsächlichen Wirkung nach zu einer Einschränkung oder Verzerrung des Wettbewerbs führt (Wöhe, 2010). Die Kooperationspartner verfolgen das Ziel, mit ihrer Marktmacht die Funktionsmechanismen des Marktes zum gemeinsamen Vorteil zumindest teilweise einzuschränken. Dies setzt voraus, dass die beteiligten Unternehmen den größten Teil des betreffenden Marktes unter sich aufteilen. Nach dem Inhalt der Kooperation werden unter anderem die folgenden Kartellarten unterschieden (Bestmann, 1992):

- **Preiskartelle**, welche zum Beispiel einen Einheits-, Mindest-, oder Höchstpreis sowie zugehörige Produktions- oder Beschaffungsquoten festlegen.

- **Produktionskartelle**, welche zum Beispiel Absprachen über einheitliche Einzelteile oder Endprodukte zum Inhalt haben

- **Absatz- oder Beschaffungskartelle**, bei denen das Vertriebs- oder Beschaffungsgebiet räumlich aufgeteilt (**Gebietskartell**) oder der gesamte Absatz beziehungsweise die gesamte Beschaffung von einer zentralisierten Einrichtung ausgeübt wird (**Syndikat**). Ein Markt mit konkurrierenden Abnehmern oder Anbietern existiert somit nicht mehr. Prominentestes Beispiel für ein Syndikat ist die OPEC (Vahs und Schäfer-Kunz, 2007).

Da Kartelle in der Regel eine Beschränkung des Wettbewerbs mit sich bringen, widersprechen sie den wirtschaftspolitischen Zielsetzungen der marktwirtschaftlichen Ordnung. Daher bedarf es einer ordnungspolitischen Regelung, welche sich im **Gesetz gegen Wettbewerbsbeschränkungen (GWB)** findet. Nach §1 GWB sind „Vereinbarungen zwischen Unternehmen, Beschlüsse von Vereinigungen und aufeinander abgestimmte Verhaltensweisen, die eine Verhinderung, Einschränkung oder Verfälschung des Wettbewerbs bezwecken oder bewirken", verboten. Von diesem generellen Verbot bestehen unter bestimmten Voraussetzungen allerdings Ausnahmen.

2.6.3.4   Gemeinschaftsunternehmen

Gemeinschaftsunternehmen - im internationalen Bereich auch **Joint Ventures** genannt - stellen eine Form der Kooperation von Unternehmen dar, welche sich in der letzten Zeit zunehmender Beliebtheit erfreut. Ein Joint Venture ist ein Gemeinschaftsunternehmen, welches von zwei oder mehreren Unternehmen gemeinsam getragen wird und Aufgaben in beiderseitigem Interesse ausführt (Thommen und Achleitner, 2006). Diese Zusammenarbeit findet ihren Niederschlag darin, dass ein rechtlich selbstständiges Unternehmen gemeinsam gegründet oder erworben wird mit dem Ziel, Aufgaben im gemeinsamen Interesse der Gesellschafterunternehmen auszuführen (Schubert und Küting, 1981). Üblich bei der Bildung eines Gemeinschaftsunternehmens sind dabei gleich hohe Beteiligungen, beispielsweise bei zwei Partnern jeweils 50 %. Dabei steht das typische Gemeinschaftsunternehmen unter der gemeinsamen Leitung der Gesellschafterunternehmen.

Im Vordergrund bei der Errichtung eines Gemeinschaftsunternehmens steht im Allgemeinen das Ziel der Verbesserung der Rentabilität, welches entweder durch freiwillige oder durch zwangsweise Kooperation mit anderen Unternehmen verfolgt wird. Zwangsläufig ist die Gründung von Gemeinschaftsunternehmen häufig bei Investitionen im Ausland, insbesondere in solchen Ländern, welche gesetzliche Beschränkungen bei der Beteiligung von Ausländern an nationalen Unternehmen kennen und eine Zusammenarbeit mit einheimischen Partnern fordern (Wöhe, 2010).

2.6.3.5   Franchising

Das **Franchising** stellt eine besondere Form der **Lizenzvereinbarung** dar. Der Franchisegeber sucht sich dabei mehrere Franchisenehmer, die als Unternehmer mit eigenem Kapitaleinsatz nach einem konsistenten Marketingkonzept Waren oder Dienstleistungen anbieten.

Das Franchisepaket besteht aus der Gewährung von Schutzrechten, aus einem Marketing-, Organisations-, und Beschaffungskonzept sowie aus einer Unterstützung hinsichtlich Finanzierungsmanagement. Der Franchisenehmer erhält gegen Entgelt das Recht und die Pflicht, in eigenem Namen und auf eigene Rechnung ein Franchisepaket zu nutzen. Sämtliche Rechte und Pflichten der Franchisepartner sind dabei vertraglich geregelt (Jung, 2009).

Der zentrale Vorteil des Franchising besteht darin, dass der Franchisegeber ohne große Kapital- und Personalbindung mit seinem Produkt oder seiner Dienstleistung expandieren kann (Schulte-Zurhausen, 1999)

2.6.3.6   Strategische Allianzen

Unter einer **strategischen Allianz** versteht man eine Partnerschaft, bei welcher die Handlungsfreiheit der beteiligten Betriebe im spezifischen Kooperationsbereich maßgeblich eingeschränkt ist. Sie bezieht sich insbesondere auf die folgenden Kernfragen (Thommen und Achleitner, 2006):

- Wahl attraktiver Märkte,
- Verteidigung und Ausbau von Wettbewerbspositionen,
- Erhaltung und Stärkung von Know-how.

Mit dem Begriff strategisch wird zum Ausdruck gebracht, dass eine solche Unternehmensverbindung sowohl für die langfristige Existenz als auch für den langfristigen Erfolg des ganzen Unternehmens von zentraler Bedeutung ist. Insbesondere geht es darum, Wettbewerbsvorteile langfristig gegenüber der Konkurrenz erlangen und zu erhalten. Die beteiligten Unternehmen streben dabei einen, Synergie-Effekte zu nutzen, um Kosten zu senken, Risiko zu verteilen oder Know-how zu kombinieren. In Bezug auf die rechtliche Ausgestaltung einer strategischen Allianz ist die bekannteste Form die des **Joint Ventures**, welche oben bereits dargestellt worden ist.

2.6.4   Konzentrationsformen

Kennzeichnend für die **Konzentration** ist die hohe Bindungsintensität zwischen den beteiligten Unternehmen und damit einhergehend eine Einschränkung von deren Selbstständigkeit. Im Zuge der Konzentration entsteht eine größere Wirtschaftseinheit durch den Zusammenschluss mehrerer Betriebe unter Aufgabe ihrer wirtschaftlichen oder auch rechtlichen Selbstständigkeit (Wöhe, 2010).

Die Bindung zwischen den beteiligten Unternehmen erfolgt bei der Konzentration außer durch Maßnahmen der Verhaltenskoordinierung vor allem durch Strukturveränderungen in Form von Beteiligungen oder durch die Aufnahme des Vermögens im Rahmen der Fusion.

2.6.4.1   Konzern

Nach §18 AktG versteht man unter einem **Konzern** den Zusammenschluss mehrerer rechtlich selbständiger Unternehmen unter einheitlicher wirtschaftlicher Leitung. Letztere ist gegeben, wenn die Geschäftspolitik der einzelnen Konzernunternehmen koordiniert wird. Die einheitliche Leitung fast rechtlich selbständige Unternehmenseinheiten so einer wirtschaftlichen Einheit zusammen (Wöhe, 2010).

Nach der wirtschaftlichen Zielsetzung des Unternehmenszusammenschlusses können vertikaler Konzerne, horizontaler Konzerne und Mischkonzerne unterschieden werden (Wöhe, 2010):

- **Vertikaler Konzerne**
  Unternehmen aufeinander folgender Produktionsstufen schließen sich zu Sicherung der Beschaffung- und Absatzwege zusammen.

- **Horizontaler Konzerne**
  Unternehmen mit artverwandten Leistungsangebot schließen sich zur Erreichung von Synergieeffekten im Beschaffungs-, Produktion beziehungsweise Absatzbereich zusammen.

- **Mischkonzerne**
  Unternehmen verschiedener Branchen schließen sich aus Gründen der Risikodiversifikation zusammen.

Abhängig davon, ob das herrschende Unternehmen operativ tätig ist, also eigene Leih Beziehungen zu Märkten unterhält, werden Stammhauskonzerne und Holdingkonzerne unterschieden (Vahs und Schäfer-Kunz, 2007):

- **Stammhauskonzern**
  Der Stammhauskonzern ist die traditionelle Organisationsform von Konzernen. Diese Form ist dadurch gekennzeichnet, dass das herrschende Unternehmen, welches als Stammhaus oder Muttergesellschaft bezeichnet wird, auch operativ tätig ist. In der Regel ist die Muttergesellschaft deutlich größer als die abhängigen Unternehmen, welche

als Tochtergesellschaften bezeichnet werden. Zudem hat die Muttergesellschaft einen erheblichen Einfluss auf die operativen Tätigkeiten der einzelnen Tochtergesellschaften, so dass deren Autonomie Signifikanz eingeschränkt ist.

■ **Holdingkonzern**

Holdingkonzerne zeichnen sich dadurch aus, dass die Leitung bei einer rechtlich selbstständigen Holdinggesellschaft liegt, welche nicht mehr operativ tätig ist. Falls die Holdinggesellschaft den Konzern vorwiegend über finanzielle Größen steuert, handelt es sich um eine so genannte Finanzholding. Hat die Holdinggesellschaft dagegen auch Einfluss auf die Besetzung von Managementpositionen oder die Strategie der Konzernunternehmen, so handelt es sich um eine **Managementholling** oder Strategieholding.

2.6.4.2   Fusion

Bei einer **Fusion** verlieren die fusionieren den Unternehmen sowohl ihre wirtschaftliche als auch ihre rechtliche Selbstherrlichkeit (Vahs und Schäfer-Kunz, 2007).

Damit ist die Fusion, welche auch als **Merger** bezeichnet wird, die engste Form der Zusammenarbeit von Unternehmen. Ihre Motive sind zum Beispiel die Verbesserung der Marktposition, die Erweiterung der Eigenkapitalbasis oder die Erzielung von Synergieeffekten. Findet eine Fusion statt, so existiert danach mindestens einen Unternehmen weniger. Eine Fusion kann generell durch Aufnahme oder durch Neugründung erfolgen (Wöhe, 2010):

■ **Fusion durch Aufnahme (Übernahme)**

Bei der Fusion durch Aufnahme wird das Vermögen eines oder mehrerer Unternehmen vollständig von dem aufnehmenden Unternehmen übernommen.

■ **Fusion durch Neugründung (Verschmelzung)**

In diesem Fall gehen zwei oder mehrere Unternehmen mit allen ihren Vermögensgegenständen in dem neu gegründeten Unternehmen auf.

Eine Fusion ist unter bestimmten Bedingungen vom **Bundeskartellamt** zu genehmigen. Dies ist der Fall, wenn die fusionieren den Unternehmen weltweit mehr als 500.000.000 € Umsatzerlöse erwirtschaften und mindestens ein beteiligtes Unternehmen in Deutschland mehr als 45.000.000 € Umsatzerlöse erzielt. Sofern der gemeinsame Umsatzerlös mehr als 5.000.000.000 € überschreitet, ist die **Europäische Kommission** für die Prüfung zuständig. Das Bundeskartellamt kann Fusion untersagen, den zu erwarten ist, dass die fusionierten Unternehmen eine marktbeherrschende Stellung aufbauen oder ihre bisherige Marktstellung deutlich verstärken (Vahs und Schäfer-Kunz, 2007).

Wiederholungsfragen

1. Was ist eine Entscheidung?

2. Wie wird bei Entscheidungen vorgegangen?

3. Nach welchen Kriterien wird ein Entscheidungsmodelle ausgewählt?

4. Welche Entscheidungsregeln können in Entscheidungssituationen unter Unsicherheit eingesetzt werden?

5. Wie wird entsprechend dem μ-Prinzip vorgegangen?

6. Wie entscheidet sich ein risikoaverser Entscheidungsträger nach der (μ, σ)-Regel?

7. Wie bewerten Entscheidungsträger gemäß dem Bernoulli-Prinzip die Ergebnisse?

8. Was ist unter dem Begriff Standort zu verstehen?

9. Worüber wird im Rahmen von Standortentscheidungen entschieden?

10. Welche Ziele werden mit Standortentscheidungen verfolgt?

11. Was wird unter dem Begriff Standortfaktor verstanden?

12. Wie können Standortfaktoren systematisiert werden?

13. Welches sind die wichtigsten Auswahlkriterien der Rechtsformenwahl?

14. Welches sind die Merkmale juristischer Personen?

15. Wozu dient das Handelsregister?

16. Was sind die Charakteristika von Einzelunternehmen?

17. Wie können Einzelunternehmern, Personengesellschaften und Kapitalgesellschaften voneinander abgegrenzt werden?

18. Was ist unter einer GbR zu verstehen?

19. Was sind Kennzeichen der offenen Handelsgesellschaft?

20. Worin unterscheiden sich Kommanditgesellschaften von offenen Handelsgesellschaften?

21. Was ist oder unter einer stillen Gesellschaft zu verstehen?

22. Worin unterscheidet sich die GmbH & Co. KG von der Kommanditgesellschaft?

23. Welche Merkmale kennzeichnen die Gesellschaft mit beschränkter Haftung?

24. Welche Aufgaben haben die Organe von Gesellschaften mit beschränkter Haftung?

25. Wohl unterscheiden sich Aktiengesellschaften von Gesellschaften mit beschränkter Haftung?

26. Was wird unter dem Begriff Organisation verstanden?

27. Was wird im Rahmen der Aufgabenanalyse und Arbeitsanalyse ermittelt?

28. Was wird unter Stellen verstanden?

29. Was wird unter der Leitungsspanne und der Leitungstiefe verstanden?

30. Welche Elemente umfasst die Matrixorganisation?

31. Welche Strukturierungsalternativen der Aufbauorganisation können unterschieden werden?

32. Was wird unter einer funktionalen Organisation verstanden?

33. Welche Ausprägungen der divisionalen Organisation gibt es?

34. Welche grundgesetzlichen Wachstumsstrategien gibt es?

35. Was wird unter der zwischenbetrieblichen Zusammenarbeit verstanden?

36. Was sind Beispiele für die Horizontaler, die vertikaler und die diagonale Zusammenarbeit von Unternehmen?

37. Welche Formen der Zusammenarbeit von Unternehmen können hinsichtlich der Bindungsintensität unterschieden werden?

38. Was wird unter einer Kooperation verstanden?

39. Wozu werden Arbeitsgemeinschaften gebildet?

40. Was kennzeichnet Kartelle?

41. Welchen Aufgaben die das Franchising?

42. Wie und aus welchen Gründen werden Gemeinschaftsunternehmen gegründet?

43. Was wird unter dem Begriff der Konzentration verstanden?

44. Was unterscheidet einen Stammhaus- von einem Holdingkonzern?

45. Wie kann die Fusion von Unternehmen erfolgen?

3 Marketing

Lernziele

Die Marktorientierte Unternehmensführung basiert auf diversen spezifischen Begriffen und Sachverhalten. Dieses Kapitel hat die entsprechende Lernziele zum Inhalt und möchte folgendes vermitteln:

- was Gegenstand des Marketing ist,

- welche unterschiedlichen Grundhaltungen sich hinter dem Begriff Marketing verbergen und

- welche Entwicklungsstufen das Marketing durchlaufen hat.

3.1 Grundlagen

Der Begriff „**Marketing**", der sich aus dem Englischen von „to go into the market" ableitet, wurde bereits Anfang des 20. Jahrhunderts in den USA und Deutschland verwendet (Hesse et al., 2007). Die Umsetzung von marktorientierten Ansätzen als Teil der Unternehmensführung bereits schon vorher in der Unternehmenspraxis bekannt, so dass die beginnende Beschäftigung mit der Thematik an Hochschulen um 1900 nicht den Entstehungszeitpunkt des Marketing im eigentlichen Sinne darstellt.

Einen Überblick über unterschiedliche Marketingdefinitionen liefert **Tabelle 3.1**.

Tabelle 3.1 Ausgewählte Definitionen von Marketing

Autor	Definition
Meffert (2000)	Marketing bedeutet … Planung, Koordination und Kontrolle aller auf die aktuellen und potentiellen Märkte ausgerichteten Unternehmensaktivitäten. Durch eine dauerhafte Befriedigung der Kundenbedürfnisse sollen die Unternehmensziele im gesamtwirtschaftlichen Güterversorgungsprozess verwirklicht werden.

Autor	Definition
Kotler und Bliemel (2006)	Marketing ist der Planungs-und Durchführungsprozess der Konzipierung, Preisfindung, Förderung und Verbreitung von Ideen, Waren und Dienstleistungen, um Austauschprozesse zur Zufriedenstellung individueller und organisationeller Ziele herbeizuführen.
Becker (2006)	Marketing als Führungsphilosophie [ist] die bewusste Führung des gesamten Unternehmens vom Absatzmarkt her, d.h. der Kunde und seine Nutzenansprüche sowie ihre konsequente Erfüllung stehen im Mittelpunkt des unternehmerischen Handelns, um so unter Käufermarktbedingungen Erfolg und Existenz des Unternehmens dauerhaft zu sichern.
American Marketing Association (2007)	Marketing is the activity, set of institutions, and processes for creating, communicating, delivering, and exchanging offerings that have value for customers, clients, partners, and society at large.
Kotler et al. (2010)	[...] Marketing als Prozess definieren, bei dem Unternehmen einen Wert für den Kunden schaffen und starke Kundenbeziehungen aufbauen um im Gegenzug einen Wert von den Konsumenten abzuschöpfen.

Alle genannten Definitionen bringen den Begriff Marketing in Verbindung mit einem „Prozess", der „Wertschöpfung", „Austausch", „Kundenorientierung" und „Unternehmererfolg" umfasst. Marketing stellt den Kunden in den Fokus des unternehmerischen Handelns. Ziel ist es dabei eine Beziehung zwischen dem Unternehmen und dem Kunden aufzubauen und zu entwickeln. Um erfolgreich am Markt agieren zu können, muss ein Unternehmen die Wünsche seiner Kunden kennen und verstehen und das Kundenproblem besser lösen als der Wettbewerb dies zu tun versteht.

Die dominant (end-)kundenorientierte Perspektive wurde im Marketing mehr und mehr auf weitere Stakeholder des Unternehmens wie beispielsweise Mitarbeiter, Shareholdern, Staat oder Umwelt ausgedehnt. Somit wird die Gestaltung sämtlicher Austauschprozesse des Unternehmens mit den bestehenden Bezugsgruppen als Marketingaktivität angesehen und Marketing zunehmend als umfassendes Leitkonzept der Unternehmensführung angesehen.

Die verschiedenen **Entwicklungsstufen des Marketing** sind aus thematischer und anspruchsbezogener Sicht zu beleuchten. Der volkswirtschaftliche Einfluss auf die Begriffsentwicklung ist dabei nicht unwesentlich. Der Grad der Bedürfnisse ist stark abhängig davon, ob sich die Wirtschaft im Überfluss befindet oder von Einsparungen und Konsumverzicht geprägt ist. *Hesse et al.* (2007, S. 16f.) gliedern die wichtigsten Schritten der Entwicklung des Marketing ausgehend von der Zeit nach dem Zweiten Weltkrieg:

- Das Marketing der 1950er Jahren hatte zunächst die Distribution des Produktes oder der Dienstleistung zu fördern, d. h. es herrschte eine so genannte **„Verkäufermarktkonstellation"** vor, bei der das Produkt bzw. die Dienstleistung im Mittelpunkt des unternehmerischen Handelns stand. Grund dafür war der Nachfrageüberschuss und Angebotsmangel der Nachkriegszeit. Engpassfaktoren waren die Beschaffungs- bzw. Produktionsseite im Unternehmen, weniger die Absatzseite.

- Der Grundstein für die Massenproduktion von Verbrauchs- und Gebrauchsgütern wurde Mitte der 1960er Jahre gelegt. Die produktionsorientierte Sichtweise wurde schrittweise abgelöst und Unternehmen konzentrierten sich zunehmend auf den Verbraucher. Auch wuchs in diesem Zusammenhang das Bewusstsein für Markenartikel und damit verbunden der verstärkte Einsatz von Werbung als Mittel der Information. Das (Absatz-)Marketing wurde zunehmend zum dominanten Engpassfaktor. Die innovativen Ideen des Marketing-Mix wurden in den Unternehmen implementiert und im Sinne eines Aufbaus von Marketingabteilungen, die sich ausschließlich mit der **Verkaufsförderung** beschäftigen, verankert.

- Vor dem Hintergrund einer zunehmenden Marktsättigung wuchs die Bedeutung des Marketing in den 1970er Jahren weiter. Unternehmen mussten eine Strategie entwickeln, um sich von den Wettbewerbern abheben und gleichzeitig mehr auf die Zusatzbedürfnisse der Konsumenten eingehen zu können. *Hesse et al.* (2007, S. 17) sprechen hier von strategischem Marketing bzw. **wettbewerbsorientiertem Marketing**. Der Wandel vom Verkäufermarkt zum Käufermarkt war die wesentliche Voraussetzung für eine tatsächlich marktorientierte Unternehmensphilosophie, wie sie heute vorherrscht und für die Etablierung des Marketing als entscheidendes Führungskonzept im Unternehmen.

- In den 1990er Jahren gewann **umweltorientiertes Handeln als Markt- und Wettbewerbsfaktor** an Bedeutung. Der neue Trend fand unter dem Schlagwort „Öko-Marketing" (Meffert, 1999) Eingang in das Schrifttum: Umweltverträgliche Produkte und bewusstes Handeln im Einklang mit der Natur bildeten die Grundlage des neuen Marketingkonzepts. Gleichzeitig gewinnt das Beziehungsmarketing gegenüber dem Jahrzehnte lang dominanten Transaktionsmarketing wesentlich an Bedeutung (Rennhak, 2006b).

- Mit Beginn des 21. Jahrhunderts kommen unter dem verstärkten Einfluss der **innovativen Informations-und Kommunikationstechnologie** neue Möglichkeiten und Herausforderungen auf das Marketing zu. Die neuen Medien stärken zweifelsohne die Position der Kunden. Diese entscheiden nun über das knappe Gut „Aufmerksamkeit", dominieren das Erscheinungsbild von Unternehmen und das Image von Produkten und Gestalten die Beziehung zum Unternehmen auf Augenhöhe: Marketing findet nun im Idealfall mit dem Konsumenten und nicht mehr für den Konsumenten statt.

1. Was ist der Gegenstand des Marketing? Weshalb spricht man in diesem Zusammenhang auch von einer Marketingphilosophie?

2. Welche Faktoren sind für eine Verschärfung des Wettbewerbs verantwortlich?

3. Welche Aspekte bilden die Voraussetzung für eine erfolgreiche Marketingorientierung?

4. Erläutern Sie die Beziehungsstruktur, mit der es ein Unternehmen im Rahmen des ganzheitlichen Marketing zu tun hat!

3.2   Konsumentenverhalten

Lernziele

Erfolgreiches Marketing setzt voraus, dass die Anbieter von Sachgütern bzw. Dienstleistungen die aktuellen oder latenten Bedürfnisse ihrer Nachfrager genau kennen. Damit kommt der Konsumentenverhaltensforschung eine große Bedeutung zu. Dieses Kapitel hat die entsprechende Lernziele zum Inhalt und möchte folgendes vermitteln:

- was die wesentlichen Merkmale und die zentralen Fragestellungen der Konsumentenverhaltensforschung sind,

- welche Bedeutung die Konsumentenverhaltensforschung für das Marketing hat,

- was aktivierende psychische Prozesse sind,

- wie Emotionen, Motivationen und Einstellungen von Konsumenten entstehen und wie diese psychischen Determinanten durch das Marketing beeinflusst werden können und

- wie der Prozess der Aufnahme, Verarbeitung und Speicherung von Reizen durch den Konsumenten erfolgt.

Konsumentenverhalten kann prinzipiell auf zweierlei Art und Weise modelliert werden (vgl. dazu und im Folgenden Rennhak, 2001):

- Als echtes Verhaltensmodell (Stimulus-Objekt-Response-Ansatz) und

- als Black-Box-Modell (Stimulus-Response-Ansatz).

Der Unterschied zwischen den beiden Ansätzen liegt in der Erklärung der Umsetzung der Stimuli (z. B. Werbung) in Reaktionen (z. B. Kauf) begründet.

Black-Box-Modelle zeichnen sich dadurch aus, dass der Transformationsvorgang als unbekannt akzeptiert bzw. als irrelevant angesehen wird. Marketingaktivitäten wie Umweltdaten werden lediglich als Input behandelt. Warum und auf welche Weise dieser Input das Konsumentenverhalten steuert, interessiert nicht. Wichtig ist nur der beobachtbare Output (Nieschlag et al., 1997).

Als echte Verhaltensmodelle bezeichnet man hingegen am Stimulus-Objekt-Response-Paradigma ausgerichtete Versuche, die den psychischen Prozess des Zustandekommens von Kaufentscheidungen im Detail rekonstruieren und abbilden, d. h. „die Struktur des Bewusstseins ergründen" (Nieschlag et al., 1997, S. 197). Im Rahmen dieses Ansatzes wird versucht, die hypothetische Bewusstseinsstruktur durch theoretische Konstrukte wie Einstellungen, Motivation und Lernen empirisch zu untermauern (Weinberg, 1981).

Kroeber-Riel et al. (2008, S. 49ff.) unterteilen **psychische Vorgänge** in

- **kognitive Prozesse** und

- **aktivierende Prozesse**.

> **Kognitiv** sind Vorgänge, durch die der Rezipient Informationen aufnimmt, verarbeitet und speichert. Es handelt sich also um Prozesse der gedanklichen Informationsverarbeitung im weiteren Sinne.
>
> Als **aktivierend** bezeichnen Kroeber-Riel et al. (2008, S. 49 und 58ff.) Vorgänge, die mit inneren Erregungen und Spannungen verbunden sind und das Verhalten antreiben. Die Stärke der Aufmerksamkeit, mit der sich der Rezipient einer Werbebotschaft zuwendet, stellt u.a. einen Maßstab für den Grad der Aktivierung dar.

Abbildung 3.1 gibt einen Überblick über die psychischen Variablen.

Abbildung 3.1   Gesamtsystem psychischer Variablen (Grundmodell)

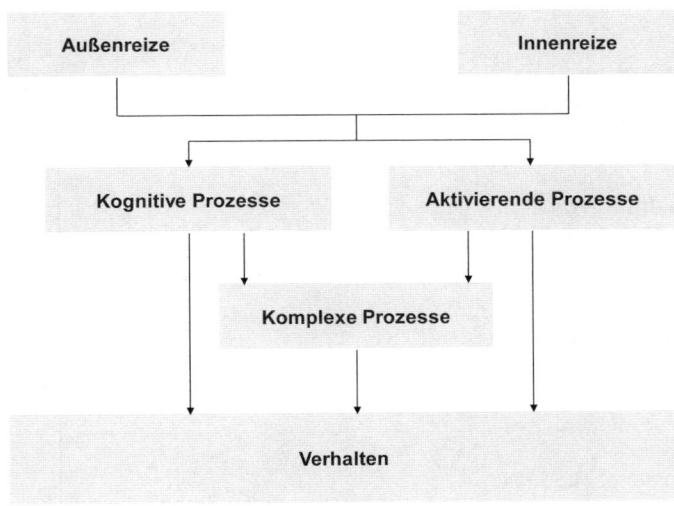

Die psychischen – kognitiven oder aktivierenden – Vorgänge werden von Innenreizen oder von Außenreizen ausgelöst.

Man unterscheidet die kognitiven und aktivierenden Vorgänge ferner danach, ob sie elementar oder komplex sind. Komplexe Vorgänge entstehen durch das Zusammenspiel von elementaren aktivierenden und kognitiven Prozessen, wobei komplexe psychische Prozesse dann als kognitiv bezeichnet werden, wenn die kognitive Komponente überwiegt – und entsprechend als aktivierend, wenn die Aktivierungskomponente dominiert.

3.2.1   Komplexe kognitive Vorgänge

Meffert (2000, S. 109) unterteilt die komplexen kognitiven Vorgänge in

- **Wahrnehmungen,**

- **problemlösendes Denken und Lernen** (Gedächtnisleistung).

Eine kognitive Auseinandersetzung mit dem Kommunikationsinhalt ist nur möglich, wenn die in der Werbebotschaft enthaltenen Informationen aufgenommen werden. Berücksichtigt man außerdem, dass der Inhalt einer Werbebotschaft in unterschiedlichem Maße gespeichert wird, so ergibt sich folgendes Modell der Informationsverarbeitung (vgl. Abbildung 3.2).[1]

Abbildung 3.2   Das Informationsverarbeitungsmodell

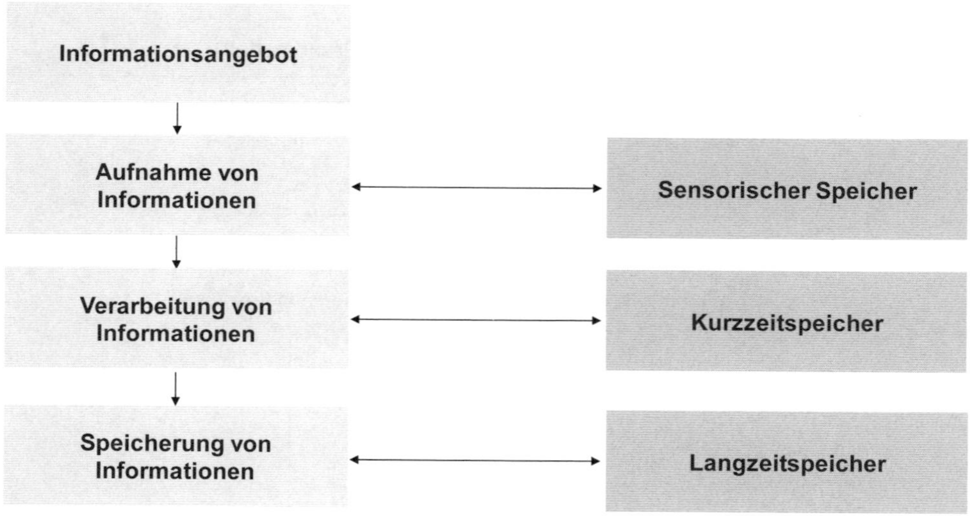

Quelle: Robertson et al. , 1984

Der Prozess der Wahrnehmung ist durch die Informationsaufnahme gekennzeichnet (Kuß, 1991). Aufgrund der beschränkten Informationsverarbeitungskapazität des Rezipienten kann dieser nur einen Teil der Umweltreize verarbeiten. *Trommsdorff* (1993, S. 37) nennt diese Selektion und die entsprechende Konzentration auf bestimmte Reize „Aufmerksamkeit".[1] Wahrnehmung umfasst neben der Aufnahme auch die Selektion von Information.[2]

Von Bedeutung für das Verständnis des Wahrnehmungsprozesses ist nach *Kroeber-Riel et al.* (2008, S. 266) weiterhin die **Aktivierung**: Die Autoren gehen davon aus, dass ohne Aktivierung des Rezipienten auch keine Wahrnehmung erfolgt. Damit ein Reiz wahrgenommen wird, ist die Überschreitung einer spezifischen Intensitätsschwelle notwendig.[3] Die Wahrnehmung des Konsumenten wird in hohem Maße vom Involvement beeinflusst. Bei niedrigem Involvement werden tendenziell weniger Informationen aufgenommen, wohingegen hoch-involvierte Konsumenten aktiv nach Informationen suchen (Meffert, 2000).

Neben der Wahrnehmung zählt das problemlösende Denken und Lernen zu den kognitiven Bestimmungsfaktoren des Käuferverhaltens (Meffert, 2000). Denken kann entweder als Erkenntnisprozess oder als Prozess der kognitiven Informationsverarbeitung verstanden werden. Ersteres beschreibt den Versuch, Zusammenhänge zu erkennen und Regelmäßigkeiten in individuellen Strukturen zu entdecken (Kearsley, 1995). Denken als kognitive Informationsverarbeitung ist auf das Lösen eines Problems bezogen (Assael, 1992). Ob und in welchem Maße Werbung die kognitive Informationsverarbeitung anregt, hängt zum einen von der durch sie ausgelösten Aufmerksamkeit, zum anderen von den Eigenschaften des beworbenen Produkts und den Erfahrungen des Rezipienten ab (Hoffmann, 1981).[4]

Die Speicherung der Information im Langzeitgedächtnis stellt neben der Wahrnehmung eines der wichtigsten Werbeziele dar (Kearsley, 1995). Die Informationsspeicherung ist mit dem Konstrukt „Lernen" gleichzusetzen.[5] Lernen umfasst nicht nur die Aufnahme von neuen Informationen in das Langzeitgedächtnis, sondern auch die Änderung von bestehendem Wissen (Trommsdorff, 1993).

---

[1]   Zur Messung der Aufmerksamkeit, die einer Werbebotschaft entgegengebracht wird, wird üblicherweise der Recallwert verwendet (vgl. Assael, 1992, S. 149).

[2]   *Meffert* (2000, S. 109) subsumiert zusätzlich noch die Gliederung, Strukturierung und Interpretation von Information durch den Rezipienten unter diesem Begriff.

[3]   Der Sachverhalt, dass Wahrnehmung unterhalb dieses Schwellenwertes stattfindet, wird mit subliminaler Wahrnehmung bezeichnet (vgl. Pepels, 1994, S. 85). Subliminale Wahrnehmung wird insbesondere unter dem Aspekt der unkontrollierten Steuerung des Konsumentenverhaltens mittels Werbung vielfach diskutiert (vgl. z.B. Trommsdorff, 1993, S. 276f.).

[4]   Eine Methode, die kognitive Informationsverarbeitung zu messen, besteht in der Technik des lauten Denkens bzw. der kognitiven Reaktionsanalyse (vgl. Wright, 1973, S. 54). Kognitive Reaktionen können auf die Werbebotschaft, auf gestalterische Aspekte der Werbung, auf das beworbene Produkt oder auf den Werbetreibenden gerichtet sein (vgl. Batra/Ray, 1983, S. 311).

[5]   *Meffert* (1992, S. 62) z. B. versteht dagegen unter „Lernen" die systematische Änderung des Verhaltens aufgrund von Erfahrungen.

3.2.2   Komplexe aktivierende Vorgänge

Die komplexen aktivierenden Vorgänge umfassen Emotion, Motivation und Einstellung[6]. *Kroeber-Riel et al.* (2008, S. 53f.) definieren

- **Emotionen** als zentralnervöse Erregungsmuster in Verbindung mit kognitiven Wahrnehmungen,

- **Motivationen** als Emotionen in Verbindung mit kognitiven Zielorientierungen und

- **Einstellungen** als Motivationen in Verbindung mit kognitiven Gegenstandsbeurteilungen.

> **Emotionen** sind die grundlegenden menschlichen Antriebskräfte. Sie lösen beim Rezipienten über spezifische und allgemeine Erregungsvorgänge Aktivität aus. Darüber hinaus bestimmen diese Antriebskräfte bereits die allgemeine Richtung des resultierenden Verhaltens: In positiver Richtung erfolgt eine Hinwendung zur Situation, in negativer Richtung eine Vermeidung der Situation (Kroeber-Riel et al., 2008).

Krech/Crutchfield (1971, S. 230) unternehmen eine Klassifikation der verschiedenen Arten von Emotionen (vgl. **Tabelle 3.2**).

Tabelle 3.2   Klassifikation der Emotionen

Emotion	Beispiel
primäre Gefühle	Freude, Furcht, Kummer, Ärger …
Gefühle, die eine Selbstwertung zum Gegenstand haben	Scham, Stolz, Schuld …
Gefühle, die auf andere Personen gerichtet sind	Liebe, Haß, Mitleid …
Gefühle, die sich auf einen Sinnesreiz beziehen	Schmerz, Abscheu, Entsetzen …
Stimmungen	Traurigkeit, Übermut, gewisse Formen der Angst …
(ästhetisch) wertende Gefühle	Humor, Schönheitsbewußtsein, Bewunderung …

Quelle: Krech / Crutchfield, 1971

---

[6] Die Einstellung wird hier – wie in der Literatur üblich – den aktivierenden Vorgängen zugeordnet. Vgl. insgesamt *Kroeber-Riel et al.* (2008), S. 49.

Emotionen spielen bei der Gestaltung von Werbung eine bedeutende Rolle. Durch ihren gezielten Einsatz werden beim Rezipienten emotionale Prozesse ausgelöst (Behrens, 1991). Für die inhaltliche Gestaltung von Werbung ist dies vor allem deshalb von Bedeutung, weil durch die Auslösung emotionaler Prozesse Produkte werblich mit einem Erlebniswert versehen werden können (Kroeber-Riel et al., 2008). Die im Laufe der Zeit entstehende emotionale Bindung wirkt insbesondere in Kaufsituationen, in denen der Käufer nicht gewillt ist, auf eine Entscheidung besonderen kognitiven Aufwand zu verwenden (Kearsley, 1995). Das Vorhandensein von Emotionen allein genügt aber i.d.R. nicht, das Verhalten auf spezielle Ziele – z. B. auf den Kauf eines bestimmten Produkts – auszurichten. Dazu sind zusätzliche kognitive Prozesse der Verhaltenssteuerung erforderlich. Im Begriff der Motivation werden die Antriebswirkungen von Emotionen und die kognitiven Wirkungen der Verhaltenssteuerung zusammengefasst (Lindzey und Hall, 1978).

Die Variableninteraktion zur Erklärung des Motivationsbegriffs ist in **Abbildung 3.3** dargestellt.

Abbildung 3.3   Variableninteraktion zur Erklärung der Motivation nach Kroeber-Riel

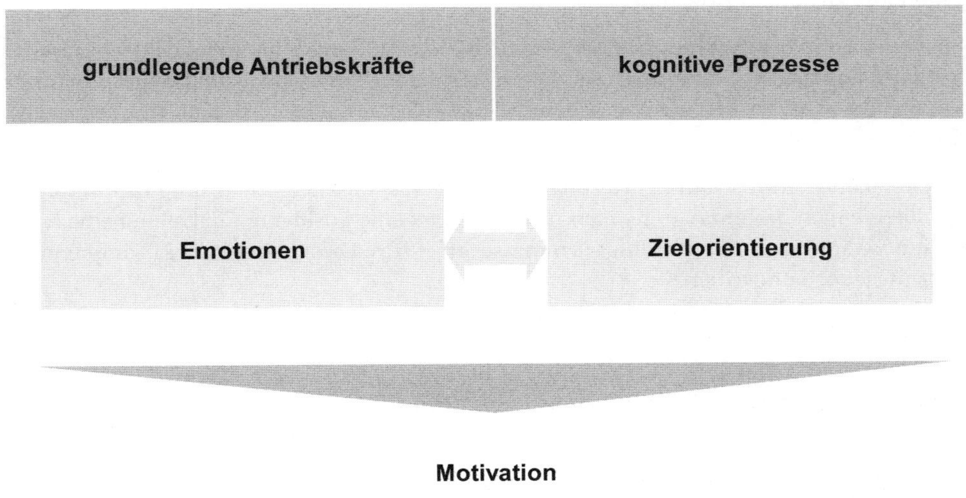

Ein weiteres, zentrales Konstrukt der Konsumentenforschung und besonders der Werbewirkungsforschung ist die **Einstellung** (Nieschlag et al., 1997). *Kroeber-Riel et al.* (2008, S.
168) umschreiben Einstellungen als „subjektiv wahrgenommene Eignung eines Gegenstandes zur Befriedigung einer Motivation" (Neibecker, 1990, S. 243). Die Gegenstandsbe-
urteilung geht dabei auf gespeicherte Ansichten zurück.[7]

Bzgl. der Zusammensetzung der Einstellung hat sich die sogenannte Dreikomponententheorie durchgesetzt (Hammann und Erichson, 2004). Sie besagt, dass die Einstellung aus
einer affektiven, einer kognitiven und zusätzlich einer intentionalen Komponente besteht
(Kuß, 1991): Aus der stärkeren positiven oder negativen Einschätzung eines Gegenstandes
folgt im allgemeinen die entsprechende Bereitschaft, sich dem Gegenstand gegenüber in
einer bestimmten Weise zu verhalten, z. B. ihn zu kaufen (positive Einstellung) oder nicht
zu kaufen (negative Einstellung).[8]

Die Dreikomponententheorie wird in der Literatur als „heuristisches Organisations-
schema" für Untersuchungen von Einstellungen und Verhalten angesehen (Trommsdorff,
1993): Die Konsistenz von Denken, Fühlen und Handeln gegenüber einem Objekt gilt für
Einstellungen als kennzeichnend (Triandis, 1975). So führt z. B. eine Veränderung der
gefühlsmäßigen Haltung gegenüber einem Gegenstand auch dazu, das Verhalten diesem
gegenüber zu ändern bzw. umgekehrt.

Eine prozessuale Betrachtungsweise legt nahe, Einstellungen als aktuellen psychischen
Vorgang aufzufassen: Aufgrund der durch den Einstellungsgegenstand angesprochenen
Motivation wird der Rezipient zu einem bestimmten Verhalten, z. B. zum Kauf eines Pro-
dukts, veranlasst.[9]

Die Konsumentenforschung ging zunächst davon aus, dass die Einstellung das Verhalten
des Rezipienten bestimmt, d. h., man nahm an, dass eine positivere Einstellung eine höhere Kaufwahrscheinlichkeit bedingt (Trommsdorff, 1975). Dieser einseitige Zusammenhang
ist heute jedoch umstritten.[10]

---

[7]   In der Konsumentenforschung werden am häufigsten die Einstellung gegenüber dem Produkt
      sowie die Einstellung gegenüber der Werbung für dieses Produkt untersucht (vgl. Kroeber-Riel et
      al., 2008, S. 168).

[8]   Ob man von einer Verhaltenskomponente sprechen und diese in die Einstellung einschließen soll,
      oder ob man die subjektive Neigung, sich auf die eine oder andere Weise zu verhalten, als eine
      selbständige psychische Größe ansehen soll, die neben der Einstellung besteht, ist seit geraumer
      Zeit umstritten (vgl. Roth, 1967, S. 99ff.).

[9]   Vgl. *Kroeber-Riel et al.* (2008), S. 170. Die verhaltensantreibende und verhaltenssteuernde –
      motivationale und kognitive – Wirkung der Einstellung steht im Mittelpunkt der wissenschaftli-
      chen Diskussion (vgl. Allen/Machleit, 1992, S. 493ff.).

[10] Vgl. *Kroeber-Riel et al.* (2008), S. 172. *Herkner* (1992, S. 212ff.) z. B. weist darauf hin, dass unter Low-
      Involvement-Bedingungen Einstellungsänderungen erst nach erfolgtem Kauf auftreten, d. h., die
      Einstellung dem Verhalten folgt. *Stroebe* (1980, S. 169) kommt zu dem Ergebnis, dass sich einzelne,
      spezifische Verhaltensweisen durch Einstellungswerte nicht vorhersagen lassen.

Fasst man den aktuellen Stand der Forschung zusammen, so kann man davon ausgehen, dass sich Einstellung und Verhalten in Abhängigkeit von situativen wie rezipientenabhängigen Faktoren (Fazio und Zanna, 1981) gegenseitig beeinflussen (Mummenday, 1988).

Vor allem die Vertreter der kognitiven Einstellungsforschung differenzieren zwischen den drei Komponenten Affekt, Kognition und Intention. Für die kognitive Komponente der Einstellung hat sich der Begriff „belief" durchgesetzt.[11] In der Werbewirkungsforschung wird dieser Begriff noch weiter spezifiziert: *Cohen et al.* (1972, S. 456) bezeichnen diese Größe als „die Vorstellung einer Person, in welchem Ausmaß ein Produkt über eine bestimmte Eigenschaft verfügt".

Für das Konsumentenverhalten sind Einstellungen von besonderer Bedeutung. Dies ergibt sich aus der Annahme, dass sie verhaltensbestimmende Wirkungsfaktoren darstellen, die für die Planung von Marketingmaßnahmen genutzt werden können.[12] Im Rahmen einer Kaufentscheidung wählt der Rezipient unter mehreren Alternativen ein bestimmtes Produkt aus. Es wird angenommen, dass er die Vor- und Nachteile der verschiedenen Angebote vergleicht. Das Ergebnis stellt eine Rangfolge oder Präferenzordnung dar (Kearsley, 1995). Einstellungen bilden die Basis dieser Präferenzen. *Trommsdorff* (1993, S. 123) bezeichnet Präferenzen deshalb als „relative Einstellungen".

Um tatsächliches Kaufverhalten vorhersagen zu können, ist es notwendig, neben den Einstellungen weitere verhaltensrelevante Einflüsse und Bedingungen zu beachten. In der Konsumentenforschung wird versucht, diese Einflüsse dadurch zu berücksichtigen, dass man nicht nur die Einstellungen, sondern auch die Kaufabsicht misst (Kroeber-Riel et al., 2008). Die gemessene Kaufabsicht umfasst also neben der Einstellung zum Produkt auch die antizipierten Einflüsse der Kaufsituation. Kaufabsichten approximieren aus diesem Grunde tatsächliches Kaufverhalten besser als die gemessenen Einstellungen zum Produkt.[13] Neben der Einstellung führen die Autoren einen weiteren Faktor ein, den sie als „subjektive Norm" bezeichnen. Dieser setzt sich zum einen aus den Vorstellungen des Rezipienten bzgl. der Erwartungen, die aus seinem sozialen Umfeld an ihn gestellt wer-

---

[11] Vgl. *Fishbein* (1967), S. 472ff. Für einen Überblick über verschiedene Modelle der kognitiven Einstellungsforschung vgl. *Müller-Hagedorn* (1986, S. 182ff.).

[12] Vgl. *Hoffmann* (1981), S. 63. Bei den Techniken zur Einstellungsmessung ist grundsätzlich zwischen ein- und mehrdimensionalen Verfahren zu unterscheiden. Bei der eindimensionalen Einstellungsmessung beschränkt man sich i.d.R. auf die affektive Komponente der Einstellung, die mit Hilfe von Rating-Skalen, wie z. B. der *Thurstone*-Skala, der *Likert*-Skala oder der *Guttmann*-Skala, gemessen wird (vgl. Kuß, 1991, S. 75f.). Differenzierte Aussagen sind jedoch mittels dieses Instrumentariums kaum zu treffen.

Bei den mehrdimensionalen Methoden dagegen werden verschiedene Eigenschaften eines Objekts bewertet und erst die Gesamtheit dieser Bewertungen wird zur Einstellung zusammengefaßt (vgl. Müller-Hagedorn, 1986, S. 190ff.).

[13] Bekannte Modelle zur Messung von Verhaltensabsichten stammen von *Ajzen/Fishbein* (1970, S. 466ff.) und (1973, S. 41ff.).

den, und zum anderen aus seiner Bereitschaft, sich diesen Vorstellungen zu unterwerfen, zusammen.[14] Das Zusammenwirken der in einer Kaufsituation relevanten Einstellungen und der subjektiven Normen determinieren die Kaufabsicht.[15]

Finales Ziel jedweder werblicher Kommunikation ist es, beim Rezipienten ein bestimmtes Verhalten auszulösen. Die Werbewirkungsforschung bemüht sich, das Verhalten nach dem Werbekontakt zu erklären und soweit wie möglich zu prognostizieren. Eine naheliegende Möglichkeit, die Werbewirkung zu messen, besteht in der Zusammenführung von Kontaktwahrscheinlichkeit und Kauf (Kearsley, 1995). Eine Erklärung für das zumeist wenig befriedigende Ergebnis derartiger Versuche liegt in der Vernachlässigung intervenierender Faktoren (Hoffmann, 1981).

3.2.3   Involvement

Das von *Krugman* (1965) eingeführte **Involvement-Konstrukt** hat innerhalb der Forschung zum Konsumentenverhalten einen zentralen Stellenwert erlangt (Meffert, 2000).

Um das Wesen dieses – in der Forschung zum Konsumentenverhalten zentralen (Meffert, 2000) – Konstrukts zu klären, soll im folgenden zunächst auf die verschiedenen Ansätze zur Systematisierung von Involvement eingegangen werden. Als ein Systematisierungskriterium dient die Ursache des Involvements. Entsprechend erfolgt eine Unterteilung in personen-, reiz- und situationsspezifisches Involvement (Deimel, 1989; Kroeber-Riel et al., 2008; Mitchell, 1979; Trommsdorff, 1993):

- ■ Personenspezifische Faktoren charakterisieren den Einfluss persönlicher Prädispositionen des Rezipienten, die von dessen subjektiven Bedürfnissen, Werten und Zielen abhängen.

- ■ Situationsspezifische Faktoren charakterisieren den Einfluss des Stimulus auf die Entscheidung.

- ■ Stimulusspezifische Faktoren charakterisieren den Einfluss des Produktes und der Kommunikationsform, die wiederum in Werbeträger- und Werbemittel-Involvement differenziert werden kann. Während es schwierig ist, das Produkt-Involvement eindeutig zu klassifizieren, kann das Werbe-Involvement hinsichtlich der emotionalen und kognitiven Wirkung näher analysiert werden.[16]

---

[14] Diese Bereitschaft wird wiederum wesentlich von der psychischen Konstitution eines Individuums determiniert (vgl. z. B. Mead, 1975, S. 440).

[15] Die Vielzahl der Variablen und deren möglicher Ausprägungen erschweren die Operationalisierung der Modelle von *Ajzen/Fishbein* erheblich. Für eine detaillierte Beschreibung und kritische Bewertung der Modelle vgl. *Müller-Hagedorn* (1986, S. 196ff.).

[16] So beschreibt *Kroeber-Riel* (1993, S. 99ff.) ein Wirkungsmuster der Werbung in Abhängigkeit von der Art der Werbung und dem Involvement.

Ein anderer, wesentlicher Systematisierungsansatz geht auf *Costley* (1988, S. 554ff.) zurück. *Costley* führt eine Meta-Analyse auf der Basis einer Vielzahl von Untersuchungen zum Involvement-Konstrukt durch und grenzt schließlich drei Betrachtungsweisen voneinander ab:

- Im Rahmen des „kognitiven Ansatzes" wird davon ausgegangen, dass Involvement eine dauerhafte persönlich empfundene Wichtigkeit eines Stimulus bzw. eine Prädisposition, auf diesen zu reagieren, darstellt. Kurzfristige Änderungen des Involvements sind somit ausgeschlossen.[17]

- Im Gegensatz dazu wird Involvement bei der Betrachtung als veränderliche Zustandsvariable als zu einem bestimmten Zeitpunkt bestehender, mentaler Zustand angesehen. Auch im Rahmen dieses Ansatzes wird davon ausgegangen, dass Involvement stets im Zusammenhang mit der Person des Rezipienten und einem Stimulus gesehen werden muss (Kearsley, 1995).

- Die Auffassung von Involvement als „Reaktionsinvolvement" (Kroeber-Riel et al., 2008) geht davon aus, dass der Rezipient vor dem Informationsverarbeitungsprozess über eine bestimmte kognitive Struktur verfügt. Wird nun die vom Stimulus ausgehende Information aufgenommen, so versucht der Rezipient, die Information in seine kognitive Struktur zu integrieren. Qualität und Quantität der dadurch verursachten kognitiven Reaktionen wirken auf andere Konstrukte, wie z. B. Einstellungen und Verhaltensintentionen. Daraus resultieren entsprechende Verschiebungen innerhalb der kognitiven Struktur.

Der Ansatz von *Costley* (1988, S. 554ff.) differenziert somit zwischen Involvement als Zustands- und als Prozessvariable. Als Unterscheidungskriterium dient im wesentlichen der Zeitpunkt der Informationsverarbeitung.

In der Literatur findet sich weiterhin eine Reihe von Arbeiten zur Unterscheidung verschiedener Dimensionen des Involvement-Konstrukts. Obwohl sich die Studien bzgl. Anzahl und Beschaffenheit der einzelnen Dimensionen des Involvement-Konstrukts unterscheiden, ist ihnen die Trennung in einen kognitiven und einen affektiven Aspekt von Involvement gemein.[18] Auch *Kroeber-Riel et al.* (2008, S. 360ff.) sehen das Involvement-

---

[17] Diese Betrachtungsweise des Involvement-Konstrukts lehnt sich sehr stark an die personenspezifische Sichtweise an (vgl. Deimel, 1989, S. 154f.), ist in ihrer Aussage jedoch wesentlich extremer. Konsequenz einer derartigen Sichtweise von Involvement wäre, dass kommunikative und andere Marketingmaßnahmen per Definition keinerlei Auswirkung auf das Involvement und damit auf die Wahrnehmung des Rezipienten haben. Es ist zwar unklar, inwieweit sich das Involvement eines Rezipienten steuern läßt (vgl. Kroeber-Riel et al. , 2008, S. 361), dass es aber kurzfristig überhaupt nicht zu beeinflussen ist, scheint unrealistisch (vgl. Kroeber-Riel et al., 2008, S. 94).

[18] Vgl. z. B. *Putrevu/Lord* (1994), S. 83. *Mittal* (1987, S. 42) z. B. geht davon aus, dass hohes kognitives Involvement zu einer intensiveren Verarbeitung von Informationen über Produktattribute führt, während durch affektives Involvement die Verarbeitung von Symbolen und Imagedimensionen angeregt wird (ähnlich Kroeber-Riel et al., 2008, S. 338f.).

Konstrukt zunächst in der kognitivistisch geprägten Tradition der Konsumentenfor-schung[19] und interpretieren die „starken Emotionen" in Verbindung mit hohem Involve-ment als „kognitive Aktivierung". Bei geringem Involvement in kognitiver Hinsicht diffe-renzieren die Autoren jedoch zwischen starker und schwacher emotionaler Ich-Beteiligung: Ist das emotionale Involvement ebenfalls schwach, so definieren sie dieses Phänomen als „reizgesteuertes, reaktives Entscheidungsverhalten", das in habitualisiertem Verhalten mündet – im umgekehrten Fall, dass geringe kognitive Aktivität mit starken Emotionen korrespondiert, resultiert impulsives Verhalten. Die Autoren bejahen somit ebenfalls das Vorliegen einer kognitiven und einer emotionalen Dimension des Involvement-Konstrukts (Kroeber-Riel, 2008).

Nicht nur bzgl. der Systematisierung von Involvement, sondern auch in Bezug auf die Definition dieses Begriffs bestehen unterschiedliche Auffassungen:

- ■ *Mitchell* (1979, S. 194) z. B. definiert Involvement als individuelle Variable, die einen internen Zustand kennzeichnet und den Grad der Aktivierung bzw. des Interesses be-schreibt, der durch einen Stimulus verursacht wird.

- ■ *Antil* (1984, S. 204) dagegen beschreibt Involvement als den Grad der persönlichen Wichtigkeit, der durch einen Stimulus hervorgerufen wird.[20]

Wie bereits an diesen zwei Beispielen deutlich wird, besteht somit auch bzgl. des Begriffs „Involvement" in der Literatur keineswegs Einigkeit. Folgende Definition des Involvement-Begriffs versucht, den verschiedenen vorgestellten Ansätzen gerecht zu wer-den:[21]

> **Involvement** beschreibt den Grad der langfristigen persönlichen Relevanz eines Sti-mulus sowie den Grad der kurzfristigen Aktivierung durch für die Person relevante stimulusgerichtete Reize im Rahmen von Informationssuche, -aufnahme, -verarbeitung und -speicherung.

Dem Involvement wird somit mit der „Aktivierung" eine inhaltliche und mit der „Stärke" eine formale Dimension zugeschrieben. Der Grad der Aktivierung gibt die Stärke der phy-siologischen Erregung an. Er kennzeichnet die Bereitschaft des Menschen zu denken, zu

---

[19] „Das Involvement-Konstrukt trägt der Empirie insofern Rechnung, als Entscheidungen mit mehr oder weniger Involvement gefällt werden. Andererseits konzentriert es sich aber nach wie vor auf die kognitive Dimension der Entscheidungsfindung, es liegt also ein anderer Schwerpunkt als beim Aktivierungskonzept vor" (Kroeber-Riel et al., 2008, S. 360ff.).

[20] Diese Definition hat in der deutschsprachigen Literatur dazu geführt, „Involvement" mit „Grad der Ich-Beteiligung" zu übersetzen (vgl. Kroeber-Riel et al., 2008, S. 92f.; Neibecker, 1990, S. 102; Trommsdorff, 1993, S. 41).

[21] In Anlehnung an *Batra/Ray* (1983), S. 309; *Cohen* (1983), S. 326; *Lastovicka/Gardner* (1979), S. 54; *Kearsley* (1995), S. 40; *Mitchell* (1979), S. 191; *Trommsdorff* (1993), S. 41; *Wilkie* (1994), S. 164ff.; *Zaich-kowsky* (1985), S. 342f.

fühlen und zu handeln (Birbaumer, 1975). Diese Aktivierung wirkt auf allen Stufen der Informationsverarbeitung. Involvement ist in der subjektiven Wahrnehmung begründet. Ein Stimulus dient dazu, persönliche Motive zu befriedigen. Entsprechend der Eignung des Stimulus, ein Motiv zu befriedigen, entfaltet sich hohes bzw. niedriges Involvement (Kearsley, 1995).

Die Wahrnehmung des Konsumenten wird in hohem Maße von seinem Involvement beeinflusst. Bei niedrigem Involvement werden tendenziell weniger Informationen aufgenommen, wohingegen hoch involvierte Konsumenten bestrebt sind, alle verfügbaren Informationen zu sammeln (Meffert, 2000). *Krugman* (1965, S. 583ff.) geht davon aus, dass auch die Intensität der Informationsverarbeitung vom Grad des Involvements abhängt.[22] Auch *Batra/Ray* (1983, S. 309f.) sind der Meinung, dass das Involvement Umfang und Intensität der Informationsverarbeitung wesentlich beeinflusst.

Löst der Werbekontakt starke Aufmerksamkeit aus, so werden kognitive Vorgänge ausgelöst, die den Entscheidungsprozess vorantreiben. Trifft die Werbung dagegen auf einen kaum involvierten Konsumenten, so findet vorrangig emotionale Konditionierung statt. Sie setzt keine hohe Aufmerksamkeit voraus und trägt zu einer emotionalen Bindung des Konsumenten ohne kognitiven Lernaufwand bei. **Tabelle 3.3** zeigt zusammenfassend die unterschiedlichen Charakteristika von High- und Low-Involvement bei werblicher Kommunikation (Kroeber-Riel et al., 2008).

Tabelle 3.3   Charakteristika von High- und Low-Involvement-Kommunikation

Charakteristika der Kommunikation	Involvement	
	High	Low
Werbeziel	überzeugen	gefallen
Inhalt	Argumente	Identifikation (z. B. Name, Logo)
Zeitdauer	lang	kurz
Mittel	Sprache	Bild
Wiederholung	weniger	häufiger

Quelle: Kroeber-Riel et al., 2008

---

[22] Er verzichtet jedoch auf eine inhaltliche Auseinandersetzung mit den Dimensionen des Konstrukts.

Das Involvement-Konstrukt erlaubt die Ableitung der gewählten Typologie des Entscheidungsverhaltens. Dies ist in **Tabelle 3.4** dargestellt.

Tabelle 3.4   Involvement und Entscheidungsverhalten

Involvement		Entscheidungsmerkmale
kognitiv	**emotional**	
sehr stark	stark	extensiv
stark	schwach	limitiert
schwach	stark	impulsiv
schwach	schwach	habitualisiert

Quelle: Kroeber-Riel et al., 2008

Der Grad der Aktivierung stellt die Elementargröße des Entscheidungsverhaltens dar. Hierauf bauen emotionale wie kognitive Prozesse auf.[23]

3.2.4   Vorwissen

Das **Vorwissen** der Konsumenten hat sich in letzter Zeit immer mehr zu einem zentralen Problembereich der Konsumentenforschung entwickelt und ist neben dem Involvement ein wichtiger Ansatz zur Erklärung des Entscheidungsverhaltens.[24]

Bettman/Park (1980) gehen davon aus, dass das Vorwissen des Konsumenten bzgl. der beworbenen Produktkategorie maßgeblichen Einfluss auf dessen Entscheidungsprozess bei der Auswahl eines Produkts ausübt. Art und Umfang des Vorwissens determinieren Motivation und Fähigkeit des Konsumenten zur Informationsverarbeitung. Die Autoren unterscheiden in ihrer Studie drei Niveaus an Vorwissenn und kommen zu dem Ergebnis, dass

---

[23] *Mantel/Kardes* (1999, S. 336f.) gehen davon aus, dass der Grad des Involvements auch entscheidend dafür verantwortlich ist, ob Präferenzen eher auf der Basis der Produktattribute oder auf der Basis der Einstellung zum Produkt gebildet werden.

[24] Vgl. *Brucks* (1985), S. 1; *Bijmolt et al.* (1998), S. 265f.; *Heilman et al.* (2000), S. 139. Als problematisch erweist sich dabei die Tatsache, dass bzgl. der Methoden zur Messung von Vorwissen in der Forschung bislang kein Konsens besteht (vgl. Mitchell/Dacin, 1996, S. 219).

■ die Gruppe mit dem geringsten Vorwissen nicht in der Lage zu sein scheint, die kommunizierte Information adäquat zu verarbeiten,

■ die Gruppe mit dem höchsten Vorwissen nicht ausreichend motiviert scheint, die Werbebotschaft zu verarbeiten, und sich stattdessen auf ihr Vorwissen verlässt,

■ die mittlere Gruppe dagegen sowohl über ausreichende Fähigkeit als auch über die entsprechende Motivation verfügt.[25]

Weiterhin zeigen die Autoren, dass sich auch die Entscheidungsheuristiken der Konsumenten in Abhängigkeit von ihrem Vorwissen unterscheiden: Konsumenten mit geringerem Vorwissen verfügen nicht über Bewertungsschemata, die sie aus dem Gedächtnis abrufen können, sondern müssen diese in der konkreten Situation erst entwickeln. Sie konzentrieren sich im Rahmen der Entscheidungsfindung stärker auf die Bewertung der Produktattribute. Konsumenten mit höherem Vorwissen wenden dagegen vordefinierte Bewertungsschemata für den Entscheidungsprozess an (Wedel et al., 1998). Ihre Entscheidung wird in stärkerem Maße durch ihre Einstellung zum Produkt determiniert.[26]

Um die Wirkungsweise von aus dem Gedächtnis abrufbarem Vorwissen im Entscheidungsprozess des Konsumenten zu verdeutlichen, sollen im Folgenden die psychologischen Grundlagen kurz vorgestellt werden.

Durch die Organisation von Information wird die Informationsmenge, der sich der Konsument gegenübersieht, reduziert und verdichtet. Dies erleichtert die Speicherung. Bestehendes Wissen dient dabei nicht nur der Ableitung von Organisationsprinzipien, sondern ist auch für die Integration von Information bedeutsam. Beim Prozess der Integration von Information werden neue Informationen mit bestehenden Wissenseinheiten verknüpft. Der Zugriff auf die neu gespeicherte Information wird erleichtert, wenn sie in bestehende Wissensstrukturen integriert worden ist (Brander et al., 1989). Die drei wichtigsten integrativen Prozesse sind dabei die Imagination, die semantische Verarbeitung und die Vernetzung.

---

[25] Dies wird durch die Ergebnisse von *Beattie* (1983, S. 583f.) bestätigt, die die Überzeugung vertritt, Werbung sei dann am wirkungsvollsten, wenn sie exakt auf das Vorwissen der Rezipienten abgestimmt sei. *Maheswaran/Sternthal* (1990, S. 66ff.) kommen zu dem Ergebnis, dass Experten bei einer Werbebotschaft tendenziell eher Wert auf Sachinformation legen, wohingegen Laien eine Beschreibung des Produktnutzens bevorzugen (vgl. auch *Maheswaran et al.*, 1996, S. 117). *Mitchell/Dacin* (1996, S. 230) zeigen, dass Experten eine höhere Anzahl von Attributen in eine Produktbewertung einbeziehen als Laien. Aus den Ergebnissen von *Garbarino/Edell* (1997, S. 147) lässt sich folgern, dass aufwendige Produktevaluationen bei Laien negative Emotionen auslösen und diese deshalb einfach bewertbare Optionen präferieren.

[26] Vgl. *Bettman/Park* (1980), S. 244. *Johnson/Russo* (1984, S. 548f.) bestätigen die Ergebnisse von *Bettman/Park* (1980). Das Involvement des Rezipienten, das – wie gezeigt – die Motivation des Konsumenten beeinflusst, berücksichtigen *Bettman/Park* (1980) in ihrer Studie nicht explizit. Diese Unterlassung führt dazu, dass sie annehmen, das Vorwissen beeinflusse neben der Fähigkeit des Konsumenten zur Informationsverarbeitung auch seine Motivation.

Unter Imagination wird ein mentaler Vorgang verstanden, bei dem der Konsument unter Verwendung von Vorwissen eine bildhafte Vorstellung erzeugt. Es existiert eine Reihe von Belegen dafür, dass Imagination die Gedächtnisleistung beeinflusst (Paivio, 1971). *Paivio* unterscheidet zwischen zwei getrennten Speichersystemen für verbale und nonverbale Information. Ein analoger Speicher ist auf die Repräsentation konkreter Objekte spezialisiert, während der analytische Speicher die linguistische Information aufnimmt. Auf beide Speicher kann unabhängig voneinander zugegriffen werden. Nach *Paivios* Theorie wird Information besser erinnert, wenn sie gleichzeitig analog und analytisch gespeichert wird.

Während der Fokus bei der dualen Kodierung auf die Anzahl der Kodierungen gelegt wird, betont die Theorie der semantischen Verarbeitung die Qualität der Informationsverarbeitung. Die Informationsverarbeitung läßt sich, je nach Verarbeitungstiefe, auf einem Kontinuum anordnen, dessen Endpunkte einerseits sensorische, andererseits semantische Verarbeitungsprozesse bilden (Lindsay/Norman, 1981).

Das Prinzip der Verarbeitungstiefe besagt jedoch nicht, dass Informationen mit ansteigender Verarbeitungstiefe auch besser memoriert werden können. Vielmehr hängt die optimale Tiefe der Verarbeitung davon ab, welche Aspekte der Information zu einem späteren Zeitpunkt erinnert werden sollen (Morris et al., 1977).

Der Kontrollprozess der Vernetzung ist im Gegensatz zur Imagination und zur semantischen Verarbeitung vor allem für die Speicherung zusammenhängender verbaler Information von Bedeutung (Brander et al., 1989). Spezifische Wissensstrukturen des Konsumenten, die vor der Aufnahme von Information aktiviert werden, erleichtern die Verarbeitung derselben. *Bartlett* (1932, S. 3ff.) definiert solche Wissensstrukturen als „Schema"[27]: Ein Schema repräsentiert Wissen über typische Zusammenhänge in einem Realitätsbereich. Dieses Wissen entwickelt sich auf der Basis von Erfahrungen und unterliegt fortlaufendem Wandel (Perrachio/Tybout, 1996).

Neue Information zu verstehen, bedeutet, ein Schema zu aktivieren, auf dessen Hintergrund sie eingeordnet werden kann. Die Aktivierung eines Schemas schafft so einen Deutungsrahmen, durch den die neue Information in angemessener Weise interpretiert werden kann.[28] Ist es nicht möglich, neue sprachliche Information auf das Vorwissen zu beziehen, wird sie nicht verstanden. Das Fehlen passender Schemata bedeutet, dass die neue Information nur isoliert verarbeitet werden kann (Brander et al., 1989).

Schemata fördern die Informationsverarbeitung allerdings nicht in jedem Fall, sondern können diese auch stören:

---

[27] *Alba/Hutchinson* (1987, S. 414ff.) verwenden ein ähnliches Konzept. Sie gehen davon aus, dass Wissen in hierarchischen Kategorien organisiert ist (vgl. dazu auch Maheswaran, 1994, S. 354).

[28] Experten besitzen ein sensitiveres und abstrakteres Netzwerk als Laien (vgl. Chi, 1982, S. 569). Dies ermöglicht eine effektivere Nutzung des vorhandenen Wissens wie auch neuer Information (vgl. Rao/Monroe, 1988, S. 254).

■ Schemata steuern die Informationsaufnahme. Dies kann bisweilen das Ignorieren oder die Modifikation nicht-schemakongruenter Informationen zur Konsequenz haben (Neisser, 1976). Entsprechend ist es möglich, dass die Informationsaufnahme beeinträchtigt wird.

■ Detailinformationen, die nicht durch das Schema spezifiziert werden, werden nicht längerfristig gespeichert. Nur zentrale Aspekte der Information werden behalten (Schank, 1980).

■ Schemata unterstützen die Wiedergabe von Informationen. Details, die nicht im relevanten Schema gespeichert sind, werden bei der Wiedergabe rekonstruiert. Dabei werden sie so konstruiert, dass sie in das abgerufene Schema passen. Je allgemeiner das aktivierte Schema ist, desto mehr ist zu rekonstruieren. Entsprechend steigt das Risiko, dass die wiedergegebene Information von der ursprünglich aufgenommenen abweicht (Bartlett, 1932).

Brander et al. (1989, S. 45) gehen davon aus, dass es von Art und Umfang des Vorwissens abhängt, welche Informationen bei Bedarf reproduziert und im Rahmen des Entscheidungsprozesses des Konsumenten verwendet werden können.[29]

3.2.5 Entscheidungsverhalten

Ökonomische Entscheidungen des Konsumenten stehen unter dem Druck einer rationalen Begründung. Rationalität[30] gilt als Entscheidungsnorm.[31] Die Kritik an dieser Forderung manifestiert sich vor allem daran, dass das Bild eines ausschließlich rational handelnden Menschen „der komplexen menschlichen Natur in keiner Weise gerecht wird" (Haubl et al., 1986). Das Modell der klassischen Entscheidungstheorie gibt keine Anhaltspunkte dafür, welche kognitiven Prozesse während der Bewertung und Auswahl von Alternativen ablaufen. Die kognitive Psychologie dagegen verwirft die Prämissen der Rationaltheorie und geht davon aus, dass reale Entscheidungen meistens nicht optimal im objektiven Sinne sein können. *Simon* (1957a, S. 198) prägt diesen Umdenkprozess. Seine Kernaussage lautet: „Die Fähigkeit des menschlichen Geistes zur Formulierung und Lösung komplexer Probleme ist im Verhältnis zur Größe der in Frage stehenden Probleme,

---

[29] Entsprechend ist auch die Intensität der Informationssuche vom Umfang des Vorwissens abhängig (vgl. Bei/Heslin, 1997, S. 151; Bettmann/Park, 1980, S. 242; Brucks, 1985, S. 3; Fiske et al., 1994, S. 43f.; Johnson/Russo, 1984, S. 542; Moorman/Rindfleisch, 1995, S. 564; Philipe/Ngobo, 1999, S. 573f.; Rao/Sieben, 1992, S. 256).

[30] Zum Rationalitätsbegriff vgl. *Gäfgen* (1968, S. 18ff.) und *Schneeweiß* (1967, S. 79ff.).

[31] Vgl. *Haubl et al.* (1986), S. 131. Die Annahmen der Wirtschaftstheorie implizieren einen Modellmenschen, den „homo oeconomicus" (vgl. z. B. Hanusch/Kuhn, 1991, S. 12). Der homo oeconomicus trachtet, stets am Eigennutzen orientiert, danach, seine Bedürfnisse optimal zu befriedigen. Damit dies gelingt, verfügt er über eine Reihe hervorragender Eigenschaften, deren bedeutendste eben die Rationalität seines Handelns ist.

die in der Wirklichkeit mittels objektiv rationalen Verhaltens zu lösen sind, sehr klein."[32] Der Konsument benutzt zu seiner Entscheidung nur einen geringen Teil der verfügbaren Information. Wird er dazu gebracht, eine größere Informationsmenge für seine Entscheidung heranzuziehen, so kann sich die Entscheidungseffizienz verringern (Kroeber-Riel et al., 2008). Die Informationsüberlastung verdeutlicht nach *Jacoby* (1977, S. 569) die Tatsache, „dass es für die menschliche Fähigkeit, in einer bestimmten Zeitspanne Informationen aufzunehmen und zu verarbeiten, eng abgesteckte Grenzen gibt." Werden diese Grenzen überschritten, so wird das Informationsverarbeitungssystem überlastet, die Entscheidungsleistung wird konfus, weniger genau und ineffizient (Kroeber-Riel et al., 2008). Rationalität erfordert eine Auswahl aus allen möglichen Alternativen. Im tatsächlichen Verhalten werden jedoch nur sehr wenige der möglichen Alternativen bei der Entscheidung berücksichtigt. Nach *Simon* (1957b, S. 243) ist „eine Entscheidung subjektiv rational, wenn sie mit den Werten, den Alternativen und den Informationen, die zum Zeitpunkt der Entscheidungsfindung gegeneinander abgewogen werden, konsistent ist." *March/Simon* (1976, S. 132f.) gehen weiter davon aus, dass der Entscheidungsträger ein Entscheidungsproblem nicht nur anhand eines von der realen Komplexität abstrahierten Modells beurteilt, sondern weitere Vereinfachungen vornimmt, um aktuellen kognitiven Stress zu vermeiden. Gestützt auf umfangreiche empirische Untersuchungen vertreten die Autoren die Auffassung, dass sich menschliche Entscheidungen mit der Identifikation bzw. der Auswahl befriedigender Alternativen befassen. Das Maximierungsprinzip der Wirtschaftstheorie wird durch das Satisfizierungsprinzip ersetzt.[33]

Den Ausgangspunkt des Satisfizierungsprinzips bildet die Annahme, dass jeder Entscheidungsträger über ein Anspruchs- bzw. Zielniveau verfügt, das es ihm ermöglicht, jede subjektiv erwartete Konsequenz einer Entscheidung entweder als befriedigend oder als unbefriedigend zu beurteilen. Unter diesen Voraussetzungen testet der Entscheidungsträger die subjektiv zur Verfügung stehenden Alternativen. Laut *Simon* (1964, S. 574) ist Verhalten dann irrational, wenn affektive Mechanismen den Entscheidungsprozeß dominieren.

---

[32] *Silberer* (1979, S. 50ff.) geht sogar soweit, die Kapazitätsbeschränkungen des Konsumenten als einen generellen Ansatzpunkt für die Erklärung des Konsumentenverhaltens zu betrachten.

[33] Vgl. *Simon* (1957a), S. 204f. *March/Simon* (1958, S. 140) bezeichnen Verhalten, das nicht dem Optimierungsprinzip folgt, als Satisficing-Strategie. Den gleichen Sachverhalt spricht *Kirsch* (1978, S. 9) an. Er weist darauf hin, dass Probleme „oft nicht eigentlich gelöst, sondern nur gehandhabt werden". *Janis/Mann* (1977, S. 29f.) fassen Satisficing- und Optimierungsverhalten als Endpunkte eines Verhaltenskontinuums auf, die sich hinsichtlich der Anzahl der berücksichtigten Kriterien, der Anzahl der betrachteten Alternativen, Ordnungs- und Prüfvorgängen bzgl. der Alternativen und der Art der Prüfung unterscheiden.

Der Informationsverarbeitungsansatz der kognitiven Psychologie[34] beschreibt den Problemlösungsprozess so, als ob der Konsument ein mehr oder weniger umfangreiches und verzweigtes Computerprogramm abarbeitet. Die Prozesse der Informationsaufnahme, des Abrufs bereits gespeicherter Information, der Verarbeitung und der Ausgabe von Ergebnissen werden durch ein übergeordnetes Ablaufprogramm koordiniert. Solche Programme oder Methoden der Lösungsfindung stellen in aller Regel Heuristiken dar.[35]

Bekannte Heuristiken, die Individuen beim Problemlösen bzw. Entscheiden verwenden, sind:[36]

- Versuch-Irrtum-Verhalten (Sichrovsky, 1984),

- Situations- und Zielanalyse (Dörner, 1976),

- Variation des Auflösungsgrades (Beer, 1967),

- Wechsel der Suchrichtung (Polya, 1967),

- Zweck-Mittel-Analyse (Greeno, 1978) und

- Entdeckungs- und Umstrukturierungsheurismen (Dörner, 1976).

Wie entscheiden Konsumenten zwischen mehreren Produktalternativen? Bevor auf verschiedene Heuristiken bei Kaufentscheidungen eingegangen wird, soll zunächst ein Überblick über verschiedene Klassen von Kaufentscheidungen gegeben werden. Anschließend wird diskutiert, welche dieser Kaufentscheidungen eventuell mittels vergleichender Werbung zu beeinflussen sind.

Kroeber-Riel et al. (2008, S. 371ff.) unterscheiden in

- **extensive**

- **limitierte**

- **habitualisierte** und

- **impulsive Kaufentscheidungen.**

---

[34] Der Informationsverarbeitungsansatz greift grundlegende Aspekte früherer Ansätze auf, insbesondere die gestaltpsychologisch ausgerichteten Überlegungen von *Duncker* (1935), *Maier* (1930) und *Wertheimer* (1957). Im Gegensatz zur Gestaltpsychologie betont der Informationsverarbeitungsansatz stärker die Aktivitäten des Menschen gegenüber „den Kräften des Feldes" (Bromme/Hömberg, 1977, S. 115).

[35] Vgl. *Brander et al.* (1989), S. 124. *Brander et al.* (1989, S. 125) weisen darauf hin, dass Konsumenten ihre Vorgehensweise oft nicht explizit planen, da sie ihre Aufmerksamkeit in der Regel nicht auf die Art ihres Vorgehens richten, wenn sie sich inhaltlich mit Problemen befassen. Die angewendeten Heuristiken sind aber prinzipiell dem Bewusstsein zugänglich.

[36] Für eine Systematisierung bzw. Klassifizierung der Verfahren sei z. B. auf *Schregenberger* (1982, S. 112) verwiesen.

Extensive Kaufentscheidungen lassen sich nach folgenden Aspekten charakterisieren:

- Die Produktauswahl wird kognitiv gesteuert. Die gedankliche Steuerung ist umso stärker, je weniger der Konsument über bewährte Entscheidungsmuster verfügt, um die Kaufentscheidung zu vereinfachen.

- Die kognitive Steuerung bedarf einer emotionalen Schubkraft. Motivationale und kognitive Prozesse bedingen sich gegenseitig. Das bedeutet, das Anspruchsniveau, d. h. die subjektiv wahrgenommenen Anforderungen an das Entscheidungsverhalten und an die Entscheidungsziele, aktiviert das Informationsverhalten und wird dadurch gleichzeitig konkretisiert. Das Anspruchsniveau wird erst im Laufe des Entscheidungsprozesses fixiert.

Bei kognitiver Vereinfachung des Entscheidungsverhaltens erreicht ein Konsument ein Stadium, in dem er nicht mehr extensiv, jedoch auch noch nicht habitualisiert entscheidet. Er fällt seine Kaufentscheidung limitiert. Unter **limitierter Kaufentscheidung** werden also solche Kaufentscheidungen verstanden, die geplant und überlegt gefällt werden und die auf Wissen bzw. Erfahrung beruhen (Kroeber-Riel et al., 2008). Die Aufnahme von Informationen erfolgt in überwiegendem Maße aktiv. Sie kann zufällig, impulsiv, gewohnheitsmäßig oder gezielt ablaufen. Bevorzugt werden interne Informationen verwendet. Der Konsument prüft, inwieweit seine Kauferfahrungen, Produktkenntnis und Prädispositionen ausreichen, um eine Wahl innerhalb des präferierten „evoked set" zu treffen. Dazu verfügt er über bewährte Entscheidungsregeln. Erst wenn die gespeicherte Information nicht ausreicht, sucht er aktiv nach externer Information. Da sein Entscheidungsfeld aber weitgehend vorgeklärt ist, interessieren ihn weniger Informationen zur Bildung neuer Prädispositionen, sondern vielmehr Informationen zur Beurteilung der präferierten Kaufalternativen (Kroeber-Riel et al., 2008).

Habitualisierte Kaufentscheidungen kennzeichnen ebenso wie limitierte Kaufentscheidungen eine spezifische Form vereinfachten Entscheidungsverhaltens. Gemeinsam ist beiden Entscheidungsarten die kognitive Entlastung des Entscheidungsaufwandes, die untergeordnete Bedeutung affektiver Prozesse und die geringe Entscheidungszeit. Habitualisierte Entscheidungen sind jedoch stärker vereinfacht als limitierte Kaufentscheidungen und konzentrieren sich auf wenige, zentrale Kognitionen. Hinzu kommt, dass habitualisierte Kaufentscheidungen auch reaktiv gefällt werden können, d. h. sie können quasi automatisch ablaufen (Kroeber-Riel et al., 2008). Die „Gewohnheit" kann durchaus Ergebnis vorausgegangener echter, komplexer Entscheidungen sein, mit deren Ausgang der Konsument zufrieden ist. Die Beibehaltung der einmal getroffenen Entscheidung verringert das Kaufrisiko (Nieschlag et al., 1997).

Impulsives Verhalten ist ein unmittelbar reizgesteuertes Entscheidungsverhalten, das in der Regel von Emotionen begleitet wird. Der Konsument reagiert weitgehend automatisch, d. h. er wählt das Produkt ohne weiteres Nachdenken einfach deswegen, weil es ihm gefällt bzw. seinen besonderen Vorlieben entspricht (Kroeber-Riel et al., 2008). *Trommsdorff* (1993, S. 290f.) geht davon aus, dass Impulskäufer überhaupt nicht involviert, jedoch stark emotionalisiert sind.

Zu klären ist im Folgenden, welche Entscheidungsheuristiken Konsumenten bei extensiven bzw. limitierten Kaufentscheidungen einsetzen. Deren Kenntnis ermöglicht es, kommunikative Maßnahmen so zu gestalten, dass die Informationen auf das tatsächliche Entscheidungsverhalten der Konsumenten abgestimmt sind und deren Entscheidungsverhalten in die gewünschte Richtung beeinflussen (Cohen, 1982).

Erfolgt die Auswahl eines Produkts nicht zufällig, impulsiv oder gewohnheitsmäßig, so wird sie durch kognitive Programme gesteuert. *Kroeber-Riel et al.* (2008, S. 375) unterscheiden hierbei Programme, die sich als „Produktauswahl nach Alternativen" und „Produktauswahl nach Attributen" kategorisieren lassen. Die „Produktauswahl nach Alternativen" stellt hohe Anforderungen an die Informationsverarbeitungskapazität des Konsumenten und scheint somit aufgrund der zuvor getroffenen Aussagen bzgl. der Informationsüberlastung des Konsumenten wenig geeignet, tatsächliches Entscheidungsverhalten zu beschreiben (Jacoby, 1977).

Eine erhebliche Vereinfachung der kognitiven Programme tritt ein, wenn der Konsument nach der „Produktauswahl nach Attributen" vorgeht. Der Konsument geht hierbei schrittweise vor und sondert so lange Alternativen aus, bis nur noch eine Alternative verbleibt. Bei dieser Vorgehensweise verwendet der Konsument stets einzelne Produktattribute als Entscheidungskriterium.

Die bekanntesten heuristischen Regeln sind:

- das Dominanzprinzip,

- die konjunktive Regel,

- die disjunktive Regel,

- die lexikographische Regel sowie

- die attributweise Elimination (Kroeber-Riel, 2008).

In Abhängigkeit von den Bedingungen[37], unter denen entschieden wird, wird die Vereinfachung der Auswahlentscheidung vor allem dadurch erreicht, dass der Konsument von Anfang an nur eine geringe Anzahl von Produktattributen und Alternativen in Betracht zieht oder auf vorliegende Einstellungen zurückgreift.[38] Die in die engere Auswahl einbezogene Alternativenmenge umfasst im allgemeinen nur einen geringen Teil der insgesamt angebotenen Produkte (Schaefer, 1988).

Die in Abbildung 3.4 vorgenommene Einteilung der Produkte hat laut *Kroeber-Riel et al.* (2008, S. 382) „erhebliche praktische Relevanz".

---

[37] *Pieters/Warlop* (1999, S. 13f.) zeigen z.B., dass hohes Involvement und geringer Zeitdruck dazu führen, dass Konsumenten tendenziell mehr Produktinformation verarbeiten.

[38] Vgl. *Kroeber-Riel et al.* (2008), S. 382. Durch diese Vereinfachungen des Entscheidungsprozesses wird auch die Entscheidungszeit erheblich verkürzt (vgl. Howard, 1977, S. 9 und 56; Weinberg, 1981, S. 106ff.).

Abbildung 3.4   Produktauswahl durch den Konsumenten

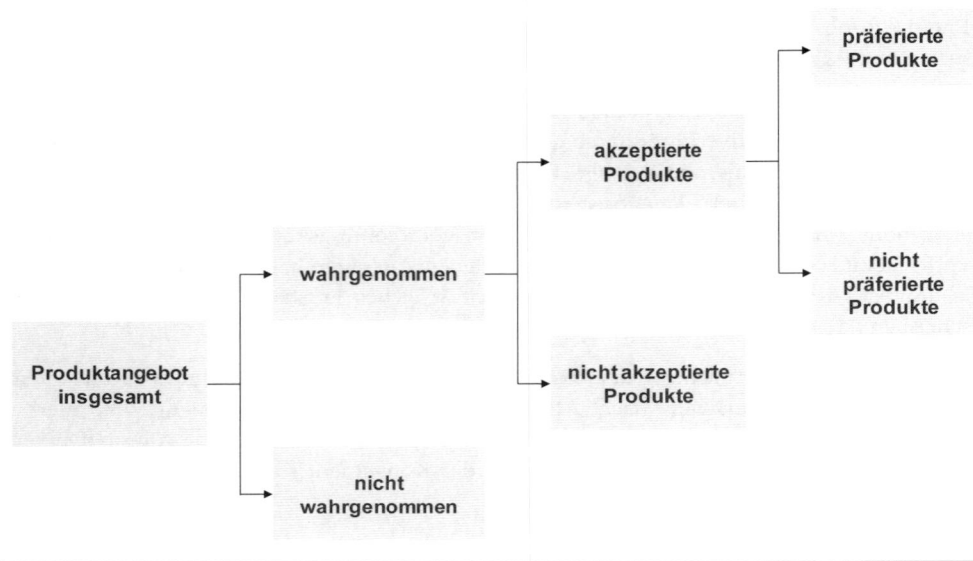

Quelle: Kroeber-Riel et al., 2008

Um den Erfolg eines Produkts zu unterstützen, müssen Unternehmen also drei Ziele verfolgen: Sie müssen dafür sorgen, dass das Produkt von den Konsumenten wahrgenommen, akzeptiert und präferiert wird.[39] Folgt man *Kroeber-Riel et al.* (2008, S. 383) (vgl.
Abbildung 3.4), so ist klar, welche Auswahlschritte der Konsument bei der Auswahl eines
Produkts durchführt. Um nun die Entscheidung des Konsumenten im Detail zu verstehen,
wird als nächstes betrachtet, wie die einzelnen Auswahlschritte inhaltlich ablaufen.

Hierzu liegt eine Reihe von Untersuchungen (Bettmann et al., 1998) vor, deren gemeinsames Ergebnis die Tatsache ist, dass Konsumenten keine vollständigen, sondern nur frag-
mentarische Heuristiken zur Entscheidungsfindung im Gedächtnis abgespeichert haben.
Die Teilheuristiken (z. B. Einschätzungen einzelner Alternativen, Evaluationen, Plausibili-
tätsschätzungen etc.) werden im Bedarfsfall abgerufen und zu Entscheidungsheuristiken
in den verschiedenen Auswahlschritten zusammengefügt (Bettmann et al., 1998).

---

[39] Bei sehr geringem Involvement wird ein Produkt bereits dann gekauft, wenn es zur Menge der
      bloß wahrgenommenen Produkte gehört. Eine durch Werbung vermittelte Bekanntheit genügt,
      weil der Rezipient bei geringem Involvement ein Produkt auch ohne vorherige Beurteilung und
      ohne ausgeprägte Akzeptanz kauft (vgl. Assael, 1992, S. 80ff.).

Die Fragmente, die im Einzelfall Berücksichtigung finden, und die Reihenfolge, in der sie abgearbeitet werden, können von verschiedenen Faktoren, wie z. B. Zeitdruck (Wright, 1974), Umfang der verfügbaren Information (Slovic/MacPhillamy, 1974) und Art der Entscheidung beeinflusst werden. Eine Reihe von Studien befaßt sich mit den Auswirkungen von Produktwissen und -erfahrung auf den Entscheidungsprozess (Russo/Johnson, 1980). *Bettman/Park* (1980, S. 244) identifizieren die Fähigkeit und die Motivation des Konsumenten, Alternativenvergleiche durchzuführen, als die für die Konstruktion und Exekution von Heuristiken bei der Auswahl zwischen Produktalternativen entscheidenden Faktoren.[40] In den verschiedenen Untersuchungen zeigt sich, dass in den unterschiedlichen Auswahlschritten des Konsumenten im wesentlichen zwei heuristische Verfahren zum Einsatz kommen, nämlich der Vergleich der Alternativen auf der Basis von Produktattributen und auf der Basis der Einstellung zum Produkt (Mantel/Kardes, 1990). Die Ergebnisse der angeführten Studien deuten tendenziell darauf hin, dass der Vergleich auf der Basis der Produktattribute den ersten Auswahlschritt bildet (Bettmann, 1979). Zwischen den verbliebenen Alternativen wird dann auf der Basis der Einstellung zum Produkt entschieden (van Raaij, 1976).

Abbildung 3.5 veranschaulicht dies graphisch.

Abbildung 3.5   Die Entscheidungsheuristik des Konsumenten

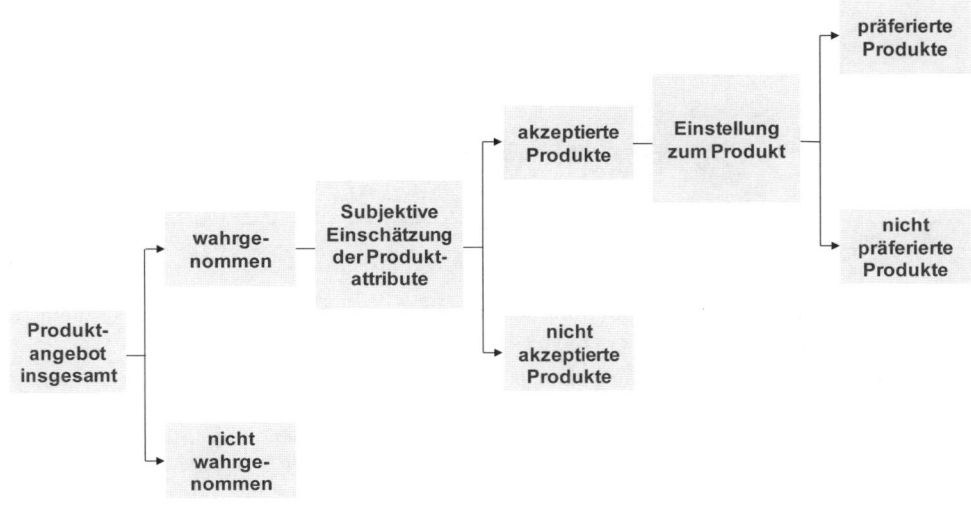

---

40   Auch die psychologische Literatur (vgl. z. B. Brander et al., 1989, S. 118f.) geht davon aus, dass neben den objektiven Merkmalen einer Entscheidungssituation konsumentenspezifische Merkmale einen wichtigen Einfluss ausüben. Dabei ist vor allem das Vorwissen sowie das Involvement des Rezipienten von entscheidender Bedeutung.

Aufgrund der oben gemachten Aussagen ist klar, dass extensive und limitierte Kaufentscheidungen nicht in allen Fällen auf diese Weise getroffen werden. Die vorliegenden Studien legen jedoch nahe, dass die in **Abbildung 3.5** dargestellte Vorgehensweise das tatsächliche Entscheidungsverhalten relativ gut approximiert.

Der Konsument trifft – wenn er sich bewusst entscheidet – seine Kaufentscheidung zwischen alternativen Produkten zum einen auf der Basis seiner Einschätzung der Produktattribute und zum anderen aufgrund seiner Einstellung zum Produkt.

Die Einschätzung der Produktattribute setzt sich aus zwei Faktoren zusammen. Einerseits handelt es sich dabei um die Bewertung der Ausprägungen der verschiedenen Attribute eines bestimmten Produkts[41] und andererseits um deren Bedeutung bzw. Gewichtung.[42] Dies wird in **Abbildung 3.6** dargestellt.[43]

Abbildung 3.6   Die Einschätzung der Produktattribute

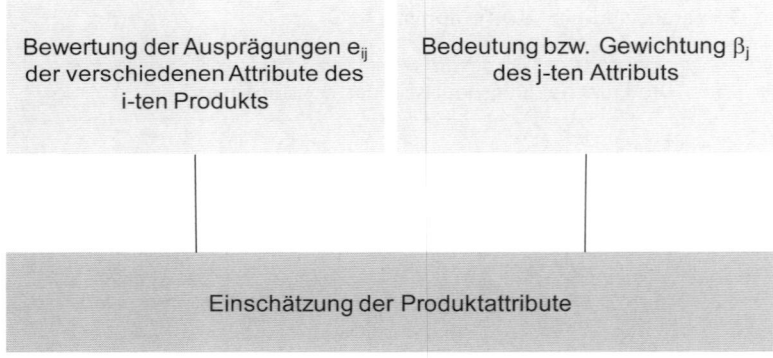

Bewertung der Ausprägungen e_{ij} der verschiedenen Attribute des i-ten Produkts

Bedeutung bzw. Gewichtung β_j des j-ten Attributs

Einschätzung der Produktattribute

---

[41] Der Einfachheit halber soll die Bewertung der Ausprägung des j-ten Attributs beim i-ten Alternativprodukt mit e_{ij} gekennzeichnet werden.

[42] Die Gewichtung des j-ten Attributs soll mit β_j gekennzeichnet werden. Es wird also angenommen, dass sich die Gewichtungen nicht in Abhängigkeit von der betrachteten Produktalternative unterscheiden, sondern die generelle Einschätzung der Bedeutung eines bestimmten Attributs für die gesamte Produktkategorie widerspiegeln (vgl. Beckwith/Lehmann, 1973, S. 141; Sheth/Talarzyk, 1972, S. 6; Wilkie/Pessemier, 1973, S. 429).

[43] Eine Reihe von Autoren (vgl. z. B. Fishbein/Middlestadt, 1995, S. 183; Gardner, 1983, S. 311 und 1985, S. 196; Olson et al., 1978, S. 72; Park/Young, 1986, S. 18) aggregiert die Bewertungen einzelner Attributsausprägungen und die entsprechenden Gewichtungen linear additiv. Eine derartige vollständige Aggregation stellt sehr hohe Anforderungen an die kognitive Leistungsfähigkeit des Konsumenten (vgl. dazu auch Bettman et al., 1998, S. 190). Ein linear-additives Modell unterstellt außerdem die Unabhängigkeit der Attribute. Die Möglichkeit von Kompensationseffekten ist ebenfalls nicht unproblematisch.

Es existieren folglich zwei Möglichkeiten, die Einschätzung der Produktattribute zu beeinflussen: Die Bewertung der Attributsausprägung e_{ij} kann durch geeignete Maßnahmen verbessert werden. Weiterhin kann das Unternehmen versuchen, die Gewichtungsfaktoren β_j in eine gewünschte Richtung zu verändern. Beides geschieht in der Regel durch kommunikative Maßnahmen, wie z. B. Werbung.

MacKenzie (1986, S. 177ff.) geht davon aus, dass Gestaltungsfaktoren der Werbung die Möglichkeiten des Konsumenten zur Informationsverarbeitung wie auch Konsumentenspezifische Charakteristika[44] die Gewichtung einzelner Produktattribute durch den Konsumenten beeinflussen (vgl. **Abbildung 3.7**).

Abbildung 3.7   Einflussgrößen auf die Gewichtung eines Attributs

---

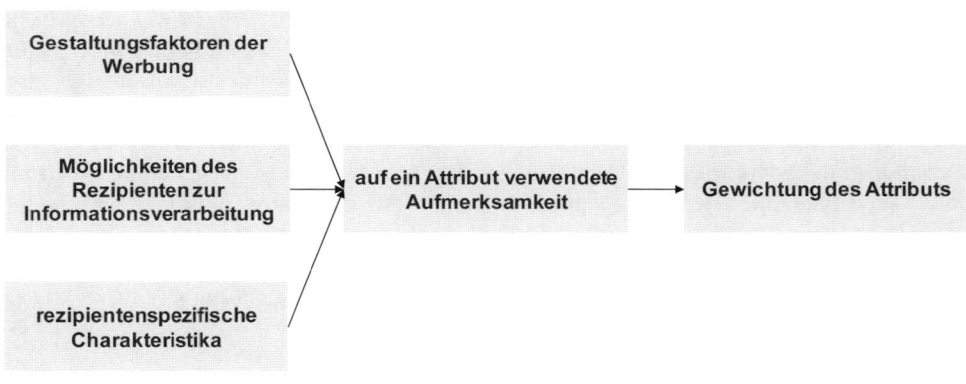

Quelle: MacKenzie, 1986

Gardner (1983, S. 316) stellt in ihrer Studie fest, dass sich vor allem das Herausstellen bestimmter Produktattribute in einer Werbebotschaft positiv auf deren Gewichtung im Entscheidungsprozess des Konsumenten auswirkt.[45] Sie begründet dies im Sinne von *MacKenzie* (1986, S. 177) damit, dass die Herausstellung bestimmter Attribute in der Werbebotschaft die Aufmerksamkeit des Konsumenten gezielt auf die entsprechenden Attribute

---

[44] *Quester/Smart* (1998, S. 229ff.) zeigen, dass die Gewichtung der Produktattribute vom Produkt-Involvement des Rezipienten beeinflusst wird.

[45] *Dhar/Sherman* (1996, S. 200f.) zeigen, dass hier insbesondere die für den Vergleich gewählten Alternativen eine wichtige Rolle spielen und sich die attributsspezifischen Gewichtungsfaktoren in Abhängigkeit dieser verändern können.

lenkt.[46] *Nisbett/Ross* (1980, S. 45) identifizieren mit der „Konkretheit der dargebotenen Information" einen weiteren Gestaltungsfaktor, der bestimmten Produktattributen beim Konsumenten besondere Aufmerksamkeit verschafft und sich so auf deren Gewichtung auswirkt.

Die Möglichkeiten des Konsumenten zur Informationsverarbeitung werden laut *MacKenzie* (1986, S. 178f.) vor allem von zwei Faktoren beeinflusst: dem Vorliegen ablenkender Reize und der Zahl der Wiederholungen der Werbebotschaft. Das Vorliegen ablenkender Reize bedingt eine Verringerung der Aufmerksamkeit des Konsumenten gegenüber der Werbebotschaft und schränkt dessen Informationsverarbeitung ein. Dagegen gibt eine angemessene Zahl von Wiederholungen der Werbebotschaft dem Konsumenten mehrfach die Gelegenheit, die Werbebotschaft zu verarbeiten bzw. eine unterbrochene Verarbeitung bei erneutem Kontakt fortzusetzen.[47]

Auch in Bezug auf die konsumentenspezifischen Charakteristika sind zwei wesentliche Faktoren zu nennen, die die Gewichtung von Produktattributen beeinflussen können. Zum einen handelt es sich dabei um das produktspezifische Vorwissen des Konsumenten, zum anderen um dessen „need for cognition" (MacKenzie, 1986). *Cohen et al.* (1955, S. 291) definieren diese Größe als „Bedürfnis des Konsumenten als relevant empfundene Stimuli und Situationen in bedeutungsvoller Weise zu strukturieren", d. h. als das generelle Bedürfnis des Konsumenten, sich mit Inhalten aller Art kognitiv auseinanderzusetzen (Cacioppo/Petty, 1982). *MacKenzie* (1986, S. 179) geht davon aus, dass entsprechend Konsumenten mit ausgeprägterem „need for cognition" Werbebotschaften mit größerer Aufmerksamkeit aufnehmen und verarbeiten. Somit sei deren Gewichtung der Produktattribute ceteris paribus auch leichter zu beeinflussen.

MacKenzie (1986, S. 190f.) kommt bei der empirischen Überprüfung seiner Hypothese zu dem Ergebnis, dass nur die Gestaltungsfaktoren Einflusses auf die Attributsgewichtung des Konsumenten haben, nicht aber die Zahl der Werbewiederholungen oder das Vorwissen bzw. das „need for cognition" des Konsumenten.

Die so genannten „beliefs" bilden die kognitive Komponente der Einstellung. Folgt man *Cohen et al.* (1972, S. 456), *Mitchell/Olson* (1981, S. 324f.) und *Olson et al.* (1978, S. 72) determinieren die Vorstellungen über die Produkteigenschaften die kognitive Einstellung zum Produkt. Eine weitere Variable, von der angenommen wird, dass sie die Einstellung zum

---

[46] Dieses Phänomen kann – wie *Cohen* (1963, S. 13) darlegt – auch im Prozess der öffentlichen Meinungsbildung beobachtet werden: „The press may not be successful much of the time in telling people what to think, but it is stunningly successful in telling its readers what to think about."

[47] *Dhar/Nowilis* (1999, S. 369ff.) führen Zeitdruck als weitere Einflussgröße auf die Möglichkeiten des Konsumenten zur Informationsverarbeitung an.

Produkt beeinflusst, ist die Einstellung zum Werbemittel.[48] *Batra/Ray* (1986, S. 240ff.), *Edell/Burke* (1987, S. 426ff.) und *Holbrook/Batra* (1987, S. 410ff.) zeigen, dass emotionale Reaktionen auf eine Werbebotschaft die Einstellung zum Produkt nur mittelbar – eben über die Einstellung zum Werbemittel – beeinflussen.[49] *Mitchell/Olson* (1981, S. 325f.) nehmen an, dass bei einer positiven Einstellung zum Werbemittel, auch die Wahrscheinlichkeit dafür steigt, dass sich die Einstellung der Konsumenten zum Produkt in gleicher Weise ändert.[50] *Kearsley* (1995, S. 82) geht entsprechend davon aus, dass die affektive Komponente der Einstellung zum Produkt von der Einstellung zum Werbemittel beeinflusst wird.

Diese beiden Sachverhalte werden in **Abbildung 3.8** graphisch dargestellt (Gardner, 1985).

Abbildung 3.8   Einflussfaktoren auf die Einstellung zum Produkt

---

[48] Vgl. *Aaker et al.* (1986), S. 370ff.; *Batra/Ray* (1986), S. 240ff.; *Brown/Stayman* (1992), S. 39ff.; *Burke/Edell* (1989), S. 74ff.; *Edell/Burke* (1987), S. 431; *Gorn* (1982), S. 96; *Homer* (1990), S. 81f.; *Lutz et al.* (1983), S. 537ff.; *MacKenzie/Lutz* (1989), S. 55ff.; *MacKenzie et al.* (1986), S. 131; *Mitchell* (1983), S. 207 und (1986), S. 20ff.; *Mitchell/Olson* (1981), S. 325ff.; *Moore/Hutchinson* (1983), S. 526f.; *Smith* (1993), S. 212ff. Die Einstellung zum Werbemittel wird in der Literatur als „subjektive Bewertung eines werbliches Stimulus" (vgl. *Lutz et al.*, 1983, S. 532; *Mitchell/Olson*, 1981, S. 325) bzw. als „affektive Reaktion auf einen werblichen Stimulus" (vgl. *Moore/Hutchinson*, 1983, S. 526) definiert. Der Nachweis, dass dieses Konstrukt empirisch von der Einstellung zum Produkt differenzierbar ist, gelingt *Madden et al.* (1985, S. 113). *Steffenhagen* (1997a, S. 8) geht davon aus, dass sich die Einstellung zum Produkt aus einer „verstandesbetonten" und einer „gefühlsbetonten Facette" zusammensetzt. Emotionale Werbung beabsichtigt die Beeinflussung der gefühlsbetonten Einschätzung eines Produkts, informative Werbung dagegen die Beeinflussung von Eigenschaftszuordnungen und der „verstandesbetonten Beurteilung" (vgl. Steffenhagen, 1997a, S. 11).

[49] *Aaker et al.* (1986, S. 370ff.) und *Stayman/Aaker* (1988, S. 368ff.) kommen zu ähnlichen Ergebnissen, zeigen aber, dass in gewissen Sonderfällen (vier Werbewiederholungen bzw. besonders humorvolle Werbebotschaft) emotionale Reaktionen die Einstellung zum Produkt auch unmittelbar beeinflussen können.

[50] Die Studie von *Haley/Baldinger* (1991, S. 17ff.) kommt zu dem Ergebnis, dass die Einstellung zum Werbemittel die Produktpräferenz beeinflusst.

Die kognitive Reaktionstheorie geht davon aus, dass die kognitiven Reaktionen auf eine Werbung wesentlichen Einfluss auf die Informationsverarbeitung haben (Wright, 1973). *Mitchell/Olson* (1981, S. 324ff.) und *Olson et al.* (1978, S. 76) gelingt es, den Einfluss kognitiver Reaktionen auf die Einschätzung der Produktattribute empirisch zu bestätigen.

Kroeber-Riel et al. (2008, S. 600) gehen davon aus, dass neben den kognitiven Prozessen auch emotionale Prozesse Einfluss auf die Einstellung zum Produkt haben. Im Wesentlichen handelt es sich hierbei um die Wirkungen der Werbung auf Emotion und Motivation des Konsumenten. Werden Konsumenten unmittelbar nach dem Werbekontakt zu ihren Gefühlen befragt, so können ihre Antworten analog zu den kognitiven Reaktionen als „emotionale Reaktionen" bezeichnet werden.[51] Empirische Untersuchungen haben gezeigt, dass bei der Wahrnehmung von Werbung die emotionalen Reaktionen der Konsumenten Einfluss auf die Einstellung zum Werbemittel und die Einstellung zum Produkt haben.[52]

Wenngleich in der psychologischen Analyse von Kaufentscheidungen der objektiven Struktur der Kaufsituation ein größerer Einfluss als den Eigenschaftsvariablen der Person zugeschrieben wird (Rosenstiel/Ewald, 1979), so sollen doch mit dem Involvement des Konsumenten und seinem Vorwissen[53] zwei Wirkungsdeterminanten eingeführt werden, die nach den bisher vorliegenden Erkenntnissen das Entscheidungsverhalten von Konsumenten beeinflussen können.[54]

---

[51] Vgl. *Batra/Ray* (1986), S. 235.Hier ergeben sich jedoch einige Probleme: *Barry/Howard* (1990, S. 127ff.) legen dar, dass es bisher nicht gelungen ist, Kognition und Emotion definitorisch eindeutig voneinander abzugrenzen. Weiterhin bereitet ihrer Aussage nach die messtechnische Erfassung aller Dimensionen der Konstrukte „Kognition" und „Emotion" große Probleme. Dementsprechend ist auch eine eindeutige messtechnische Abgrenzung der Konstrukte noch nicht verwirklicht. *Peterson et al.* (1986, S. 145) bemerken darüber hinaus, dass „Emotion" häufig synonym mit dem Begriff „Einstellung" verwendet wird. Dabei ergibt sich folgendes Problem (vgl. dazu auch Lazarus, 1984, S. 125f.): Die von Konsumenten in einer empirischen Studie berichtete „Einstellung" ist das Ergebnis eines – zumindest teilweise – kognitiven Prozesses und nicht ein ausschließlich gefühlsmäßiges Präferenzurteil. Trotzdem wird „Einstellung"– mit entsprechenden Konsequenzen für die Validität der Untersuchungen – als Operationalisierung für die emotionale Komponente verwendet.

[52] Vgl. *Batra/Ray* (1986), S. 245; *Edell/Burke* (1987); S. 429f.; *Holbrook/Batra* (1987), S. 41. *Kim et al.* (1998, S. 147ff.) argumentieren, dass der Affekt bei der Bildung der Einstellung zum Produkt eine mindestens so große Rolle spielt wie die Einschätzung der Produktattribute. *Fishbein/Middlestadt* (1995, S. 184) dagegen legen dar, dass „die Bildung der Einstellung zum Produkt ausschließlich kognitiv basiert ist." Ihrer Meinung nach handelt es sich bei anderslautenden Forschungsergebnissen um bloße Artefakte.

[53] *Bettman/Park* (1980, S. 234) z.B. vermuten, dass die Werbewirkung vom produktspezifischen Vorwissen des Rezipienten abhängig ist.

[54] *Steffenhagen* (1997a, S. 16) z. B. rät für die Bestimmung zielgruppen- und situationsgerechter Werbezielschwerpunkte nach Vorwissen und Involvement der Rezipienten zu differenzieren. Auch *Vakratsas/Ambler* (1999, S. 26) gehen davon aus, dass Vorwissen und Involvement die Werbewirkung maßgeblich beeinflussen.

Beide Wirkungsdeterminanten sind nicht eindeutig voneinander abzugrenzen – so steht das Vorwissen eines Konsumenten über eine Produktkategorie oder ein Produkt sicherlich in Zusammenhang mit dessen Involvement (Bei/Heslin, 1997). Unter Involvement wird jedoch eher der aktivierende und motivierende Aspekt des Verhaltens subsumiert, der durch Konsumentenspezifische Aspekte, wie persönliche Bedürfnisse, Werte und Ziele gekennzeichnet ist.[55]

Wiederholungsfragen

1. Erläutern Sie die Bedeutung der Käuferverhaltensforschung für das Marketing anhand der zentralen Fragestellungen der Käuferverhaltensforschung!

2. Grenzen Sie den SR-Ansatz und den SOR-Ansatz gegeneinander ab! Welchen grundlegenden Nachteil weist der SR-Ansatz aus Marketingsicht auf?

3. In welcher Weise beeinflussen soziales und kulturelles Umfeld des Konsumenten das Kaufverhalten?

4. Welche grundlegende Bedeutung haben aktivierende Prozesse für das Käuferverhalten?

5. Erläutern Sie anhand konkreter Beispiele, welche Reize das Marketing einsetzen kann, um Konsumenten zu aktivieren!

6. Erläutern Sie die Bedeutung der Aktivierung für die Verhaltensbeeinflussung! Welcher Zusammenhang besteht zwischen Aktivierung und Involvement?

7. Was versteht man unter Emotionen? Welche grundlegende Relevanz besitzen diese für das Marketing?

8. Worin unterscheiden sich Motivationen und Emotionen?

9. Erläutern Sie den Begriff sowie die verschiedenen Komponenten der Einstellung!

10. Weshalb sind Informationen über die Einstellungen von Konsumenten von elementarer Bedeutung für die erfolgreiche Planung von Marketingaktivitäten?

---

[55] Vgl. *Celsi/Olson* (1988), S. 210f. Allerdings kann der relativ enge Zusammenhang zwischen den Konstrukten zu Problemen bei der Operationalisierung führen (vgl. Brucks, 1985, S. 12; Fiske et al., 1994, S. 48; Park/Lessing, 1981, S. 228).

3.3   Marktsegmentierung

Lernziele

Die Absatzmärkte vieler Unternehmen sind dadurch gekennzeichnet, dass sich die Bedürfnisse der Abnehmer mehr oder weniger stark unterscheiden. Folglich muss eine Entscheidung darüber getroffen werden, ob der Marketingmix auf alle Kunden gleichermaßen oder aber speziell auf einzelne Kundensegmente mit jeweils homogenen Ansprüchen ausgerichtet werden soll. Dieses Kapitel hat die entsprechende Lernziele zum Inhalt und möchte folgendes vermitteln:

- was Gegenstand der Marktsegmentierung ist,

- welche Segmentierungskriterien es im B2B und B2C Marketing gibt und

- welche Besonderheiten es im Dienstleistungsmarketing sowie Handelsmarketing zu berücksichtigen gilt.

Es ist ein wesentliches Charakteristikum einer integrierten marktorientierten Unternehmensführung, dass nicht das jeweilige Leistungsangebot, sondern der Kunde mit seinen Wünschen und Bedürfnissen die Grundlage für unternehmerische Entscheidungen bildet (Kesting/Rennhak, 2008). Je kundenorientierter ein Anbieter agiert, desto größer ist der hierdurch erzielbare Wettbewerbsvorteil (Tomczak/Sausen, 2003). Bis zum Zeitpunkt der einsetzenden Wandlung von Verkäufer- zu Käufermärkten dominierte undifferenziertes Massenmarketing, das auf die Erschließung und Abdeckung von Massenmärkten abzielt. Durch die Erstellung standardisierter Produkte, die möglichst alle Käufer ansprechen sollen, sind mittels dieser Strategie Kostenvorteile aus Massenproduktion realisierbar (Becker, 2006). Das Konzept der Marktsegmentierung setzt im Gegensatz zum Massenmarketing nicht an den Gemeinsamkeiten aller Abnehmer an, sondern berücksichtigt im Sinne des Marketing-Grundgedankens – nämlich der Ausrichtung aller Unternehmensaktivitäten am Kunden – spezifische Bedürfnisse verschiedener Nachfragergruppen (Meffert, 2000).

Unter **Marktsegmentierung** versteht man „(...) die Aufteilung des heterogenen Gesamtmarktes für ein Produkt in homogene Teilmärkte oder Segmente und die gezielte Bearbeitung eines Segmentes (bzw. mehrerer Segmente) mit Hilfe segmentspezifischer Marketing-Programme (...)" (Freter, 1983).

Das Marktsegmentierungskonzept wurde in den fünfziger Jahren des letzten Jahrhunderts zunächst für das Konsumgüter-Marketing entwickelt (Kleinaltenkamp, 2002) und ist nunmehr seit vielen Jahren ein fester Bestandteil der Marketingwissenschaft. Der Detaillierungsgrad von Segmentierungen kann dabei vom klassischen Segment-Marketing über Nischen-Marketing bis hin zu Individual-Marketing reichen.[56]

Das empfohlene Vorgehen zur Segmentierung von Märkten wird in der Literatur häufig anhand des **STP[57]-Modells** beschrieben (Kesting/Rennhak, 2008). Dieser Ansatz unterteilt den Prozess der Marktsegmentierung in drei Hauptschritte, die in einer chronologischen Reihenfolge abzuwickeln sind (vgl. dazu und im Folgenden Kesting/Rennhak, 2008). An erster Stelle steht dabei die eigentliche Segmentierung, d. h. die Aufteilung des Gesamtmarktes in einzelne Segmente durch den Einsatz geeigneter Segmentierungsvariablen. Diese Segmente stellen optimalerweise möglichst klar abgrenzbare Käufergruppen dar, die jeweils mit einem speziell auf sie zugeschnittenen Leistungsangebot bzw. einem spezifischen Marketing-Mix angesprochen werden sollen. Um seine Chancen in jedem der Teilmärkte einzuschätzen, muss ein Anbieter nun die Attraktivität der Segmente bewerten und auf Basis dieser Evaluation diejenigen festlegen, die er bedienen möchte. Für jeden Zielmarkt wird im dritten Schritt zum Aufbau einer tragfähigen Wettbewerbsposition ein Positionierungskonzept entwickelt und gegenüber den Nachfragern signalisiert (Kotler/Bliemel, 2006).

Der STP-Ansatz stellt vor allem die Sichtweise amerikanischer und britischer Wissenschaftler zur Erklärung von Segmentierungsprozessen dar.

---

[56] Beim Segment-Marketing werden im Sinne eines hohen Marktabdeckungsgrads idealtypischerweise mehrere bzw. sehr viele oder nahezu alle Teilmärkte bedient. Nischen-Marketing ist hingegen durch eine hohe Spezialisierung gekennzeichnet und konzentriert sich auf spezielle Teilmärkte bzw. näher definierte, kleinere Kundengruppen, deren Bedürfnissen durch bestehende Konkurrenzangebote nicht ausreichend Rechnung getragen wird. Derartige Nischensegmente lassen sich durch Zerlegung von Segmenten in Untersegmente identifizieren. Nischenanbieter sind hoch spezialisiert und streben die Schaffung bzw. Einnahme einer „geschützten Marktposition" an, indem sie eigene Regeln und Standards definieren. Individual-Marketing weist den höchsten Segmentierungsgrad auf und bildet den extremen Gegensatz zum Massenmarketing. Es beruht auf atomisierter Segmentierung und zerlegt den Markt somit bis auf den individuellen Kunden. Vorwiegend bedingt durch zunehmende Individualisierungstendenzen bei Abnehmern sowie durch den technischen Fortschritt hat sich ein strategisches Konzept herausgebildet, das *Pine* (1994) als „Mass Customization" bezeichnet. Mittels dieser maßgeschneiderten Massenfertigung werden in großem Umfang individuell gestaltete Produkte erstellt (vgl. Pine, 1994, Becker, 2006, S. 296f. und Kotler/Bliemel, 2006, S. 419ff.).

[57] Segmenting, Targeting, Positioning.

Deutschsprachige Autoren hingegen verstehen Marktsegmentierungen zumeist als zwei-stufiges Konzept aus Markterfassung und Marktbearbeitung.[58]

3.3.1   Basis-Segmentierungskriterien im B2C-Bereich

Gerade in Anbetracht des steigenden Wettbewerbsdrucks wird es für Unternehmen immer wichtiger, auf die Wünsche der Nachfrager einzugehen, um weiterhin auf ihren Märkten bestehen zu können. Spezifische Bedürfnisse von Käufergruppen können im Rahmen der Marktsegmentierungsstrategie gezielt berücksichtigt und erfüllt werden. In Folgenden werden nun die wichtigsten Erkenntnisse der Segmentierungsforschung im B2C-Bereich thematisiert.

Kriterien zur Segmentierung müssen bestimmte Bedingungen erfüllen. In der Literatur werden üblicherweise sechs Anforderungen an sie gestellt (Meffert, 2000), die u. a. dazu dienen, die Zweckmäßigkeit der Marktaufteilung zu gewährleisten (vgl. **Tabelle 3.5**).

Tabelle 3.5   Anforderungen an Segmentierungskriterien

Anforderungen an Segmentierungskriterien	
Kaufverhaltensrelevanz	Geeignete Indikatoren für zukünftiges Kaufver-halten
Messbarkeit (Operationalität)	Messbar und erfassbar mit den vorhandenen Marktforschungsmethoden
Erreichbarkeit bzw. Zugänglichkeit	Gewährleistung einer gezielten Ansprache der gebildeten Segmente

---

[58] Vgl. *Sausen* (2006), S. 20f. Diese Sichtweise unterscheidet sich nur geringfügig vom STP-Ansatz. Die Markterfassung repräsentiert dabei die Informationsseite der Marktsegmentierung und fokussiert Aspekte der Informationsgewinnung und -verarbeitung sowie der Erklärung des Käuferverhal-tens. Sie bezieht sich einerseits auf Marktforschungsaktivitäten und andererseits auf den Einsatz der Art und Anzahl von Segmentierungskriterien. Somit entspricht sie prinzipiell dem „Segmenting"-Schritt des STP-Ansatzes. Die Marktbearbeitung kann als Aktionsseite der Markt-segmentierung verstanden werden. Sie umfasst schwerpunktmäßig die Auswahl von Zielsegmen-ten und die Ausgestaltung segmentspezifischer Marketing-Mix-Programme für die ausgewählten Teilmärkte (vgl. Freter, 1983, S. 14ff. und Meffert, 2000, S. 183ff.). Verglichen mit dem STP-Ansatz beinhaltet die Marktbearbeitungsseite demnach die beiden Schritte „Targeting" und „Positioning".

Anforderungen an Segmentierungskriterien	
Handlungsfähigkeit	Gewährleistung des gezielten Einsatzes des Marketinginstrumentariums
Wirtschaftlichkeit	Nutzen der Erhebung sollte größer sein als die dafür anfallenden Kosten
Zeitliche Stabilität	Längerfristige Gültigkeit der mittels der Kriterien erhobenen Informationen

Segmentierungskriterien lassen sich in wenige Oberkategorien klassifizieren, die in der Literatur teilweise leicht voneinander abweichen. Die folgenden Ausführungen stützen sich primär auf die Einteilung von *Meffert*, der zwischen geographischen, soziodemographischen, psychographischen und verhaltensorientierten Kriterien unterscheidet (Meffert, 2000).

3.3.1.1 Geographische Segmentierung

Die **geographische Segmentierung** gilt als die älteste Form der Marktsegmentierung (Bagozzi et al., 2000). Dies ist zum einen auf die räumliche Verteilung der Bevölkerung zurückzuführen und zum anderen darauf, dass sich in bestimmten Regionen eine eigenständige Kultur mit spezifischen Verhaltensmustern entwickelt (Freter, 1983). Darüber hinaus können auch klimatische Bedingungen einen Einfluss auf das Kaufverhalten haben (Bagozzi et al., 2000).

Die klassische geographische Segmentierung, die auch als makrogeographische Segmentierung (Meffert, 2000) bezeichnet werden kann, unterteilt den Markt in verschiedene regionale Einheiten (Kotler/Bliemel, 2006). Große international agierende Unternehmen segmentieren häufig nach Ländern oder größeren geographischen Regionen. Tendenziell widmen sie inzwischen aber auch den geographischen Einheiten innerhalb eines Landes mehr Aufmerksamkeit (Bagozzi et al., 2000). Dies können u. a. Bundesländer, Städte, Landkreise oder Gemeinden sein. Für den deutschen Markt wird häufig die bekannte Einteilung in Nielsen-Gebiete herangezogen.[59]

---

[59] Vgl. hierzu *Meffert* (2000), S. 189f. Dieses Konzept des Marktforschungsinstitutes ACNielsen unterteilt das Bundesgebiet in Regionen, die sich an den Bundesländern orientieren. Darüber hinaus werden auch die bedeutsamsten Ballungsräume berücksichtigt und separat betrachtet (www.acnielsen.de).

Der Vorteil des geographischen Segmentierungsansatzes liegt in erster Linie in der leichten Verfügbarkeit der benötigten Daten, die im Allgemeinen in Form von Sekundärmaterial schnell und preiswert erhältlich sind. Eine Segmentierung nach geographischen Kriterien erscheint vor allem bei Produktgruppen sinnvoll, bei denen spezifische regionale Präferenzen der Käufer zu erkennen sind. Somit bietet dieser Segmentierungsansatz durchaus wertvolle Anregungen für die Konzeption regionaler Marketingprogramme, was allerdings so nur für eine sehr begrenzte Anzahl von Produktgruppen gilt (Vossebein, 2000). Außerdem stellt die makrogeographische Segmentierung lediglich einen indirekten bzw. groben Bezug zum tatsächlichen Kaufverhalten her (Meffert, 2000). Folglich liefert eine ausschließlich nach geographischen Gesichtspunkten durchgeführte Segmentierung nur relativ begrenzte Informationen darüber, inwieweit reale Unterschiede hinsichtlich der Einstellungen, Werte und Präferenzen von Kunden bestehen (Bagozzi et al., 2000).

3.3.1.2 Soziodemographische Segmentierung

Eine andere Form der klassischen Segmentierung stellt neben dem geographischen Ansatz die Segmentbildung auf Basis soziodemographischer Merkmale dar (Bruns, 2000). Hierbei unterscheidet man üblicherweise zwischen demographischen und sozioökonomischen Kriterien (vgl. **Tabelle 3.6**).

Tabelle 3.6   Soziodemographische Segmentierungskriterien

Soziodemographische Segmentierungskriterien	
Demographische Kriterien	**Sozioökonomische Kriterien**
Geschlecht	Schulabschluss
Alter	Ausbildung
Familienstand	Beruf
Anzahl und Alter der Kinder	Einkommen
Haushaltsgröße	Staatsangehörigkeit
…	…

Die soziodemographische Segmentierung bedient sich Populationscharakteristika zur Abgrenzung von Konsumentengruppen. Sie geht von einer starken Korrelation der Konsumpräferenzen mit den von ihr eingesetzten Variablen aus. So erweist sich insbesondere in Entwicklungsländern eine Segmentierung nach dem Einkommen als sinnvoll, denn in ärmeren Gebieten ist die Einkommenselastizität der Nachfrage vergleichsweise hoch, so dass sich mit steigendem Einkommen die Nachfrage nach Luxusgütern in Relation zu der nach Produkten des täglichen Bedarfs verändert (Bagozzi et al., 2000).

Soziodemographischen Kriterien fällt im Rahmen der Marktsegmentierung quasi eine Schlüsselrolle zu. Selbst in den Fällen, in denen nur Segmentierungskriterien aus anderen Kategorien zum Einsatz kommen, werden sie zur Beschreibung gebildeter Segmente herangezogen (Bagozzi et al., 2000). Sie ermöglichen u. a. Einschätzungen im Hinblick auf die Marktgröße und die Erreichbarkeit der Nachfrager (Bagozzi et al., 2000).

Der Hauptvorteil des soziodemographischen Segmentierungsansatzes liegt in der leichten Erfass- und Messbarkeit der Kriterien. Zudem gelten die Segmentierungsergebnisse als zeitlich relativ stabil (Meffert, 2000). Allerdings beinhalten sie keine direkten Informationen in Bezug auf Präferenzen und Motive der Käufer. Sie sagen daher nur sehr begrenzt etwas über Gewohnheiten, Einstellungen und Werte der Nachfrager aus (Bagozzi et al., 2000). Aufgrund ihrer vergleichsweise geringen Relevanz zur Prognose des Kaufverhaltens sowie ihrer eingeschränkten Aussagefähigkeit im Hinblick auf die Gestaltung des Marketinginstrumentariums verliert der ausschließliche Einsatz soziodemographischer Segmentierungskriterien zunehmend an Bedeutung. Stattdessen werden sie verstärkt mit Kriterien aus anderen Kategorien kombiniert (Meffert, 2000).

3.3.1.3   Psychographische Segmentierung

Da geographische und soziodemographische Segmentierungen lediglich eine formal-statistische Gleichheit von Personen erfassen, kann daraus nicht automatisch auf ein gleichartiges Verhalten dieser Verbraucher geschlossen werden. Als Reaktion auf die begrenzte Aussagefähigkeit der klassischen Segmentierungskriterien in Bezug auf das Kaufverhalten führte man daher den psychographischen Segmentierungsansatz ein. Er bezweckt die Definition von Käufergruppen anhand von Merkmalen, die zur Bildung gleichartiger, psychisch verwandter Gruppierungen führen (Becker, 2006). Psychographische Kriterien tragen somit u. a. der Tatsache Rechnung, dass Individuen trotz ihrer Zugehörigkeit zur gleichen demographischen Gruppierung teilweise völlig unterschiedliche Ansichten und Einstellungen haben können (Kotler et al., 2003).

Nach wie vor besteht allerdings keine einheitliche Grundauffassung darüber, welche Merkmale man nun konkret unter dem Begriff der psychographischen Segmentierung zusammenfasst (Becker, 2006). Dennoch lässt sich diesbezüglich zumindest eine grundsätzliche Untergliederung in allgemeine Persönlichkeitsmerkmale und produktspezifische Merkmale vornehmen (vgl. **Tabelle 3.7**).

Tabelle 3.7   Psychographische Segmentierungskriterien

Psychographische Segmentierungskriterien	
Allg. Persönlichkeitsmerkmale	**Produktspezifische Merkmale**
Soziale Orientierung	Wahrnehmungen, Motive
Risikofreude	Präferenzen, Kaufabsichten
Allgemeine Einstellungen	Spezifische Einstellungen
...	...

Quelle: Meffert, 2000

Die Persönlichkeit eines Menschen spiegelt sich in Charakterzügen wie Kontaktfähigkeit, Ehrgeiz oder Risikofreude wider. Allerdings sind derartige Merkmale nur schwer messbar. Zudem ist ihr Bezug zum Kaufverhalten eher gering (Böhler, 1977). Allgemeine Einstellungen bilden ebenfalls keine besonders gute Ausgangsbasis für verlässliche Prognosen hinsichtlich eines bestimmten Kaufverhaltens. Wenn ein Verbraucher grundsätzlich sparsam ist, so kann daraus nur bedingt seine Preisbereitschaft für bestimmte Produktgruppen abgeleitet werden (Meffert, 2000).

Die produktspezifischen Variablen der psychographischen Segmentierung lassen konkretere Aussagen im Hinblick auf das tatsächliche Konsumverhalten zu. So weisen produktspezifische Einstellungen einen deutlich höheren Bezug zum Kaufverhalten auf als allgemeine Einstellungen. Dementsprechend bieten sie bessere Anhaltspunkte für die Ausgestaltung des Marketinginstrumentariums. Sie können für bestimmte Produktgruppen oder Produkte erhoben werden (Gierl, 1989). Einzelne Motive stellen ebenfalls einen konkreteren Bezug zum Kaufverhalten her. Motive sind auch in Bezug auf die Markenwahl von Bedeutung, und zwar dann, wenn gewisse Marken einer Produktart in unterschiedlich hohem Maße dafür geeignet sind, bestimmte Bedürfnisse zu befriedigen (Freter, 1983). Grundsätzlich ist es auch möglich, Konsumenten mit ähnlichen produktspezifischen Wahrnehmungen zu Segmenten zusammenzufassen. Dies bietet sich insbesondere bei einer Aufteilung des Marktes anhand von Idealmarkenvorstellungen an. Letztere spiegeln die subjektiven Kombinationen von als ideal empfundenen Eigenschaftsausprägungen wider (Freter, 1983). In diesem Zusammenhang spielen auch Präferenzen eine maßgebliche Rolle. Ein Konsument bewertet verschiedene Produkte und entwickelt dabei Präferenzen für eine bestimmte Marke. Diese können dadurch verstärkt werden, dass eine vom Verbraucher geschätzte Person ebenfalls diese Marke bevorzugt (Kotler/Bliemel, 2006).

Kaufabsichten können als letzte Vorstufe zur eigentlichen Kaufhandlung angesehen werden (Howardt/Sheth, 1969). Beispielsweise können sie vor der Neueinführung eines Produkts gemessen werden, um so zu erkunden, welche Konsumentengruppen eine grundsätzliche Bereitschaft zum Erwerb signalisieren. Darüber hinaus lassen sich segmentspezifische Marketing-Programme mit Hilfe von Kaufabsichten überprüfen, indem ermittelt wird, ob die meisten Kaufabsichtsnennungen tatsächlich von Personen der anvisierten Zielgruppe stammen (Böhler, 1977).

Psychographische Segmentierungskriterien können prinzipiell einen wertvollen Beitrag zur Erhöhung der Trennschärfe von Segmenten auf Basis klassischer Kriterien leisten und setzen dort an, wo geographische und soziodemographische Segmentierungen an ihre Grenzen stoßen (Becker, 2006). Die obigen Ausführungen haben deutlich gemacht, dass die Kaufverhaltensrelevanz produktspezifischer psychographischer Merkmale wesentlich höher einzuschätzen ist als die von allgemeinen Persönlichkeitsmerkmalen. Gleiches gilt für die Aussagekraft in Bezug auf die Gestaltung des Marketinginstrumentariums. Abgesehen davon darf aber nicht außer Acht gelassen werden, dass die Messung psychographischer Kriterien nicht unproblematisch ist und relativ aufwändige Primärerhebungen erfordert, die sich negativ auf die Wirtschaftlichkeit dieses Ansatzes auswirken (Becker, 2006).

3.3.1.4 Verhaltensorientierte Segmentierung

Während geographische, soziodemographische und psychographische Segmentierungskriterien lediglich Hintergrundcharakteristika der Nachfrager beschreiben (Bagozzi et al., 2000), spiegeln verhaltensorientierte Kriterien das Ergebnis von Kaufentscheidungsprozessen wider. Analog zu den vier Marketing-Instrumentalbereichen lässt sich bei diesem Segmentierungsansatz eine Untergliederung in produkt-, preis-, kommunikations-, und vertriebsbezogene Merkmale vornehmen (vgl. Tabelle 3.8).

Tabelle 3.8 Verhaltensorientierte Segmentierungskriterien

Verhaltensorientierte Segmentierungskriterien	
Produktwahl	– Käufer/Nichtkäufer der Produktart – Markenwahl – Kaufvolumen
Preisverhalten	– Preisklassen – Reaktion auf Sonderangebote
Mediennutzung	– Art und Zahl der Medien – Intensität der Nutzung
Einkaufsstättenwahl	– Betriebsformen – Geschäftstreue/-wechsel

Quelle: Freter, 1983

Im Hinblick auf die Produktwahl werden insbesondere drei Aspekte beleuchtet. Zunächst einmal ist von Interesse, ob Verbraucher bestimmte Produktarten kaufen oder nicht. Mögliche Ansatzpunkte zur Marktsegmentierung in Bezug auf die Markenwahl können Markenkäufer bestimmter Marken oder Konsumenten von Marken bestimmter Marktschichten wie Premiummarken sein. Ein weiterer relevanter Aspekt ist das Kaufvolumen oder die Verbrauchsintensität. Darunter versteht man die Kaufmenge, die Konsumenten innerhalb eines bestimmten Zeitraums im Durchschnitt kaufen bzw. verbrauchen. Anhand dieser Angaben lassen sie sich in bestimmte Segmente wie Viel-, Normal- oder Wenig-Käufer gliedern (Becker, 2006).

Eine verhaltensorientierte Segmentierung bietet sich auch im Hinblick auf das Preisverhalten an. Von Interesse sind hier insbesondere Parameter wie der Kauf in gewissen Preisklassen oder die Reaktion von Konsumenten auf Sonderangebote. Allerdings müssen die ermittelten Ergebnisse zeitlich einigermaßen stabil sein, wenn daraus auf zukünftiges Kaufverhalten geschlossen werden soll (Meffert, 2000). Segmentierungen nach dem beobachtbaren Preisverhalten können sowohl produktbezogen als auch personenbezogen erfolgen. Ebenfalls denkbar ist eine Kombination beider Erfassungskonzepte (Becker, 2006).

Mittels einer Analyse im Hinblick auf Art und Anzahl der Mediennutzung können Werbeträger gezielt für die verschiedenen Teilsegmente festgelegt werden. Wird darüber hinaus auch noch die interpersonelle Kommunikation beleuchtet, lässt sich zudem eine Unterteilung in Meinungsführer und Meinungsfolger vornehmen (Vosselbein, 2000).

Relevante Kriterien bezüglich der Einkaufsstättenwahl sind in erster Linie Präferenzen im Hinblick auf bestimmte Betriebstypen sowie die Geschäftstreue. Oft werden sie in Verbindung mit psychographischen Merkmalen zur Bildung einer Einkaufsstättentypologie herangezogen (Heinemann, 1989), da sich eine direkte Ansprache spezifischer Konsumentengruppen als sehr schwierig erweist, falls die Wahl der Einkaufsstätte als isoliertes Segmentierungskriterium zum Einsatz kommt (Vossebein, 2000).

Verhaltensorientierte Kriterien weisen im Großen und Ganzen eine vergleichsweise hohe Kaufverhaltensrelevanz auf und sind zudem relativ leicht messbar. Letzteres trifft insbesondere auf die Mediennutzung zu, für die gute Sekundärstatistiken verfügbar sind (Freter, 1983). Insgesamt gelten verhaltensorientierte Segmentierungen als wirtschaftlicher als der psychographische Ansatz (Becker, 2000), erfassen allerdings die Entstehung von Kaufentscheidungsprozessen nicht. Dementsprechend lassen sie meist keine Rückschlüsse darauf zu, wie lange das beobachtete Kaufverhalten anhält, da es keine Hinweise darauf gibt, welche der verwendeten Variablen darauf konkret Einfluss haben. Somit bietet der alleinige Einsatz verhaltensorientierter Kriterien nur eine eingeschränkte Aussagekraft zur Identifizierung homogener Segmente und gewährleistet häufig deren gezielte Ansprache nicht. Als sinnvoller erweist sich daher der Einsatz verhaltensorientierter Merkmale in Verbindung mit Kriterien aus anderen Kategorien (Scharf et al., 1996).

3.3.2   Sonderformen der Segmentierung im B2C-Bereich

Im Folgenden werden nun die auf Basis der im vorhergehenden Abschnitt beschriebenen Segmentierungskriterien entwickelten Sonderformen aggregierter Segmentierung im B2C-Bereich vorgestellt. Sie zeigen auf, inwieweit Trennschärfe und Aussagekraft von Segmentierungen durch spezifische Kriterienkombinationen substanziell erhöht werden können (vgl. dazu und im Folgenden Kesting/Rennhak, 2008).

3.3.2.1   Soziale Schichtung

Das Konzept der sozialen Schichtung ist als Sonderfall der soziodemographischen Segmentierung anzusehen. Unter einer sozialen Schicht versteht man eine große Anzahl von Einzelpersonen oder Haushalten, die durch denselben sozialen Status sowie durch gleichartige Lebensumstände gekennzeichnet ist. Daraus abgeleitet unterstellt man eine weitgehende Einheitlichkeit bezüglich des Konsumverhaltens (Pepels, 2000a). Der sozialen Schichtung liegt üblicherweise eine Kombination der sozioökonomischen Kriterien Einkommen, Beruf und Ausbildung zugrunde (Berekoven et al., 2006). Konsumenten unterer Schichten zeichnen sich im Allgemeinen durch eine leichte Präferenz für preiswertere Geschäfte mit sozialen Kontaktmöglichkeiten aus. Angehörige höherer Schichten hingegen weisen gewöhnlich ein anderes Kaufverhalten auf. Sie informieren sich besser und entscheiden eher rationaler und überlegter (Kuhlmann, 2001).

Obwohl soziale Schichten anhand der drei herangezogenen Variablen relativ stabile homogene Gruppierungen verkörpern, verliert das Schichtenkonzept zunehmend an Bedeutung (Becker, 2006). Früher war es aufgrund eines viel stärker ausgeprägten Rollenverhaltens in der Gesellschaft wesentlich aussagekräftiger (Berekoven et al., 2006). Das Verhalten von Konsumenten ist inzwischen jedoch verstärkt durch Individualisierungs- und Polarisierungstendenzen gekennzeichnet (Meffert, 2000) und insbesondere in nivellierten Mittelstandsgesellschaften weist die Schichtenzugehörigkeit einen eher geringen Bezug zu tatsächlichen Kaufhandlungen auf (Kuhlmann, 2001). Somit führt eine Segmentierung auf Basis der sozialen Schichtung oft zu Abgrenzungsproblemen und ermöglicht inzwischen nur noch selten die Bildung eindeutiger Marktsegmente zur Klassifizierung von Käufern mit ähnlicher Lebensweise und gleichartigen Verhaltensmustern (Meffert, 2000).

3.3.2.2   Familien-Lebenszyklus

Eine weitere Sonderform der soziodemographischen Segmentierung stellt der so genannte Familien-Lebenszyklus dar. Der Begriff Lebenszyklus bezeichnet den in mehrere Phasen eingeteilten Lebensablauf von Personen. Im vorliegenden Fall bildet die Familie das Bezugsobjekt für diesen Lebensablauf (Kroeber-Riel et al., 2008).

Gemäß dem Familien-Lebenszyklus wird das Leben von Konsumenten in mehrere Abschnitte unterteilt, denen jeweils ein spezifisches Konsumverhalten zugeordnet wird. Er kombiniert mehrere demographische Merkmale zu einem Gesamtkonstrukt und macht dadurch Unterschiede im Kaufverhalten besser deutlich als eine herkömmliche Segmentierung auf Basis einzelner soziodemographischer Angaben (Müller-Hagedorn, 2001). Als gängige Kriterien werden hierfür der Familienstand, die Zahl der Kinder sowie das Alter der Haushaltsmitglieder bzw. Ehepartner herangezogen (Wells/Gubar, 1966).[60]

Abbildung 3.9   Familienlebenszyklus

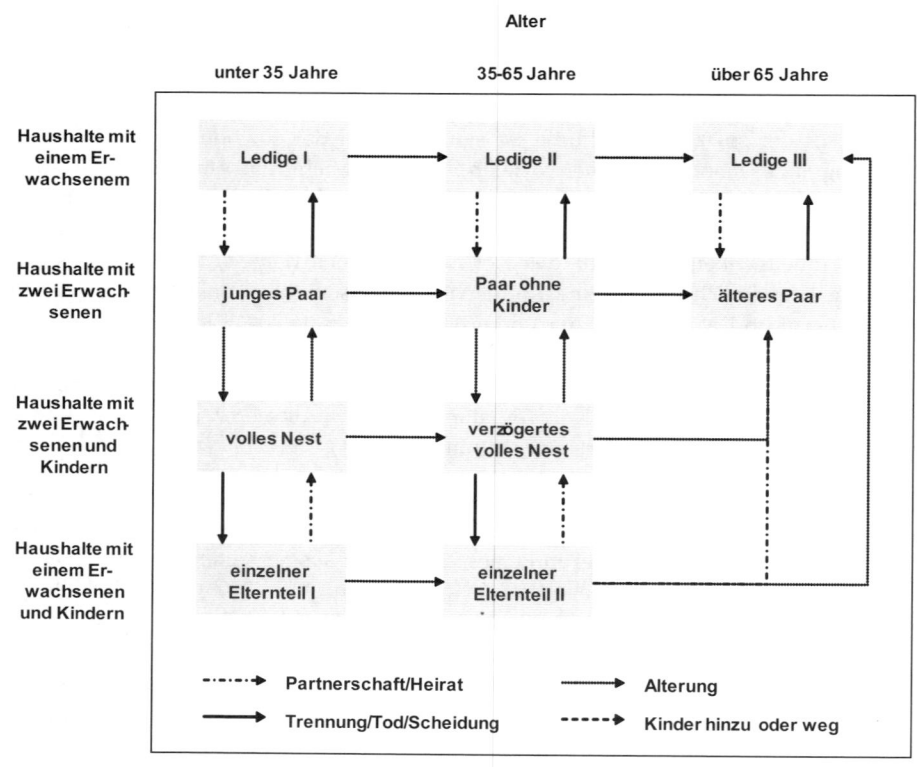

Empirische Untersuchungen haben ergeben, dass die Stellung im Familien-Lebenszyklus stark mit dem Kauf bestimmter Produkte und Dienstleistungen korreliert, die in gewissen Lebensphasen verstärkt nachgefragt werden. Somit ist eine gewisse Aussagekraft im Hinblick auf Käufe in der Produktart gegeben (Freter, 1983). Dieser Zusammenhang ermöglicht bei vielen Produkten die Ableitung der Marktgröße aus der Position von Personen im Familien-Lebenszyklus (Vossebein, 2000).

---

[60] Der Familienlebenszyklus wird in der Literatur nicht einheitlich abgegrenzt. Die Konzepte differieren in Bezug auf die Anzahl und die Bezeichnung der Lebensphasen (vgl. Blackwell et al., 2006, S. 490ff., Ennew/White, 2007, S. 153, Foscht/ Swoboda, 2007, S. 139 und Kroeber-Riel et al., 2008, S. 452).

Wesentlich schwieriger ist allerdings eine trennscharfe Abgrenzung einzelner Segmente, die sich durch spezifische Bedürfnisse und unterschiedliche Reaktionen auf Marketing-Stimuli auszeichnen (Freter, 1983). Abgesehen davon wird die Aussagekraft dieses Segmentierungsansatzes zunehmend dadurch beeinträchtigt, dass immer mehr Verbraucher trotz unterschiedlicher Stellung im Familien-Lebenszyklus dasselbe Konsumverhalten hinsichtlich bestimmter Produktgruppen aufweisen (Vossebein, 2000). Analog zur sozialen Schichtung wird somit auch der Kaufverhaltensbezug dieses Konzepts dadurch eingeschränkt, dass lediglich Kriterien aus dem soziodemographischen Bereich zur Segmentbildung herangezogen werden.

3.3.2.3 Mikrogeographische Segmentierung

Ein neueres Spezialkonzept ist die mikrogeographische Segmentierung. Hierbei handelt es sich um eine interessante Weiterentwicklung des herkömmlichen makrogeographischen Segmentierungsansatzes, der nur vage Bezüge zum Kaufverhalten herstellt (Meffert, 2000) und daher oft nicht aussagekräftig genug ist, um eindeutig voneinander abgrenzbare Segmente zu erhalten. Die hinter dem mikrogeographischen Konzept stehende Grundidee ist die so genannte Neighbourhood-Affinität, die von der Prämisse ausgeht, dass sich Personen mit ähnlichem Lebensstil und Sozialstatus sowie vergleichbarem Kaufverhalten räumlich konzentrieren (Meffert, 2000).

Daher erfolgt im Rahmen dieses Segmentierungsansatzes eine räumliche Aufteilung der Endverbraucher in möglichst kleine Wohngebietszellen (Meffert, 2000). Zu diesem Zweck bildet man regionale Bezugseinheiten wie Wohngebietstypen und konkretisiert sie mittels zusätzlicher demographischer und verhaltensorientierter Daten der Bewohner sowie Angaben über die Ausstattung dieser geographischen Räume. Zur Gewinnung der hierfür benötigten Informationen können neben Daten des Statistischen Bundesamtes u. a. auch Kundendaten von Telekommunikationsdiensten, Verlagen oder Versandhäusern herangezogen werden. Im Anschluss daran wird aus dem gesammelten Datenmaterial eine Regionaltypologie erstellt. Auch psychographische Daten aus Untersuchungen von Marktforschungsinstituten können hierfür mit berücksichtigt werden, denn je breiter das Spektrum an vorhandenen Informationen ist, desto besser lässt sich die Bevölkerung in den gebildeten Parzellen charakterisieren (Holland, 2000). Die Regionaltypologie kann mit unternehmensinternen Kundendaten kombiniert werden, so dass sich durch Zuordnung der Kunden zu Wohngebietstypen Rückschlüsse über die Kundenverteilung innerhalb der Typologie ziehen lassen (Meffert, 2000). Insgesamt bildet das mikrogeographische Konzept somit eine gute Ausgangsbasis zur „(…) optimalen Selektion von Zielgruppen durch die direkte und gezielte Bedienung derjenigen Gebiete oder Adressen, in denen Kunden mit einem spezifischen Konsumverhalten zu erwarten sind (Spintig, 2001)."

Der mikrogeographische Segmentierungsansatz wurde in Deutschland in erster Linie für Direktmarketing-Aktivitäten entwickelt (Holland, 1993), da Informationen über (potenzielle) Kunden in diesem Bereich die Grundlage für die Segmentierung und Auswahl von Zielgruppen bilden (Holland, 2000). Mikrogeographische Konzepte können für eine Vielzahl von Marketing-Aufgaben eingesetzt werden, u. a. für Markt- und Kundenanalysen, für Bewertungen von Interessenten und Kunden sowie zur Optimierung von Kommunikationsmaßnahmen (Holland, 2000). Bekannte Anbieter von Marketing-Dienstleistungen wie die Schober Information Group, Acxiom Deutschland oder die AZ Direct GmbH führen umfangreiche Servicepakete zur Durchführung mikrogeographischer Segmentierungen in ihrem Programm.

Ein professionell betriebenes Database-Marketing ist unabdingbare Voraussetzung für eine erfolgreiche Mikrosegmentierung. Durch kontinuierliche Aktualisierung des Datenbestandes kann eine hinreichende Kaufwahrscheinlichkeit für bestimmte Produkte vorhergesagt werden. Somit stellt die mikrogeographische Segmentierung einen wesentlich deutlicheren Bezug zum Kaufverhalten her als der herkömmliche makrogeographische Ansatz und bietet dementsprechend auch sehr gute Anhaltspunkte für einen gezielten Einsatz der Marketinginstrumente (Meffert, 2000). Ihre Aussagekraft steigt dabei mit dem Grad der Feingliederung, mit der sich häufig auch der Homogenitätsgrad der einzelnen Segmente erhöht (Martin, 1993).

Der Hauptnachteil der mikrogeographischen Segmentierung ist jedoch der hohe erforderliche Aufwand in Bezug auf die Datenbeschaffung und -pflege, der zur Folge hat, dass der Einsatz dieses Konzepts hohe Kosten mit sich bringt und häufig eine eher geringe Wirtschaftlichkeit aufweist. Aufgrund der Tatsache, dass die Mikrosegmentierung auch sehr kleine Einheiten wie Straßenabschnitte berücksichtigt, kann es relativ häufig zu Änderungen bei diesen Informationen kommen, so dass immer wieder aktualisiertes Datenmaterial benötigt wird (Vossebein, 2000).

3.3.2.4   Lifestyle-Typologien

Das Lifestyle-Konzept beruht auf der Erkenntnis, dass die isolierte Verwendung psychographischer Segmentierungskriterien nur beschränkte Aussagen über kaufrelevante Marktsegmente zulässt. Es knüpft am Lebensstil der Konsumenten an (Becker, 2006), der eine umfassende Beschreibung darüber liefert, wie Menschen ihr Leben führen, ihr Geld ausgeben und ihre Zeit verbringen (Freter, 2001). Zur Messung des Lebensstils existieren zwei unterschiedliche Vorgehensweisen. Einerseits kann er anhand der Produkte erfasst werden, die Personen erwerben. Dieses Konzept geht also davon aus, dass das Konsumverhalten die Persönlichkeit und den Lebensstil von Verbrauchern widerspiegelt. Wesentlich bedeutsamer für Segmentierungszwecke ist allerdings der zweite Ansatz. Demnach verkörpert der Lebensstil ein Beziehungssystem aus Aktivitäten (Activities), Interessen (Interests) und Meinungen (Opinions) von Individuen. Man spricht in diesem Zusammenhang vom so genannten AIO-Ansatz (Frank et al., 1972).

Lifestyle-Untersuchungen basieren auf einem käufertypologischen Ansatz, also der Beschreibung von Menschen anhand mehrerer Merkmale, so dass sich ähnelnde Konsumenten zu bestimmten Typen zusammengefasst werden können (Becker, 2006). Derartige Typologien sind in erster Linie als Weiterentwicklung der psychographischen Segmentierung zu verstehen (Berekoven et al., 2006). Sie können jedoch – und dies ist in der Tat bei vielen neueren Typologie-Modellen auch der Fall – zusätzlich demographische und verhaltensorientierte Variablen mit einbeziehen (Becker, 2006), wodurch sich ihre Aussagekraft deutlich erhöhen lässt. Die gängigen Käufertypologien „(…) unterscheiden sich im wesentlichen durch die Kombination verschiedener Lebensstil-Merkmale sowie durch die Zielsetzung und das Aggregationsniveau der Typologie (Meffert, 2000)." Der Bezugsrahmen des Lebensstilkonzepts kann dabei entweder allgemein gehalten oder gezielt auf bestimmte Produktkategorien ausgerichtet sein. Dementsprechend unterscheidet man zwischen produktunabhängigen und produktbezogenen Typologien (Becker, 2006). Erstere bieten aufgrund der Verwendung produktunabhängiger Kriterien eine vergleichsweise hohe zeitliche Stabilität, verfügen dafür aber nur über eine eingeschränkte Kaufverhaltensrelevanz. Produktbezogene Typologien liefern hingegen detaillierte branchenspezifische Informationen, während ihre Erhebungsergebnisse eine geringere zeitliche Stabilität aufweisen, zumal auch Kaufmotive bei der Konzeption dieser Typologien eine bedeutsame Rolle spielen (Bauer et al., 2003).

Obwohl Lifestyle-Typologien in der Praxis großen Anklang finden, existieren nur wenige etablierte Grundmodelle, die von Verlagen und Marktforschungsinstituten konzipiert wurden. Zwei dieser Ansätze werden im Folgenden kurz vorgestellt.[61] Hierfür wurden das Sinus-Milieu-Modell als Vertreter allgemein gehaltener Typologien und die Pkw-Käufer-Typologie als Beispiel für eine produktbezogene Typologie ausgewählt.

Die Lebensweltforschung der Sinus Sociovision GmbH in Heidelberg geht von der Prämisse aus, dass der Mensch als Produkt seiner Sozialisation anzusehen ist. Fragenkomplexe zu verschiedenen Themen führten dabei zur Bildung von Milieutypen (Berekoven et al., 2006). Die Klassifizierung beruht auf dem Ansatz der sozialen Schichtung („Soziale Lage") in Kombination mit dem Wertegerüst („Grundorientierung") der Befragten. Zusätzlich lassen sich die Milieus noch durch zahlreiche weitere Segmentierungskriterien konkretisieren (Freter, 2001). Namhafte Unternehmen haben wiederholt auf den Milieuansatz zurückgegriffen[62] und das Sinus-Modell mit ihren Kundendaten verknüpft (Meffert, 2000). Darüber hinaus werden auch Spezialinstrumente von Marktforschungsinstituten und Verlagen mit den Sinus-Milieus kombiniert.[63]

Die Pkw-Käufer-Typologie wurde 2004 von der Bauer Media KG in der vierten Auflage veröffentlicht. Sie basiert auf Daten der Verbraucheranalyse (VA), die eine Konzentration auf Personengruppen ermöglicht, die in den nächsten zwei Jahren den Kauf eines Pkws beabsichtigen. Die Typologie fasst den Kaufentscheidungsprozess dabei als Spannungsfeld zwischen Kaufmotiven und Kaufzwängen auf und gelangte so zu insgesamt zehn Pkw-

---

[61] Als Beispiele für weitere gängige Typologisierungsansätze lassen sich u. a. die Euro-Socio-Styles der GfK, die Typologie der Wünsche des Burda Advertising Center sowie die Outfit-5-Typologie des Spiegel-Verlags anführen (vgl. Bauer et al., 2003, S. 36ff.).

[62] So nennen *Bauer et al.* (2003, S. 37) z. B. die Deutsche Bank sowie die Automobilhersteller BMW, Daimler-Chrysler, Volkswagen, Volvo und Fiat.

[63] So können beispielsweise die Outfit-Typen der Outfit-Typologie mit den Sinus-Milieus verknüpft und dadurch entsprechenden Lebensstilen zugeordnet werden.

Käufer-Typen. Dazu betrachtete man funktionale[64], rationale[65] und emotionale[66] Kaufmotive. Im Hinblick auf die Kaufzwänge wurden unter dem Aspekt der Ausgabebereitschaft mehrere soziodemographische und geographische Merkmale[67] erfasst. Die Darstellung der identifizierten Typen erfolgt mittels eines Modells, das auf der x-Achse die Kaufmotive und auf der y-Achse die Ausgabebereitschaft abbildet.

Lifestyle-Typologien bilden also durchaus eine Erfolg versprechende Ausgangsbasis für Segmentierungsaktivitäten von B2C-Unternehmen, zumal sie eine ganzheitliche und anschauliche Beschreibung einzelner Typen vornehmen, die den Umgang mit den jeweiligen Marktsegmenten erleichtert. Sind die Studien allgemein angelegt, so lässt sich ihr Datenmaterial im Regelfall auf bestimmte Produktgruppen übertragen (Vossebein, 2000). Als besonders aussagekräftig gelten allerdings generell Ansätze, bei denen der Lebensstil mit sozioökonomischen und verhaltensorientierten Variablen kombiniert wird (Freter, 2006). Zu beachten ist aber, dass durch Typologisierungen häufig auch Kunsttypen entstehen, die in der Praxis so nicht existieren. Darüber hinaus liegen nicht selten längere Zeitabstände zwischen der Aktualisierung einer Typologie, die aus dem hohen Erhebungsaufwand resultieren. Dies birgt die Gefahr, dass ein zwischenzeitlich stattfindender Wertewandel nur unzureichend wiedergegeben werden kann (Pepels, 2000b).

Grundsätzlich sollte für jedes Unternehmen individuell geprüft werden, ob der Einsatz von Typologien auch die dafür anfallenden Kosten rechtfertigt. In diesem Zusammenhang spielen vor allem Faktoren wie Größe und Kapitalkraft eines Unternehmens sowie die gefertigten Produktzahlen und -varianten eine Rolle (Bauer et al., 2003).

3.3.2.5   Benefit Segmentation

Die so genannte Nutzensegmentierung oder Benefit Segmentation basiert auf dem Grundgedanken, dass das Kaufverhalten von den Nutzenerwartungen gelenkt wird, die Nachfrager im Hinblick auf ein bestimmtes Angebot hegen (Becker, 2006). Der von (potenziellen) Kunden wahrgenommene Nutzen eines Produktes bzw. einer Dienstleistung wird dabei als Ausgangsbasis zur Bildung von Segmenten herangezogen (Perrey/Hölscher, 2003). Er kann sich sowohl direkt auf Eigenschaften und Funktionen des Angebots beziehen als auch an das Gesamtimage und Prestige bestimmter Produkte gekoppelt sein (Bagozzi et al., 2000).

---

[64] Wie z. B. Sicherheit/Komfort, Familie und Qualität.

[65] Wie z. B. Spar- und Umweltaspekte.

[66] Wie z. B. Prestige, Spaß und Freiheit.

[67] Dies waren im einzelnen: Alter, frei verfügbares Einkommen, Familienstand, Personen im Haushalt, Kinder unter 14 Jahre, Ortsgröße, Tätigkeit des Befragten, jetziger Beruf des Befragten und Wohnverhältnis.

Die Nutzenmessung kann grundsätzlich auf zwei verschiedene Arten erfolgen. Der kompositionelle Ansatz erfasst den Gesamtnutzenwert auf Basis merkmalsspezifischer Einzelbeurteilungen, die anschließend addiert werden. Im Gegensatz dazu bilden bei der dekompositionellen Erfassungsweise Gesamtnutzenurteile den Ausgangspunkt. Aus diesen werden dann die Nutzenbeiträge der einzelnen Komponenten ermittelt (Gutsche, 1995). Kompositionelle Verfahren sind zwar vergleichsweise leicht anwendbar, weisen dafür allerdings erhebliche Nachteile auf. Zum einen tendieren die Befragten dazu, übermäßig viele Eigenschaften als besonders wichtig zu beurteilen. Zum anderen wird der Prozess der Kaufentscheidung infolge isolierter Merkmalsbetrachtungen nicht realitätsnah abgebildet. Abgesehen davon berücksichtigt die kompositionelle Erfassungsweise keine Wahlentscheidungen zwischen konkurrierenden Angeboten (Balderjahn, 1993). Da mit dem dekompositionellen Ansatz die angeführten Nachteile weitgehend vermieden werden können, etabliert er sich nach und nach als Standardansatz zur Nutzenmessung (Meffert, 2000).

Indem sie unmittelbar an der Präferenzbildung der Konsumenten ansetzt, weist die Nutzensegmentierung einen vergleichsweise hohen Bezug zur Erklärung und Prognose des Kaufverhaltens auf (Gutsche, 1995) und bietet dementsprechend auch wertvolle Anhaltspunkte für einen zielgruppenspezifischen Einsatz des Marketinginstrumentariums (Meffert, 2000). Ein auf Nutzenerwartungen beruhendes Segmentierungskonzept ermöglicht somit eine bessere Abstimmung des Angebots auf die Vorstellungen potenzieller Käufer. Darüber hinaus können Unternehmen auch ihre Kommunikationspolitik gezielt auf den speziellen Nutzen ausrichten. Außerdem lässt sich erkennen, inwieweit das eigene Produkt und die Angebote der Konkurrenz tatsächlich den Wünschen und Erwartungen der Kunden entsprechen. Ergeben sich große Segmente mit starken Kontrasten, so kann dies zum Anlass genommen werden, über die Entwicklung neuer Produktlinien nachzudenken (Kotler et al., 2003).

Eine konsequente Anwendung der Nutzensegmentierung bedeutet, dass ein Unternehmen anstreben sollte, jeweils eine spezifische Nutzenangebotsgruppe zu bedienen. Eine Gefahr besteht jedoch darin, dass viele Firmen zwar ein für sie charakteristisches und unverwechselbares Produkt anbieten, darüber hinaus aber den besonderen Nutzen vergessen (Kotler/Bliemel, 2006).

3.3.2.6 Single-Source-Ansatz mittels Verbraucherpanel

Ein weiteres interessantes Segmentierungskonzept im B2C-Bereich ist der Single-Source-Ansatz auf Basis des Verbraucherpanels. Die Bezeichnung bedeutet, dass alle Informationen einer einzigen Quelle entnommen sind, da die gesamten Daten von Panelteilnehmern stammen (Berekoven et al., 2006). In der Marktforschung versteht man unter einem Panel einen bestimmten identischen Adressatenkreis, der sich in regelmäßigen zeitlichen Abständen Erhebungen zu ein und demselben Untersuchungsgegenstand unterzieht. Diese Erhebungen können mündlich, schriftlich, telefonisch oder anhand von Beobachtungen vorgenommen werden. Aufgrund der regelmäßigen Informationserfassung bei denselben Auskunftspersonen lassen sich Bewegungen oder Veränderungen im Zeitablauf besonders

gut feststellen. Panelerhebungen bringen allerdings erhebliche Organisations- und An-
laufkosten sowie regelmäßigen hohen Aufwand mit sich und werden daher überwiegend
von Marktforschungsinstituten durchgeführt (Berekoven/Spintig, 2001).

Als bedeutsamste Panelformen auf dem Gebiet der Markt- und Meinungsforschung gelten
das **Handelspanel**[68] und das **Verbraucherpanel**. Beim Verbraucherpanel setzt sich der
Kreis der Auskunftspersonen aus Endverbrauchern zusammen. Man unterscheidet hierbei
zwei Ausprägungen. Das Individualpanel erfasst Informationen über Einzelpersonen,
wohingegen das Haushaltspanel seinen Fokus auf haushaltsbezogene Daten richtet
(Berekoven et al., 2006). Bekannte Anbieter von Verbraucherpanels sind die GfK[69] und
ACNielsen[70]. Insbesondere in der Markenartikelindustrie bildet das Verbraucherpanel eine
überaus wichtige Grundlage für die Marketing-Planung und das Marketing-Controlling
(Berekoven/Spintig, 2001). Gegen entsprechende Bezahlung führen die Institute auch Kun-
denpanels durch, also Exklusivuntersuchungen für einen Auftraggeber zu ganz bestimmten Themen (Berekoven et al., 2006).

Für Segmentierungszwecke lassen sich im Rahmen des Verbraucherpanels verhaltens-
bezogene Variablen mit anderen Kriterienkategorien[71] kombinieren, die gemäß dem Single-
Source-Prinzip alle aus derselben Erhebungsquelle – also von den Panelteilnehmern – stammen. Gängige Verhaltensmerkmale sind in diesem Zusammenhang die Einkaufs- bzw. Ver-
wendungsintensität, das Markenwahlverhalten, das Preisverhalten, die Einkaufsstätten-
präferenz und teilweise auch die Mediennutzung. Diese regelmäßig erhobenen Informationen lassen sich mit den Strukturdaten der Panelteilnehmer koppeln. Darüber hinaus können
über Panelabfragen zusätzlich Auskünfte über Einstellungen oder das Verbrauchs- und
Verwendungsverhalten der Teilnehmer ermittelt werden. Durch die Verknüpfung all dieser
Daten bietet das Panel somit eine wertvolle Ausgangsbasis für Erfolg versprechende Segmentierungsaktivitäten. Aufgrund des Single-Source-Prinzips lässt sich vor allem sehr gut
nachvollziehen, ob sich geäußerte Einstellungen und Meinungen der Panelteilnehmer tatsächlich in einem entsprechenden Kaufverhalten niederschlagen (Berekoven et al., 2006).

Panelerhebungen unterliegen jedoch auch gewissen Einschränkungen. Zum einen ist hier die
so genannte Panelsterblichkeit zu nennen, also das Ausscheiden von Teilnehmern aufgrund
eines Umzuges oder anderen Umständen. Zum anderen wirkt sich auch das Phänomen des
Paneleffekts negativ auf die Aussagekraft des Single-Source-Ansatzes aus. Der Paneleffekt
entsteht dadurch, dass Panelteilnehmer infolge der ständigen Kontrolle ihr Verhalten bewusst oder unbewusst ändern. So kann es vorkommen, dass Impulskäufe aus Begründungs-
not nicht mehr aufgeführt werden. Darüber hinaus ist noch die Panelerstarrung anzuführen.
Diese tritt im Laufe der Zeit aufgrund von Veränderungen soziodemographischer Merkmale

---

[68] Für weiterführende Informationen zum Handelspanel vgl. u. a. *Berekoven et al.* (2006), S. 139ff.

[69] www.gfk.de.

[70] www.acnielsen.de.

[71] Dies können beispielsweise soziodemographische und psychographische Merkmale sein.

wie Alter, Familienstand und Einkommen auf und führt letztendlich dazu, dass die Panelstrichprobe nicht mehr der Grundgesamtheit entspricht und dadurch ihre statistische Repräsentativität einbüßt (Hansen, 1982). Aus diesen Gründen bedürfen Panels regelmäßiger und umfassender Kontrollen sowie kontinuierlicher Auffrischungen. Auch ein ausgewogener Kontakt zu den Panelteilnehmern zur Erhöhung deren Motivation spielt im Interesse der Panelpflege eine wichtige Rolle (Berekoven/Spintig, 2001).

3.3.3   Marktsegmentierung im B2B-Bereich

Die Marketingliteratur behandelt das Thema Marktsegmentierung in erster Linie mit Blick auf den Konsumgüterbereich. Die Unterschiede, die zwischen Transaktionsprozessen mit Privatpersonen und organisationalen Nachfragern bestehen, sind aber oftmals so beträchtlich, dass eine reine Adaption der B2C-Problemlösungsansätze an den B2B-Bereich nicht ausreicht (Backhaus et al., 2004). Wesentliche segmentierungsrelevante Differenzen zwischen B2B- und B2C-Märkten bestehen insbesondere auf der Nachfrager- und Anbieterseite sowie hinsichtlich der Beziehungen zwischen den Marktpartnern (Meffert, 2000). Marketingaspekte für industrielle Transaktionen haben sich inzwischen zu einem Schwerpunktthema in Forschung und Lehre entwickelt, wenngleich die B2B-Marketing-Forschung noch nicht den Entwicklungsstand der Forschung im Konsumgütermarketing erreicht hat. Mittlerweile befassen sich zahlreiche Fachbücher exklusiv mit B2B-Marketing (vgl. dazu und im Folgenden Kesting/Rennhak, 2008).[72]

Wenn man vom B2B-Bereich spricht, so bedarf dieser Begriff zunächst einmal einer genaueren Erläuterung. Als zweckmäßig erweist sich in diesem Zusammenhang eine Definition von Investitionsgütern, die gemäß einer engen Interpretation mit Anlagegütern gleichgesetzt werden (Meffert, 2000). *Engelhardt/Günter* (1981, S. 24) definieren Investitionsgüter im Sinne einer weiten Auffassung hingegen als „Leistungen, die von Organisationen (Nicht-Konsumenten) beschafft werden, um mit ihrem Einsatz (Ge- oder Verbrauch) weitere Güter für die Fremdbedarfsdeckung zu erstellen oder um sie unverändert an andere Organisationen weiterzuveräußern, die diese Leistungserstellung vornehmen." Das Charakteristikum dieser Definition ist, dass als Zielgruppen für Investitionsgüter nur Organisationen in Betracht kommen. Die weitere Leistungserstellung umfasst zudem nicht die Distribution an Endverbraucher.[73] *Backhaus* (1997) hat im letzten Jahrzehnt den Begriff „Industriegütermarketing" für Leistungen für industrielle Anwendungen eingeführt, der in der Literatur mittlerweile ebenfalls im Zusammenhang mit obiger Definition verwendet wird. Industriegütermarketing, industrielles Marketing und Investitionsgütermarketing sind inzwischen weitgehend identisch verwendete Begriffe, wie *Backhaus/Voeth* (2004, S. 6)

---

[72] Vgl. *Backhaus/Voeth* (2007), S. 4f. Ein Vergleich von 18 Lehrbüchern über diesen Bereich zeigt allerdings, dass die jeweiligen Autoren Aspekten der Marktsegmentierung und –positionierung im Durchschnitt lediglich 16 Seiten widmen (vgl. Backhaus et al., 2004, S. 40f.).

[73] Demnach fallen z. B. Vermarktungsansätze von Herstellern gegenüber dem Einzelhandel nicht unter diese Definition (vgl. Engelhardt/Günter, 1981, S. 24 und Backhaus/Voeth, 2004, S. 5).

feststellen. Im Folgenden wird B2B-Marketing im Vergleich zum Industriegüter- bzw. Investitionsgütermarketing als noch weiter gefassten Begriff betrachtet, der auch Unternehmen des Groß- und Einzelhandels als Abnehmergruppen mit einbezieht (Backhaus/Voeth, 2004). Andere Autoren wiederum nehmen diese strikte Trennung[74] nicht vor. So setzen z. B. *Kotler et al.* (2003, S. 468) Industriegütermärkte mit B2B-Märkten gleich.[75]

In der Literatur sind somit unterschiedliche Auffassungen zur Bezeichnung und Abgrenzung organisationaler Märkte zu finden. Die Ausführungen im Hinblick auf Marktbesonderheiten und Segmentierungsaspekte werden davon jedoch prinzipiell nicht tangiert. *Backhaus/Voeth* (2007, S. 5) nehmen zwar eine klare Abgrenzung zwischen B2B-Marketing auf der einen und Industriegütermarketing auf der anderen Seite vor, räumen aber auch ein, dass beide Termini jeweils sehr ähnliche Aspekte behandeln. Die entscheidende Gemeinsamkeit aller Definitionen bzw. Sichtweisen ist jedoch, dass organisationale Märkte Endverbraucher als Zielgruppe ausschließen. Im Sinne eines weit gefassten, allgemeineren Begriffsverständnisses werden diese Märkte daher im Rahmen des vorliegenden Buches als B2B-Märkte oder synonym als Investitionsgütermärkte bezeichnet.

Zur Typologisierung der verschiedenen Arten von B2B-Geschäften finden sich in der Literatur mehrere unterschiedliche Ansätze[76], wobei die von *Backhaus/ Voeth* (2007, S. 200ff.) vorgeschlagene Unterteilung nach Geschäftstypen am plausibelsten erscheint. Gemäß dieser Kategorisierung wird zwischen Produktgeschäften, Anlagengeschäften, Systemgeschäften und Zuliefergeschäften unterschieden.

Produkt- und Anlagengeschäfte sind jeweils durch in sich abgeschlossene Kaufprozesse gekennzeichnet. Das Produktgeschäft zielt auf die Vermarktung von in der Regel vorgefertigten und in Mehrfachfertigung erstellten Leistungen für einen anonymen Markt ab und weist nur einen geringen Spezifitätsgrad auf. Beim Anlagengeschäft werden hingegen komplexere Projekte vermarktet, bei denen der Absatzprozess zeitlich vor dem Fertigungsprozess erfolgt. Kundenspezifische Leistungen spielen hier eine ungleich größere Rolle als im Produktgeschäft, da eine konkrete Anlage im Regelfall keinen weiteren Abnehmer am Markt findet. Im Gegensatz zu Produkt- und Anlagengeschäften liegen bei System- und Zuliefergeschäften Kaufverbunde zwischen sukzessiven aufeinanderfol-

---

[74] Eine klare Abgrenzung von Märkten nach Industriegüter- bzw. Investitionsgüterbereich und dem weiter gefassten B2B-Bereich erscheint insbesondere bei Produkten wie Büromöbel, die nur sehr indirekt zur Erstellung weiterer Leistungen dienen, etwas strikt: So wird z. B. die Vermarktung von Büromöbeln für Geschäftsräume einer Unternehmensberatung gemäß *Backhaus/Voeth* (2007, S. 409).ebenfalls zum Industriegütermarketing gezählt – aber nur deshalb, weil die Leistungserstellung des Abnehmers dieser Möbel nicht in der Distribution an Endverbraucher besteht. Büromöbel für Geschäftsräume eines Einzelhandelsunternehmens wären demnach nicht dem Industriegütermarketing zuzurechnen.

[75] *Büschken et al.* (1998) verwenden Industriegüter- bzw. Investitionsgütermarketing und Business-to-Business-Marketing ebenfalls synonym. Auch *Becker* (2006, S. 702) nimmt keine Abgrenzung dieser beiden Termini vor.

[76] Für eine ausführliche Übersicht hierzu sei auf *Backhaus/Voeth* (2007, S. 181ff.) verwiesen.

genden Kaufprozessen vor. Im Systemgeschäft werden Produkte für einen anonymen Markt bzw. ein bestimmtes Marktsegment[77] vermarktet. Beim Zuliefergeschäft werden hingegen Vermarktungsprogramme für einzelne Kunden konzipiert.[78] Dies geht einher mit dem Aufbau einer längeren Geschäftsbeziehung. An die im Regelfall kundenspezifisch gestaltete Leistung ist der jeweilige Abnehmer dann längerfristig gebunden (Backhaus/Voeth, 2007). Bei Nachfragern auf Investitionsgütermärkten handelt es sich demnach nie um Konsumenten, sondern immer um Organisationen (Meffert, 2000). Hierbei kommen neben Unternehmen auch Behörden oder Verbände in Betracht, so dass zur Verallgemeinerung von organisationalen Nachfragern gesprochen wird (Backhaus/Voeth, 2007). Konsumgüter sind stets Outputgüter und befriedigen direkt ein menschliches Bedürfnis (Thommen/Achleitner, 2006). Ein Charakteristikum von Investitionsgütern ist hingegen, dass die jeweiligen Abnehmer die angebotenen Leistungen erwerben, um damit weitere Leistungen zu erstellen.[79] Demnach liegt auf B2B-Märkten keine originäre, sondern eine abgeleitete Nachfrage vor. Diese ergibt sich aus der Nachfrage nach Leistungen die mit Hilfe von Investitionsgütern erstellt werden. Daher sollten Kundenbedarfsanalysen immer unter Einbeziehung mehrerer Absatzstufen erfolgen (Meffert, 2000).

Organisationale Käufe werden üblicherweise mittels formaler Regelungen strukturiert und gelenkt (Bagozzi et al., 2000). Diese im Vergleich zu Geschäften auf B2C-Märkten stärkere Formalisierung der Nachfrage organisationaler Beschaffer dient der Vergleichbarkeit konkurrierender Anbieterlösungen und resultiert u. a. aus der Komplexität bestimmter Investitionsprobleme. Beschaffungsprozesse auf B2B-Märkten sind ferner dadurch gekennzeichnet, dass sie sich häufig über einen längeren Zeitraum erstrecken und einen ausgeprägten Phasenbezug aufweisen (Meffert, 2000). Innerhalb der Kundenorganisation sind im Regelfall mehrere Personen am Kaufentscheid beteiligt. All diese Personen werden zusammengefasst als „Buying Center" bezeichnet (Ammann, 2000). Da die einzelnen Kaufentscheidungsbeteiligten oft unterschiedliche Präferenzen haben, besteht ein relevantes Marketingproblem in einer effizienten Lösung von Präferenzkonflikten.[80]

---

[77] Gegenstand dieses Geschäftstyps können z. B. Telekommunikationssysteme sein, die im Rahmen einer sukzessiven Beschaffungsschrittfolge erworben werden.

[78] Ein typisches Beispiel hierfür sind individualisierte Angebote von Zulieferern im Automobilgeschäft.

[79] Vgl. hierzu u. a. *Ammann* (2000), S. 316 und *Backhaus/Voeth* (2007), S. 3. Dieser Abgrenzung ist grundsätzlich zuzustimmen. Sie muss aber insofern etwas relativiert werden, als auf B2B-Märkten angebotene Leistungen teilweise nur sehr indirekt zur Erstellung weiterer Leistungen dienen. Als Beispiele hierfür seien Computer und Bürozubehör für die Ausstattung von Geschäftsräumen eines Herstellers von Nutzfahrzeugen genannt.

[80] Vgl. *Backhaus/Voeth* (2004), S. 9. Auf Konsumgütermärkten beschränkt sich Marktsegmentierung hingegen vorwiegend auf individuelle Kaufdeterminanten, teilweise auch auf kollektive, falls eine Entscheidung z. B. in der Familie getroffen wird. Dies kann möglicherweise beim Autokauf der Fall sein. Insgesamt betrachtet sind Gruppenentscheidungen jedoch eher für den B2B-Bereich als repräsentativ anzusehen (vgl. Backhaus/Voeth, 2004, S. 9 und Meffert, 2000, S. 1217).

Wie auf Konsumgütermärkten kommen die Instrumente des klassischen Marketing-Mix auch im Investitionsgüterbereich zum Einsatz (Meffert, 2000). Im Hinblick auf die Ausgestaltung der Produktpolitik, Kontrahierungspolitik, Kommunikationspolitik und Distributionspolitik sind jedoch im Vergleich zu B2C-Märkten teilweise erhebliche Unterschiede zu beachten. So ist das Leistungsangebot im B2B-Bereich seltener auf einen anonymen Markt gerichtet als dies bei Produkten und Dienstleistungen für Endverbraucher der Fall ist.[81] Häufig werden Investitionsgüter zudem interaktiv vermarktet. Bedingt durch diese Interaktivität sind die aus dem Konsumgüterbereich bekannten Stimulus-Response bzw. Stimulus-Organismus-Response-Modelle[82] bei Geschäften mit organisationalen Nachfragern zumeist nicht zweckadäquat. Bei diesen Modellen finden transaktionsbezogen keine gegenläufigen Einflusswirkungen statt, d. h. es erfolgt keine direkte, verkaufsaktspezifische Rückkopplung auf den Stimulus, den der Anbieter mit seinem Marketing-Mix setzt.

Als Analyseansatz im B2B-Bereich ist daher auf einzelkundenorientierten identifizierten Märkten ein Interaktionsparadigma erforderlich, das interaktiv verhandelte Leistungs- und Gegenleistungspakete abbildet, die auch unter Mitwirkung Dritter entstehen können. Leistung und Gegenleistung werden also unter gegenseitiger Einflussnahme von Nachfrager und Anbieter ausgehandelt (Backhaus/Voeth, 2007).

Damit einhergehend kommt dem persönlichen Verkauf auf Investitionsgütermärkten eine sehr hohe Bedeutung zu.[83] In diesem Zusammenhang spielen zudem kundenindividuelle Lösungen eine wichtige Rolle.[84] Häufig haben beschaffende Organisationen einen umfangreichen Problemlösungsbedarf, der weit über die Grundleistung hinausgehen und zusätzliche Dienstleistungen umfassen kann.[85]

---

[81] Vor einigen Jahren war dieser Unterschied zwischen B2B- und B2C-Märkten allerdings noch wesentlich deutlicher ausgeprägt. Inzwischen lassen sowohl bei Investitions- als auch bei Konsumgütern Beispiele für beide Marktfokussierungen finden. Aufgrund der größeren Bedeutung von Auftragsfertigungen im Investitionsgüterbereich ist dennoch eine gewisse Schwerpunktlegung auf identifizierte Märkte zu erkennen (vgl. Backhaus/Voeth, 2004, S. 9).

[82] Vgl. hierzu *Meffert* (2000), S. 99: S-R-Modelle werden auch Black-Box-Modelle bezeichnet und interpretieren das Verhalten von Konsumenten als Reaktion auf beobachtbare Stimuli. S-O-R-Modelle zielen hingegen darauf ab, auch diejenigen Prozesse zur Erklärung des Konsumentenverhaltens zu berücksichtigen, die im Organismus des Menschen ablaufen.

[83] Vgl. *Ammann* (2000), S. 314. Analog zum Buying Center einer Nachfragerorganisation verfügen Anbieter auf B2B-Märkten häufig über ein Selling Center. In diesem können mehrere Verkaufsrepräsentanten zusammengefasst werden. Es kann sich allerdings durchaus auch aus Vertretern verschiedener Unternehmen zusammensetzen (vgl. Meffert, 2000, S. 1205).

[84] Während Individuallösungen auf Konsumgütermärkten zunehmend angestrebt werden, sind sie auf vielen B2B-Märkten schon die Regel (vgl. Becker, 2006, S. 704).

[85] Vgl. *Meffert* (2000), S. 1205. Bei diesen Serviceleistungen ist vor allem das Nachkaufmarketing relevant, z. B. in Form von Aufbau-, Einweisungs- und Garantieleistungen bei Anlagen (vgl. Becker 2006, S. 705).

Insbesondere das direkte, individualisierte Investitionsgütergeschäft ist durch eine Verhandlungspreisbildung zwischen Anbieter und Nachfrager gekennzeichnet. Ferner kommt sonstigen Konditionen wie Liefer-, Zahlungs- oder Finanzierungsbedingungen im Rahmen der Preisverhandlungen ein hoher Stellenwert zu (Becker, 2006). Im Vergleich zum B2C-Marketing spielen klassische kommunikationspoli-tische Instrumente wie Werbung im Investitionsgüterbereich eine geringere Rolle. Eine größere Bedeutung kommt hingegen dem Direktmarketing bzw. der Direktwerbung zu. Darüber hinaus sind auch Marktveranstaltungen wie Messen oder Ausstellungen für die Kommunikationspolitik von B2B-Anbietern von hoher Relevanz (Becker, 2006). Aufgrund der hohen Bedeutung intensiver persönlicher Beziehungen zwischen Anbietern und Nachfragern sowie individualisierter Leistungsanforderungen dominiert im Investitionsgüterbereich der Direktvertrieb. Der indirekte Absatzweg spielt allenfalls bei standardisierten Gütern eine Rolle (Becker, 2006).

Insgesamt ist somit zu konstatieren, dass der Transaktionswert der Angebote sowie die Komplexität der Leistungen und Kaufentscheidungen auf B2B-Märkten im Allgemeinen höher sind als im B2C-Bereich (Meffert, 2000). Organisationales Beschaffungsverhalten erweist sich demnach als vielschichtiger als das Kaufverhalten von Privatpersonen und unterscheidet sich deutlich von diesem. Zusammenfassend bleibt festzuhalten: „Organisationales Beschaffungsverhalten vollzieht sich in einem multipersonalen Problemlösungs- und Entscheidungsprozess, der durch aktives Informationsverhalten und durch häufige Interaktionen gekennzeichnet ist (Backhaus/Voeth, 2007)."

Bei Segmentierungen im Investitionsgüterbereich ist daher den besonderen Verhaltensweisen beim Einkauf und den ihnen jeweils zurechenbaren Einflussgrößen Rechnung zu tragen. Dadurch ist auch die Komplexität von B2B-Segmentierungen bedingt (Griffith/Pol, 1994). Diese zeigt sich in Form der für organisationale Märkte einsetzbaren Segmentierungskriterien und -ansätze, die im Rahmen der folgenden Abschnitte vorgestellt werden.

3.3.3.1 Segmentierungskriterien im B2B-Bereich

Segmentierungsstrategien sind auch auf B2B-Märkten von hoher Relevanz, da hier ebenfalls verschärfte Wettbewerbsbedingungen zu beobachten sind. Um wettbewerbsfähig zu bleiben und entsprechende Wettbewerbsvorteile aufbauen zu können, müssen B2B-Anbieter gezielter auf die jeweiligen spezifischen Kundenanforderungen eingehen. Somit sind auch im Investitionsgüterbereich homogene Abnehmergruppen mit gleichartigen Strukturen bzw. Verhaltensweisen zu ermitteln (Becker, 2006). Der Grundansatz der Segmentierung im B2B-Bereich ist dementsprechend derselbe wie im B2C-Bereich. Die Anforderungen, denen Segmentierungskriterien grundsätzlich genügen müssen (Meffert, 2000), gelten somit auch für Märkte mit organisationalen Nachfragern (Backhaus/Voeth, 2007).

Insbesondere die stärkere Orientierung an den Einkaufsgremien bzw. Buying Centers hat in den letzten Jahren zu einer deutlichen Verfeinerung der Segmentierungskriterien im Investitionsgüterbereich geführt (Bruhn, 2004). *Becker* (2006, S. 281) unterscheidet drei Kategorien von B2B-Segmentierungskriterien: Organisations-bezogene, organisationsmitglieder-bezogene und organisationsverhaltens-bezogene Kriterien. Diese Gliederung ist analog zur gängigen Kategorisierung von Kriterien für B2C-Märkte gestaltet und ermöglicht dementsprechend eine vergleichsfähige Gegenüberstellung von Segmentierungskriterien im B2B- und B2C-Bereich (vgl. Tabelle 3.9).

Tabelle 3.9   Gegenüberstellung von B2B- und B2C-Segmentierungskriterien

B2B	B2C
Organisationsbezogene Kriterien	Geographische und soziodemographische Kriterien
Organisationsmitglieder-bezogene Kriterien	Psychographische Kriterien
Organisationsverhaltens-bezogene Kriterien	Verhaltensorientierte Kriterien

Quelle: Becker, 2006

Organisations-bezogene Variablen sind sehr gut mit den klassischen Segmentierungskriterien des B2C-Bereichs (geographische und soziodemographische Merkmale) vergleichbar. Es handelt sich hierbei um eher formale Unterscheidungsmerkmale, wie z. B. den Organisationsstandort, die Organisationsgröße, die Branchenzugehörigkeit, das Marktvolumen oder den Organisationstyp. Sofern derartige Kriterien isoliert zur Segmentierung herangezogen werden, weisen sie eine vergleichsweise geringe Trennschärfe auf, da sie dann ebenso wie einzeln eingesetzte klassische B2C-Variablen im Regelfall nicht dazu geeignet sind, Marktsegmente deutlich genug voneinander abzugrenzen (Becker, 2006).

Organisationsmitglieder-bezogene Variablen bilden psychische Charakteristika der Mitglieder bzw. Entscheidungsträger in Nachfrager-Organisationen ab. Somit stehen sie in Analogie zu den psychographischen Variablen des B2C-Bereichs und stützen sich auch auf vergleichbare Aspekte wie diese. Beispiele für organisationsmitglieder-bezogene Variablen sind Wahrnehmung, Motivation, Innovationsfreudigkeit, Informationsgewinnung, Einstellungen oder Persönlichkeitsmerkmale. Auch ihre Trennschärfe ist bei Verwendung einzelner Merkmale dieser Kategorie begrenzt, lässt sich aber durch Kombinationen adäquater Variablen erhöhen (Becker, 2006). Die separate Betrachtung von organisations-bezogenen auf der einen und organisationsmitglieder-bezogenen Aspekten auf der anderen Seite verdeutlicht bereits die Vielschichtigkeit von Segmentierungen auf B2B-Märkten.

Organisationsverhaltens-bezogene Kriterien ziehen das Kaufverhalten von Organisationen als Segmentierungsgrundlage heran. Insofern sind sie mit den verhaltensorientierten B2C-Segmentierungskriterien vergleichbar. Wie bereits angeführt, ist das Einkaufsverhalten im Investitionsgütermarketing zumeist durch Mehrpersonenentscheidungen gekennzeichnet, so dass das kollektive Einkaufsverhalten den Hauptanknüpfungspunkt bildet. Bedeutsame verhaltensorientierte Kriterien im B2B-Bereich sind dementsprechend u. a. Größe, Zusammensetzung oder interpersonale Beziehungen von Buying Centers. Hinzu kommen weitere Verhaltensaspekte wie Auftragsgrößen, Auftragsvergabekriterien, Kaufzeitpunkte, Produktverwendungen, Verwendungsintensitäten oder Lieferantentreue. Prinzipiell sind Segmentierungen auf der Grundlage organisationsverhaltens-bezogener Variablen am ehesten dazu in der Lage, klar unterscheidbare Zielgruppen zu definieren.[86]

3.3.3.2   Besonderheiten im Dienstleistungsbereich

Die wachsende Bedeutung des tertiären Sektors in hochentwickelten Volkswirtschaften hat maßgeblich zu einer verstärkten Auseinandersetzung der betriebswirtschaftlichen Forschung mit dem Marketing von Dienstleistungen beigetragen (Meffert, 2000). Im Folgenden werden nun die segmentierungsrelevanten Charakteristika von Dienstleistungen aufgezeigt, so dass die wesentlichen Unterschiede zu Sachgütern im Hinblick auf die Voraussetzungen bzw. Vorüberlegungen für Segmentierungen deutlich werden.

Der Marketing-Mix für Dienstleistungen kann zusätzlich zu den vier traditionellen Kategorien um die Bereiche Personalpolitik, Ausstattungspolitik und Prozesspolitik erweitert werden (Magrath, 2000). *Meffert* (2000, S. 1167) schlägt jedoch vor, die Instrumente dieser somit insgesamt sieben Mix-Bereiche als integrative Bestandteile des traditionellen Marketing-Mix aufzufassen.

Die **Produktpolitik** wird im Dienstleistungsbereich als Leistungspolitik bezeichnet (Haller, 2000). Im Zuge ihrer Planung sollte aufgrund der Immaterialität von Dienstleistungen an der Potenzial-, Prozess und/oder Ergebnisdimension angesetzt werden (Meffert, 2000). Bedingt durch die Immaterialität sind Dienstleistungen nicht lagerfähig[87]. Daher müssen Dienstleistungsanbieter eine intensive Koordination zwischen Produktion und Nachfrage sicherstellen (Meffert, 2000). Da ein Ausgleich von Angebot und Nachfrage durch Bildung von Zwischenlagern nicht möglich ist, stehen Dienstleistungsanbieter grundsätzlich vor dem Problem, dass die Nachfrage je nach Zeitpunkt variiert und die Leistung auch in

---

[86]   Vgl. *Becker* (2006), S. 281. *Bagozzi et al.* (2000, S. 312) schätzen verhaltensorientierte B2B-Segmentierungen ebenfalls als aussagekräftiger ein als z. B. Segmentierungen anhand organisationsbezogener Kriterien.

[87]   Ein Dienstleistungsergebnis kann zwar mitunter lagerfähig sein. Die Dienstleistung selbst kann jedoch nur zu der Zeit in Anspruch genommen werden, in der sie erstellt wird. Das Potenzial zur Leistungserstellung verfällt jedoch, wenn es nicht genutzt wird, da es nur zu einem bestimmten Zeitpunkt verfügbar ist.

nachfrageschwachen Zeiten angeboten werden muss.[88] Infolge der Integration eines externen Faktors in den Dienstleistungserstellungsprozess weisen viele Dienstleistungen darüber hinaus einen individualistischen, personalintensiven und schwer standardisierbaren
Charakter auf (Meffert, 2000). Sie werden im Gegensatz zu vielen Sachgütern häufig maß-
geschneidert angeboten. Dies bedeutet, dass in vielen Fällen jeder Kunde eine speziell auf
ihn zugeschnittene Leistung erhält, was Segmentierungen und kostengünstige Leistungserstellung jedoch erschwert. Die Partizipation von Nachfragern am Leistungserstellungsprozess bietet dem Anbieter andererseits einen entscheidenden Vorteil, da es zu einem
direkten Kontakt beider Parteien kommt, der schriftlich, telefonisch oder persönlich erfolgen kann. In allen Fällen können Dienstleistungsunternehmen relativ einfach segmentierungsrelevante Daten über ihre Kunden ermitteln (Haller, 2000).

Bezüglich der **Preispolitik** ist anzumerken, dass Preisdifferenzierungen im Dienstleistungsbereich eine wichtige Rolle spielen und verschiedene Preise für unterschiedliche
Kundengruppen demnach auch im Rahmen einer segmentspezifischen Ansprache zum
Tragen kommen (Haller, 2000). So dienen Preisdifferenzierungen teilweise auch einer
besseren Kapazitätsauslastung in nachfrageschwachen Zeiten. Oftmals werden verschiedene Formen der Preisdifferenzierung miteinander verknüpft und kommen in Kombination mit einer Leistungsdifferenzierung zum Einsatz (Meffert, 2000).

Einen Ansatz für Segmentierungen im Hinblick auf **kommunikationspolitische Aktivitäten** bietet die Ansprache verschiedener Marktsegmente mittels eines spezifischen, für die
jeweilige Zielgruppe attraktiven Leistungsnutzens (Haller, 2000). Da persönlicher Kontakt
bei der Erbringung vieler Dienstleistungen eine wichtige Rolle spielt (Meffert, 2000), stellen die Mitarbeiter von Dienstleistungsanbietern in der Regel einen wichtigen Bestandteil
der Leistung dar. Dementsprechend ist auch die Abstimmung des Personaleinsatzes auf
die jeweilige Zielgruppe von hoher Relevanz (Haller, 2000). Eine wesentliche Herausforderung in kommunikationspolitischer Hinsicht besteht für Dienstleistungsanbieter zudem
darin, immaterielle Leistungen sichtbar zu machen. Einen Ansatzpunkt hierfür bietet die
Visualisierung tangibler Leistungselemente in der Werbung. Andererseits kommt dem Un-
ternehmens- und Leistungsimage aufgrund der Immaterialität eine zentrale Rolle bei der
Beurteilung der Leistungen durch Kunden zu. „Mund-zu-Mund-Kommunikation" wird
daher häufig als glaubwürdiger eingeschätzt als Werbeaussagen des Anbieters und kann
in hohem Maße zum Abbau der Unsicherheit vor der Inanspruchnahme einer Dienstleistung dienen (Meffert, 2000).

Im Vergleich zum Marketing von Sachgütern ist noch eine wesentliche **distributionspolitische Besonderheit** anzuführen. Da Dienstleistungen im Regelfall direkt, d. h. ohne Inan-

---

[88] Vgl. *Haller* (2000), S. 297. Dies bedeutet gleichzeitig, dass auch die Anzahl der zur Leistungserbrin-
gung verfügbaren Mitarbeiter parallel zu den Nachfrageschwankungen gestaltet werden sollte, um
einerseits eine Befriedigung der Kundenbedürfnisse sicherzustellen und andererseits eine Minimierung der durch Leerkapazitäten entstehenden Kosten anzustreben (vgl. Meffert 2000, S.
1168).

spruchnahme von Absatzmittlern vertrieben werden, spielen Aspekte der Absatzka-
nalgestaltung in diesem Bereich grundsätzlich keine Rolle (Haller, 2000). Aus der Überlegung heraus, dass kaum eine Dienstleistung an einem anderen Ort als dem ihrer Erstellung in Anspruch genommen werden kann, resultiert die Nichttransportfähigkeit. Dies
führt dazu, dass gerade Dienstleistungen des täglichen Bedarfs eine hohe Distributions-
dichte aufweisen sollten, um eine schnelle Erreichbarkeit für Nachfrager zu gewährleisten
(Meffert, 2000). Der Aspekt der „Lieferzeit" bzw. Standortpolitik ist daher im Spannungsfeld zwischen Kundenwünschen und Kostenentwicklung zu lösen. Zur Gewährleistung
der problemadäquaten Integration des externen Faktors in den Leistungserstellungsprozess ist seitens der Anbieter bestimmter Leistungen für kundengerecht ausgestattete War-
teräume, Beförderungseinrichtungen oder Reservierungssysteme zu sorgen (Meffert,
2000). Die Ausstattung der Räumlichkeiten kann dabei auch die segmentspezifische Ansprache unterstützen (Haller, 2000).

Bedingt durch die Integration des externen Faktors kommt der geographischen bzw. regionalen Segmentierung auf Dienstleistungsmärkten eine höhere Bedeutung zu als im
Sachgüterbereich, da der Kunde sich selbst oder einen Gegenstand in den Leistungserstellungsprozess einbringen muss. Unabhängig davon, ob der Nachfrager zum Anbieter kommt oder Letzterer seinen Kunden aufsucht, ergeben sich jeweils räumliche Ein-
zugsgebiete (Freter, 2001). Dementsprechend gilt in diesen Fällen prinzipiell, dass die Intensität der Inanspruchnahme eines Dienstleistungsunternehmens durch den Abnehmer
umso geringer ist, je weiter Anbieter und Nachfrager räumlich voneinander entfernt sind
(Haller, 2000). Gerade bei Dienstleistungsanbietern mit einer regionalen Expansion durch
Franchising oder Filialisierung ist regionale Segmentierung von besonderer Relevanz.
Filialisierung bedingt zudem eine Standardisierung von Leistungen (Meffert/Bruhn, 2006).

Bei (überwiegend) konsumtiven Dienstleistungen ist es in einigen Branchen erforderlich
bzw. sinnvoll, die Variablen Zeit und Dauer heranzuziehen. So kann sich die Bildung von
Segmenten daran orientieren, ob Nachfrager an bestimmte Zeiten gebunden oder flexibel
sind. Der Zeitaspekt ist besonders bedeutsam für Unternehmen, die nur ein bestimmtes
Kontingent an Kunden bedienen können. Diese Anbieter können ihr Angebot nicht aus-
weiten und müssen aufgrund entsprechend hoher Fixkosten kontinuierlich ausgelastet
sein, während die Nachfrage im Zeitablauf schwankt. Sie stehen in diesen Fällen vor der
Herausforderung, Kundensegmente auf Basis unterschiedlicher zeitlicher Flexibilität der
Nachfrager zu bilden. Auch die zeitliche Dauer, die je nach Art der Leistung eine positive
oder negative Wirkung hat, ist als Segmentierungskriterium einsetzbar. Steht der Prozess
im Mittelpunkt, ist eine längere Dauer von bestimmten Kunden erwünscht und bietet die
Möglichkeit zur Generierung eigener Segmente. Bei Dienstleistungen, bei denen ein bestimmtes Ergebnis ausschlaggebend ist, ist hingegen eine möglichst kurze Dauer von Relevanz (Haller, 2000).

3.3.3.3   Besonderheiten im Handel

Müller-Hagedorn (2005, S. 4) stellt fest, dass in der wirtschaftlichen Realität keine scharfe Trennlinie zwischen Handels- und Dienstleistungsunternehmen gezogen wird. Teilweise wird der Handel auch direkt dem Dienstleistungsbereich zugerechnet (Meffert, 2000). Gerade in Bezug auf Marktsegmentierungen erfordern die Besonderheiten von Handelsunternehmen jedoch eine separate Betrachtung.

Zunächst ist der **Handelsbegriff** zu definieren. Man unterscheidet grundsätzlich zwischen funktionellem und institutionellem Handel. Ersterer bezeichnet die Beschaffung von Handelswaren[89] von anderen Marktteilnehmern und den Absatz dieser Güter an Dritte.[90] Allerdings liegt Handel im funktionellen Sinne auch dann vor, wenn Herstellerunternehmen ihr Vertriebsprogramm um von Dritten bezogene Produkte erweitern (Müller-Hagedorn, 2005). Als adäquatere Definition für die folgenden Ausführungen erweist sich daher die Definition von Handel im institutionellen Sinne. Dieser umfasst diejenigen Institutionen, deren wirtschaftliche Tätigkeit ausschließlich oder überwiegend Handel im funktionellen Sinne umfasst.[91] *Müller-Hagedorn* (2005, S. 5) identifiziert vier zentrale Eigenschaften von Unternehmen dieses Bereichs. Demnach produzieren Handelsunternehmen nicht im Sinne einer Umwandlung physischer Gütereigenschaften, handeln mit beweglichen Sachgütern, tragen das Preisrisiko und sind autonom.[92] Im Handel wird des Weiteren eine Unterscheidung anhand der Abnehmerschaft vorgenommen und zwischen Groß- und Einzelhandel differenziert. Der Großhandel vertreibt seine Ware schwerpunktmäßig an gewerbliche Abnehmer wie Wiederverkäufer oder Weiterverarbeiter, wohingegen sich der Einzelhandel dadurch auszeichnet, dass sich seine Abnehmerschaft überwiegend aus Endverbrauchern zusammensetzt (Baum, 1994).

Die folgenden Ausführungen beziehen sich daher im Wesentlichen auf den Einzelhandel. Das spezifische Merkmal der Tätigkeit von Einzelhandelsunternehmen ist darin zu sehen, dass „(...) (in der Regel) fremderstellte Sachleistungen mit eigenerstellten Dienstleistungen zu einem Leistungsangebot kombiniert werden, das der Befriedigung eines ganz bestimm-

---

[89]   Güter, die von den beschaffenden Marktteilnehmern, in der Regel nicht selbst be- oder verarbeitet werden.

[90]   Vgl. Ausschuss für Begriffsdefinitionen aus der Handels- und Absatzwirtschaft (1995), S. 28.

[91]   Vgl. Ausschuss für Begriffsdefinitionen aus der Handels- und Absatzwirtschaft (1995), S. 28, und Müller-Hagedorn (2005), S. 2f.

[92]   Hierbei handelt es sich allerdings um eine idealtypische Sichtweise, von der Handelsunternehmen in allen vier Dimensionen abweichen können, wie *Müller-Hagedorn* anmerkt. So resultiert die Nähe zu klassischen Dienstleistungsanbietern insbesondere daraus, dass der Handel den Absatz von beweglichen Sachgütern mit zusätzlichen Dienstleistungen kombiniert. U. a. zeigt sich bereits hier, dass es nicht sinnvoll erscheint, eine generelle Definition von Handelsunternehmen vorzunehmen, weil diese in vielfältigen Formen auftreten und sich dementsprechend oft nur schwer klare Abgrenzungen zu anderen Bereichen vornehmen lassen (vgl. Müller-Hagedorn 2005, S. 3ff.).

ten Anspruchsbündels – bestehend aus Distributionsansprüchen und Produktansprüchen – des Konsumenten dient." (Büttner, 1986)

Darüber hinaus ist noch zwischen **Handelsmarketing** und **Trade-Marketing** zu unterscheiden. Ersteres bezeichnet das Marketing der Handelsbetriebe (Müller-Hagedorn, 2005). Die Beziehung zwischen Handel und Konsument wird dabei dem B2C-Marketing zugerechnet und ist Hauptbestandteil dieses Kapitels. Das Trade-Marketing ist hingegen als B2B-Marketing aufzufassen (Böhm et al, 2006) und „(...) betrifft den Teil der marktstufenbezogenen Aktivitäten, die der Hersteller gegenüber allen in den Absatzweg seiner Produkte eingeschalteten Absatzmittler ergreift." (Decker, 2000)

Die Betriebswirtschaftslehre verwendet üblicherweise den Begriff „Betriebsform", um die verschiedenen Typen von Handelsunternehmen zu charakterisieren. Dieser Terminus ermöglicht allerdings keine zutreffende Differenzierung, da Handelsunternehmen sich vielmehr durch ihre Absatzkonzeption voneinander unterscheiden. Es handelt sich hierbei um eine charakteristische und originäre Kombination von Marketing-Instrumenten, die als Vertriebsform bezeichnet werden kann. Die einzelnen Unternehmenstypen im Handel sind demnach jeweils durch einen vertriebsformenspezifischen Marketing-Mix gekennzeichnet. Letztlich fällt nicht der Operating- oder Betriebsbereich, sondern der Marketing- oder Vertriebsbereich die Entscheidung über die anzuwendende Vertriebsform, so dass die Bezeichnung „Betriebsform" zur Kennzeichnung verschiedener Varianten von Handelsunternehmen nicht zutreffend und grundsätzlich irreführend ist (Oehme, 2001). Dieser Argumentation von *Oehme* ist aus Sicht der Autoren zuzustimmen, so dass im weiteren Verlauf der Arbeit der Begriff „Vertriebsform" zur Unterscheidung der Unternehmenstypen im Einzelhandel verwendet wird. Gängige Einzelhandels-Vertriebsformen sind Fachgeschäfte, Discounter, Supermärkte, Versandhandelsunternehmen, Verbrauchermärkte und Warenhäuser.[93] Die einzelnen Typen zeichnen sich durch grundsätzliche Unterschiede im Hinblick auf Standort, Sortiment, Andienungsform, Preisniveau sowie Ausstattung und Profil aus.[94]

Mittlerweile versteht sich der Handel längst nicht mehr nur als Distributionssystem von Herstellern. Vielmehr haben Handelsunternehmen längst damit begonnen, eigene Marketingkonzepte umzusetzen (Becker, 2006). Bezüglich der Systematisierung der Marketinginstrumente im Einzelhandel bietet die Literatur zahlreiche Vorschläge an.[95] Im Folgenden wird auf die Systematisierung von *Meffert* (2000, S. 1195ff.) zurückgegriffen, der analog

---

[93] Vgl. hierzu z. B. *Oehme* (2001), S. 318f. und *Müller-Hagedorn* (2005), S. 81. Für weiterführende Informationen über Vertriebsformen im Einzelhandel vgl. z. B. *Oehme* (2001), S. 317ff. oder *Kotler/Bliemel* (2006), S. 1128ff.

[94] Vgl. *Oehme* (2001), S. 319. Wesentliche Kennzeichen von Discountern sind beispielsweise ein stark begrenztes Sortiment mit Schnelldrehern, Selbstbedienung, ein sehr niedriges Preisniveau sowie eine einfache Ausstattung der Einkaufsstätten.

[95] Für einen Überblick hierzu vgl. z. B. *Meffert* (2000), S. 1196.

zum klassischen Dienstleistungsbereich eine Kategorisierung nach Leistungs- bzw. Sortimentspolitik, Preispolitik, Kommunikationspolitik und Distributionspolitik vornimmt.

Bei Herstellerunternehmen und klassischen Dienstleistungsanbietern stehen Produkte bzw. Dienstleistungen im Zentrum der Marketingaktivitäten. Eines der wesentlichsten Kennzeichen von Handelsunternehmen ist hingegen, dass sie nicht einzelne Produkte, sondern Sortimente anbieten. Letztere stehen dementsprechend im Mittelpunkt des Handelsmarketing (Oehme, 2000). Tendenziell sind kleinere Sortimente für eine segmentspezifische Ansprache besser geeignet, da es mit zunehmendem Sortimentsumfang immer schwieriger wird, für jeden Artikel zu überprüfen, ob er tatsächlich die anvisierte Zielgruppe anspricht (Baum, 1994). Zudem ist das Marketing des Handels auch dadurch charakterisiert, dass auf seinen Lager- und Verkaufsflächen der Wettbewerb der einzelnen Hersteller stattfindet. Diesen Wettbewerb müssen Handelsunternehmen zügeln (Oehme, 2000). Die Markenpolitik nimmt andererseits eine zentrale Stellung im Rahmen der Sortimentspolitik ein. Die Einbeziehung renommierter oder exklusiver Marken führt zu wesentlichen Ausstrahlungseffekten auf das Gesamtsortiment und das Image von Einkaufsstätten. Entscheidungen über den Einsatz von Handelsmarken sind ebenfalls Bestandteil der Markenpolitik (Meffert, 2000). Auf einer weiteren Ebene spielt sich der Wettbewerb der Händler untereinander ab, die versuchen, sich zu profilieren (Oehme, 2000).

Die preispolitische Ausrichtung von Einzelhandelsunternehmen ist überwiegend sortiments- und weniger artikelbezogen (Baum, 1994). Kundenspezifische Preisdifferenzierung erweist sich aufgrund der offenen Preisstellung als schwierig und kann nur dann praktiziert werden, wenn sie von den preislich benachteiligten Kundengruppen auch akzeptiert wird. Konditionenpolitik ist im Einzelhandel von untergeordneter Bedeutung, zumal hier Barzahlung überwiegt (Baum, 1994).

Im Hinblick auf kommunikationspolitische Aspekte sollte in erster Linie das Einzelhandelsunternehmen als Ganzes und weniger einzelne Artikel beworben werden. Auf diese Weise kann sich der Anbieter möglichst optimal gegenüber einem bestimmten Konsumententyp bzw. Segment positionieren (Unkelbach, 1979). Ein weiterer hervorzuhebender Aspekt ist die Verkaufsstellengestaltung im ladengebundenen Einzelhandel, mittels derer eine besondere Atmosphäre geschaffen werden kann, die gewisse Stilrichtungen signalisiert. Dies kann jedoch unter Umständen problematisch sein, wenn innerhalb einer Einkaufsstätte unterschiedliche Kundensegmente angesprochen werden sollen. Grundsätzlich möglich ist dies zwar, wenn abteilungsweise spezifische zielgruppenorientierte Raumgestaltungen erfolgen. Prinzipiell besteht aber die Gefahr, dass das harmonische Gesamtimage einer Einkaufsstätte durch unterschiedlich gestaltete zielgruppenspezifische Abteilungen verwässert wird (Baum, 1994). Segmentspezifische Werbung gestaltet sich im ladengebundenen Einzelhandel als problematisch, da es hierbei aufgrund des häufig anonymen Marktes zu größeren Streuverlusten kommt. Vor allem existieren keine exklusiven Werbemedien für bestimmte Segmente. Eine Möglichkeit zur besseren Erreichung bestimmter Konsumentengruppen bietet zumindest die Durchführung lokaler Veranstaltungen durch Einzelhändler selbst (Unkelbach, 1979). Hier liegt jedoch auch eine Kundenselbstselektion vor, da die anvisierte Zielgruppe eine solche Veranstaltung einerseits besuchen und sich andererseits dem vom Unternehmen propagierten Kundensegment zuordnen muss (Baum, 1994). Zur gezielten kommunikationspolitischen Segmentansprache im Sinne des Prinzips der kontrollierten Zielung[96] bedarf es daher in der Regel einer Kundenkartei (Baum, 1994).

Der ladengebundene Einzelhandel – und somit der überwiegende Anteil der Einzelhandelsunternehmen – ist ferner durch das Residenzprinzip gekennzeichnet. Gemäß diesem Prinzip sucht der Kunde die Einkaufsstätte auf und nimmt dort Warenbesichtigungen und -vergleiche sowie schlussendlich auch den Kauf von Waren vor. Das Residenzprinzip erschwert Marksegmentierungsaktivitäten insofern, als sich Kundendifferenzierungen aufgrund des offenen Angebots als problematisch erweisen. Ferner impliziert dieses Prinzip eine Selbstselektion bzw. Selbstauswahl durch die Konsumenten, so dass darüber hinaus oft Streuverluste einkalkuliert werden müssen. Zur Vermeidung einer Verwässerung der marktlichen Ansprache sollten pro Verkaufstelle nur wenige Segmente, optimalerweise nur ein einziges Segment angesprochen werden (Baum, 1994). Im Mittelpunkt distributionspolitischer Aktivitäten des ladengebundenen Einzelhandels steht der Standort. Seine Wahl hat entscheidende Auswirkungen auf die Umsätze sowie die Höhe und Struktur der Kosten (Meffert, 2000). Bedeutsame Kriterien zur Beurteilung eines Standorts sind z. B. seine Lage im Einzugsgebiet, seine Erreichbarkeit, seine Sichtbarkeit oder sein Umfeld (Oehme, 2000).

Segmentspezifische Standortfestlegung liegt jedoch im Prinzip nur dann vor, wenn der jeweilige Ort Präferenzen bei gewissen homogenen Bedarfsträgern erzeugt. Eine natürliche räumliche Konzentration bestimmter Segmente tritt jedoch nur in Ausnahmefällen auf, so dass die Standortfestlegung zur segmentspezifischen Ansprache wenig geeignet ist. Standortpolitische Fragen spielen jedoch im Hinblick auf eine gezielte räumliche Trennung verschiedener Segmente im Sinne ihrer Aufteilung auf unterschiedliche Einkaufsstätten eine Rolle (Baum, 1994). Was die grundsätzliche Eignung gängiger Vertriebsformen des ladengebundenen Einzelhandels für Segmentierungskonzepte betrifft, so ist festzustellen, dass Warenhäuser als gesamte Verkaufsstelle betrachtet kein bestimmtes Segment ansprechen und sich demnach eher an die breite Masse der Konsumenten richten. Nur mit großen Einschränkungen sind geringfügige abteilungsspezifische Differenzierungen möglich. Dieselbe Problematik liegt auch bei Einkaufszentren vor (Baum, 1994). Eine Niedrigpreisorientierung, wie sie von Discountern praktiziert wird, ist hingegen zu pauschal, um damit eine Marktsegmentierung zu begründen.[97] Ebenso verhält es sich mit der Verkehrsorientie-

---

[96] Kontrollierte Zielung bedeutet, dass Leistungsangebote ohne größere Streuverluste an die Zielgruppen übermittelt werden können. Die Marketing-Instrumente werden aktiv auf die Segmente ausgerichtet, wofür allerdings ein höherer Informationsstand benötigt wird als bei einer Kundenselbstselektion (vgl. Freter, 1983, S. 188 und Baum, 1994, S. 165).

[97] Vgl. *Baum* (1994), S. 260. *Baum* (1994, S. 157) vertritt die Auffassung, dass es problematisch erscheint, beim Anstreben einer Preisführerschaft noch von einem Marktsegmentierungskonzept zu sprechen. Diese setze entsprechende Umsatzpotenziale voraus und erfordere, dass der angesprochene Marktausschnitt relativ groß und somit zwangsläufig auch heterogen sein müsse. Daher führe das Anstreben einer Preisführerschaft eher in Richtung einer Massenmarktstrategie.

rung von Verbraucher- und Supermärkten. Auch hier mangelt es an einer segmentspezifischen Zielung des übrigen Marketing-Mix (Baum, 1994). Für den Versandhandel spielen Standortaspekte prinzipiell keine Rolle, da diese Vertriebsform durch das Distanzprinzip[98] gekennzeichnet und dementsprechend nicht auf bestimmte Regionen festgelegt ist (Baum, 1994).

Das Distanzprinzip zeichnet sich zwar im Regelfall durch unpersönliche Kontaktierung aus, setzt aber im Gegenzug die Existenz von Kundenadressen zur gezielten Ansprache von Abnehmern voraus (Baum, 1994). Durch die Identifizierung aller Kunden und deren Transaktionen verfügt der Versandhandel über etwas bessere Kundenkenntnisse als der ladengebundene Einzelhandel (Baum, 1994) und hat zudem günstigere Voraussetzungen zur differenzierten Ansprache seiner jeweiligen Kundengruppen, da er seine Abnehmer isoliert erreichen kann.

Andererseits können segmentspezifisch ausgerichtete Kataloge zu Positionierungsproblemen eines Versandhandelsunternehmens führen (Baum, 1994). Ähnlich wie Warenhäuser weisen Generalversender ebenfalls einen großen Sortimentsumfang auf und können sich nicht auf bestimmte Zielgruppen beschränken. In Ansätzen besser geeignet für Segmentierungskonzepte sind zumindest Spezialversender, wobei auch bei diesen gewisse Einschränkungen zu beachten sind (Baum, 1994).

Im Handel wurde das Zielgruppenkonzept – und somit Marktsegmentierung – lange Zeit vernachlässigt (Müller-Hagedorn, 2005). Die Literatur beschäftigt sich zumeist nur am Rande mit Segmentierungsfragen bei Handelsunternehmen.

Konkrete zielgruppenorientierte Segmentierungskonzepte für den Einzelhandel haben sich daher in der einschlägigen Fachliteratur bisher noch nicht durchgesetzt.[99] Für Segmentie-

---

[98]   Beim Distanzprinzip kann eine räumliche Trennung zwischen Handelsunternehmen und Kunde verbleiben, da persönliche Kommunikation in diesem Fall durch unpersönliche Kommunikation ersetzt wird (vgl. Hansen, 1990, S. 270 und Baum, 1994, S. 169).

[99]   Erwähnenswert ist an dieser Stelle aber zumindest der Ansatz von *Böhler* (2005, S. 13ff.). Er schlägt im Sportartikel-Einzelhandel ein Marktsegmentierungskonzept auf Basis von Kaufverbundanalysen vor. Kaufverbundanalysen untersuchen die Abverkäufe eines Handelsunternehmens bzw. die Einkäufe eines Haushalts im Hinblick auf Verbundbeziehungen zwischen den von Kunden erworbenen Artikeln bzw. Warengruppen. Im Rahmen einer empirischen Untersuchung mittels eines standardisierten Fragebogens werden 850 Auskunftspersonen über Sportinteresse und -ausübung, Einkaufsstättenwahl und Sportartikelkauf befragt. *Böhler* ermittelt hieraus neun Cluster (Einkaufstypensegmente) und erstellt Profile zu diesen, die auf Variablen aus mehreren Kriterienkategorien (z. B. demographische Daten, psychographische Merkmale oder Einkaufsstättenwahl) basieren (z. B. „Intensivsportler"). Die Bildung und Präsentation von Warengruppen aus Käufersicht auf Basis von Verbundkaufartikeln (z. B. „Wassersport": Bademoden, Surfbretter, Wasserski, Spezialbekleidung, Schuhe, Taschen und sonstige Accessoires) ermöglicht die gezielte Nutzung von Cross-Selling-Potenzialen. Eine Analyse von Verbundbeziehungen über verschiedene Sportarten hinweg empfiehlt sich ebenfalls, insbesondere im Hinblick auf sportbegeisterte Einkaufstypen.

rungsaktivitäten von Einzelhandelsunternehmen werden daher grundsätzlich die für die Segmentierung von B2C-Märkten einsetzbaren Kriterien und Ansätze vorgeschlagen.[100] Insbesondere bei auf Basis psychographischer Kriterien gebildeten Marktsegmenten ist jedoch zu beachten, dass sich die Ansprache verschiedener Segmente innerhalb einer Einkaufsstätte als problematisch erweisen kann, falls zwischen den unterschiedlichen Konsumentengruppen Antipathien bestehen.[101] *Oehme* (2000, S. 213) sieht Segmentierung im Handel aus einem anderen Blickwinkel. Seiner Ansicht nach ist Marktsegmentierung in diesem Bereich typischerweise unternehmens- und sortimentsorientiert, so dass Marktsegmente von Einzelhändlern weder zielgruppen- noch regional orientiert sind. Demnach kann gemäß *Oehme* (2000, S. 225f.) die Konzentration eines Unternehmens auf eine bestimmte Branche bereits als Marktsegmentierung im weiteren Sinne angesehen werden, sofern man jede Branche als eigenes Segment auffasst. Ein branchenübergreifendes Sortiment eines Einzelhändlers könnte dann als Bearbeitung mehrerer Marktsegmente verstanden werden. Des Weiteren kann ein kreativ gestaltetes und von der Konkurrenz deutlich unterscheidbares Sortiment ein eigenes Marktsegment begründen. Parallel dazu streben Einzelhändler danach, ihr gesamtes Unternehmen zu einem Markenartikel zu machen. Die Sortimentssegmentierung wird dabei im Regelfall in Kombination mit bzw. zur Unterstützung dieser Unternehmenssegmentierung eingesetzt. Weiterhin schlägt *Oehme* (2000, S. 225f.) vor, auch Vertriebsformen als Segmentierungsmöglichkeit in Branchenmärkten aufzufassen. So lässt sich der Lebensmittel-Einzelhandel beispielsweise in Segmente für Discounter, Supermärkte mittleren Niveaus und Fachgeschäfte für Feinkost unterteilen. *Oehmes* Sichtweise von Marktsegmentierung im Einzelhandel ist im Prinzip als Gegenmodell zu einer klar herausgestellten Zielgruppenorientierung anzusehen. Die Segmentauffassungen sind zudem wesentlich stärker unternehmens- als kundenbezogen. Sofern sich durch eine Segmentbildung auf Basis der Branche, des Sortiments, des Unternehmens selbst und/oder der gewählten Vertriebsform bestimmte Zielgruppen ergeben, sind diese im Regelfall sehr breit angelegt und nur schwer anhand bestimmter Merkmale charakterisierbar.[102]

---

[100] Vgl. hierzu u. a. *Baum* (1994), S. 37 und *Müller-Hagedorn* (2005), S. 26ff.und 95 *Müller-Hagedorn* (2005, S. 95) weist ferner darauf hin, dass es zwar auch einige kommerzielle Segmentierungsstudien für den Handel gebe, die man allerdings aufgrund der dürftigen Dokumentation nur eingeschränkt beurteilen könne.

[101] Beispielsweise kann der Textileinzelhandel aus diesem Grund nicht gleichzeitig modebewusste und weniger modebewusste Endkunden innerhalb derselben Einkaufsstätte bedienen, da dies erhebliche negative Auswirkungen auf die glaubhafte Profilierung der Einkaufsstätte hätte. Um derartige negative Irradiationseffekte weitgehend ausschließen zu können, empfiehlt sich eine Abteilungsbildung anhand soziodemographischer Kriterien wie Alter oder Geschlecht. Eine andere Möglichkeit besteht darin, eine differenzierte segmentspezifische Ansprache über die Implementierung verschiedener Verkaufsstellen vorzunehmen. Gegebenenfalls können in diesem Fall sogar unterschiedliche Vertriebsformen eingesetzt werden (vgl. Baum, 1994, S. 161f.).

[102] Wenn man beispielsweise im Sinne von Vertriebsformensegmenten Discounter als eigene Segmente auffasst, so ist es hier insbesondere aufgrund des hybriden Kaufverhaltens von Konsumenten fast unmöglich, den typischen Discounter-Kunden zu charakterisieren.

1. Erläutern Sie den Unterschied zwischen Marktsegmentierung mit totaler Marktabdeckung (differenziertes Marketing) und Marktsegmentierung mit partieller Marktabdeckung(konzentriertes Marketing)!

2. Zur Segmentierung können unterschiedliche Kriterien herangezogen werden. Nennen Sie 3 gewählte Segmentierungskriterien!

3. Was versteht man unter einer Lifestyle-Segmentierung?

4. Welche veränderten Rahmenbedingungen zwingen viele regionale Unternehmen zur nationalen Markterschließung?

5. Was versteht man unter dem Begriff der „Oversegmentation"?

3.4 Marktforschung

Lernziele

Im Rahmen der Marketingplanung müssen zahlreiche Entscheidungen getroffen werden. Unverzichtbare Grundlage für diese Entscheidungen bzgl. der Marketingziele, -strategien und -maßnahmen sind relevante Informationen über das gegenwärtige und zukünftige Marktgeschehen wodurch der Marktforschung eine große Bedeutung für den Erfolg der Marketingplanung zukommt. Dieses Kapitel hat die entsprechenden Lernziele zum Inhalt und möchte folgendes vermitteln:

- was Gegenstand der Marktforschung ist,

- welche wesentlichen Aufgabenbereiche der Marktforschung existieren,

- was die Phasen des Marktforschungsprozesses sind,

- wie sich Sekundär- und Primärforschung voneinander unterschieden,

- welche Gütekriterien der Messung unterschieden werden können,

- welche grundlegenden Methoden der Datenerhebung existieren,

- welche uni- und bivariate Analysemethoden angewandt werden können und

- welche Marktforschungsprobleme mit den jeweiligen Verfahren gelöst werden können.

In der marktorientierten Unternehmensführung bildet Information die Grundlage für Entscheidungen (Kesting/Rennhak, 2008). Um dem Management entscheidungsrelevante Information zur Verfügung stellen zu können, ist diese geeignet zu beschaffen.

Kundenorientierung zielt auf die integrierte Ausrichtung der Marketing-Instrumente zur Befriedigung von Kundenbedürfnissen und letztlich zur Abschöpfung von Zahlungsbereitschaften. Allerdings fehlt der Gestaltungskomponente in dieser Betrachtung – ohne die Einbeziehung der Marktforschung – die notwendige Erklärungskomponente. Exemplarisch anhand der Metapher eines Marketing-Cocktails ausgedrückt: Die Zutaten sind bekannt, nicht aber deren Mix-Verhältnis. Erst die Marktforschung liefert die verhaltenswissenschaftliche Fundierung, indem sie die Geschmacksnerven der Konsumenten analysiert und herausfindet, was der Zielgruppe schmeckt. Die Marktforschung stellt somit das Rezeptbuch für den Zutatenschrank bereit. Auch bei der Wettbewerbsorientierung ist sie unerlässlich: Ziel eines Anbieters muss es sein, einen schmackhafteren Cocktail als die Konkurrenz zu offerieren. Die Marktforschung unterstützt das Marketing bei der Etablierung eines komparativen Konkurrenzvorteils, indem sie Informationen über Konkurrenzangebote sammelt, analysiert und die Erfolgsfaktoren aus Kundensicht identifiziert. Darüber hinaus liefert die interne Ressourcenorientierung Einsichten in die Fähigkeiten der Unternehmung. Erst dann, wenn ein Anbieter auch die notwendigen Ressourcen zur Produktion des unter Kunden- und Wettbewerbsaspekten überlegenen Cocktails besitzt, sind die Voraussetzungen für Markterfolg geschaffen. Nur ein kreativer Barmixer ist dazu in der Lage, die richtige Balance zwischen der marktorientierten Outside-in-Perspektive (Market Pull) und der auf Kernkompetenzen ausgerichteten Inside-out-Perspektive (Technology Push) zu finden. Marktforschung ist somit sowohl für das Marketing als auch für andere Unternehmensbereiche insgesamt unerlässlich.

3.4.1   Aufgabe und Systematik der Marktforschung

Die Hauptaufgabe der Marktforschung besteht in der Unterstützung des Marketing (Nufer/Rennhak, 2008). Diese Orientierung am Marketing spiegelt sich insbesondere im Begriff Marketingforschung[103] wider, der die Analyse des Absatzmarktes sowie die Analyse der Marketingaktivitäten, d. h. die Wirkungsanalyse der eingesetzten Marketing-Instrumente beinhaltet. Unter Marktforschung[104] versteht man dagegen im engeren Sinn die systematische Erforschung der unternehmensbezogenen Märkte, wobei der Absatzmarktforschung eine wesentlich bedeutendere Rolle zukommt als der Beschaffungsmarktforschung. In der Praxis wird üblicherweise nicht zwischen diesen beiden Begriffen differenziert, vielmehr werden beide Sichtweisen zusammengefasst. Obwohl es dabei nahe läge, den Begriff Marktforschung durch den umfassenderen und aufgrund der darin zum Ausdruck gebrachten Marketingorientierung zutreffenderen Begriff Marketingforschung zu ersetzen, hat sich im wissenschaftlichen wie praxisorientierten Sprachgebrauch der Terminus Marktforschung als Oberbegriff durchgesetzt. Marktforschung kann somit im weiteren Sinn als der gesamthafte systematische Prozess der Gewinnung, Analyse und

---

[103] Bzw. Marketing Research.

[104] Bzw. Market Research.

Interpretation von Informationen zur Lösung aktueller und zukünftiger marktbezogener Entscheidungsprobleme des Marketings charakterisiert werden.

In Theorie und Praxis weist die Marktforschung eine Vielzahl unterschiedlicher Dimensionen auf, zwischen denen es zudem Überschneidungen gibt. Die wichtigsten dahinter stehenden Klassifikationskriterien sind

- Zeitaspekt

- Untersuchungsobjekt

- Vorgehensweise bei Datenerhebung bzw. Datenanalyse

- Funktionsbereich

- Branche

- Träger der Marktforschung

- Häufigkeit der Erhebung

- Räumliche Ausdehnung

- Untersuchungsgegenstand

Zeitaspekte spielen im Bereich der Marktforschung eine wesentliche Rolle. Eine Marktanalyse findet zu einem bestimmten Zeitpunkt statt. Im Rahmen einer Marktbeobachtung wird die Entwicklung einer Größe im Zeitablauf betrachtet. Darüber hinaus dient eine Marktdeskription als Grundlage für die Identifikation möglicher Probleme und die Beschreibung diesbezüglicher Entscheidungsfelder zur Unterstützung von Marketing-Entscheidungen. Aufgabe von Marktprognosen ist es, systematische Aussagen über mögliche zukünftige Entwicklungen zu geben und daraus Empfehlungen für Handlungsalternativen abzuleiten.

Marktforschung lässt sich nach dem Untersuchungsobjekt unterscheiden: Während sich die **ökoskopische Marktforschung** mit objektiven, produktbezogenen Marktgrößen wie Umsätzen, Preisen, Marktanteilen etc. befasst, bezieht sich die **demoskopische Marktforschung** auf die Erforschung der mit den Marktteilnehmern untrennbar verbundenen, personenbezogenen Tatbeständen wie Alter, Beruf, Einstellungen etc. Ebenfalls auf das Untersuchungsobjekt geht die Trennung der Konsumentenforschung von der Konkurrenzforschung zurück.

Marktforschung unterscheidet sich durch unterschiedliche Vorgehensweisen bei der Datenerhebung bzw. der Datenanalyse: **Quantitative Marktforschung** basiert in der Regel auf großzahligeren Stichproben und häufig standardisierten Erhebungstechniken, wodurch im Rahmen der Datenanalyse verstärkt mathematisch-statistische Analysemethoden eingesetzt werden können. Hier geht es in der Regel darum Konsumentenverhalten in Form von Modellen, Kausalzusammenhängen und zahlenmäßigen Analysen möglichst genau zu beschreiben und prognostizierbar zu machen. Dabei werden – oft aufbauend auf einer Befragung oder einer Beobachtung einer möglichst großen und repräsentativen Zufallsstichprobe mittels z. B. der schriftlichen Befragung mit Fragebogen oder dem quantitativen Interview – die zahlenmäßigen Ausprägungen eines oder mehrerer bestimmter Merkmale gemessen. Diese Messwerte werden dann miteinander oder mit anderen Variablen in Beziehung gesetzt. Auf Basis der resultierenden Ergebnisse kann dann oft auf die interessierenden Variablen oder Zusammenhänge in der Grundgesamtheit zurück geschlossen werden. Häufig dienen die Methoden der quantitativen Marktforschung auch dazu eine vorab spezifizierte Hypothese anhand des empirisch gewonnenen Datenmaterials zu überprüfen. Der hauptsächliche Informationsgewinn bei den Methoden der quantitativen Marktforschung besteht in der Datenreduktion. Um identische Voraussetzungen für die Erzeugung der Messwerte innerhalb einer empirischen Studie sicher zu stellen, sind die quantitativen Erhebungsmethoden meist vollstandardisiert und strukturiert, d. h. z. B. bei einer Befragung bekommt jeder Befragte exakt die gleichen Voraussetzungen bei der Beantwortung der Fragen bzw. bei einer Beobachtung bekommt jeder Beobachter das gleiche Beobachtungsschema.

Im Vergleich zur quantitativen Marktforschung zeichnen sich die Methoden der **qualitativen Marktforschung** durch wesentlich größere Offenheit und Flexibilität aus. Bei der qualitativen Marktforschung werden die Daten meist mittels offener Fragen und freier Antworten erhoben, womit der Interpretation der so gewonnenen Erkenntnisse eine besondere Bedeutung zukommt. So ist z. B. die Befragung auf Basis qualitativer Tiefeninterviews oder im Rahmen von Gruppendiskussionen bzw. Fokusgruppen frei und explorativ; bei den Methoden der qualitativen Beobachtung, z. B. dem Shadowing, besteht der besonders interessante Aspekt gerade in der Subjektivität des Beobachteten und des Beobachters. Der qualitativen Befragung liegt in der Regel zumindest ein grober thematischer Leitfaden zugrunde, wobei auf voll- oder teilstandardisierte Vorgaben soweit wie möglich verzichtet wird, d. h. die Reihenfolge und Gestaltung der Fragen sind flexibel und die Antwortmöglichkeiten der Gesprächspartner nicht auf vorformulierte Antwortvorgaben beschränkt. Ein derartiges Vorgehen sichert im allgemeinen ein hohes Maß an Inhaltsvalidität und gewährleistet einen tieferen Informationsgehalt der Ergebnisse. Diese Vorteile werden jedoch durch einen Verzicht auf Repräsentativität erkauft. Im Rahmen der qualitativen Marktforschung erfolgt die Stichprobenbildung praktisch ausnahmslos nach theoretischen Gesichtspunkten; sie erfolgt meist als typische Auswahl. Im Rahmen der explikativen Datenanalyse wird mit Hilfe von Anreicherung und Interpretation der Daten eine Erklärung des Konsumentenverhaltens angestrebt. Qualitative Methoden sind explorativ und hypothesengenerierend angelegt, die Theoriebildung erfolgt schrittweise und wird während der Untersuchung fortlaufend weiter entwickelt. Ziel der qualitativen Forschung ist es, ein wirklichkeitsgetreues Bild anhand der subjektiven Sicht der relevanten Interviewpartner abzubilden und so potenzielle Ursachen für deren Verhalten nach vollziehen und das Verhalten verstehen zu können.

Innerbetrieblich profitieren verschiedene Funktionsbereiche von der Unterstützung durch die Marktforschung. Auf dieser Einteilung basierend lassen sich beispielsweise Marktforschungsgebiete wie die Absatzmarktforschung, die Beschaffungsmarktforschung, die Finanzmarktforschung, die Personalmarktforschung usw. voneinander abgrenzen. Je nachdem, welche Marktteilnehmer Untersuchungsgegenstand sind, können neben der

Absatzmarktforschung, Beschaffungsmarktforschung, etc. auch Konkurrenzmarktforschung und die so genannte interne Marktforschung unterschieden werden. Die interne Marktforschung bezieht sich auf Personen und Abläufe innerhalb von Betrieben und ist vor allem für Einzelhändler wichtig (Schenk, 2007).

Unterschieden werden können bzgl. der verschiedenen Branchen, die Gegenstand der Marktforschung sind die Konsumgütermarktforschung, die Investitionsgütermarktforschung, die Handelsmarktforschung sowie die Dienstleistungsmarktforschung. Nach der Art der auf den betreffenden Märkten gehandelten Güter gelangt man ferner beispielsweise zur Automobilmarktforschung, Pharmamarktforschung usw.

Marktforschung kann von unterschiedlichen Trägern exekutiert werden: Im Rahmen der **innerbetrieblichen Marktforschung** wird die Marktforschungstätigkeit im Unternehmen selbst wahrgenommen (Eigenforschung). Bei der **außerbetrieblichen Marktforschung** übernehmen spezialisierte Marktforschungsinstitute die Durchführung der Studien (Fremdforschung). Marktforschungsstudien unterscheiden sich ganz wesentlich danach, wie häufig sie durchgeführt werden. Insbesondere Marktforschungsinstitute trennen die Ad-hoc-Forschung (einmalige Erhebung) vom Tracking (mehrmalige Erhebungen, Panel-Marktforschung). Bzgl. der räumliche Ausdehnung der Marktforschungsaktivitäten kann in der Praxis häufig eine Differenzierung in Inlands- (bzw. nationale) und Auslands- (bzw. internationale) Marktforschung angetroffen werden. Schließlich lässt sich die Marktforschung gemäß dem Gegenstand der Untersuchung konkretisieren (z. B. Imageforschung, Meinungsforschung usw.).

3.4.2   Marktforschungsprozess

Grundsätzlich kann die Marktforschungstätigkeit als ein Ablauf aufeinander folgender idealtypischer Phasen verstanden werden, zwischen denen Rückkopplungen bestehen – die jedoch keineswegs immer in einer starren Reihenfolge zu durchlaufen sind (vgl. **Tabelle 3.10**).

Tabelle 3.10   Marktforschungsprozess

Arbeitsschritt	Inhalt
Präzisierung des Untersuchungsziels und des Informationsbedarfs	– Formulierung der Zielsetzung – Ableitung der Aufgabenstellung(en) (Marktsegmentierung, Aufdecken von Marktlücken usw.)
Bestimmung der Informationsquellen	– Wer oder was muss befragt/beobachtet werden? – Abgrenzung der Untersuchungsobjekte
Bestimmung des Marktforschungsdesigns	– Erhebungsmethoden und Auswahlverfahren – Primär- oder Sekundärerhebung – Vollerhebung oder Teilerhebung (Stichprobenauswahl!)
Gestaltung des Erhebungsrahmens	– Fragebogen / Beobachtungsplan / experimentelles Design entwerfen
Datenerhebung	– ggf. Interviewer schulen/briefen – Feldarbeit durchführen
Aufbereitung und Auswertung der Daten	– Datencodierung und Dateneingabe in DV-Systemen (falls nicht CATI/CAPI) – Univariate Datenanalyse (Screening, Plausibilitätsprüfung, erster Einblick in die Merkmalsstruktur) – Multivariate Datenanalyse (nicht „statistics all", sondern Verfahrenseinsatz nach Aufgabenstellung und Zielsetzung)
Interpretation der Ergebnisse	– z. B. plakative Benennung von Marktsegmenten (vgl. „Yuppies") – Erklärung der Dimensionen in Schaubildern usw. – Zusammenfassung signifikanter Einflussgrößen usw.

Ausgangspunkt des Marktforschungsprozesses ist die Formulierung des Forschungsproblems und darauf aufbauend die Ableitung des eigentlichen Forschungsziels. Marktforschung ist immer theoriegeleitet, d. h. entweder soll die Marktforschung vermutete Zusammenhänge überprüfen oder explorativ neue Zusammenhänge aufdecken. Marktforschung ist niemals Selbstzweck Um Marktforschung richtig betreiben zu können müssen sich Marktforscher dieses Entdeckungszusammenhangs bewusst sein und entsprechend das Ziel der Marktforschungsuntersuchung formulieren. Dies setzt umfangreiche Kommunikation zwischen Marketing-Manager und Marktforscher voraus: Der Marketing-Manager muss die vorliegende Problemsituation verdeutlichen, so dass der Marktforscher den Informationsbedarf abschätzen kann. Dabei ist auch die Zeit-, Organisations- und Finanzplanung vorzunehmen. Es ist u. a. zu klären, zu welchem Zeitpunkt die Marktforschungsergebnisse vorliegen sollen, wer die Marktforschungsaktivitäten durchführen soll und welcher Budgetrahmen für die Studie zur Verfügung steht.

Im nächsten Schritt sind die Informationsquellen zu bestimmen, d. h. es ist zu identifizieren, wer die Merkmalsträger und damit die Untersuchungsobjekte sind. Darauf aufbauend erfolgt die Bestimmung des Marktforschungsdesigns. In diesem Schritt wird die Erhebungsmethode bzw. das Auswahlverfahren festgelegt. Es stellt sich dabei zunächst die Frage, ob auf Sekundärdaten zurückgegriffen werden kann oder ob **Primärforschung** betrieben werden soll, was unter einer einzelfallspezifischen Abwägung von Vor- und Nachteilen zu entscheiden ist. Die **Sekundärforschung**[105] gewinnt ihre Erkenntnisse aus bereits erhobenen Daten. Die Quellen sind hierbei mannigfaltig. Unternehmensinterne Quellen für die sekundäre Marktforschung können sein:

- Umsatz- und Verkaufsstatistiken

- Schriftwechsel mit Kunden, Kundenbeschwerden, Kundenanrufe im Callcenter

- Berichte von Außendienstmitarbeitern

- Reparaturlisten

- Lagerbestandsmeldungen

- Preislisten

Unternehmensexterne für die sekundäre Marktforschung können sein:

- Angaben der statistischen Ämter, statistische Jahrbücher

- Online-Datenbanken

- Berichte der Industrie- und Handelskammern sowie Handwerkskammern

- Geschäftsberichte anderer Unternehmen

- Berichte von Unternehmensberatungen oder Investmentbanken

- Prospekte, Kataloge von Mitbewerbern

- Veröffentlichungen wissenschaftlicher Institute usw.

Die **Primärforschung** gewinnt ihre Erkenntnisse aus der erstmaligen und direkten Untersuchung von Marktteilnehmern im Feld[106], d .h. es wird originär neues Datenmaterial

---

[105] Engl. desk research.

[106] Die Primärforschung wird deshalb bisweilen auch als Feldforschung (engl. field research) bezeichnet.

generiert. Sie bedient sich dabei vor allem der Methoden der empirischen Sozialforschung (Albers et al., 2007). Hierbei ist zunächst die Grundgesamtheit aller relevanten Merkmalsträger zu identifizieren und die erhebungsrelevanten Merkmale zu bestimmen. Zudem wird im Fall der Primärforschung in der Regel zunächst eine umfassende Analyse des Sekundärmaterials vorgenommen, um sicherzustellen, dass die entsprechenden bereits vorliegenden Erkenntnisse über Sachproblem und/oder problemadäquatesVorgehen in die Primäranalyse eingehen. Dann wird entschieden, ob eine Voll- oder Teilerhebung durchgeführt werden soll. Sprechen sachliche Erwägungen wie Wirtschaftlichkeitsüberlegungen oder Durchführbarkeitsgesichtspunkte für eine Teilerhebung so ist ein geeignetes Auswahlverfahren festzulegen und der Stichprobenumfang zu bestimmen.

Ein ganz entscheidender Schritt für die spätere Qualität der Marktforschungsergebnisse ist die adäquate Gestaltung des Erhebungsrahmens. Werden neue Daten über eine Primärforschung erhoben, so kann die Datenerhebung als Befragung, Beobachtung oder Experiment sowie in der Spezialform eines Panels[107] durchgeführt werden:

- **Befragungen** sind das am häufigsten angewandte Erhebungsinstrument. Probanden geben hier unmittelbar selbst Auskunft über die interessierenden Sachverhalte. Die unterschiedlichen Arten der Befragung lassen sich differenzieren nach der Art der Kommunikation (schriftlich, mündlich, telefonisch, online), dem Grad der Standardisierung (freies Interview vs. standardisierter Fragenkatalog), der Zahl der gleichzeitig befragten Personen (Einzelinterview vs. Gruppeninterview), der Häufigkeit der Befragung (einmalig vs. mehrmalig) und dem Gegenstand der Befragung (Einthemenbefragung vs. Mehrthemenbefragung/Omnibusbefragung).

- **Beobachtung** ist die zielgerichtete Erfassung von sinnlich wahrnehmbaren Sachverhalten im Augenblick ihres Auftretens durch Personen und/oder technische Hilfsmittel. Gegenstände der Beobachtung in der Marktforschung sind Bestände (z. B. Absatzmengen), Verhaltensweisen (z. B. Kauf oder Nichtkauf) und Eigenschaften (z. B. äußerlich wahrnehmbare Eigenschaften von Konsumenten).

- Mittels **Experimenten** werden vermutete Ursache-Wirkungs-Zusammenhänge unter kontrollierten Bedingungen überprüft. Das Wesen eines Marktforschungsexperiments besteht darin, dass eine unabhängige Variable (z. B. der Preis) verändert und die Auswirkung dieser Veränderung auf eine abhängige Variable (z. B. die Absatzmenge) gemessen wird. Tests sind Anwendungen von Experimenten im Rahmen der Marktforschung (z. B. Storetests, Werbewirkungstests).

---

[107] Ein Panel ist eine (sehr) große Stichprobe, die in konstanter Zusammensetzung periodisch wiederholt befragt wird. Besonders interessant ist die Gewinnung von Erkenntnissen aus Längsschnittanalysen (z. B. Verschiebung von Marktanteilen, Reaktionen auf den Einsatz von absatzpolitischen Instrumenten). Problematisch sind der so genannte Paneleffekt (durch das Bewusstsein um die Messung verursachte Verzerrungen im Probandenverhalten) und die so genannte Panelmortalität (durch das Ausscheiden bzw. persönliche und soziodemographische Entwicklung von Probanden bedingte Verschiebungen in der Stichprobe).

Bei der Festlegung der Erhebungsmethode sind u .a. der Umfang der Datenerhebung, die
erwartete Antwortquote, die geographische Repräsentation, die Gefahr von Missverständnissen, der Interviewereinfluss, und nicht zuletzt die bei der jeweiligen Erhebungsmethode
anfallenden Kosten zu berücksichtigen. Bei der Gestaltung des Erhebungsrahmens kommt
der Entwicklung von Fragebogen, Beobachtungsplan bzw. experimentellem Design aller-
größte Bedeutung zu. Um diese Vorarbeiten korrekt durchzuführen, sind Unter-
suchungsziele und die zugrundeliegende Theorien bzw. Forschungshypothesen geeignet
im Erhebungsinstrument umzusetzen. Theorien beschreiben allgemein Zusammenhänge
zwischen theoretischen Begriffen oder Konstrukten. Diese theoretischen Begriffe oder
Konstrukte sind nicht direkt beobachtbar (Schnell et al., 1999) und müssen deshalb für eine
Messung zunächst operationalisiert werden. Die Operationalisierung eines Begriffs oder
Konstrukts besteht in der Angabe einer Anweisung, wie Objekten mit Eigenschaften, die
der theoretische Begriff bzw. das Konstrukt bezeichnet, beobachtbare Sachverhalte zugeordnet werden können.[108] Bei der Entwicklung von Messkriterien sind die Gütekriterien
der Marktforschung, denen jedes Messverfahren idealerweise genügen sollte, zu berücksichtigen (B. Lienert, 1969). Vor der Durchführung der Feldarbeit empfehlen sich Pretests
des jeweiligen Erhebungsinstruments, also z. B. des Fragebogens, des Beobachtungsplan
bzw. experimentellem Design, um vor der Datenerhebung im Feld bereits potenzielle
Fehlerquellen erkennen und problemadäquat beseitigen zu können.

Im nächsten Schritt kann die operative Datenerhebung im Feld erfolgen. Für die Beschaffung von Primärinformationen steht ein breites Methodenspektrum zur Verfügung. All-
gemein wird dabei zunächst zwischen den eher qualitativen und den eher quantitativen
Methoden unterschieden. Zu den qualitativen Marktforschungsmethoden gehören vor
allem (un- oder wenig strukturierte – meist explorative) Tiefen- bzw. (stärker strukturierte)
Leitfadeninterviews[109] sowie (moderierte) Gruppendiskussionen bzw. Fokusgruppen.
Hierbei werden in der Regel relativ kleine Fallzahlen erzielt. Die Auswertung erfolgt auf
Basis von Mitschriften oder audiovisueller Aufzeichnungen. In der quantitativen Markt-
forschung werden größere Stichproben mittels standardisierter Fragebögen bzw. Designs
untersucht. Die Ergebnisse können dann quantitativ-statistisch ausgewertet werden.

Ist die Datensammlung abgeschlossen, erfolgt die Auswertung der Daten einschließlich
der Interpretation der Ergebnisse. Für die Datenanalyse steht eine Vielzahl von uni-, bi-
und multivariaten Analysemethoden in Abhängigkeit vom Messniveau der erhobenen

---

[108] Vgl. *Schnell et al.* (1999), S. 123f.; *Nunnally* (1967, S. 2) spricht von „Regeln für die Zuordnung von
Zahlen zu Objekten, die die Ausprägung von Attributen repräsentieren sollen".

[109] Tiefeninterviews werden vor allem zur Entdeckung von noch unbekannten Ursachen und Zu-
sammenhängeneingesetzt. Es ist insbesondere zur Aufedeckung „vorbewusster Inhalte" sowie zur
Klärung des individuellen Verständnisses geeignet. Tiefeninterviews geben tieferen Aufschluss
über Verbraucherverhalten und komplexer emotionaler bzw. motivationaler Wirkungsstrukturen.
Sie werden zudem zur Analyse der Wirkung von Kommunikationsmitteln, zur tiefenpsychologi-
schen Exploration von Unternehmens- bzw.Markenimages und im Rahmen von Kunden-
zufriedenheitsstudien eingesetzt.

Daten zur Verfügung. Zur Durchführung komplexer Analysen kann auf statistische Spezialsoftware.

Im Regelfall erfolgt eine Präsentation der Ergebnisse durch den Marktforscher gegenüber denjenigen Managern, die die Studie in Auftrag gegeben haben. Die Forschungsergebnisse werden z. B. anhand von Tabellen oder Grafiken anschaulich aufbereitet. Abschließend ist eine schriftliche Dokumentation vorzunehmen. Vom Marktforscher werden darüber hinaus zunehmend zusätzliche Beratungsleistungen im Sinne von Handlungsempfehlungen auf Basis der gewonnenen Erkenntnisse erwartet.

3.4.3 Gütekriterien der Marktforschung

Ziel eines Messvorgangs ist die Erhebung möglichst exakter und fehlerfreier Messwerte (Rennhak, 2001). Diese Zielsetzung wird bei kaum einem Messvorgang vollständig erreicht, da die tatsächlich festgestellten Messwerte meist nicht nur die tatsächliche Ausprägung eines Merkmals wiedergeben, sondern zusätzlich Messfehler enthalten.[110] Aus den Axiomen der klassischen Testtheorie lassen sich nicht nur eine Reihe von Aussagen zur Messgenauigkeit ableiten (Kranz, 1979), sie gestatten zudem die Definition von Gütekriterien für Messungen. In erster Linie sind hier Validität, Reliabilität und Objektivität zu nennen.[111]

Unter **Validität** eines Messinstruments versteht man das Ausmaß, „in dem das Messinstrument tatsächlich das misst, was es messen sollte" (Schnell et al., 1999) bzw. „in dem ein Indikator das Konstrukt misst, für das er entwickelt wurde" (Zaltman et al., 1973).[112] Die Messdaten müssen demnach frei von systematischen Messfehlern sein (Gierl, 1995) und unverzerrt den tatsächlich zu messenden Sachverhalt wiedergeben (Green/Tull, 1982).

In der Literatur finden sich für die Validität eine Reihe von Kategorisierungsansätzen (Hossinger, 1982). *Hossinger* (1982, S. 32ff.) trifft eine Unterscheidung zwischen

- Validität als Dimensionsproblem,

- Validität als Abhängigkeitsproblem und

---

[110] Vgl. *Schnell et al.* (1999), S. 143. Eine Übersicht über mögliche Messfehler geben z. B. *Selltiz et al.* (1976, S. 164ff.).

[111] Vgl. *Schwaiger* (1997), S. 39. Bisweilen wird die Sensitivität als ein weiteres Kriterium für die Qualität eines Messverfahrens angeführt (vgl. Jacoby, 1978, S. 91; Rehorn, 1988, S. 5). Dieses Kriterium zielt auf die Differenzierungsfähigkeit bzw. Trennschärfe eines Messvorgangs ab. Nach *Schwaiger* (1997, S. 42) sind jedoch valide und reliable Messverfahren stets sensitiv, so dass es dieses zusätzlichen Gütekriteriums nicht bedarf.

[112] Für *Peter* (1979, S. 6) ist Validität eine conditio sine qua non für Wissenschaftlichkeit: „If the measures used in a discipline have not been demonstrated to have a high degree of validity, that discipline is not a science."

■ Validität als Generalisierungsproblem.

Unter dem Begriff „**Dimensionsproblem**" subsumiert *Hossinger* Inhaltsvalidität, Konstruktvalidität und Kriteriumsvalidität. Inhaltsvalidität bezieht sich darauf, dass möglichst alle Aspekte der Dimension, die gemessen werden soll, berücksichtigt werden (Schnell et al., 1999). Eine gültige Messung kann nur erfolgen, wenn jeder Aspekt des theoretischen Begriffs bei der Operationalisierung Berücksichtigung findet, d. h. die konstruierten Items das zu messende Merkmal inhaltlich repräsentieren.[113]

Konstruktvalidität liegt dann vor, wenn aus dem Konstrukt empirisch überprüfbare Aussagen über Zusammenhänge dieses Konstrukts mit anderen Konstrukten theoretisch herleitbar und empirisch nachweisbar sind.[114] Im Zusammenhang mit der Konstruktvalidität werden häufig Konvergenz- und Diskriminanzvalidität genannt, die zur Beurteilung der Konstruktvalidität dienen sollen.[115] Konvergenzvalidität besitzt ein Konstrukt dann, wenn verschiedene Operationalisierungen dieses Konstrukts ähnliche Ergebnisse liefern, d. h. im Ergebnis konvergieren. Lässt sich für Messinstrumente gleichen Typs, die verschiedene Konstrukte messen sollen, empirisch zeigen, dass sie unterschiedliche Sachverhalte erfassen, so spricht man von Diskriminanzvalidität.[116] Kriteriumsvalidität bezieht sich auf den Zusammenhang zwischen den empirisch erhobenen Messwerten und einem geeigneten externen Kriterium, das auf eine andere Weise gemessen wird.[117]

„**Validität als Abhängigkeitsproblem**" kennzeichnet bei *Hossinger* (1982, S. 32ff.) die interne Validität einer Messung. Interne Validität eines Messverfahrens liegt dann vor, wenn die gemessene Variation der abhängigen Variablen allein auf den Experimentalfaktor, d. h. auf die Manipulation der unabhängigen Variablen, zurückgeführt werden kann.[118]

---

[113] Vgl. *Schwaiger* (1997), S. 41. Für die Beurteilung der Inhaltsvalidität existieren keinerlei objektive Kriterien. Inhaltsvalidität sollte deshalb nicht als Validitätskriterium aufgefasst werden, sondern als ein Konzept, das bei der Konstruktion eines Instruments nützlich sein kann (vgl. Schnell et al., 1999, S. 149).

[114] Vgl. *Schnell et al.* (1999), S. 150. Ist ein solcher Zusammenhang nicht feststellbar, so kann dies verschiedene Ursachen haben (vgl. Zeller/Carmines, 1980, S. 82ff.): Es kann tatsächlich keine Konstruktvalidität vorliegen, die zur Validierung verwendete Hypothese oder die empirische Untersuchung kann falsch sein oder das zu validierende Instrument kann zwar selbst konstruktvalide sein, während es jedoch die anderen Instrumente im Validierungsprozeß nicht sind.

[115] Vgl. z. B. *Schnell et al.* (1999), S. 151ff. Andere Quellen (vgl. z. B. John/Reve, 1978, S. 288) nennen mit der nomologischen Validität noch ein weiteres Kriterium zur Beurteilung der Konstruktvalidität.

[116] Vgl. dazu auch *Gierl* (1995), S. 28. Die Überprüfung von Konvergenz- und Diskriminanzvalidität kann z. B. durch Multitrait-Multimethod-Matrizen erfolgen (vgl. Campbell/Fiske, 1959, S. 81ff.; Sullivan/Feldman, 1979, S. 17ff.).

[117] Vgl. *Schwaiger* (1997), S. 41. Eine Problematisierung der Kriteriumsvalidität findet sich bei *Wegener* (1983, S. 95f.).

[118] Gewährleistet ist dies insbesondere dann, wenn während der Messung keine unkontrollierten Störeinflüsse auftreten (vgl. Berekoven et al., 2006, S. 88).

Ein Testverfahren ist als extern valide zu bezeichnen, wenn seine Ergebnisse generalisierbar sind, d. h. von der untersuchten Stichprobe auf die jeweils zugrundeliegende Grundgesamtheit übertragen werden können. Hierbei steht die Repräsentanz sowohl der Untersuchungssituation als auch der in die Testmaßnahmeneinbezogenen Probanden im Vordergrund.[119]

Während **Kriteriumsvalidität** in der Regel empirisch durch die genannte Konvergenz- und Diskriminanzvalidität geprüft werden kann[120], muss bzgl. der **Inhaltsvalidität** auf den Augenschein oder auf Plausibilitätsüberlegungen von Experten ausgewichen werden (Schwaiger, 1997). Zur Feststellung der Konstruktvalidität wird geprüft, ob das gemessene Merkmal Bestandteil eines Satzes nomologischer Aussagen über eine kausale Verknüpfung von theoretischen und beobachtbaren Merkmalen ist (Cohen, 1978).

Mit der **Reliabilität oder Zuverlässigkeit** wird die formale Genauigkeit der Merkmalserfassung angesprochen. Sie ist eine notwendige, aber nicht hinreichende Bedingung für Validität (Churchill, 1979). Ein Messinstrument ist unter der Voraussetzung konstanter Messbedingungen dann reliabel, wenn die Messwerte präzise und stabil, d. h. bei wiederholter Messung derselben Eigenschaften an denselben Merkmalsträgern reproduzierbar sind.[121]

Die Reliabilität eines Testverfahrens wird anhand der Dimensionen „Stabilität" und „Konsistenz"[122] überprüft (Nieschlag, 1997). Bei der Stabilitätsprüfung (Test-Retest-Methode) wird beispielsweise den gleichen Befragten eine Skala mehrmals zeitversetzt vorgelegt und ein Abgleich der Messwerte vorgenommen (vgl. *Berekoven et al.*, 2006, S. 87).[123]

---

[119] Vgl. *Berekoven et al.* (2006), S. 88. An dieser Stelle offenbart sich bereits das Spannungsverhältnis zwischen interner und externer Validität. Das Bemühen um höchstmögliche interne Validität führt fast zwangsläufig dazu, dass die Versuchsbedingungen immer „künstlicher" und somit realitätsferner werden. Hohe interne Validität geht somit fast automatisch zu Lasten der externen Validität, weshalb in der Literatur auch von einem „asymmetrischen Verhältnis" dieser Gütekriterien gesprochen wird (vgl. Berekoven et al., 2006, S. 88).

[120] Dies unterbleibt gewöhnlich jedoch. So können z. B. *Cote/Buckley* (1987, S. 316) in der gesamten sozialwissenschaftlichen Literatur nur ca. 200 Arbeiten mit Multitrait-Multimethod-Matrizen nachweisen.

[121] Vgl. *Berekoven et al.* (2006), S. 87; *Nieschlag et al.* (1997), S. 722. Mangelnde Reliabilität kann auf drei Ursachen zurückgeführt werden (vgl. Berekoven et al., 2006, S. 87): Fehlende Bedingungskonstanz (d. h. externe Variablen beeinflussen die Messergebnisse), fehlende Merkmalskonstanz (d. h. trotz identischer Testbedingungen und fehlerfreiem Messinstrument variieren die Messergebnisse) und fehlende instrumentale Konstanz (d. h. mangelnde Präzision des Messinstruments).

[122] *Cronbach* (1951, S. 298) verwendet die Bezeichnung „Äquivalenz".

[123] Abweichende Ergebnisse bei Bedingungskonstanz sind hier ein Hinweis auf die Unzuverlässigkeit des Instruments, wobei der Einfluss von Lernprozessen bei den Befragten zu berücksichtigen ist (vgl. Berekoven et al., 2006, S. 87).

Bei der Konsistenzprüfung werden die Ergebnisse zweier Sets von Merkmalen verglichen.[124] Eine Skala ist dann konsistent, wenn die zwei parallel vorgenommenen Messungen gleiche Messwerte ergeben (Nieschlag, 1997).

Die **Objektivität** eines Testverfahrens ist dann gewährleistet, wenn die gewonnenen Messwerte unabhängig von der Person des Forschers zustande kommen (Nieschlag, 1997).

Berekoven et al. (2006, S. 86) unterscheiden drei Arten von Messobjektivität:[125]

- ■ Durchführungsobjektivität,

- ■ Auswertungsobjektivität und

- ■ Interpretationsobjektivität.

Die Durchführungsobjektivität ist umso höher, je weniger der Forscher die Auskunftspersonen durch sein äußeres Erscheinungsbild bzw. durch seine Bedürfnis-, Ziel- und Wertstruktur beeinflusst. Durchführungsobjektivität fordert somit geringstmögliche soziale Interaktion zwischen Auskunftsperson und Forscher.

Die Auswertungsobjektivität nimmt mit dem Standardisierungsgrad des Auswertungsverfahrens zu, d. h., ein Messvorgang ist umso objektiver, je weniger Freiheitsgrade der Forscher bei der Auswertung der Messergebnisse hat.

Interpretationsobjektivität ist dann gegeben, wenn der Interpretationsspielraum des Forschers hinreichend klein gehalten wird. Die Objektivität einer Untersuchung nimmt also in dem Maße zu, in dem die Freiheitsgrade des Forschers bei der Interpretation der Messergebnisse abnehmen

---

[124] *Nieschlag et al.* (1997, S. 722) zeigen zwei Möglichkeiten auf, wie man zwei Sets von Messwerten erhält: Entweder werden die einer Gruppe von Auskunftspersonen vorgelegten Items einer Skala in zwei Teile aufgespalten und für beide Unterstichproben getrennte Messwerte errechnet (Splithalf-Methode), oder es erfolgt eine Messung des gleichen Sachverhalts bei denselben Auskunftspersonen mit einem zweiten, formal gleichen, inhaltlich indessen verschiedenen Instrument (Paralleltest-Reliabilität).

[125] Die Objektivität lässt sich wegen ihrer Abhängigkeit vom Forscher nicht generell, sondern nur im Einzelfall beurteilen (vgl. Schwaiger, 1997, S. 42). Sie kann aber durch einen so genannten Objektivitätskoeffizienten berechnet werden. Dabei werden die Ergebnisse zweier Messvorgänge, die von unterschiedlichen Untersuchungsleitern durchgeführt werden, miteinander korreliert (vgl. Berekoven et al., 2006, S. 86).

3.4.4   Auswahlverfahren in der Marktforschung

In der Primärforschung ist es nur in Ausnahmefällen möglich, eine Vollerhebung bei allen Merkmalsträgern durchzuführen, um die interessierenden Untersuchungsmerkmale zu erheben. Aus diesem Grunde kommt der Teilerhebung besondere Bedeutung zu. Wie die Bezeichnung bereits andeutet, gelangt hier nur ein Teil der Merkmalsträger in den Pool, bei dem die interessierenden Untersuchungsmerkmale erhoben werden, die so genannte Stichprobe. Die Auswahl der betreffenden Merkmalsträger geschieht mittels der verschiedenen Verfahren der Stichprobenauswahl.

In der Literatur findet sich eine ganze Reihe von Vorschlägen zur Systematisierung der einzelnen Verfahren zur Stichprobenauswahl.[126] So unterscheiden z. B. *Böhler* (1992, S. 130) und *Hammann/Erichson* (2004, S. 109) nach den Kategorien „Zufallsauswahl" und „Nichtzufällige Auswahl", fassen also die willkürliche Auswahl in einer Kategorie mit der bewussten Auswahl zusammen, während z. B. *Schnell et al.* (1999, S. 252) und *Schwaiger* (1993, S. 45) die Kategorie „Nichtzufällige Auswahl" noch nach eben diesen Verfahrensklassen unterscheiden. Diese differenziertere Darstellung (vgl. Abbildung 3.10) soll die Grundlage für die nachfolgenden Ausführungen bilden.

Zunächst sollen die Verfahren der Zufallsauswahl beschrieben werden. Diesen ist gemeinsam, dass jedes Element der Grundgesamtheit eine berechenbare und von Null verschiedene Wahrscheinlichkeit hat, in die Stichprobe aufgenommen zu werden.

Bei der reinen Zufallsauswahl liegt zusätzlich der Sonderfall vor, dass diese Wahrscheinlichkeit für jedes Element der Grundgesamtheit gleich hoch ist.[127] Die Stichprobenelemente werden bei der reinen Zufallsauswahl unmittelbar aus der Grundgesamtheit gezogen (Koch, 1997). In der praktischen Umsetzung geschieht dies in der Regel mit Lotterieauswahl, Schlußziffernverfahren oder Zufallszahlentabellen.[128]

---

[126] Stichprobenauswahlverfahren geben an, welche Untersuchungsobjekte bzw. Merkmalsträger aus der Grundgesamtheit in die Stichprobe gelangen; in sogenannten Stichprobenplänen wird zusätzlich zur Auswahl festgelegt, welche Merkmale erhoben und welche Auswertungsverfahren angewandt werden.

[127] *Green/Tull* (1982, S. 199) merken hierbei jedoch an, dass es bisweilen gar nicht erwünscht ist, dass jedes Element die gleiche Wahrscheinlichkeit hat, in die Stichprobe zu gelangen. Es sei oft unmöglich, interessante Untergruppen einer statistischen Auswertung zu unterziehen, da sie oftmals nur einen geringen Anteil an der Grundgesamtheit haben und so entsprechend die Zahl der berücksichtigten Fälle zu klein ist (vgl. Stier, 1999, S. 133).

[128] Auf eine Detaillierung dieser Vorgehensweisen soll hier verzichtet werden. Der interessierte Leser sei auf die Literatur zu diesem Themenkomplex (z. B. *Koch,* 1997, S. 31) verwiesen. Für eine Diskussion der Vor- und Nachteile der einzelnen Ziehungstechniken vgl. *Nieschlag et al.* (1997, S. 729). *Hüttner/Schwarting* (2002, S. 129) führen kritisch an, dass diese Vorgehensweisen zur Umsetzung der reinen Zufallsauswahl immer eine Einschränkung des Zufalls darstellen.

Abbildung 3.10   Stichprobenauswahlverfahren

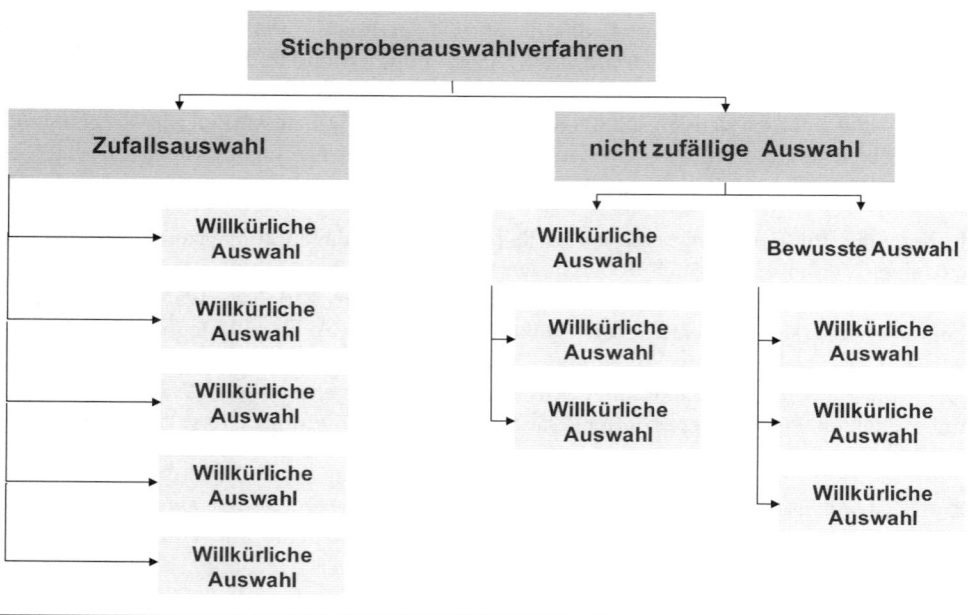

Quelle: Schwaiger, 1993

Dadurch ergibt sich die Anforderung, dass die Grundgesamtheit mit all ihren Elementen vollständig vorliegen muss.[129] Diese Voraussetzung ist aber bei sehr großen Grundgesamtheiten in der Regel praktisch kaum erfüllbar. Weiterhin wäre es äußerst aufwendig[130], eine vollständige Auflistung vorzunehmen.[131]

Die Durchführbarkeit der reinen Zufallsauswahl scheitert also zumeist am hohen Aufwand (Pepels, 1998).

---

[129] Vgl. *Schwaiger* (1993), S. 36. *Koch* (1997, S. 33) führt als weitere Voraussetzung an, dass die Grundgesamtheit vollständig durchmischt sein muss.

[130] Laut *Green/Tull* (1982, S. 198) ist es oft problematisch, eine Auswahlgrundlage zu beschaffen, die eine Zufallsauswahl gestattet.

[131] *Böhler* (1992, S. 148) merkt an, dass durch die hohe Varianz der Merkmale in der Grundgesamtheit auch die Stichprobenvarianz erhöht wird. Entgegenwirkend sei ein größerer Stichprobenumfang, der aber wiederum höhere Kosten verursacht. Ein weiterer Nachteil ist laut *Fleischer* (1999, S. 307) darin zu sehen, dass sehr einseitige Stichproben nicht auszuschließen sind.

Bei der geschichteten Zufallsauswahl wird die Grundgesamtheit in verschiedene Schichten eingeteilt, die alle in die Stichprobenziehung eingehen.[132] Aus jeder Schicht werden per Zufallsauswahl diejenigen Elemente bestimmt, die in die Erhebung eingehen.[133] Allerdings ist dieses Verfahren nur anwendbar, wenn die zur Schichtung notwendigen Merkmalsdimensionen bekannt und die einzelnen Schichten homogen sind.[134]

Das zugrundeliegende Prinzip der mehrstufigen Auswahl ist die Kombination mehrerer hintereinandergeschalteter Zufallsauswahlen. Auf jeder Stufe wird dabei eine neue Auswahleinheit gebildet, aus der wieder eine Zufallsstichprobe gezogen wird. Bei diesem Verfahren wird gewöhnlich danach unterschieden, wie viele Stufen zur Stichprobenziehung verwendet werden.[135] Am häufigsten kommen hierbei die zweistufigen Verfahren zum Einsatz.

Die Klumpenauswahl stellt einen Sonderfall der zweistufigen Auswahl dar, bei dem der Auswahlsatz auf der zweiten Stufe 100% beträgt.[136] Somit läßt sich hier das Problem der vollständig vorliegenden Grundgesamtheit umgehen, auch wenn über die Klumpen entsprechende Informationen nötig sind (Böhler, 1992). Zusätzlich ist das Verfahren wirtschaftlicher und in der Praxis einfacher umzusetzen als die reine Zufallsauswahl. Allerdings setzt das Verfahren voraus, dass sich die Grundgesamtheit in Klumpen zerteilen lässt, die in sich möglichst genauso heterogen sein sollen wie die Grundgesamtheit. Ist dies nicht gegeben, so entsteht ein sogenannter Klumpeneffekt,[137] der das Ergebnis verzerren kann (Koch, 1997). Die Praxis zeigt, dass diese Voraussetzung meist nicht erfüllt ist, und

---

[132] Hierbei kann man mit der proportionalen und der disproportionalen Schichtung zwei Arten der Schichtung unterscheiden. Die optimale Schichtung stellt einen Sonderfall der disproportionalen Schichtung dar. Zur näheren Erläuterung sei auf die einschlägige Literatur verwiesen (vgl. z. B. *Berekoven et al.*, 2006, S. 53). Für eine Diskussion der mit diesem Vorgehen verbundenen Probleme vgl. auch *Cochran* (1977) und *Deming* (1960).

[133] Durch diesen Schichtungsvorgang wird eine geringere Streuung des Zufallsfehlers erreicht als dies bei der reinen Zufallsauswahl der Fall ist.

[134] Vgl. *Fleischer* (1999), S. 307. Außerdem ist zu klären, wie viele Schichten zu bilden sind, nach welchen Kriterien dies zu geschehen hat und wie die Gesamtstichprobe auf die einzelnen Schichten aufzuteilen ist (vgl. Stier, 1999, S. 137).

[135] Im Rahmen des vorliegenden Lehrbuchs erscheint es sinnvoll, nur das Klumpenverfahren als den am häufigsten verwendeten Vertreter der mehrstufigen Auswahl kurz zu erläutern. Eine Detaillierung anderer mehrstufiger Verfahren findet sich z. B. bei *Koch* (1997, S. 38) und *Schwaiger* (1993, S. 42). Eine traditionelle Auswahltechnik innerhalb der mehrstufigen Verfahren stellt das sogenannte Random-Route-Verfahren dar. Der interessierte Leser sei hier auf *Berekoven et al.* (2006, S. 58), *Hüttner/Schwarting* (2002, S. 135) und *Schnell et al.* (1999, S. 266) verwiesen.

[136] Vgl. *Schwaiger* (1993), S. 42. Dieses Verfahren teilt die Grundgesamtheit in Klumpen, d. h. in disjunkte Elementeinheiten ein. Daraus werden per Zufallsprinzip Klumpen gezogen, die mit allen beinhalteten Elementen in die Stichprobe eingehen.

[137] *Hammann/Erichson* (2004, S. 120) verstehen hierunter die Auswirkung der Klumpenbildung auf den Stichprobenfehler.

sich eine Entscheidung für die Klumpenauswahl nur durch den Kostenvorteil gegenüber der reinen Zufallsauswahl rechtfertigen lässt.

Die Auswahl mit veränderlichen Wahrscheinlichkeiten stellt einen Sonderfall der mehrstufigen Verfahren dar, der die Wirksamkeit der reinen Zufallsauswahl auf den einzelnen Stufen erhöhen soll. Größere Untersuchungseinheiten erhalten dabei auch eine größere Auswahlwahrscheinlichkeit.[138]

Die mehrphasige Stichprobenauswahl unterscheidet sich von den mehrstufigen Verfahren dahingehend, dass hier die Auswahlbasis in jeder Phase dieselbe ist.[139] *Hammann/Erichson* (2004, S. 122) sprechen bei diesem Verfahren auch von sequentieller Auswahl.[140] Eine wichtige praktische Anwendung der mehrphasigen Stichprobe ist der Mikrozensus der amtlichen Statistik.[141]

Als entscheidender Vorteil aller Verfahren der Zufallsauswahl gilt die Tatsache, dass sich der Zufallsfehler berechnen lässt und somit auch der Einsatz statistischer Prüfverfahren möglich ist. Allerdings bedeutet die Berechenbarkeit des Zufallsfehlers nicht automatisch, dass damit die Verfahren der Zufallsauswahl genauer oder zwangsläufig repräsentativ sind.[142]

Aufgewogen werden diese Vorteile aber durch den hohen Aufwand in der praktischen Umsetzung dieser Verfahren. Außerdem ist es nicht möglich, Ausfälle von Untersuchungsobjekten, z. B. ein nicht erreichtes Untersuchungsobjekt oder einen Antwortverweigerer, durch andere, neue Merkmalsträger zu ersetzen.[143] Die Ausfälle, die sich in der Praxis nicht vermeiden lassen, führen entsprechend zu Verzerrungen der Ergebnisse (Berekoven et al., 2006). *Hüttner/Schwarting* (2002, S. 134) betonen, dass dies das entscheidende Manko dieser Klasse von Auswahlverfahren ist. *Bausch* (1990, S. 65) bemerkt kritisch, ob eine Fehlerrechnung bei einer zufälligen Stichprobe mit einer Rücklaufquote von

---

[138] Vgl. hierzu *Hüttner/Schwarting* (2002), S. 129; *Schwaiger* (1993), S. 43. Die Auswahl mit veränderlichen Wahrscheinlichkeiten ist insbesondere deshalb interessant, weil sie Optionen auf sehr kleine Varianzen eröffnet. Eine Anwendung in der Praxis ist aber schwierig, zumal wie schon bei der reinen Zufallsauswahl eine Auflistung aller Einheiten der Grundgesamtheit vorliegen muss (vgl. Fleischer, 1999, S. 309).

[139] Man spricht von mehrphasiger Auswahl beispielsweise bei Durchführung von Vorstichproben oder bei der Ziehung mehrerer Unterstichproben aus einer vorhandenen Stichprobe.

[140] Nähere Erläuterungen finden sich z. B. bei *Cochran* (1977, S. 380ff.).

[141] Vgl. *Stier* (1999), S. 150. Nähere Erläuterungen zum Mikrozensus finden sich in der einschlägigen Literatur (z. B. Schnell et al., 1999, S. 275f.; Stier, 1999, S. 150).

[142] Vgl. *Hammann/Erichson* (2004), S. 113. Weiterhin kann angeführt werden, dass mit Ausnahme der geschichteten Auswahl die Kenntnis der Verteilung der relevanten Merkmale nicht nötig ist (vgl. Koch, 1997, S. 39).

[143] Fällt ein Untersuchungsobjekt aus, wird die Berechnung des Zufallsfehlers ungenauer, wenn nicht sogar unmöglich (vgl. Pepels, 1998, S. 48).

50% bis 70% nicht ebenso als „unseriös" einzustufen sei wie eine „Pseudoqualitätsangabe" bei einer bewussten Stichprobe.[144] Der systematische Fehler sei in beiden Fällen nicht feststellbar.[145]

Letztendlich sichert auch ein Verfahren der Zufallsauswahl nur dann ein repräsentatives Ergebnis, wenn das Verfahren korrekt angewandt wird (Green/Tull, 1982). Problematisch ist die praktische Umsetzung der strengen Zufälligkeit (Nieschlag, 1997).

Um die Qualität der Stichprobe ist es bei den Verfahren der willkürlichen Auswahl allerdings noch schlechter bestellt. In dieser Verfahrensklasse lassen sich im wesentlichen zwei Verfahren unterscheiden:

- Die Auswahl aufs Geratewohl ist dadurch gekennzeichnet, dass keine Kontrolle des Auswahlmechanismus vorgegeben ist und dass ihr kein expliziter Auswahlplan zugrunde liegt.[146] Somit ist ein Einsatz dieses Verfahrens als fragwürdig einzustufen (Hammann/Erichson, 2004).

- Die Staffelungsmethode, die alle Einheiten nach einem bestimmten Merkmal ordnet und anschließend nur den Median untersucht, scheint ebenfalls nicht geeignet, zumal sie das Streuungsverhalten in der Stichprobe ignoriert (Schwaiger, 1993).

Die Verfahren der bewussten Auswahl beruhen auf definierten Regeln, nach denen die Stichprobe konstruiert wird (Koch, 1997). Sie erfolgen somit nach einem Auswahlplan. Die dem Plan zugrundeliegenden Kriterien sind dabei angebbar und überprüfbar (Schnell et al., 1999). Obwohl bei diesen Verfahren kein Zufallsmechanismus wirkt, wird auch hier häufig Repräsentativität konstatiert.[147]

Bei der typischen Auswahl werden nur diejenigen Elemente aus der Grundgesamtheit ausgewählt, die für den gegebenen Sachverhalt als „typisch" angesehen werden. Hier liegt aber das Problem der Repräsentativität: Der Untersuchungsleiter hat die „typischen Ver-

---

[144] Dies erscheint vor allem bedenklich, wenn man die bei Erhebungen stetig sinkenden Rücklaufquoten (vgl. dazu Baim, 1991, S. 116) berücksichtigt. Dieser Vorwurf trifft jedoch in gleichem Maße auf Verfahren bewußter Stichprobenauswahl zu, wenn Stichprobenausfall und Erhebungsmerkmale nicht unabhängig sind.

[145] Ein weiterer Kritikpunkt, der sich gegen die Verfahren der Zufallsauswahl ins Felde führen lässt, ist der Verlust der Befragungsanonymität. Da vorab z. B. die zu befragenden Personen ausgewählt werden, müssen z. B. deren Adressen bekannt sein. Damit entsteht ein Verlust der Anonymität, den man bei den Verfahren der bewussten Auswahl vermeiden kann.

[146] Es werden lediglich diejenigen Erhebungseinheiten der Grundgesamtheit gewählt, die leicht zu erreichen sind bzw. die sich zum Zeitpunkt der Erhebung am Erhebungsort befinden.

[147] Diese stellt sich allerdings nur ein, wenn die Merkmale, nach denen die bewusste Auswahl vorgenommen wird, auch die für den Untersuchungszweck relevanten sind. Die Forderung nach Repräsentativität ist nur dann erfüllt, wenn die Verteilung der relevanten Merkmale in der Stichprobe mit der in der Grundgesamtheit übereinstimmt (vgl. Corsten/Reiß, 1996, S. 855). Dies lässt sich in der Praxis allerdings kaum überprüfen (vgl. Grünewald, 1998, S. 22).

treter" bzw. das Kriterium des „Typischen" festzulegen. Da die Merkmalsverteilung aber erst nach erfolgter Untersuchung feststeht, ist dies mit enormen theoretischen und praktischen Problemen verbunden.[148]

Ähnlich verhält es sich mit dem Verfahren nach dem Konzentrationsprinzip. Hier werden nur solche Elemente in die Erhebung mit aufgenommen, die für den jeweiligen Sachverhalt bzw. den Untersuchungsgegenstand besonders wichtig sind. Nach *Schwaiger* (1993, S. 35) stellt es somit eine Erweiterung der typischen Auswahl dar.[149]

Das Quotenverfahren ist das in der Marktforschungspraxis am häufigsten verwendete Verfahren.[150] Diesem Verfahren liegt nach *Meyer* (1996, S. 37) der so genannte Abbildungsgedanke zugrunde: Die Auswahl der Merkmalsträger erfolgt nach Vorgabe der Verteilung gewisser Merkmale in der Grundgesamtheit.[151] Sie sollten leicht erkenn- und erfragbar sein und möglichst hoch mit den Erhebungsmerkmalen korrelieren (Stier, 1999). Als typischerweise verwendete Quotenmerkmale werden in der Literatur hauptsächlich Geschlecht, Alter, Beruf (Green/Tull, 1982) oder auch Familienstand, Konfession und Wohnort (Stier, 1999) genannt.[152] In der Praxis beschränkt man sich dabei auf wenige, relevante Dimensionen, um die Komplexität in handhabbarem Umfang zu halten. In der Grundgesamtheit bekannte Strukturen werden somit in der Stichprobe derart berücksichtigt, dass bzgl. dieser Merkmale Grundgesamtheit und Stichprobe strukturidentisch sind. Kritisch ist dabei, dass sich diese Strukturidentität auf die für den Untersuchungsgegenstand sachrelevanten Merkmale bezieht (Pepels, 1999).

Die praktische Umsetzung des Quotenverfahrens erfolgt in der Regel anhand von Quotenplänen bzw. Quotenvorgaben.[153] Auf diesen Quotenplänen sind die Anzahl der Untersuchungsobjekte, die Quotenmerkmale und die Quoten pro Merkmal angegeben (Böhler, 1992). Innerhalb dieser Quotenpläne wählt der Untersuchungsleiter die Untersuchungsob-

---

[148] Nach *Berekoven et al. (2006, S. 57)* kann dieses Verfahren deshalb nicht als ein methodisch gesichertes, den Repräsentationsschluss ermöglichendes Verfahren angesehen werden.

[149] Das Konzentrationsverfahren wird vor allem in der Investitionsgütermarktforschung verwendet (vgl. Koch, 1997, S. 42), da hier die Voraussetzung am ehesten gegeben ist, dass wenige Elemente der Grundgesamtheit eine herausragende Bedeutung für den Sachverhalt haben.

[150] Vgl. *Rothman/Mitchell* (1989), S. 457; *Schwaiger* (1993), S. 35. Laut *Taylor* (1995, S. 212 und 218) gilt dies zumindest für Europa.

[151] Diese werden als Quotenmerkmale bezeichnet.

[152] Von diesen soziodemographischen Merkmalen wird häufig vermutet, dass sie für den Untersuchungsgegenstand eine wichtige Rolle spielen (vgl. Berekoven et al., 2006, S. 55; Koch, 1997, S. 40).

[153] Vgl. *Böhler* (1992), S. 131. Bei der Erstellung der Quotenpläne kann zwischen einfachen Quotenverfahren, die nur unabhängige Quoten verwenden, und kombinierten Quotenverfahren unterschieden werden (vgl. Schnell et al., 1999, S. 281).

jekte frei aus.[154] Bei korrekter Durchführung entsteht so insgesamt eine Stichprobe, die in allen herangezogenen Quotenmerkmalen der Zusammensetzung der Grundgesamtheit entspricht (Berekoven et al., 2006).

Der am häufigsten genannte Kritikpunkt am Quotenverfahren ist die Tatsache, dass – wie bei allen Verfahren der bewussten Auswahl – eine statistische Fehlerberechnung nicht möglich ist.[155] Ein weiterer Punkt, der als nachteilig eingestuft wird, ist der Zusammenhang zwischen Quotenmerkmalen und Untersuchungsgegenstand (Böhler, 1992). Zum einen kann aus Gründen der Komplexitätsreduktion nur eine beschränkte Anzahl von Merkmalen quotiert werden, zum anderen ist der Zusammenhang zwischen Untersuchungsgegenstand und Quotierung, wie oben angesprochen, in der Regel kaum zu belegen.[156] Der dritte wesentliche Kritikpunkt besteht darin, dass der Untersuchungsleiter bei der Auswahl der Untersuchungsobjekte innerhalb der Quotenvorgaben frei ist.[157] Dadurch kann es vorkommen, dass bestimmte Personengruppen bevorzugt befragt werden (Koch, 1997). Untersuchungsleiter neigen tendenziell dazu, leichter erreichbare Untersuchungsobjekte bei der Erhebung verstärkt zu berücksichtigen. Diese haben deshalb eine höhere Chance, in die Auswahl zu gelangen.[158] *Hüttner/Schwarting* (2002, S. 133) räumen aber ein, dass dieser Effekt durch Kontrollen eingeschränkt werden kann.[159] Das Problem, dass schwierige Restquoten, die gegen Ende einer Erhebung entstehen können, nicht mehr zu

---

[154] Vgl. *Schnell et al.* (1999), S.208f. Dabei ist es innerhalb der vorgegebenen Quotierung unerheblich, welches Objekt der Untersuchungsleiter auswählt, solange es den Quotenanweisungen entspricht und in der Kumulation der Quotenplan eingehalten wird (vgl. Pepels, 1998, S. 49).

[155] Vgl. *Böhler* (1992), S. 133; *Hüttner/Schwarting* (2002), S. 132; *Koch* (1997), S. 43; *Schnell et al.* (1999), S.283. Allerdings hält *Behrens* (1966, S. 113f.) diese Berechnung durchaus auch für das Quotenverfahren für denkbar.

[156] Vgl. *Hüttner/Schwarting* (2002), S. 132. Dem widersprechen jedoch z. B. *Noelle-Neumann/Petersen* (1996, S. 261), die davon ausgehen, dass „bei richtiger Handhabung auch die Quotenauswahl repräsentativen Charakter besitzt".

[157] Zu diesem Kritikpunkt nehmen z. B. *Marsh/Scarbrough* (1990) ausführlich Stellung.

[158] Vgl. *Hüttner/Schwarting* (2002), S. 133. *Hammann/Erichson* (2004, S. 112) weisen darauf hin, dass das Quotenverfahren bei einem Einsatz in geographisch eng begrenzten Gebieten auch zu einer Art Klumpeneffekt führen könne. Dies sei dann der Fall, wenn die Erhebung im immer selben geographischen Gebiet durchgeführt werde und deshalb immer wieder dieselben Untersuchungsobjekte herangezogen würden. Dadurch könne es zu Verzerrungen der Ergebnisse kommen (vgl. dazu auch Böhler, 1992, S. 133).

[159] Weiterhin führt *Stier* (1999, S. 123) an, dass in der Praxis eine große Zahl an z. B. Interviewern eingesetzt wird, um somit die Zahl der Interviews pro Interviewer zu reduzieren. Damit hat der einzelne Interviewer mit seiner subjektiven Auswahl der Untersuchungsobjekte nur noch einen geringen Einfluß auf die Gesamtstichprobe. Außerdem vermeidet eine ständig variierende Quotenverteilung bei einem Interviewer die Bildung eines so genannten Befragten-Panels, d. h. dem Interviewer wird die Möglichkeit genommen, bei jeder Befragung dieselben Untersuchungsobjekte zu befragen (vgl. Behrens, 1966, S. 116).

erfüllen sind, kann durch das sogenannte Schneeballverfahren gelöst werden.[160] Die häufig bemängelte Aktualität des zugrundeliegenden Datenmaterials zur Vornahme der Quotierung (Stier, 1999) ist kein spezielles Problem des Quotenverfahrens. Dieser Problembereich betrifft alle Verfahren, die sich eines derartigen statistischen Materials bedienen, so z. B. auch das Verfahren der geschichteten Auswahl.

Das Quotenverfahren verfügt – verglichen mit den anderen angesprochenen Verfahren – über eine Reihe von gewichtigen Vorteilen. Ein entscheidender Vorteil ist die einfache Handhabung des Quotenverfahrens. Die Planung und Durchführung ist einfach (Nieschlag et al., 1997), zudem ist es wesentlich billiger, schneller und elastischer durchzuführen als die Zufallsauswahl (Hammann/Erichson, 2004). *Green/Tull* (1982, S. 196) führen an, dass es für den Untersuchungsleiter bequemer ist, Erhebungen nach dem Quotenverfahren durchzuführen anstatt nach der Zufallsauswahl. Weiterhin können die Untersuchungsobjekte in der Regel anonym bleiben, da sie vor Ort ausgewählt und nicht z. B. anhand von Adresslisten vorab gezogen werden müssen (Koch, 1997). Außerdem ist eine schnelle Anpassung an geänderte Quoten möglich (Nieschlag et al., 1997). Auch dies ist ein nicht unerheblicher Vorteil. Bei nicht angetroffenen Untersuchungsobjekten kann z. B. eine Wiederholungserhebung vermieden werden (Koch, 1997), bei Verweigerern können diese zeitnah durch andere Untersuchungsobjekte, die in die Quote passen, ersetzt werden. Dadurch können die Erhebungskosten z. B. im Vergleich zur Zufallsauswahl, bei der die Ausfallquote auch in Bezug auf die Verlässlichkeit der Ergebnisse eine nicht unwesentliche Rolle spielt, erheblich gesenkt werden. Bei der Quotenauswahl wird somit eine totale Stichprobenausschöpfung erreicht.[161]

Den Einwänden, die sich gegen die theoretische Fundierung des Quotenverfahrens wenden, entgegnet *Koolwijk* (1974, S. 85), dass es möglich sei, den Ermessensspielraum des Untersuchungsleiters durch restriktive Quotenvorgaben derart einzuschränken, dass eine Quotenstichprobe der Zufallsauswahl angenähert wird. Weiterhin sei eine Zufallsauswahl deshalb nicht notwendig, weil das Quotenverfahren einer geschichteten Zufallsstichprobe entspreche und die durch die Quoten gebildeten Schichten in sich weitgehend homogen seien. Weiter führt er an, dass eine Quotenauswahl umso genauer in Bezug auf die nicht kontrollierten Merkmale sei, je weniger die Kontrollmerkmale untereinander und je stärker sie mit den nicht kontrollierten Merkmalen zusammenhingen.

Der Vergleich mit dem Verfahren der geschichteten Auswahl findet sich auch bei *Green/Tull* (1982, S. 196). Die Autoren sehen das Quotenverfahren als im Ansatz gleichwer-

---

[160] Vgl. *Koch* (1997), S. 43. Das Schneeballverfahren wird im Rahmen des vorliegenden Lehrbuchs nicht weiter verfolgt. Der interessierte Leser sei auf die einschlägige Literatur (z. B. Hüttner/Schwarting, 2002, S. 135; Schnell et al., 1999, S. 280) verwiesen.

[161] Vgl. *Koch* (1997), S.43; *Pepels* (1998), S. 50. Das Quotenverfahren ermöglicht darüber hinaus bei gegebenen Kosten eine größere Zahl von Erhebungseinheiten als eine Zufallsauswahl (vgl. Green/Tull, 1982, S.195; Kish, 1965, S. 565).

tig mit dem Schichtungsverfahren an.[162] Auch *Stier* (1999, S. 123) und *Fleischer* (1999, S. 308) sind der Ansicht, dass die Vorgabe von Quoten das Verfahren mit dem Schichtungverfahren gleichwertig mache.[163] *Noelle-Neumann/Petersen* (1996, S. 258f.) sehen nicht die Schichtung als vorrangige Aufgabe des Quotenverfahrens, sondern vielmehr die Veranlassung des Untersuchungsleiters, durch die Quotenvorgabe eine Zufallsauswahl derart zu treffen, dass jeder Merkmalsträger in der Grundgesamtheit die gleiche Chance hat, ausgewählt zu werden.[164] *Berekoven et al.* (2006, S. 57) merken an, dass auch Verfahren der Zufallsauswahl nicht frei von durchführungstechnischen Fehlern sind. Bereits *Kellerer* (1963, S. 198) vertritt die Ansicht, dass „die Formeln der Stichprobentheorie nur einen Bruchteil des Gesamtfehlers ausweisen." *Green/Tull* (1982, S.194f.) weisen darauf hin, dass eine Entscheidung für ein zufallsgesteuertes Verfahren keine Garantie für repräsentative Ergebnisse ist. *Pepels* (1998, S. 50) sieht den Unterschied der Ergebnisqualität ebenfalls nicht in der Entscheidung „Zufall versus Quote", sondern vielmehr in der Professionalität der Untersuchungsanlage, -durchführung und -auswertung. Die Fehlerquellen innerhalb einer Erhebung seien „ ... so vielfältig, dass die aus dem Auswahlverfahren resultierenden Fehler anteilig gering sind." [165]

Das für die Marktforschungspraxis wohl gewichtigste Argument für eine Verwendung des Quotenverfahrens zur Stichprobenauswahl liefern Ergebnisvergleiche zwischen Verfahren der Quotenauswahl und der Zufallsauswahl, die zeigen, dass sich hier keine nennenswerten Unterschiede ergeben (Hammann/Erichson, 2004). *Schnell et al.* (1999, S. 284) sehen auf dieser Basis die Argumente gegen das Quotenverfahren als widerlegt an.

3.4.5 Datenanalyse

Aufgabe der Datenanalyse ist es, die erhobenen Daten zu prüfen, zu ordnen, aufzubereiten, zu erforschen und auf ein für die Entscheidungsfindung notwendiges und überschaubares Maß zu verdichten (Kesting/Rennhak, 2008).

---

[162] Den einzigen Unterschied sehen sie darin, dass vom Untersuchungsleiter nicht gefordert wird, die Untersuchungsobjekte per Zufall auszuwählen.

[163] Dabei vergleicht *Fleischer* die Quotenvorgaben mit den jeweiligen Schichten, aus denen bestimmte Stichproben gezogen werden müssen.

[164] Hierfür müssen einige Voraussetzungen erfüllt sein. Der Leser sei auf die Ausführungen bei *Noelle-Neumann/Petersen* (1996, S. 259f.) verwiesen.

[165] Ähnlich argumentieren auch *Noelle-Neumann/Petersen* (1996, S. 191). Den größten Einfluss auf die Ergebnisse einer Umfrage übt ihrer Meinung nach das Befragungsinstrument aus. Sie weisen darauf hin, dass Fehler im Aufbau einer Untersuchung auch Zufallsverfahren zu fehlerhaften Verfahren machen können (vgl. Noelle-Neumann/Petersen, 1996, S. 253f.). *Mosmann* (1999, S. 50ff.) führt an, dass bereits die Wahl der Befragungsmethode die Zusammensetzung der Stichprobe sowie die Befragungsergebnisse beeinflusst.

Die Ergebnisse von Marktforschungserhebungen können je nach Anzahl der zu untersuchenden Variablen mittels univariater, bivariater oder multivariater Verfahren analysiert werden. Während die ersten beiden Verfahrensgruppen jeweils nur eine bzw. zwei Variablen betrachten und sich auf Standardmethoden der deskriptiven Statistik[166] fokussieren, lassen sich mit multivariaten Verfahren (Vossebein, 2000) drei oder mehr Variablen in die Datenanalyse mit einbinden (Berekoven et al., 2006).

Die Nachbereitung der Datenerhebung umfasst zunächst die Rücklaufkontrolle, bei der die ursprünglichen Datenträger (z .B. Fragebogen, Beobachtungsprotokolle etc.) auf Vollständigkeit und Plausibilität und gegebenenfalls auch auf Verfälschungen (wie z. B. Interviewereinfluss) hin überprüft werden. Nach der Ermittlung der Rücklaufquote bei Stichprobenerhebungen muss eventuell auch über eine Nacherhebung entschieden werden. Bei der statistischen Aufbereitung der erhobenen Daten als zweitem Bereich der Datenanalyse können zahlreiche statistische Verfahren eingesetzt werden, die in Abhängigkeit von der Anzahl der berücksichtigten Variablen in uni-, bi- und multivariate Methoden eingeteilt werden.

Die **univariate Datenanalyse** beschränkt sich, wie die Bezeichnung bereits verrät, mit der Analyse einer einzelnen Variablen und deren Ausprägungen. Über alle Untersuchungsfälle, d .h. Realisationen der Variablen in der Stichprobe, hinweg ergibt sich dabei eine Häufigkeitsverteilung, die durch Berechnung von Mittelwert und Streuungsmaßen in kompakter Form dargestellt kann. Ziel der univariaten Datenanalyse ist also insbesondere eine Datenverdichtung. Bei der bivariaten Datenanalyse wird hingegen Verknüpfung von zwei Merkmalen versucht, Ähnlichkeiten zwischen Variablen/Merkmalen und/oder Objekten sowie Zusammenhänge zwischen Variablen in Form von Korrelationen oder Abhängigkeiten im Rahmen der explorativen Forschung zu entdecken bzw. zu überprüfen. Als wichtigste Analysemethoden bieten sich hier Kreuztabellen, Korrelationsanalysen sowie einfache Regressionsanalysen an. Da die Beschränkung auf die Analyse nur einer oder zweier Variablen in uni- bzw. bivariaten Analysen leicht zu Fehlschlüssen führen kann, wenn essentielle Zusammenhänge unberücksichtigt bleiben, besitzt die **Multivariatenanalyse** in der Marktforschung einen besonders hohen Stellenwert. Die hier zur Anwendung kommenden Analyseverfahren setzen in der Regel ordinales oder gar kardinales Skalenniveau der Variablen voraus, das bereits bei der Vorbereitung der Datenerhebung durch eine entsprechende Gestaltung des Erhebungsinstruments zu gewährleisten ist.[167] V.a. die multivariaten Analyseverfahren erfordern darüber hinaus die Einhaltung bestimmter Verteilungsannahmen, meist die sog. Multinormalverteilung, sodass vor Anwendung der Verfahren zunächst Anpassungstests durchzuführen sind.

---

[166] Der deskriptiven oder beschreibenden Statistik sind all jene statistischen Verfahren zuzuordnen, die eine zu untersuchende Datenmenge aufbereiten und auswerten. Sie ermöglichen jedoch im Gegensatz zur induktiven Statistik keine Rückschlüsse auf die Grundgesamtheit.

[167] Die multivariaten Analyseverfahren erfordern darüber hinaus in der Regel die Einhaltung bestimmter Verteilungsannahmen, meist die so genannte Multinormalverteilung, so dass vor Anwendung der Verfahren zunächst Anpassungstests durchzuführen sind, um zu überprüfen, ob die entsprechenden Verteilungsannahmen vorliegen.

Zur Datenanalyse stehen leistungsstarke Computerprogramme wie SPSS oder SAS zur Verfügung. Der Anwender muss sich jedoch stets über die Beschaffenheit des zugrunde liegenden Datenmaterials im Klaren sein, ob ein bestimmtes Verfahren auf bestimmte Daten anwendbar ist, das Programm vermag diesbezügliche Fehler bzw. Verletzungen der Anwendungsvoraussetzungen z. B. bzgl. des Messniveaus, ein Nichteinhalten der geforderten Gütekriterien oder eine fehlerhafte Codierung der Rohdaten in der Regel nicht zu erkennen.

3.4.5.1 Uni- und bivariate Datenanalyse

Im Rahmen der univariaten Datenanalyse wird eine einzige Variable (Merkmal, Objekt) analysiert. Dabei handelt es sich um die relevanten Untersuchungsgegenstände.[168] Merkmalswerte (Messdaten, Ausprägungen, Realisierungen) sind dagegen die konkreten oder beobachteten Werte von Merkmalen.[169] Das Messniveau wird durch die Eigenschaften der theoretisch möglichen Merkmalswerte festgelegt. Unterschieden wird dabei zum einen, ob Merkmale ein diskretes (qualitatives, nicht-quantitatives, attributives) oder stetiges (quantitatives, variables) Messniveau haben. Bei diskreten Merkmalen ist die Menge der möglichen Ausprägungen endlich; bei stetigen Merkmalen ist die Menge der möglichen Ausprägungen unendlich. Zum anderen wird zwischen nominalem, ordinalem oder kardinalem bzw. metrischem Messniveau unterschieden. Differenziert wird hierbei, ob es Abstände zwischen den Merkmalsausprägungen gibt und ob diese Abstände interpretierbar sind. Bei nominalen Merkmalen gibt es Unterschiede aber keine Abstände, d. h. die einer Merkmalsausprägung zugeordnete Codierung hat nur den Charakter einer Benennung oder eines Namens. Eine Nominalskalierung ermöglicht somit lediglich die Feststellung von Identitäten bzw. Unterschieden. Ordinale Merkmale haben zwar Abstände, aber diese sind nicht interpretierbar. Die einer Merkmalsausprägung zugeordnete Zahl drückt also eine Rangfolge aus. Es kann daraus eine Rangreihe verschiedener Objekte erstellt werden, wobei die konkreten Abstände zwischen den Objekten nicht bekannt sind, z. B. Schulnoten. Kardinale bzw. metrische Merkmale haben interpretierbare Abstände. Hier kann weiter unterschieden werden in die Intervallskalierung, die Verhätlnisskalierung. Bei der Intervallskalierung sind zusätzlich zur Rangreihung die Abstände zwischen den Rangplätzen messbar, d. h. die Größe des Abstandes zwischen zwei Werten lässt sich sachlich begründen. Die Intervallskala macht Aussagen über den Betrag der Unterschiede zwischen zwei Messpunkten. Die Ungleichheit der Merkmalswerte lässt sich durch Differenzbildung quantifizieren. Der Nullpunkt und der Abstand der Klassen sind jedoch willkürlich festgelegt. Eine Intervallskala besitzt keinen also absoluten Nullpunkt (z. B. Intelligenzquotient). Bei der Verhältnis- oder Ratioskala liegt zusätzlich noch ein absoluter Nullpunkt vor (z. B. absolute Temperatur in Kelvin). Das Messniveau gibt an, welche mathematischen Transformationen mit den Messwerten zulässig sind und durchgeführt werden

---

[168] Sie werden in Darstellungen durch Großbuchstaben (Zufallsvariablen) repräsentiert.

[169] Sie werden in Darstellungen durch Kleinbuchstaben (Realisierungen von Zufallsvariablen) repräsentiert.

können. Die Skalierung von Variablen hat damit eine erhebliche Bedeutung, da sie die anzuwendenden bzw. anwendbaren Datenanalyseverfahren determiniert. Bei der Nominal- und Ordinalskalierung handelt es sich um nicht-metrische Messniveaus. Die Intervall- und Verhältnisskalierung sind metrische Skalenniveaus, die häufig die Voraussetzung für den Einsatz einer Vielzahl komplexer bi- und multivariater Analysemethoden darstellen.[170]

In der deskriptiven Statistik (Bamberg et al., 2008) können z. B. Verteilungen der absoluten, relativen und kumulierten relativen Häufigkeiten dargestellt werden. Typische Maßzahlen sind Lokalisationsmaße (z. B. arithmetisches Mittel, Median, Modus) und Streuungsmaße (z. B. Varianz, Standardabweichung, Variationsbreite). Die Daten können in Form von Diagrammen (z. B. Balkendiagramm, Histogramm, Boxplot, Pareto-Diagramm) präsentiert werden und hinsichtlich der zugrunde liegenden Verteilungsannahmen geprüft werden.

Im Rahmen der bivariaten Datenanalyse wird die Beziehung zweier Variablen analysiert. Bei der Zusammenhangs-Analyse werden zwei Merkmale dahingehend untersucht, ob es Abhängigkeiten und Strukturen in ihren Merkmalswerten gibt. Grafisch werden variable Merkmale mit Streudiagrammen (xy-Diagrammen)[171] dargestellt. Ein möglicher Zusammenhang zwischen einem attributiven und einem variablen Merkmal lässt sich durch gruppierte Boxplots prüfen. Ob statistisch signifikante Zusammenhänge bestehen, wird z. B. mit dem χ^2-Unabhängigkeitstest (Bamberg et al., 2008) überprüft.

Darüber hinaus können die Art des Zusammenhangs (z. B. mittels Regressionsanalyse) sowie die Stärke des Zusammenhangs (z. B. mittels Korrelationsanalyse) ermittelt werden. Hierfür gibt es verschiedene Kennzahlen für den Grad des Zusammenhangs zweier Merkmale. Bei nominalen Merkmalen erfolgt die Zusammenhangsanalyse über Assoziationsmaße wie den Kappa-Koeffizienten. Für ordinale Merkmale wird oft der Spearmansche Rangkorrelationskoeffizient verwendet. Er basiert auf dem Korrelationskoeffizienten nach Bravais-Pearson, der ausschließlich für metrische Merkmale geeignet ist.

3.4.5.2   Multivariate Datenanalyse

In der multivariate Datenanalyse wird die Beziehung mindestens dreier Variablen analysiert (Backhaus et al., 2006). In diesem Kontext können strukturen-prüfende und strukturen-entdeckende Verfahren differenziert werden. Das Ziel der strukturen-prüfenden Verfahren liegt in der Überprüfung vermuteter Zusammenhänge zwischen Variablen. Der

---

[170] Einen Spezialfall bildet die Ratingskala, eine in der Marktforschung sehr häufig eingesetzte Skalierungsmethode. Der Befragte gibt seine Position durch Antwort auf eine Frage zu einer interessierenden Merkmalsdimension selbst auf einem numerischen, grafischen oder daraus kombinierten Maßstab an, der durch zwei gegensätzliche Pole beschränkt ist. Obwohl das Messniveau hier nur ordinal ist, wird aufgrund der Äquidistanz der einzelnen Messpunkte bei Ratingskalen oft eine "Quasi-Intervallskalierung" unterstellt, was den Einsatz leistungsfähigerer Analysemethoden ermöglicht.

[171] Ein Streudiagramm (auch Scatterplot, Korrelationsdiagramm) ist eine Grafik, in der die Werte zweier variabler Merkmale gegeneinander abgetragen werden.

Anwender besitzt eine auf sachlogischen oder theoretischen Überlegungen basierende Vorstellung von den Kausalzusammenhängen zwischen Variablen und möchte diese mit Hilfe ausgewählter multivariater Verfahren überprüfen. Er muss also die von ihm betrachteten Merkmale in abhängige und unabhängige Variablen einteilen können (z. B. multiple Regressionsanalyse, Diskriminanzanalyse). Strukturen-entdeckende Verfahren dagegen sind multivariate Methoden, deren primäres Ziel im Auffinden von Zusammenhängen zwischen Variablen oder zwischen Objekten liegt. Hier besitzt der Anwender zu Beginn der Analyse noch keine Vorstellungen darüber, welche Beziehungszusammenhänge in einem Datensatz existieren (z. B. Faktorenanalyse, Clusteranalyse).

In Folgenden werden nun rudimentär die in der Marktforschung gebräuchlichsten multivariate Analysemethoden vorgestellt. Zur Klassifizierung dieser Methoden aus einem anwendungsbezogenen Blickwinkel heraus nehmen *Backhaus et al.* (2006, S. 7ff.) eine Differenzierung in strukturen-entdeckende und strukturen-prüfende Verfahren vor. Diese Einteilung soll aber nicht als absolut angesehen werden, sondern bezweckt vielmehr die Kennzeichnung des Einsatzbereiches, indem die jeweiligen Verfahren vorwiegend zur Anwendung kommen. Strukturen-entdeckende Verfahren dienen hauptsächlich zur Aufdeckung von Beziehungszusammenhängen zwischen Variablen oder Objekten. Über derartige Zusammenhänge haben Anwender zu Beginn der Analyse noch keine Informationen. Strukturen-prüfende Verfahren hingegen werden in erster Linie zur Überprüfung von Zusammenhängen zwischen Variablen herangezogen. Im Gegensatz zu strukturen-entdeckenden Verfahren besitzt man in diesem Fall schon Vorstellungen über Variablenzusammenhänge, die man mittels der entsprechenden multivariaten Verfahren überprüfen möchte (Backhaus et al., 2006).

3.4.5.2.1 Faktorenanalyse

Das Hauptanwendungsgebiet der Faktorenanalyse ist die Imagemessung. Weitere Einsatzmöglichkeiten sind u. a. die Messung der Markentreue sowie Kunden-, Produkt-, und Werbemedientypisierungen (Bänsch, 1998).

Nicht selten verwendet man im Rahmen von Marktforschungsstudien eine große Anzahl von Variablen (Vossebein, 2000). Gibt es Anhaltspunkte für die Abhängigkeit von Variablen von gemeinsamen, nicht direkt erfassbaren Einflussgrößen, so empfiehlt sich die Anwendung der Faktorenanalyse. Ihr Hauptziel ist die Identifizierung von Faktoren (Supervariablen) aus der Menge der erfassten Variablen (Meffert, 2000) im Sinne einer Variablenreduktion durch Datenverdichtung (Berekoven et al., 2006).

Zur Durchführung einer Faktorenanalyse werden zunächst einmal Ausgangsdaten[172] benötigt, die in einer Ausgangsdatenmatrix dargestellt werden, die die jeweiligen Objekte und ihre zugehörigen Variablen erfasst. Zur Wertverdichtung werden anschließend die

---

[172] Diese können z. B. im Rahmen einer Imageanalyse erhoben worden sein (vgl. hierzu Berekoven et al., 2006, S. 218ff.).

arithmetischen Mittel jeder Objekt/Variablen-Kombination gebildet, so dass man eine Mittelwertmatrix erhält (Backhaus et al., 2006). Um Faktoren überhaupt ermitteln zu können, müssen als Nächstes die Zusammenhänge zwischen den Ausgangsvariablen messbar gemacht werden. Dazu wird ausgehend von der Mittelwertmatrix eine Korrelationsmatrix gebildet, die jeweils die Korrelationskoeffizienten einer Variablen zu allen übrigen Variablen anzeigt. Bei hohen Korrelationskoeffizienten unterstellt die Faktorenanalyse die Existenz eines Faktors, der für Zusammenhänge zwischen Variablen verantwortlich ist (Backhaus et al., 2006). Die Korrelationsmatrix bildet damit den eigentlichen Startpunkt der Faktorenanalyse. Nun geht es darum, die Faktoren aus dieser Matrix zu extrahieren, also aus den Variablen zu ermitteln (Backhaus et al., 2006). In diesem Zusammenhang beschreibt eine Kommunalität den Umfang an Varianzerklärung, der von den Faktoren gemeinsam für eine Ausgangsvariable geliefert wird. Die Bestimmung der Kommunalitäten ist dabei eng mit der Wahl des Faktorextraktionsverfahrens – also der Methode der Faktorenermittlung – verbunden (Backhaus et al., 2006). Bedeutsame Verfahren sind insbesondere die Hauptkomponentenanalyse und die Hauptachsenanalyse. Die Hauptkomponentenanalyse unterstellt dabei, dass sich die Varianz einer Ausgangsvariablen vollständig durch die Faktorextraktion erklären lässt und somit keine Einzelrestvarianz[173] in den Variablen existiert. Die Hauptachsenanalyse geht hingegen davon aus, dass sich die Varianz einer Variablen stets in die beiden Bestandteile Kommunalität und Einzelrestvarianz aufteilt. Ziel dieses Verfahrens ist die Erklärung der Varianzen der Variablen in Höhe der Kommunalitäten (Backhaus et al., 2006). Bezüglich der weiteren Ausführungen zur Faktorenanalyse wird von einem Einsatz der Hauptachsenanalyse ausgegangen. Die Bestimmung der Faktorenanzahl erfordert ein Einschreiten des Anwenders, da es keine eindeutigen Vorschriften hierfür gibt. Allerdings können statistische Kriterien wie der Scree-Test oder das Kaiser-Kriterium als Unterstützung bei der Entscheidung über die Anzahl der Faktoren herangezogen werden (Backhaus et al., 2006). Nach einer Entscheidung über die Faktorenanzahl werden Korrelationen als Maß für die Stärke und Richtung der Zusammenhänge zwischen Faktoren und Ursprungsvariablen angegeben. Die besagten Korrelationen bezeichnet man als Faktorladungen und stellt sie in einer Faktorladungsmatrix dar (Backhaus et al., 2006), die zur Interpretation der Faktoren herangezogen wird. Die Faktoreninterpretation setzt eine hohe Sachkenntnis des Anwenders bezüglich des betreffenden Untersuchungsgegenstandes voraus. Bei umfangreichen Untersuchungen besteht allerdings die Möglichkeit, das Faktorenmuster offen zu legen. Zu diesem Zweck wird die Faktorladungsmatrix rotiert, so dass Interpretationen einfacher durchführbar sind (Backhaus et al., 2006).

Im Rahmen vieler Fragestellungen ist es von bedeutsamem Interesse, über eine Variablenreduktion hinaus auch die Ausprägung der Faktoren bei Objekten bzw. Personen festzustellen. Können die Faktorwerte rechnerisch nicht ermittelt werden, so müssen sie geschätzt werden. Zu diesem Zweck wird häufig auf die Regressionsanalyse[174] zurückgegrif-

---

[173] Die Einzelrestvarianz setzt sich aus spezifischer Varianz und Messfehlervarianz zusammen.

[174] Für Ausführungen zur Regressionsanalyse vgl. *Backhaus et al.* (2006), S. 45ff.

fen (Backhaus et al., 2006). Die Faktorwerte lassen sich auch graphisch darstellen, so dass diese Positionierung als Basis für weitergehende Analysen und Interpretationen zu Zwecken der Marktsegmentierung herangezogen werden kann (Meffert, 1992).

3.4.5.2.2 Clusteranalyse

Der Begriff Clusteranalyse steht für unterschiedliche Verfahren zur Bildung von Gruppen (Backhaus et al., 2006). Das Ziel dieses Konzepts ist eine Gruppierung ausgewählter Objekte hinsichtlich ihrer Merkmalsausprägungen, so dass die entstandenen Gruppen oder Cluster in sich eine möglichst hohe Homogenität aufweisen, untereinander jedoch möglichst heterogen sind (Berekoven et al., 2006). Während die Faktorenanalyse auf eine Variablenreduktion abzielt, beabsichtigt die Clusteranalyse eine Komprimierung von Objekten. Dementsprechend richtet sich ihr Hauptaugenmerk nicht auf Zusammenhänge und Abhängigkeiten von Variablen, sondern auf Zusammenhänge zwischen den betrachteten bzw. beurteilten Objekten (Meffert, 1992). Im Marketing wird dieses Verfahren in erster Linie für Marktsegmentierungen verwendet, indem man homogene Cluster bzw. Marktsegmente aus Individuen bildet, die Ähnlichkeiten in Bezug auf die gängigen Segmentierungsmerkmale aufwiesen (Berekoven et al., 2006). Darüber hinaus wird es auch zur Entwicklung von Produkttypologien, Kaufstättentypologien und Medienanalysen eingesetzt. Zur Auswahl der für eine Clusteranalyse relevanten Merkmale kann sich die Vorschaltung einer Faktorenanalyse als sinnvoll erweisen. Diese reduziert nicht nur das Datenmaterial, sondern bereinigt es auch von eventuellen Korrelationen mit verfälschender Wirkung (Bänsch, 1998).

Als Basis zur Durchführung einer Clusteranalyse dient in jedem Falle eine Rohdatenmatrix, in der Objekte durch Variable beschrieben werden. Zunächst ist es erforderlich, die Ähnlichkeiten zwischen diesen Objekten messbar zu machen. Dazu müssen die Daten in eine Distanz- oder Ähnlichkeitsmatrix übertragen werden. Zur Quantifizierung von Ähnlichkeiten oder Distanzen von Objekten verwendet man so genannte Proximitätsmaße[175], deren Auswahl vom jeweiligen Skalenniveau der zugrunde liegenden Ausgangsdaten abhängig ist (Backhaus et al., 2006). Die unter Heranziehung eines Proximitätsmaßes ermittelte Distanz- oder Ähnlichkeitsmatrix bildet den Ausgangspunkt für Clusteralgorithmen, die auf eine Zusammenfassung von Objekten abzielen. Zwei dieser Verfahren[176] sollen im Folgenden kurz skizziert werden. Bei partitionierenden Verfahren werden einzelne Elemente einer gegebenen Objektgruppierung mittels eines Austauschalgorithmus so lange zwischen den Gruppen umgeordnet, bis das Optimum einer gegebenen Zielfunktion erreicht ist. Hierarchische Verfahren lassen sich in agglomerative und divisive Algorithmen untergliedern. Erstere gehen von der feinsten Partition aus, die der Anzahl der zu untersuchenden Objekte entspricht. Im Gegensatz dazu fokussieren divisive

---

[175] Ein Überblick über die verschiedenen Proximitätsmaße ist bei *Backhaus et al.* (2006, S. 494ff.) zu finden.

[176] Ein Überblick über die verschiedenen Clusteralgorithmen ist ebenfalls bei *Backhaus et al.* (2006, S. 510f.) zu finden.

Algorithmen die gröbste Partitionierung, nach der sich alle Untersuchungsobjekte in einer Gruppe befinden (Backhaus et al., 2006). In der Praxis kommen in erster Linie die hierarchischen agglomerativen Verfahren zum Einsatz (Backhaus et al., 2006).

Bei agglomerativen Verfahren stellt jedes Objekt zu Beginn ein eigenes Cluster dar. Auf dieser Grundlage berechnet man die Distanzen zwischen allen Untersuchungsobjekten, wobei die Gruppen mit der geringsten Distanz bzw. größten Ähnlichkeit zu einem neuen Cluster zusammengefasst werden. Nun ermittelt man die Abstände zwischen den neuen und den übrigen Gruppen, wodurch man eine reduzierte Datenmatrix erhält (Backhaus et al., 2006). Entsprechend der Vorgehensweise bei agglomerativen Verfahren wird die beschriebene Zusammenfassung von Gruppen so lange fortgeführt, bis alle Elemente in einer großen Gruppe sind. Daher muss in diesem Zusammenhang auch eine Entscheidung über die Anzahl der Cluster getroffen werden, bei der stets der Konflikt zwischen der Homogenität der Cluster und der Handhabbarkeit der gebildeten Gruppen zu lösen ist (Backhaus et al., 2006). Angesichts des heuristischen Charakters der Clusterbildung, der hohen Anzahl verschiedenster Distanzmaße sowie der erforderlichen Abstimmung der Clusterbildung auf den jeweiligen Zweck der Untersuchung gibt es allerdings kein absolutes Kriterium zur Bestimmung der optimalen Clusteranzahl (Berekoven et al., 2006).

3.4.5.2.3 Multidimensionale Skalierung

Bei der Multidimensionalen Skalierung (MDS) handelt es sich um ein Verfahren zur Positionierung von Objekten in einem mehrdimensionalen Raum, das auf eine weitestgehende Übereinstimmung zwischen den abgebildeten Objektpositionen und den tatsächlichen Unterschieden bzw. Entfernungen der Objekte abzielt (Berekoven et al., 2006). Die MDS bezweckt im Endeffekt eine räumliche Abbildung der subjektiven Wahrnehmung von Objekten oder Meinungsgegenständen (Backhaus et al., 2006). Ihr Hauptanwendungsgebiet im Marketingbereich sind Marktpositionierungsanalysen. Sie ermöglichen neben der Ähnlichkeitspositionierung zusätzlich auch noch die Positionierung von Idealobjekten und machen beispielsweise Lücken im Sortiment der Konkurrenten sichtbar. Vor diesem Hintergrund bietet die MDS wertvolle Hinweise für die Konzeption des Marketing-Mix und kann aufgrund der anschaulichen Darstellung komplexer Bewertungen gut für Gruppierungen oder Segmentierungen herangezogen werden (Berekoven et al., 2006). Der Einsatz der Multidimensionalen Skalierung bietet sich insbesondere dann an, wenn der Anwender keine oder nur vage Kenntnisse über die Relevanz bestimmter Eigenschaften für die subjektive Einschätzung von Objekten hat (Backhaus et al., 2006).

Zur Durchführung einer MDS[177] müssen zunächst Ähnlichkeitsurteile von Personen ermittelt werden, die sich stets auf Objektpaare beziehen. Gängige Erhebungsmethoden

---

[177] Die folgenden Ausführungen beschreiben den Ablauf einer nichtmetrischen MDS. Da häufig nur Rangdaten verfügbar sind, kommt ihr eine höhere Bedeutung zu als der metrischen MDS. „Nichtmetrisch" bezieht dabei lediglich auf die Input-Daten, wohingegen die Ergebnisse immer metrisch sind. (vgl. hierzu Backhaus et al., 2006, S. 625).

hierfür sind insbesondere die Rangreihung und das Ratingverfahren. Bei Ersterer werden die Befragten gebeten, gemäß ihren Ähnlichkeitsurteilen eine Rangfolge der Objektpaare zu erstellen, und zwar entweder nach aufsteigender oder nach absteigender Ähnlichkeit (Backhaus et al., 2006). Beim Ratingverfahren beurteilen die Befragten anhand einer bipolaren Skala[178] die Ähnlichkeit von jeweils zwei Objekten, bis schließlich jedes mit dem anderen verglichen worden ist (Berekoven et al., 2006).

Die Abbildung von Objekten in einem psychologischen Wahrnehmungsraum erfordert die Darstellung von Ähnlichkeiten in Form von Distanzen, so dass ähnliche Objekte dicht beieinander liegen und unähnliche Objekte große Distanzen zueinander aufweisen. Dementsprechend ist es notwendig, hierfür ein Distanzmaß zu bestimmen (Backhaus et al., 2006). Dafür stehen dem Anwender mehrere unterschiedliche Ansätze zur Verfügung, von denen die Euklidische Metrik am besten geeignet ist (Backhaus et al., 2006). Sie beschreibt die Distanz zwischen zwei Punkten anhand ihrer kürzesten Entfernung zueinander.[179] Im nächsten Schritt ist es nun erforderlich, eine Konfiguration zu ermitteln, bei der die Rangfolge der Distanzen möglichst genau der Rangfolge der Unähnlichkeiten entspricht. Diese Konfiguration wird durch iteratives Vorgehen ermittelt, indem man versucht, eine vorgegebene Ausgangskonfiguration schrittweise zu verbessern (Backhaus et al., 2006). Daneben ist auch noch die Zahl der Dimensionen des Wahrnehmungsraumes festzulegen. Hierbei beschränkt man sich im Regelfall auf zwei oder drei Dimensionen, so dass die Ergebnisse der MDS graphisch dargestellt und leichter interpretiert werden können (Backhaus et al., 2006).

Die bisherigen Ausführungen zur Multidimensionalen Skalierung beziehen sich auf die Ermittlung des Wahrnehmungsraumes einer Person. Dieses Vorgehen wird auch als klassische MDS bezeichnet. Bei vielen Anwendungsfällen interessiert man sich jedoch für die Wahrnehmungen von Gruppen, die durch eine Aggregation von Ähnlichkeitsdaten mehrerer Befragter erfasst werden können, sofern eine hinreichende Homogenität der Personen gegeben ist. Unter Umständen ist an dieser Stelle die Durchführung einer Clusteranalyse sinnvoll, um innerhalb möglichst homogener Cluster eine Datenaggregation vorzunehmen (Backhaus et al., 2006).

3.4.5.2.4 Kontrastgruppenanalyse

Die Kontrastgruppenanalyse kann den strukturen-entdeckenden Verfahren zugeordnet werden. Sie wird auch als Segmentierungsanalyse (Freter, 1983), Baumanalyse (Berekoven et al., 2006) oder AID[180] bezeichnet und dient grundsätzlich zur Aufdeckung einer Beziehungsstruktur zwischen einer abhängigen und mehreren unabhängigen Variablen (Pepels, 1995). Konkret handelt es sich dabei um ein sequenzielles Suchverfahren, das darauf ab-

---

[178] Z. B. von „sehr ähnlich" bis „sehr unähnlich".

[179] Vgl. *Backhaus et al.* (2006), S. 630. Weitere Distanzmaße sind die City-Block-Metrik und die Minowski-Metrik (vgl. Backhaus et al., 2006, S. 632f.).

[180] Automatic Interaction Detector (vgl. Tietz, 2001, S. 32).

zielt, einen Datensatz ausgehend von einer Variablen nach und nach in immer mehr Gruppen aufzuteilen (Hildebrandt, 2001). Das Hauptanwendungsgebiet der Kontrastgruppenanalyse ist die Marktsegmentierung. Im Direktmarketing kann das Verfahren u. a. zur Optimierung von Mailing-Response-Quoten eingesetzt werden (Tietz, 2001).

Bei der Ursprungsform der Kontrastgruppenanalyse wird ein Datensatz bei jedem Segmentierungsschritt in zwei Gruppen aufgeteilt, die ihrerseits wiederum durch eine spezifische Kombination von Merkmalsausprägungen gekennzeichnet sind. Man spricht hier aufgrund der Zweiteilung von einer binären Segmentierung. Als Trennkriterium dient dabei diejenige unabhängige Variable, mit der ein Maximum an Varianz der abhängigen Variable erklärt wird, so dass die gebildeten Untergruppen in sich möglichst homogen sind und untereinander einen möglichst hohen Grad an Heterogenität aufweisen (Tietz, 2001). Nach dem ersten Teilungsschritt werden die gebildeten Segmente wiederum nach demselben Prinzip weiter unterteilt. Rein theoretisch kann die Segmentierung so lange fortgesetzt werden, bis alle Segmentierungsprädiktoren zum Einsatz gekommen sind. Aus rechentechnischen und sachlogischen Überlegungen heraus erweist sich dies jedoch nicht als sinnvoll. Daher können zur Beendigung einer Kontrastgruppenanalyse Kriterien wie die minimal erforderliche Segmentgröße oder maximale Endgruppenzahlen herangezogen werden (Tietz, 2001).

AID erzeugt nach der Segmentierung eines Datensatzes aus den ermittelten Abhängigkeitsverhältnissen einen sich verzweigenden hierarchischen Baum, der der Visualisierung der aufgedeckten Interaktionen dient. Dabei ist die Erklärungskraft einer unabhängigen Variablen bezüglich der Streuung der abhängigen Variablen umso größer, je früher sie als Trennungskriterium zum Einsatz kam. Die Reihenfolge der zur Trennung herangezogenen Variablen ermittelt AID automatisch (Tietz, 2001).

Aufgrund einiger Defizite wurde das ursprüngliche AID-Verfahren mehrfach modifiziert und weiterentwickelt (Tietz, 2001). In heutiger Zeit kommen als Algorithmen für Kontrastgruppenanalysen insbesondere CHAID (Chi-square based Automatic Interaction Detector) und CART (Classification And Regression Trees) zum Einsatz (Christof, 2000). CHAID gilt dabei als die bedeutsamste Weiterentwicklung des ursprünglichen AID-Verfahrens. Es hebt u. a. die ursprüngliche Beschränkung auf binäre Splits auf (Tietz, 2001).

Die Anwendung der Kontrastgruppenanalyse erfordert keine fundierten statistischen Kenntnisse und ist auch mit großen Datenmengen möglich. Die Illustration der Ergebnisse in Form eines Klassifikationsbaumes ist leicht verständlich und nachvollziehbar. Zudem bildet die zusammenfassende Segmentbeschreibung eine gute Ausgangsbasis für Marketingentscheidungen (Christof, 2000).

3.4.5.2.5 Diskriminanzanalyse

Bei der Diskriminanzanalyse handelt es sich um ein Verfahren zur Analyse von Gruppenunterschieden. Zum einen kann sie eingesetzt werden, um Abhängigkeiten zu analysieren, damit sich z. B. feststellen lässt, welche Merkmale am besten zur Unterscheidung von Käufergruppen beitragen oder welche Indikatoren zu einem frühen Zeitpunkt anzeigen, wel-

che Unternehmen später insolvent werden und welche nicht. Zum anderen findet sie auch
für Klassifikationszwecke Anwendung, indem sie die Segmentzugehörigkeit eines Objektes anhand seiner Merkmalsausprägungen prognostiziert (Böhler, 1977). Weitere Anwendungsmöglichkeiten im Marketingbereich sind u. a. die Auswahl von Distributionsorganen sowie Image- und Markentreuemessungen (Bänsch, 1998).

Die Diskriminanzanalyse setzt voraus, dass das Datenmaterial für die Merkmalsvariablen der Elemente[181] sowie deren Gruppenzugehörigkeit bereits vorliegen (Backhaus et al., 2006). Zunächst sind also Art und Anzahl der Gruppen zu definieren, die im Rahmen des Verfahrens berücksichtigt werden sollen. Diese Gruppen können sich direkt aus der Fragestellung des zugrunde liegenden Anwendungsproblems ergeben. Abgesehen davon können aber beispielsweise auch als Ergebnis einer vorgeschalteten Clusteranalyse entstandene Gruppierungen mittels der Diskriminanzanalyse überprüft werden (Backhaus et al., 2006).

Als Nächstes ist eine Diskriminanzfunktion zu formulieren, mit der eine optimale Trennung zwischen den einzelnen Gruppen erzielt und eine Prüfung der diskriminatorischen Bedeutung der Merkmalsvariablen vorgenommen werden soll. Zur Formulierung dieser Trennfunktion werden Merkmalsvariablen ausgewählt, von denen man vermutet, dass sie zwischen den Gruppen differieren und somit einen Beitrag zur Gruppenunterscheidung bzw. zur Erklärung von Gruppenunterschieden leisten können (Backhaus et al., 2006). Werden mehr als zwei Gruppen untersucht, so sind mehrere Diskriminanzfunktionen zu bilden (Backhaus et al., 2006).

Die Schätzung der Diskriminanzfunktion soll die optimale Trennung zwischen den betrachteten Gruppen gewährleisten. Dazu benötigt man ein Diskriminanzkriterium, das die Unterschiedlichkeit dieser Gruppen misst. Durch die Schätzung soll dieses Kriterium maximiert werden (Backhaus et al., 2006). Im nächsten Schritt ist die Güte bzw. Trennkraft der Diskriminanzfunktion zu überprüfen. Dies kann entweder durch eine Prüfung des Diskriminanzkriteriums oder durch einen Vergleich der mittels der Diskriminanzfunktion erfolgten Klassifizierung von Objekten mit deren tatsächlicher Gruppenzugehörigkeit erfolgen (Backhaus et al., 2006). Im Anschluss daran werden auch die Merkmalskriterien der Diskriminanzfunktion einer Prüfung unterzogen. Dieser Schritt dient zur Erklärung der Unterschiedlichkeit zwischen den Gruppen sowie zur Entfernung unwichtiger Variablen aus der Diskriminanzfunktion (Backhaus et al., 2006).

Zur Klassifikation neuer Elemente stehen dem Anwender drei unterschiedliche Ansätze zur Verfügung. Das Distanzkonzept ordnet ein Element derjenigen Gruppe zu, bei der die Distanz zwischen dem betreffenden Element und dem Centroid (Gruppenmittel) minimal wird. Das Wahrscheinlichkeitskonzept fasst die Klassifizierung als statistisches Entscheidungsproblem auf. Demnach erfolgt die Zuordnung eines neuen Elements zu derjenigen Gruppe mit der maximalen a posteriori-Wahrscheinlichkeit – also der Wahrscheinlichkeit

---

[181] Diese Elemente können Personen oder Objekte sein.

dafür, dass ein Element mit einem bestimmten Diskriminanzwert einer bestimmten Gruppe angehört. Klassifizierungsfunktionen hingegen ordnen ein neues Element derjenigen Gruppe zu, für die der Funktionswert der Diskriminanzfunktion maximal ist (Backhaus et al., 2006).

3.4.5.2.6 Conjoint Analyse

Das dem Conjoint Measurement[182] zugrunde liegende Konzept stammt ursprünglich aus der mathematischen Psychologie und erfreut sich seit einigen Jahren großer Beliebtheit im Bereich der Marktforschung (Berekoven et al., 2006). Es handelt sich hierbei um empirische Verfahren zur Ermittlung von Nutzenvorstellungen bzw. Präferenzen (Meffert, 1992). Als Datengrundlage verwendet die Conjoint Analyse Gesamtnutzenurteile befragter Personen, in denen sich deren Präferenzen widerspiegeln. Ziel ist es, aus diesen Informationen den Anteil einzelner Komponenten zum Gesamtnutzen zu bestimmen. Man geht also prinzipiell von der Annahme aus, dass sich der Gesamtnutzen aus der Summe der Nutzenbeiträge der Komponenten ergibt. Somit ist die Conjoint Analyse als dekompositionelles Verfahren anzusehen (Backhaus et al., 2006), das gut für Nutzensegmentierungen geeignet ist (Meffert, 2000) und sehr häufig im Rahmen produktpolitischer Fragestellungen herangezogen wird, insbesondere bei Produktmodifikationen oder Produktneuentwicklungen (Bänsch, 1998). Sie kann relativ detaillierte Hinweise für einen gezielten Einsatz der Marketinginstrumente liefern (Vossebein, 2000).

Bei der Durchführung einer Conjoint Analyse sind zunächst einmal die für die Untersuchung relevanten Eigenschaften und ihre jeweiligen Ausprägungen[183] festzulegen. Zur Messung von Präferenzen[184] ist im zweiten Schritt ein Erhebungsdesign auszuwählen. Dazu müssen Stimuli definiert werden, wofür entweder die Profilmethode oder die auch als Trade-Off-Analyse bezeichnete Zwei-Faktor-Methode zum Einsatz kommt. Als Stimulus bezeichnet man eine Kombination von Eigenschaftsausprägungen, die von den Befragten beurteilt werden soll (Backhaus et al., 2006).

Bei der Trade-Off-Analyse werden im Rahmen eines Paarvergleichs jeweils immer nur zwei Eigenschaften gleichzeitig von den Testpersonen bewertet, während alle übrigen Merkmale dabei konstant gehalten werden. Die Profilmethode bildet dagegen jeden Stimulus aus einer Kombination von Ausprägungen aller Eigenschaften. Da die Conjoint Analyse häufig für realitätsnahe Problemstellungen eingesetzt wird, verwendet man überwiegend die Profilmethode. Aus erhebungstechnischen Gründen muss die Menge der verfüg-

---

[182] Die Begriffe „Conjoint Measurement" und „Conjoint Analyse" können synonym verwendet werden. In der Literatur findet man für dieses Verfahren teilweise auch noch die Bezeichnungen „Verbundmessung" und „konjunktive Analyse". Eine entsprechende Begriffsdiskussion ist bei *Schweikl* (1985, S. 39) zu finden (vgl. Backhaus et al., 2006, S. 558).

[183] Dabei kann es sich beispielsweise um Margarine handeln. Eine Eigenschaft dieses Produktes wäre der Kaloriengehalt, „hoch" und „niedrig" mögliche Ausprägungen dieser Eigenschaft.

[184] Z. B. von potenziellen Konsumenten eines Produktes.

baren Stimuli insbesondere bei Verwendung dieser Methode oft verringert werden. In einem solchen Fall wird ein reduziertes Erhebungsdesign konzipiert, das das vollständige Design möglichst gut repräsentieren kann. Als Lösungsansätze bieten sich hier das symmetrische und das asymmetrische Design an. Bei Ersterem wiesen alle Eigenschaften die gleiche Anzahl von Ausprägungen auf, beim asymmetrischen Design hingegen eine unterschiedliche Anzahl (Backhaus et al., 2006).

Die Bewertung der Stimuli erfordert die Bildung einer Rangfolge, mit der die Nutzenvorstellungen einer Auskunftsperson möglichst gut wiedergegeben werden können. Üblich ist in diesem Fall eine Rangreihung[185], die den Stimuli gemäß dem empfundenen Nutzen Rangwerte[186] zuordnet. Als Nächstes werden auf Basis der ermittelten Rangdaten Teilnutzenwerte für alle Eigenschaftsausprägungen geschätzt. Durch Verknüpfung dieser Teilnutzenwerte lässt sich für dann jeden Stimulus ein Gesamtnutzenwert bilden. Zudem werden auch die relativen Wichtigkeiten der einzelnen Eigenschaften deutlich (Backhaus et al., 2006).

Inzwischen existieren bereits eine ganze Reihe verschiedener Verfahrensvarianten der Conjoint Analyse, die sich primär hinsichtlich der Erhebung der Präferenzurteile voneinander unterscheiden (Backhaus et al., 2006). Erwähnenswert sind in diesem Zusammenhang insbesondere die ACA (Adaptive-Conjoint-Analyse) und die CBC (Choice-Based-Conjoint-Analyse). Die ACA bietet sich dann an, wenn es darum geht, Merkmalspräferenzen bei komplexeren Produkten zu erfassen, da sie aufgrund einer vorgeschalteten kompositionellen Abfrage wesentlich mehr Merkmale berücksichtigen kann als die CBC. Letztere hingegen ist eher dazu geeignet, Entscheidungsverhalten zu prognostizieren, da ihr ein auswahlbasierter Ansatz zugrunde liegt. Abgesehen davon lassen sich mittels der CBC Interaktionseffekte zwischen Merkmalen leichter erfassen (Perrey/Hölscher, 2003).

Wiederholungsfragen

1. Skizzieren Sie die verschiedenen Aufgabenbereiche der Marktforschung!

2. Geben Sie jeweils drei Vorteile der innerbetrieblichen Marktforschung sowie der Marktforschung durch externe Dienstleister an!

3. Erläutern Sie den Unterschied zwischen Primär- und Sekundärforschung! Welche spezifischen Vor- und Nachteile sind mit diesen beiden Methoden verbunden?

4. Geben Sie beispielhaft jeweils zwei interne und zwei externe Informationsquellen der Sekundärforschung an!

5. Was versteht man unter der Reliabilität und der Validität einer Messung?

6. Erläutern Sie die Vor- und Nachteile der schriftlichen und der mündlichen Befragung!

---

[185] Alternativ kann die Rangfolge auch mittels Rating-Skalen oder Paarvergleichen gebildet werden.

[186] Dabei kann beispielsweise „1" der niedrigste und „6" der höchste Präferenzwert sein.

7. Welche Besonderheiten sind bei der Durchführung einer Online-Befragung zu beachten?

8. Welche Problemstellungen der Marktforschung lassen sich mittels Faktorenanalyse lösen?

9. Zur Analyse elcher typischen Marketing-Fragestellung kommt die Clusteranalyse zum Einsatz? Erläutern Sie kurz die Vorgehensweise im Rahmen dieses multivariaten Verfahrens!

10. Beschreiben Sie die Überprüfung innovativer Produktideen mittels Conjoint-Analyse! Welchen wesentlichen Vorteil weist dieses Verfahren der Präferenzmessung auf?

3.5 Produktpolitik

Lernziele

Produktpolitische Entscheidungen gehören zu den zentralen Aktionsfeldern des Marketingmix. Die Produktpolitik umfasst alle Aktivitäten eines Unternehmens, die auf die Gestaltung einzelner Produkte oder des gesamten Absatzprogramms gerichtet sind. Dieses Kapitel hat die entsprechende Lernziele zum Inhalt und möchte folgendes vermitteln:

- was die zentralen Zielsetzungen der Produktpolitik sind,

- welche unterschiedlichen Dimensionen des Produktbegriffes unterschieden werden,

- welche strategischen Entscheidungsfelder der Programmpolitik existieren,

- in welche Phasen der Produktlebenszyklus unterteilt werden kann,

- welche Ziele, Dimensionen und Mittel der Produktgestaltung vorhanden sind,

- welche Bedeutung die Markenpolitik hat,

- was die Erscheinungsformen und Funktionen von Marken sind und

- welche Entscheidungsfelder im Rahmen des Produktinnovationsprozesses existieren.

Die **Produktpolitik** umfasst alle Tätigkeiten, die sich auf die marktgerechte Gestaltung des Leistungsprogramms einer Unternehmung beziehen, d. h. alle Aktivitäten, die mit der Auswahl und Weiterentwicklung eines Produktes oder eines Produktbündels sowie dessen Vermarktung zusammenhängen. Die Produktpolitik kann somit als das „**Herz des Marketing**" aufgefasst werden, d. h. ohne diesen Teil des Marketing-Mix können alle anderen Teile nicht wirksam werden. Sie steht damit am Anfang jeglicher Marktgestaltung durch das Unternehmen überhaupt.

Den primären Anknüpfungspunkt zur Schaffung einer marktadäquaten Produktleistung stellt zunächst das eigentliche Produkt bzw. die Produktgestaltung dar. Der marketingspezifische Ansatz der Produktgestaltung fokussiert nicht die Produkttechnik, sondern den kunden- bzw. zielgruppenspezifischen Produktnutzen, d. h. auf die Lösung von Kundenproblemen. Im Marketing werden dabei mehrere **Nutzendimensionen**, die ein Produkt aus Kundensicht erfüllt, unterschieden:

■ Der **Grundnutzen** ist der vom Individuum unabhängige, technische und rationale Zweck eines Produkts

■ Aus der Beziehung von Individuum und Produkt entsteht der **persönliche Nutzen**, der von jedem Nachfrager individuell beurteilt wird.

■ Der **soziologische Nutzen** entsteht aus dem Verhältnis zwischen Individuum und gesellschaftlicher Umwelt und kann auch als Prestigenutzen bezeichnet werden.

Der **Produktkern** ist für die eigentliche problemlösende Funktionsleistung verantwortlich (z. B. Waschleistung eines Haarwaschmittels oder Fahrleistung eines Dieselmotors). Aufgrund wachsender Ansprüche der Kunden wie auch aufgrund verstärkten Wettbewerbs gilt es, neben Grundnutzenleistungen verstärkt auch Zusatzleistungen anzubieten (z. B. neben der Waschleistung eines Haarwaschmittels eine zusätzliche Pflegeleistung durch rückfettende Substanzen (Two-in-one-Produkte) oder Verbesserung der Beschleunigungsleistung und des Kraftstoffverbrauches eines Dieselmotors durch Turboaufladung). Von besonderer Bedeutung bei der Produktgestaltung ist die Berücksichtigung ökologischer Anforderungen. Sie müssen in hohem Maße bereits beim Produktkern (bei der technisch-funktionalen Leistung) anknüpfen. In vielen Märkten sind die technologischen Möglichkeiten inzwischen sehr ausgereizt. Deshalb müssen Differenzierungs- bzw. Zusatznutzenleistungen verstärkt auf der formal-ästhetischen Ebene gesucht und gefunden werden (z. B. Standard-fahrzeugtechnik in einem neuen, jugendlich-spaßigen Design). Neben der Produktgestaltung im engeren Sinn (also dem Produktkern und dem Produktdesign) umfasst die Produktpolitik noch die Produktgestaltung im weiteren Sinn. Sie bezieht sich auf produktumgebende Gestaltungsmittel (Product Features), die ebenfalls verstärkt unter wettbewerbsdifferenzierenden bzw. präferenzbildenden Aspekten eingesetzt werde: die Verpackung, die Markierung und Value Added Services. Unter Verpackung wird die geeignete Umhüllung eines Packgutes verstanden. Die Verpackung spielt besonders bei Verbrauchsgütern im Konsumgüterbereich (z. B. Konfitüre, Shampoo) eine zentrale Rolle, aber auch bei Gebrauchsgütern (z. B. Haushaltsgeräten) kommt der Verpackung eine spezifische Bedeutung.

Neben der technischen (Lager-, Schutz-und Transportleistung) und der wirtschaftlichen (Informations-, Verkaufs- und Verwendungsleistung) Funktion kommt der Verpackung auch eine ökologische Funktion (Umweltverträglichkeit, Recyclingfähigkeit, Mehrwegpackungen, Verpackungseinsparungen, Nachfüllpackungen) zu.

Value Added Services sind Sekundärdienstleistungen, die in Kombination mit einer Primärleistung des Produkts ein Leistungsbündel ergeben, das zumindest einzelnen Konsumentengruppen einen zusätzlichen Nutzen („value add") gegenüber anderen Leistungsbündeln mit gleicher Primärleistung verspricht. Die wachsende technisch-qualitative Homogenität der Produkte hat zur Folge, dass viele Produkte vom Konsumenten als austauschbar wahrgenommen werden. Die von den Anbietern angestrebte Bindung des Kunden an das Unternehmen kommt in dieser Situation nicht durch eine einmalige Transaktion, das heißt durch den Kauf eines Produktes, sondern erst durch den Aufbau einer langfristigen Beziehung zum Kunden zustande. Der Aufbau und die Pflege einer solchen Kundenbeziehung (Relationship-Marketing) erfordert statt dem Verkauf „nackter" Produkte das Angebot ganzheitlicher Problemlösungen. Diese Entwicklung erfordert in der Regel eine Ausweitung der Absatzprogrammstruktur insbesondere durch Dienstleistungsangebote. Value Added Services können dabei sowohl unentgeltlich als auch entgeltlich angeboten werden.

Mit zielgruppenspezifischen Value Added Services werden neben ökonomischen Zielen in erster Linie Profilierungsziele verfolgt. Durch die Anreicherung ausgewählter Primärdienstleistungen mit Value Added Services können innerhalb eines Produktprogramms die verschiedenen Leistungen eindeutiger voneinander abgegrenzt werden (Intrabrand-Differenzierung). Darüber hinaus wird, vor allem durch personalisierte Zusatzleistungen, eine bessere Differenzierung gegenüber den Wettbewerbern angestrebt (Interbrand-Differenzierung). Die Differenzierungswirkung der Value Added Services wird durch die Erwartungshaltung der Kunden und den Grad der Affinität zwischen Primär- und Sekundärleistung.

Bzgl. der Erwartungshaltung der Kunden der Kunden ist zu unterscheiden in:

- ■ **Muss-Leistungen** werden von nahezu allen Anbietern in einer Branche angeboten und vom Kunden erwartet (z. B. technischer Kundendienst bei Kfz)

- ■ **Soll-Leistungen** werden nur von wenigen Anbietern angeboten (z. B. Versicherungsangebote bei Autohändlern)

- ■ **Kann-Leistungen** sind innovativ und bei fast keinem Produkt zu finden (z. B. Fahrsicherheitstraining bei Autohändlern)

Bei hoher Affinität zwischen Primär- und Sekundärleistung überträgt der Kunde die Zufriedenheit mit dem Zusatzservice in der Regel auf die Primärleistung. Die dem Anbieter zugeschriebene Kompetenz wirkt sich positiv auf die Zufriedenheit der Kunden mit dem Value Added Service aus. Bei geringer Affinität besteht die Gefahr, dass die Kunden dem Unternehmen die Kompetenz zur Erstellung der angebotenen Zusatzleistung absprechen und diese nicht nutzen. Auch bei Inanspruchnahme und Zufriedenheit mit der Zusatzleistung besteht die Gefahr, dass die Dienstleistung getrennt von der Primärleistung wahrgenommen und bewertet wird und es somit nicht zu dem angestrebten Transfer auf die Primärleistung kommt.

3.5.1   Markenpolitik

Die **Marke** ist ein in der Psyche des Konsumenten fest verankertes, verdichtetes Vorstellungsbild von einem Produkt, das dieses von Angeboten des Wettbewerbs unterscheidbar macht.

Der Markenauftritt sollte mit den anderen Instrumenten des Marketing-Mix eng abgestimmt sein, damit das Markenbild von den Kunden als konsistent wahrgenommen wird. Die wesentlichen Aufgaben einer Marke sind:

- Kommunikationsmittel des Herstellers

- Differenzierung gegenüber Mitbewerbern

- Präferenzbildung zugunsten des eigenen Angebotes

- Orientierungshilfe in der zunehmenden Angebotsvielfalt

- Vermittlung von Sicherheit beim Kauf

- Wiedererkennbarkeit

- Markenbindung und Markentreue

- Preissetzungsspielraum

- Voraussetzung zur Sicherung und Ausweitung der Absatzbasis

- Möglichkeit des Zielgruppenmarketings

- Rechtlicher Markenschutz.

Ein wichtiges Entscheidungsfeld der Markenpolitik betrifft die Strukturierung der Markenarchitektur. Hier ist zwischen einer **Einzelmarken-, Mehrmarken-, Dachmarken- und Familienmarkenstrategie** zu unterscheiden:

- Bei der **Einzelmarkenstrategie** wird für jedes Produkt eine eigene Marke geschaffen, die jeweils nur ein Marktsegment besetzt.

- Bei der **Mehrmarkenstrategie** werden mehrere eigenständige Marken für die gleiche Produktgruppe in den gleichen Markt parallel eingeführt. Deshalb wird die Mehrmarkenstrategie auch als Parallelmarkenstrategie bezeichnet. Die zentrale Zielsetzung dieser Strategie ist der Wettbewerb im eigenen Haus, um den „Kuchen" dann letztlich innerhalb des eigenen Unternehmens aufteilen zu können. Grundvoraussetzung für eine Markenfamilienstrategie sind verwandte Produktbereiche (z. B. „Nivea" für Körperpflege, „Du Darfst" für gesunde Ernährung). Diese werden unter einer Marke geführt.

- Die **Dachmarkenstrategie** fasst sämtliche Produkte eines Unternehmens unter einer Marke zusammen.

Ein weiteres wichtiges – eng verbundenes – Entscheidungsfeld betrifft die Problemstellung einer **Markenerweiterung** bzw. eines **Markentransfers**. Unternehmen übertragen etablierte Markennamen auf Produktinnovationen, um das bestehende Markenkapital auf das neue Produkt zu transferieren und dadurch zeitnah und kosteneffizient Abverkäufezu generieren (Berend, 2002).

3.5.1.1   Grundlagen der Markenführung

Der Bereich Markenführung hat in den letzten Jahren enorm an Bedeutung gewonnen und ist zunehmend Thema von Veröffentlichungen (Bayerl/Rennhak, 2007). Die Marke ist zu einem Schlüsselthema der marktorientierten Unternehmensführung geworden (Esch, 2005). Etablierte Marken haben für Unternehmen neben dem psychologischen Nutzen und ihren Funktionen häufig einen bedeutenden ökonomischen Wert[187], weshalb Unternehmen hohe Summen in das Markenmanagement investieren (Burmann et al., 2005). Begründet liegt diese Markenfokussierung der Unternehmen in dem starken Markenbewusstsein der Konsumenten, das sich bereits im Kindesalter entwickelt und lebenslang bestehen bleibt. Menschen lassen sich in jeder Phase ihres Lebens von Marken leiten und beeinflussen (Esch, 2005). Eine Studie von *Booz Allen Hamilton* und *Wolff Olins*[188] zeigt, dass über 90 % der befragten Unternehmen davon überzeugt sind, dass ihre Marke einen Schüsselfaktor des Unternehmenserfolges darstellt und deren Bedeutung in den nächsten Jahren noch zunehmen wird. Die Studie zeigt weiterhin, dass „brand-guided"[189] Unternehmen, ungeachtet der Industriebranche, wesentlich erfolgreicher am Markt agieren als Unternehmen, die Marken nicht als bedeutenden Erfolgsfaktor ihrer Geschäftstätigkeit ansehen (Harter, 2005).

Durch die Entwicklung und Kommerzialisierung des Internets[190] sind Internetunternehmen und Online-Marken entstanden, die in den Betrachtungen der Markenführung ständig bedeutender werden. Das Internet schafft ungeahnte Möglichkeiten, eine unendliche und faszinierende Vielfalt und wird in der Gesellschaft und unternehmerischen Praxis zunehmend wichtig (Fritz, 2004). Die Anzahl der Internetnutzer ist bis 2005 auf rund zwei Drittel der deutschen Bevölkerung angewachsen[191] und das Internet nimmt in der Medienlandschaft durch die stetig wachsende Nutzungsdauer die drittwichtigste Rolle nach dem

---

[187] Der Wert der Marke Coca-Cola wird beispielsweise je nach Berechnungsmethode auf 48 bis 83 Milliarden US-Dollar geschätzt (vgl. Burmann et al., 2005, S. 4).

[188] Für die Studie wurde eine Umfrage bei Marketing- und Vertriebsverantwortlichen von europäischen Unternehmen aus den verschiedensten Branchen im August 2004 durchgeführt (vgl. Harter et al., 2005, S. 1).

[189] Als „brand-guided" werden Firmen bezeichnet, die eine gesunde Markenführung als bedeutend für den Unternehmenserfolg ansehen. Diese Firmen verankern das Markenmanagement in der Führungsebene und haben ein klares Verständnis des Unternehmens und der Marke im Unternehmen aufgebaut (vgl. Harter et al., 2005, S. 2).

[190] Das Internet ist ein globales Netzwerk, das es einer Vielzahl verschiedener Netzwerke ermöglicht, miteinander in Kontakt zu treten, zu kommunizieren und Daten auszutauschen (vgl. Fritz, 2004, S. 25).

[191] Der Anteil der Internetnutzer beträgt 63,5 %, gemessen an den 14- bis 64-Jährigen der deutschen Bevölkerung (vgl. Schneller/Faehling, 2005, S. 3).

Fernsehen und dem Rundfunk ein.[192] Es ist zu einem Massenmedium geworden, so dass das demografische Profil der Internetnutzer inzwischen nahezu die Gesamtbevölkerung repräsentiert (Meffert, 2001).

Unternehmen müssen sich in der Unternehmens- und Markenführung[193] auf stetig wechselnde Rahmenbedingungen und Einflussfaktoren einstellen (Bruhn, 2004): Die Zahl der angebotenen Produkte und Dienstleistungen sowie der konkurrierenden Anbieter wächst kontinuierlich, was zu einem riesigen Pool an Produkt- und Servicevarianten und immer ähnlicher werdenden Leistungen führt, wodurch der Markt für Konsumenten zunehmend unübersichtlich wird. Gründe dafür sind zum einen die zunehmende Marktsegmentierung als Reaktion auf heterogener werdende Konsumentenbedürfnisse und die Verkürzung der Produktlebenszyklen, was immer neue Produktentwicklungen und -innovationen zur Folge hat (Esch, 2005). Zum anderen bewirken die zunehmende Internationalisierung und der damit verbundene Markteinstieg weiterer Wettbewerber eine Verschärfung des Wettbewerbs auf nationaler und internationaler Ebene (Sattler, 2001). Eine weitere Entwicklung ist die Inflation von Maßnahmen zur Markenkommunikation. Dabei nimmt nicht nur die Anzahl der Werbebotschaften innerhalb der Medien zu, sondern auch die der Werbekanäle zu den Konsumenten. Dies führt zu einer Informationsüberflutung der Rezipienten und somit zu einer immer stärkeren Informationsselektion und einem Desinteresse an werbewirksamen Produkt- und Dienstleistungsinformationen (Esch, 2005). Weitere wichtige Einflussfaktoren sind die verstärkte Erlebnisorientierung der Konsumenten, die Entwicklung der „Smart Shopper", die auf clevere Art Geld sparen möchten, und die hybriden Kunden, die sowohl Luxusartikel als auch Discount-Produkte konsumieren (Esch, 2005).

Die Markenführung muss diese Entwicklungen aufgreifen und im Zuge eines ganzheitlichen Markenmanagements umsetzen. Die **Markenidentität** fungiert als Fundament der Markenführung und stellt das Selbstbild einer Marke dar. Sie ist die Basis und formu-

---

[192] Die Nutzungsdauer in Minuten pro Tag beträgt für Fernsehen 168, für Radio 142, für Internet 59, gemessen an 1.000 Befragten im Alter von 14 bis 49 Jahren (vgl. Vehlow, 2005, S. 15). Die Studie wurde in einem Zeitraum von 1999 bis 2005 anhand computergestützter Telefoninterviews durchgeführt, was zu einer Endsumme an Befragten von 10.414 Personen führt.

[193] Die Markenführung im Unternehmen ist das Management der Unternehmens- oder Produktmarke, also die Planung, Koordination, Durchführung und Kontrolle sämtlicher Elemente, Bereiche und Aufgaben, die im Zusammenhang mit der Marke auftreten. Die Marke kann je nach Umfang und Stellung im Unternehmen unterschiedliche Erscheinungsformen annehmen. Unter einer Dachmarke werden alle Produkte und Leistungen eines Unternehmens zusammengefasst. Dazu gehört auch das Corporate Branding, bei dem das gesamte Unternehmen als Unternehmensmarke etabliert wird. Dies stellt eine Weiterentwicklung der Corporate Identity dar, mit der versucht wird, das Unternehmen als Marke bei Mitarbeitern, Anteilseignern, Kunden und der Öffentlichkeit zu verankern (vgl. Rode/Vallster, 2004, S. 8). Die Produktgruppen-, Familien- oder Sortimentsmarke umfasst einen Teil des Produktsortiments eines Unternehmens, während sich die Produkt-, Einzel- oder Monomarke nur auf ein einzelnes Produkt des Unternehmens bezieht. Gemäß dem Geltungsbereich kann zwischen regionalen, nationalen oder internationalen Marken unterschieden werden (vgl. Dörtelmann, 1997, S. 10f.).

liert Zielvorgaben für die Positionierung, die der Marke ihr eigenständiges und unverwechselbares Profil gibt und beeinflusst das Markenimage, das Fremdbild in den Augen der Anspruchsgruppen (Esch, 2005). Die Markenpositionierung kann drei Hauptstufen durchlaufen. Als Basis sind die Markenmerkmale zu sehen. Eine Stufe darüber liegen die Vorteile und Leistungen, die ein Kunde in einer Marke sieht. Am erstrebenswertesten ist eine Positionierung basierend auf Glaube und Werten, so dass der Kunde emotional berührt und auf einer tiefer greifenden Ebene angesprochen und gebunden wird (Kotler, 2003). Unterstützt werden die Markenidentität und eine erfolgreiche Positionierung von einer Mission und Vision für die Marke (Kotler/Armstrong, 2006). Um Konsistenz in der Markenführung zu schaffen, müssen der Marketing-Mix und alle enthaltenen Maßnahmen an der Positionierung ausgerichtet werden, wodurch eine prägnante Markenpersönlichkeit entstehen kann (Jenner, 1999).

Die Markenführung sollte als dynamischer Prozess verstanden werden, der immer wieder Aktualisierungen und Anpassungen an wechselnde Rahmenbedingungen und Herausforderungen durch Konsumenten, Konkurrenten, Hersteller oder den Handel fordert.[194] Dazu gehören sowohl die Weiterentwicklung der Positionierung als auch eine aktuelle Gestaltung der Marketinginstrumente (Jenner, 1999). Die verschiedenen Anspruchsgruppen einer Marke treten auf vielfältige Weise in Kontakt[195] mit dieser. Deshalb müssen alle Schnittstellen zwischen dem Unternehmen und seinem Umfeld beachtet und weiterentwickelt werden (Kotler/Armstrong, 2006). Markenführung wird durch Kommunikationspolitik umgesetzt und unterstützt. Somit nimmt die Marketingkommunikation eine entscheidende Rolle für ein erfolgreiches und effizientes Markenmanagement ein und fördert die Bekanntheit, die Positionierung, den Markenwert und die positive Einstellung der Konsumenten gegenüber einer Marke.

3.5.1.2   Besonderheiten von Online-Marken

Online-Marken[196] sind Marken, die ihren Ursprung in der Online-Welt haben.[197] Die Essenz der Markenführung unterscheidet sich zwar im Online- und Offline-Bereich nicht, jedoch muss für eine erfolgreiche Markenführung im Online-Bereich eine Reihe von Besonderheiten beachtet werden. Das Internet hat durch seine Dynamik das Potenzial, eine

---

[194] Insbesondere in jungen, dynamischen Branchen vollzieht sich ein rascher Wandel der relevanten Rahmenbedingungen und Wettbewerbsvorteile erodieren schnell (vgl. Jenner, 1999, S. 22).

[195] Z. B. durch eigene Erfahrungen mit der Marke oder durch Mund-zu-Mund-Propaganda, durch persönlichen Kontakt mit Firmenangehörigen, Telefonkontakt oder durch den Internetauftritt.

[196] Auch E-Brand, Internetmarke oder Online-Brand.

[197] Vgl. *Fantapié Altobelli* (2005), S. 189. Dabei kann zwischen virtuellen oder „Pure Play" Marken unterschieden werden, die transaktionsorientierte, kommerzielle Leistungen anbieten, aber nicht in der realen Welt verfügbar sind wie Amazon und Ebay, und hybriden oder „Dual Track" Marken, die neben einer Präsenz in der virtuellen auch in der realen Welt aktiv tätig sind wie Otto oder TUI. Neben diesen aktiven Online-Marken verfügen zahlreiche Offline-Marken über rein informative oder kommunikative Internetauftritte wie Coca-Cola oder Nivea (vgl. Meffert, 2001, S. 14f.).

Unternehmens- und Markenidentität in Sekunden zu vermitteln und so auch Kunden innerhalb von Sekunden zu gewinnen oder zu verlieren. Es eröffnet neue Wege der Werbung und Interaktion mit Marken auf einer persönlichen Ebene (Drew, 2002).

Bei der Wahrnehmung durch Internetnutzer und Konsumenten differieren Online- und Offline-Marken deutlich. Eine von eMind@emnid[198] durchgeführte Befragung nennt die Attribute, die mit E-Brands verbunden werden. Dabei zeigt sich, dass virtuelle Marken als modern, kreativ und attraktiv angesehen werden sowie günstigere Preise implizieren. Jedoch schneiden Werte wie Seriosität, Tradition und hohe Qualität weitaus schlechter ab als bei Offline-Marken (Helmreich, 2002). Typische Eigenschaften von Online-Brands sind Vernetzungskompetenz, Dialogfähigkeit und Transparenz (Fantapié Altobelli, 2005). Durch die Nutzung des globalen Mediums Internet sind die angebotenen Leistungen zeitlich unabhängig und von jedem beliebigen Ort zugänglich, also ubiquitär (Fantapié Altobelli, 2001). Es ist ein kontinuierlicher Informationsaustausch möglich, so dass durch Rückkopplungen Dialogbeziehungen aufgebaut werden können. Durch die Interaktion zwischen Mensch und Maschine können Daten während der Leistungserstellung gespeichert, der Kunde in den Leistungserstellungsprozess integriert und so individualisierte Angebote erstellt werden (Berndt et al., 2001). Des Weiteren herrscht eine hohe Transparenz bezüglich potenzieller Anbieter, Services und Preise, wodurch dem Kunden weitreichende Informationen zur Verfügung stehen und sich die Konkurrenzsituation enorm intensiviert (Wagner, 2001). Zu den Defiziten von reinen Online-Marken gehören Anonymität und Schwierigkeiten bei der Wahrnehmung durch die indirekte, unpersönliche Leistungserstellung sowie der Vertrauensvorsprung von hybriden oder Offline-Marken (Michael/Schmitz, 2001).

Aufgrund der besonderen Eigenschaften des Internets sind einige Markenfunktionen bei der Führung von Online-Marken besonders bedeutend. Da sich die Angebote im Internet stetig vermehren und ändern, nimmt die Unterscheidung von Konkurrenten einen hohen Stellenwert ein (Fantapié Altobelli, 2001). Zur Erleichterung der Suche nach Angeboten zur Befriedigung spezifischer Kundenbedürfnisse und der Reduktion von Suchkosten, gewinnt die Orientierungs- und Wiedererkennungsfunktion der Marke im Internet an Bedeutung (Bongartz et al., 2005). Die Vertrauens- und Garantiefunktion erlangt ebenfalls eine zentrale Stellung, da virtuelle Welten und Geschäfte nicht greifbar sind und vielmals Angst und Unsicherheit bezüglich der Reliabilität von Informationen und Produkteigenschaften, der Sicherheit von Transaktionen, der vertraulichen Behandlung von Daten sowie der Rückgaberechte vorherrscht (Riekhof, 2001). Das Herzstück und somit einer der wichtigsten Erfolgsfaktoren von E-Brands ist ein auffälliger und unverwechselbarer Internetauftritt, der genau an die Bedürfnisse der Marke und der Beziehung zwischen Marke und Kunde angepasst werden kann (Aaker/Joachimsthaler, 2001). Die Internetseite sollte mit übersichtlichen und anwenderfreundlichen Prozessen gestaltet werden, da diese für die Qualität und Leistungsfähigkeit des Anbieters bürgen (Wegmann, 2000). Durch das

---

[198] eMind@emnid ist der Internetmarktforschungsbereich des Marktforschungsunternehmens TNS Emnid. Im Rahmen der Befragung Ende Mai 2002 wurden in einem Emnid-Onlinepanel 653 Internetnutzer im Auftrag der absatzwirtschaft befragt (vgl. Helmreich, 2002, S. 1).

Internet ist nicht nur die Interaktion von Kunde und Anbieter möglich, sondern auch die Kommunikation zwischen den Kunden.[199] Aus diesem Grund sollten Dialogmöglichkeiten, wie Individualisierung und Rückkopplung ausgeschöpft werden. Ein weiterer Erfolg versprechender Faktor ist die Schaffung von Mehrwerten[200] zum Aufbau von Kundenbindung und –treue (Fantapié Altobelli, 2001). Zur Kommunikation der Markenidentität und -attribute reicht die ausschließliche Nutzung von Online-Maßnahmen meist nicht aus (Fantapié Altobelli, 2001). Vielmehr ist die ausgewogene Gewichtung von Online- und Offline-Maßnahmen ein wichtiger Erfolgsfaktor, wobei eine Abstimmung in inhaltlicher, formaler und zeitlicher Hinsicht erfolgen sollte.[201]

3.5.1.3   Besonderheiten im internationalen Marketing

Das **internationale Marketing** lässt sich nach *Hermanns* (1995, S. 25f.) kennzeichnen als die „Planung, Organisation, Koordination und Kontrolle aller auf die aktuellen und potenziellen internationalen Absatzmärkte bzw. den Weltmarkt gerichteten Unternehmensaktivitäten".[202]

Ein Hauptmotiv für ein Auslandsengagement ist das Streben nach Wachstum durch die Nutzung von internationalen Absatzchancen national erfolgreicher Produkte durch die Erschließung neuer Märkte (Scharrer, 2000). Zusätzlich streben Unternehmen nach Risikodiversifikation über verschiedene Ländermärkte hinweg (Hummel, 1994). Ein Unternehmen kann entweder eine „first mover"-Position einnehmen oder sich an die Maßnahmen konkurrierender Unternehmen anpassen, um selbst konkurrenzfähig bleiben zu können (Zentes et al., 2006). Ferner wird durch eine Internationalisierung die Zusammenarbeit und Kooperation mit Geschäftspartnern in den einzelnen Ländern vertieft sowie ein erweiterter Zugang zu Know-how ermöglicht. Die Internationalisierungsmotive werden stark von den firmenspezifischen Charakteristika, den verfolgten Zielen und der Art des Zielmarktes beeinflusst (Hummel, 1994).

Bei einer internationalen Unternehmenstätigkeit sind die unterschiedlichen Rahmenbedingungen in den einzelnen Ländern ein sehr wichtiger Aspekt. Das internationale Mar-

---

[199] Hierdurch kann eine Mund-zu-Mund-Kommunikation entstehen, die von potenziellen Kunden als sehr glaubwürdig wahrgenommen wird und somit werbewirksame Effekte erzielt (vgl. Wegmann, 2000, S. 18f.).

[200] Z. B. durch Newsletter, Zusatzinformationen, Bonussystemen oder Communities.

[201] Vgl. *Berndt et al.* (2001), S. 207. In der Markeneinführungsphase ist das primäre Ziel der Aufbau von Bekanntheit, was besonders gut durch klassische Maßnahmen erreichbar ist. Im Sinne des Markenausbaus wird dann verstärkt Online-Werbung in Verbindung mit Online-Kooperationen betrieben, um Mehrfachnutzer und Wiederholungskäufer zu aktivieren (vgl. Fantapié Altobelli, 2005, S. 194ff.).

[202] Früher wurde das internationale Marketing dem Export als Hauptform der Internationalisierung und dem Exportmarketing gleichgesetzt, bis sich das jetzige Verständnis als Erschließung und Bearbeitung ausländischer Märkte entwickelt hat (vgl. Zentes et al., 2006, S. 6f.).

keting führt zu einer größeren Komplexität in der Unternehmenstätigkeit, was einen vermehrten Informationsbedarf, ein höheres unternehmerisches Risiko bei der Marktbearbeitung im Ausland und somit steigende Anforderungen an Entscheidungsvorbereitungen und das Management zur Folge hat (Meffert/Bolz, 1998). Damit einher geht ein erhöhter Koordinationsbedarf, einerseits auf der Organisationsebene in Form der Informations- und Entscheidungsprozesse sowie andererseits auf der Marktebene bei der Marktbearbeitung. Somit führen die Erschließung neuer Märkte und veränderte Marktbearbeitungsweisen zu signifikanten, marktbezogenen Rückkopplungen (Backhaus et al., 2006). Dabei lässt sich gemäß *Backhaus et al.* (2003, S. 56f.) zwischen folgenden vier Rückkopplungsarten unterscheiden:

- ■ Anbieterbezogene Rückkopplungen, durch die sich die Rahmenbedingungen für das anbietende Unternehmen auch in anderen Ländermärkten verändern.

- ■ Nachfragerbezogene Rückkopplungen, d. h. eine nachhaltige Beeinflussung des Nachfragerverhaltens.

- ■ Konkurrenzbezogene Rückkopplungen, da Konkurrenten auf die veränderten Rahmenbedingungen reagieren werden und sich so die Wettbewerbssituation des Unternehmens verändern könnte.

- ■ Institutionelle Rückkopplungen aufgrund von rechtlichen und/oder politischen Verflechtungen der Ländermärkte.

Aufgrund dieser Rückkopplungen und der Dynamik der Ländermärkte gehört es zu den Aufgaben des internationalen Marketings, die Koordination der Marktbearbeitung und der Marketingaktivitäten an diese Veränderungen anzupassen.[203] Marktdynamiken zeigen sich einerseits durch eine Homogenisierung des Verhaltens der Marktparteien oder der institutionellen Rahmenbedingungen[204] in Form zusammenwachsender Märkte oder andererseits durch eine Heterogenisierung des Verhaltens und der Rahmenbedingungen[205] in Form auseinander brechender Märkte. Homogener werdende Märkte erleichtern Standardisierungsstrategien, während heterogener werdende Märkte erfolgreich durch eine Differenzierungsstrategie bearbeitet werden können (Backhaus et al., 2003).

---

[203] Dieser Koordinationsbedarf besteht nur, wenn die Rückkopplungen zwischen den Ländern ertragsrelevant sind und die erzielbaren Gewinne reduzieren (vgl. Backhaus et al., 2003, S. 92).

[204] Eine Homogenisierung des Verhaltens der Marktteilnehmer zeigt sich in einer Angleichung der Nachfragerpräferenzen, der Kaufgewohnheiten und -prozesse, der Lebensstile sowie einer Intensivierung der Wettbewerbssituation (vgl. Backhaus et al., 2003, S. 323ff.). Bei den institutionellen Rahmenbedingungen zeigt sich eine Homogenisierung in der Beseitigung von Beschränkungen des wirtschaftlichen Austausches wie z. B. Handelsschranken (vgl. Backhaus et al., 2003, S. 307).

[205] Eine Heterogenisierung von institutionellen Rahmenbedingungen führt zu divergierenden rechtlichen, politischen, sozialen und wirtschaftlichen Rahmenbedingungen. Auch wenn eine Homogenisierung des Verhaltens von Marktpartnern überwiegt, kann es zu gegenläufigen Tendenzen kommen, die sich in divergierenden Nachfragepräferenzen oder auseinander brechenden Konkurrenzstrukturen zeigen (vgl. Backhaus et al., 2003, S. 493f.).

Bei dem Engagement einer Unternehmung im Ausland gehören die Form der Organi-sationsstruktur[206], der Grad der Verteilung von Entscheidungskompetenzen an im Aus-land gegründeten Organisationseinheiten[207] sowie der Vorbehalt von Entscheidungs-kompetenzen im Stammland zu den zentralen Entscheidungskriterien (Berndt et al., 2005). Es können zwei Ausprägungen der Verteilung von Entscheidungskompetenzen unter-schieden werden, die Zentralisierung und die Dezentralisierung, die jeweils konträre Pole eines Kontinuums darstellen (Funder, 1998). In der Realität entwickeln sich meist an die Unternehmensgegebenheiten angepasste Mischformen (Zentes, 2006). Zu den Entschei-dungskompetenzen gehört auch die Verteilung von Aufgaben, Planungs- und Kontroll-prozessen sowie Verpflichtungen (Hünerberg, 1994). Die Entscheidungskompetenzen können in den verschiedenen Abteilungen eines Unternehmens in einem unterschiedlich starken Maße vergeben werden (Meffert/Bolz, 1998). Nach *Berndt et al.* (2005, S. 297) kann unter der Zentralisierung „allgemein das Ausmaß verstanden werden, mit dem Planungs- und Entscheidungskompetenzen auf eine oder wenige Stellen konzentriert werden". Diese vertikale Zuordnung bezieht sich auf hierarchisch über- oder untergeordnete Führungs-ebenen und auf das Ausmaß der Verlagerung von Kompetenzen und Autonomie von der zentralen Geschäftsleitung auf untergeordnete Bereiche und Abteilungen (Funder, 1998). Im internationalen Kontext betrachtet wird eine internationale Unternehmung desto zen-tralisierter geführt, je weniger Stellen an Entscheidungen beteiligt sind und je weniger die Landesgesellschaften über Autonomie verfügen (Bolz, 1992).

Es existieren zahlreiche Determinanten, die das Ausmaß der Zentralisierung und Dezent-ralisierung beeinflussen. Dazu gehören zum einen unternehmensbezogene Faktoren wie die Unternehmenskultur und -struktur, die Marktbearbeitungsstrategie, die Beschaffenheit des angebotenen Produktes oder der Dienstleitung sowie die Potenziale der Mitarbeiter und Führungskräfte in dem jeweiligen Land. Zum anderen beeinflussen die Marktbedin-gungen, die Macht von Kooperationspartnern und der Grad der Internationalisierung die Entscheidung für einen geeigneten Zentralisierungsgrad (Hünerberg, 1994). Im Marketing kann die Zentrale in unterschiedlicher Intensität in das Auslandsgeschäft eingreifen. Diese reicht von einer schwachen Zentralisierung durch Informationsvermittlung und Überzeu-gung der Tochtergesellschaften über die Koordination von Maßnahmen bis hin zu der Anordnung und Vorgabe von ganzheitlichen Marketingprogrammen bei einem hohen Zentralisierungsgrad (Quelch/Hoff, 1986). In einer Meta-Analyse von *Bolz* (1992, S. 147)

---

[206] Internationale Organisationsformen hängen von dem Ausmaß der Integration des Auslandsge-schäftes ab. Dabei lassen sich folgende Formen unterscheiden: die unspezifische Organisation, bei der keine formale Anpassung erfolgt, die differenzierte bzw. segregierte Struktur, bei der eine deutliche Trennung des In- und Auslandsgeschäftes vorherrscht und die integrierte Struktur, bei der Geschäftsbereiche gebildet werden, die sowohl für In- als auch Auslandsaktivitäten zuständig sind. Die integrierte Struktur kann wiederum in eine funktionsorientierte (Produktion, Einkauf, Fi-nanzen, Marketing), produktorientierte (Produkt A, B, C) oder regionenorientierte (Land A, B, C) Struktur unterteilt werden. Oft treten auch Mischformen der genannten Organisationsformen auf, eine davon ist die Matrixorganisation (vgl. Meffert/Bolz, 1998, S. 257ff.).

[207] Wie Tochtergesellschaften, regionale Einheiten oder Niederlassungen.

lassen sich Tendenzen erkennen, welche Bereiche des Marketings bei international tätigen Unternehmen häufig über einen hohen Zentralisierungsgrad verfügen.[208] Dabei zeigt sich, dass Unternehmenszentralen bevorzugt Einfluss auf die Produktpolitik und an zweiter Stelle auf die Kommunikationspolitik nehmen und dass diese beiden Bereiche am ehesten zentral organisiert werden (Bolz, 1992). Nach *Meffert/Bolz* (1998, S. 268) herrschen zwischen einer Zentralisierung des Marketings und einer Standardisierung des Marketinginstrumentariums starke und unterstützende Zusammenhänge. Diese entstehen dadurch, dass die Tochtergesellschaften oder Auslandseinheiten bei einem hohen Zentralisierungsgrad nur über wenig Autonomie und Entscheidungsbefugnis verfügen, was in der Konsequenz standardisierte Instrumente und Prozesse nach sich zieht, da die nötigen Kompetenzen im Stammhaus liegen (Bolz, 1992). Spätestens seit der These von *Levitt* (1983, S. 92ff.) über die Globalisierung der Märkte, einer Verschmelzung und Angleichung der Absatzmärkte durch eine Homogenisierung der Produktanforderungen, des Konsumentenverhaltens und der Entstehung von grenzüberschreitenden Marktsegmenten was eine Standardisierung von Unternehmensbereichen, Prozessen und Maßnahmen sinnvoll macht, ist die Diskussion über eine Standardisierung oder Differenzierung des internationalen Marketings entfacht (Ebenso Ohmae, 1989). Aus diesem Grund ist die Entscheidung über eine Standardisierung oder Differenzierung des Marketinginstrumentariums in den Ländermärkten eine weitere zentrale Problemstellung einer internationalen Marketingstrategie (Bolz, 1992). Die Standardisierung und Differenzierung sind genau wie die Zentralisierung und Dezentralisierung als zwei Endpunkte eines Kontinuums zu sehen und können verschiedenartig ausgerichtete Kombinationen einnehmen. Gemäß dem Grad der Standardisierung unterscheidet man drei grobe Orientierungen. Bei einem hohen Standardisierungsgrad wird zwischen der Stammlandorientierung und der globalen Orientierung unterschieden.[209] Dem entgegen steht die multinationale Orientierung, die ein hohes Maß an Differenzierung des Marketings beinhaltet. Dazwischen findet sich die „glokale" oder internationale Orientierung, die eine Mischung von standardisierten und differenzierten Elementen verwendet (Backhaus et al., 2006).

Bei der Formulierung einer internationalen Marketingstrategie muss das Unternehmen Entscheidungen treffen bezüglich der strategischen Orientierung[210], des Standardisierungsgrades bei der Verteilung der Ressourcen auf die verschiedenen Elemente des Marketing-Mix und dem Grad der Standardisierung von Marketinginhalten der einzelnen

---

[208] *Bolz* vergleicht Studien zum Zentralisierungsgrad der verschiedenen Marketingbereiche von *Ahn et al.* (1986), S. 11; *Beutelmeyer/Mühlbacher* (1986), S. 31ff.; *Hedlund* (1981), S. 29f. und *Wiechmann* (1976), S. 80.

[209] Die Stammlandorientierung oder auch Lead-Country-Ansatz versteht das Heimatland als Ausgangspunkt der Standardisierung und überträgt die dort angewendeten Konzepte auf die Auslandsmärkte während die globale Orientierung den Weltmarkt als Ausgangspunkt betrachtet und sich an länderübergreifenden Gemeinsamkeiten orientiert (vgl. Zentes et al., 2006, S. 429).

[210] Einer Standardisierung oder Adaption der Elemente des Marketing-Mix (vgl. Szymanski et al., 1993, S. 1).

Elemente, wie der Positionierung oder des Markennamens (Szymanski et al., 1993). Diese Basisstrategie des internationalen Marketings entscheidet somit über das Ausmaß an länderübergreifender Vereinheitlichung der Inhalte und Prozesse des Marketings.[211] Der Standardisierungsgrad wird durch zahlreiche Faktoren beeinflusst und variiert von Unternehmen zu Unternehmen (Buzzell, 1968). Dazu gehören die Angleichung von Nachfrageverhalten, politisch-rechtliche Faktoren, technologische Entwicklungen, die vorherrschenden Handels- und Unternehmensstrukturen sowie kulturelle und kaufverhaltensbezogene Einflussfaktoren (Meffert/Bolz, 1992).

3.5.2   Programmpolitik

Die Summe aller von einem Unternehmen angebotenen Produkte wird als **Produktprogramm, Produktportfolio** oder auch als **Produktsortiment**[212] bezeichnet.

Im Marketing hat sich als Strategieinstrument zur Gestaltung des Produktprogramms die so genannte **Ansoff-Matrix**, die die Produktprogrammgestaltung nach den Dimensionen Produkte und Zielgruppen gestaltet, etabliert (vgl. **Abbildung 3.11**).

Abbildung 3.11   Ansoff-Matrix

		Zielgruppen	
		Beibehaltung	Änderung
Produkte	Beibehaltung	Strukturfortschreibung	Zielgruppenstraffung oder -erweiterung
	Änderung	Produktprogramm- straffung oder -erweiterung	Konversifikation oder Diversifikation

Mit der Strukturfortschreibung, der Zielgruppenstraffung oder -erweiterung, der Produktprogrammstraffung oder -erweiterung und Konversifikation bzw. Diversifikation ergeben sich zunächst vier basale Möglichkeiten zur Gestaltung des Produktprogramms.

---

[211] Zu den Marketinginhalten zählen die Strategie sowie die Marken-, Kommunikations-, Distributions- und Preispolitik. Zu den Marketingprozessen gehören Informations-, Planungs-, Controlling- und Personalsysteme sowie die Produkt-, Werbe-, und Vertriebsplanung (vgl. Berndt et al., 2005, S. 170 und Bolz, 1992, S. 10).

[212] Letzteres ist v. a. bei Handelsunternehmen der Fall.

Dabei sind auch bei der **Strukturfortschreibung** taktische und auch strategische Maßnahmen innerhalb des Produktprogramms möglich:

- ■ **Verbesserung am Produkt**, z. B. Fehlerbeseitigung bei der nächsten Auflage dieses Lehrbuchs

- ■ **Relaunch**, d. h. Veränderung der Positionierung des Angebotes bzgl. der Nutzenerwartungen der Nachfrager (z. B. muss eine Zahncreme nicht nur säubern, sondern jetzt auch "pflegend" sein)

- ■ **Revival** ("Wiederbelebung") eingeführter Produkte mittels Aktualisierung äußerer Gestaltungsmerkmale (z. B. Verpackung eines Waschmittels in einer Retro-Blechdose)

- ■ **stärkere Differenzierung** der bisher bearbeiteten Zielgruppen (z. B. Verfeinerung des Angebotsnach Alter durch ein Angebot „Zahncreme 40+")

- ■ **Veränderungen in den funktionalen Vorgaben**, z. B. durch Intensivierung des Einsatzes der Instrumente des Marketing-Mix (Werbung, Preisgestaltung)

Änderungen des Produktprogramms (bei Beibehaltung des Zielgruppenprogramms) werden über **Produktinnovationen bzw. -eliminationen** realisiert. Hierbei werden die bisherigen Zielgruppen beibehalten, diesen werden aber neuartige Produkte angeboten, die im Vergleich zum bisherigen Produktprogramm des Unternehmens eine eigenständige Marktbearbeitung erfordern. Man spricht hier von einer Produktinnovation für bereits bestehende Zielgruppen gesprochen. Analog ist auch der Rückzug einiger Angebotsbereiche ohne Veränderung der Zielgruppen denkbar. Hier wird dann entsprechend von einer Elimination von Produkten bei bereits bearbeiten Zielgruppen gesprochen.

Bei der **Zielgruppenprogrammerweiterung bzw. -straffung** erfolgt eine Änderung des Zielgruppenprogramms unter Beibehaltung des Produktprogramms: Das Produktangebot wird beibehalten, die Produkte werden aber zusätzlichen neuen Zielgruppen angeboten. Man spricht von einer Zielgruppeninnovation. Analog kann auch das gleiche Produktprogramm einigen Zielgruppen nicht mehr angeboten werden, die bisher beliefert wurden. Man spricht dann entsprechend von einer Zielgruppenelimination.

Bei der **Diversifikation bzw. Konversifikation** erfolgt eine simultane Änderung der Struktur auf Angebots- und Zielgruppenebene. Bei einer Diversifikation wird ein vermeintlicher Risikoausgleich zum bestehenden Geschäft gesucht. Dies kann sinnvoll sein, jedoch führte diese Strategie vieler Großunternehmen in den siebziger und achtziger Jahre des vergangenen Jahrhunderts zu einer anschließenden Reduktion der Geschäftsfelder, da durch die zu hohe Steuerungskomplexität angestrebte Synergieeffekte und Ertragsziele nicht realisiert werden konnten. Heute werden stark diversifizierte Unternehmen, so genannte Konglomerate, an den Kapitalmärkten in der Regel durch einen „conglomerate discount" bestraft, d. h. insgesamt mit einem geringeren Unternehmenswert bedacht als die Summe ihrer einzelnen Geschäftsfelder (Fischl/Rennhak, 2006).

Es werden nach der Wertschöpfungsstruktur typischer **drei Formen einer Diversifikation** unterschieden:

■ Unter einer **horizontalen Diversifikation** versteht man die Ausdehnung des bisherigen Produktprogramms auf Produkte derselben Wertschöpfungsstufe. Das Unternehmen versucht dabei entweder neue Kunden zu akquirieren oder aber bedient Bestandskunden mit neuen Problemlösungen und versucht so, das so genannte „share of wallet" bei diesen Kunden zu erhöhen, d. .h. den Anteil der Ausgaben an seinen Gesamtausgaben, den der Kunde mit eben diesem Unternehmen tätigt. Zwischen den neuen und alten Produktlinien besteht dabei ein sachlicher Zusammenhang. Im Zuge einer horizontalen Diversifikation erhöht das Unternehmen seine Wertschöpfungsbreite.

■ Die **vertikale Diversifikation** beinhaltet eine Entwicklung entlang der Wertschöpfungskette und bezeichnet entsprechend die Erweiterung des Produktionsprogramms um Produkte aus vor- (z. B. Zulieferprodukte) oder nachgelagerten Wertschöpfungsstufen (z. B. Vertrieb) und wird deshalb auch als Rückwärts- bzw. Vorwärtsintegration bezeichnet. Im Zuge einer vertikalen Diversifikation erhöht das Unternehmen seine Wertschöpfungstiefe.

■ Die Erweiterung des Produktionsprogramms auf Produkte, die für das Unternehmen völlig neu sind und in keinem technischen oder wirtschaftlichen Zusammenhang mit dem bisherigen Produktprogramm stehen wird **laterale Diversifikation** genannt. Sie ist in der Regel die riskanteste Form der Diversifikation, schafft aber für das Unternehmen eine maximale Risikostreuung.

Einen zweiten Strukturierungsansatz zu Gestaltungsmöglichkeiten im Produktprogramm liefert die **Produktprogrammbreite-Produktprogrammtiefe-Matrix** (vgl. **Abbildung 3.12**).

Abbildung 3.12   Produktprogrammbreite-Produktprogrammtiefe-Matrix

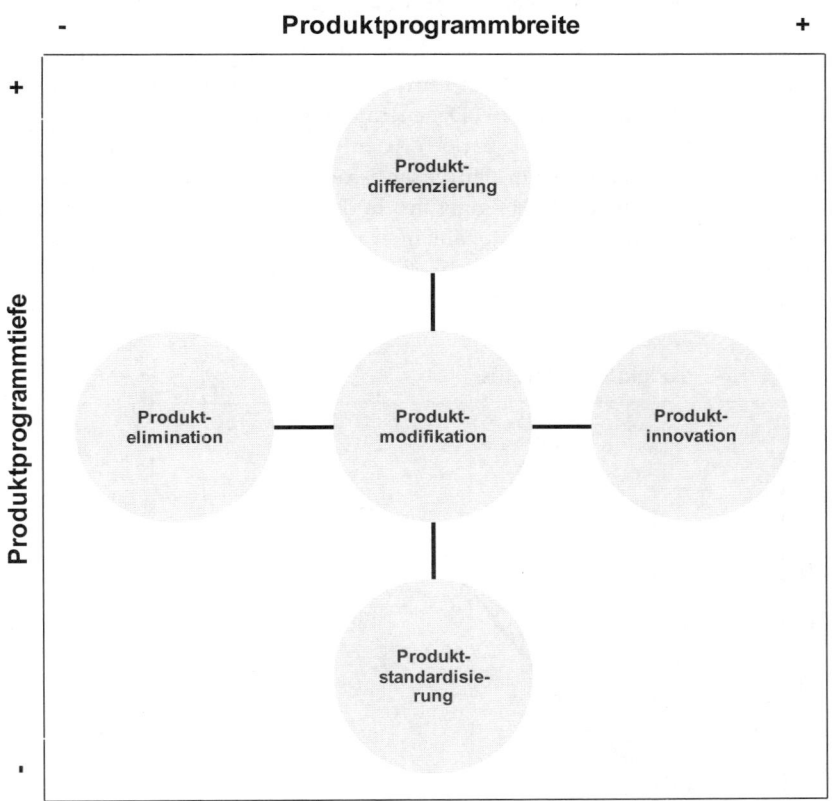

Das Produktprogramm kann dabei hinsichtlich zweier Dimensionen gestaltet werden. Die Programmbreite gibt die Anzahl der nebeneinander bestehenden Produktlinien an. Im Gegensatz dazu beschreibt die Programmtiefe die Anzahl der Modellvarianten innerhalb einzelner Produktlinien. Ändern sich die Kundenbedürfnisse und/oder die Produkte der Mitbewerber, so muss das Produktprogramm diesen angepasst werden.

3.5.3   Produktinnovation

Neben der Marken- und der Produktprogrammpolitik ist der Themenbereich Produktinnovation von hervorragender Bedeutung für die Produktpolitik eines Unternehmens. Der Grund hierfür liegt in der begrenzten Lebensdauer von Produkten, die sich in einem endlichen Produktlebenszyklus ausdrückt.

Der **Produktlebenszyklus** beschreibt den Verlauf von Absatz bzw. Umsatz im Zeitablauf zwischen der Markteinführung eines Produkts und dem Zeitpunkt an dem es vom Markt genommen, d. h. aus dem Produktprogramm eliminiert wird.

Dieser Verlauf wird in einem idealtypischen Produktlebenszyklus in mehrere (typischerweise vier oder fünf) Phasen unterteilt: Entwicklung und Einführung, Wachstum, Reife bzw. Sättigung und Schrumpfung bzw. Degeneration (bisweilen wird auch noch von einer Nachlaufphase gesprochen, in der z. B. noch After Sales-Service oder Ersatzteile vorgehalten werden müssen). Inhaltlicher Erklärungsanspruch des Konzeptes ist zu erklären, wie ein neues Produkt auf einem Markt eingeführt und später z. B. durch Variation und/oder Ausdifferenzierung an die sich im Zeitablauf wandelnden Kundenwünsche und Marktverhältnisse angepasst wird, bevor es schließlich vom Markt genommen bzw. durch ein Nachfolgeprodukt ersetzt wird (vgl. **Abbildung 3.13**).

Abbildung 3.13   Produktlebenszyklus

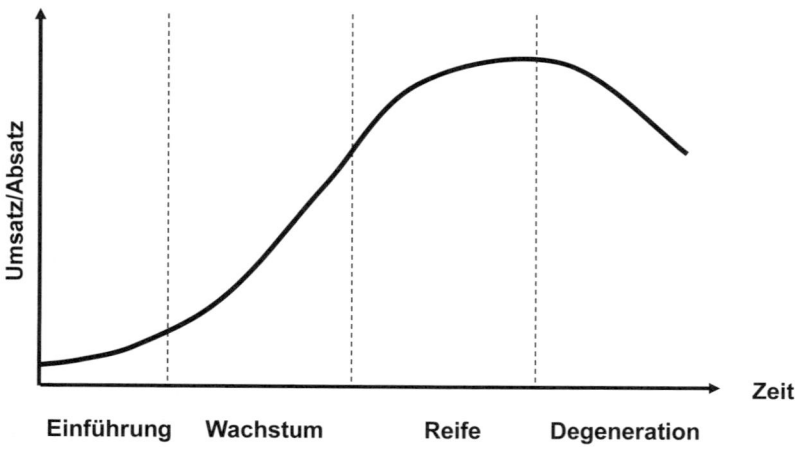

Vor der Einführung hat das Unternehmen das neue Produkt bereits durch die verschiedenen Instrumente der Kommunikationspolitik bekannt gemacht und erste Vertriebskanäle etabliert. In der Einführungsphase steigen die Absätze bzw. Umsätze allmählich an. In dieser Phase werden aufgrund der vorangegangenen Kosten für die Produktentwicklung und der anhaltenden Kommunikationsausgaben jedoch nur in Ausnahmefällen bereits positive Produktdeckungsbeiträge erzielt. Diese fallen in der Regel erst mit dem Eintritt in die Wachstumsphase an. Diese Phase ist durch den Aufbau weiterer Vertriebskanäle und die Gewinnung zusätzlicher Kundensegmente gekennzeichnet. Erste Konkurrenten treten auf den Plan. Die Reifephase ist typischerweise die zeitlich ausgedehnteste Marktphase. Idealtypisch werden hier auch die höchsten Produktdeckungsbeiträge erzielt. Das Wachstum schwächt sich deutlich ab. Die Unternehmen versuchen in dieser Zeit oft, weitere

Wachstumsreserven über eine stärkere Ausdifferenzierung des Produkts zu erschließen. In der Sättigungsphase sind Absätze und Umsätze typischerweise rückläufig.

Unternehmen greifen nun zu unterschiedlichen Maßnahmen, um Kunden zum Wiederkauf zu bewegen langfristig den Erfolg ihrer Produkte zu sichern:

- ■ Eine Möglichkeit, das „Produktleben" zu verlängern, ist die Ausdehnung auf Märkte, die mit dem bisherigen Produktprogramm noch nicht bedient wurden (z. B. durch Internationalisierung).

- ■ Unternehmen können auf Ersatzbedarf fokussieren – theoretisch denkbar ist sogar die bewusste Verschlechterung der Produktqualität („built in obsolence"), die zu einer Verkürzung des Rhythmus für Ersatzbeschaffungen führt.

- ■ Ein naheliegender, doch schwieriger Schritt besteht darin, neue Produkte zu entwickeln, die bisher latent gebliebene Bedürfnisse ansprechen.

- ■ Einfacher zu realisieren ist in der Regel die Modifikation eines bestehenden Produkts. Ein Relaunch bezeichnet dabei die Um- bzw. Neupositionierung eines Produkts und ist meist mit einer umfassenden Veränderung einer oder mehrerer Produkteigenschaften verbunden. Ein Revival beinhaltet dagegen die Intensivierung der Marketingbemühungen für ein Produkt.

Früher oder später kann der Absatz- und Umsatzrückgang aber nicht mehr durch derartige Maßnahmen aufgefangen werden und das Produkt wird vom Markt genommen. Preisdruck, Innovationen und Entwicklung komplementärer Technologien, Veränderung von Kundenbedürfnissen und Produktakzeptanz führen letztendlich zur Eliminierung des Produkts.

Die Dauer eines Zyklus ist sehr heterogen: es gibt Produkte mit extrem kurzen Lebenszyklen (z. B. Modeprodukte oder Consumer Electronics) und andere mit einem sehr langen. Zudem unterliegt der Produktlebenszyklus sehr starken internen (z. B. durch Marketingmaßnahmen getriebenen) wie auch externen Einflüssen (z. B. Konjunktur, Maßnahmen der Wettbewerber, regulatorische Eingriffe) und ist deshalb für Planungszwecke ungeeignet. Tendenziell lässt sich aber sagen, dass Produktlebenszyklen aufgrund des steigenden Wettbewerbsdrucks in vielen Industrien und den sich akzelerierenden technischen Fortschritt kürzer werden. Eine Phasenbestimmung ist nur ex-post möglich.

Die begrenzte Lebensdauer von Produkten macht Produktinnovationen[213] notwendig. Produktinnovationen können zum einen auf bekannten (oder durch Marktforschung iden-

---

[213] Mit den Produktinnovationen gehen häufig auch Prozessinnovationen einher. Diese kennzeichnen neuartige Faktorkombinationen, die die Produktion eines bestimmten Gutes kostengünstiger, qualitativ hochwertiger, sicherer oder schneller machen. Darunter fallen auch Veränderungen im Humanbereich einer Unternehmung. Prozessinnovationen beziehen sich in der Regel nur auf innerbetriebliche Veränderungen und nicht auf den marktlichen, unternehmensexternen Verwertungsprozess. Sie können sich auch auf bereits am Markt eingeführte Produkte beziehen

tifizierten) Kundenwünschen basieren (Market Pull-Innovationen) oder auf unternehmens-internen technologischen Entwicklung (Technology Push). Mit Market Pull ist die Anwendungs- und Marktorientierung gemeint, anhand derer technologische Innovationen ausgerichtet werden. Beim Technology Push orientieren sich technologische Entwicklungen am technisch Machbaren. Primär bestimmt die immanente Entwicklungslogik von Technik, welche Technologien entstehen und welche Produkte auf den Markt kommen. Bei der Entstehung und Durchsetzung von Innovationen gibt es ein ständiges Zusammenspiel beider Aspekte. Technology Push und Market Pull und "Demand-pull" greifen ineinander und beeinflussen sich gegenseitig. Erst die Kombination der beiden scheinbar gegensätzlichen Strategien sichert den langfristigen Unternehmenserfolg.

Cooper (1985) konnte in mehreren Untersuchungen vier klar voneinander abgrenzbare, **unterschiedlich erfolgreiche Innovationsstrategien** identifizieren:

- Bei der **ausgewogenen Fokusstrategie** erfolgen Innovationen im Bereich der Kunden wahrgenommenen Kernkompetenzen des Unternehmens. Es wird versucht, eine hohe Produktqualität mit ausgeprägter Kundenorientierung zu verbinden. Dabei wird ein Markteintritt in attraktive Wachstumsmärkte mit eher geringer Wettbewerbsintensität angestrebt. Die ausgewogene Fokusstrategie ist die erfolgreichste Strategie, da sie einen hohen Technologiestandard mit einer gezielten Nutzung vorhandener Stärken kombiniert.

- Die **technologiedominante Strategie** ist gekennzeichnet durch eine starke Forschungs- und Entwicklungsorientierung, einen hohen technologischen Produktionsstandard und einen hohen Neuheits- und Komplexitätsgrad der Neuprodukte. Sie kommt primär in High-Tech-Märkten mit hohen Wachstumsraten zum Tragen. Schwächen der Strategie liegen in der Identifikation von Konsumentenbedürfnissen, im Vertrieb und in der mangelhaften Nutzung von Synergien zu bestehendem Know-how. Aufgrund der geringen Marketing- und Kundenorientierung besitzt diese Strategie die höchste Misserfolgsrate.

- Bei der **Strategie des geringsten technologischen Risikos** ist häufig keine klare Innovationsstrategie erkennbar, da weder eine gezielte Marktforschung noch eine aktive Ideensuche durchgeführt werden. Hauptsächlich werden Imitationen auf der Basis von reiferen Technologien realisiert. Diese Strategie wird zumeist von kleineren Unternehmen in gesättigten Low-Tech-Märkten verfolgt.

- Die **hochriskante Diversifikationsstrategie** orientiert sich bei der Entwicklung neuer Produkte weder an vorhandenen Stärken noch an Kundenbedürfnissen, weshalb sie eine hohe Floprate aufweist. Die Marktbearbeitung erfolgt oft ohne klare Fokussierung, d. h. das Unternehmen wird auf einer Vielzahl unterschiedlicher Märkte tätig. Sie wird meist von Großunternehmen verfolgt.

Quellen von Produktinnovationen können unternehmensintern wie auch unternehmensextern sein (vgl. **Abbildung 3.14**).

Abbildung 3.14   Quellen für Produktinnovationen

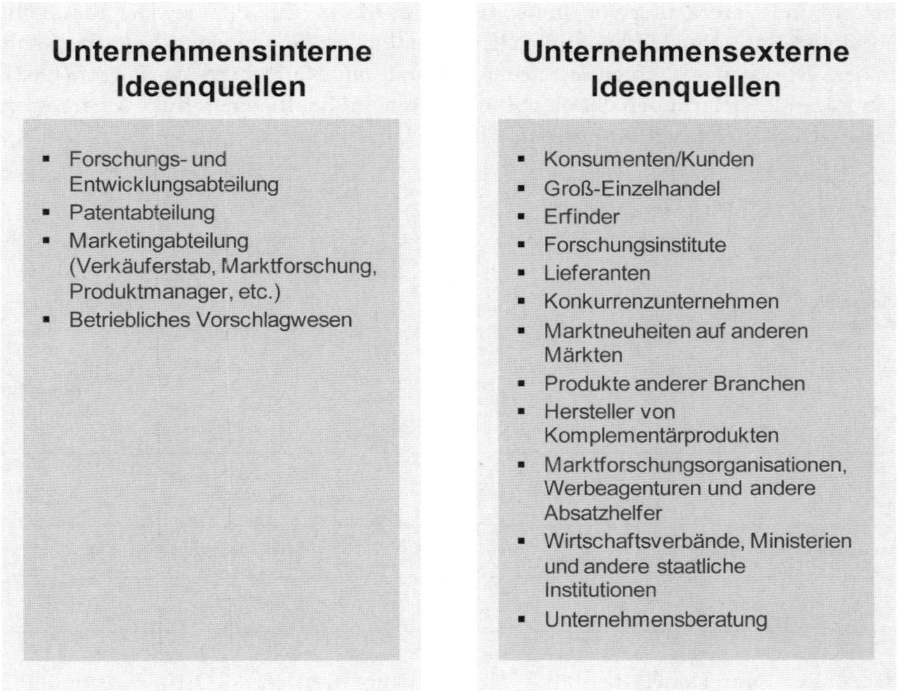

Unternehmensinterne Ideenquellen	**Unternehmensexterne Ideenquellen**
▪ Forschungs- und Entwicklungsabteilung ▪ Patentabteilung ▪ Marketingabteilung (Verkäuferstab, Marktforschung, Produktmanager, etc.) ▪ Betriebliches Vorschlagwesen	▪ Konsumenten/Kunden ▪ Groß-Einzelhandel ▪ Erfinder ▪ Forschungsinstitute ▪ Lieferanten ▪ Konkurrenzunternehmen ▪ Marktneuheiten auf anderen Märkten ▪ Produkte anderer Branchen ▪ Hersteller von Komplementärprodukten ▪ Marktforschungsorganisationen, Werbeagenturen und andere Absatzhelfer ▪ Wirtschaftsverbände, Ministerien und andere staatliche Institutionen ▪ Unternehmensberatung

Innovation beinhaltet immer Invention und Exploitation, d. h. die eigentliche Erfindung (eines neuen Produktes, einer neuen Technologie oder Dienstleistung oder die Weiterentwicklung von bereits bestehenden Produkten und Technologien) und die wirtschaftliche Nutzung der Invention.

Innovationen bieten große Wachstumschancen, bergen aber auch Risiken, die sich aus den enormen Investitionen ergeben, die mit der Entwicklung und Markteinführung von Neuprodukten verbunden sind. Es besteht das Risiko, mit dem „falschen" Produkt rechtzeitig am Markt zu sein (Entwicklungs- oder Eintrittsrisiko).[214] Die Neuproduktentwicklung ist mit einer hohen Misserfolgswahrscheinlichkeit verbunden. Als wesentliches internes Innovationshemmnis erweist sich häufig die unzureichende Innovationsorientierung von Management und Mitarbeitern. Innovationen sind mit erheblichen Veränderungen des persönlichen Arbeitsumfeldes verbunden und lösen deshalb häufig Konflikte und Wider-

---

[214] Es können aber auch hohe Opportunitätskosten durch das Verpassen einer Marktchance bei einem zu spätem Markteintritt entstehen.

stände in den Unternehmen aus. Ein häufiger externer Grund für das Scheitern von Produktinnovationen ist die nur unzureichende Beachtung von Adoptions- und Diffusionsprozessen. Sie beschreiben die Voraussetzungen und Bedingungen für die erfolgreiche Annahme und Verbreitung von Innovationen im Markt. Zur Planung der Markteinführungsstrategie und des Markteinführungszeitpunktes ist eine möglichst genaue Kenntnis über den Prozess der Verbreitung neuer Produkte im Markt hilfreich. *Rogers* (1962) hat hierzu folgende Zielgruppen definiert: Innovatoren, Frühaufnehmer, frühe Mehrheit, späte Mehrheit, Nachzügler (vgl. **Abbildung 3.15**).

Abbildung 3.15   Diffusionsmodell

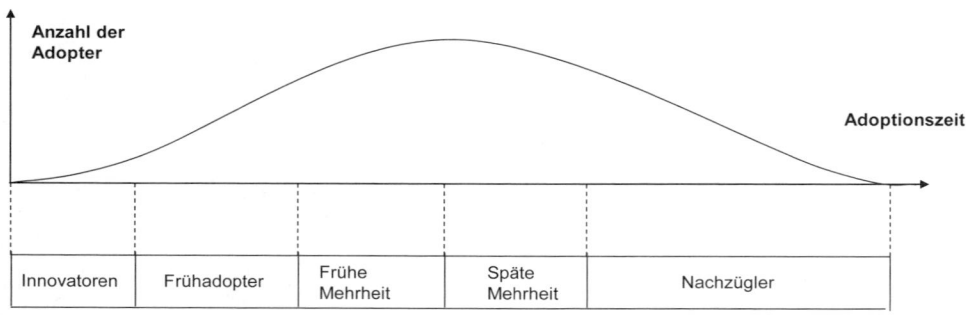

Im Gegensatz zum Modell des Produktlebenszyklus' werden im **Diffusionsmodell** ausschließlich Erstkäufer analysiert. Die wichtigste personenbedingte Einflussgröße im Adoptionsprozess und damit das Hauptunterscheidungsmerkmal zwischen diesen Gruppen ist die Risikobereitschaft der Käufers. Die wichtigste produktbedingte Einflussgröße ist der Grad der Verträglichkeit oder Kompatibilität der Produktinnovation mit den Werten, Normen und Gewohnheiten der Konsumenten und ihrer sozialen Umwelt. Gelingt es in der Einführungsphase eines neuen Produktes, die als Meinungsführer agierenden Innovatoren und Frühadopter zu erreichen, so ist eine Beschleunigung bei der Durchsetzung von Neuerungen möglich. Zu einer schnellen Adoption von Neuprodukten im Handel tragen insbesondere eine gute Produktqualität, die Möglichkeit zur Sortimentsabrundung, ein positives Image des Herstellers sowie die Bereitstellung von Ladenwerbematerial bei

Unternehmen müssen Produktinnovation nicht immer selbst betreiben, sondern können sich auch darauf fokussieren Innovationen von anderen Unternehmen zu übernehmen. Die Gründe für Innovationsübernahmen können Risikoreduktion (die Produktentwicklung läuft nicht am Markt vorbei, es entstehen keine hohen Investitionen in Forschung und Entwicklung), Zeitmangel (z. B. bedingt durch sehr kurze Produktlebenszyklen) und fehlende eigene Ressourcen (z. B. keine Kompetenz der eigenen Forschung und Entwicklung auf einem bestimmten Gebiet). Innovationsübernahmen werden auf unterschiedliche Art und Weise realisiert:

■ Der Innovationseinkauf dient häufig der Beschaffung von Prozessinnovationen, um dadurch eigene Produkte effizienter herstellen zu können. Für den Einkäufer von Innovationen sind Referenzanlagen ein wichtiges Instrument zur Risikoreduktion und Vertrauensbildung hinsichtlich der problemlosen Funktion technischer Neuerungen.

■ Die Lizenznahme ist der Erwerb des Rechtes zur Nutzung fremder Produktinnovationen, die mit einem Patent oder Gebrauchsmusterschutz belegt sind. Lizenzen werden vor allem im Bereich von netzwerkabhängigen Produktinnovationen vergeben. Durch die schnelle Übernahme eines technischen Standards wird die Akzeptanz der Innovation erhöht.

■ Die Imitation ist theoretisch nur einsetzbar, wenn die Innovation nicht geschützt ist. Dennoch werden in der Praxis auch geschützte Innovationen häufig imitiert. Spät in den Markt eintretende Wettbewerber nutzen Imitationen häufig in Kombination mit eigenen Innovationen. Diese Nachzügler haben vor allem dann Aussicht auf Erfolg, wenn es ihnen gelingt, durch Prozessinnovationen oder neuartige Vermarktungskonzepte die Markteintrittsbarrieren der etablierten Innovatoren zu überwinden.

■ Kooperationen können beispielsweise durch Auftragsforschung oder auch durch kapitalmäßige Verflechtungen mit kleineren innovativen Unternehmen erfolgen. Diese Innovationsstrategie wird in den letzten Jahren in zunehmendem Maße verfolgt. Kooperationen werden aus Gründen der verkürzten Produktlebenszyklen und der stark steigenden Entwicklungsaufwendungen, die von den Unternehmen immer seltener allein getragen werden können, eingegangen. Auch, wenn komplexe Innovationskonzepte mit hohem Veränderungsbedarf innerhalb des Unternehmens eine Verlängerung der Entwicklungszeit erwarten lassen, können Kooperationen von Vorteil sein. Außerdem führt das Zusammenwachsen bislang getrennter Industrien selbst bei großen Konzernen zur Notwendigkeit von Kooperationen, um auf diese Weise in Teilbereichen bestehende Know-how-Defizite zu kompensieren.

Wiederholungsfragen

1. Erläutern Sie die Dimensionen des Produktbegriffs an drei selbstgewählten Beispielen!

2. Erläutern Sie den Unterschied zwischen Produktinnovation, Produktvariation und Produktmodifikation anhand eines Beispiels!

3. Beschreiben Sie die Phasen des Produktlebenszyklus, und beurteilen Sie kritisch die Aussagefähigkeit des Modells!

4. Welche Grundfunktion hat die Verpackung zu erfüllen? Erläutern Sie die Funktionen anhand von Beispielen!

5. Erläutern Sie den Markenbegriff!

6. Was sind die heutigen Herausforderungen der Markenpolitik?

7. Erläutern Sie die Funktion von Marken aus Konsumentensicht!

8. Erläutern Sie die Funktion von Marken aus Anbietersicht

9. Erläutern Sie die Vor- und Nachteile der Einzelmarken-, Familienmarken- und Dachmarkenstrategie!

10. Erläutern Sie die Chancen und Risiken der Markenerweiterung!

11. Worin bestehen die Chancen beim Co-Branding?

12. Worin liegen die Ursachen für hohe Flopraten bei Produkteinführungen?

13. In welchen Phasen laufen Innovationsprozesse typischerweise ab?

14. Erläutern Sie die unterschiedlichen Quellen für Produktinnovationen!

15. Woran kann es liegen, dass ein neues Produkt die Produkttestphase nicht „überlebt"?

3.6   Preispolitik

Lernziele

Jeder Konsument erwirbt materielle Güter bzw. Dienstleistungen nur, wenn er davon überzeugt ist, dass sie ihm einen bestimmten Nutzen stiften. Der Preis bildet somit ein zentrales Element des Wettbewerbs. Dieses Kapitel hat die entsprechende Lernziele zum Inhalt und möchte folgendes vermitteln:

▪ welches die Bedeutung der Preispolitik für das Marketing ist,

▪ was die grundlegende Zielsetzung der Preisdifferenzierung ist,

▪ welche verschiedenen Formen der Preisdifferenzierung existieren,

▪ welches die wesentlichen Vor- und Nachteile der Skimming- und der Penetrationsstrategie sind,

▪ was der Begriff des Yield-Management beinhaltet und

▪ wie Anbieter die optimale Preisforderung für ihre Sachgüter oder Dienstleistungen auf der Grundlage der eigenen Kosten sowie unter Berücksichtigung der Preisbereitschaft der Nachfrager sowie der Preispolitik der Konkurrenten bestimmen können.

Die Preispolitik ist das in der Marketingpraxis wohl am stärksten unterschätze Instrument. Die Zuordnung von Ressourcen erfolgt in der Regel prioritär zu den Organisationseinheiten, die das Produktmanagement oder den Vertrieb verantworten und dann –mit einigem Abstand – zu den Einheiten, die sich mit der Kommunikation befassen. Das Preismanagement verfügt in vielen Unternehmen über keine dedizierten Ressourcen. Dies steht in krassem Widerspruch zur tatsächlichen Bedeutung der Preispolitik: der Preis ist die Stellgröße, die den Unternehmensgewinn am stärksten beeinflussen kann. Insbesondere in Branchen mit geringen Margen (Umsatzrenditen) können bereits minimale Preiserhöhungen zu erheblich höheren Unternehmensgewinnen führen. Viele Unternehmen neigen in Zeiten von unterausgelateten Kapazitäten dazu, Preise zu senken. Dies hat in der Regel stark negative Effekte auf den Unternehmensgewinn, denn die angestrebten (oder auch tatsächlichen) Mehrabsätze reichen meist nicht aus, um den Effekt der Preissenkung zu kompensieren. Dies ist nicht zuletzt darauf zurückzuführen, dass mit jedem Mehrabsatz auch die variablen Kosten steigen. Wird hingegen eine Preiserhöhung durchgeführt, verändern sich die Kosten nicht.

Im Gegensatz zu allen anderen Instrumenten im Marketing-Mix haben Unternehmen und Kunden beim Preis konträre Ziele: während Kunden möglichst niedrige Preise wünschen, möchten Unternehmen idealerweise einen möglichst hohen Preis realisieren. Ein optimaler Preis ist also möglichst hoch, wirkt aber aus Kundensicht trotzdem attraktiv und setzt einen Kaufanreiz. Dies zu ermöglichen, ist Aufgabe des Preismanagements.

Viele Unternehmen betrachten das Preismanagement zunächst ausschließlich aus Herstellersicht. Der Preis ergibt sich als Ergebnis der buchhalterischen Kostenkalkulation als Summe von Materialeinzelkosten, Materialgemeinkosten, Fertigungseinzelkosten, Sondereinzelkosten der Fertigung, Fertigungsgemeinkosten, Vertriebs- und Verwaltungskosten, Gewinnzuschlag, Rabatten, Boni, Skonti und der Umsatzsteuer. Diese kostenbasierte Methode ist nicht markt- oder kundenorientiert. Dem Kunden ist die Höhe einzelner Kostenpositionen in der regel herzlich egal. Ihn interessiert in erster Linie die absolute Preishöhe. Diese vergleicht er mit dem Angebot des Wettbewerbs. Die kostenbasierte Preisstellung birgt die Gefahr des „sich-aus-dem-Markt-kalkulierens": ist der Preis wenig wettbewerbsfähig, so wird die Nachfrage hinter den Erwartungen zurückbleiben. Dies führt dazu, das die Gemeinkosten auf eine geringere Zahl von Kostenträgern umgelegt werden und diese dadurch noch teurer werden. Das Angebot ist am Markt noch weniger attraktiv.

Eine tatsächliche marktorientierte Preisfindung orientiert sich dagegen an den Preisen des Wettbewerbs und an der Preisbereitschaft der Kunden. Es trägt zudem der Marketingstrategie Rechnung, d. .h berücksichtigt die angestrebte Positionierung des jeweiligen Produkts bzw. der jeweiligen Marke am Markt. Hierbei können zudem weitere Überlegungen einfließen: Soll ein Wettbewerber bewusst unterboten werden, um preissensible Kunden abzuwerben? Soll ein neues Produkt zu einem besonders günstigen Einstiegspreis am Markt angeboten werden, um rasch eine Kundenbasis aufzubauen? Dazu ist zu berücksichtigen, dass mit dem Preis auch immer die Qualitätswahrnehmung eines Produktes beeinflusst wird. So sollte in der Regel ein qualitativ höherwertiges Produkt nicht zu einem unterdurchschnittlichen Preis angeboten werden. Weiterhin ist im Rahmen einer marktorientierte Preisfindung auch zu berücksichtigen, wie sich der Preis auf den jeweiligen Marktpartner auswirkt. Verkauft das Unternehmen seine Produkte beispielsweise an den Handel, so hat das Unternehmen großes Interesse daran, dass auch der Händler eine auskömmliche Marge mit dem Produkt erzielt, denn dann wird er entsprechende Verkaufsanstrengungen unternehmen. Verkauft das Unternehmen hingegen direkt an den

Endkunden muss der Zahlungsbereitschaft gemessen werden. Dazu existiert eine Reihe von Methoden, unter denen sicherlich die Conjoint Analyse die am besten bewährte ist (Rao, 2009).

Um die Preisbereitschaft der Endkunden einschätzen zu können ist ein Verständnis der Preiselastizität wichtig. Die Preiselastizität ist ein Maß dafür, wie stark sich die nachgefragte Menge ändert, wenn sich der Preis ändert. Je höher die Preiselastizität ist, desto stärker reagiert die Menge auf den geänderten Preis (Graf, 2002). Anhand der Preiselastizität kann also ermittelt werden, wie stark Kunden auf Preisänderungen reagieren. Ist die Elastizität niedrig, können die Preise relativ stark variiert werden, ohne dass die Kunden übermäßig reagieren, d. h. z. B. bei Preiserhöhungen wandern kaum Kunden ab. In diesem Fall besteht eine Präferenz für Produkt und/oder Marke, die den Kunden veranlasst, trotz des erhöhten Preises loyal zu bleiben.

3.6.1   Preisbündelung und Preisdifferenzierung

Spezialfälle der marktorientierte Preisfindung sind die **Preisbündelung** und die **Preisdifferenzierung**.

> Bei der **Preisbündelung** werden verschiedene Produkte zu einem Gesamtpreis angeboten, der unter der Summe der Preise für die Einzelprodukte liegt. Bei der reinen Bündelung werden die Produkte nur im Bündel angeboten und können nicht einzeln erworben werden. Bei gemischter Bündelung können die Produkte des Bündels auch einzeln erworben werden.

Die Vorteile einer Preisbündelung sind mannigfaltig:

- Ein Bündelpreis wirkt aus Kundensicht attraktiv und setzt einen Kaufanreiz, da Kunden insbesondere im Fall der gemischten Bündelung die Einzelpreise mit dem Bündelpreis vergleichen.

- Aus diesem Grunde konsumieren Kunden größere Mengen des Bündelprodukts. Dies erhöht zum einen Umsatz und Gewinn des Anbieters, zum anderen steigt dadurch auch der Marktanteil (und es werden möglicherweise andere Anbieter vom Markt verdrängt).

- Anbieter fügen einem Bündel neben attraktiven, etablierten Produkten bisweilen innovative Produkte, welche die Kunden im Bündel mit erwerben und dann ausprobieren. Hier besteht die Chance, Kunden für das neue Produkt zu gewinnen und zu begeistern.

- In vielen Fällen ist es aus Sicht des Herstellers effizienter ein Bündelprodukt anzubieten, da z. B. Synergien in der Erstellung oder Abwicklung des Bündelprodukts gehoben werden können oder Skaleneffekte bei der Beschaffung größerer Mengen exploriert werden können.

| Von **Preisdifferenzierung** spricht man, wenn ein Unternehmen für (nahezu) gleiche Produkte unterschiedliche Preise verlangen kann und sich die Preisunterschiede nicht oder nicht gänzlich durch Kostenunterschiede begründen lassen.[215]

Das Ziel der Preisdifferenzierung besteht in der möglichst vollständigen Abschöpfung der so genannten Konsumentenrente durch die Schaffung von Teilmärkten mit spezifischem Nachfrageverhalten. Idealerweise gelingt eine perfekte Preisdifferenzierung, d. h. jeder Kunde bezahlt genau den Preis, den er maximal zu bezahlen bereit ist. Dies gelingt in der Unternehmenspraxis jedoch nur in Ausnahmefällen, da in der Regel die individuelle Zahlungsbereitschaft der Kunden nicht bekannt ist bzw. personifizierte Preise nicht am Markt durchgesetzt werden können. Zudem gelingt es Unternehmen oft nicht, die Etablierung eines Sekundärmarktes zu verhindern, auf dem die Kunden das Produkt weiterverkaufen und so Arbitragegewinne realisieren. In der Praxis gelingt eine perfekte Preisdifferenzierung nur über Auktionen, da hier die Bieter ihre Preisbereitschaften offenlegen. Während bei einer normalen Auktion (z. B. Ebay) von unten nach oben gesteigert wird und der Bieter mit der höchsten Preisbereitschaft letztendlich nur die Preisbereitschaft des zweithöchsten Bieters übertreffen muss, gelingt bei einer so genannten umgekehrten (oder holländischen) Auktion, bei der ein extrem hoher Ausgangspreis so lange schrittweise gesenkt wird bis der Bieter mit der höchsten Preisbereitschaft diese über ein Gebot offenlegt, eine perfekte Preisdifferenzierung.

Nun können nicht alle Produkte in Form einer umgekehrten Auktion verkauft werden (man denke nur an die Güter des täglichen Bedarfs). Unternehmen werden trotzdem bemüht sein mittels geeigneter Gestaltung von Preisen, Mengen und/oder Produkten die Zahlungsbereitschaft der Kunden festzustellen und auszureizen bzw. Kunden mit unterschiedlicher Zahlungsbereitschaft aufgrund verschiedener Kaufkraft abzuschöpfen (Simon/Fassnacht ,2009). Populäre Ansätze sind hier:

- die **quantitative Preisdifferenzierung**, bei der der Preis an die abgesetzte Menge gekoppelt wird (z. B. über einen Mengenrabatt) und nicht proportional zur abgenommenen Menge verläuft (so genannte nicht-lineare Preispolitik),

- die **qualitative Preisdifferenzierung**, die die höhere Preisbereitschaft qualitätsbewussterer Kunden abschöpft,

- die **persönliche Preisdifferenzierung** basierend auf unterschiedlichen spezifischen Merkmalen des Käufers (z. B. Alter, Geschlecht) oder nach Zugehörigkeit zu einer bestimmten sozialen Gruppe (z. B. Studenten- oder Seniorenrabatte),

- die **räumliche Preisdifferenzierung**, mittels derer geographische Kaufkraftunterschiede (Differenzierungskriterium sind z. B. geographisch abgegrenzte Teilmärkte in Form von Ländermärkten, Regionen, Städten) ausgenutzt werden und

---

[215] Die Strategien der Preis- und Produktdifferenzierung sind somit eng verknüpft.

■ die **zeitliche Preisbereitschaft**. Es werden unterschiedliche Preise in Abhängigkeit vom Kaufzeitpunkt gefordert. Hier kann einerseits z. B. ein früher Kauf belohnt (z. B. Frühbucherrabatt bei Urlaubsreisen) bzw. eine niedrige Dispositionsfähigkeit (z. B. Flexibilitätserfordernisse bei Geschäftsreisenden). Andererseits kann z. B. ein früher Kauf bestraft (z. B. Verfügbarkeit von Information) und ein später Kauf belohnt werden (z. B. geringere Zahlungsbereitschaft von später Mehrheit oder Nachzüglern bei innovativen Produkten)

Die Wahlentscheidung bzgl. der verschiedenen Optionen ist dem Kunden überlassen (Selbstselektion) und von dessen Präferenzen abhängig. Die Sekundärmarktproblematik wird dadurch merklich entschärft.

3.6.2   Preisstrategien

Mit der Einführung eines Produktes am Markt ist auch über die zugehörige Preisstrategie zu entscheiden. Generell ist hier zwischen **statischen** (der Preis ändert sich im Laufe des Produktlebenszyklus nur unwesentlich, z. B. nur durch Inflationsanpassungen) und **dynamischen Preisstrategien** (der Preis wird vom Anbieter im Laufe des Lebenszyklus bewusst angehoben oder gesenkt) zu unterscheiden. Eine eher kurzfristige dynamische Preisstrategie ist als Sonderfall das so genannte **Yield Management**.

Statische Preisstrategien sind die **Prämien-oder Hochpreispolitik** und die **Promotions- oder Niedrigpreispolitik**. Bei der Prämienpreispolitik verfügt das Unternehmen gegenüber seinen Wettbewerbern über einen marktlichen Vorteil (z. B. Design, innovative Technik, besonders begehrenswerte Marke), der es ihm erlaubt einen relativ hohen Marktpreis durchzusetzen. Ein überragendes Qualitätsimage ist die Voraussetzung für den erfolgreichen Einsatz der Prämienpreispolitik. Die Promotionspreisstrategie ist durch ihre relativ niedrigen Preise gekennzeichnet. Das Motiv für eine solche Strategie liegt meist in einer angestrebten Preis-oder Kostenführerschaft. Dabei besteht jedoch die Gefahr von Preis-Qualitäts-Irradiationen. Aus diesem Grund sollte diese Strategie nur bei vom Kunden direkt überprüfbarer Produktqualität zu Einsatz kommen. Die Sonderpreispolitik stellt eine besondere Form der Promotionspreispolitik dar. Sie ist eine zeitlich begrenzte, wettbewerbsorientierte Preissenkung, die auf Marktanteilsgewinne zielt. Sie wird z. B. zur Überbrückung von Zeiten mit stark unterausgelasteten Kapazitäten eingesetzt.

Dynamische Preisstrategien sind die **Marktabschöpfungsstrategie (Skimming Pricing)** und die **Marktdurchdringungspolitik (Penetration Pricing)**.

> Die **Marktabschöpfungspolitik** ist durch einen relativ hohen Einführungspreis gekennzeichnet, der zunächst nur einen kleinen Kreis potentieller Käufer anspricht. Nach und nach werden dann die Preise gesenkt, um weitere Käuferkreise gewinnen zu können.

Die Marktabschöpfungspolitik ist insbesondere bei hochinnovativen Produkten erfolgsversprechend, wenn die Vergleichsmöglichkeiten der Kunden eingeschränkt sind und hohe Preise tendenziell als Indikator für hohe Qualität angesehen werden. Das Risiko dieser Strategie besteht vor allem darin, dass durch die hohen Gewinnpotenziale für potenzielle Wettbewerber einen Anreiz setzen, in den Markt einzutreten.

> Die **Marktdurchdringungspolitik** ist durch einen relativ niedrigen Einführungspreis gekennzeichnet, der in der Regel auch in den Folgeperioden beibehalten wird. Mit Hilfe des attraktiven Einstiegspreises versucht man eine rasche Marktdurchdringung und einen hohen Marktanteil zu erringen, um in diesem Stadium dann Rationalisierungs- und Kostensenkungspotentiale zu realisieren und nun Gewinne zu realisieren.

Für diese Preispolitik ist in der Regel ein hohes Marktpotential erforderlich. Bei erfolgreicher Umsetzung ergeben sich für Konkurrenten hohe Markteintrittsbarrieren. Bei entsprechender Profilierung am Markt könnten dann im Zeitablauf die Preise eventuell sogar langsam angehoben werden.

Unternehmen müssen für den Markteintritt genau analysieren, welche der Strategien zur Anwendung kommen soll. Für eine Skimming- und gegen eine Penetrationsstrategie sprechen:

- eine geringe Preiselastizität in der Einführungsphase,

- die mögliche Realisation hoher kurzfristiger Gewinne,

- ein später Konkurrenzeintritt,

- starke Konzentrationstendenzen bei Vertriebspartner (z. B. im Handel),

- ein hoher Innovationsgrad des Produkts,

- die dadurch erfolgende Unterstützung der Produktpositionierung im höherwertigen Preis-Qualitätsfeld und

- die graduelle Abschöpfung der Preisbereitschaft in Form einer zeitlichen Preisdifferenzierung.

Für eine Penetrations- und gegen eine Skimmingstrategie sprechen hingegen:

- die Erzielung hoher Gesamtdeckungsbeiträge durch schnelles Absatzmengenwachstum trotz niedriger Stückdeckungsbeiträge,

- hohe Lernraten und dadurch eine optimale Ausnutzung von Erfahrungskurveneffekten,

- ein Mangel an glaubwürdigen Alternativen, da z. B. eine höhere Preispositionierung aufgrund geringer oder gänzlich fehlender Produktüberlegenheit nicht in Frage kommt sowie

- die Möglichkeit der Abschreckung von Konkurrenten durch niedrige Einführungspreise.

Beim so genannten **Yield Management (Ertragsmanagement)** wird anhand eines dynamischen Preisdifferenzierungsmodells versucht Preis und Nachfrage in Abhängigkeit bereits
bekannter Nachfragefunktionen zu steuern. Neben der Abschöpfung der maximalen kun-
denseitigen Preisbereitschaft dient das Yield Management auch der Kapazitätssteuerung
(z. B. bei Fluglinien) (Mauri, 2007). Ziel ist es dabei, auch bei stark schwankender Nachfrage eine gleichmäßige Auslastung zu erreichen und den Gesamtertrag je Produkt zu maxi-
mieren. Die Besonderheit im Vergleich zur klassischen zeitlichen Preisdifferenzierung
besteht darin, dass es zum einen auf der Ebene einzelner Angebote (z. B. ein bestimmter
Flug auf einer Strecke an einem bestimmten Datum zu einer bestimmten Uhrzeit) durchgeführt wird und zum anderen auf einer Kontingentierung basiert, d. h. dass innerhalb des
Angebots (z. B. 100 Sitzplätze auf dem designierten Flug) Kontingente gebildet werden (z.
B. es werden immer 10 Plätze zu einem identischen Preis verkauft). Ist ein Kontingent
aufgebraucht, ist der zugehörige Preis nicht mehr verfügbar. Das Besondere an dieser
Form der Kontingentierung ist die Tatsache, dass die jeweiligen Kontingente nicht nur an
beobachtbare soziodemographische oder andere Kriterien geknüpft werden, sondern auch
an Verhalten (z. B. Kaufzeitpunkt). Dabei kommen zur optimalen Ausgestaltung von
Preishöhen und Kontingentgrößen auf Marktforschungsergebnissen basierende statistische
Prognosemodelle zum Einsatz.

3.6.3   Ansatzpunkte zur Bestimmung des optimalen Angebotspreises

Aufgrund der skizzierten Besonderheiten der Preispolitik einerseits sowie der im Allgemeinen unvollständigen Informationen über die komplexen Wirkungsmechanismen andererseits sind Preisentscheidungen für die Unternehmen mit einem erheblichen Risiko verbunden.

Im Zusammenhang mit Preisentscheidungen lässt sich zwischen **internen und externen
Einflussfaktoren** unterscheiden. **Abbildung 3.16** nach *Hollensen/Opresnik* (2010) veranschaulicht diese Abgrenzung.

Abbildung 3.16 Einflussfaktoren bezüglich der Bestimmung des optimalen Angebotspreises

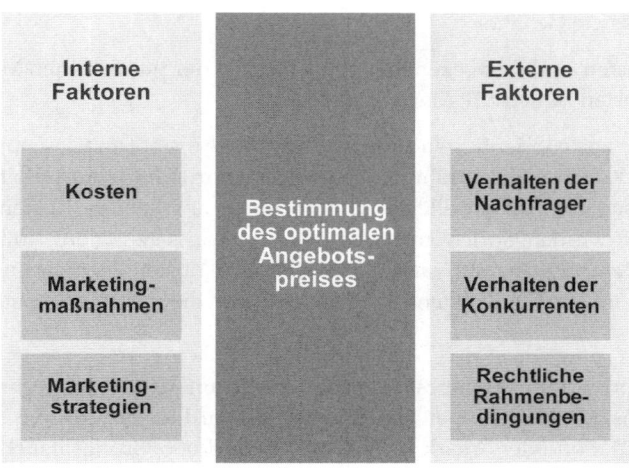

Quelle: Hollensen / Opresnik, 2010

Eine zentrale Rolle als interner Einflussfaktor spielen die Kosten, da sich das Ertragspoten-
tial eines Produktes aus dem Verhältnis zwischen Preis und Kosten ergibt. Darüber hinaus
werden Preisentscheidungen von Marketingstrategien beeinflusst. So wird beispielsweise
ein Unternehmen, welches mit seinem Produkt eine Premiumstrategie verfolgt, zweifellos
einen vergleichsweise hohen Preis anstreben. Auch die Interaktion mit den anderen Marketinginstrumenten muss bei jeder Preisentscheidung berücksichtigt werden. So wirkt sich
beispielsweise eine Entscheidung, das eigene Produkt über Discounter zu vertreiben,
selbstverständlich auch auf die Höhe der Preisforderung aus. Zentrale externe Einflussgrößen sind einerseits die Verhaltensweisen von Nachfragern und Konsumenten und
andererseits die relevanten rechtlichen Rahmenbedingungen (z.B. vertikale Preisbindung
für Verlagserzeugnisse).

3.6.3.1   Kostenorientierte Bestimmung des Angebotspreises

Zu den unmittelbaren Einflussgrößen zählen die Kosten, welche im Unternehmen aufgrund der Leistungserstellung angefallen sind. Grundlegendes Ziel eines jeden Unterneh-
mens ist die langfristige Existenzsicherung, das heißt, die Gesamtkosten müssen durch die
Erlöse für die vermarkteten Sach- oder Dienstleistungen gedeckt werden. Vor diesem
Hintergrund ist jede Preisforderung daraufhin zu überprüfen, in welchem Umfang sie zur
Deckung derjenigen Kosten beiträgt, die mit der unternehmerischen Tätigkeit verbunden
sind. Eine Preisforderung ist in diesem Sinne optimal, wenn sie der Unternehmung unter
Berücksichtigung der Selbstkosten die Realisierung des geplanten Gewinns ermöglicht.

Die für diese Analyse zu betrachtenden **Kostenbegriffe** sind (vgl. hierzu auch Kapitel 4):

■ **Fixe Kosten** sind unabhängig von der produzierten Menge, bleiben bei deren Schwankung folglich unverändert. Zu den fixen Kosten zählen z.B. die Miete für Lager- und Büroräume sowie Gehälter.

■ **Variable Kosten** sind demgegenüber abhängig von der produzierten Menge. Zu den variablen Kosten zählen z.B. Materialverbräuche.

Im Rahmen der kostenorientierten Preissetzung des Angebotspreises unterscheidet man zwei Arten von Kalkulationsverfahren, die **vollkostenorientierte und die teilkostenorientierte Preisfestsetzung**. Sollen alle im Unternehmen anfallenden Kosten direkt auf die Produkte verteilt werden, spricht man von einer Preisfestsetzung auf Vollkostenbasis. Sie berücksichtigt demnach sowohl variable als auch fixe Kosten. Demgegenüber fließen bei der Preisfestsetzung auf Teilkostenbasis zunächst nur die variablen Kosten direkt in die Kalkulation ein.

Die **kostenorientierte Preisbestimmung** beruht auf der Kostenrechnung des Rechnungswesens. Das dabei angewandte Verfahren wird als progressive Kalkulation, Zuschlagskalkulation oder "mark up pricing" bezeichnet. Grundsätzlich ergibt sich der Angebotspreis p aus den totalen Durchschnittskosten k, die um einen mehr oder weniger einheitlichen prozentualen Gewinnzuschlag g erhöht werden:

$$P = k \left(1 + g/100\right)$$

Die Bestimmung des Angebotspreises auf Basis der Vollkostenrechnung weist verschiedene Vorteile auf: Sie ist einfach anwendbar und führt folglich zu einer schnellen Entscheidung. Der zusätzliche Informationsbedarf ist gering, da die benötigten Daten in der Regel im Rechnungswesen des Unternehmens vorliegen.

Bei einer **Kalkulation auf Vollkostenbasis** enthalten die Selbstkosten k anteilige Fixkosten. Es gilt daher: Je kleiner die abgesetzte Menge, desto höher ist der in k enthaltenen Anteil an Fixkosten. Dies impliziert, dass die Preisbildung auf Vollkostenbasis bei überdurchschnittlichem Kostenniveau des Anbieters zu einer Kosten-Preis-Spirale führt: Es besteht die Gefahr des "aus dem Markt Herauskalkulierens". Eine streng vollkostenorientierte Preispolitik bedeutet auch die Aufgabe einer aktiven Preispolitik, weil sie sich selbst an die Kostensituation bindet.

Bei einer **Kalkulation auf Teilkostenbasis (auch Deckungsbeitragsrechnung genannt)** werden die variablen Kosten als Ausgangspunkt genommen und darauf ein Bruttogewinnzuschlag berechnet. Dieser enthält dann nicht nur einen Gewinnanteil, sondern auch einen Beitrag an die fixen Kosten:

$$P = k_v + db$$

Der **Deckungsbeitrag pro Stück** ist demnach positiv, wenn der Produktpreis höher ist als die variablen Stückkosten. Aus den Deckungsbeiträgen aller betrieblichen Leistungsträger verbleibt dem Unternehmen nach Abzug der fixen Kosten ein Gewinn. Die teilkostenorientierte Preisbildung wird folglich auch als Deckungsbeitragsrechnung bezeichnet.

In diesem Zusammenhang ist es wichtig zu wissen, wo für ein Unternehmen die kostenorientierten Preisuntergrenzen liegen:

- Die **langfristige Preisuntergrenze** liegt dort, wo der Preis sämtliche Kosten deckt. Dies ist dann der Fall, wenn der Preis gleich den totalen Stückkosten ist.

- Bei der **kurzfristigen Preisuntergrenze** entspricht der Preis den variablen Stückkosten. Die fixen Kosten werden also nicht gedeckt. Dies ergibt sich aus der Überlegung, dass kurzfristig die Fixkosten nicht verändert werden können und diese somit ohnehin anfallen.

Den Ausgangspunkt der Deckungsbeitragsrechnung bildet die folgenden Grundgleichungen:

Gewinn (G) = Erlös (E) – Kosten (K)

$$G = p^* x - k_v {}^* x - K_{Fix}$$

Mit Hilfe der sog. **Break-Even-Analyse** lässt sich jene Absatzmenge ermitteln, welche bei einer bestimmten Preisforderung erreicht werden muss, um Vollkostendeckung zu erreichen. Im Break-even-Punkt ist der Gewinn gleich null, d.h. es wird weder ein Gewinn noch ein Verlust erzielt, die Kosten werden durch den Erlös genau gedeckt. Die impliziert, dass G = 0 gesetzt werden muss.

Als Formel für die Break-even-Menge ergibt sich:

$$X_{BE} = K_{Fix} / (p - k_v)$$

Für den Preis gilt:

$$P = [(G + K_{Fix}) / x] + k_v$$

Grafisch gibt der Schnittpunkt von Umsatz- und Kostenkurve den Break-Even-Point an. Erst bei einer Absatzmenge, die größer ist als X_{BE}, erwirtschaftet das Unternehmen einen Gewinn. **Abbildung 3.17** veranschaulicht, wie sich der Break-Even-Point bestimmen lässt.

Abbildung 3.17   Break-Even-Analyse

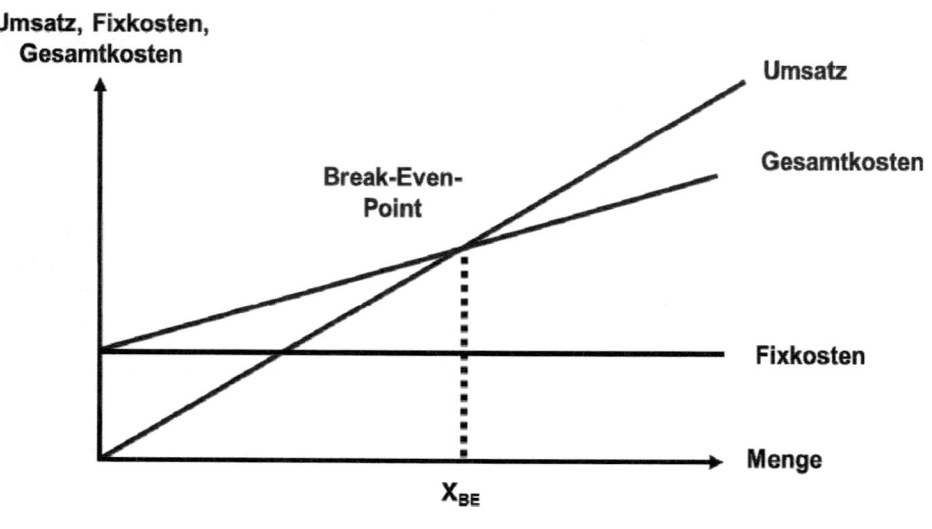

Quelle: Hollensen / Opresnik, 2010

Dieses weit verbreitete Verfahren hat einen gravierenden Nachteil: Der Preis wird nämlich aufgrund des geschätzten Absatzes bestimmt, obschon der Absatz wiederum vom Preis abhängt. Die Elastizität der Nachfrage wird nicht berücksichtigt und der festgesetzte Preis kann zu hoch oder zu niedrig sein, um die produzierte Menge aufgrund des geschätzten Absatzes verkaufen zu können.

3.6.3.2   Nachfrageorientierte Bestimmung des Angebotspreises

Die Abnehmer sind für die Preispolitik der Anbieter von zentraler Bedeutung. Grundlage der **nachfrageorientierten Preisbestimmung** sind somit nicht die Kosten des Verkäufers, sondern der vom Käufer subjektiv empfundene Wert eines Produktes. Das Unternehmen orientiert sich an den Marktdaten bzw. Nachfrageverhältnissen. Es muss dabei folgende Fragen stellen:

■ Wie schätzt der Verbraucher das Produkt ein?

■ Welchen Ruf besitzt der Anbieter, Hersteller oder Händler?

■ Welchen Preis ist der Käufer bereit zu zahlen?

■ Welche Spannen fordern Groß- und Einzelhandel, damit sie das Erzeugnis in ihr Sortiment aufnehmen und sich für den Absatz einsetzen?

Je größer die Nutzenerwartung des Konsumenten für ein Produkt ist, umso höher wird dieses Produkt im Vergleich zur Konkurrenz bewertet. Dies äußert sich wiederum in einer hohen Nachfrage und erlaubt es dem Unternehmen, einen hohen Preis zu verlangen.

Von besonderer Bedeutung für die Analyse des Preisverhaltens der Nachfrager ist die **Preis-Absatz-Funktion**, welche den Zusammenhang zwischen der Höhe der Preisforderung p und der Absatzmenge x darstellt. Die Preis-Absatz-Funktion ist folglich der geometrische Ort aller mengenmäßigen Reaktionen der Nachfrager auf verschiedene Preisforderungen des Anbieters.

Preis-Absatz-Funktionen weisen in der Praxis unterschiedliche Funktionsverläufe auf, wobei der einfachste Fall die linear fallende Preis-Absatz-Funktion ist. Sie stellt eine lineare Marktreaktionsfunktion zwischen der Aktionsvariablen „Preis" und der Reaktionsvariablen „Menge" dar. Häufig wird die Regressionsanalyse (vgl. hierzu den Abschnitt Marktforschung) zur empirischen Ermittlung des Zusammenhangs zwischen diesen beiden Parametern eingesetzt.

Die nachfolgende **Abbildung 3.18** enthält ein Beispiel für eine lineare Preis-Absatz-Funktion.

Abbildung 3.18   Preis-Absatz-Funktion

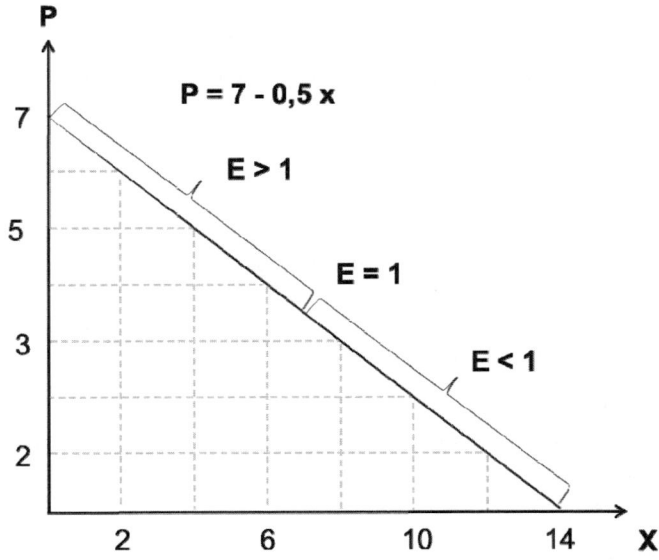

Bei einem Produktpreis von 5 EUR kann das Unternehmen die Menge 4 absetzen. Senkt das Unternehmen den Preis auf 3 EUR, steigt die Absatzmenge auf 8.

Die Reaktion der Nachfrager auf Änderungen der Preisforderung lässt sich anhand der **Preiselastizität der Nachfrage** bestimmen. Sie ist ein allgemeines Maß zur Ermittlung der mengenmäßigen Konsequenzen von Preisentscheidungen und stellt somit eine zentrale Information im Rahmen der Preispolitik dar.

> Die **Preiselastizität der Nachfrage** misst, wie sich die Nachfragemenge verändert, wenn sich der Preis eines Gutes erhöht.

Die Preiselastizität der Nachfrage ist die prozentuale Mengenänderung der Nachfrage bei einer Änderung des Preises um ein Prozent. Die Preiselastizität der Nachfrage hängt ab von:

- der Erhältlichkeit enger Substitute,

- ob es sich um Lebensnotwendiges oder um Luxusgüter handelt,

- von der Marktabgrenzung,

- vom Zeithorizont.

Die Preiselastizität der Nachfrage ergibt sich aus der prozentualen Mengenänderung dividiert durch die prozentuale Preisänderung:

$$\varepsilon = \frac{\text{Prozentuale Mengenänderung}}{\text{Prozentuale Preisänderung}} = \frac{P}{X} * \frac{\Delta X}{\Delta P}$$

Beispiel: Wenn der Preis eines Produktes von € 2,00 auf € 2,20 steigt und die nachgefragte Menge von 10 Stück auf 8 Stück fällt, dann würde die Nachfrageelastizität wie folgt berechnet:

$$\varepsilon = \frac{[(10\text{-}8) / 10] * 100}{[(2,20 - 2,00) / 2,00] * 100} = \frac{20\%}{10\%} = 2$$

Dieser Wert sagt aus, dass die prozentuale Absatzänderung das Doppelte der prozentualen Preisänderung ausmacht. Da die Mengenänderung größer ist als die Preisänderung, spricht man in diesem Fall von einer elastischen Nachfrage (Koeffizient ist kleiner als -1). In dem Punkt, der die Preis-Absatz-Funktion halbiert, ist die Preiselastizität genau -1.

Um nun fundierte Entscheidungen bezüglich des richtigen Angebotspreises treffen zu können, benötigt das Marketing mehr oder weniger genaue Informationen darüber, wie stark die Nachfrager auf unterschiedliche Preisforderungen reagieren. Prinzipiell können die folgenden Fälle unterschieden werden:

- Unelastische Nachfrage

  - Die Nachfragemenge reagiert nicht sehr stark auf Preisveränderungen.
  - Die Preiselastizität der Nachfrage ist kleiner als 1.

■ Elastische Nachfrage

 – Die Nachfragemenge reagiert stark auf Preisveränderungen.
 – Die Preiselastizität ist größer als 1.

■ Vollkommen unelastische Nachfrage

 – Die Nachfragemenge reagiert nicht auf Preisveränderungen.
 – Vollkommen elastische Nachfrage
 – Preisveränderungen führen zu einer unendlichen Veränderung der Nachfragemenge.

Preis-Absatz-Funktionen liefern damit wichtige Informationen für die Abschätzung der Folgen preispolitischer Maßnahmen. Dies führt zu der Frage, wie die Bestimmung von Preis-Absatz-Funktionen in der betrieblichen Praxis erfolgt. Hier sind vor allem die folgenden Methoden verbreitet:

■ Expertenbefragungen

■ Experimente mit unterschiedlichen Preisansätzen

■ Kundenbefragungen

■ Auswertung von konkretem Kaufverhalten nach Preisveränderungen

3.6.3.3   Wettbewerbsorientierte Bestimmung des Angebotspreises

Auf den meisten Märkten herrscht heute ein ausgeprägter Wettbewerb. Die Anbieter sind normalerweise in der Lage, die vorhandene Nachfrage zu befriedigen. Existieren keine oder nur geringe nicht-preisliche Präferenzen der Nachfrager, kann ein Unternehmen seine Preisforderung nicht ohne Analyse der Preisforderungen der unmittelbaren Konkurrenten festlegen. Der **wettbewerbsorientierten Preisbildung** kommt folglich eine entsprechende praktische Bedeutung zu.

Bei der konkurrenzorientierten Preisbestimmung richtet sich das Unternehmen nach den Preisen der Konkurrenz. Damit besteht weder ein festes Verhältnis zwischen Preis und Nachfrage noch zwischen Preis und Kosten.

Der eigene Preis wird entweder in gleicher Höhe wie der Konkurrenzpreis (=Leitpreis) oder mit einer bestimmten Abweichung angesetzt. Der einmal festgesetzte Preis wird so lange beibehalten, bis der Leitpreis geändert wird, unabhängig von der jeweiligen Nachfrage- und Kostensituation.

Die konkurrenzorientierte Preisbildung findet man oft auf Märkten mit homogenen Gütern (z.B. Rohstoffe) und/oder oligopolistischer oder atomistischer Konkurrenz.

3.6.3.4   Integrative Bestimmung des Angebotspreises

Die Ausführungen zeigen, dass die Gestaltung der optimalen Preisforderung je nach Unternehmens- und Marktsituation gleichermaßen von der Kostensituation sowie dem Verhalten der Nachfrager und Konkurrenten abhängt.

In der Praxis sind außerdem vielfach produktionstechnische, finanzwirtschaftliche oder auch marketingstrategische Aspekte bei der Preisfestsetzung zu berücksichtigen. Die simultane Berücksichtigung aller Einflussfaktoren der Preis- und Konditionenpolitik zur Bestimmung der optimalen Preisforderung verdeutlicht nachstehende Abbildung 3.19.

Abbildung 3.19   Einflussfaktoren der Preis- und Konditionenpolitik im Rahmen eines integrativen Ansatzes nach *Hollensen/Opresnik*

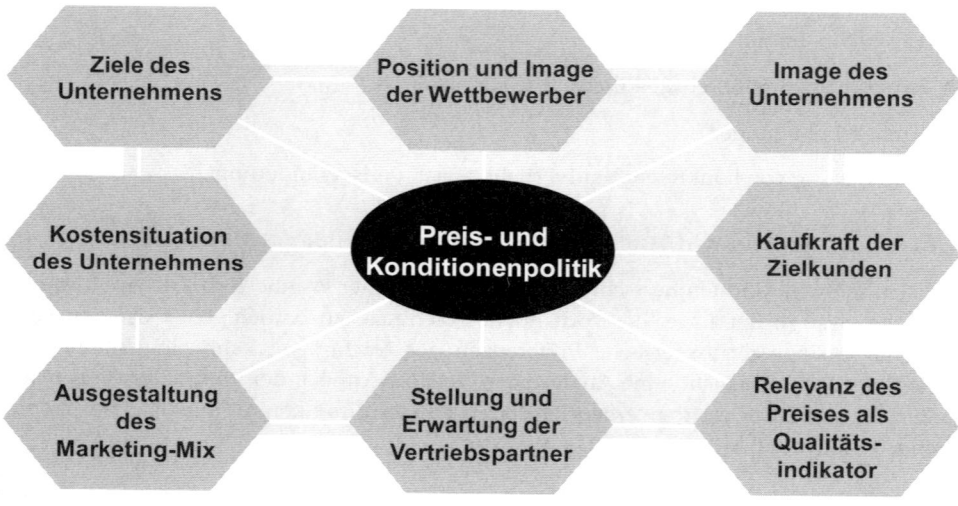

Quelle: Hollensen / Opresnik, 2010

Wiederholungsfragen

1.   Erläutern Sie die folgende Aussage an einem konkreten Beispiel: „Nachfrager vergleichen niemals Produktpreise isoliert, sondern beurteilen stets das Verhältnis zwischen Preis und Nutzen."

2.   Erläutern Sie die Besonderheiten der Preispolitik im Vergleich zu anderen Marketinginstrumenten!

3.   Was versteht man unter Preisdifferenzierung? Welches Ziel wird mit ihr verfolgt?

4. Welche Voraussetzungen müssen erfüllt ein, um eine erfolgreiche Preisdifferenzierung durchzuführen?

5. Erläutern Sie die verschiedenen Formen der Preisdifferenzierung!

6. Skizzieren Sie die verschiedenen Arten der Preisdifferenzierung anhand von Beispielen!

7. Erläutern Sie das Wesen der Preisbündelung!

8. Gehen Sie auf die Bedeutung von Preispositionierungsstrategien ein!

9. Grenzen Sie die Preisstrategien bei der Einführung neuer Produkte gegeneinander ab! Nennen Sie jeweils diejenigen Faktoren, welche ihren Einsatz begünstigen!

10. Grenzen Sie die Preisfestsetzung auf Vollkostenbasis und auf Teilkostenbasis voneinander ab.

11. Geben Sie die Vor- und Nachteile der vollkostenorientierten Preisbildung an!

12. Weshalb besteht die Gefahr, dass sich ein auf Vollkostenbasis kalkulierender Anbieter selbst der Wettbewerbsfähigkeit beraubt?

13. Erläutern Sie die wesentlichen Merkmale der Break-Even-Analyse! Diskutieren Sie den Einfluss steigender Fixkosten auf das Modell!

14. Welcher Zusammenhang wird durch die Preis-Absatz-Funktion dargestellt?

15. Welche Informationen enthält die Preiselastizität der Nachfrage? Was sagt eine Preiselastizität von e = - 2 aus?

3.7 Kommunikationspolitik

Lernziele

Der Markterfolg hängt in vielen Produktbereichen zunehmend davon ab, inwieweit es gelingt, die Unternehmen und Marken für die Öffentlichkeit, insbesondere die anvisierte Zielgruppe, sichtbar zu machen. Also wird die auf den Absatzmarkt gerichtete Marktkommunikation betrachtet, welche als „Sprachrohr" des Marketing gilt. Dieses Kapitel hat die entsprechende Lernziele zum Inhalt und möchte folgendes vermitteln:

- welches die begrifflichen Grundlagen der Kommunikationspolitik sind,

- was die typischen Aufgaben der Kommunikationspolitik im Verlauf des Prouktlebenszyklus sind,

- welche Bedeutung die Kommunikationspolitik für den Aufbau von Marken hat,

- welche Werbewirkungsmodelle existieren,

- was für Implikationen der Information Overload beinhaltet,

- welches Instrumente der Kommunikationspolitik zur Anwendung kommen können und

- wie die Messung der Kommunikationswirkung erfolgen kann.

Als **Kommunikationspolitik** wird die Gesamtheit der Kommunikationsinstrumente und -maßnahmen eines Unternehmens bezeichnet, die eingesetzt werden, um das Unternehmen und seine Leistungen den relevanten Zielgruppen des Unternehmens darzustellen (Rennhak, 2001).

Kommunikationspolitik nimmt damit eine wichtige Funktion im Marketing ein (Unger/Fuchs ,2005). Sie bildet zusammen mit der Produktpolitik, der Preispolitik und der Distributionspolitik das marketingpolitische Instrumentarium des Unternehmens und schafft eine Verbindung zwischen der unternehmerischen Initiative in der Produktentwicklung, der marktgerechten Preisfindung und der verkaufsmäßigen Umsetzung im Markt. Die Entscheidungen der Produkt- und Preispolitik sind auf die Leistungserstellung gerichtet. Sie legen das Leistungsprogramm des Unternehmens detailliert fest. Demgegenüber hat die Kommunikationspolitik die Aufgabe der Leistungsdarstellung des Unternehmens gegenüber seinen Zielgruppen. Dabei umfasst die Kommunikationspolitik sowohl Maßnahmen der marktgerichteten, externen Kommunikation (z. B. Anzeigenwerbung), der innerbetrieblichen, internen Kommunikation (z. B. Mitarbeiterzeitschriften) als auch der interaktiven Kommunikation zwischen Mitarbeitern und Kunden (z. B. Kundenberatungsgespräche). Da sämtliche Marketinginstrumente kommunikative Wirkungen entfalten können, gilt die Kommunikationspolitik als Bindeglied zwischen allen Instrumenten des Marketing-Mix.

Die Kommunikationspolitik subsumiert alle zielgerichteten Maßnahmen des Unternehmens, die zur Steuerung von Meinungen, Einstellungen, Erwartungen und Verhaltensweisen der Zielgruppe eingesetzt werden. Alle kommunikativen Maßnahmen werden durchgeführt, um vorab definierte Kommunikationsziele zu erfüllen. Grundsätzlich kann hier zwischen Kontaktzielen (streutechnischen Zielen), ökonomischen Zielen (Verhaltenszielen) und außerökonomischen Zielen (Wirkungszielen) unterschieden werden (Rennhak, 2001).

Unter Kontaktzielen werden Ziele verstanden, die an Kontaktmaße in Bezug auf die definierte Zielgruppe anknüpfen. Es handelt sich hierbei z. B. um Reichweitenzahlen oder die Kontakthäufigkeit der Rezipienten mit dem Kommunikationsinstrument. Messbare Kommunikationswirkungen bzgl. betriebswirtschaftlicher Größen – wie beispielsweise Veränderungen von Marktanteil oder Absatz – subsumiert man unter den ökonomischen Werbezielen. Außerökonomische Ziele beeinflussen die Realisation ökonomischer Ziele bzw. sind die Voraussetzung für die Erfüllung derselben. Angestrebte Wirkungen in der Psyche der Kommunikationsempfänger müssen folglich verhaltensrelevant für nachgelagertes Kauf- und/oder Verwendungsverhalten sein. So sollen durch die psychologischen Zielgrößen Bekanntheitsgrad oder Produktwissen der Konsumenten gesteigert oder ihr Empfinden gegenüber dem Produkt verbessert werden.

Aufgabe der Kommunikationspolitik ist die Identifikation und Umsetzung der zielgruppengerechten Kommunikations-Mixe als jener Kombination von informations- und kommunikationsbezogenen Instrumenten, die zur Erfüllung der definierten Kommunikationsziele dienen. Die grundsätzliche Entscheidung, die im Rahmen der Gestaltung des Kommunikations-Mix zu treffen ist, ist die Wahl einer Push- oder Pull-Strategie. Bei der Wahl einer Push-Strategie richten sich die Kommunikationsanstrengungen vor allem an Intermediäre (Großhändler, Einzelhandel etc.). Diese sollen dazu veranlasst werden, das Produkt im Sortiment zu führen und zu fördern und so Endkunden anzusprechen, das Produkt also quasi durch den Absatzkanal zu „schieben". Bei einer Pull-Strategie richten sich die Kommunikationsanstrengungen an den Konsumenten, der bei den Intermediären für die entsprechende Nachfrage sorgt, das Produkt quasi durch den Absatzkanal „ziehen" soll.

Zunächst ist das Kommunikationsbudget nach Höhe und sachlicher Verteilung festzulegen. Zur Bestimmung des Kommunikationsbudgets haben sich in der Praxis die Methode des Sich-Leisten-Könnens („All-you-can-afford"), die Prozent-vom-Umsatz-Methode, die Methode der Wettbewerbsparität (Orientierung an den Kommunikationsausgaben der Mitbewerber) und die Ziel-und-Aufgaben-Methode herausgebildet. Bei letzterer wird das Kommunikationsbudget gemäß der Festlegung der Kommunikationsziele, der Bestimmung der konkreten Aufgaben zur Erreichung dieser Ziele und einer Schätzung der Kosten jeder einzelnen Aufgabe gebildet. Hierfür ist entsprechend der Zusammenhang zwischen Kommunikationsaufwendungen und Kommunikationszielen abzuschätzen. Für die sachliche Verteilung des Kommunikationsbudgets sind zudem Kosteninformationen bezüglich der Kommunikationsinstrumente und -dienstleistungen in Erfahrung zu bringen. Grundsätzliche Anforderungen an ein Kommunikationsbudget sind Kontinuität (d. h. eine zeitliche Verteilung des Kommunikationsdrucks, um zeitbeanspruchende Lernprozesse für das Erlernen neuer Botschaften zu ermöglichen und informationsüberlasteten Konsumenten dies durch regelmäßige Wiederholung zu erleichtern), Kraft (ein zu niedriges Kommunikationsbudget geht im Wettbewerbsumfeld unter) und Mischung (Mix-Kampagnen, wie z.B. kombinierte TV-Print- oder TV-Radio-Kampagnen, tragen weiter als Mono-Kampagnen).

Aufbauend auf die Festlegung des Kommunikationsbudgets erfolgt die Auswahl der Kommunikationsinstrumente und -kanäle (Pepels, 1997). Die einzelnen Kommunikationsinstrumente werden dabei auf ihre spezifische Eignung zur Erreichung der Kommunikationsziele unter Einhaltung der Budgetrestriktion hin untersucht und zu einem möglichst wirkungsvollen Kommunikations-Mix kombiniert. Die Kommunikationspolitik bedient sich dabei der Instrumente Corporate Identity, Events, Öffentlichkeitsarbeit, Product Placement, Sponsoring, Verkaufsförderung und Werbung. Ist der Instrumenten-Mix festgelegt, erfolgt die Gestaltung der Kommunikationsmaßnahmen. Diese beinhaltet vor allem Entscheidungen bzgl. der Kombination bzw. Dosierung der ausgewählten Instrumente sowie die Entscheidung bezüglich der inhaltlichen Ausgestaltung dieser Instrumente (Bruhn, 2005).

Um den Kommunikationserfolg nachzuhalten und wichtige Erkenntnisse für die künftige Gestaltung des Kommunikations-Mix zu gewinnen, ist schließlich eine Kontrolle der Kommunikationswirkung notwendig. Zur Messung sollten Erfolgsgrößen gewählt werden, die sensibel auf die Kommunikationsmaßnahmen reagieren, allein durch die Kommunikation bedingt sind und eine hohe Korrelation mit den Kommunikationszielen aufweisen. In der praktischen Umsetzung wird die Kontrolle der Kommunikationswirkung jedoch durch Beharrungseffekte (d. h. die mit einer Kommunikationsmaßnahme beabsichtigte Wirkung setzt in vielen Fällen weder unmittelbar bei Beginn der Aktion ein, noch klingt sie sofort nach Ende der Maßnahme ab), Verzögerungseffekte (d. h. Konsumenten reagieren nicht unmittelbar auf Kommunikationsmaßnahmen), Ausstrahlungseffekte (d. h. die beobachteten Wirkungen sind auf andere als die betrachtete Kommunikationsmaßnahme zurückzuführen) und Überlagerungseffekte (z. B. Wiederkaufverhalten oder Mund-zu-Mund-Propaganda) wesentlich erschwert (Fill, 2005).

Der **Bedeutungswandel der Kommunikationspolitik** lässt sich historisch grob in fünf, **Entwicklungsphasen** einteilen:

- In der Phase der **unsystematischen Kommunikation** (ca. 50er Jahre) spielt die Kommunikationspolitik im Unternehmen eine eher untergeordnete Rolle; die Marketingbemühungen fokussieren auf die Gestaltung des Produktangebots, das sich aufgrund der vorhandenen Nachfrage einfach verkaufte.

- In der Phase der **Produktkommunikation** (ca. 60er Jahre) verstärken Unternehmen ihre Verkaufsaktivitäten; die Kommunikationspolitik soll hier Unterstützung leisten – der Einsatz von Kommunikationsinstrumenten wie der Medienwerbung oder der Verkaufsförderung stehen im Vordergrund.

- In der Phase der **Zielgruppenkommunikation** (ca. 70er Jahre) dient die Kommunikation der differenzierten Ansprache von einzelnen Zielgruppen und soll einen spezifischen Kundennutzen vermitteln.

- In der Phase der **Wettbewerbskommunikation** (ca. 80er Jahre) wird die Kommunikationspolitik mit dem Ziel der Abgrenzung von der Konkurrenz dazu genutzt, strategische Vorteile durch Alleinstellungspositionierung beim Kunden zu erreichen.

- In der Phase des **Kommunikationswettbewerbs** (ca. 90er Jahre) wird Kommunikation zum Erfolgsfaktor im Wettbewerb, wobei sich jedoch die Kommunikationsbedingungen aufgrund eines steigenden Kommunikationsdrucks zunehmend verschlechtern. Bei sich angleichenden Produktmerkmalen müssen sich Unternehmen zunehmend einem Kommunikationswettbewerb stellen.

Die Kommunikationspolitik ist für viele Unternehmen ein strategischer Wettbewerbsfaktor geworden. Der Kommunikationswettbewerb wird heute durch veränderte Kommunikationsbedingungen und Medienmärkte verschärft: Gleichartige Werbung, Informationsüberlastung („Information Overload") und zunehmende Reaktanz auf Seiten der Kommunikationsempfänger verringert die Möglichkeiten eines Unternehmens, sich durch kommunikationspolitische Maßnahmen beim Kunden und gegenüber dem Wettbewerb zu profilieren. Unternehmen sind in dieser Situation dazu aufgefordert, die Vielzahl an Kommunikationsinstrumenten und -aktivitäten zu koordinieren, so dass ein geschlossenes Erscheinungsbild des Unternehmens entsteht.

3.7.1   Kommunikationswirkung

Alle werblichen Maßnahmen werden durchgeführt, um vorab definierte Werbeziele zu erfüllen. Die Definition von Werbezielen ist auch die Voraussetzung für die Werbewirkungsmessung, denn um die Effizienz einer Kommunikationsmaßnahme zu beurteilen, ist es notwendig, die ursprünglich angestrebten Ziele zu kennen.[216] Werbeziele sind somit nicht isoliert zu betrachten, sondern dienen als Mittelentscheidung zur Erreichung kommunikationspolitischer Ziele, die ihrerseits wiederum von den Zielen der Gesamtunternehmung abhängig sind (Treis, 1992). Als **Werbeziele** kommen laut *Steffenhagen* (1997a, S. 14) nur solche Ziele in Betracht, die

■ eine hohe Bereichsadäquanz für die Werbung aufweisen,[217]

■ als wünschenswerte Werbewirkungen sensibel auf werbliche Maßnahmen reagieren,[218]

■ das werbliche Handeln selektiv-steuernd in eine spezifische Richtung zu lenken vermögen[219] und

■ in einer Mittel-Zweck-Beziehung zu den übergeordneten Marketing-Zielen stehen.[220]

Steffenhagen (1993, S. 288ff.) differenziert Werbeziele in

■ Kontaktziele (streutechnische Ziele),

■ ökonomische Ziele (Verhaltensziele) und

■ außerökonomische Ziele (Wirkungsziele).

Unter Kontaktzielen werden Ziele verstanden, die an Kontaktmaße in Bezug auf eine ex ante definierte Zielgruppe anknüpfen. Es handelt sich hierbei z. B. um Reichweitenzahlen, „Opportunity to see"-Werte (Steffenhagen ,1997), und um den so genannten Werbedruck, der sich in der „Share of Voice" und der „Share of Mind" manifestiert (Schwaiger ,1997).

---

[216] Vgl. dazu z. B. *Rennhak* (2006a). Planmäßige Entscheidungen setzen ein betriebswirtschaftlich fundiertes Zielsystem voraus (vgl. Nieschlag et al., 1997, S. 880ff.).

[217] Bereichsadäquate Zielvariablen für die Werbung und somit auch adäquate Werbeerfolgsgrößen sind solche, die in ihren Ausprägungen ausschließlich oder zumindest überwiegend infolge werblichen Handelns variieren (vgl. Steffenhagen/Siemer, 1996, S. 46). Übergeordnete Marketing-Ziele sind durch den Einsatz des kompletten Marketing-Mix zu erreichen, ihnen fehlt die Bereichsadäquanz für die Werbung (vgl. Steffenhagen, 1997a, S. 15).

[218] Sensible Reaktionen auf werbliches Handeln liegen bei einem Ziel dann vor, wenn infolge von Werbeaktivitäten zumindest gewisse Wirkungen auf das Ziel festzustellen sind (vgl. Steffenhagen, 1997a, S. 15).

[219] Selektive Steuerungskraft besitzt eine Werbezielart, wenn sie in der Lage ist, werbliches Handeln gezielt „auf Ideen zu bringen" (vgl. Steffenhagen, 1997a, S. 15).

[220] Werbeziele müssen also geeignet sein, einen Beitrag zur Erreichung der übergeordneten Marketing-Ziele zu leisten (vgl. Steffenhagen, 1997a, S. 15).

Messbare Werbewirkungen bzgl. betriebswirtschaftlicher Größen – wie beispielsweise Veränderungen von Marktanteil oder Absatz – subsumiert man unter den ökonomischen Werbezielen (Mayer ,1990).

Außerökonomische Kriterien kommunikativer Wirkungen sind meist psychologischer Art (Nieschlag et al., 1997). Außerökonomische Ziele beeinflussen die Realisation ökonomischer Ziele bzw. sind die Voraussetzung für die Erfüllung derselben (Berndt, 1978). Angestrebte Wirkungen in der Psyche der Rezipienten müssen folglich verhaltensrelevant für nachgelagertes Kauf- und/oder Verwendungsverhalten sein.[221] In der Literatur herrscht jedoch keine einheitliche Auffassung darüber, welche Ziele an dieser Stelle verfolgt werden sollen (Schwaiger ,1997). Unstrittig ist, dass das letztendliche Ziel jeglicher Form von Werbung die Verhaltensbeeinflussung der Konsumenten ist, welche zur Erfüllung der ökonomischen Ziele beitragen soll.[222]

Nach der Operationalisierung der Werbeziele und ihrer Umsetzung in kommunikationspolitische Maßnahmen gilt es, ihre Wirkung zu kontrollieren. Die Werbewirkung umfasst alle psychischen Vorgänge und Verhaltensweisen beim Rezipienten, die letztlich in einem ursächlichen Zusammenhang mit der Werbung stehen (Hermanns, 1979).

Im Folgenden sollen die psychischen Vorgänge und die Verhaltensweisen, die als Werbewirkungskriterien bezeichnet werden, spezifiziert werden. Die Systematik von *McGuire* (1978) liefert einen Überblick über typische, aus den Werbezielen abgeleitete Werbewirkungsvariablen (vgl. **Tabelle 3.11**).[223]

Tabelle 3.11   Klassifikation der Werbewirkungsvariablen

Variablen der Werbewirkung	
Kontakt	– passive Begegnung – aufmerksame Zuwendung
primär emotionale Reaktionen	– emotionale Aktivierung – affektive Reaktionen

---

[221] Vgl. *Steffenhage*, (1997a), S. 15.Neben Fragen zur Dauerhaftigkeit und Steigerungsfähigkeit der Werbewirkung steht das kompetitive Umfeld des beworbenen Produkts – sowohl, was die Rolle von Konkurrenzprodukten in Märkten mit hoher Wettbewerbsintensität betrifft, als auch bezogen auf die konkrete Präsentation des Produkts in einem bestimmten Werbeumfeld – im Mittelpunkt der wissenschaftlichen Diskussion (vgl. Schorr, 1999, S. 86).

[222] Eine Reihe von Autoren (vgl. z. B. Hermanns, 1979, S. 216f.; Mayer, 1993, S. 18; Moser, 1990, S. 49f.; Pepels, 1996, S. 106; Tietz/Zentes, 1980, S. 361f.) sieht ausschließlich ökonomische Größen als relevante Variablen des Werbeerfolgs an.

[223] Laut *Mayer* (1993, S. 20) enthält die Systematik von *McGuire* den „wohl ausgeprägtesten Grad an Differenziertheit und den umfangreichsten Katalog der Werbewirkungen".

Variablen der Werbewirkung	
Kognitive Auseinandersetzung mit dem Kommunikationsinhalt	– Aufmerksamkeit (kognitive Aktivierung) – Verstehen (Lernen), Erinnern der Inhalte
Verbundwirkungen	– Akzeptanz der Werbeaussage – Einstellung zum Produkt – positive Bewertung des Produkts – Entscheidung zugunsten des Produkts
offene Verhaltenskonsequenzen	– Verhaltensabsicht – kaufnahes Verhalten – tatsächliches Verhalten – Wiederholungskauf
Verhaltenskonsolidierung	– kognitive Integration – Nachkauf-Kommunikation

Quelle: Mc Guire, 1978

3.7.1.1   Werbewirkungsmodelle

Im Folgenden werden die in Theorie und Praxis gängigsten **Werbewirkungsmodelle** kurz vorgestellt.[224] Im einzelnen handelt es sich dabei um das **Hierarchy of Effects-Modell**, das **Elaboration Likelihood-Modell** und das im deutschsprachigen Schrifttum dominierende **Modell der Wirkungspfade** von *Kroeber-Riel*.

3.7.1.1.1 Das Hierarchy of Effects-Modell

Das Hierarchy of Effects-Modell hielt bereits 1898 Einzug in die wissenschaftliche Werbeforschung und ist – in jüngerer Zeit mehrfach angepasst und weiterentwickelt – bis zum heutigen Tage das wohl einflussreichste Konzept zur Erklärung der Werbewirkung (Barry/Howard ,1990).

Es stellt einen allgemeinen Ansatz zur Erklärung der Werbewirkung dar und differenziert keine speziellen Gestaltungsformen persuasiver Kommunikation. Das Modell ist also kein originärer Ansatz zur Erklärung der Wirkungsweise vergleichender Werbung. Dennoch

---

[224] Bis heute dominieren psychologische Kommunikationsmodelle bei den Ansätzen zur Erklärung von Werbewirkungen. Die neuen Möglichkeiten des Werbetracking auf der Basis der Scannertechnologie und die Schaffung sogenannter Single-Source-Panels, bei denen Kauf- und Mediengewohnheiten zugleich gemessen werden, haben zu einer Renaissance rein ökonometrischer Ansätze geführt (vgl. Schorr, 1999, S. 87).

basiert ein Großteil der empirischen Untersuchungen zur Wirkung vergleichender Werbung auf diesem Konzept. Aus diesem Grunde wird dieser Ansatz im Folgenden näher betrachtet.

Die am häufigsten zitierte Form des Hierarchy of Effects-Modells stammt von *Lavidge/ Steiner* (1961, S. 59ff.). Werbung ist nach Ansicht der Autoren das geeignete Mittel, Rezipienten, die zunächst von der Existenz des beworbenen Produkts nichts wissen, über mehrere Stufen hinweg zu Käufern dieses Produkts zu entwickeln. Diese Entwicklung vollzieht sich *Lavidge/Steiner* (1961, S. 59) zufolge in sieben Stufen:

1. In der ersten Stufe wissen die Rezipienten noch nicht von der Existenz des entsprechenden Produkts.

2. Jene Rezipienten, die das Produkt bereits als existent wahrgenommen haben, befinden sich in Stufe zwei.

3. Stufe drei umfasst Rezipienten, die bereits wissen, was das Produkt als Leistung anbietet.

4. Rezipienten in Stufe vier haben bereits eine Präferenz für das Produkt entwickelt.

5. In der fünften Stufe schätzen die Rezipienten das Produkt besser ein als verfügbare Alternativangebote.

6. Rezipienten in der sechsten Stufe haben den Wunsch, das Produkt zu besitzen und sind zu der Überzeugung gelangt, es auch kaufen zu wollen.

7. Die tatsächlichen Käufer bilden schließlich die letzte Stufe.

Lavidge/Steiner (1961, S. 60) nehmen an, dass Werbung eine langfristige Investition ist, die Rezipienten entlang dieses siebenstufigen Prozesses entwickelt. Sie gehen implizit davon aus, dass es sich bei dem Prozess um eine Wirkungskette handelt: Eine positive Reaktion auf die Kommunikationsmaßnahme auf einer Stufe ist eine notwendige, aber nicht hinreichende Bedingung für eine positive Reaktion auf der nächsthöheren Stufe.[225] Die Schritte zwischen den jeweiligen Stufen sind nicht notwendigerweise äquidistant. Ebenso ist es nicht ausgeschlossen, dass Rezipienten mehrere Stufen gleichzeitig überwinden.[226]

Lavidge/Steiner (1961, S. 61) gehen weiter davon aus, dass die verschiedenen Stufen in ihrem Konzept mit unterschiedlichen Verhaltensdimensionen beim Rezipienten einhergehen (vgl. Abbildung 3.20).

---

[225] Vgl. dazu auch *Preston/Thorson* (1983), S. 27ff. Das Modell unterstellt somit einen „one way flow of causality" (Smith/Swinyard, 1982, S. 82). Problematisch dabei ist, dass das Hierarchy of Effects-Modell zwar das Vorliegen von Kausalität als konsistent, ihr Fehlen jedoch nicht als inkonsistent betrachtet. Der Ansatz scheint somit grundsätzlich nicht falsifizierbar (vgl. Barry/Howard, 1990, S. 123).

[226] Kausalität bedeutet jedoch i.d.R. auch, dass Wirkungen zeitlich versetzt ablaufen. Das Modell ist somit an dieser Stelle nicht konsistent.

Lavidge/Steiner (1961, S. 60) führen auch das Involvement des Rezipienten als Variable ein.[227] Den Autoren zufolge hat das Involvement des Rezipienten keinen Einfluss darauf, welche Stufen des Konzepts in welcher Reihenfolge durchlaufen werden. Involvement ist jedoch entscheidend dafür verantwortlich, wie schnell die einzelnen Hierarchiestufen durchlaufen werden: Hoch-involvierte Rezipienten durchlaufen sie langsamer als gering-involvierte Rezipienten. Insgesamt findet das Hierarchy of Effects-Modell von *Lavidge/ Steiner* (1961) tendenziell eher bei hoch-involvierten Rezipienten empirische Bestätigung (Barry/Howard ,1990).

Aufgabe des Werbetreibenden ist es in der Logik des Hierarchy of Effects-Modells, seine jeweiligen Kommunikationsmaßnahmen entsprechend der bereits erreichten Entwicklungsstufe der Rezipienten anzupassen: Bei der Produktneueinführung ist das primäre Ziel folglich, das Produkt bekannt zu machen und die Rezipienten mit entsprechendem produktrelevanten Wissen auszustatten. Anschließend steht die Entwicklung einer positiven Einstellung zum Produkt im Mittelpunkt. Am Ende des Prozesses schließlich ist der tatsächliche Kauf zu stimulieren.

Abbildung 3.20 Verhaltensdimensionen nach Lavidge/Steiner

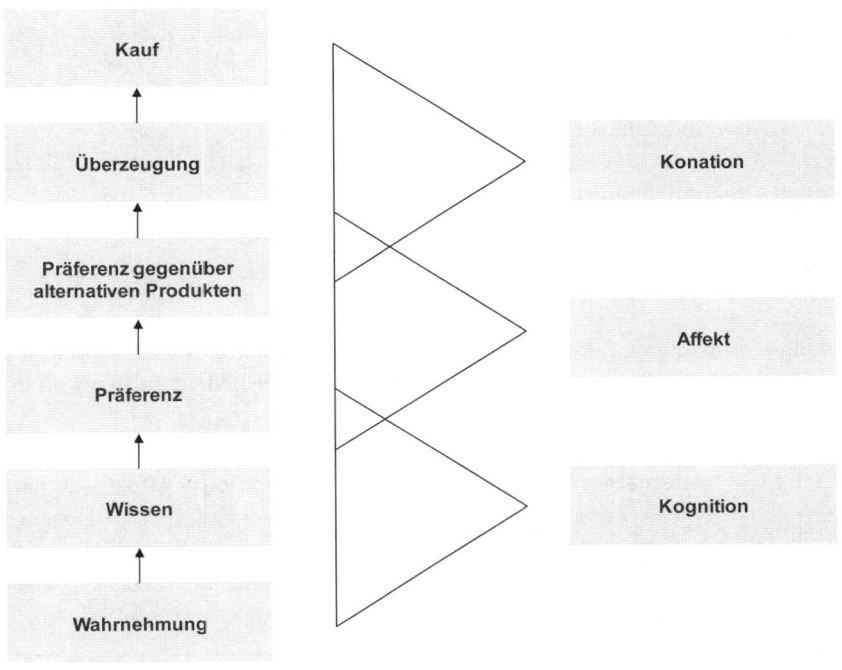

---

[227] Die Autoren bezeichnen diese Größe als „commitment".

Bereits vor *Lavidge/Steiner* propagierte eine Reihe von Autoren die Gültigkeit der Sequenz „Kognition → Affekt → Konation" zur Erklärung der Werbewirkung. **Tabelle 3.12** gibt hierzu eine Übersicht.

Tabelle 3.12   Vorläufer des Lavidge/Steiner-Modells

Jahr	Modell	Autor
1898	Attention, Interest, Desire	*Lewis (Strong, 1925)*
ca. 1900	Attention, Interest, Desire, Action	*Lewis (Strong, 1925)*
1910	Attention, Interest, Conviction, Action	*o.V.*
1911	Attention, Interest, Desire, Action, Satisfaction	*Sheldon*
1915	Attention, Interest, Confidence, Conviction, Action	*Hall*
1921	Attention, Interest, Desire, Conviction, Action	*Kitson*
1922	Attention, Interest, Judgement, Action	*Osborn*
1940	Attention, Interest, Desire, Confidence, Action	*Bedell*
1956	Attention, Interest, Desire, Memory, Action	*DeVoe*

Quelle: Barry / Howard, 1990

Auch einige Publikationen etwas jüngeren Datums befürworten die traditionelle Hierarchie der Werbeeffekte nach *Lavidge/Steiner* (1961, S. 59ff.). Die bedeutendsten sind in **Tabelle 3.13** illustriert.

Tabelle 3.13   Alternative Modellansätze auf Basis „Kognition → Affekt → Konation"

Jahr	Modell	Autor
1961	Awareness, Comprehension, Conviction, Action	*Colley*
	Exposure, Perception, Communication (Knowledge), Communication (Attitude), Action	*Advertising Research Foundation*

Jahr	Modell	Autor
1962	Awareness, Acceptance, Preference, Intention, Sale, Provocation	*Wolfe et al.*
	Awareness, Interest, Evaluation, Trial, Adoption	*Rogers*
1969	Presentation, Attention, Comprehension, Yielding, Retention, Behavior	*McGuire*
1971	Awareness, Comprehension, Attitude, Legitimation, Trial, Adoption	*Robertson*
1982 1983 1984	Association Modell und erweitertes Association Modell	*Preston bzw. Preston/Thorson*

Quelle: Barry / Howard, 1990

Während die Existenz und die herausragende Bedeutung der drei Hierarchiestufen Kognition, Affekt und Konation in der Literatur unstrittig sind, ist die Reihenfolge, in der die Stufen durchlaufen werden, Gegenstand der Diskussion (Barry/Howard ‚1990).

Der erste alternative Ansatz, der als solcher anerkannt wurde, geht auf die Arbeiten von *Krugman* (1965, S. 349ff.) und (1966, S. 18ff.) zurück und wird als „Low-Involvement-Hierarchie" bezeichnet. *Krugman* geht davon aus, dass die Rezipienten einer Werbebotschaft eher passiv und desinteressiert sind. Sie verfügen nur über geringe Motivation, Werbebotschaften zu filtern. Erst nach einem möglichen Kauf entscheiden sie schließlich über ihre Einstellung zum Produkt. Die kognitive Komponente folgt in diesem Ansatz also der konativen. Empirische Untersuchungen zeigen, dass im Falle niedrigen Involvements in der Tat eher die von *Krugman* (1965) unterstellte Wirkungsreihenfolge zutreffend ist (Smith/Swinyard, 1982).

Auch *Kelley* (1973, S. 107ff.) und *Ray et al.* (1973, S. 147ff.) schlagen eine alternative Reihenfolge der Hierarchiestufen vor: In ihren Konzepten kauft der Rezipient zuerst das Produkt, formt dann eine Einstellung, um die Kaufentscheidung emotional zu unterstützen, und durchläuft anschließend eine Phase selektiven Lernens, um die Kaufentscheidung auch kognitiv zu verarbeiten und vor sich selbst zu rechtfertigen.

Zajonc (1980a, S. 153ff.; 1980b, S. 1ff.; 1984, S. 117ff. und 1986, S. 1ff.) bzw. *Zajonc/Markus* (1982, S. 123ff.) behaupten, dass Werbewirkung auf Affekt und nicht auf Kognition basiert und Kognition erst der Konation folgt. Die Ursache für letzteren Zusammenhang besteht ähnlich wie bei *Kelley* und *Ray et al.* darin, dass der Rezipient den Kauf im Anschluss rechtfertigt bzw. reflektiert.

Vaughn (1986, S. 57ff.) postuliert die Hierarchie „Affekt → Kognition → Konation". Er geht davon aus, dass Rezipienten eher auf emotionale Reize als auf Sachinformation ansprechen und entsprechend ihre Kaufentscheidungen emotional treffen. Vaughn sieht einen Anwendungsfall für sein Modell insbesondere bei „emotionalen Käufen", z. B. bei Produkten wie Kleidung, Schmuck und Kosmetika. Für Holbrook (1986, S. 22ff.) ist das Konzept der Hierarchy of Effects zu eng gefasst. Er empfiehlt, die Konsumerfahrung des Rezipienten in das Modell zu integrieren. Ray (1973, S. 6) geht davon aus, dass die verschiedenen Ansätze nicht als sich ausschließende Alternativen zu sehen sind, sondern in Abhängigkeit von den verschiedenen Rahmenbedingungen der unterschiedlichen Kommunikationssituationen jeweils andere Modelle gültig sind.

Zu einem für die Verfechter jeglicher Wirkungshierarchie sehr ernüchternden Ergebnis kommen – nach einer umfangreichen Analyse der vorliegenden Literatur zum Thema – *Vakratsas/Ambler* (1999, S. 26), die der Meinung sind, dass es für eine hierarchische Abfolge von Werbewirkungen nur wenig Belege gibt.

Barry/Howard (1990, S. 127ff.) manifestieren ihre Kritik an der „Hierarchy of Effects" im wesentlichen an zwei Punkten:

- ■ Es ist bisher nicht gelungen, Kognition und Affekt definitorisch eindeutig voneinander abzugrenzen.

- ■ Die messtechnische Erfassung aller Dimensionen der Konstrukte Affekt und Kognition bereitet große Probleme. Dementsprechend ist auch eine eindeutige messtechnische Abgrenzung noch nicht verwirklicht.

Peterson et al. (1986, S. 145) bemerken, dass unter Affekt typischerweise „Gefühle" und „Emotionen" verstanden werden, die physiologischer Natur sind. In der Werbewirkungsforschung wird Affekt jedoch häufig synonym mit dem Begriff der Einstellung verwendet. Das Problem, das sich dabei ergibt, ist folgendes (Lazarus ,1984): Die von Rezipienten in einer empirischen Studie berichtete Einstellung ist das Ergebnis eines – zumindest teilweise – kognitiven Prozesses und nicht ein ausschließlich gefühlsmäßiges Präferenzurteil. Trotzdem wird Einstellung im Rahmen der Werbewirkungsforschung – mit entsprechenden Konsequenzen für die Validität der Untersuchungen – als Operationalisierung für die affektive Komponente verwendet.

Palda (1966, S. 22) gibt eine Überblicksdarstellung über theoretische Schwachstellen des Hierarchy of Effects-Modells und Probleme bei seiner empirischen Überprüfung. Diese ist in gekürzter Form in **Tabelle 3.14** wiedergegeben.

Tabelle 3.14   Probleme bei der Überprüfung des Hierarchy of Effects-Modells nach
Palda

Verhaltensdimension	Theoretische Schwachpunkte	Probleme bei der empirischen Überprüfung
Kognition	– Käufer des Produkts verfügen automatisch über eine höhere Wahrnehmung – Es besteht keine Notwendigkeit für eine Wahrnehmung vor dem Kauf	– Die Wahrnehmungsmessung wird durch andere Quellen neben der Werbebotschaft verzerrt – Die Eliminierung anderer Einflussfaktoren (außer der Werbebotschaft) gelingt nicht
Affekt	– Halo-Effekt[1]	– Ein logischer Zusammenhang zwischen Einstellung zum Werbemittel und Kaufabsicht fehlt
Konation	– Impulskäufe werden getätigt, ohne dass zuvor die entsprechenden Hierarchiestufen durchlaufen worden sind	– Tatsächliches Kaufverhalten ist auf der Basis der vom Rezipienten berichteten Kaufintention schlecht zu prognostizieren

3.7.1.1.2 Das Elaboration Likelihood-Modell

Das Elaboration Likelihood-Modell der Autoren *Petty/Cacioppo* versucht qualitativ verschiedene Arten von Einstellungsänderungen beim Rezipienten durch unterschiedliche Informationsverarbeitungsniveaus zu erklären (Petty et al., 1991). Das ursprünglich in einem sozialpsychologischen Kontext entwickelte Modell (Petty/Cacioppo, 1983) hat – trotz mancher Kritik – im Bereich der Werbung breite Anerkennung gefunden (Wilkie, 1994).

Die Grundlage für das Elaboration Likelihood-Modell bildet die Theorie der kognitiven Reaktion. Diese basiert auf der Annahme, dass Rezipienten die Inhalte der Werbebotschaft in ihre bestehende Wissensbasis integrieren und im Prozess der Informationsverarbeitung kognitive Reaktionen generieren, die selbst nicht Inhalt der Werbebotschaft sind. In der Theorie der kognitiven Reaktion wird der Prozess der Persuasion wesentlich durch ebendiese kognitiven Reaktionen beeinflusst (Greenwald, 1968). Die Theorie der kognitiven Reaktion geht weiter davon aus, dass die Wirkung von Werbung maßgeblich davon abhängt, wie groß die Anzahl der positiven kognitiven Reaktionen im Verhältnis zur Anzahl der negativen kognitiven Reaktionen ist (Petty/Cacioppo, 1986).

Das Elaboration Likelihood-Modell stützt sich weiter auf die Annahme, dass bestimmte individuelle und situative Faktoren den Verarbeitungsaufwand determinieren, den Rezipienten auf eine bestimmte Botschaft verwenden. Individuelle Faktoren können dabei z. B. die persönliche Relevanz oder das subjektive „need for cognition" sein, während unter den situativen Faktoren z. B. die Verständlichkeit der Botschaft, ablenkende Reize oder auch Wiederholungseffekte subsumiert werden (Cacioppo/Petty, 1982). Individuelle und situationsspezifische Faktoren bestimmen somit die Motivation[228] und die Fähigkeit des Rezipienten, die Kommunikationsinhalte kognitiv zu verarbeiten (Cacioppo/Petty, 1982).

Nach *Petty/Cacioppo* (1984, S. 72f.) ist die Motivation des Rezipienten, sich kognitiv mit dem Kommunikationsinhalt auseinanderzusetzen, von der persönlichen Relevanz des Inhalts für ihn selbst abhängig. Das „need for cognition", d. h. das generelle Bedürfnis des Rezipienten, sich mit Inhalten aller Art kognitiv auseinander zusetzen, sehen *Cacioppo/ Petty* (1982, S. 116f.) als weitere Einflussgröße an. Rezipienten, bei denen diese Eigenschaft stärker ausgeprägt ist, verarbeiten auch Werbung mit größerer Wahrscheinlichkeit stärker kognitiv. Andere Variablen, die innerhalb dieses Ansatzes die Motivation beeinflussen, sind z. B. die Verwendung rhetorischer Fragen, die Anzahl der Personen, die die Botschaft kommunizieren, die Anzahl der Personen, die die Kommunikationsbotschaft evaluieren etc. (Petty/Cacioppo, 1983).

Die Fähigkeit des Rezipienten zur Informationsverarbeitung wird ebenfalls von mehreren situativen und individuellen Faktoren beeinflusst:

- ■ Ablenkende Reize z. B. stellen eine situative Variable dar, die die Fähigkeit des Rezipienten zu einer umfangreichen kognitiven Verarbeitung persuasiver Kommunikation stören oder die kognitive Verarbeitung sogar gänzlich verhindern kann. Andererseits gelingt es eventuell durch eine moderate Anzahl von Wiederholungen der Kommunikationsinhalte, die Fähigkeit zu einer kognitiven Verarbeitung zu verbessern (Cacioppo/Petty, 1982). *Petty/Cacioppo* (1983a, S. 7) gehen weiter davon aus, dass auch die Wahl des Kommunikationsmediums die Fähigkeit des Rezipienten zur Informationsverarbeitung beeinflusst. So hat der Rezipient z. B. bei Werbungen in Printmedien mehr Zeit zur Verfügung als beim Medium Fernsehen, Kommunikationsinhalte zu verarbeiten. Darüber hinaus beeinflusst die Komplexität des Kommunikationsinhalts die Fähigkeit zu einer geeigneten Informationsverarbeitung. Einfache Kommunikationsinhalte können leichter verarbeitet werden als sehr komplexe.

- ■ Die Fähigkeit, persuasive Kommunikation kognitiv zu verarbeiten, wird weiterhin von individuellen Variablen beeinflusst, wie z. B. der Quantität und Qualität des Vorwissens des Rezipienten. Verfügt der Rezipient über umfangreiches Vorwissen, so werden zum Kommunikationsinhalt komplementäre Kognitionen verstärkt. Verfügt der Rezipient andererseits über nur geringes Vorwissen, so wird die Rezeption durch die verfügbare Kontextinformation determiniert.

---

[228] *Kearsley* (1995, S. 51) merkt an, dass der Begriff der Motivation in seiner Funktion im Rahmen des Elaboration Likelihood-Modells dem Involvement-Konstrukt inhaltlich sehr ähnlich ist.

Neben der Quantität des Vorwissens ist auch die Wissensqualität für die Informationsverarbeitung von entscheidender Bedeutung. Zum Kommunikationsinhalt konträre Kognitionen z. B. bedingen eine verstärkte Gegenargumentation beim Rezipienten. In diesem Fall besteht sogar die Gefahr einer dem Kommunikationsinhalt entgegengesetzten Einstellungsänderung (Petty/Cacioppo, 1983). Kommunikationsinhalte, die vom bisherigen Vorwissen des Rezipienten nur leicht divergieren und somit nur zu geringen Inkonsistenzen führen, motivieren andererseits den Rezipienten zu einer intensiven kognitiven Verarbeitung (Meyers-Levy/Tybout, 1989).

Das Elaboration Likelihood-Modell geht von folgendem Zusammenhang aus: Bedingen die Ausprägungen der entsprechenden situativen und individuellen Faktoren eine hohe Wahrscheinlichkeit, den Kommunikationsinhalt kognitiv zu verarbeiten, so ist auch die Wahrscheinlichkeit dafür hoch, dass die Information mit einer großen Verarbeitungstiefe verarbeitet wird. *Petty/Cacioppo* (1986, S. 3) nennen diesen Fall „central route to persuasion". Im umgekehrten Fall sprechen sie von der „peripheral route to persuasion".

Bei der Informationsverarbeitung auf der „central route"

■ nehmen die Rezipienten Kommunikationsinhalte mit großer Aufmerksamkeit wahr,

■ vernetzen neue Informationen mit bereits bestehenden Wissensstrukturen im Gedächtnis,

■ unterziehen die Kommunikationsinhalte auf der Basis ihres Vorwissens einer sorgfältigen Prüfung,

■ ziehen ausgehend von ihrer bestehenden Wissensbasis und der Analyse der Kommunikationsinhalte entsprechende Schlussfolgerungen und

■ gelangen zu einer abschließenden Beurteilung bzw. Einstellung (Cacioppo/Petty, 1982).

Bei der Informationsverarbeitung auf der „peripheral route" hingegen gelangen die Rezipienten zu einer Beurteilung des Sachverhalts bzw. zu einer Einstellung, die nicht auf einer intensiven Auseinandersetzung mit den Kommunikationsinhalten, sondern auf positiver bzw. negativer Kontextinformation basiert. Diese weist keine intrinsische Verbindung zum Werbeobjekt auf (Cacioppo/Petty, 1982).

Cacioppo/Petty (1985, S. 94) verdeutlichen, dass die beiden „routes to persuasion" nicht die beiden einzigen, ausschließlichen Formen der Verarbeitung persuasiver Kommunikation darstellen, sondern lediglich die Endpunkte eines Kontinuums der Verarbeitungstiefe sind. Weiter gehen *Petty/Cacioppo* (1983b, S. 669 und 1986, S. 20) davon aus, dass Einstellungen, die durch Informationsverarbeitung auf der „central route" gebildet werden, stabiler und verhaltensrelevanter sind als solche, die durch Informationsverarbeitung auf der „peripheral route" gebildet werden. Letztere seien von temporärem, instabilem Charakter und daher wenig geeignet, tatsächliches Verhalten zu prognostizieren. Die Endwirkung im Modell ist eine Einstellungsänderung. *Petty/Cacioppo* (1986, S. 187ff.) gehen zwar davon aus, dass tatsächliches Verhalten durch Einstellungen determiniert wird, dennoch ist keine Verhaltenskomponente in das Modell integriert. Abbildung 3.21 gibt einen Überblick über die „routes to persuasion" im Elaboration Likelihood-Modell.

Im Folgenden werden einige Kritikpunkte am Elaboration Likelihood-Modell vorgestellt, die Zweifel an der Gültigkeit dieses Ansatzes zur Erklärung der Wirkung von Werbung theoretisch und empirisch begründen:

MacKenzie/Lutz (1989, S. 63) vertreten die Auffassung, dass die Variable „Stimmung des Rezipienten" in das Elaboration Likelihood-Modell integriert werden müsse, da sie eine wichtige situative Einflussgröße bilde, die die Motivation des Rezipienten, Kommunikationsinhalte kognitiv zu verarbeiten, maßgeblich beeinflusse und nicht Bestandteil des peripheren Kontextes sei.

Abbildung 3.21   Das Elaboration Likelihood-Modell

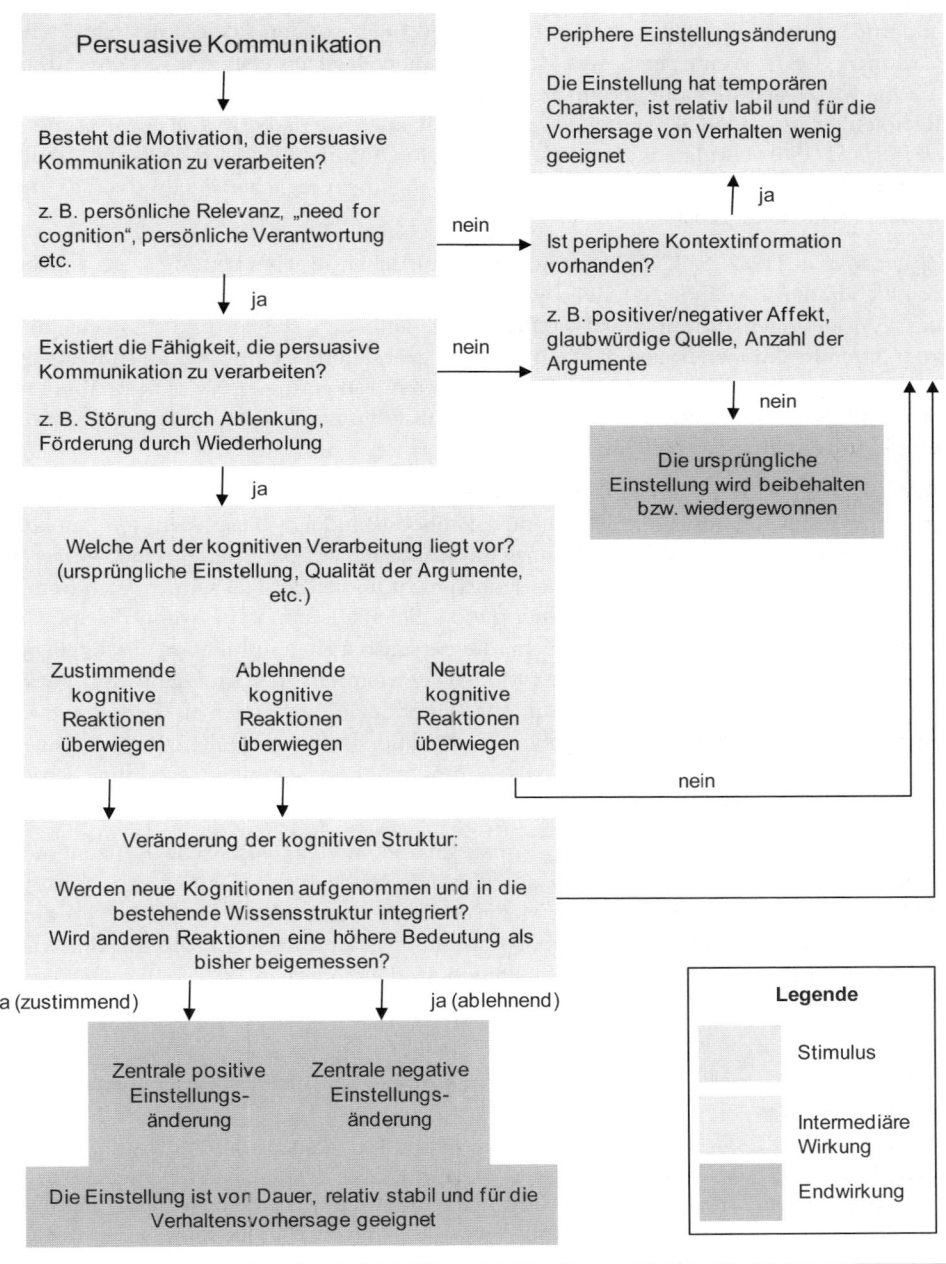

Chaiken/Stangor (1987, S. 594f.) zweifeln an den Aussagen des Elaboration Likelihood-Modells bzgl. der „central route". Das Elaboration Likelihood-Modell geht davon aus, dass Kommunikationsinhalte mit hoher persönlicher Relevanz für den Rezipienten dann verändernd auf die Einstellungen wirken, wenn sie besonders akzentuiert sind (Petty/Cacioppo, 1983). Wenn persuasive Kommunikation dagegen eher schwächere Aussagen macht, wirke sich dies nur in entsprechend geringerem Maße auf die Einstellungen des Rezipienten aus. Laut *Chaiken/Stangor*, die sich auch auf *Kiesler et al.* (1969) und *Sherif/Hovland* (1961) berufen, widerstehen Rezipienten, für die die Kommunikationsinhalte in hohem Maße persönlich relevant sind, jedoch allgemein jeglicher Beeinflussung, und es kommt zu keinerlei Einstellungsänderung.

Zajonc/Markus (1982, S. 123ff.) kommen zu empirischen Ergebnissen, die den Annahmen des Elaboration Likelihood-Modells widersprechen. Sie stellen in ihrer Untersuchung fest, dass Einstellungen, die auf affektiven Reaktionen aufbauen, stabiler sind als solche, die auf kognitiven Reaktionen basieren. Die Autoren begründen dies damit, dass sich Rezipienten mit einseitig affektiv ausgerichteten Einstellungen nur in geringem Maße beschäftigen und diese entsprechend kaum in Frage stellen. Somit könnten einseitig affektiv ausgerichtete Einstellungen durchaus von dauerhafter Natur sein.

Auch *Kearsley* (1995, S. 55f.) kritisiert die Erklärung der Verarbeitung von Kontextinformation im Rahmen des Elaboration Likelihood-Modells. Diese wird den Annahmen des Elaboration Likelihood-Modells nach ausschließlich auf peripherem Wege verarbeitet. Dies müsse laut *Kearsley* in der Realität jedoch nicht immer der Fall sein.[229] Auch trete eine zentrale Verarbeitung von Kontextinformation gleichfalls dann ein, wenn die Informationsbasis des Rezipienten nicht ausreicht, die persuasive Kommunikation abschließend zu beurteilen. Das Elaboration Likelihood-Modell sei weiterhin zu stark kognitiv ausgerichtet und berücksichtige in zu geringem Umfange emotionale Reaktionen auf persuasive Kommunikation. Eine Verarbeitung emotionaler Reaktionen auf zentralem Wege ist aber ex ante ausgeschlossen. Dies werde der Bedeutung emotionalgeprägter Werbung (Kroeber-Riel/Weinberg, 2008) aber nicht gerecht.

Andere Autoren (Areni/Lutz ,1988) kritisieren die modelltheoretische Konzeption der „peripheral route". Diese lasse eine ausreichende theoretische Fundierung vermissen[230] und könne nicht in ausreichendem Maße erklären, warum bestimmte Kontextinformationen durchaus in der Lage sind, stabile Einstellungsänderungen auszulösen. Eine weitere Richtung der Kritik am Elaboration Likelihood-Modell (Gardner, 1985) zielt schließlich auf

---

[229] *Kearsley (1995, S. 55)* nennt als Beispiel die Verarbeitung einer bestimmten Hintergrundmusik auf zentralem Wege.

[230] Dies wird z. B. dadurch deutlich, dass die Autoren (vgl. Petty/Cacioppo, 1983b, S. 668ff.; Petty et al., 1981, S. 847ff.) davon ausgehen, dass die Glaubwürdigkeit der Kommunikationsquelle für die „peripheral route" sehr bedeutend, für die „central route" dagegen bedeutungslos sei. Auf eine Begründung verzichten sie aber insoweit, als sie sich auf die Annahme beschränken, die Bedeutung der Informationsquelle werde im Falle der zentralen Verarbeitung von den kognitiven Reaktionen überlagert.

das Zusammenwirken von „central route" und „peripheral route" ab: Beide Wege seien nicht als sich ausschließende Alternativen[231] zu betrachten, sondern ergänzten sich (Bohner et al., 1994).

3.7.1.1.3 Das Modell der Wirkungspfade

Das Werbewirkungsmodell von *Kroeber-Riel* (Kroeber-Riel et al., 2008) basiert auf drei wesentlichen Konzepten:

- ◼ Unter den „**Wirkungskomponenten**" werden die psychischen Reaktionen des Rezipienten auf die Werbung und das davon bestimmte Kaufverhalten subsumiert.

- ◼ „**Wirkungsdeterminanten**" sind die Bestimmungsgrößen der Werbewirkung, d. h. mit ihnen werden die Bedingungen angegeben, die eine bestimmte Werbewirkung zur Folge haben. Dabei sind vor allem zwei Determinanten wesentlich. Die erste Determinante bezieht sich auf die Differenzierung in emotionale und informative Werbung, während die zweite Determinante auf Unterschiede im Involvement der Rezipienten abzielt, d. h., *Kroeber-Riel et al.* gehen davon aus, dass stark involvierte Konsumenten anders auf Werbung reagieren als schwach involvierte.

- ◼ „**Wirkungsmuster**" schließlich geben den Zusammenhang zwischen Wirkungsdeterminanten und Wirkungskomponenten an. In Abhängigkeit von den Bedingungen, unter denen Werbung stattfindet und aufgenommen wird, werden verschiedene Teilwirkungen ausgelöst. Wirkungsmuster bezeichnen also die unter bestimmten Bedingungen ausgelösten Wirkungskomponenten und ihre Verknüpfungen.

Die Wirkungskomponenten umfassen die von der Werbung angesprochenen Antriebskräfte der Konsumenten und die von ihr bewirkte gedankliche Steuerung des Verhaltens. Im einzelnen sind dies: die Wahrnehmung der Werbung, emotionale und kognitive Prozesse, Einstellungen und Kaufabsicht.[232]

- ◼ Die Wahrnehmung der Werbung hängt maßgeblich von der Aufmerksamkeit ab. *Kroeber-Riel/Weinberg* fassen sie als Ausdruck der Aktivierung des Rezipienten auf.[233]

- ◼ Emotionale Prozesse spiegeln die Wirkung der Werbung auf Emotion und Motivation der Rezipienten wider.

---

[231] Eine Erhöhung der Wahrscheinlichkeit für eine Informationsverarbeitung auf der „central route" bedeutet eine Verringerung der Wahrscheinlichkeit für eine Verarbeitung auf der „peripheral route" und umgekehrt (vgl. dazu Bohner et al., 1994, S. 208; Cacioppo/Petty, 1985, S. 94).

[232] Vgl. *Kroeber-Riel et al.* (2008), S. 587f. Zum System der Wirkungskomponenten gehören nicht nur Größen, die von der Werbung beeinflußt werden, sondern auch solche, die von der Situation der Rezipienten abhängen. *Kroeber-Riel et al.* (2008, S. 588) verstehen den Begriff Wirkungskomponente also im weiteren Sinn als „Baustein" für das Zustandekommen der Gesamtwirkung der Werbung.

[233] Die Aufmerksamkeit wird im Modell von *Kroeber-Riel et al.* als nur teilweise von der Werbung beeinflußt angesehen. Die Autoren nehmen an, dass sie in nicht unerheblichem Ausmaß vom Involvement des Rezipienten abhängig ist.

■ Bei den kognitiven Prozessen handelt es sich um die Aufnahme, Verarbeitung und Speicherung der durch die Werbebotschaft kommunizierten Information. Kognitive Reaktionen bedingen, dass die durch die Werbung ausgelösten Antriebskräfte Emotion und Motivation rational verarbeitet werden.

■ Einstellung bzw. Kaufabsicht verstehen *Kroeber-Riel/Weinberg* (2008, S. 588) als „Vor-Entscheidungen" des Rezipienten, die durch das Zusammenwirken von emotionalen und kognitiven Wirkungen entstehen und wesentlich dafür verantwortlich sind, ob ein bestimmtes Produkt gekauft wird.

Anfang und Ende der Wirkungskette stellen Werbekontakt und (Kauf-) Verhalten dar (vgl. **Abbildung 3.22**).

Abbildung 3.22   Wirkungskomponenten der Werbung nach *Kroeber-Riel et al.*

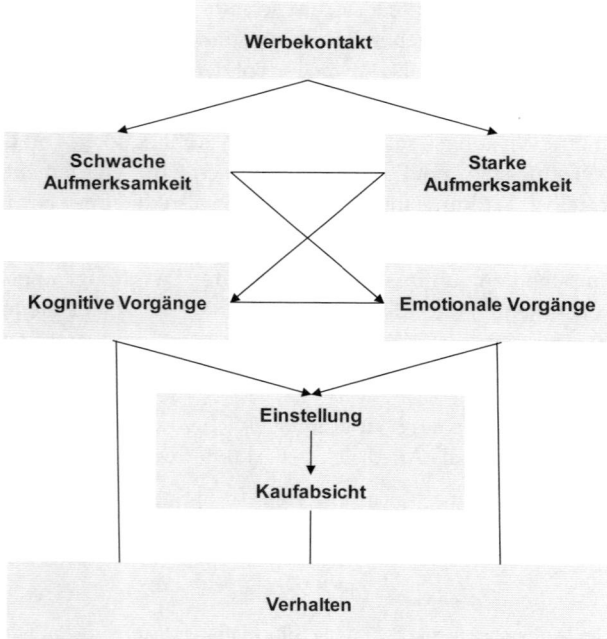

Quelle: Kroeber-Riel et al., 2008

Das (Kauf-)Verhalten ist die angestrebte Endwirkung und ergibt sich unmittelbar als Folge der dargestellten psychischen Wirkungen der Werbung.

Die Wirkungsdeterminanten dienen dazu, die Bedingungen zu definieren, unter denen Werbung unterschiedliche Wirkungen entfaltet (vgl. *Kroeber-Riel et al.*, 2008, S. 589ff.).[234]

Die beiden wichtigsten Determinanten im Modell sind

- ■ die Art der Werbung (emotional, informativ oder eine Mischform) und

- ■ das Involvement des Konsumenten (geringes oder hohes Involvement).

Insgesamt sind somit sechs Konstellationen von Wirkungsdeterminanten möglich, wobei jede für sich eine spezielle Bedingung für die Werbewirkung angibt (vgl. **Tabelle 3.15**).

Tabelle 3.15   Konstellationen der Wirkungsdeterminanten nach Kroeber-Riel

	stark involvierte Rezipienten	schwach involvierte Rezipienten
informative Werbung	1	2
emotionale Werbung	3	4
gemischte Werbung	5	6

Quelle: Kroeber-Riel et al., 2008

Unter informativer Werbung verstehen die Autoren Werbung, die sich im wesentlichen darauf beschränkt, dem Rezipienten sachliche Information zu vermitteln. In der emotionalen Werbung dominiert dagegen die Darbietung emotionaler Reize.[235]

In das Modell der Wirkungspfade fließt weiterhin das Involvement der Rezipienten insofern ein, als *Kroeber-Riel et al.* (2008, S. 594) die Wirkungskomponente „Aufmerksamkeit" zweiteilen: „Schwache Aufmerksamkeit" zeigt an, dass die Werbung auf einen wenig-involvierten Rezipienten trifft, wohingegen „starke Aufmerksamkeit" auf hoch-involvierte Rezipienten hinweist.

---

[234] Es kommen hier zahlreiche weitere Bestimmungsgrößen in Betracht. *Kroeber-Riel et al.* (2008, S. 589) selbst führen hier z. B. das Werbemedium an. Ferner müsse die Werbewiederholung beachtet werden (vgl. Kroeber-Riel, 1993, S. 95ff.).

[235] Bei der Zurechnung von Werbemitteln zu informativer und emotionaler Werbung tauchen laut *Kroeber-Riel et al.* (2008, S. 590) kaum Abgrenzungsprobleme auf. Diese seien eher schon bei der Abgrenzung der dritten Art der Werbung, der sogenannten Mischform, zu erwarten. Werbungen, die der Mischform zuzurechnen sind, enthalten sowohl informative als auch emotionale Inhalte. Gemischte Werbung ist die am häufigsten anzutreffende Form von Werbung (vgl. Kroeber-Riel et al., 2008, S. 602f.).

Wenig-involvierte Rezipienten verhalten sich einer Werbung gegenüber relativ passiv; sie nehmen die Werbebotschaft eher desinteressiert und häufig unintendiert auf, ohne sie kognitiv zu verarbeiten. Hoch-involvierte Rezipienten verwenden entsprechend mehr Aufmerksamkeit auf die Werbebotschaft. Sie nehmen sie bewusst auf und setzen sich aktiv mit ihr auseinander.

Die Wirkungsmuster beschreiben die Wirkung der Werbung unter den jeweiligen Bedingungskonstellationen (Kroeber-Riel et al., 2008).

Das Wirkungsmuster einer informativen Werbung bei hohem Involvement lautet also: „Werbekontakt → starke Aufmerksamkeit → kognitive Wirkung → Einstellung → Verhalten".

Bei der Verarbeitung einer informativen Werbebotschaft stellen sich auch mehr oder weniger starke emotionale Begleitreaktionen ein. Nach Ansicht von *Kroeber-Riel et al.* (2008, S. 598) ist informative Werbung besonders wirksam, wenn die Informationsdarbietung

■ auf die kognitiven Fähigkeiten der Rezipienten abgestimmt ist und

■ eine überzeugende Argumentation beinhaltet.[236]

Das Verstehen und die gedankliche Weiterverarbeitung der kommunizierten Information reichen aber noch nicht aus, um das Verhalten zu beeinflussen. Die kognitiven Vorgänge müssen zu einer verhaltenswirksamen Einstellung und Handlungsintention führen. Dies wird laut *Kroeber-Riel et al.* (2008, S. 598) dadurch erreicht, dass die Produktinformationen den Erwartungen des Rezipienten entsprechen und von diesem positiv bewertet werden. Die beschriebene Form der Einstellungsänderung baut somit auf der Wahrnehmung und Bewertung von Information, d. h. auf kognitiven Prozessen, auf. Aus der neu gewonnenen Einstellung folgen dann u.U. Kaufabsicht und tatsächliches Kaufverhalten.

Sind die Rezipienten in geringerem Maße involviert, so nimmt die informative Beeinflussung nach *Kroeber-Riel et al.* (2008, S. 598) einen völlig anderen Verlauf. Eine umfangreiche Informationsverarbeitung ist unter der Low-Involvement-Bedingung nicht möglich. Die schwache Aufmerksamkeit bei der Informationsaufnahme und die geringe kognitive Verarbeitungstiefe lassen nur eine Vermittlung von wenigen und leicht verständlichen Informationen zu. Der Rezipient läßt sich stark vom Kontext der dargebotenen Werbung beeinflussen, wie z. B. der Werbemittelgestaltung und der Aufmachung der Information. Erst nach dem Kauf lernt er das Produkt kennen, nimmt dessen Eigenschaften wahr und bildet eine Einstellung (Kroeber-Riel et al., 2008).

Das Wirkungsmuster einer informativen Werbung bei niedrigem Involvement lautet: „Werbekontakt → schwache Aufmerksamkeit → kognitive Wirkung → Verhalten → Einstellung".

---

[236] Dies könnten beispielsweise die Regeln der zweiseitigen Argumentationstechnik sein, nach denen eine informative Werbung besser wirkt, wenn nicht nur Argumente für, sondern auch solche gegen das beworbene Produkt vorgetragen werden (vgl. dazu auch Faison, 1980, S. 236ff.; Kroeber-Riel/Meyer-Hentschel, 1982, S. 178).

Emotionale Werbung löst in erster Linie emotionale Prozesse aus. Wird die Werbebotschaft von einem hoch involvierten Rezipienten verarbeitet, so wirken die emotionalen Prozesse als Mediatoren auf die nachgelagerten kognitiven Prozesse. Weiterhin ist es möglich, dass emotionale Prozesse die Einstellungsänderung direkt beeinflussen. Das Wirkungsmuster für emotionale Werbung bei hoch involviertem Rezipienten stellt sich wie folgt dar (Kroeber-Riel et al., 2008): „Werbekontakt → starke Aufmerksamkeit → emotionale Wirkung → kognitive Wirkung → Einstellung → Verhalten".

Bei niedrigem Involvement wirkt emotionale Werbung nach dem Prinzip der Konditionierung. Der von der emotionalen Werbung ausgehende Reiz wird auf das beworbene Produkt übertragen. Es ist – ausgelöst durch den emotionalen Reiz – möglich, dass sich der Rezipient kognitiv mit der Werbebotschaft auseinandersetzt. Die Verarbeitungstiefe bleibt jedoch gering und die kognitiven Prozesse bedingen letztlich nur die Verfestigung der Einstellung. Das Wirkungsmuster für emotionale Werbung bei Rezipienten mit geringem Involvement lautet (Kroeber-Riel et al., 2008): „Werbekontakt → schwache Aufmerksamkeit → emotionale Wirkung → Einstellung → Verhalten".

Das Ziel gemischter Werbung ist es, sowohl zu informieren als auch emotionale Erlebnisse zu vermitteln (Kroeber-Riel et al., 2008). Sie löst emotionale wie kognitive Wirkungen mit ähnlicher Intensität aus. Obwohl *Kroeber-Riel et al.* (2008, S. 602) davon ausgehen, dass gemischte Werbung die am häufigsten anzutreffende Form der Werbung ist, verzichten sie dennoch auf eine ausführliche Darstellung der entsprechenden Wirkungsmuster. Diese ergeben sich als Kombination der Wirkungsmuster bei informativer und emotionaler Werbung. Auch bei der gemischten Werbung ist die Unterscheidung zwischen starkem und schwachem Involvement wesentlich: Bei starkem Involvement laufen ausgeprägte emotionale und informative Prozesse der Einstellungsbildung ab. Bei schwachem Involvement erfolgt die Einstellungsbildung auf peripherem Weg, d. h., nebensächliche, gefällige Gestaltungselemente und Darbietungsformen der Werbung bedingen die Einstellung zum Produkt (Kroeber-Riel et al., 2008).

Das Modell der Wirkungspfade beschränkt, sich darauf, das Aufeinandertreffen von Werbestimulus und Rezipient in der Größe „Werbekontakt" zu beschreiben. Der Werbestimulus ist nicht isoliert zu betrachten, sondern ist Teil der gesamten Reizkonstellation (Howard/Sheth, 1969). Wie sich die Reizkonstellation insgesamt zusammensetzt, wird im Modell jedoch nicht erklärt. Dies stellt insofern einen Mangel dar, als der Werbetreibende durch entsprechende Gestaltung seiner Werbung gezielt auf die Reizkonstellation Einfluss nehmen kann.[237]

---

[237] *Rogge* (1993, S. 269) unterscheidet bzgl. der Reizkonstellation u. a. in Gestaltungsfaktoren der Werbung (u.a. Copyform) und Rahmenfaktoren der Werbung (Produkte, Medium) (vgl. dazu z. B. Assael, 1992, S. 544ff.; Becker, 2006, S. 714ff.).

3.7.2   Information Overload

Wachsende Informationsflut in den Medien einerseits und begrenzte Informationsaufnah-me- und Verarbeitungskapazitäten beim Konsumenten andererseits sind die großen He-rausforderungen, die werbetreibende Unternehmen bewältigen müssen, um die Aufmerk-samkeit der Konsumenten auf die Werbebotschaften für ihre Produkte zu lenken. Die zu-nehmende Informationsüberlastung ist im Zeitalter der Digitalisierung eine kaum aufzu-haltende Entwicklung. Die Neuerungen im Bereich der elektronischen Massenmedien wie z. B. digitale Radio- und Fernsehprogramme, konvergente Fernseh- und Internet-Endgeräte sowie Mobile Marketing[238] erschließen dem Marketing immer neue Möglichkei-ten. Informationsüberlastung betrifft in erster Linie die Konsumenten, die mit Reizüber-flutung, Stress und Abwehrhaltung auf die Überforderung reagieren. Indirekt sind da-durch wiederum die werbetreibenden Unternehmen selbst betroffen. Sie müssen ihre Botschaften so kommunizieren, dass der Konsument sie trotz seiner Abwehrhaltung wahrnimmt (Rinne/Rennhak, 2006).

Als **Information Overload** bezeichnet man die Überlastung der am Kommunika-tionsprozess teilnehmenden Personen mit zum Teil irrelevanten Informationen. Diese Überlastung basiert auf der Tatsache, dass ein Mensch nur eine bestimmte Menge an In-formationen während eines bestimmten Zeitraums verarbeiten kann (Jacoby, 1977). Sobald diese Grenzen überschritten sind, wird von Informationsüberlastung gesprochen. Die Wahrnehmung nimmt ab und die Entscheidungsfindung wird ungenauer. *Schroder et al.* (1967) und später *Schick et al.* (1990, S. 199f.) beschreiben diese Grenze als den Punkt, an dem der Anteil an Information, der tatsächlich in die Entscheidungsfindung mitein-bezogen wird, abnimmt. In der Wahrnehmungspsychologie geht man davon aus, dass die Gesamtheit der Umweltreize, die einem Konsumenten zur Informationsaufnahme zur Verfügung steht, wesentlich größer ist als die Verarbeitungskapazität.[239] Ein Reizüberan-gebot führt also zwangsläufig zu einer selektiven Wahrnehmung. Hierbei beeinflusst eine übergroße Menge an Informationen das Verhalten während der Entscheidungsfindung negativ, da der Selektionsprozess erschwert wird (Kroeber-Riel et al., 2008). Für eine Wei-terverarbeitung muss der aufgenommene Reiz wenigstens für kurze Zeit gespeichert wer-den. *Behrens* (1991, S. 192) stellte in einer Untersuchung fest, dass durch die Augen bis zu 10^7 bit/sec aufgenommen werden können. Von dieser großen Menge an Informationen gelangen nur wenige, etwa 16 bit/sec, in den Kurzzeitspeicher (Kroeber-Riel et al., 2008). Der Kurzzeitspeicher trifft also, abhängig vom Aktivierungspotenzial der Reize, eine Auswahl, um das Überangebot an Informationen bewältigen zu können. Die im Kurzzeit-speicher eintreffenden Informationen werden mit bereits vorhandenen Informationen aus dem Langzeitspeicher abgeglichen, um ein Erkennen zu ermöglichen. Da die Kapazität des Kurzzeitspeichers sehr beschränkt ist, werden die Informationen dort entweder nach sehr

---

[238] Werbung auf tragbaren Elektronikgeräten, meist Mobiletelefonen; auch SMS-Werbung.

[239] Information Overload ist entsprechend definiert als der Anteil der nicht beachteten Informationen am gesamten Informationsangebot.

kurzer Zeit gelöscht bzw. vergessen oder in das Langzeitgedächtnis aufgenommen. Dieser Anteil ist jedoch mit 0,7 bit/sec sehr gering (Kroeber-Riel et al., 2008). Sobald die Informationen jedoch die Hürden bis in den Langzeitspeicher genommen haben, sind sie dort für immer vorhanden. Das, was gemeinhin als Vergessen von Informationen bezeichnet wird, ist lediglich eine augenblickliche Nicht-Abrufbarkeit der Daten (Kroeber-Riel et al., 2008). Wie aber werden nun Entscheidungen getroffen? Jedem Entscheidungsprozess liegt das Erkennen eines Problems zu Grunde (Meyer/Illmann, 2000). Der Mensch prüft nun, ob die für die Entscheidung benötigten Informationen innerhalb des Gedächtnisses, bzw. dem Langzeitspeicher, abrufbar sind. Werden diese Informationen als unzureichend empfunden, führt dies zu einer externen Suche bei der die Wahrnehmung von neuen Informationen, wie z.B. Werbung, begünstig ist. Die Werbung stellt eine der wenigen von den Unternehmen beeinflussbaren und direkt kontrollierbaren Umweltdeterminanten dar, die auf die (Konsumenten-) Entscheidung Einfluss nehmen können (vgl. **Abbildung 3.23**).

Abbildung 3.23   Modell des Entscheidungsprozesses

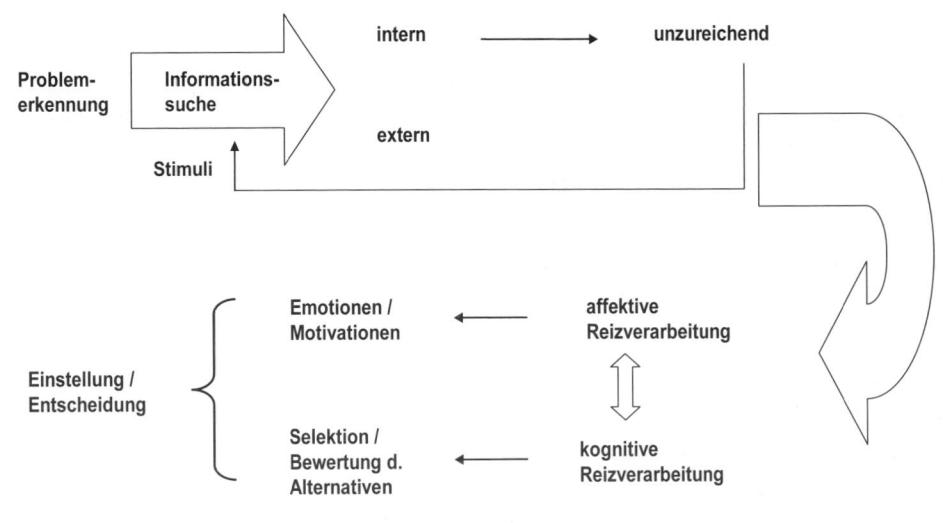

Quelle: Meyer / Illmann, 2000

Die anschließende Reaktion ist als Informationsverarbeitungsprozess zu verstehen. Durch die Interaktion der affektiven und kognitiven Reizverarbeitung kommt es unter dem Einfluss von Emotionen und Motivationen, die durch weitere Einflüsse aus der Umgebung des Individuums geprägt sind, zu einer Bewertung der Alternativen. Abschließend bildet sich eine Einstellung, die als Entscheidungsgrundlage dient. Die Konsumentscheidung im Speziellen lässt sich als Auswahl zwischen mehreren Konsumalternativen definieren (Berndt ,1983).

3.7.2.1   Die Medienumwelt des Konsumenten

Medien sind die Kommunikationsmittel und Werbeträger der Gesellschaft. Sie werden als Vermittler von Informationen und als institutionalisierte Kommunikationskanäle verstanden. Welchen Einfluss aber haben Medien auf unser Leben und welche Rolle spielen sie in der Wahrnehmung der Konsumenten? Neben der Entwicklung des Medienangebotes wird im Folgenden die Reizüberflutung als Resultat der durch die Medien verursachten Informationsüberlastung besprochen.

Bezüglich der erlebten Wirklichkeit des Konsumenten lassen sich zwei Aspekte unterscheiden. Auf der einen Seite findet sich die so genannte Erfahrungsumwelt, die Wirklichkeit, die durch persönliche Erfahrungen gekennzeichnet ist (Kroeber-Riel et al., 2008). Ergänzt wird diese durch die Medienumwelt, die für den Konsumenten immer mehr an Bedeutung gewinnt. In einer von Massenmedien geprägten Gesellschaft wird die von den Konsumenten wahrgenommene Realität immer stärker von den über die Medien aufgenommenen Informationen geprägt. Je nach Medienkonsum und subjektiver Wahrnehmung sieht diese Realität von Konsument zu Konsument anders aus.

Laut *Ridder/Engel* (2005, S. 424) ist die durchschnittliche Mediennutzung je Bundesbürger[240] im Jahr 2005 auf zehn Stunden täglich angestiegen. Dies macht den Einfluss der Medien auf den menschlichen Alltag mehr als deutlich. Das Phänomen der steigenden Informationsüberflutung wird durch die Entwicklung des Informationsangebots begünstigt. So nehmen das Medienangebot und somit auch die Zahl der dargebotenen Informationen seit Jahrzehnten sehr viel stärker zu als die Informationsnachfrage (Kroeber-Riel et al., 2008).

Die Spitzenposition in der Mediennutzung nimmt mit 221 Minuten täglich immer noch das Radio ein; allerdings werden Hörfunkprogramme nun vor allem über den Tag verteilt bis zum späten Nachmittag genutzt.[241]

Obwohl der Anteil der Werbeminuten an der Sendezeit strengen Richtlinien[242] unterliegt, werden im Fernsehen pro Tag 2.136 Werbeminuten, bzw. 6.214 Werbespots, ausgestrahlt

---

[240] Untersucht wurde die Nutzung von TV, Hörfunk, Zeitungen und Zeitschriften, Büchern sowie Internet.

[241] Vgl. Ridder/Engel (2005), S. 422ff. Das Radio hat sich im Laufe der Zeit zum Hintergrundmedium entwickelt und wird häufig unter geringem Involvement wahrgenommen. Daher eignet sich Hörfunkwerbung am Besten zur Aktualisierung. Bemerkenswert ist, dass bereits *Kroeber-Riel* (1988, S.182) feststellte, dass 99,4 % der im öffentlichen Rundfunk geschalteten Werbung nicht wahrgenommen wird. Bei den klassischen Medien erreicht das Radio damit den höchsten Nicht-Beachtungswert.

[242] Die öffentlich-rechtlichen Anstalten dürfen nur werktäglich jeweils höchstens 20 Minuten Werbung pro Tag ausstrahlen und dies auch nur vor 20 Uhr. Im Privatfernsehen darf die Werbung pro Stunde maximal 12 Minuten, bzw.20 % betragen; im Tagesverlauf nicht mehr als 216 Minuten, bzw. 15 % (vgl. §§ 13-16 und 27 RStV).

(Breinker et al., 2005). Von 1965 bis 1995 verringerte sich die Durchschnittsdauer eines Fernsehspots von 53,1 auf 25,4 Sekunden (Shenk, 1998). Im selben Zeitraum hat sich die Zahl der Werbespots pro Fernsehminute von 1,1 auf 2,4 erhöht. Die Anzahl der im Fernsehen ausgestrahlten Werbebotschaften hat in Deutschland seit Mitte der 80er Jahre um 1.500 % zugenommen, die Sehdauer der Zuschauer im gleichen Zeitraum aber nur 33 %.[243] *Kroeber-Riel* (1988, S. 182) beziffert die Informationsüberlastung im Fernsehen mit 96,8 %. Das Fernsehen dient in erster Linie als Unterhaltungsmedium, bei dem Werbeblöcke innerhalb der einzelnen Sendung häufig als störend empfunden werden. Oft versucht der Zuschauer die Informationsflut der Werbepausen durch Zapping zu vermeiden. Ursache des Zapping ist eine negative Einstellung seitens des Fernsehzuschauers gegenüber bestimmten Werbespots oder Werbeunterbrechungen im Allgemeinen. Das Ausweichen der Werbeinseln führt zu einer verminderten Wahrnehmung von Werbespots und somit zu einer erheblichen Reduzierung der Reichweite von Fernsehwerbung. Um dieses Problem zu umgehen, greifen viele Unternehmen zu neuen Methoden der Fernsehwerbung, die nicht strikt von der eigentlichen Sendung getrennt sind, wie beispielsweise Product Placement, oder Splitscreening.

Das Internet ist bereits heute ein Massenmedium. Laut *Ridder/Engel* (2005, S. 423) verfügten im Jahr 2005 bereits 63 % aller deutschen Haushalte über einen Computer, von denen wiederum 70 % einen Internetzugang hatten. Mit einer durchschnittlichen Nutzung von 44 Minuten am Tag, liegt das Internet noch weit hinter Fernsehen und Hörfunk zurück, allerdings hat sich seine Nutzungsdauer seit dem Jahr 2000 verdreifacht. Das Internet wird auch für ältere Bevölkerungsgruppen als Multifunktionstool zur Plattform für Information, Kommunikation und Online-Shopping.[244]

Viele werbetreibende Unternehmen und Agenturen sind der Meinung, dass die Möglichkeit sofort an weiterführende Informationen gelangen zu können, der entscheidende Vorteil der Internetwerbung gegenüber Fernsehwerbung ist. Allerdings wird diese Auffassung nur von 27,1 % der Internetnutzer geteilt. Vielmehr ist die thematische Kongruenz des Inhalts der besuchten Website und der darauf platzierten Werbung von Bedeutung. Die Informationsüberlastung im Internet wird noch höher vermutet als die der anderen Medien. Da bei diesen der Durchschnitt bereits bei 98,1% liegt, ist die Herausforderung die Aufmerksamkeit der Konsumenten zu erreichen im Internet noch größer. Hierbei liegt die Nichtbeachtungsquote von einfacher Bannerwerbung am höchsten. Folglich werden die Unternehmen gezwungen immer auffälligere Formen der Internetwerbung zu erfinden zu

---

[243] Vgl. *Sander* (2002). Die Nutzung des Fernsehens betrug 2005 220 Minuten täglich (vgl. Ridder/Engel, 2005, S. 422ff.)

[244] Akzeptanzbarrieren für das Internet sind weiterhin zu hohe Kosten, fehlendes Wissen und psychologische Barrieren (vgl. Kroeber-Riel et al., 2008, S. 578). Diese können jedoch durch gesammelte Erfahrung mit dem neuen Medium, Intensität der Internetnutzung und aktivierende Werbeanzeigen abgebaut werden. Bedeutend für den Business-to-Consumer-Bereich ist, dass in Deutschland die private Internetnutzung die größte Relevanz hat. So greifen 68 % der Internetnutzer von zu Hause aus auf das Internetangebot zu.

denen beispielsweise Pop-Ups,[245] Skyscraper[246] und Sticky Ads[247] gehören.[248] Auch alternative Werbeformen wie Blogging[249] und PodCasting[250] werden zu erfolgreichen Konzepten der Zukunft gehören.

Printmedien weisen eine tägliche Nutzungsdauer von 40 Minuten auf (Ridder/Engel, 2005). Tageszeitungen und Fachzeitschriften werden hauptsächlich als Informationsmedium genutzt, wohingegen Publikumszeitschriften eher der Unterhaltung dienen. Die Nutzungsintensität der Tageszeitung blieb mit 28 Minuten pro Tag über die letzten dreißig Jahre weitgehend konstant. Interessant ist die Entwicklung des Angebots von Printmedien im selben Zeitraum: Während die Anzahl der Tages- und Wochenzeitungen leicht rückläufig ist,[251] nahm die Anzahl der Publikums- und Fachzeitschriften bis zum Jahr 2000 stark zu. Dies bietet den Unternehmen einerseits die Chance zielgruppenspezifischer zu werben, andererseits müssen wesentlich mehr Anstrengungen unternommen werden, um bei zunehmender Informationskonkurrenz sicherzustellen, dass die Werbeanzeigen auch vom Leser wahrgenommen werden.[252]

Auch in Zukunft wird die Informationsflut weiter wachsen: So werden beispielsweise laut *Alt et al.* (2002, S. 12). täglich 7,3 Millionen Websites online gestellt. Es wird für den Konsumenten folglich zunehmend schwerer, diese Informationsflut zu filtern, um die relevanten Informationen zeitnah zu finden. Im Zuge der fortschreitenden Digitalisierung der Massenmedien und somit auch der Lebensweise unserer Gesellschaft ist ein weiterer Anstieg des Informationsdrucks auf die Konsumenten absehbar. Feststeht, dass die Entscheidungsqualität mit dem Ausmaß der Informationsüberlastung abnimmt. Demnach stehen die psychische Stimulation, bzw. die Reize, die durch die Information hervorgerufen werden und die menschliche Reaktion in einer Beziehung zueinander, die die Form einer um-

---

[245] Zusätzlich zur betrachteten Website wird ein neues Browserfenster geöffnet, das ausschließlich Werbung enthält.

[246] Skyscraper sind Banner, die besonders lang und deshalb meist links oder rechts am Rande der Website angebracht sind. Diese sind dann auch beim Scrollen der Website meist zumindest noch teilweise zu sehen und bieten Platz für zusätzliche Informationen.

[247] Sticky-Ads sind Werbebanner, die beim Scrollen ‚kleben' bleiben und somit nie aus dem Blickfeld des Betrachters verschwinden.

[248] Dies ist selbstverständlich keine abschließende Aufzählung der Werbeformen im Internet. Der Kreativität der Agenturen ist hier nur durch die technische Machbarkeit Grenzen gesetzt.

[249] Online-Journale die durch häufige Aktualisierung gekennzeichnet sind. Eine Art Online-Tagebuch.

[250] Bezeichnet das Produzieren und Anbieten von Audio- oder Videodateien über das Internet.

[251] Bei einer durchschnittlichen Auflage von 24,7 Millionen (Tageszeitungen) bzw. 1,8 Millionen (Wochenzeitungen).

[252] Keine einfache Aufgabe, wenn man bedenkt, dass die Informationsüberlastung bei Zeitungen 91,7 % und bei Zeitschriften 94,1 % beträgt (vgl. Kroeber-Riel 1988, S. 182). Durchschnittlich verwendet der Leser nur etwa zwei Sekunden auf das Lesen einer Anzeige, um aber alle enthalten Informationen wahrnehmen zu können, bräuchte er 35 bis 40 Sekunden.

gekehrten U-Kurve annimmt (vgl. **Abbildung 3.24**). Sowohl zu viel als auch zu wenig Information oder Reizstimulation führen demnach zu Stress unter dem die Entscheidungsqualität leidet.

Abbildung 3.24   Informationsmenge und Entscheidungsqualität

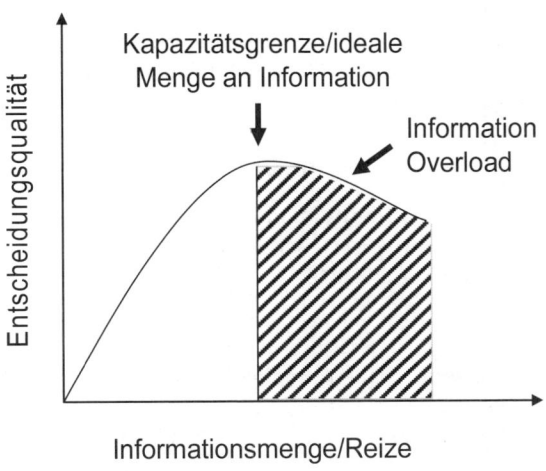

Quelle: Eppler / Mengis, 2004

Ein weiteres Problem entsteht nun durch die Verschiebung der Reizschwelle[253]. Die Wahrnehmungsintensität nimmt bei einer Verstärkung des Reizes nicht linear zu. Das bedeutet, dass bei einer zunehmenden Reizüberflutung eine immer höhere Reizdosierung notwendig ist, um die Wahrnehmung bei den Empfängern zu gewährleisten. Der Konsument stumpft in dieser Hinsicht ab bzw. schottet sich als Schutzreaktion gegen zu viele Umweltreize ab. Folglich muss eine immer höhere Reizschwelle überwunden werden. Ein Anstieg der Reizflut seitens der Unternehmen ist nicht abwendbar.

„Bei der Informationsüberlastung erhält die Verwendung von Bildern in der Kommunikation eine besondere Bedeutung" (Kroeber-Riel, 1988). Bilder werden vom Gehirn besonders schnell aufgenommen und verstanden. Sie aktivieren relativ stark und werden meistens zuerst betrachtet (Kroeber-Riel, 1988). Bei einer Betrachtungszeit von zwei Sekunden pro Anzeige werden 1 bis 1,5 Sekunden für die graphische Darstellung aufgewen-

---

[253] Als Reizschwelle bezeichnet man die Größe, ab der Reize überhaupt erst wahrgenommen werden.

det.[254] Folglich werden Bilder besser erinnert als sprachliche Informationen. Eine Tatsache, die werbetreibende Unternehmen für sich nutzen können, indem sie Bilder als Signal für eine Marke einsetzen und damit eher auf Aktualisierung als auf Information des Konsumenten abzielen.

Die Reizüberflutung ist eine Folge des immer noch ansteigenden Informationsangebotes seitens der Medien. Nun können Unternehmen aber nicht weniger Werbung auf den Markt bringen, in der Hoffnung die Informationsflut würde sinken und somit zu einem prozentualen Anstieg der Wahrnehmung der Konsumenten führen. Vielmehr müssen sie, um überhaupt wahrgenommen zu werden, den Informationsdruck weiter erhöhen, um die ansteigende Reizschwelle zu überschreiten.

3.7.2.2   Information Overload in der Marketingforschung

Im Marketing wurde das Thema Information Overload mit dem starken Anstieg der Markenvielfalt Anfang der 70er Jahre erstmals relevant. Einen Überblick über die verschiedenen Studien zum Thema gibt **Tabelle 3.16**.

Tabelle 3.16   Studien zum Themenkomplex Information Overload

Studie	Forschungsfragen	Ergebnisse
Miller (1956)	– Existiert eine kognitive Beschränkung der Informationsverarbeitung im Gehirn?	Die Verarbeitungskapazität des Kurzzeitgedächtnisses beschränkt sich auf ungefähr sieben Informationseinheiten.
Jacoby et al. (1974)	– Wie wirkt sich eine Informationsüberlastung auf die Entscheidungseffizienz der Markenwahl aus?	Ab einer bestimmten Menge an zu verarbeitenden Informationen sinkt die Entscheidungseffizienz.
Wilkie (1974)	– Ist die von *Jacoby et al.* angewandte Methodik gerechtfertigt?	Kritik an Methodik und Ergebnissen, nicht aber an dem Phänomen Information Overload.

---

[254] Dies hängt vor allem mit dem Blickverlauf des Betrachters zusammen. Der Blickverlauf zeigt die Reihenfolge der Fixationen. Durch Blickverlaufsanalysen kann festgestellt werden, welche Anzeigenelemente wie lange und in welcher Reihenfolge betrachtet werden.

Studie	Forschungsfragen	Ergebnisse
Jacoby (1977)	– Unterscheiden sich der Anstieg von Markenzahl und die Anzahl der Merkmale je Marke in ihren Auswirkungen auf die Entscheidungseffizienz?	Die Anzahl der angebotenen Marken erzeugt eher eine Informationsüberlastung, die die Entscheidungseffizienz negativ beeinflusst, als die Anzahl der Merkmale je Marke.
Kiel/Layton (1981)	– Wonach richtet sich das Informationssuchverhalten bei Kaufentscheidungen? – Welche Dimensionen nimmt es an?	Der Umfang der externen Informationssuche bei Kaufentscheidungen ist abhängig von Informationsbedürfnis, Selbstbewusstsein, relativem Preis und Involvement.
Malhotra (1982)	– Inwieweit wirken sich die Anzahl der Informationseinheiten auf das Entscheidungsverhalten und seine Qualität aus?	Ab einer bestimmten Informationsmenge wird die in Entscheidungsfindung miteinbezogene Information reduziert; die Entscheidungsqualität leidet.
Keller/Staelin (1987)	– Welchen Einfluss nehmen Informationsqualität und -quantität auf die Entscheidungseffizienz?	Sowohl zu viel als auch zu viel qualitativ hochwertige Information verringert die Entscheidungseffizienz.
Kroeber-Riel (1987)	– Wie hoch ist die Informationsüberlastung in Deutschland?	Durchschnittliche Informationsüberlastung von 98,1%. Das Informationsangebot wird immer stimulierender, während das Interesse daran, insbesondere das an der Werbung nachlässt.

Miller (1956, S. 81ff.) beschäftigt sich in seiner Studie mit der kognitiven Beschränkung der Informationsverarbeitung. Er kommt zu dem Ergebnis, dass das Individuum lediglich in der Lage ist, sieben[255] Informationseinheiten gleichzeitig wahrzunehmen und im Kurzzeitgedächtnis zu verarbeiten. Informationen, die über diese Kapazitätsgrenze hinaus zur Verfügung stehen, können in den Verarbeitungsprozess nicht mehr miteinbezogen werden.

---

[255] Je nach Situation und individuellen Voraussetzungen variiert diese Zahl um plus oder minus zwei.

Die Auswirkungen einer Informationsüberlastung im Bereich des Marketings werden erstmals von *Jacoby et al.* (1974, S. 63ff.) untersucht. Im Rahmen eines Experiments wurde geprüft, inwieweit sich Informationsmenge und Markenvielfalt auf die Entscheidungseffizienz bei der Markenwahl auswirken. Die Ergebnisse zeigen, dass die Fähigkeit der Konsumenten, die für sie beste Entscheidung zu treffen, nur bis zu einem gewissen Ausmaß mit der zu verarbeitenden Gesamtinformationsmenge wächst. Jenseits dieser Grenze sinkt die Entscheidungseffizienz. Interessant ist jedoch, dass die Testpersonen sich mit mehr Informationen subjektiv wohler fühlen, obwohl sie eine objektiv schlechtere Entscheidung treffen. Vorgehen und Ergebnisse von *Jacoby et al.* führten zu einer regen Diskussion. So kritisiert z. B. *Wilkie* (1974, S. 462ff.) Methodik und Datenauswertung von *Jacoby et al.* Aber auch diese Studie bestärkt die Einschätzung, dass Informationsüberlastung in der Zukunft von größter Relevanz ist. Eine weitere Studie von *Jacoby* (1977, S. 569ff.) bestätigt die Informationsüberlastungseffekte der ersten Studie. In Situationen mit zunehmender Informationsbelastung ziehen Konsumenten zur Beurteilung der Wahlalternativen nur noch bestimmte Schlüsselinformationen heran. Gleichzeitig schränken sie ihre externe Informationssuche ein.

Kiel/Layton (1981, S. 233ff.) untersuchen in ihrer Studie die Dimensionen des Informationssuchverhalten. Sie identifizieren dabei drei Hauptdimensionen der Informationssuche: die Medien oder Informationsquellen, den Zeitraum der Informationssuche und die Anzahl der Marken über die sich ein Konsument informiert. Das Informationssuchverhalten der Individuen ist sehr unterschiedlich ausgeprägt und abhängig vom Informationsbedürfnis, vom Selbstbewusstsein und Involvement des Konsumenten sowie dem relativen Preis des Produkts.[256]

Malhotra (1982, S. 419ff) untersucht in seiner Studie die kritische Menge, ab der es zu einer Informationsüberlastung kommt. Er kann diese aber nicht genau quantifizieren. Stattdessen bestätigt er die Ergebnisse von *Jacoby et al.* der selektiven Wahrnehmung bei Informationsflut.

Das Auftreten von Informationsüberlastung ist von verschieden Faktoren abhängig. Ausgehend von dieser Vermutung ließen sich *Keller/Staelin* (1987, S. 200ff.) in ihrer Studie von der Frage leiten, ob Informationsüberlastung nicht nur von der Informationsmenge, sondern auch von der Qualität der Information abhängig ist. Die Ergebnisse bestätigen, dass Information Overload sowohl von zu viel verfügbarer Information, als auch von zu viel komplexer Information ausgelöst werden kann. Somit nimmt die Entscheidungsqualität mit der Qualität der Information nicht unbegrenzt zu, viel mehr erhöht sich die Entscheidungseffizienz bei einem Angebot von verarbeiteten und vereinfachten Informationen.

Auch *Kroeber-Riel* (1987, S. 257ff.) bestätigt diese Ergebnisse, geht aber über die vorhergegangen Studien hinaus, indem er nicht nur das Phänomen der Informationsüberlastung im Allgemeinen erforscht, sondern die Überlastung der Konsumenten durch die Massenme-

---

[256] D. h. dem Produktpreis im Verhältnis zum Einkommen des Konsumenten.

dien und die Werbung in den Mittelpunkt stellt. Außerdem liefert die Studie erstmals Schätzungen über das Ausmaß der Informationsüberlastung für die Bundesrepublik Deutschland.

Als Folge der Informationsüberlastung beobachtet *Kroeber-Riel* (1987, S. 261f.) eine zunehmende Informationskonkurrenz, die sich in folgenden drei Sachverhalten widerspiegelt: Zunächst wird die Aktivierungskraft der Informationen immer stärker. Um sich aus der Fülle der Informationen hervorzuheben, werden die Werbebotschaften immer auffälliger. Dem gegenüber steht eine wachsende Abwehrhaltung der Konsumenten. Das Involvement bei der Informationsaufnahme nimmt ab, die Wahrnehmung wird flüchtiger und bruchstückhafter. Schließlich stellt *Kroeber-Riel* fest, dass eine Informationsüberlastung durch die stärkere Verwendung von Bild- statt Textinformationen reduziert werden kann. Bilder können wesentlich schneller aufgenommen und verarbeitet werden. Während ihre Verarbeitung weitgehend automatisch erfolgt, erfordert die Verarbeitung von Textinformation erheblich stärkere kognitive Beteiligung.

Die Ergebnisse der vorliegenden Studien zeigen insgesamt die Bedeutung des Themas ‚Information Overload' auf. Es besteht aber weiterer Forschungsbedarf, um das Thema abschließend zu behandeln. Zunächst ist, in Anbetracht der Tatsache, dass die letzten veröffentlichten Zahlen zur Informationsüberlastung in Deutschland mittlerweile 20 Jahre alt sind, eine erneute Durchführung der Medienwahrnehmungsanalyse notwendig. Vor allem aus der Entwicklung des Medienangebotes und der Mediennutzung seit der Studie von *Kroeber-Riel* 1987 ergibt sich weiterer Forschungsbedarf. Von besonderer Relevanz ist hierbei die Informationsflut durch das Internet, das zum Veröffentlichungszeitpunkt von *Kroeber-Riels* Studie noch gar nicht als Massenmedium existierte. Auch wurde die persönliche Kommunikation, wie Briefe, Telefonate und eben auch Emails, nicht in die Untersuchung miteinbezogen, da diese damals noch nicht als ein Faktor der Informationsüberlastung angesehen wurde. Dies ist heute im Zeitalter der Direct-Mailings,[257] Marktforschungsanrufe und Spam-Emails[258] anders zu beurteilen. Zusätzlicher Forschungsbedarf erstreckt sich zudem auf die Marketingmöglichkeiten, die sich durch neue Medien wie digitales Fernsehen und Radio, konvergente Fernseh- und Internet-Endgeräte, Mobile-Marketing, etc. ergeben.

3.7.3   Instrumente der Kommunikationspolitik

Kommunikationspolitik steht heute vor mannigfachen Herausforderungen: Informationsüberlastung ist ein Phänomen, das sich durch die einfache Verfügbarkeit und die Digitalisierung der Massenmedien in Zukunft eher noch verstärken wird. Veränderungen auf den Absatzmärkten beeinflussen auch die Kommunikationspolitik der Unternehmen. Viele

---

[257] Personalisierte Werbebriefe.

[258] Missbrauch des Internets zur massenhaften Verbreitung unerwünschter Werbung über die Dienste E-Mail, Newsletter und Mailinglisten.

Gütermärkte weisen immer kürzere Produkt- und Marktzyklen sowie zunehmende Homogenität der angebotenen Produkte auf. Weitere Problemfelder zeigen sich in einer veränderten Medienstruktur sowie der demographischen und sozialen Entwicklung der Rezipienten. Bedingt durch diese Tatsache und durch das veränderte Nutzungsverhalten im Medienkonsum bzw. der steigenden Antipathie und Werbemüdigkeit der Rezipienten gegenüber den klassischen Werbeblöcken, verschieben sich auch die Werbeziele (Wilbur, 2008). Sie entfernen sich immer weiter von der klassischen Awareness hin zu der Suche nach Wegen, um Produkte verstärkt in das tägliche Leben der Konsumenten zu integrieren (Arvidsson, 2006). In der schnelllebigen Welt von heute sind Werbebotschaften omnipräsent; traditionelle Werbung zeigt immer geringere Erfolge. Um zu gewährleisten, dass Zielgruppen weiterhin effektiv und effizient mit Werbung angesprochen werden können, musste ein Weg über die traditionellen Werbemethoden hinausgehend gefunden werden. Konsumenten sind heute in vielen Fällen den Kommunikationsbotschaften werbetreibender Unternehmen überdrüssig. Neben der Tatsache, dass der Mensch heutzutage von Werbung überflutet wird, gibt es nach *Wilbur* (2008, S.144) mehrere Faktoren warum die Zuschauer klassische TV Werbung immer mehr meiden. Erstens haben substituierbare Tätigkeiten, wie Gespräche führen oder andere Sendungen auf konkurrierenden Kanälen anschauen, einen höheren Interessenfaktor. Zuschauer vermeiden zudem in ihren Augen unkreative Werbesendungen oder auch Werbespots, die sie schon oft gesehen haben. Ist der Zuschauer am beworbenen Produkt nicht interessiert, so ignoriert er auch die dazugehörige Werbung. Diese sinkende Akzeptanz der klassischen Werbeblöcke bezeichnet *Cornwell* (2008, S. 41) mit den Worten „mass media advertising [...] is on its deathbed". Bedingt durch den schwindenden Interessefaktor an den klassischen Werbeblöcken suchen Unternehmen immer mehr nach neuen Wegen in der Werbung, um den Rezipienten zu erreichen (Glaister, 2005). Dies bestätigt auch *Leonard* (2004, S. 93): „companies are abandoning old rules of marketing" (Leonard, 2004).

Die Herausforderung für Marketing-Manager besteht also darin ihre kommunikativen Inhalte trotzdem in der Zielgruppe zu verbreiten, um die erwünschten kommunikativen Wirkungen zu erzielen. Dazu bedarf es einen ausgeklügelten Mix an traditionellen und innovativen Kommunikationsinstrumente und -kanäle, die unter Einhaltung des Kommunikationsbudgets gezielt eingesetzt werden müssen. Die einzelnen Kommunikationsinstrumente werden dabei auf ihre spezifische Eignung zur Erreichung der Kommunikationsziele hin untersucht und zu einem möglichst wirkungsvollen Kommunikations-Mix kombiniert. Die Kommunikationspolitik bedient sich dabei der Instrumente Werbung, Öffentlichkeitsarbeit, Verkaufsförderung, Corporate Identity, Product Placement, Sponsoring, und Events.

Die eingesetzten Kommunikationsinstrumente und -kanäle sind im Sinne einer integrierten Kommunikation genau zu choreographieren. Integrierte Kommunikation bedeutet also abgestimmtes kommunikatives Handeln bezüglich Kommunikationsinstrumenten, - medien, -druck und -timing. Integrierte Kommunikation erfordert entsprechend einen unternehmensweiten Abgleich von Kommunikationsthemen, -zielen und -zielgruppen. Zielgruppenübergreifende Abstimmung der Kommunikation betrifft sowohl die interne, als auch die externe Kommunikation an Verwender, Käufer und den Handel. Integrierte

Kommunikation erfolgt produkt- und länderübergreifend. Durch ihren Einsatz lassen sich Synergieeffekte (z. B. weniger Werbewiederholungen, verstärkter Wiedererkennungswert) erzielen, die eine effektivere Kommunikation ermöglichen und im aktuellen Kommunikationswettbewerb unabdingbar sind. Das Fehlen einer integrierten Kommunikation birgt verschiedene Risiken. So führt die Diskrepanz zwischen interner und externer Kommunikation zu Irritationen bei Kunden und Mitarbeitern. Eine zu starke Differenzierung einzelner Kommunikationsinstrumente gefährdet ein konsistentes Erscheinungsbild des Unternehmens am Markt und erschwert dadurch ganz wesentlich den Aufbau eines kohärenten Images.

Abbildung 3.25   Ableitung der Kommunikationsmaßnahmen

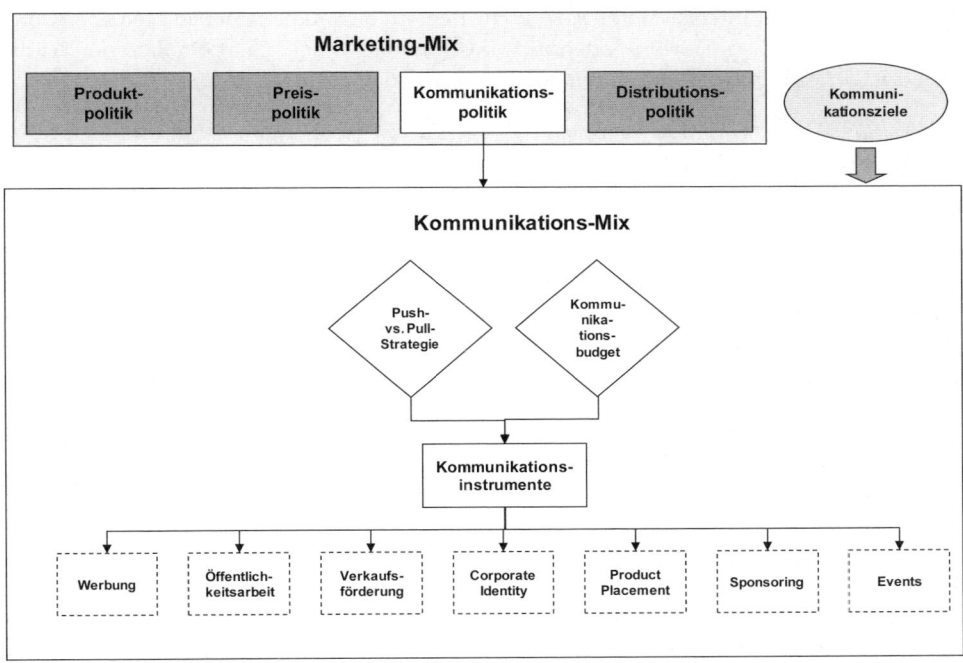

Die Kommunikationsziele eines Unternehmens leiten sich aus den strategischen und operativen Unternehmenszielen ab und werden stark durch unternehmensinterne und -externe Analysen und Gegebenheiten beeinflusst (Thommen/Achleitner, 2006). Zur Erreichung der festgelegten Kommunikationsziele werden die unterschiedlichen Kommunikationsinstrumente unter Berücksichtigung des Kommunikationsbudgets sowie der übergreifenden Push- (d .h. intermediärorientierten) bzw. Pull- (d. .h. endkundengerichteten) Strategie kombiniert und zum Kommunikations-Mix zusammengefasst, der aus klassischen und nicht-klassischen Instrumenten bestehen kann. Die nicht-klassische Werbung hat in den letzten Jahren durch die Entwicklung neuer Kommunikationselemente stark zugenommen und ist eine Ergänzung zu den traditionellen, klassischen Werbemitteln wie Werbung, Öffentlichkeitsarbeit und Verkaufsförderung (Hermanns, 1997). Zu den populärsten nicht-klassischen Kommunikationsinstrumenten gehören Product Placement, Sponsoring und Events.

3.7.3.1   Werbung

Die klassische Werbung ist auch im Informations- und Internetzeitalter noch das wichtigste Instrument im Kommunikations-Mix der Unternehmung. Unter diese Kategorie fallen üblicherweise Kommunikationsmaßnahmen, die sich Print- und/oder audiovisuelle Medien als Werbeträger bedienen. Als **Werbeträger** wird dabei das Medium bezeichnet, das die eigentliche Werbebotschaft mit Hilfe von Gestaltungsmitteln (den so genannten Werbemitteln[259]) zum Empfänger in der Zielgruppe transportiert. Printmedien sind z. B. Zeitungen, Publikums, Special Interest- und Fachzeitschriften. Zu den audiovisuellen Medien gehören u. a. Kino, Fernsehen, Hörfunk oder auch das Internet.[260] Bei einem Großteil der Werbeträger in der klassischen Werbung handelt es sich also um Massenmedien.

Mehr als 60% aller Verbraucher fühlen sich von zu viel Werbung belästigt und knapp 70% der Befragten sind an Möglichkeiten interessiert, Werbung auszublenden. 80% geben sogar an, den Einkauf von Email-Adressen als ernsthafte Verletzung der Privatsphäre anzusehen (Yankelovich Partners, 2004). Dies ergab die *Consumer Resistancy Study 2004*, durchgeführt vom amerikanischen Marktforschungsunternehmen Yankelovich Partners. Die enorme Reaktanz der Konsumenten auf die Flut an Werbung, die in jedem Bereich ihres Lebens auf sie einströmt, ist daher nur eine logische Schlussfolgerung. Der gern gebrauchte Begriff des *information overload* ist inzwischen vom Ausdruck *information overkill* abgelöst worden, um die Situation noch passender zu beschreiben. Es ist längst kein Geheimnis mehr, dass das Problem der Werbung in der klassischen einseitigen Kommunikation liegt. Auch wenn diese Meinung in Marketingkreisen bereits einhellig anerkannt ist und lebhaft diskutiert wird, so setzen dies doch noch zu wenige Marketer in der Realität auch passend um (Hieke et al., 2007).

In der wissenschaftlichen Forschung gibt es bereits zahlreiche Konzepte, die sich mit dem Problem des mangelnden Interesses der Verbraucher an Werbung befassen. Eine der vorherrschenden Strömungen ist das Thema Live Kommunikation, in deren Rahmen ein aktiver Kundendialog angestrebt wird. Ziel ist es eine stärkere Einbindung der Verbraucher über ihre Bedürfnisse und Wünsche, in ein Umfeld zu realisieren, das Erlebnisse schafft und Emotionen hervorlockt. Positive Erinnerungen sollen mit dem Produkt oder der Marke assoziiert werden und somit, ähnlich der klassischen Konditionierung aus der Biologie,

---

[259] Werbemittel in diesem Sinne sind z. B. Printanzeigen, Plakate, Radio- oder Fernsehspots oder auch Pop-Ups.

[260] Eine normierte Kostenmessung für einen Werbeträger wird durch den so genannten Tausender-Kontakt-Preis (TKP) durchgeführt, der den Preis für 1.000 mittels des Werbeträgers erreichte potenzielle Interessenten (Kontakte) misst.

ein starkes inneres Bild im Kopf der Kunden aufbauen (Kirchgeorg/Klante, 2003). Ein bekanntes Schlagwort ist hier die Forderung nach Authentizität. Zunächst stellt sich die Frage, wie eine solche Einbindung in der Realität aussehen kann und aus welchen Bereichen sich erfolgreiche Muster auch auf das Marketing übertragen lassen.

Die Integration des Kunden in Vermarktungsprozesse ist nicht neu und wird schon länger in vielen Unternehmen praktiziert. Allerdings beschränkt sich der Kundeneinfluss in der Realität auf bereits fertige Kampagnen und deren Bewertung im Rahmen von Fokusgruppen oder Workshops. Diese relativ späte Einbindung verhindert jedoch umfassende Eingriffe und Veränderung von Marketingmaßnahmen. Um eine frühzeitige Möglichkeit der Anpassung an Kundenbedürfnisse gewährleisten zu können, muss diese Integration konsequenter Weise in den Entscheidungsprozess vorverlegt werden. Hier setzt das **Open-Source-Movement** an.

Seinen Ursprung hat die Bewegung in der Software Industrie, gedacht als Kollaboration von Entwicklern mit dem Ziel, eine globale Plattform zu errichten, um Systeme und Applikationen frei zugänglich zu machen. Hintergrund war der Wunsch nach intellektueller Herausforderung und der Möglichkeit, gemeinsam etwas verändern zu können. Dies sollte und konnte nur durch die kollektive Nutzung des so genannten Quellcodes geschehen. Die wohl größte Erfolgsgeschichte, die aus dieser Idee hervorgegangen ist, nennt sich Linux und gilt heute als der gefürchtetste Gegner des Software Giganten Microsoft. Anfangs als Hirngespinst eifriger Informatiker und Computer-Nerds ausgelacht, haben sich die überragenden Erfolge verschiedener Internet-Dienste wie des Browsers Mozilla Firefox oder der Online-Enzyklopädie Wikipedia inzwischen bis in die Marketingabteilungen herumgesprochen. Über das neue Leitmedium Internet stellen immer mehr User eigene Ideen und kreative Artefakte der Öffentlichkeit zur Verfügung – ohne Lizenzgebühr. Plattformen wie MySpace.com oder YouTube.com leben vom Ideenreichtum ihrer Mitglieder und sind in den vergangenen Jahren gemessen an den eingestellten Beiträgen extrem gewachsen. Unternehmen haben begonnen, sich diesen Drang nach schöpferischer Kreativität zu eigen zu machen. Durch leichte Modifikationen, der Grundidee aber treu geblieben, ist somit eine neue Strömung entstanden, die die Hoffnungen der Marketer weltweit beflügelt, dem Ende der Werbung entgegen zu treten.

Bisher existieren kaum gängige Definitionen für diese neue Bewegung, wohl auch durch die Fülle an Möglichkeiten, die sich dem Marketing-Experten hiermit eröffnen. In einem Beitrag für das *Open Source Jahrbuch 2006* wird **Open-Source-Marketing** als die Einbindung der Ideen, kreativen Fähigkeiten und Meinungen der Konsumenten unter Zuhilfenahme von flexiblen Lizenzen in das unternehmenseigene Marketing definiert. Der bisherige Urheber-rechtliche Schutz soll aufgehoben und Ableger sowie konsequente Weiterentwicklungen von Firmenlogos, Werbetexten und Spots sollen von den Unternehmen aktiv unterstützt werden. Dazu gehört unter anderem die Bereitstellung aller Marketingmaterialien und deren Vorprodukte auf den Internetseiten der Unternehmen (Wiedmann/Langner, 2006). Die Quantensprünge in der Technologie ermöglichen es inzwischen auch Menschen ohne große Informatikkenntnisse, Beiträge zu schreiben, Videos ins Netz zu stellen oder eigene Webseiten zu kreieren. Diese Tatsache trägt wesentlich dazu bei, den Anforderungen des bereits erwähnten Grundgedankens der Authentizität gerecht zu werden. Gleicher Zugang für alle durch die vollkommene Offenheit des Systems gilt als Voraussetzung für die globale Einbindung der Konsumenten und Verbraucher. In diesem Zusammenhang fällt des Öfteren auch das Schlagwort der *Creative Commons License*, einer neuen Art des Copyrights. Ziel ist es, dass Autoren der Öffentlichkeit Nutzungsrechte an ihren Werken einräumen können. Zu den drei häufigsten Varianten zählen die *Music Sharing License,* *Founders' Copyright* und die *Developing Nations License*. Im Rahmen des Open-Source-Gedankens können Unternehmen also mit Hilfe dieser Lizenzen ihre Werbematerialien publizieren und Verbraucher dazu ermutigen, Derivate und/oder eigene Ideen zu entwickeln und sie über integrierte Foren, Chats und Communities mit anderen Usern zu teilen und darüber zu diskutieren. Der freie Download des *Source Code* ermöglicht dies nicht nur, sondern fördert auch die kundengetriebene Verbesserung der bisherigen kreativen Arbeit der Unternehmen (Brøndmo, 2004).

Open-Source-Marketing kann den Unternehmen neue Spielräume eröffnen, um mit dem Kunden zu kommunizieren, seine Wünsche und Bedürfnisse zu erforschen und Marke sowie Angebot künftig besser darauf abstimmen zu können. Eine durchdachte und intensive Planung dieser Aktionen kann dazu beitragen, die Gefahren und negativen Auswüchse dieser Form des Marketings zu verringern, bzw. ihnen angemessen entgegen zu treten. Es gibt allerdings auch Gegner dieses Ansatzes, die argumentieren, dass die Zukunftsfähigkeit der Firmen aufgrund mangelnder Innovationen beschnitten werde. Das so genannte kundengetriebene Marketing führt ihrer Auffassung nach nur zu inkrementellen Neuerungen und ist für große Änderungen hinderlich, da diese oftmals eher weniger Akzeptanz bei den Verbrauchern finden. Da der Open-Source-Gedanke das öffentliche File-Sharing aktiv propagiert, sieht die Opposition außerdem das eigentlich rechtlich geschützte Eigentum der Unternehmen, in diesem Fall die Marketingideen und Materialien, als gefährdet an, da sie für jeden inklusive der Konkurrenz frei zugänglich sind (Wiedmann/Langner, 2006). Dagegen sprechen jedoch genau die Ergebnisse, die das Open-Source-Marketing erreichen möchte. Ziel ist die bessere Integration der Kunden in den Entwicklungs- und Kommunikationsprozess der Unternehmen. Nur das aktive und positive Erlebnis mit einer Marke kann zu nachhaltigen Einstellungsänderungen bei den Verbrauchern führen und somit letztlich in eine gestiegene Loyalität und Treue münden. Die Authentizität, die ein solcher freier Zugang zu allen Materialien und Ideen einer Firma schafft, muss vor allem aufgrund ihrer langfristigen Wirkung wichtiger sein als die Angst vor Kopie und Nachahmung durch die Konkurrenz.

3.7.3.2 Public Relations

Public Relations (PR) bzw. Öffentlichkeitsarbeit bezeichnet die Politik des Werbens um das Vertrauen der Öffentlichkeit durch das Management von Informations- und Kommunikationsprozessen zwischen Unternehmen (oder allgemeiner Organisationen) einerseits und ihren externen oder internen Umwelten (Teilöffentlichkeiten) andererseits.

Sie wendet sich an die gesamte Öffentlichkeit und zielt darauf ab, Unternehmensziele besser realisieren zu können. Öffentlichkeitsarbeit steht also für öffentliche Kommunikation, die für eine Organisation Funktionen wie Information, Kommunikation und Persuasion erfüllt und besonders auf langfristige Ziele wie den Aufbau und Erhalt eines konsistenten Images und somit von Vertrauen abzielt, an einem Konsens mit den Teilöffentlichkeiten in der Umwelt der Organisation interessiert ist und so auch im Fall von Konflikten glaubwürdiges Handeln der Organisation ermöglichen soll. Besondere Aufmerksamkeit wird dabei allen Stakeholdern der Organisation zuteil, also etwa Bürgern, Bürgerinitiativen, dem Gesetzgeber, Kapitalgebern, Kunden, Lieferanten, Medien, Mitarbeitern, usw. Hierzu stehen der Unternehmenspraxis eine Reihe von Kommunikationsinstrumenten zur Verfügung: Pressearbeit (z. B. Pressemitteilung, Pressekonferenz, Beantwortung von Presseanfragen, Interview), Mediengestaltung (z. B. Geschäftsbericht, Broschüre, Newsletter), Veranstaltungsorganisation (z. B. Konferenz, Seminar, Verbraucherveranstaltung), interner Kommunikation (z. B. Mitarbeiterzeitschrift und -veranstaltung) und diversen Sponsoringaktivitäten (Broom et al., 1994).

Um das Themenfeld „Public Relations" systematisch zu erschließen, ist zu analysieren, wer Rezipient der Kommunikationsinhalte sein soll und wie die Art der Ansprache und der zu kommunizierende Inhalt idealerweise zu gestalten sind. Diese Verständigkeit des Angesprochenen ist auch für das Grundverständnis von Öffentlichkeitsarbeit entscheidend. Aus diesem Grund wird Differenzierung nach verschiedenen Ansprache-Ebenen in jedem Fall sinnvoll (Szyszka, 2009). Die Literatur unterscheidet in diesem Zusammenhang zwischen drei verschiedenen so genannten gesellschaftlichen Zugangsebenen: die Makro-, die Meso- und die Mikroebene bezeichnet.

Die Makro-Ebene beschreibt dabei die Gesellschaft in ihrer Gesamtheit sowie die darin vorkommenden Subsysteme wie z. B. das politische Systeme oder das Wirtschaftsystem, etc. Für die Kommunikation eines Unternehmens ist es von großer Bedeutung, bei der Ansprache der Makro-Ebene, die Art der Informationsverarbeitung zu kennen und Art und Inhalt der Kommunikation entsprechend zu steuern. Auf der Makro-Ebene wollen Unternehmen wollen ein gewisses Verständnis von sich selbst aus der Gesellschaft reproduziert sehen (Selbstbild vs. Fremdbild) und initiieren deshalb bisweilen breit angelegte PR-Kampagnen um das Soll-Unternehmensimage geeignet zu kommunizieren.

Auf Basis formeller sowie informeller Systeme wie etwa Organisationen und Unternehmen oder andere Gruppen beschreibt die Meso-Ebene abgeschlossene Systeme innerhalb der Makro-Ebene (Szyszka, 2009). Bei der Ansprache von Systemen innerhalb der Meso-Ebene liegt diesen – im Gegensatz zur Makro-Ebene – meist ein gemeinsamer, bekannter Konsens zu Grunde. Dies macht es einfacher den Inhalt sowie die Form der Ansprache an das jeweilige System zu bestimmen (Szyszka, 2009). Auf Unternehmensebene werden hier entsprechend Zielgruppen segmentiert, um diese in der richtigen Form und über die richtigen Kanäle anzusprechen.

Die Mikro-Ebene beschreibt so genannte Interaktions-Systeme. Bei der Ansprache von Individuen ist es von Bedeutung, dass die Inhalte der Ansprache auf dieses abgestimmt sind. Diese Ansprache von Individuen im Zusammenhang mit Public Relations ist zum einen im Bereich der Lobbyarbeit ein weitverbreitetes Mittel, zum anderen wird es durch neue technische Möglichkeiten wie das Internet leichter einer größeren Gruppe von Individuen eine individuelle Ansprache zu bieten (Szyszka, 2009). Bei der PR-Arbeit auf Mikro-Ebene ist der Anspruch auf eine Zwei-Wege-Kommunikation wichtig.

3.7.3.2.1 Ziele der PR

Ziele der Public Relations sind das Erkennen und Lösen von Problemstellungen im Zusammenhang mit Unternehmenskommunikation und die Schaffung der dafür notwendigen Rahmenbedingungen. Die PR-Ziele sind dabei nicht zu verwechseln mit den – eine Zieleebene tiefer angesiedelten – Zielen konkreter PR-Maßnahmen (z. B. den Zielen einer konkreten PR-Kommunikationskampagne). Dies ist für die Evaluation des Erfolges nach einer Kampagne von entscheidender Bedeutung, da sich sonst der Wirkungsgrad verschiedener kommunikativer Aktivitäten nicht messen und somit deren Beitrag zu Erfolg oder Misserfolg nicht erkennen lässt (Rennhak, 2001). Aus der Vielzahl der Kommunikationsziele sollte – um eine realistische Zielverfolgung zu sichern – eine Auswahl getroffen werden, die zum einen die konkreten Ziele hinter der Aktion verfolgt und zum anderen zur Messbarkeit des Erfolges beitragen (Grunig/Hunt, 1984). Das realistischste dieser Kommunikationsziele ist das einfache Zustandekommen eines Kontaktes zwischen der Organisation und der angestrebten Zielgruppe. Nachdem eine Kommunikation zwischen den beiden Parteien zustande gekommen ist, sollte man die Erreichung nachgelagerter Kommunikationsziele (wie z. B. Information im Sinne von Wahrnehmung und Verständnis der Botschaft, Akzeptanz der Botschaft) nachhalten. Weitere Kommunikationsziele – nach der Erreichung der bereits erwähnten Ziele – sind die Bildung bzw. positive Veränderung einer Meinung der Zielgruppe (z. B. bzgl. Sympathie, Kompetenzwahrnehmung, Vertrauen, etc.) gegenüber einer Organisation und letztendlich eine positive Änderung im Verhalten der Zielgruppe herbeizuführen (Grunig/Hunt, 1984).

3.7.3.2.2 Instrumente der PR

Die Instrumente der PR hängen sehr stark mit der Art und Form der Kommunikation zusammen, Grunig/Hunt (1984) haben die Instrumente der PR in einem Vier-Strategien-Modell strukturiert, das den jeweiligen PR-Zielen jeweils geeignete Mittel zur Umsetzung zuordnet (Grunig/Hunt, 1984):

■ Die so genannte Publicity Strategie versucht öffentliche Aufmerksamkeit zu erlangen und so Informationen einem breiten Publikum zugänglich zu machen. Oftmals nutzen Unternehmen diese Art der PR um z. B. Themen rund um Corporate Social Responsibility zu verbreiten.

■ Gemäß der Informationsstrategie müssen die Informationen, die die sendende Organisation verbreitet, der Wahrheit entsprechen. Anders als bei der Publicity Strategie geht es hierbei nicht um die quantitativ bestmögliche Ansprache, sondern um die optimale Informationsverbreitung einer Organisation.

■ Die Überzeugungsstrategie und die verständnisorientierte Strategie sind weitaus ressourcenintensiver und benötigen einen hohen zeitlichen Aufwand. Die Überzeugungsstrategie und die verständnisorientierte Strategie sind stärker als die Publicity Strategie und die Informationsstrategie auf eine langfristige Kommunikation ausgelegt. Hier wird versucht, Einstellung und Verhalten der Zielgruppe zu beeinflussen und zu verändern (Grunig/Hunt, 1984).

Zur Umsetzung der beschriebenen PR Strategien bedienen sich PR Verantwortliche verschiedener Medien zur Zielgruppenansprache: Die für die Public Relations relevanten Medien sind Presse, Fernsehen, Hörfunk und Internet.

Pressearbeit ist wohl das wichtigste Instrument in der PR. Durch den Kontakt mit Journalisten und die richtige Aufbereitung von Informationen können sich Unternehmen einen Vorteil gegenüber Konkurrenten und anderen Organisationen verschaffen. Dabei reicht diese Tätigkeit von banal erscheinenden Arbeiten wie die Zurverfügungstellung von Fotomaterialien, Ansprechpartnern und Archiven bis zur Erstellung und Bearbeitung von Pressetexten, Interviews und Pressekonferenzen (Konken, 2007). Die PR-Verantwortlichen bemühen sich an dieser Stelle um das sehr knappe Gut der Aufmerksamkeit der Pressevertreter. Pressevertreter sind in der Regel keine Fach-oder Branchenexperten und bedürfen neben einer zielgerichteten Ansprache einer genau auf ihre Zwecke zugeschnittenen Informationsvor- und aufbereitung. In Zeiten zunehmender Ausdünnung von Redaktionen und damit einhergehenden weiteren Know-How-Verlusts auf journalistischer Seite eröffnen sich hier aus PR-Sicht gute Chancen mit eigenen Inhalten, die von Redaktionsseite nur noch minimal verändert werden müssen, direkt an die großen Zielgruppen der Presse herantreten zu können, ohne dafür die Mediabudgets klassischer Werbung zu benötigen. Kanalunabhängig stellt die Pressearbeit einen entscheidenden Faktor für den Unternehmenserfolg dar, denn durch eine positive Wahrnehmung in der Presse erhalten auch unternehmenseigene Kommunikationsversuche eine höhere Glaubwürdigkeit und werden in der Zielgruppe stärker beachtet und leichter akzeptiert.

Grundsätzlich können Blogs als öffentliche Online Tagebücher betrachtet werden, die mit Zeitstempel versehene Einträge in umgekehrter Reihenfolge anzeigen. Dabei haben User meist die Möglichkeit zur Interaktion mit dem Autor, z. B. durch ein Kommentarformular. Auf Grund ihres Ursprungs – Blogs sind das Pendant zur persönlichen Homepage – ist die verbreiteteste Form von Blogs die Textform. Allerdings haben sich mit der Entwicklung neuer technischer Möglichkeiten auch andere Formen von Blogs wie z. B. Video-Blogs gebildet (Kaplan/Haenlein, 2009). Zahlreiche Unternehmen haben den Blog als Kommunikationsmittel für sich entdeckt. Blogs werden u. a. dafür eingesetzt, Mitarbeiter, Kunden oder Shareholder über aktuelle und relevante Themen zu informieren.

Soziale Netzwerke sind in der Regel Seiten im Internet, auf denen sich User ein Profil anlegen und darin persönliche Daten hinterlegen. Diese Profile können neben Namen und jeglichen anderen persönlichen Informationen auch Bilder, Videos und anderen Inhalt enthalten. Auch für Unternehmen werden soziale Netzwerke immer attraktiver. So sind z. B. verschiedene Funktionen in solchen Communities als reine Werbemaßnahmen ausgelegt und bieten Unternehmen eine Chance auf einen großen Datenpool und entsprechende

Nutzerdatenbanken zuzugreifen (Kaplan/Haenlein, 2009). Neben der Einrichtung von Online-Shops in sozialen Netzwerken als zusätzlicher Distributionskanal sind soziale Netzwerke für Unternehmen in erster Linie eine neue Kommunikationsplattform. Zum einen bieten diese meist einen sehr schnellen Weg Nachrichten einem großen Publikum zugänglich zu machen und zum anderen sind die Nutzer persönlich bekannt, da jeder an der Diskussion Beteiligte ein eigenes Profil angelegt haben muss und somit eindeutig zu identifizieren ist (Kaplan/Haenlein, 2009).[261]

Viele Unternehmen haben Twitter für sich entdeckt. Durch viele technische Möglichkeiten, u. a. die Einbindung der Nachrichten als sog. RSS Feeds in Email-Clients wie Microsoft Outlook, bietet Twitter eine interessante Möglichkeit Kunden (insbesondere im B2B-Bereich) schnell und unkompliziert anzusprechen und mit den aktuellen Unternehmensinformationen zu versorgen. Unternehmen nutzen Twitter – wie Facebook – auch im Personalmarketing.

3.7.3.3   Verkaufsförderung

> Die **Verkaufsförderung** ist ein zeitlich und marktsegmentspezifisch gezielt einzusetzendes Instrument der Kommunikationspolitik. Sie dient der Aktivierung der Marktbeteiligten (wie z. B. eigene Vertriebsmitarbeiter, Händler, Kunden) mit dem Ziel der Erhöhung der Verkaufsergebnisse durch personen- und sachbezogene Zusatzleistungen zum Kernangebot.

Man unterscheidet entsprechend Außendienst-, Händler- und Kunden-Promotionen.

- Bei der Außendienst-Promotion ist die Zielgruppe der eigene Vertrieb. Durch Schulungen, Fahrzeug, Fortbildungen, Unterstützungsmaßnahmen (z. B. Prospekte) und Motivation (z. B. Prämien, Außendienstwettbewerbe) sollen die Verkäufer zur intensiveren Marktbearbeitung angeregt werden.

- Im Rahmen einer Händler-Promotion erhalten die Handelspartner spezielle Informationen über Produkte oder zur Ladengestaltung sowie Aufsteller und Displays z. B. für Sonder- oder Zweitplatzierungen am Point-of-Sales. Gemeinsam mit dem Handel werden im Zuge einer Promotion z. B. Aktionen zum Abverkauf von Neuprodukten durchgeführt. Die Händler werden dabei z. B. über besondere Mietzuschüsse bzw. Bonussysteme motiviert.

- Kunden-Promotionen werden oft in Ergänzung der Händlerunterstützung etwa durch Preisausschreiben, Sonderpackungen, Packungen mit Zusatznutzen, Proben und Verkostung im Einzelhandel durchgeführt. Im Bereich des Investitionsgütermarketing oder für spezielle Multiplikatoren (wie z. B. Ärzte oder Apotheker im Pharmabereich,

---

[261] Man kann sogar noch weiter gehen und den Zugang zum eigenen Profil nur denjenigen Personen zu ermöglichen, denen man den Zugang ausdrücklich erlaubt, oder die man vorher zur Nutzung der Informationen eingeladen hat.

Ski-, Tennis- oder Golflehrer in der Sportartikelbranche) werden z. B. Fachkonferenzen oder Auslandstagungen angeboten. Hier steht neben dem Informationszweck oft auch ein Incentivegedanke im Vordergrund. Ziel aller dieser Maßnahmen ist es, beim Endverbraucher eine verstärkte Nachfrage zu erzeugen.

Durch Verkaufsförderung soll insbesondere die Media-Werbung ergänzt sowie die Effektivität des Handels erhöht werden. Käufer werden am Point-of-Sales mit speziellen Maßnahmen und Methoden direkt angesprochen.

3.7.3.4 Corporate Identity

Corporate Identity (Unternehmensidentität oder -persönlichkeit) wird als ganzheitliches Strategiekonzept verstanden, das alle nach innen bzw. außen gerichteten Interaktionsprozesse steuert und das ein einheitliches Dach für die gesamte Kommunikation und das Erscheinungsbild des Unternehmens liefert.

Corporate Identity zielt auf die Schaffung einer unternehmensspezifischen Identität ab, durch die ein widerspruchsfreies und einheitliches Bild eines Unternehmens entsteht und die die Verhaltensweise eines Unternehmens nach innen und außen steuert. Durch die Auflösung traditioneller Unternehmensstrukturen, die Diversifikation von Unternehmen und ihre zunehmende Internationalisierung hat die Schaffung bzw. Bewahrung einer einheitlichen Unternehmensidentität seit den 80er Jahren einen enormen Bedeutungszuwachs erfahren.

Corporate Identity wird durch das Erscheinungsbild (**Corporate Design**), die Kommunikation (**Corporate Communications**) und das Verhalten (**Corporate Behaviour**) vermittelt. Um einen Zustand der Harmonie zu erreichen und von außen als authentisch wahrgenommen zu werden, müssen die verschiedenen Instrumente in einem Identitäts-Mix aufeinander abgestimmt sein und im Einklang stehen (Lenzen, 1996):

- Das **Corporate Design** wird geprägt von konstanten Gestaltungselementen wie dem Logo, den Hausfarben, der Hausschrift, der typographisch gestalteten Form des Slogans, den Gestaltungsrastern und den stilistischen Sollvorgaben für Abbildungen, Fotos und andere Illustrationselemente. Diese Konstanten bestimmen das Design aller visuellen Äußerungen des Unternehmens: der Produkte und ihrer Verpackung, der Kommunikationsmittel, der Architektur und weiterer Sonderbereiche wie des Fotodesign, der Beschilderung, der Gebäudebeschriftung und mitunter sogar der Arbeitskleidung.

- **Corporate Communications** bezeichnet die Gesamtheit sämtlicher Kommunikationsinstrumente und -maßnahmen eines Unternehmens, die eingesetzt werden, um das Unternehmen und seine Leistungen den relevanten Zielgruppen der Kommunikation darzustellen. Die Corporate Communications vermitteln die Firmenidentität durch strategisch geplante, widerspruchsfreie Kommunikation. Corporate Behaviour ist schließlich das konsequent an der Identität ausgerichtete Verhalten der Mitglieder des Unternehmens untereinander und nach außen. Das Verhalten muss schlüssig und stimmig sein – das Unternehmen darf weder in seiner Produktpolitik noch in der Sozialpolitik, der Finanzpolitik und der Vertriebspolitik von den vereinbarten Leitsätzen abweichen.

■ **Corporate Behaviour** umfasst das Verhalten aller Mitglieder eines Unternehmens innerhalb und außerhalb der Organisation und verlangt nach konsistentem Handeln im Einklang mit Unternehmenskultur- und philosophie.

Das Corporate Identity Management soll seine Wirkung auf alle relevanten Stakeholdergruppen des Unternehmens – Mitarbeiter, Kunden, Lieferanten, Kapitalgeber, Medien und Öffentlichkeit – entfalten. Wesentliches Ziel des Corporate Identity Management ist die Profilierung des Unternehmens bei allen Stakeholdern (Suvatjis/de Chernatony, 2005). Ein konsistentes und unverwechselbares Corporate Image stellt die Basis für Glaubwürdigkeit und Vertrauen dar, trägt den gestiegenen Ansprüchen der Stakeholder Rechnung und ermöglicht Kommunikationseffizienz in der immer größer werdenden Informationsflut. Basis einer jeden Unternehmenspersönlichkeit ist die Unternehmenskultur (Corporate Culture), durch die Werthaltungen des Unternehmens und seine Normen zum Ausdruck kommen (Weinberger, 2010). Unternehmenskultur, -persönlichkeit und -philosophie bilden die Identität eines Unternehmens. Die Identifikation der Stakeholder mit dem Unternehmen und dessen Werten als stabilen Bezugsrahmen ist Voraussetzung für eine langfristige Beziehungen (Herbst, 2009).

Birkigt/Stadler (2002, S. 19) definieren die Unternehmenspersönlichkeit als das „manifestierte Selbstverständnis des Unternehmens". Eine unverwechselbare Unternehmenspersönlichkeit kann die Differenzierung zur Konkurrenz wesentlich erleichtern und Vertrauen bei den Bezugsgruppen schaffen. Aufgabe des Corporate Identity Management ist deshalb u. a. die langfristige und systematische Gestaltung der Unternehmenspersönlichkeit (Herbst, 2009).

Die **Unternehmensphilosophie** – auch Leitbild, Leitidee, Vision oder Mission genannt – bildet einen weiteren Kernbestandteil des Corporate Identity Management (Weinberger, 2010). Sie basiert zum einen auf der Unternehmenskultur und zum anderen auf den Ansprüchen der Stakeholder (Herbst, 2009) und umfasst die Wunschvorstellung vom Unternehmen (Glöckler, 1995).

Im Gegensatz zur **Unternehmenspersönlichkeit** (Selbstbild des Unternehmens) wird das Fremdbild als Unternehmensimage (Corporate Image) bezeichnet. Das Corporate Image ist somit das Spiegelbild der Corporate Identity im sozialen Feld (Birkigt/Stadler, 2002). Ein unverwechselbares Corporate Image ist oft ein wichtiges Differenzierungsmerkmal im Wettbewerbsumfeld. Das Corporate Image umfasst neben einer eher rational-geprägten Dimension (Kompetenzzumessung) auch eine eher emotional-geprägte Dimension (Sympathiezumessung). Produktmarken und Unternehmensmarken beeinflussen sich dabei wechselseitig, weshalb eine systematische Koordination von Unternehmens- und Markenimage im Rahmen eines integrierten Imagemanagementkonzepts unverzichtbar ist (Wiedmann, 2001).

3.7.3.5   Sponsoring

Die fortschreitende Sättigung der Märkte, die zunehmende Ähnlichkeit im Werbeauftritt sowie die Informationsüberflutung des Konsumenten, die sich in einer partiellen Ableh-

nung werblicher Maßnahmen niederschlägt, fordert von den Unternehmen, sich kommunikativ abzugrenzen, innovative Werbeideen zu präsentieren und damit verbunden auch
das Instrumentarium der Marketing-Kommunikation zu erweitern (Glogger, 1999). Das
Sponsoring ist hierzu bestens geeignet und lässt sich sehr gut im Sinne eines integrierten
Marketing mit weiteren kommunikativen Maßnahmen kombinieren (Bayerl/Rennhak,
2006).

„Bei einer Betrachtung der historischen Entwicklung der verschiedenen Formen der Unternehmensförderung kann generell zwischen Mäzenatentum, Spendenwesen und Sponsoring unterschieden werden" (Bruhn, 2003). Der Begriff des Mäzenatentums geht auf den
Römer Gaius Clinius Maecenas (70 bis 8 v. Chr.) zurück, der als Urvater der Förderung
von Kunst und Kultur gilt (Bruhn, 2003). Beim Mäzenatentum fördern Personen, Stiftungen oder Unternehmen andere Personen oder Institutionen vordergründig aufgrund des
künstlerischen, sportlichen oder sozialpolitischen Gedankens und verlangen dafür keine
Gegenleistung.[262] Beim Sponsoring hingegen steht die kommunikative Gegenleistung im
Vordergrund. Sponsoring lässt sich somit definieren als die Planung, Organisation und
Kontrolle sämtlicher Aktivitäten, die mit der Bereitstellung von Geld, Sachmitteln, Dienstleistungen oder Know-how durch Unternehmen und Institutionen zur Förderung von
Personen und/oder Organisationen in den Bereichen Sport, Kultur, Soziales und/oder
Umwelt verbunden sind, um damit gleichzeitig Ziele der Unternehmenskommunikation
zu erreichen (Bruhn, 2003). Der Sponsor vergibt an den Gesponserten Finanz- oder Sachmittel oder eine Dienstleistung und verlangt für diese Fördermittel eine Gegenleistung
(Kloss, 2007). Die üblichste Gegenleistung des Gesponserten ist die Gewährung der kommunikativen Nutzung des Sponsorverhältnisses. Weitere Möglichkeiten sind die Vergabe
von Lizenzen, die Nutzung des Marken- oder Firmennamens des Sponsors zu werbewirksamen Zwecken in Verbindung mit dem Gesponserten sowie die Teilnahme eines Gesponserten in der Kommunikation des Sponsors.[263]

Das Sponsoring kann mit anderen Instrumenten der Unternehmenskommunikation vernetzt werden und so seine kommunikative Wirkung enorm steigern. So kann ein
Sponsoringengagement in der klassischen Werbung auf vielfältige Weise weiterverwendet
werden. Häufig genutzt wird der Auftritt einer gesponserten Person in Form von
Testimonialwerbung (Bruhn, 2003). Eine der wichtigsten und überwiegend im Sportsponsoring anzutreffende Anwendung ist die Markierung von Ausrüstungsgegenständen,
indem das Firmenlogo oder der Firmenname auf der Bekleidung, den Sportanlagen,
Transportmitteln und sonstigen Geräten des Gesponserten zu sehen sind (Glogger, 1999).
Eine weitere Möglichkeit ist das Anbringen von Logos im Rahmen einer Veranstaltung wie
z. B. auf Banden, Plakaten, Eintrittskarten, Programmheften und Wegweisern. Des Wei-

---

[262] Oder wie *Gerhard Polt* formuliert: „Der Mäzen verdient Respekt, der Sponsor Geld" (vgl. Schmidt,
2006, S. 25).

[263] Im Gegensatz zu dem vorher erwähntem Mäzenatentum wird das Sponsoring ausschließlich von
Unternehmen durchgeführt, wobei das Verhältnis meist auf vertraglicher Basis festgelegt wird
(vgl. Boochs, 2000, S. 127).

teren kann der Name des Sponsors bei Durchsagen genannt werden oder das sponsernde Unternehmen Lizenzen oder Prädikate erwerben, die ihm das Recht geben sich als „Offizieller Ausrüster/Lieferant/ Förderer..." zu bezeichnen und Erkennungszeichen zu verwenden. Schließlich kann das Sponsoringobjekt nach dem Sponsor benannt werden.[264] Die Öffentlichkeitsarbeit ist ein weiteres wichtiges Instrument bei der Kommunikation von Sponsoringmaßnahmen. Dabei können Pressekonferenzen durchgeführt, Pressemappen und Mitteilungen verteilt oder relevante Personen wie z. B. Entscheidungsträger oder Personen des öffentlichen Lebens zu Empfängen oder in Ehrenlogen eingeladen werden (Koch, 1999). Zudem können Vorträge, Kongresse oder Tagungen sowie Veranstaltungen organisiert werden. Die Öffentlichkeitsarbeit ist bei allen Sponsoringarten möglich und ist in den Bereichen Kultur-, Sozial- und Umweltsponsoring besonders wichtig. Das Unternehmen kann das Sponsoring im Rahmen von Events und Messen verwenden. Es können eigene Events in Anlehnung an ein gesponsertes Ereignis veranstaltet oder bei Veranstaltungen Teile des Programms selbst übernommen werden (Bruhn, 2003). Weiterhin kann ein Engagement an Messeständen bewusst kommuniziert werden oder es können gesponserte Personen oder Gruppen auf Messeständen auftreten.

Im Bereich der Verkaufsförderung können Autogrammstunden durch gesponserte Personen veranstaltet oder Treffen mit Prominenten verlost werden. Durch die Vergabe von Tickets und die Bereitstellung von VIP- oder Ehrenlogen für Außendienstmitarbeiter, Händler und Endverbraucher können neue Kontakte geknüpft und bereits bestehende Geschäftsbeziehungen gefestigt werden (Koch, 1999). Auch die innerbetriebliche Kommunikation ist bei der Nutzung eines Sponsoringengagements von Bedeutung. Hierbei können Tickets und Eintrittskarten für Veranstaltungen an Mitarbeiter vergeben werden oder insbesondere Engagements im Kultur-, Sozial- und Umweltbereich in Geschäftsberichten, -zeitungen und Newslettern kommuniziert werden (Bruhn, 2003). Die Vernetzung mit der Online-Werbung hat in den letzten Jahren stetig zugenommen, da sich dort sehr viele Gestaltungsmöglichkeiten bieten (Bruhn, 2003). So kann das Sponsoringengagement auf der eigenen Firmenhomepage kommuniziert werden oder Links von gesponserten Veranstaltungen auf die Firmenhomepage verweisen. Bei größeren Veranstaltungen ist sogar der Aufbau einer eigenen Homepage möglich, auf der aktuelle Informationen abrufbar sind. Es können auch Gewinnspiele und Banner genutzt oder ein Chat mit einer gesponserten Person angeboten werden.

Mit dem Aufkommen des **Sportsponsorings** in den 70er Jahren begann die Entstehung und Entwicklung des Sponsoring als Element der Unternehmenskommunikation (Kloss, 2007). Gefolgt wurde es vom Kultursponsoring in den 80er Jahren und darauf vom Sozial- und Umweltsponsoring. Neuere Sponsoringarten sind z. B. das Bildungs- und Wissenschaftssponsoring sowie das Mediensponsoring. Das Sportsponsoring ist auch heute noch

---

[264] Wie z. B. BMW-Open oder die Allianz-Arena.

die beliebteste Art des Sponsoring.[265] Das liegt nicht nur daran, dass zahlreiche Sportveranstaltungen große Medienereignisse sind und viele Sportarten tausende von Fans anziehen, sondern auch daran, dass Sport ein Ereignis ist, welches die Zuschauer und Fans emotional bindet. Zusätzlich wird der Sport mit positiven Attributen wie Erfolg, Leistung, Fitness, Sieg und Freizeit verbunden. Sportler werden oft als Vorbilder oder Idole gesehen (Boochs, 2000). Beim Sponsoring von einzelnen Sportlerpersönlichkeiten werden Sportler ausgewählt, die in ihrer Sportart die Spitzenränge belegen wie z. B. Jan Ullrich oder Michael Schuhmacher (Bruhn, 2003). Bei der Auswahl eines Sportlers sind die Bekanntheit, die sportliche Leistung und die Sympathiewerte bei den Konsumenten von großer Bedeutung.[266] Die Unternehmen haben die Möglichkeit, lokale Sportveranstaltungen, nationale oder internationale Meisterschaften, Turniere und Olympische Spiele zu sponsern. Dabei ist es möglich, eine große Gruppe an Zuschauern zu erreichen (Braun, 2006). Veranstaltungen wie die Tour de France, die Fußball-Weltmeisterschaft, die UEFA Champions League oder die Formel 1 erfreuen sich großer Bekanntheit und erreichen eine extrem hohe Medienrepräsentanz.

Das **Kultursponsoring** zielt im Vergleich zum Sportsponsoring oft auf eine individuellere und regionale Zielgruppenansprache und wird häufig in das Kunst- und Kultursponsoring aufgespaltet (Haibach, 2002). Es ergeben sich vielfältige Einsatz- und Gestaltungsmöglichkeiten, so dass sich die gesponserten Kulturbereiche von der bildenden Kunst wie Malerei, Fotografie und Architektur über darstellende Kunst, Literatur und Filmkunst hin bis zur Musik erstrecken (Kloss, 2007). Es können Einzelkünstler, Gruppen oder Kulturinstitutionen gefördert werden.[267] Um insbesondere das junge, schwer erreichbare und wechselaffine Publikum anzusprechen engagieren sich Unternehmen bei Tourneen von Rock- und Popkonzerten und veranstalten große Musik-Festivals.[268] Insbesondere im regionalen Umfeld engagieren sich Unternehmen oft im Bereich Heimat-, Brauchtums- oder Denkmalpflege.[269]

Im **Sozial- und Umwelt- (Öko-) Sponsoring** steht der Fördergedanke im Mittelpunkt. Werbliche Effekte zu erzielen ist zwar auch ein Motiv, aber nur ein zweitrangiges (Bruhn,

---

[265] Vgl. *Kloss* (2007), S. 462. Eine Unterform, die im Mannschafts- und Veranstaltungssponsoring auftritt, ist das Titelsponsoring, wobei der Firmenname im Vereinsnamen wie bei Bayer Leverkusen oder im Namen einer Veranstaltung enthalten ist wie beim Compaq Grand Slam oder bei den Panasonic German Open (vgl. Kloss, 2007, S. 472).

[266] Das Sponsoring von Sportmannschaften unterscheidet sich davon lediglich durch die Unterstützung von ganzen Teams und tritt bei Vereinsmannschaften oder National- und Verbandsmannschaften auf (vgl. Bruhn, 2003, S. 47ff.).

[267] Hugo Boss z. B. hat einen Kooperationsvertrag mit dem Guggenheim Museum in New York abgeschlossen und finanziert so drei bis vier Ausstellungen pro Jahr.

[268] Vgl. *Boochs* (2000), S. 173ff. So trat die Volkswagen AG als Sponsor von Konzerten der Rolling Stones und Bon Jovi auf.

[269] Z. B. beim Wiederaufbau der Dresdner Frauenkirche.

2003). Beim Sozial- und Umweltsponsoring ist es sehr wichtig, dass sich das Unternehmen und dessen Vision und Philosophie und somit sein internes und externes Verhalten inhaltlich mit dem gesponserten Projekt deckt. Es werden ausschließlich nichtkommerzielle Gruppen und Organisationen wie karitative Einrichtungen, Selbsthilfegruppen und Verbände gestützt. Meist übersteigt die Förderung auch die rein finanzielle Ebene und wird zu einem langfristigen Engagement z. B. durch die Gründung von Stiftungen und Fonds.[270]

Zum **Bildungssponsoring**, welches in Schul- und Hochschulsponsoring unterteilt werden kann, gehören im Wesentlichen Ausschreibungen, die Vergabe von Stipendien, die Ausstattung von Lehrstühlen und die Veranstaltung von Schüler- und Studentenwettbewerben. Zum Wissenschaftssponsoring hingegen gehören die Unterstützung von Forschungsprojekten, die Vergabe von Forschungspreisen wie z. B. der Philip-Morris-Forschungspreis oder der Aufbau von eigenständigen Forschungsinstituten (Kloss, 2007). Diese Arten des Sponsoring sind eine gute Möglichkeit, die oft schwer erreichbare Zielgruppe der Schüler und Studenten anzusprechen und sich bei Nachwuchskräften, Berufseinsteigern oder auch Berufserfahrenen vorzustellen, um auf diesem Wege qualifizierte Arbeitskräfte zu akquirieren sowie potentielle Kunden auf sich aufmerksam zu machen (Haibach, 2002).

Sponsoring wird in erster Linie zur Steigerung des Bekanntheitsgrades von Unternehmen, Produkten und Marken eingesetzt; es werden damit aber auch Imageziele verfolgt. Daneben wird – gerade in der Kombination mit Events – der direkte Kundenkontakt gesucht, die Kundenbindung intensiviert, die Mitarbeitermotivation erhöht und gesellschaftliche Verantwortung demonstriert (vgl. Tabelle 3.17).

Die Durchführung von Sponsoring-Maßnahmen bringt zahlreiche Vorteile. Generell ist Werbung in der Bevölkerung nicht sehr beliebt und es herrscht eine hohe Informationsüberflutung. Das Sponsoring schafft es, dies zu umgehen, da es in einem attraktiven, nichtkommerziellen Umfeld stattfindet und somit das kommerzielle Interesse nicht offensichtlich wahrnehmbar ist (Kloss, 2007). Zusätzlich kann die Werbung in einer Sendung oder einem Artikel integriert sein und somit die Ablehnung von Werbeanzeigen oder -blöcken durch Zapping oder Weiterblättern umgehen.

Durch die Vielfalt an Bereichen und Möglichkeiten ermöglicht das Sponsoring kommunikative Wettbewerbsvorteile, da es möglich wird eine emotionale Erlebniswelt aufzubauen und sich von den Werbemaßnahmen der Konkurrenz zu differenzieren und die Konkurrenz auszuschließen (Wünschmann et al., 2004). Die Alleinstellung ist insbesondere als Haupt- oder Exklusiv-Sponsor gegeben und vor allem im Kultur-, Sozial- und Umweltbereich sehr gut möglich. Ein weiterer Vorteil ist die häufig hohe Reichweite von gesponserten Veranstaltungen (Pepels, 2007). Dies kann durch die Nutzung von Multiplikatoreneffekten der Medien unterstützt werden und somit die Erreichung einer sehr großen Ziel-

---

[270] Vgl. *Kloss* (2007), S. 450ff. Beispiele sind die Kooperation der Lufthansa mit der Deutschen Umwelthilfe oder die „Nummer gegen Kummer" des Deutschen Kinderschutzverbandes, die langjährig von dem Kaufhauskonzern C&A unterstützt wurde (vgl. Haibach, 2002, S. 202f.).

gruppe und Werbewirksamkeit ermöglichen. Des Weiteren kann das Sponsoring Zielgruppen ansprechen, die durch kommerzielle Werbemaßnahmen nicht erreicht werden. Ein Sponsoringengagement erlaubt es einem Unternehmen auch rechtliche Kommunikationsbarrieren zu überwinden, wie z. B. das Verbot von Tabakwerbung (Kloss, 2007).

Tabelle 3.17   Sponsoringziele

Sponsoringziel	Erläuterung
Bekanntheit	– Kommunikation von Firmenname und/oder Logo; sonstige Referenzierung auf das Engagement (Bruhn, 2003) – Besonders erfolgreich bei Großveranstaltungen wie Sportveranstaltungen oder Musik-Festivals und der Nutzung von Massenmedien
Image	– Transfer der positiven Imagemerkmale des Gesponserten auf das Unternehmen oder Produkt, so dass Akzeptanz, Sympathie oder Vertrauen aufgebaut werden (Glogger, 1999) – Sportsponsoring z. B. fördert positive Attribute wie Dynamik und Leistungsfähigkeit und Kultursponsoring Imagemerkmale wie Exklusivität oder Prestige – Demonstration der Leistungsfähigkeit z. B. durch Ausrüstung im Sportbereich
Kundenkontakt/ Kundenbindung	– Einladung von unternehmensrelevanten Gästen (Kunden, Partnern, Meinungsführern) (Boochs, 2000) – Ansprache von schwer erreichbaren Zielgruppen und Aufbau von Geschäftsbeziehungen
Mitarbeitermotivation	– Erhöhte Identifikation der Mitarbeiter mit dem Unternehmen (Kloss, 2007) – Einbindung bei Sponsoringaktivitäten z. B. durch die Vergabe von Tickets oder der Freistellung zur Teilnahme an Sozial- und Umweltmaßnahmen
Gesellschaftliche Verantwortung	– Schaffung von Vertrauen und Akzeptanz (Haibach, 2002) – Auch zur Stärkung einer Region oder Standortaufwertung – Insbesondere erreichbar durch Kultur-, Sozial-, Umwelt- und Wissenschaftssponsoring

Quelle: Boochs, 2000

Sponsoring weist als Kommunikationsinstrument jedoch auch eine Reihe gewichtiger Nachteile auf: Aufgrund der indirekten Anspracheform und der ungenauen Möglichkeit der Kostenzurechnung, ist eine Reichweitenplanung und somit eine genaue Erfolgskontrolle schwierig (Pepels, 2007). Die Kommunikationswirkung hängt zudem von unkontrollierbaren Einflussfaktoren ab, die mit dem Gesponserten zusammenhängen und sich negativ auf das sponsernde Unternehmen auswirken können (Wünschmann et al., 2004). So können Skandale wie Dopingaffären im Sport, nichtmarkenkonformes Auftreten des Gesponserten oder Trendwendungen in der Gesellschaft auch auf das Unternehmen übertragen werden und im schlimmsten Fall zu einem Imageverlust führen. Ein weiterer Nachteil ist, dass sich die Sponsoring-Maßnahmen meist auf kurze, visuelle Botschaften wie Unternehmensnamen oder -logos beschränken und so nur eine begrenzte Informationsübermittlung ermöglichen (Wünschmann et al., 2004). Das bedeutet, dass schon vor Durchführung einer Sponsoringmaßnahme ein hinreichender Bekanntheitsgrad bestehen sollte, da Sponsoring alleine keine Möglichkeit für eine Produkt- oder Dienstleistungserklärung bietet. Die Kommunikation von weit reichenden Informationen ist dann in Verbindung mit anderen Marketing-Maßnahmen möglich wie z. B. in der Öffentlichkeitsarbeit. Zusätzlich herrscht in einigen Bereichen ein Überfluss an Sponsoren, so dass es zu einer nahezu ähnlichen Informationsüberflutung wie in der klassischen Werbung kommen kann (Kloss, 2007).

In den siebziger und achtziger Jahren, der Frühzeit des Sponsorings in Deutschland, konzentrierten sich die Unternehmen vor allem auf Sponsoringmaßnahmen im sportlichen Bereich (Bruhn, 2003). Bis heute hat sich das Engagement spürbar weiterentwickelt und erstreckt sich nun über eine Vielzahl an Gebieten. Neben dem Sportsponsoring haben sich in der Praxis die Bereiche Kultur-, Umwelt-, Sozio-, und Wissenschaftssponsoring herausgebildet.[271] Sportsponsoring ist nach wie vor die am häufigsten eingesetzte Sponsoringart ist. Nur knapp hinter dem Sport setzen Unternehmen das Kultur- und Kunstsponsoring ein. Auf dem dritten Rang folgt das Soziosponsoring. Deutlich weniger Einsatz erfolgt in den Gebieten Wissenschaft und Umwelt.

---

[271] Vgl. *Bruhn* (2005), S. 814. *Bruhn* (2003, S. 42) definiert Sportsponsoring wie folgt: „Sportsponsoring ist eine Form des sportlichen Engagements von Unternehmen, bei dem durch die Unterstützung von Einzelsportlern, Sportmannschaften, Vereinen, (sportübergreifenden) Verbänden oder Sportveranstaltungen Wirkungen im Hinblick auf die (in- und externe) Unternehmenskommunikation erzielt werden." Unter Kultursponsoring versteht man „die Unterstützung kultureller Leistungen in den Bereichen Bildende Kunst, Literatur, Theater, Kino, Oper, Schauspiel, Museen oder Konzerte durch Unternehmen oder Organisationen" (vgl. Bortoluzzi Dubach/Frey, 2002, S. 18). Im Rahmen des Umweltsponsorings unterstützt der Sponsor Projekte, die der Umwelt zugute kommen. Parallel zum Umweltsponsoring entwickelte sich der Bereich des Soziosponsorings. Hier geht es um „die Förderung von Einrichtungen des Gemeinwohls und von Aktionen zugunsten der Gesellschaft durch Firmen" (vgl. Bortoluzzi Dubach/Frey, 2002, S. 18). Beim Wissenschaftssponsoring erfolgt ein Engagement in den Bereichen Ausstattung von Ausbildungsinstitutionen, Förderung von Forschungsprojekten, Gründung eigener Forschungsinstitute und Ausschreibung von Wettbewerben (vgl. Hermanns, 1997, S. 98).

Das Sportsponsoring zeichnet sich durch verschiedene Besonderheiten gegenüber anderen Sponsoringarten aus, die sich primär aus den Charakteristika des Sports ergeben (Drees, 1989). Nach wie vor wird der Sport mit klassischen Tugenden wie „fairer Wettkampf", „Teamgeist", „Leistungsorientierung" oder „Leidenschaft", „Attraktivität" und „Emotionen" assoziiert; erstrebenswerte und positiv belegte Werte für einen Imagetransfer. War der Sport noch bis vor zwei Jahrzehnten eher ein Randbereich in der Gesellschaft, so dominiert er heute den Freizeitbereich (Heinemann, 1989). Die zunehmende Verbreitung und Akzeptanz des Sportsponsorings folgt der generellen Tendenz, verstärkt Freizeitinteressen der Bevölkerung für Zwecke der Unternehmenskommunikation zu nutzen (Bruhn, 2003). „Sponsoring findet im Sport ein sehr positiv besetztes, individuell wie gesellschaftlich relevantes Erlebnis- und Unterhaltungsumfeld vor" (Eschenbach, 2002). Aufgrund der dynamischen Entwicklung in den Medienmärkten und der damit verbundenen Reizüberflutung der Konsumenten sind viele Zuschauer der klassischen Werbung kritisch gegenüber eingestellt. Die Zielgruppe nimmt die Werbebotschaft beim Sportsponsoring beiläufig in einem attraktiven, nicht kommerziellen Umfeld, z. B. auf dem Trikot des Sportlers oder an der Rennstrecke, wahr. Viele Unternehmen nutzen das Sportsponsoring auch, um existierende Kommunikationsbarrieren, wie Werbeverbote für bestimmte Produkte, z. B. Tabakwaren, durch Sponsoring in der Formel 1 zu umgehen (Drees, 1989).

Das System des Sportsponsorings ist geprägt durch die vielfältigen und komplexen Beziehungen zwischen seinen Elementen (Drees, 1989). Außerdem ist das System vor dem Hintergrund der unterschiedlichen Interessenslagen der beteiligten Parteien zu sehen. Für das Zustandekommen des Sponsoring bedarf es mindestens zweier Beteiligter: Eines Unternehmens als Sponsor und eines Vertreters aus dem Bereich Sport als Gesponserten. In der Praxis sind häufig Fachagenturen als dritte Partei beteiligt, die als Makler zwischen Sponsor und Gesponsertem agieren. Als unfreiwillige vierte Beteiligte sind die Massenmedien als Multiplikatoren zu nennen, die aus der Sicht des Sponsors erst zum angestrebten Erfolg verhelfen. Die vier genannten Kernelemente und ihre Beziehungsabhängigkeit können als so genanntes „magisches Viereck" dargestellt werden.

Als Sponsor treten Unternehmen der verschiedensten Branchen und von unterschiedlichster Größe auf (Drees, 1989). Es handelt sich um international, national oder auch regional agierende Unternehmen. Eine möglichst große Affinität des Unternehmens und seiner Produkte zum Sport hilft dabei, die Glaubwürdigkeit des jeweiligen Engagements zu erhöhen – es zeigt sich aber in der Praxis, dass der enge Bezug zwischen Produktpalette und Sportsponsoringengagement nicht immer gegeben sein muss. So besteht bei Sportartikelherstellern wie Puma oder Adidas eine unmittelbare Beziehung zum Sport und damit eine größere Nähe als es z. B. bei Luftfahrtgesellschaften der Fall ist, die nur eine mittelbare Beziehung zum Sport aufweisen. Aber auch Unternehmen, die ganz und gar sportfremde Produkte anbieten, wie z. B. Kreditinstituten, nutzen das Sportsponsoring als Kommunikationskanal. Es lässt sich feststellen, dass bei Unternehmen mit engem Bezug der Produkte zum Sport das Sponsoring im Kommunikations-Mix den relativ höchsten Stellenwert einnimmt und diese relativ häufiger und umfangreicher als Sponsoren auftreten.

Im Sportsponsoring spielen die Ziele der Imageprofilierung des Unternehmens und der Marke sowie der Bekanntheitsgrad eine vorrangige Rolle. Aber auch die Kontaktpflege zu Geschäftspartnern, der Einsatz als Kundenbindungsmaßnahme und die Mitarbeitermotivation sind entscheidend. Für einen dauerhaften Erfolg des Engagements sind die einzelnen Ziele nicht isoliert zu betrachten. Die Verfolgung der langfristigen psychologischen Ziele soll dabei die Umsetzung der kurzfristigen ökonomischen Ziele unterstützen und ergänzen.

Der Sport als Sponsoringobjekt und damit in der Rolle des Gesponserten profitiert unmittelbar vom Sportsponsoring (Drees, 1989). Er stellt dennoch als Nutznießer kein einheitliches Gebilde dar. Es wird nicht der Sport als Ganzes gesponsert, sondern immer nur ein Teilgebiet. Darunter versteht man Einzelsportler, Verbände, Vereinsmannschaften, Sportveranstaltungen oder auch Sportübertragungen. Diese lassen sich in drei Kategorien unterteilen:

- ■ Sportart (Fußball, Leichtathletik, Radrennsport etc.),

- ■ Leistungsebene (Leistungssport, Breitensport, Nachwuchssport etc.) und

- ■ Organisatorische Einheit (DOSB, Rennteams, Ausrichter etc.).

Im Rahmen des Sponsorings von Einzelsportlern werden Sportler finanziell unterstützt und sind dafür verpflichtet, als Gegenleistung kommunikative Maßnahmen zugunsten des Sponsors durchzuführen, also den Transfer einer werbewirksamen Botschaft vorzunehmen.[272] Unternehmen, die mit besonders erfolgreichen Sportlern kommunizieren, können davon ausgehen, dass sie bei jedem Erfolg des Athleten kommunikativ „mitgewinnen".[273] Beim Sponsoring von Mannschaften wird ein Team (Vereins- oder Verbandsmannschaft) für seine Werbung mit finanziellen Mitteln unterstützt. Überwiegend werden hierbei Vereine aus medienwirksamen Bereichen wie Fußball ausgewählt. Auch das Sponsoring von Sportveranstaltungen gewinnt zunehmend an Bedeutung (Bruhn, 2003). Im Rahmen solcher Veranstaltungen hat der Sponsor durch den Einsatz einer breiten Palette an Kommunikationsmitteln optimale Möglichkeiten, werblich auf dem Markt aufzutreten.[274]

Die Motive der Sponsoringnehmer ergeben sich aus den anhaltenden Veränderungen des Sports und fokussieren stark auf dem Aspekt des Sponsorings als neues Finanzierungs- und Beschaffungsinstrument (Drees, 1989). Bei steigendem Kostendruck und einer zunehmenden Professionalisierung des Sports reichen oft die eigenen finanziellen Mittel nicht mehr aus, zumal die öffentlichen Zuwendungen immer geringer werden. Zusätzlich stellt der Sponsor häufig Leistungen in Form von Dienstleistungen oder Sachmitteln zur

---

[272] Vgl. *Babin* (1994), S. 21f. Dies geschieht in der Regel durch Trikotwerbung, Autogrammstunden, etc.

[273] Vgl. *Riedmüller* (2003), S. 15. Ein solches Engagement ist dennoch immer mit Risiken verbunden, wenn es z.B. zu Leistungsschwankungen des Sportlers kommt.

[274] Z. B. Bandenwerbung, Werbung an Sportgeräten, Trikotwerbung, etc.

Verfügung, die der Gesponserte für seine Aufgaben benötigt. Des Weiteren wird durch das Sponsoring der Bekanntheitsgrad des Sportlers, Vereins oder der Veranstaltung gesteigert.

Der Kommunikationsprozess im Sportsponsoring unterscheidet sich wesentlich von dem der anderen Kommunikationsinstrumente. Die Werbebotschaft des Sponsors erreicht – im Unterschied zur klassischen Werbung – niemals die komplette und vorrangige Aufmerksamkeit des Empfängers, sondern sie wird ihm im Rahmen seines Sportinteresses vermittelt (Babin, 1994). Der Rezipient kann sich somit der Botschaft im Gegensatz zum Werbefernsehen nicht bewusst entziehen, ohne dabei auf die Sportberichterstattung zu verzichten. Auf der anderen Seite sind jedoch die Wahrnehmungsbedingungen durch den Sponsor nicht steuerbar. Im Rahmen des Sponsorings sind oft keine ausführlichen Informationen über ein Produkt oder Unternehmen vermittelbar. Die Botschaft beschränkt sich auf einen Produkt-, Unternehmensnamen bzw. auf ein Logo. Weitere Informationen müssen durch den Einsatz zusätzlicher Werbemittel erreicht werden. Hierbei vernetzen die Unternehmen ihre Sponsoringmaßnahmen vorrangig mit Öffentlichkeitsarbeit. Aber auch eine Abstimmung mit Events, der klassischen Werbung und der Mitarbeiterkommunikation wird häufig praktiziert. Ziel der interinstrumentellen Integration ist es, die Aktivitäten im Rahmen des Sportsponsorings innerhalb der anderen Kommunikationsinstrumente aufzugreifen und somit die Wirkung der Gesamtkommunikation sinnvoll zu verstärken (Bruhn, 2003). Sponsoring kann und soll übergreifend in der Kommunikationspolitik eines Unternehmens eingesetzt werden. Da es die anderen Instrumente aber nicht substituieren, sondern nur unterstützen kann, könnte man Sponsoring als ein übergreifendes, multiples und zugleich komplementäres Instrument der Unternehmenskommunikation bezeichnen (Hermanns, 1989). Dazu sollte die Integration unbedingt in Einklang mit der Unternehmensphilosophie und einer entsprechenden Corporate Identity-Strategie erfolgen (Drees/Hermanns, 1989).

„Kultur braucht Geld und Geld braucht Kultur" (Hauser-Schmolck, 2003) – der Kunst kommt also auch in der Ökonomie eine besondere Bedeutung zu. Etwas präziser formuliert: der Kunst kommt auch in der Unternehmenskommunikation eine besondere Bedeutung zu.

Die Begriffe „Kunst" und „Kultur" werden im täglichen Sprachgebrauch inhaltlich kaum differenziert (Fischer, 2004). Dieses kann bei einer wissenschaftlichen Auseinandersetzung mit der Thematik durchaus zu Missverständnissen führen. Eine Grenzziehung zwischen Kunst und Kultur ist allerdings nicht trivial, da eine unüberschaubare Anzahl von Definitionen zu diesem Thema existiert; historische oder sprachwissenschaftliche, selten ökonomische Interpretationen bilden die Grundlage für unterschiedliches Begriffsverständnis (Emundts, 2003). Um trotzdem eine Abgrenzung der beiden Begriffe vorzunehmen, sind folgende Eingrenzungen notwendig: Kunst ist ein Teil der Kultur, ein „Subfaktor", wie

Loock (1988, S. 22) formuliert.[275] Der originäre Kunstbegriff umfasst die Bereiche Bildende Kunst[276], Darstellende Kunst[277], Musik[278] und Literatur[279] (Döpfner, 2004).

Unter Berücksichtigung dieser Definition müssten somit korrekterweise alle in Deutschland praktizierten Arten von Sponsoring (Umwelt-, Sport-, Sozio-, Wissenschafts- sowie Kunstsponsoring) als Kultursponsoring bezeichnet werden (Witt, 2000). Die Begriffe Kultursponsoring und Kulturförderung sind also schlecht gewählt, wenn nur Bereiche wie Theater, Musik, Tanz, Film, Video, Fotografie, Literatur und Bildende Kunst gemeint sind. Entsprechend sollte der Begriff Kunstsponsoring dem Begriff Kultursponsoring vorgezogen werden.[280] In der Literatur wird jedoch häufig der auch in der Umgangssprache weit verbreitete Begriff Kultursponsoring verwendet, wenn auch „nur" Kunstsponsoring gemeint ist (Pluschke, 2005). Dieser Konvention soll trotz der genannten Bedenken gefolgt werden. *Heinrichs* (1997, S. 2) beschreibt Kultursponsoring als „eine Form des kulturellen Engagements." Aber auch im Bereich der Künste ist Sponsoring ein partnerschaftliches Geschäft mit Leistung und Gegenleistung, integriert in die Kommunikationspolitik eines Unternehmens.[281] Entsprechend wird Kultursponsoring als eine Form des kulturellen Engagements von Unternehmen definiert, bei der die Bereitstellung von Geld, Sachmitteln oder Dienstleistungen zur Förderung von Künstlern, Kulturveranstaltern oder Kulturträgern sowie Personen oder Institutionen, die sich für die Schaffung und Erhaltung kultureller Werte einsetzen, gleichzeitig dazu dient, eigene (in- und externe) Ziele der Unternehmenskommunikation zu erreichen (Rothe, 2001). Potenziell zu sponsernde Formen des kulturellen Engagements sind Bildende Kunst, Darstellende Kunst, TV und Film, Musik, Literatur, Heimat/ Brauchtum und Denkmalspflege.[282] Einem Unternehmen, das sich für ein Engagement im Kultursponsoring interessiert, bietet sich also eine breite Auswahl unterschiedlicher Kulturfelder und Wirkungsbereiche (Bortoluzzi Dubach, 2004).

---

[275] Andere Subfaktoren sind z. B. Sport, Natur und Umwelt und Soziokultur.

[276] Malerei, Grafik, Plastik/Skulptur, Architektur, Fotografie und Audiovisuelle Medienkunst.

[277] Theater/Schauspiel, Oper, Operette, Musical und Ballett.

[278] Klassische Musik, Unterhaltungsmusik.

[279] Epik, Lyrik, Drama.

[280] Wofür auch *Loock* (1988, S. 21ff.) ausdrücklich plädiert.

[281] Das zeigt sich auch in der steuerlichen Behandlung von Sponsoringgeldern im Kulturbereich, die von Unternehmen als Betriebsausgabe verbucht werden können (vgl. Hauser-Schmolck, 2003, S. 5).

[282] Hier besteht in der Literatur noch keine letztgültige Einigkeit. In den letzten Jahren hat sich der Begriff des Kultursponsoring v. a. in den Bereichen Bildende Kunst/Museum, Musik, Theater und Film etabliert. Es gibt jedoch Autoren, die den Bereich Kultursponsoring weiter fassen: *Fehring* (1998, S. 79) z. B. berücksichtigt auch Festivals, *Schwaiger* (2001, S. 5) rechnet auch die Denkmalpflege dem Kultursponsoring zu. Teilweise wird auch eine Differenzierung nach unterschiedlichen Leistungsebenen vorgenommen wie z. B. die Qualifizierung als Arrivierte Kunst oder Alltagskunst oder Nachwuchsförderung (vgl. Bortoluzzi Dubach, 2004, S. 328).

Aus Unternehmenssicht ist Kultursponsoring ein Instrument des Kommunikations-Mix (Hübner/Rennhak, 2006). Aufgrund der Vielzahl zur Verfügung stehender Aktionsmöglichkeiten im Einsatz dieser Kommunikationsvariante bedarf es wie bei allen Kommunikationsinstrumenten, einer sorgfältigen Planung.[283] Es ist laut *Bruhn* (2003, S. 161f.) notwendig, dass sich Unternehmen mit dem Förderbereich Kunst und Kultur intensiv auseinandersetzen und unter Abstimmung mit der Unternehmensphilosophie, der Unternehmenskultur und des angestrebten Unternehmensimages den Rahmen für die gesamte Kommunikation bestimmen.

In der Praxis lassen sich unternehmerische Ziele des Kultursponsorings aufgrund häufiger Vermischung altruistischer und kommunikationspolitischer Motive nur schwer identifizieren (Bruhn, 2003): *Fehring* (1998, S. 78) nennt hier u. a. die Förderung von Image-, und Kundenpflege, Kundenakquisition, das Erreichen von Rentabilitätsvorgaben, und die Steigerung der Mitarbeitermotivation. Neben der Dokumentation gesellschaftlicher Verantwortung dient Kultursponsoring also hauptsächlich dem Imagetransfer von Attributen der gesponserten Veranstaltung auf das Unternehmen. Die Motive für ein Engagement im Bereich des Kultursponsoring sind wesentlich von den Kommunikationsbedürfnissen der Unternehmen bestimmt und hängen stark von der Branche, der Produktkategorie, der Unternehmensgröße und gesetzlichen Rahmenbedingungen ab (Döpfner, 2004). Wenn im Ergebnis ein gesellschaftsorientiertes Marketing im Einklang mit der Unternehmensidentität steht, bei dem Kunst und Kultur wichtige Aufgaben übernehmen können, kann die Form der Selbstdarstellung im gesellschaftlichen Kontext mit Hilfe Kultursponsoringmaßnahmen optimiert werden. Die Philosophie und Kultur des Unternehmens kann damit nach innen und außen dokumentiert werden.

Ob ein Unternehmen direkt übergeordnete marktökonomische Ziele anstrebt oder die Realisierung vorgelagerter Kommunikationsziele zunächst von höherem Interesse ist, beeinflusst die Ausrichtung kultureller Aktivitäten (Bruhn, 2003). Während marktökonomische Ziele nur selten in direktem Zusammenhang mit kulturellen Engagements der Unternehmen erkennbar sind, gelten marktpsychologische Ziele als umso bedeutender. Primär gelten für Unternehmen Kundenzufriedenheit und -bindung als Motive, sich im Rahmen kultureller Sponsorships zu engagieren.[284]

---

[283] Vgl. *Schwaiger/Bury* (2003), S. 36f. Um Kulturengagements professionell vorzubereiten, benötigen fast die Hälfte der Sponsoren bis zu sechs Monaten, über ein Drittel sogar bis zu einem Jahr Vorlaufzeit, abhängig von der monetären Beteiligung und Aufmerksamkeitsstärke des Events. Der idealtypische Planungsprozess des Kultursponsorings dient Unternehmen in der Planung als Hilfestellung, womit Zufälligkeiten, Willkür und Spontaneität beim Einsatz von Kultursponsoringmaßnahmen vermieden werden können. Systematisch und konzeptionell kann somit das Kultursponsoring in die Unternehmenskommunikation eingebunden werden.

[284] Unternehmen versuchen besonders anspruchsvolle Zielgruppen (z. B. Top-Kunden, Meinungsbildner oder Unternehmenspartner) mit Konzertreihen, Kunstausstellungen, Vernissagen, etc. anzusprechen. Einer der Hauptvorteile von Kultursponsoring besteht darin, dass diese Zielgruppen mit relativ geringen Streuverlusten angesprochen werden können. Unternehmen reduzieren sich aber nicht nur auf gehobene Zielgruppen: Distanzen zu weniger anderen Kundengruppen können mit Hilfe von Veranstaltungen im Massen- und Populärkunstbereich verringert werden.

Zu den vorgelagerten psychographischen Zielen des Kultursponsorings zählen Steigerung des Bekanntheitsgrades, Imageverbesserung und Goodwill (Döpfner, 2004). Die Steigerung des Bekanntheitsgrades des Unternehmens oder seiner Produkte gilt als wichtiges Argument für die Anwendung von Sponsoring im Kulturbereich. Das Image und der Aufmerksamkeitswert des geförderten Bereichs, wie beispielsweise Innovation, Kreativität, Sinnlichkeit, Individualität oder Unverwechselbarkeit, sollen kommunikativ auf den Sponsor übertragen werden.[285] Ebenfalls können Aktivitäten im Kultursponsoring positive Effekte auf die Mitarbeitermotivation und auf die Mitarbeiterbindung auslösen (Schwaiger, 2002). Die Attraktivität des Arbeitgebers steigert sich und erweist sich in der Praxis nicht selten als Wettbewerbsvorteil. Als eines der Hauptziele der Kulturförderung gilt die Demonstration gesellschaftlicher Verantwortung, unter das sich die anderen Ziele teilweise unterordnen. Grund ist das von außen, von der Gesellschaft geforderte gesamtgesellschaftliche Verantwortungsbewusstsein, was ein Engagement in den Bereichen Kunst und Kultur impliziert. Um diesen Anforderungen gerecht zu werden, verstehen sich Unternehmen zunehmend als „corporate citizen" und übernehmen „Corporate Social Responsibility". Diese Verantwortung soll dort ansetzen, wo entsprechende Bedürfnisse entstehen. Dieses Engagement verleiht den Unternehmen gesellschaftliche Anerkennung (Goodwill).

Um den Kommunikations-Mix maximal effektiv zu gestalten, ist Kultursponsoring immer im Verbund mit den anderen Kommunikationsinstrumenten wie PR, Werbung, Events, Verkaufsförderung, etc. zu sehen (Bruhn, 2003). In der Praxis zeigt sich, dass 90% der Unternehmen Kultursponsoring mit anderen Instrumenten vernetzen (Schwaiger/Bury, 2003). Zusätzlich zur inter-instrumentellen Vernetzung des Kultursponsoring ist nach *Bruhn* (2003, S. 194) eine intra-instrumentelle Integration erforderlich. Diese umfasst die Koordination aller im Rahmen des Kultursponsorings initiierten Sponsorships. Zu unterscheiden ist zwischen der konzeptionell-inhaltlichen und der gestalterischen Entscheidungsdimension der Koordinationsebene. Durch die intra-instrumentelle Integration wird ein optimaler instrumentenspezifischer Zielerreichungsgrad sichergestellt, um die übergeordneten Kommunikationsziele bestmöglich zu erreichen (Bruhn, 2003). Um Synergien aufzubauen und zu nutzen, bedarf es bei konzeptionell-inhaltlichen Integrationsentscheidungen eines übergeordneten Themas, das zentraler Bestandteil aller geförderten Kulturbereiche ist. Durch Festlegung eines Schwerpunktes, wie z. B. die Förderung von Nachwuchskünstlern, an dem sich alle kulturellen Sponsoringmaßnahmen orientieren, kann die Glaubwürdigkeit der Engagements maximiert und der gewollte Imagetransfer erzielt werden. Bedürfnisse und Wünsche der anvisierten Zielgruppe sollten möglichst mit dem Schwerpunktthema korrelieren, damit eine hohe Akzeptanz sichergestellt wird. Die gestalterische Dimension zielt auf eine einheitliche und konsistente Umsetzung der definierten Schwerpunkte ab, damit Synergiepotenziale umfassend genutzt werden können (Bruhn, 2003). Unternehmensauftritte sind einheitlich zu gestalten, wozu wiederkehrende Kommunikationsmittel und Kernbotschaften unabdingbar sind.

---

[285] Oft wird aber übersehen, dass der Imagetransfer in beide Richtungen stattfindet.

Im Gegensatz zu den USA wird in Deutschland Kultursponsoring oft kontrovers diskutiert (Schwaiger, 2001). Die Gefahr der Einschränkung der künstlerischen Freiheit durch zu viel Beeinflussung durch den Sponsor wird als gewichtiges Argument genannt. Um diesen Befürchtungen entgegenzutreten, sollte eine entsprechende Gestaltungsform gewählt werden.

Bisher liegen nur wenige Untersuchungen zur Wirkung von Kultursponsoring vor, obwohl es an Publikationen zu diesem Thema nicht mangelt.[286] Als Ergebnisse der empirischen Studien zur Wirkung des Kultursponsorings lassen sich festhalten:

■ Zur reinen Steigerung des Bekanntheitsgrades sind klassische Werbung oder Sportsponsoring dem Kultursponsoring vorzuziehen (Schwaiger, 2001);

■ Kultursponsoring wirkt positiv auf die Reputation und das Image eines Unternehmens in der allgemeinen Öffentlichkeiten, wenn es regionale und lokale Projekte finanziell unterstützt ("Corporate Citizenship") (Müller, 2006);

■ Kultursponsoring hat eine positive Wirkung auf die Mitarbeiter[287] und

■ Kultursponsoring hat eine positive Auswirkung auf die Kundenbindung.[288]

Kultursponsoring bietet – wie dargestellt – eine Reihe von Chancen für Unternehmen, den Herausforderungen des Information Overload zu begegnen. Dem gegenüber steht allerdings auch eine Reihe von Nachteilen bzw. Risiken. Der Sponsor begibt sich in die Abhängigkeit des Gesponserten, dadurch entsteht das Risiko negativer Imagetransfers auf den Sponsor (Döpfner, 2004). Wird im kulturellen Bereich eine Aktivität nicht alleine gesponsert sind negative Synergien beim Co-Sponsoring nicht auszuschließen. Daher wird dazu geraten, die anderen Sponsoringpartner im Vorfeld der Veranstaltung zu identifizieren und dessen Image und Auftreten bei der Veranstaltung zu überprüfen. Die Möglichkeiten der kommunikativen Gestaltung der Sponsoring-Maßnahmen können begrenzt sein, wie z. B. Platzierungen auf Eintrittskarten, Plakaten etc. Ferner ist das Medieninteresse einer Veranstaltung im Vorfeld schwer abzuschätzen, entsprechend schwer sind Preis-Leistungs-Relationen vorab zu identifizieren. Die planerische Fundierung des Kultursponsorings ist wie beim Einsatz aller anderen Kommunikationsinstrumente kritisch. Manche Unternehmen lehnen bis heute eine systematische Planung ab.

---

[286] Einen Überblick über die vorliegenden Studien zur Wirkung von Kultursponsoringmaßnahmen gibt *Schwaiger* (2001), S. 7ff.

[287] Vgl. *Schwaiger* (2002), S. 25. Beschäftigte mit relativ hohem Anforderungsprofil an das Image des Unternehmens und an das gesellschaftliche Engagement sind zufriedener, besser integriert und stärker weiterempfehlungsbereit.

[288] Vgl. hierzu *Schwaiger/Steiner-Kogrina* (2003). Als Einschränkung halten *Schwaiger/Steiner-Kogrina* (2003) fest, dass dieses Untersuchungsdesign auf die Bankbranche ausgerichtet ist und somit die Aussagen nicht auf andere Branchen übertragbar sind. Viele empirische Studien belegen, dass sich Treiber der Kundenbindung in Abhängigkeit zur Branche bzw. Produktkategorien unterscheiden.

Bruhn (2003, S. 206ff.) analysiert die Entwicklung des Kultursponsorings in Deutschland und kommt zu dem Ergebnis, dass Unternehmen mit kreativer und erlebnisorientierter Kommunikation die verschiedenen Zielgruppen anzusprechen versuchen, und damit Erfolge aufweisen. Als Voraussetzungen sieht er eine klare Auffassung von den Zielen und Möglichkeiten des Kultursponsorings einer- und einer starken Umsetzungsorientierung andererseits. Er prognostiziert aber auch, dass die Wachstumsraten bei derartigen Engagements mittelfristig zurückgehen werden, wenn das Kultursponsoring erstmal seinen Neuartigkeitscharakter eingebüßt hat. Vereinzelt geben Unternehmensvertreter an, dass der Einsatz von Kultursponsoring aufgrund der Komplexität und des benötigten Know-hows nicht für jedes Unternehmen geeignet erscheint. Zu erwarten ist insgesamt, dass sich Unternehmen zukünftig kritischer mit der Erfolgskontrolle ihrer Sponsoraktivitäten im Kulturbereich auseinandersetzen werden. Unternehmen werden aber weiterhin kreative und erlebnisorientierte Lösungen im Umgang mit Kultursponsoring suchen. Eigeninitiierte kulturelle Anlässe bieten die Möglichkeit, sich von anderen Kultursponsoren zu differenzieren. Als neue Ausprägung des Kultursponsorings gilt deshalb das „Aktive Sponsoring", bei dem das Unternehmen selbst eine eigene Kulturpolitik entwickelt und Kommunikationspartner akquiriert, um seine Ziele zu erreichen.

Mit dem und Sozio- bzw. Öko- und Wissenschaftssponsoring sind in den letzten Jahren neben Sport- und Kultursponsoring neue Sponsoringformen aufgekommen, die in ihrer Bedeutung aktuell aber noch sehr deutlich hinter den etablierten Sponsoringformen zurückbleiben.

Sponsoring im sozialen bzw. ökologischen Bereich umfasst die Förderung von gemeinnützigen Institutionen und Projekten. Hierbei werden neben Finanzmitteln oft auch Sachmittel oder Dienstleistungen zur Verfügung gestellt bzw. Arbeitsleistung eingebracht. Der Sponsor kommt mit dieser spezifischen Form des Sponsoring seiner ökologischen, gesellschaftspolitischen und sozialen Verantwortung[289] nach und kommuniziert diese gegenüber potenziellen Kunden wie auch gegenüber der Öffentlichkeit und den eigenen Mitarbeiterinnen und Mitarbeitern zu kommunizieren. Soziosponsoring entwickelt sich seit etwa zehn Jahren als zunehmend wichtiger und eigenständiger Bereich im Sponsoringportfolio von Unternehmen und erfährt auch seitens der sozialen Organisationen und Institutionen eine zunehmende Professionalisierung. Auch in früheren Zeiten der Vergangenheit wurden Finanz- und Sachmittel wie auch Dienstleistungen von fördernden Unternehmen gerne von sozialen Institutionen und Verbänden angenommen. Das Verständnis für ein partnerschaftliches Engagement mit entsprechenden Gegenleistungen war aber in der Regel nicht besonders ausgeprägt.[290] Soziosponsoring wird heute jedoch als ein wichtiger Beitrag gesehen, um soziale und humanitäre Probleme zu lösen. Bei den Gesponserten handelt es sich in der Regel um Institutionen und Non-Profit-Organisationen, die soziale

---

[289] Corporate Social Responsibility.

[290] Die Sponsoringaktivitäten wurden seitens der gesponsorten Institutionen lange dem Bereich Fundraising zugeordnet.

oder humanitäre Probleme von Personen, Personengruppen oder Gesellschaften thematisieren und zu lösen versuchen. Die Bandbreite des Soziosponsoring reicht von der Unterstützung lokaler Kindergärten, Schulen und Behindertengruppen bis hin zu Entwicklungshilfeprojekten. Es bezeichnet die Unterstützung von Wohlfahrtsorganisationen und Ausbildungseinrichtungen sowie auch die Partnerschaft mit unterschiedlichen sozialen Organisationen und -projekten. Eng verwandt mit dem Thema Sozio- bzw. Öko-Sponsoring ist der Komplex Cause-Related Marketing (Kienzle/Rennhak, 2009). Cause-Related Marketing erfreut sich insbesondere in den USA schon seit Jahren großer Beliebtheit, steckt in Deutschland aber noch weitgehend in den Kinderschuhen. Als einen Grund für die verspätete Entwicklung von Cause-Related Marketing in Deutschland kann die lange Zeit herrschende Rechtsprechung, die Cause-Related Marketing Kampagnen wiederholt als wettbewerbswidrig eingestuft hatte, gesehen werden (Glöckner, 2006). Ein nicht erkennbarer inhaltlicher Zusammenhang zwischen Unternehmen und Non-Profit Organisation bzw. gemeinnützigem Zweck kann der Kommunikationswirkung abträglich sein.

In der Literatur (Drumwright/Murphy, 2001) werden u. a. für Cause-Related Marketing Synonyme wie *social marketing, charity marketing, cause branding oder auch „advertising with social dimensions"* (Drumwright, 1996) verwendet. Ähnlich heterogen wie die Begrifflichkeiten sind auch die Definitionen von Cause-Related Marketing. *Varadarajan/Menon* (1988, S. 60) schlagen eine der ersten Definitionen von Cause-Related Marketing vor, die bis heute häufig in der Literatur (Basil et al., 2008) Verwendung findet: „Cause-Related Marketing is the process of formulating and implementing marketing activities that are characterized by an offer from the firm to contribute a specified amount to designated cause when customers engage in revenue-providing exchanges that satisfy organizational and individual objectives." Gemäß dieser Definition spendet das Unternehmen bei jeder Transaktion, d. h. sobald ein Konsument das beworbene Produkt gekauft hat, einen gewissen Betrag für einen gemeinnützigen Zweck oder für eine Non-Profit Organisation. Am häufigsten handelt es sich bei dem Empfänger der Spende um eine Non-Profit Organisation. Jedoch ist es auch möglich, dass sich Unternehmen direkt für einen gemeinnützigen Zweck[291] einsetzen, ohne die Einbindung einer bereits existierenden NPO (Gourville/Rangan, 2004). Um den Konsumenten auf die Kampagne hinzuweisen, werden in der Regel von dem Unternehmen begleitende Kommunikations- und Vertriebsmaßnahmen am Point of Sale realisiert.[292]

---

[291] Der Softwarehersteller *Microsoft* z. B. spendete das Betriebssystem Windows 98 oder Windows 2000 direkt an Bildungseinrichtungen ohne Zwischenschaltung einer Non-Profit Organisation (vgl. Hammer, 2005, S. 35).

[292] Vgl. *Varadarajan/Menon* (1988), S. 59f. Der Begriff des Cause-Related Marketings wird nach *Andreasen* (1996, S. 49) auch als *Transaction-Based Promotion* bezeichnet. Hierbei ist die Höhe der Spende nicht von vornherein festgesetzt, da sie einen bestimmten Anteil am Umsatzes ausmacht. In den meisten Fällen wird sie aber mit einem Maximalbetrag begrenzt.

Eine Cause-Related Marketing Kampagne weist spezifische Charakteristika in Bezug auf Zeithorizont, geographische Reichweite, Ausrichtung, Anzahl der beteiligten Non-Profit Organisationen und Spendenform auf (Austin, 2003). Sie kann kurz-, mittel- oder langfristig gestaltet werden (Varadarajan/Menon, 1988). Kampagnen mit eher kurzfristigem Charakter werden in der Praxis häufig eingesetzt.[293] Bezogen auf die Wirkungsfähigkeit macht es jedoch mehr Sinn, Cause-Related Marketing Aktionen und die damit verbundenen Kampagnen für einen längeren Zeitraum einzusetzen (Varadarajan/Menon, 1988). In mehreren Studien hat sich gezeigt, dass Cause-Related Marketing Aktivitäten effektiver sind, wenn der Konsument öfter über die Marke-Zweck-Beziehung informiert wird.[294] Als zweite Eigenschaft einer Cause-Related Marketing Kampagne zählt die geographische Reichweite: die internationale, nationale oder regionale Durchführung (Varadarajan/Menon, 1988). Sollte der unterstütze Zweck oder die Non-Profit Organisation von internationaler Bedeutung sein und sollte das Unternehmen in einem internationalen oder nationalen Umfeld agieren, kann die Cause-Related Marketing Kampagne einen internationalen Charakter haben. Ist der geographische Zielmarkt jedoch rein nationaler oder regionaler Art, ist es sinnvoll mit einer NPO zu arbeiten, die ihren Fokus auf nationale oder regionale Zielgruppen richtet. Zudem kann eine Cause-Related Marketing Kampagne eine taktische oder strategische Ausrichtung aufweisen (Varadarajan/Menon, 1988). Der taktische Gebrauch des Instruments dient als ein Mittel um die Verkaufsanstrengungen eines Unternehmens kurz- bis mittelfristig zu steigern. Bei einer taktischen Ausrichtung handelt es sich entweder um eine auf kurze Dauer beschränkte Partnerschaft zwischen Unternehmen und Non-Profit Organisation oder die kurzzeitige finanzielle Unterstützung eines gemeinnützigen Zwecks. Eine strategische Ausrichtung hingegen ist als eine längerfristige Kooperation anzusehen. Diese Form der Ausrichtung wirkt sich besonders imagebildend auf das Unternehmen aus (Till/Nowak, 2000). Außerdem ist zu beachten, dass eine Kooperation nicht nur zwischen einem Unternehmen und einer Non-Profit Organisation bestehen kann. Vielmehr ist es auch möglich, dass ein Unternehmen mehrere gemeinnützige Zwecke oder Non-Profit Organisationen gleichzeitig unterstützt (Varadarajan/Menon, 1988).

Nach *Austin* (2003, S. 51f.) können sich Allianzen zwischen Unternehmen und Non-Profit Organisation im Laufe der Zeit weiterentwickeln. Gemäß seines 3-Phasen-Modells kann jede Partnerschaft einer bestimmten Stufe zugeordnet werden. *Austin* (2003, S. 51f.) unterscheidet bei seiner Einteilung zwischen *philanthropic, transactional* und *integrative stage*. Der ersten Stufe entspricht die traditionellste und gebräuchlichste Form einer Allianz, nämlich die der Bittsteller-Wohltäter Beziehung. Hierbei akquiriert die Non-Profit Organisation Spendengelder von Unternehmen ohne eine enge Bindung mit ihnen einzugehen. Die

---

[293] So sind bspw. kurz vor Weihnachten Promotionen von Lebensmittelgeschäften zu beobachten, die einen gewissen Prozentsatz vom Umsatz oder Gewinn an einem bestimmten Tag an eine lokale Essenstelle für bedürftige Menschen spenden (vgl. Varadarajan/Menon, 1988, S. 63).

[294] Vgl. *Till/Nowak* (2000), S. 476. Diese Strategie verfolgt auch die Brauerei *Krombacher* mit seinem „Regenwaldprojekt", das über mehrere Jahre lief und somit für den Verbraucher in Deutschland zum Synonym für Cause-Related Marketing wurde.

meisten Cause-Related Marketing-Kampagnen sind der zweiten Stufe zugehörig, bei der die Spendensumme in der Regel anhand des Kaufverhaltens der Kunden berechnet wird. In dieser Phase sind jedoch nicht alle Spenden monetärer Natur und zwingend an den Kauf eines Produktes gekoppelt.[295] In der dritten Stufe des 3-Phasen-Modells integrieren beide Partner den jeweils anderen in die eigene Firmenstrategie und lassen in diese Beziehung ihre Kernkompetenzen einfließen (Austin, 2003).

Da für das Cause-Related Marketing in Deutschland der Grundsatz der Vertragsfreiheit gilt, ist die rechtliche Situation zwischen den Kooperationspartner klar geregelt (Habisch/ Wegener, 2004). Noch vor knapp 10 Jahren wurde Cause-Related Marketing als unlauter und unzulässig angesehen und war somit ein Verstoß gegen das UWG. Aufgrund fehlender gesetzlicher Vorgaben zum Begriff der Unlauterkeit wurden seitens der Rechtsprechung mit der gefühlsbetonten Werbung, der unlauteren Beeinflussung und der Irreführung Merkmale definiert, bei deren Vorliegen man von unlauterem Wettbewerb ausging (Glöckner, 2006). Eine Werbung, die an die Gefühle – wie z. B. Mitleid oder Hilfsbereitschaft – des potentiellen Kunden appelliere und somit dessen Gefühlslage für eigene geschäftliche Vorteile ausnutze, ohne dass ein sachlicher Bezug mit der Leistung des Werbenden bestehe, wurde als unlauter angesehen. Galt dies bis 2002, wird nun vom Gegenteil ausgegangen: Gefühlsbetone Werbung ist grundsätzlich erlaubt und ist nicht unlauter, weil der Werbende an das Mitgefühl, das Umweltbewusstsein oder die Hilfsbereitschaft des Verbrauchers appelliert. Cause-Related Marketing kann also unter dem Aspekt der gefühlsbezogenen Werbung nicht mehr als unlauter und deswegen unzulässig angesehen werden (Habisch/Wegener, 2004). Der Gesetzgeber hat sich bei der Reform des UWG gegen ein Transparenzgebot entschieden. Der Werbende ist nur zu aufklärenden Angaben[296] verpflichtet, wenn die Gefahr einer unlauteren Beeinflussung des Konsumenten durch die Täuschung des tatsächlichen Werts des Angebots besteht. Beim Cause-Related Marketing steht aber weniger der Wert, sondern das Engagement als solches im Vordergrund. Demnach kann Cause-Related Marketing grundsätzlich nicht wegen mangelnder Transparenz als unzulässig angesehen werden (Glöckner, 2006). Bei der Irreführung wird vorausgesetzt, dass die Angabe bei den Verbrauchern eine Vorstellung erzeugt, die nicht mit den realen Verhältnissen übereinstimmt. Im Unterschied dazu wird im Fall von mangelnder Transparenz, der Verbraucher von Beginn an im Ungewissen gelassen und hat somit keine Vorstellung. Im Falle von Cause-Related Marketing Kampagnen bedeutet dies konkret, dass nicht der Eindruck beim Konsumenten entstehen darf, die mit dem Verkauf eines Produkts erzielten Gewinne kämen hauptsächlich der Non-Profit Organisation zu Gute, während in Wirklichkeit nur ein kleiner Teil gespendet wird (Niemann, 2009).

---

[295] Innerhalb des *employee volunteer program* von *Timberland* arbeiten mehr als 80% der Mitarbeiter ehrenamtlich pro Jahr 40 Stunden für Non-Profit Organisationen oder gemeinnützige Zwecke. Diese 40 Stunden werden vom Schuhhersteller komplett vergütet (vgl. Meyer, 1999, S. 30).

[296] Im Fall *Krombacher* und seiner Regenwald-Kampagne blieb in der Werbung z. B. offen, ob und wie der Kauf eines Quadratmeters Regenwaldes erfolgen würde (vgl. Glöckner, 2006).

Die steigende Anzahl von Cause-Related Marketing Kampagnen in Deutschland deutet auf eine größer werdende Beliebtheit dieses Marketing-Tools hin. Unternehmen sowie Non-Profit Organisationen stehen vor der Entscheidung Cause-Related Marketing in ihre Unternehmens- oder Fundraisingstrategie zu integrieren. Die Motive einer Non-Profit Organisation für eine Cause-Related Marketing-Kampagne lassen sich im Wesentlichen in zwei Kategorien einteilen: externe und interne Motive. Zu den *externen Motiven* gehören gesellschaftliche und gesamtwirtschaftliche Entwicklungen, die von einer Non-Profit Organisation nur geringfügig steuerbar sind. Die in der Literatur (Basil et al., 2008) am häufigsten genannten Beweggründe für Cause-Related Marketing sind den *internen Motiven* zuzuordnen. Diese sind die Steigerung des Bekanntheitsgrades, die Verbreitung der Mission und die Gewinnung zusätzlicher Spendengelder. Die Steigerung der Bekanntheit durch Cause-Related Marketing wird als wichtiges Motiv gesehen, da viele Non-Profit Organisationen um begrenzte Ressourcen kämpfen, die sowohl finanzieller als auch zeitlicher[297] Art sind. Demzufolge sind besonders solche Unternehmen attraktiv, die eine breite Streuung der Kampagne in den Medien veranlassen können. Die Verbreitung der Mission, bzw. des eigenen Anliegens stellt ein weiteres Motiv einer Non-Profit Organisation dar. Anhand einer Cause-Related Marketing Kampagne kann die Öffentlichkeit über soziale oder gesundheitliche Themen informiert und aufgeklärt werden. Neben der Steigerung der Bekanntheit und der öffentlichen Aufklärung bedeutet Cause-Related Marketing einen konkreten finanziellen Mehrwert für eine Non-Profit Organisation und ist somit ein bedeutender Bestandteil ihres Fundraisings (Cone et al., 2003). Als Folge der Steigerung des Bekanntheitsgrades erhält die Non-Profit Organisation zusätzliche finanzielle Ressourcen, die für Hilfsprojekte eingesetzt werden können.[298]

Als Motive der Unternehmen werden in der Literatur (Austin, 2003) zunächst Optimierung von Markenimage und Absatz genannt. Eine Clusterung der Unternehmensmotive wird von *Austin* (2003, S. 50) sowie von *Cui et al.* (2003, S. 311) vorgenommen. *Austin* (2003, S. 50) unterscheidet zwischen *business*[299] und *philanthropic*[300] *motives*, wohingegen *Cui et al.* (2003, S. 311) eine Unterteilung in *extrinsic* und *intrinsic motives* vornehmen. Unter *extrinsic motives* werden egoistische oder eigennützige Motive verstanden, wohingegen ein altruistischer Beweggrund[301] zu den *intrinsic motives* zählt (Cui et al., 2003). Der Definition von *Cui et al.* (2003, S. 311) zufolge, sind demnach die oben genannten Hauptmotive Absatzsteigerung und Aufbau von Markenimage den *extrinsic motives* zuzuordnen. Da beide

---

[297] Z. B. ehrenamtliche Mitarbeit.

[298] Vgl. *Lewis* (2003), S. 26; *McGlone/Martin* (2006), S. 184. So konnten bspw. im Jahr 2006 bei der *Haribo*-Spendenoffensive zusammen mit dem *WWF* insgesamt 20.000 € für das *Bärenprojekt* gesammelt werden. Bei dieser Aktion spendete der Süßwarenhersteller für jede verkaufte Runddose *Bruno-Braunbär* 20 Cent an den *WWF* in Deutschland und Österreich (vgl. haribo.de).

[299] Motive, die zu einem Geschäftserfolg führen, wie z. B. Absatzsteigerung (vgl. Austin, 2003, S. 50).

[300] Z. B. öffentliche Aufklärung oder Bildung, initiiert durch Unternehmen (vgl. Austin, 2003, S. 50).

[301] Hier im Sinne von selbstlosen und uneigennützigen Motiven, wie z. B. die öffentliche Demonstration von Verantwortung.

Motive ausschlaggebend für einen Geschäftserfolg sind, können diese ebenso den *business motives* nach *Austin* (2003, S. 50) zugeordnet werden. Ein weiterer potenziell positiver Aspekt von Cause-Related Marketing ist seine Auswirkung auf die Mitarbeitermotivation und die damit verbundene Arbeitsleistung (Meyer, 1999). Engagiert sich der Arbeitgeber für gemeinnützige Zwecke, empfinden die Angestellten häufig eine engere Bindung und Zugehörigkeit zu ihrem Unternehmen (Polonsky/Wood, 2001).

Es können sich – sowohl für die beteiligten NPOs wie auch für die betreffenden Unternehmen – aber auch negative Aspekte aus Cause-Related Marketing-Aktivitäten ergeben. NPOs tragen ein gewisses Imagerisiko (Varadarajan/Menon, 1988). Die NPO verliert an Glaubwürdigkeit und gefährdet u.a. die Partnerschaft mit bisherigen oder potenziellen künftigen Spendern (Polonsky/Wood, 2001). Ein weiteres Problem kann der Verlust von organisatorischer Flexibilität aufgrund des Vertragsverhältnisses mit dem Unternehmenspartner sein (Andreasen, 1996).

Für Non-Profit Organisationen, die weniger prestigeträchtige Themen besetzen, besteht ein gewisses *crowding out*-Risiko durch ein *cherry picking* seitens der Unternehmen (Drumwright/Murphy, 2001). So ist z. B. das Engagement für die Früherkennung von Brustkrebs in den USA sehr beliebt und wird von vielen Unternehmen finanziell unterstützt, da sie von der starken Präsenz dieses Themas in der Öffentlichkeit profitieren. AIDS hingegen wird nach wie vor von einigen Firmen als unpopulär und weniger attraktiv gesehen, da diese Krankheit für Teile der Bevölkerung noch ein Tabuthema darstellt (Drumwright/Murphy, 2001). Ein weiterer Nachteil für eine Non-Profit Organisation ist laut *Polonsky/Wood* (2001, S. 17) die mögliche Abnahme der Gesamtspendensumme. Cause-Related Marketing Aktionen können beim Verbraucher das Gefühl erwecken, durch den Kauf des beworbenen Produkts genug für einen gemeinnützigen Zweck getan zu haben und die bisher getätigten Privatspenden daraufhin zu reduzieren bzw. ganz wegzulassen (Drumwright/Murphy, 2001).

Auch auf Unternehmensseite besteht ein Imagerisiko. Es kann es passieren, dass ein Produkt vom Verbraucher nicht erworben wird, weil die NPO mit Negativschlagzeilen in Verbindung gebracht wird. Wie oben dargestellt, herrscht bei den Konsumenten zudem eine gewisse Skepsis, wenn es um die Motive eines Unternehmens für eine Cause-Related Marketing Kampagne geht. Diese Skepsis der Verbraucher kann zusätzlich verstärkt werden, wenn sie von dem Unternehmen über den Ablauf und das angestrebte Ergebnis der Aktion im Unklaren gelassen werden (Kotler/Lee, 2005). Ist keine ausreichende Transparenz gegeben, bekommt der Verbraucher den Eindruck, dass das Unternehmen nur zu Imagezwecken mit der Non-Profit Organisation kooperiert (Meyer, 1999).

Das Wissenschaftssponsoring entwickelt sich zunehmend zu einer attraktiven Finanzierungsform in Wissenschaft und Forschung. Hier übernimmt der Sponsor die umfassende Finanzierung der Forschungstätigkeit ohne dass die Ergebnisse, wie etwa bei der Drittmittelforschung, im eigenen Interesse liegen. Beim Wissenschaftssponsoring besteht die Gegenleistung für die Unterstützung wissenschaftlicher Institutionen oder Projekte in der Übertragung der kommunikativen Nutzung der Institution oder des Projektes an den

Förderer. Die wissenschaftliche Institution oder das entsprechende Projekt muss also vor allem dem Soll-Image der fördernden Einrichtung entsprechen. Unternehmen können so auf öffentlich wahrnehmbare Weise ihre gesellschaftliche Verantwortung demonstrieren. Die kommunikative Verwertung eines solchen Engagements kann dann auch mittels der klassischen Kommunikationskanäle erfolgen. Neben diesem kommunikativen Potential von Wissenschaftssponsoring in Richtung Endkunden können Sponsoren durch die entsprechenden Maßnahmen ihr Arbeitgeberimage (Hermann et al., 2005) verbessern und sich so im Bewerbermarkt Vorteile verschaffen. Auch im Wissenschaftsbereich etabliert sich das Name-Sponsoring, der Name einer wissenschaftlichen Institution wird entsprechend den Wünschen des Sponsors angepasst.[302] Im Gegensatz zu den anderen Sponsoringformen steckt Wissenschaftssponsoring oftmals noch in den Kinderschuhen. Die Gründe dafür sind vielfältig: Zum einen entfaltet das Wissenschaftssponsoring in der Regel keine publikumswirksame Breitenwirkung, zum anderen sind die Wissenschaftsinstitutionen noch unsicher und zögern, wie weit sie den Interessen der Wirtschaft entgegenkommen sollen ohne die Freiheit der Wissenschaft zu gefährden.

Manche Autoren führen fälschlicherweise das sogenannte Medien- bzw. Programmsponsoring als weitere Sponsoringform an. Der „Sponsor" wird dabei z. B. mit seinem Logo und einem entsprechenden Texthinweis[303] in einen Programmteil oder eine Programmankündigung inkludiert. Hierbei handelt es sich jedoch zweifelsfrei um eine Sonderform der Mediawerbung[304] und keinesfalls um eine Unterstützung von Medien (Print, TV, Hörfunk, Internet)[305] zur Finanzierung von Fernsehübertragungen, Sendungen oder Serien.

Ein wichtiger Faktor, der erfüllt sein muss, um erfolgreiches Sponsoring zu betreiben, ist die Glaubwürdigkeit des Sponsoringengagements (Angenendt et al., 2004). Es muss darauf geachtet werden, dass eine starke Affinität, d. h. eine nachvollziehbare Verbindung zwischen Sponsor und Gesponsortem besteht und diese mit dem Unternehmenszweck und -verhalten harmoniert. Dabei ist die Auswahl eines geeigneten Sponsoringbereichs, der zum Sponsor passt von großer Bedeutung. Dies ist im Sozial- und Umweltsponsoring besonders wichtig, da das Unternehmen gesellschaftliche Verantwortung zeigen möchte. Unterstützt wird die Glaubwürdigkeit neben der Affinität oder Nähe der Sponsoringpartner auch durch die Kontinuität, Langfristigkeit und Regelmäßigkeit des Engagements (Wünschmann et al., 2004). Mit einem langfristigen Engagement von mindestens drei Jahren kann eine hohe Glaubwürdigkeit und Zuordnung einer Marke oder Firma zum Gesponserten und ein hoher Recall-Wert erreicht werden.

---

[302] Ein Beispiel hierfür ist die private International University Bremen, die seit 2007 Jacobs University Bremen heißt. Ferner ist es denkbar, kommunikative Maßnahmen auf institutionelle Teilbereiche wie Lehrmaterialien, Homepage, Hörsäle oder Gebäude zu beschränken.

[303] Wie beispielsweise „wird präsentiert von".

[304] Z. B. zur Umgehung von Werbeverboten.

[305] Diese sind ohnehin in der Regel selbst gewinnorientierte Unternehmen.

Ein Unternehmen führt Sponsoring durch, um einen kommunikativen Nutzen für das finanzielle Engagement zu erhalten (Kloss, 2007). Ein Sponsoringengagement ohne Integration in den Marketing-Mix des Sponsors, der Nutzung sämtlicher sponsoringspezifischer Kommunikationsmaßnahmen und der Vernetzung mit anderen Instrumenten wird nur eine geringe kommunikative Wirkung erzielen. Dabei sollte versucht werden, zahlreiche kommunikative Nutzungsmöglichkeiten des Sponsoring zu integrieren und die Maßnahmen passend zu den restlichen Werbemitteln und dem Corporate Design zu gestalten.

Zusätzliche Erfolgsfaktoren des Sponsoring sind die Marketing-Kompetenz und die Sponsoringkultur im Unternehmen (Wünschmann et al., 2004). Ein Unternehmen sollte Wert auf seine Marketing-Aktivitäten legen und über eine Marketing-Konzeption verfügen, so dass hinter dem Sponsoring ein klares Konzept, detaillierte Ziele und eine gute Planung stehen. So kann das Engagement auf den mittel- bis langfristigen Zielen des Unternehmens basiert werden. Durchweg erfolgreicher sind Unternehmen, die häufig sponsern, somit eine vielfältige Ansprache erreichen und bei denen die Mitarbeiter das Sponsoringengagement gerne unterstützen. Des Weiteren sollte eine offene, ausgewogene und aktive Partnerschaft und Zusammenarbeit mit dem Sponsor-Nehmer vorherrschen (Boochs, 2000).

Hinter dem Sponsoring sollte insgesamt eine durchdachte Planung, Strategie und Integration stehen. Es kann ein erfolgreiches Marketinginstrument sein, wenn es glaubwürdig, vernetzt und kompetent geplant, eingesetzt wird. Sponsoren werden ihre Sponsoringengagements in immer größeren Rahmen kommunizieren und mit anderen Kommunikationsinstrumenten vernetzen. Die Vernetzung des Sponsoring mit anderen Kommunikationsinstrumenten wird zunehmen, d. h. Sponsoringengagements werden in Zukunft von den Sponsoren aggressiver kommuniziert werden. Am häufigsten wird das Sponsoringengagement mit klassischer Werbung und Öffentlichkeitsarbeit vernetzt, gefolgt von Events, Mitarbeiterkommunikation und Verkaufsförderung.

Zudem werden sowohl der Erfolg des Gesponserten, als auch die Platzierung und Gestaltung der Botschaft sowie die Dauer und Frequenz als Erfolgsfaktoren genannt (Wünschmann et al., 2004). Umso erfolgreicher der Gesponserte, desto einfacher ist es für das Unternehmen seine Sponsoringziele zu erreichen. Je häufiger und länger der Name oder das Logo eines Sponsors zu sehen ist und je exklusiver das Sponsoringengagement ist, desto höher ist der Erinnerungswert bei den Zuschauern.

Sponsoring gehört heute zu einem festen Bestandteil im Marketing vieler Unternehmen und hat sich in der Branche etabliert. 83% der 2.500 umsatzstärksten Unternehmen setzen Sportsponsoring ein, 82% Kultursponsoring und 56% Soziosponsoring, 28% Wissenschaftssponsoring und 18% Ökosponsoring (Hermanns, 2004). Die größten Perspektiven im Kultursponsoring haben Rock- und Pop-Konzerte. Dem entgegen wird sich das Sozial-, Umwelt- und Wissenschaftssponsoring ein wenig positiver entwickeln. Hauptgrund für diese Entwicklung ist ein steigendes Engagement im Bildungs- und Wissenschaftssponsoring und dabei besonders bei Schulen und Hochschulen.

Der Anteil des Sponsoring am gesamten Werbebudget verteilt sich über die Jahre hinweg betrachtet fast unverändert. Im Jahr 2000 entfallen 16% der Marketingausgaben auf das Sponsoring und im Jahr 2005 sind es 17%. Jedoch ist hier ein klarer Anstieg der nicht-klassischen Maßnahmen zu erkennen, auch wenn der Großteil der Befragten prognostiziert, dass die klassischen Werbemaßnahmen weiterhin etwas über 50 % des gesamten Marketingetats einnehmen werden (Krüger/Bacher, 2005).

Schon 1999 wurde vorausgesagt, dass der Vernetzungsgrad von Sponsoringmaßnahmen mit anderen Werbeformen stark ansteigen wird (Angenendt/Krüger, 1999). So prognostizierten 49 % der Befragten eine hohe bis sehr hohe Vernetzung und 39 % eine mittlere Vernetzung für das Jahr 2002. Dies zeigen auch die Ergebnisse von *Hermanns* (2002, S. 40). 2002 setzten 91% der befragten Unternehmen ihre Sponsoring-Maßnahmen in Abstimmung mit anderen Kommunikationsinstrumenten ein und sahen diese Verbindung als enorm wichtig an. Und auch 2004 ist die Vernetzung des Sponsoring mit anderen Kommunikationsinstrumenten von überragender Bedeutung. Dabei wird prognostiziert, dass das Sponsoringengagement am stärksten mit der Öffentlichkeitsarbeit vernetzt und vermehrt im Rahmen von Events und der Mitarbeiterkommunikation verwendet wird (Hermanns, 2004). Diese Ergebnisse zeigen, dass die Unternehmen in zunehmendem Maße Wert darauf legen, ihr Sponsoringengagement extern als auch intern zu kommunizieren.

Für Unternehmen wird es zunehmend schwieriger, sich kommunikativ von der Konkurrenz abzugrenzen und die Aufmerksamkeit der potentiellen Konsumenten, die durch Informationen und Werbung überflutet werden, zu wecken. Das Sponsoring ist dabei eine gute Abwechslung, um Kommunikationsbarrieren zu umgehen und neue, interessante Inhalte für die Unternehmenskommunikation zu liefern. Zusätzlich erfreut sich das Sponsoring großer Akzeptant in der Bevölkerung (Inra, 2000). Des Weiteren kann das Sponsoring bei einem zielgerichteten und effizienten Einsatz sowohl Vorteile für das Unternehmen, als auch den Gesponserten bringen. So könnten einige Veranstaltungen gar nicht mehr ohne den Zuschuss von Sponsoren durchgeführt oder am Leben gehalten werden.

3.7.3.6   Product Placement

In der Literatur lassen sich zu Product Placement verschiedene Definitionsansätze finden. Während sich *Bente* (1990, S. 24) mit „Product Placement umfasst die werbewirksame, zielgerichtete Integration von Produkten oder Dienstleistungen in den Handlungsablauf eines Kino-, Video- oder Fernsehprogramms" (Bente, 1990) nur auf das Placement in Filmen abstellt, definiert *Schumacher* (2007, S. 8f) diese Form der Werbung deutlich detaillierter und bezieht auch den finanziellen Aspekt mit ein. Er ordnet es inhaltlich der Kategorie der Sonderwerbeformen zu, die Werbebotschaften in den Programminhalt integrieren. Seine Definition lautet: „Product Placement [wird als] ein kommunikationspolitisches Instrument verstanden, bei dem ein Markenprodukt oder ein Markenerkennungszeichen [...] gegen Bezahlung in ein Programm [...] integriert wird und von auditiven, visuellen und/oder audio-visuellen Medien verbreitet wird" (Schumacher, 2007). *Rennhak/Nufer* (2008, S. 1021) gehen diesbezüglich noch einen Schritt weiter und beziehen auch den Konsumenten mit ein. Sie definieren Product Placement als die „bewusste Platzierung eines markierten Produkts, einer Dienstleistung, einer abgestimmten Information oder einer Firma im Rahmen eines Spielfilms, einer Fernsehsendung oder einer ähnlichen Darbietung, ohne dass dies für den Medienkonsumenten als von einer Interessengruppe bezahlte, werbliche Kommunikation zu erkennen ist". *Russell/Belch* (2005, S. 74) schließlich definieren Product Placement als „the purposeful incorporation of a brand into an entertainment vehicle". Obwohl diese Definition sehr allgemein und kurz gehalten ist, spiegelt sie die Tatsache wieder, dass sich Product Placement heutzutage nicht mehr nur auf Filme beschränkt, sondern allgemein auch im Radio, in Songs, in Musikvideos, Videospielen und Büchern vorkommen kann. Product Placement wird hierbei nicht auf eine bestimmte Platzierungsart beschränkt und schließt auch nicht die Tatsache aus, dass die Platzierung von Produkten in Filmen gratis geschehen kann (Russell/Belch, 2005).

Zusammenfassend lässt sich festhalten, dass **Product Placement**, unabhängig davon wie präzise oder unpräzise der Begriff in der Literatur definiert ist, folgende Eigenschaften hat: Das platzierte Produkt, dessen werbliche Intuition durch dramaturgische Notwendigkeit als Pseudorequisite getarnt werden soll, wird durch die Kooperation zwischen einem Markenartikelhersteller und dem Produzenten für eine Gegenleistung in einen Film, ein Buch, in den Hörfunk oder in ein Videospiel integriert.

Die Darstellung der Marke im positiven, redaktionellen Umfeld erfolgt gegen Geld oder vermögenswerte Leistungen unter Beachtung der ethisch-moralischen Grundsätze.[306]

Product Placement wird heute hauptsächlich von Unternehmen angewandt, die Markenartikel herstellen. Beim Service Placement wird die Nutzung der beworbenen Dienstleistung im entsprechenden Massenmedium dargestellt. Information Placement wird für redaktionelle Beiträge in Informationssendungen, Magazinen oder im Internet verwendet. Beim Corporate Placement steht nicht das Produkt im Vordergrund, sondern die Firma beziehungsweise das Unternehmen an sich. Hier wird beispielsweise das Unternehmen direkt genannt oder es wird ein Logo gezeigt (Frank/Rennhak, 2010).

Beim Product Placement binden Hersteller Ihre Markenartikel gezielt zu gewerblichen Zwecken in die Handlung eines Films ein. Man vermeidet durch weniger aggressive Werbung eine ablehnende Haltung beim Konsumenten und erreicht somit eine Steigerung der Effizienz der Werbebotschaft. Das zu bewerbende Produkt wird beim Product Placement idealerweise passend in eine Filmszene integriert. Beim gut inszenierten Placement fällt dem Zuschauer die Verwendung eines bestimmten Produktes bzw. einer bestimmten Marke überhaupt nicht auf, da diese notwendiger Teil einer Handlung ist.

---

[306] Vgl. *Auer/Kalweit* (1988). Diese Definition lässt erahnen, dass Product Placement in jeglichen Medien eingesetzt werden kann. Trotz der Zunahme von Product Placement in Print-, Audio- und TV-Medien, ist der Kinofilm immer noch der zentrale Einsatzort des Product Placement. Deshalb soll der Fokus der nachfolgenden Diskussion ausschließlich auf Product Placement in Kinofilmen aus Hollywood liegen.

Product Placement hat eine lange Tradition: Der Hollywood-PR-Fachmann Walter E. Kline baute in den dreißiger Jahren zwischen seiner Gesellschaft und den Filmstudios einen Dienst auf, der es seinen Kunden erlaubte, ihre Produkte sichtbar in Filmen zu platzieren. Dieses Geschäftsmodell florierte schnell und bald schon legte Kline ein Lagerhaus an, in dem sämtliche Gegenstände seiner Kunden lagerten, aus denen dann jeder, der beim Film beschäftigt war, das heraussuchen konnte, was er gerade brauchte. Im Gegenzug bezahlten die Markenhersteller die Lagermiete. Pro nachfolgenden Einsatz eines Produktes fiel für den Hersteller eine Provision an. Für die Filmproduzenten war somit die Benutzung von Requisiten aus diesem Fundus kostenlos.

Den ersten Meilenstein bei der Verwendung von Produkten zu Werbezwecken stellte der Film *Die Reifeprüfung* aus dem Jahre 1967 dar. Der Hauptdarsteller Dustin Hoffman fuhr gegen Bezahlung einen roten Alpha Romeo Spider, der immer wieder sehr auffällig in Szene gesetzt wurde.

Bereits Mitte der 80er Jahre entstanden Agenturen, die Verträge zur Benutzung von Produkten in Hollywoodfilmen zwischen Unternehmen und Filmproduzenten aushandelten. Für die Unternehmen bedeutete dies, noch gezielter werben zu können. Gleichzeitig profitierten die Produktionsfirmen von einer starken finanziellen Unterstützung. Heutzutage wissen spezialisierte Agenturen, welche Filme sich in Planung befinden und welcher Bedarf an Requisiten besteht. Auch die Art der Entlohnung hat sich geändert. Inzwischen zahlen Markenhersteller für das Placement in Hollywoodfilmen enorme Summen.[307] Heute wird Product Placement von Produzenten gerne eingesetzt, um die hohen Kosten einer Filmproduktion zumindest teilweise zu decken.

Bei der Einteilung von Product Placement in Abhängigkeit von der Programmintegration wird zwischen drei Hauptkategorien unterschieden: Implizites Product Placement, Integriertes explizites Product Placement und nicht integriertes explizites Product Placement.

Von **implizitem Product Placement** spricht man, wenn eine Marke, eine Firma oder ein Produkt in einem Film auftaucht, ohne dabei explizit genannt zu werden. Die Verwendung ist hier passiv und sehr auf den Kontext bezogen.[308] Als integriertes explizites Product Placement bezeichnet man ein Placement, sobald eine Marke oder eine Firma ausdrücklich genannt wird. Diese spielen eine aktive Rolle in der Handlung des Films. Das entsprechende Produkt oder die Marke wird also direkt angesprochen, es beeinflusst kurzzeitig den Handlungsverlauf und vermittelt einen realen Wert. Bei dieser Verwendung wird oft auch von Creative Placement gesprochen.[309] Bei dieser Art von Product

---

[307] Ford beispielsweise bezahlte unlängst 35 Millionen US Dollar für die Präsentation seiner Modelle Aston Martin, Thunderbird und Jaguar im James Bond Film *Die Another Day*.

[308] Als Beispiel könnte man sich eine Szene vorstellen, die in einem Laden eines Modeherstellers spielt, ohne dass der Name des Geschäfts genannt wird oder Einfluss auf die Handlung hat.

[309] Beispielsweise wird in einer Filmszene eine Pizza einer bekannten Restaurantkette bestellt, weil sie besonders schmackhaft ist. In besagter Szene wird das Essen zum gesellschaftlichen Event.

Placement wird auf die Merkmale und den Nutzen eines Produkts eindeutig hingewiesen. Nicht integriertes explizites Product Placement bezeichnet ein Placement, wenn eine Marke oder eine Firma ausdrücklich genannt, aber nicht in die Filmhandlung integriert wird. Der Name der werbenden Firma kann hierbei am Anfang, am Ende oder während des Films genannt werden.[310]

Sonderformen des Product Placement sind die Varianten **Historic Placement**, **Generic Placement**, **Innovation Placement** und **Image Placement**.

Historic Placement ist die auf den Hintergrund des Films angepasste Form des Product Placement.[311] Generic Placement versteht sich als die Einbindung eines Markenartikels, ohne dabei dessen Logo einzublenden. Der Artikel muss allein aufgrund seiner typischen Form oder Farbe erkannt werden. Hierbei sollte beachtet werden, dass dies nur für Marktführer sinnvoll ist – ansonsten kommt das Placement überwiegend der Konkurrenz zugute. Unter Innovation Placement versteht man die Einführung einer Marktneuheit durch Product Placement. Hierbei werden im Film Produkte benutzt, die real noch nicht erhältlich sind bzw. für die noch keinerlei klassische Werbung geschaltet wurde. Experten weisen jedoch daraufhin, dass für die erfolgreiche Einführung eines neuen Produktes auch auf konventionelle Werbung zurückgegriffen werden sollte, da Product Placement nur eine beschränkte Präsentationsfähigkeit aufweist. Innovation Placement sollte daher nur ergänzend benutzt werden (Bente, 1990). Das Image Placement stellt einen Sonderfall des Product Placement dar, da es als einzige aller genannten Varianten nur auf ein Produkt oder Land zugeschnitten ist. Mit dieser Placement-Variante nutzt z.B. die Touristikbranche das Medium Film für unterschwellige werbliche Aktivitäten. Ein Beispiel für die Umsetzung eines Image Placements ist der Kinofilm *Top Gun*. Als dieser Film in den USA anlief, stieg die Anzahl der Bewerbungen zur Ausbildung zum Piloten bei der US-Navy sehr stark an (Asche, 1996).

Über die genaue Kategorisierung von Product Placement ist sich die Wissenschaft bis dato noch nicht einig (Auer/Kalweit, 1988). Grundsätzlich kann jedoch nach Art der Informationsübermittlung, Art des Placement Objekts und Grad der Integration unterschieden werden (vgl. **Tabelle 3.18**).

---

[310] Beispielsweise „Dieser Film wird Ihnen präsentiert von Krombacher".

[311] Beispielsweise würde in einem Film aus den Dreißiger Jahren die Coca-Cola Dose eine an diese Zeit angepasste Form annehmen. Es würden historische Flaschen, Automaten oder Schriftzüge verwenden.

Tabelle 3.18   Kategorisierung des Product Placement

Unterscheidungsmerkmale	Formen	Beschreibung
Art der Informations-übermittlung	Visual Placement	Platzierung im Bild
	Verbal Placement	Nennung des Produktes
Art des Placement Objekts	Product Placement im eigentlichen Sinn	Platzierung von Markenartikeln
	Image Placement	Platzierung von Imagefaktoren
	Corporate Placement	Platzierung von Unternehmen
	Service Placement	Platzierung von Dienstleistungen
	Generic Placement	Platzierung von Warengruppen
	Location Placement	Platzierung eines Ortes
	Music Placement	Platzierung eines Musiktitels
	Innovation Placement	Platzierung neuer Produkte
	Historic Placement	Platzierung von historischen Gegenständen
	Message Placement	Platzierung von Slogans
Grad der Integration	On-Set Placement	Produkt als Requisite
	Creative Placement	Handlung wird um das Produkt konzipiert

Quelle: Frank / Rennhak, 2009

Bei der Art der Informationsübermittlung wird nach **Visual Placement** und **Verbal Placement** unterschieden. Das Visual Placement, das im Deutschen auch oft als optisches Placement oder impliziertes Product Placement bezeichnet wird, beschreibt die Platzierungsform, bei der das Produkt ausschließlich optisch dargestellt wird (Bente, 1990). Hierbei wird das Logo beziehungsweise der Markenname des Produktes so platziert, dass es für den Zuschauer deutlich erkennbar ist. Nach *Russell* (2002, S. 307) wird zwischen drei Level der visuellen Produktintegration unterschieden[312]: Die Platzierung der Produkte im Hintergrund, die Integration durch Verwendung der Charaktere im Film und die Einbindung der Produkte als Teil der Handlung. Beim Verbal Placement, das auch als akustisches Placement bezeichnet wird, geht es um die namentliche Nennung der Marke beziehungsweise des Produktes im Film (Morlock et al., 2006). Neben der einfachen Nennung können beim Verbal Placement auch spezielle Eigenschaften und Vorteile kommuniziert und in die Handlung mit eingebaut werden (Kloss, 2007). Als audio-visuelles Placement bezeichnet man die Form der Platzierung bei der das Produkt beziehungsweise die Marke sowohl visuell als auch verbal im Film erscheint (Zipfel, 2009).

Betrachtet man die Art des Placement Objekts, so lassen sich nach *Kloss* (2007, S. 501ff.) sieben verschiedene Arten der Produktplatzierung unterscheiden – das Product Placement im engeren Sinn, Image Placement, Corporate Placement, Service Placement, Generic Placement, Location Placement und Music Placement.

Die meist genutzte Art stellt das Product Placement im engeren Sinn dar, das auch als die Grundform des Product Placements bezeichnet wird. Product Placement i.e.S bezeichnet das Ersetzen eines No-Name Produkts in einem Film, durch einen Markenartikel und somit die „kreative Einbindung von Markenprodukten in die Handlung" (Auer/Diederichs, 1993). Die Verwendung dieser Form wird oft damit begründet, dass die Platzierung der Produkte den Film realitätsnäher erscheinen lassen sollen (Yang/Roskos-Ewoldsen, 2007). Synonym hierzu wird auch oft der Begriff des *Brand Placements* verwendet.[313] Image Placement wird benutzt, um das Image und den Ruf einer Marke, eines Unternehmens oder einer ganzen Branche zu verbessern (Ramme et al., 2008). Dabei konzentriert sich meist ein Teil des Films oder teilweise auch die gesamte Handlung auf ein Produkt, eine Dienstleistung oder ein Unternehmen und ist so speziell danach ausgerichtet.[314] Hierbei ist zu beachten, dass dieses Placement sich meist nur auf ein Land beziehen kann bzw. nur in einem Land die maximale Effektivität erzielt, da Marken oft unterschiedlich in den einzelnen Ländern positioniert sind (Morlock et al., 2006). Möchte man nur einzelne Teilaspekte oder ein spezifisches Know-how eines Unternehmens herausstellen, so nennt man das Corporate Placement (Bente, 1990). Hier wird das Unternehmen selbst als Kulisse benutzt, was sich besonders für Dienstleistungsunternehmen eignet, da diese keine „physisch wahrnehmbaren Produkte" (Schumacher, 2007) vertreiben. Platziert man die Dienstleistungen jedoch als solche, so spricht man von Service Placement (Kloss, 2007). Beim Generic Placement handelt es sich um die Darstellung ganzer Produktgruppen, die ohne

---

[312] Vgl. dazu auch *Yang/Roskos-Ewoldsen* (2007) S. 473.

[313] Vgl. *Schumacher* (2007) S. 17. Trinken die Charaktere im Film beispielsweise ihren Kaffee aus einem *Starbucks*-Kaffebecher anstatt aus einem No-Name Becher, so bezeichnet man dies als Product Placement i.e.S..

[314] Vgl. *Auer et al.* (1991) S. 98 und *Kloss* (2007) S. 501. Als im Film *Top Gun* die Ausbildung zum Marinekampfpiloten beworben wurde, steigerte das das Image des US-Militärs enorm. Die Bewerberzahlen bei der US-Navy stiegen nach der Ausstrahlung sehr stark an.

nähere Identifikation in den Film integriert werden (Fuchs, 2005). Der Zuschauer erkennt hierbei keine Marke, sondern lediglich die Gattung des platzierten Produktes. Diese Form stellt eine Art Gemeinschaftswerbung dar, wobei keine bestimmte Marke optisch oder akustisch hervorgehoben wird. Dies ist eine etablierte Möglichkeit, um rechtliche Restriktionen zu umgehen.[315] Insbesondere in teil-monopolisierten Märkten oder Branchen, die hauptsächlich von Gattungsmarken beherrscht werden, erzielt der Marktführer somit den größten Profit (Bente, 1990). Das Produkt muss dabei jedoch auf dem Markt schon etabliert sein, um aufgrund seiner charakteristischen Merkmale vom Zuschauer überhaupt erkannt zu werden (Auer/Diederichs, 1993). Das Location Placement, das synonym auch Country Placement genannt wird, beschreibt die Darstellung bestimmter Orte, Städte und Regionen im Film, um deren Attraktivität, Vorzüge und Reize speziell hervorzuheben und positiv darzustellen. Zielsetzung dabei ist, das Interesse der Zuschauer für diesen Ort zu steigern und einen touristischen Aufschwung auszulösen.[316]

Die Integration von Musiktiteln nennt man Music Placement. Dadurch wird versucht, bestimmte Tracks und Bands bekannt zu machen.[317] Folgt man der Untergliederung von *Schumacher* (2007, S. 17f.), so wird diese Liste der Unterscheidung nach der Art des Placement Objektes um das Innovative Placement, das Historic Placement und das Message Placement ergänzt. Alle drei stellen neuere Formen des Product Placements dar. Als Innovation Placement wird die Art von Placements bezeichnet, bei der Produkte gezeigt werden, die auf dem Markt noch nicht erhältlich sind und im Film erstmals präsentiert werden. Das Ziel dabei ist den Bekanntheitsgrad der Produktneuheit zu erhöhen. Begleitende Werbemaßnahmen sind hierbei jedoch wichtig, da das Produkt zunächst im Gedächtnis des Kunden verankert werden muss (Fuchs, 2005). Grundsätzlich eignen sich hierfür besonders die Produkte, die kurz vor der Markteinführung stehen (Schumacher, 2007). Wird das Produkt speziell für den Film konzipiert, so kann auch diese Form als Innovation Placement bezeichnet werden.[318] Historic Placement bezeichnet das Ausstatten von historischen Filmen mit Produkten, die zu der jeweiligen Zeit passen. Dabei werden Marken als Requisiten verwendet, die in der gezeigten Form so aktuell nicht mehr existieren oder vom Markt genommen wurden.[319] Die letzte Form der hier aufgeführten Placement Arten stellt

---

[315] Vgl. *Morlock et al.* (2006) S. 100.

[316] Vgl. *Kloss* (2007) S. 501. Nachdem der Film *Herr der Ringe* in die Kinos kam, nahm die Zahl der Flüge nach Neuseeland, wo der Film gedreht wurde, überdurchschnittlich zu.

[317] Vgl. *Kloss* (2007) S. 501. Für den Song *Another Way to Die* von *Alicia Keys* und *Jack White*, den Theme-Song für den Film *James Bond – Quantum of Solace*, lagen die Verkaufszahlen nach Anlauf des Films im zweistelligen Millionenbereich.

[318] Vgl. *Schumacher* (2007) S. 17. Der RSQ von *Audi*, der speziell für den Film *iRobot* konzipiert wurde, stellt ein Beispiel für Innovation Placement dar.

[319] Vgl. *Morlock* (2006) S. 100 und *Schumacher* (2007) S. 18. Ein Beispiel hierfür ist das *Apple*-Logo, das im Film *Forrest Gump* verwendet wird. Das dort gezeigte Design des Logos ist zum Zeitpunkt des Filmdrehs nicht mehr aktuell, entspricht jedoch dem gültigen Design der Zeit, in der die Handlung des Films spielt.

das Message Placement dar. Dabei konzentriert sich ein wichtiger Teil der Filmhandlung auf einen Slogan oder einen gesellschaftlich sozialen Kommunikationsinhalt.[320]

Die Unterscheidung nach dem Grad der Integration kennt zwei Hauptarten des Placements: das On-Set Placement und das Creative Placement. Beim On-Set Placement, das auch impliziertes Product Placement genannt wird (Morlock et al., 2006), hat das beworbene Produkt die Funktion einer austauschbaren Requisite, die nur Teil der Ausstattung bzw. des Handlungsumfeldes ist (Brennan/Babin, 2004). Dies sind meist Produkte des täglichen Gebrauchs, die eher requisitenhaft und dem Anschein nach beiläufig platziert werden. Die Produkte werden nur visuell dargestellt, ohne dass explizit auf den Namen oder die Funktionen eingegangen wird (Morlock et al., 2006). Die Produkte haben dabei für den weiteren Handlungsablauf keine Bedeutung. Diese Form wird im Deutschen auch als impliziertes Placement bezeichnet (Morlock et al., 2006). Im Gegensatz dazu integriert das Creative Placement Produkte aktiv in die Handlung. Die Objekte werden dabei so platziert, dass sie permanent im Fokus des Zuschauerinteresses stehen und in vielen Fällen sogar Teile der Filmhandlung auf das jeweilige Placement abgestimmt sind (Bente, 1990). Dies erfordert großen Einsatz der Unternehmen beim Erstellen des Drehbuchs. Unternehmen, die Creative Placement benutzen, verfolgen die Strategie, vom Image der Handlung beziehungsweise der Schauspieler zu profitieren und dieses auf das eigene Produkt zu übertragen (Hudson, 2006). Neben der verbalen Nennung der Marken-/ Produktnamen wird meist auch auf Eigenschaften und Vorteile hingewiesen (Auer/Diederichs, 1993). Die Mitte zwischen On-Set und Creative Placement bildet das nicht integrierte explizite Product Placement. Hierbei wird der Marken-/Produktname zwar genannt, jedoch nicht weiter in den Handlungsablauf integriert und auf Eigenschaften nicht weiter eingegangen (Morlock et al., 2006). Die neuste Form der Integration von Produkten in Filmen stellt das Advertiser Founded Programming (AFP) dar. Hier realisieren Produzenten und Unternehmen gemeinsam ein Werbekonzept und sorgen somit für einen stark positiv resultierenden Imagetransfer für beide Parteien.[321]

Die dramaturgische Funktion des Product Placement besteht darin, Filme realitätsnaher erscheinen zu lassen (Schumacher, 2007). Dieses Ziel ist jedoch mittlerweile überholt. Product Placement zielt heute ganz klar auf kommunikative Ziele ab. Im Jahr 2008 war die Steigerung des Bekanntheitsgrads das oberste Ziel von Unternehmen, die Produkte in Filmen platzierten. Diesem Ziel folgen die Imagesteigerung, die Emotionalisierung der Marke und die Kundenbindung (Ramme et al., 2008). Unternehmen zielen dabei darauf ab, im Gedächtnis des Konsumenten nachhaltige Erlebnisbilder zu schaffen (Yang/Roskos-Ewoldsen, 2007). Product Placement schafft eine Differenzierung zu Konkurrenzmarken bzw. –produkten (Fuchs, 2005). Die Integration von Produkten in Filmen verschafft Unternehmen die Möglichkeit, sich durch emotionalisierte Produktdifferenzierung eine eigen-

---

[320] Vgl. *Schumacher* (2007) S. 18. Slogans wie beispielsweise „Keine Macht den Drogen" oder „Stand Up Speake Up" (Kampagne von *Nike* gegen Rassismus im Fußball) sind Beispiele dafür.

[321] Vgl. *Kloss* (2007) S. 503. Mit dieser Form des Placements wurde beispielsweise die Schuhmarke *Manolo Blahnik* in der Serie *Sex and the City* bekannt gemacht.

ständige Marktposition zu schaffen. Dies findet vor allem bei Me-too-Produkten statt, die sich sachlich kaum von Konkurrenzprodukten unterscheiden.

Für den Prozess der Aufnahme und Wirkung der Placementinformati-onen gibt es in der Wissenschaft diverse Modelle und Erklärungen.[322] Das Verhalten des Rezipienten wird von psychischen und sozialen Faktoren geprägt (Ramme et al., 2008). Soziale Faktoren wie Umwelteinflüsse, die durch Massenmedien und das persönliche Umfeld verursacht werden, beeinflussen das Verhalten genauso wie psychische Elemente, die durch aktivierende und kognitive Faktoren dargestellt werden (Schiffman et al., 2008). Um einen Werbeeffekt beim Zuschauer auszulösen, sprich um kognitive Prozesse wie Informationsaufnahme und -verarbeitung zu erreichen, muss der Rezipient zunächst aktiviert werden.[323] Die Aktivierung des Interesses lässt sich, der Wirkung nach, in eine tonische Aktivierung „die das länger anhaltende und allgemeine Aktivierungsniveau bestimmt" (Ramme et al., 2008) und in die phasische Aktivierung unterteilen, die kurzfristige Aktivierungsschwankungen beschreibt (Harbrück/Wiedmann, 1987). Die Bereitschaft des Rezipienten, Informationen aus der Umwelt aufzunehmen, ist hierbei die zentrale Wirkungsdeterminante (Schiffman et al., 2008). Die Voraussetzung für eine Aktivierung des Interesses ist beim Product Placement jedoch meist vorhanden, da der Zuschauer den Film aus Interesse gewählt hat. Somit kann von einem hohen tonischen Aktivierungsgrad ausgegangen werden (Harbrück/ Wiedmann, 1987). Da der Film dadurch folglich auch bewusst angeschaut wird, um dem Handlungsablauf zu folgen, ist somit auch eine hohe Bereitschaft zur Informationsverarbeitung gegeben (Harbrück/Wiedmann, 1987). Nur wenn das Interesse des Zuschauers aktiviert ist, kann die platzierte Werbung aufgenommen und verarbeitet werden (Bente, 1990).

Bei der Vielzahl der Placement-Möglichkeiten wird das Verhalten des Rezipienten, wie in **Abbildung 3.26** veranschaulicht, jeweils unterschiedlich beeinflusst (Yang/Roskos-Ewoldsen, 2007).

---

[322] Vgl. *Harbrück/Wiedmann* (1987) S. 43, *Petty/Cacioppo* (1986) S. 4ff., *Ramme et al.* (2008) S. 39, *Russell/Stern* (2006) S. 8, *Schiffman et al.* (2008) S. 209ff. und 268 sowie *Yang/Roskos-Ewoldsen* (2007) S. 471f.

[323] Für einen umfassenden Überblick über aktuell in Wissenschaft und Praxis diskutierte Werbewirkungsmodelle vgl. *Rennhak* (2001).

Abbildung 3.26   Überblick der Erfolgsfaktoren

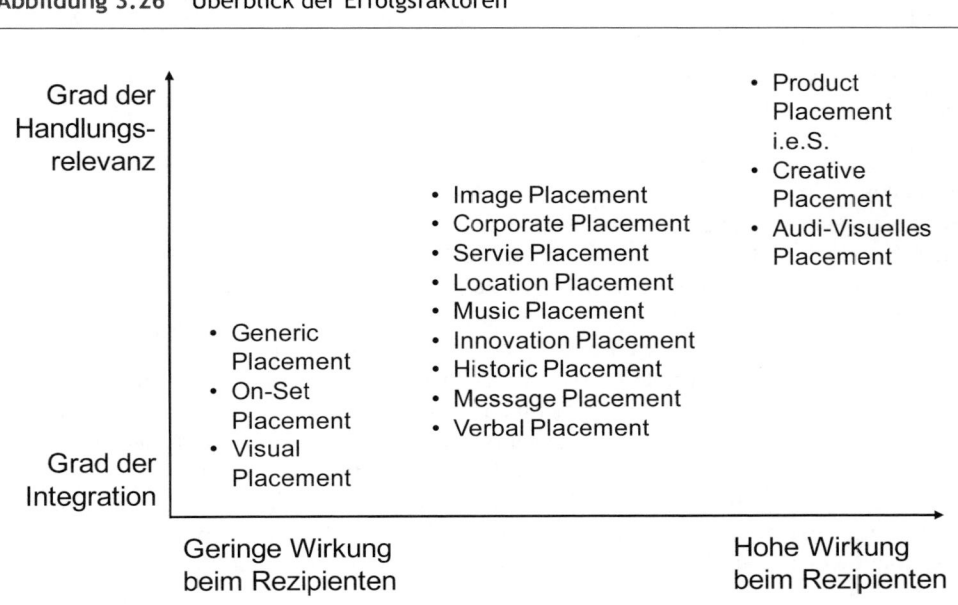

Quelle: Yang / Roskos-Ewoldsen, 2007

Während das Generic Placement das Placement mit der geringsten Wirkung ist, hat das Product Placement im engeren Sinn das größte Wirkungspotential beim Rezipienten (Ramme et al., 2008). Reines On-Set Placement erzielt dementsprechend auch deutlich schlechtere Erinnerungswerte als das Creative Placement. Synonym verhalten sich das Visual und Verbal Placement (Brennan/Babin, 2004). Die sprachliche Integration eines Produkts erhöht im Vergleich zu einer simplen optischen Darstellung die Erinnerungsleistung beim Zuschauer deutlich. Eine Verbindung beider Komponenten erreicht jedoch die maximale Wirkung (Cowley/Barron, 2008). Um eine optimale Wirkung beim Zuschauer zu erzielen sollte des Weiteren der Grad der Handlungsrelevanz[324] bei der Platzierung höher sein als der Grad der Integration (Zipfel, 2009).

Um die Wirkung des Product Placement voll auszunutzen, muss besonders darauf geachtet werden, dass sowohl der Film und die Szene zu den gewünschten Zielen passen, als auch die darin vorkommenden Charaktere zum Image der Marke. Dies ist wichtig, da das Integrationsfeld zum Image des Unternehmens passen muss (Kloss, 2007). Durch Product

---

[324] D.h. Integration des Produktes bzw. der Marke in die Handlung des Films (vgl. Zipfel, 2009, S. 154f.).

Placements haben Unternehmen die Möglichkeit, durch die Einbindung ihrer Produkte in ein kreatives Umfeld Aufmerksamkeit zu erzielen, mit welcher sie sich von der Konkurrenz absetzen können (Schumacher, 2007). Darüber hinaus, können durch die Nutzung der Produkte durch bestimmte Schauspieler Trends gesetzt und der Konsument in seiner Nutzersituation bestätigt werden (Fuchs, 2005).

Zur Erreichung eines effizienten Product Placement sind einige Voraussetzungen zu erfüllen. Ohne diese Voraussetzungen kann sich Product Placement weder für den Werbenden noch für die Produzenten positiv auswirken, da ansonsten die Gunst der Zuschauer beeinträchtigt und die damit verbundene mögliche Kaufentscheidungen verhindert wird. Product Placement wird nur dann erfolgreich umgesetzt, wenn es dem Kontext des Mediums gerecht wird. Produkte, die in einem davon losgelösten Rahmen präsentiert werden und keinen Bezug zur Hintergrundhandlung besitzen, werden vom Zuschauer negativ wahrgenommen. Product Placement muss ausreichend forciert werden, um je nach Intention bewusstes oder unbewusstes Wahrnehmen zu ermöglichen. Daneben muss die Glaubwürdigkeit des Handlungsrahmens gewährleistet sein, um beim Konsumenten eine positive Wirkung zu erzielen.[325] Darüber hinaus besitzen Produkte, die innerhalb der Handlung eines Films gezeigt werden, eine größere Glaubwürdigkeit als dieselben Produkte bei Verwendung in einem Werbespot. Die Benutzung eines Produktes in einem Film unterstreicht die Glaubwürdigkeit der Marke, da Schauspieler eine Vorbildfunktion erfüllen. Ferner wird die Verwendung eines Produktes durch einen bekannten Schauspieler als Indiz für die Qualität des Produktes verstanden. Ein wirksamer Einsatz von Product Placement ist darüber hinaus nur dann gewährleistet, wenn beim Endverbraucher das Bewusstsein und die Empfänglichkeit für die Überzeugungsarbeit, die Product Placement leisten soll, vorhanden sind – der Konsument muss dazu bereit sein, sich mit den ihm präsentierten Reizen auseinanderzusetzen.

Product Placement bezieht seine Attraktivität für die werbende Industrie vor allem aus einer sehr hohen internationalen Reichweite. Hollywoodfilme werden weltweit in über 140 Ländern und über 60 Sprachen gezeigt (Russell, 2002). Product Placement in einem Kinofilm ist hier einem klassischen Werbespot durchaus überlegen.[326] Die potenzielle Steige-

---

[325] So ist es nachvollziehbar schwieriger, bei einem Science-Fiction Film ein Produkt werbewirksam zu platzieren, als dies der Fall bei einer Hollywood Produktion mit Handlungsmittelpunkt in einer bekannten Großstadt ist.

[326] Dies lässt sich exemplarisch am Kinofilm *E.T.* aufzeigen: Gemessen am weltweiten Box Office Umsatz liegt der Film von 1982 mit $756.700.000 immer noch auf Rang 17 der erfolgreichsten Kinofilme. Dabei entfallen mehr als $ 320 Millionen auf den nicht-amerikanischen Filmmarkt. Nach Schätzungen von Experten entspricht dies einer Besucherzahl von insgesamt circa 200 Millionen. Betrachtet man zusätzlich, dass der Film bis heute im Filmverleih, Free-TV/Pay-TV und durch DVD/VHS-Verkauf bis zu 300 Millionen Zuschauer jährlich fand, so wird die Reichweite eines Kinofilms deutlich (vgl. *Strandberg*, 2003). Da der Film erst kürzlich digital überarbeitet und zum 20. Jubiläum neu aufgelegt wurde, konnte die Firma Hershey's auch Jahrzehnte später von zusätzlichen Werbekontakten profitieren.

rung der Markenbekanntheit ist denn auch einer der wichtigsten positiven Aspekte des Product Placement. Für Produkte, die gesetzlichen Werbebeschränkungen oder -verboten unterliegen, bietet Product Placement eine legale Möglichkeit der Marktkommunikation. Besonders im Zuge der zunehmenden Beschränkungen in anderen Werbeformen, erscheint das Product Placement oft als letztes Vehikel für Werbebotschaften.

Werbeunterbrechungen oder Werbung vor Kinofilmen werden von den meisten Rezipienten als störend empfunden. Product Placement hingegen ist eine sympathische Werbeform. Sie ist bei den Rezipienten durchaus akzeptiert, weil sie die Handlung nicht unterbricht, sondern integriert in den Filmgeschehnissen erscheint. Product Placement ermöglicht den Werbenden einen effizienteren Kontakt zur Zielgruppe. Seit Erfindung der Infrarot-Fernbedienung neigen TV-Zuschauer zum „Zapping", sobald sie mit Fernsehwerbung penetriert werden. Zuschauer in Kinosälen hingegen schenken dem gezeigten Film ihre uneingeschränkte Aufmerksamkeit und besitzen nicht die Möglichkeit, sich Produktdarbietungen zu entziehen. Insbesondere Placements in Kinofilmen sind geeignet, das Image der platzierten Produkte aufzupolieren. Durch Placement kann dem beworbenen Produkt das Image des Filmes oder der Charaktere transferiert werden. Zuschauer des Filmes, die sich bewusst oder unbewusst das Persönlichkeitsbild eines Schauspielers aneignen möchten, neigen dazu, dessen Handlungsweisen und Reaktionen zu imitieren. Ziel des effizienten Product Placements ist es entsprechend der Zielgruppe zu vermitteln, dass sie durch den Kauf des beworbenen Produktes ihrem Idol näher kommt (Karrh, 1998).

Ein positiver Imagetransfer kann nur durch positive Assoziationen ausgelöst werden. Firmen haben dadurch ein natürliches Interesse daran, dass ihre Produkte von den Helden des Films benutzt werden und nicht von Personen, die in negativem Kontext erscheinen.[327] Grundsätzlich gilt, dass eine verkaufs- und imagefördernde Einstellung auf die Rezipienten nur erzielt werden kann, wenn das Medium bzw. der Film einen positiven Gesamteindruck auf den Zuschauer ausübt. Nur wenn die Kombination aus Handlung, Hauptdarsteller und beworbenem Produkt dem Zuschauer zusagt, kann von einer Imagesteigerung durch Product Placement gesprochen werden (Auer, 1991).

Wie in allen wirtschaftlichen Bereichen kommt es auch beim Product Placement nur zu einer produktiven und effizienten Zusammenarbeit, wenn beide Parteien, sowohl Filmproduzenten als auch Werbetreibende, in der Kooperation eine „Win-Win-Situation" sehen. Es gilt beiderseits nicht nur direkte, sondern auch indirekte Kosten einzusparen, um zur Effizienz des Unternehmens bzw. der Filmproduktion beizutragen. Product Placement hat mittlerweile so sehr an Bedeutung gewonnen, dass die werbenden Firmen nicht unbeträchtlich an der Gestaltung der Drehbücher beteiligt werden. Branchenweit ist es nicht unüblich, dass Filmbudgets zu über 50% durch Product Placement getragen werden. Sicherlich wird dieser Eingriff seitens der Industrie in die künstlerische Filmgestaltung oft als negativ betrachtet, jedoch eröffnen sich den Produzenten durch den neu gewonnen

---

[327] Oft drohen Unternehmen mit juristischen Schritten drohen, um eine Präsentation ihrer Erzeugnisse im negativen Zusammenhang zu verhindern.

finanziellen Spielraum auch vielfältige Möglichkeiten, die bei einer klassischen Zusammensetzung des Budgets undenkbar wären.

Ein besonderer Reiz des Product Placement besteht in der globalen Wirkung internationaler Filmprojekte. Im Detail betrachtet gibt es aber einige Unterschiede im Bezug auf die Auffassung von Product Placement in unterschiedlichen Ländern und Kulturen. Auch ist es international notwendig die unterschiedliche rechtliche Lage zu vergleichen, um zu sehen, welchen Einschränkungen eine Produktionsfirma oder ein Sender unterliegt.

Internationale Werbekampagnen spielen – im Bestreben der Werbetreibenden nach höherer Marketingeffizienz – eine immer größere Rolle in der Werbelandschaft. Product Placement kommt hier eine besondere Bedeutung zu. So hat es sich gezeigt, dass Product Placement zumindest in westlichen Kulturen weniger länderspezifisch adaptiert werden muss. Gleichzeitig bedarf es speziell zugeschnittener Konzepte, um unterschiedliche Kulturen zu erreichen. Die Werbebranche stellt sich bereits seit vielen Jahren auf diese Bedürfnisse ein und versucht, durch Kampagnen den lokalen Ansprüchen der Konsumenten gerecht zu werden. Product Placement ist als internationales Medium im Gegensatz zu z. B. Werbespots nur schwer lokal anpassungsfähig. Auch ist es unwahrscheinlich, dass – von Ausnahmen abgesehen – ein Film in mehreren Versionen für internationalen Einsatz in verschiedenen Ländern mit unterschiedlichem Product Placement gedreht wird.[328] Deshalb wird Product Placement von vorneherein nur standardisiert verwendet. Folglich ist Product Placement – obwohl bspw. amerikanische Filme weltweit exportiert werden – gewöhnlich kulturell nicht adaptierbar. Diese Tatsache macht Product Placement als Werbungsform sehr unflexibel.

In der jüngsten Entwicklung konzentriert sich die Diskussion um den Themenkomplex Product Placement eher auf die kritischen Aspekte. Besonders der massive Einsatz des Product Placement birgt eine Vielzahl von Nachteilen für die Werbe- wie für die Filmindustrie. Die Werbebotschaft, die durch die Produktplatzierung übermittelt werden soll, wird durch den Handlungsrahmen des Filmes eingeschränkt. Eine Platzierung muss in einer Umgebung stattfinden, die für das Produkt sinnvoll ist und eine Verbindung zwischen Zuschauer und Handlung auf natürliche Weise zulässt. Trotz einer Vielzahl an Möglichkeiten für Product Placement ist es schwer für die Marketingfachleute, einen natürlichen Fit für ein Produkt zu identifizieren. Deswegen findet die Zusammenarbeit von Filmindustrie und Werbebranche in immer früheren Phasen des Entstehungsprozesses statt. Die Unternehmen schalten hierzu oft auf Product Placement spezialisierte Agenturen ein, die Drehbücher gezielt nach Platzierungsmöglichkeiten für ein Produkt absucht. Nach *Stanley* (2003) ist die nächste Stufe dieser Zusammenarbeit in Zukunft erreicht, wenn Filmstudios Marketingabteilungen in Unternehmen anbieten, mit Teilen ihres Budgets Dreh-

---

[328] Hier kann in Zukunft die digitale Technik Abhilfe schaffen. Während im Film Demolition Man noch einzelne Szenen neu gedreht werden mussten, um im internationalen Release, die international operierende Firma Pizza Hut anstatt der nationalen Kette Taco Bell zu platzieren, können heutzutage Logos, Referenzen und sogar Dialoge digital ausgetauscht werden.

bücher speziell für ihre Produktplatzierungen zu schreiben. Dabei sind auch langjährige Verträge zwischen Filmstudios und Konzernen möglich. Als Beispiel lässt sich die Kooperation von Volkswagen und NBC Universal anführen.

Sollten Platzierung und Medium nicht zusammen passen, kann diese Marketingaktion negative Auswirkungen sowohl für den werbenden Konzern, als auch das Medium, den Film, haben. Der Werber muss darauf achten, dass der Zuschauer sich nicht mit zu offensichtlichem Product Placement vor den Kopf gestoßen fühlt – ein Effekt, der sich nur verhindern lässt, wenn das Produkt sich organisch in den Verlauf des Films einfügt. Dies führt direkt zum Paradoxon des Product Placements: Um durch Product Placement einen realen Wert für die werbende Firma zu schaffen, muss das Produkt deutlich sichtbar und nicht ein einfacher Bestandteil des Hintergrundes sein. Aber genau diese deutliche Darstellung kann zu einer negativen Reaktion und kritischen Haltung beim Betrachter und somit einem negativen Imagetransfer beim Konsumenten führen. Die Handlung eines Filmes schließt oft auch aus, dass jegliche Funktionen, Anwendungshinweise und Preisinformationen eines Produktes wie in einem herkömmlichen 30-Sekunden-Spot übermittelt werden. Insofern kann Product Placement nur innerhalb einer integrativen Werbekampagne als vollständiges Marketinginstrument erachtet werden.

Fehlende Kontrolle kann für eine Marketingabteilung auch im Bezug auf das erreichte Zielpublikum ein Problem darstellen. Während es im Falle eines TV-Spots für den Auftraggeber möglich ist, ein Minimum an zu erreichenden Zuschauern vorzugeben und ansonsten günstigere Konditionen einzufordern, sind ihm beim Product Placement die Hände gebunden. Eine Freigabe eines Filmes ab 18 Jahren z. B. kann die Reichweite des Filmes stark einschränken. Zusätzlich sind die Erfolgsaussichten eines Kinofilmes und damit Zuschauerzahlen immer schwerer vorherzusagen. Des Weiteren muss bedacht werden, dass trotz präziser Auswahl eines Filmes, die Zielgruppe des Kinofilmes in den seltensten Fällen mit der Zielgruppe des Produktes übereinstimmt.

Besonders pikant ist die Problematik, wann und wo ein Film erscheint. Während das Marketing sehr viel Wert auf das Timing eines Spots oder eines Placements legt, ist es in der Filmindustrie nicht unüblich, wenn ein Film verschoben wird, nur kurz zu sehen ist oder komplett gestrichen wird. Dies kann desaströse Folgen für einen Konzern haben, der ein komplettes Marketingkonzept um die Platzierung eines Produktes in einem Film gelegt hat.

Auf der anderen Seite steht die Filmindustrie, für die sich das Product Placement auch als durchaus kritisches Element ihrer Produkte offenbart. Da von Seiten der Marketingabteilungen, wie zuvor dargestellt, ein großes Interesse besteht, ihre Artikel im positiven Kontext darzustellen, sind die Filmproduzenten in ihren kreativen Möglichkeiten eingeschränkt. Filme mit stark negativen Kontextelementen, wie Gewalt oder Drogen, werden im Vergleich zu positiv kontextualisierten Produktionen teurer, da das Product Placement als integraler Teil der Finanzierung größtenteils fehlt. Je mehr das Medium Film zum Vehikel einer Werbebotschaft und somit finanziell abhängig von der Werbebranche wird, umso strenger muss sich die Filmbranche an die Vorgaben der werbetreibenden Unternehmen halten: Dies gilt für die Dauer und Deutlichkeit der Präsentation von Produkten wie für eine mindestens zu erreichende Zuschauerzahl. Die Filmproduktion muss zusehends auf die Vorgaben ihrer Werbepartner eingehen und produziert im Extremfall nur noch Filme, die Chancen auf ein großes Zielpublikum bei maximaler Produktplatzierung vorweisen.

Product Placement ist ein Marketinginstrument, dem sehr gute Zukunftsaussichten prognostiziert werden – im Gegensatz zu traditionellen Marketingvehikeln wie dem üblichen 30-Sekunden-Standard-Werbespot. Welches Potenzial Product Placement für Konzerne und Filmproduktionen birgt, lässt die jüngste Vergangenheit erahnen. Die Kooperationen zwischen den werbetreibenden Unternehmen und der Filmbranche werden immer intensiver und finden in immer früheren Stadien des Produktionsprozesses statt. Produkte werden in einem Film nicht mehr nur platziert, sondern speziell für ein Product Placement kreiert. Automobilkonzerne entwickeln mit einem bis dato unbekannten Aufwand komplette Automobile speziell für einzelne Filmproduktionen.[329]

Von Seiten der Industrie besteht großes Interesse Product Placement noch organischer in Filme einzufügen. Um Negativreaktionen zu minimieren, wollen Firmen, Teile ihres Marketingbudgets dazu verwenden, Drehbücher speziell für ihre Produkte zu entwickeln. Im Fernsehbereich ist diese Entwicklung aufgrund von übersichtlicherer Planung und Finanzierung schon Realität (Stanley, 2003). Durch diese Übereinkünfte wird die Zahl der integrierten Werbekampagnen, in denen Product Placement eine zentrale Rolle spielt, weiterhin zunehmen. Der Film, der das Produkt präsentiert, wird zum Aufhänger für ganze Kampagnen, die sich in Stil, Darstellung und Form an dem Kinostreifen orientieren. Der Zuschauer soll so besonders auf das Product Placement hingewiesen und die im Kino ausgelösten Botschaften ins Wohnzimmer übertragen werden.

Im Bezug auf die Kategorien des Product Placement, die am zukunfsträchtigen erscheinen, kann eine klare Tendenz zum integrierten expliziten Einsatz des Product Placement festgestellt werden. Wobei implizites Product Placement weiterhin als Requisitenfüller seinen Platz finden wird, geht der Trend in Richtung der aggressiveren Formen des Product Placement. All diese Entwicklungen lassen die Prognose zu, dass die Investitionen der Industrie in Product Placement weiterhin steigen werden. So hat die Automobilbranche, die für 40% der Product Placements in Kinofilmen verantwortlich ist, signalisiert, dass sie noch intensiver mit Hilfe von Product Placement werben möchte. 45% der Mitglieder der Association of National Advertisers gaben an, dass sie in Zukunft Geld aus dem Budget für TV-Werbung entnehmen und in Product Placement investieren wollen (Stein, 2004).

---

[329] *Stein* (2004), S. 42. Es wurde also nicht nur eine Designhülle mit Firmenlogos besetzt, sondern wie im Falle des RSQ von Audi eine komplette Studie nur für einen Kinofilm entwickelt, mit komplett funktionierender Innen- und Außenausstattung. Gleichzeitig hielten sich die Firmen an strenge Auflagen der Filmproduzenten, wie das Automobil visuell erscheinen musste, um sich natürlich in den Film einzufügen.

Die geringe Zahl an wissenschaftlichen Studien zur internationalen Verbreitung des Product Placement überrascht. Die wenigen bis dato vorliegenden Untersuchungen beschränken sich aufgrund der hohen Komplexität des Themas auf wenige Länder und verzichten auf eine globale Betrachtung. Selbst die Verbreitung von Hollywoodfilmen ist kaum erfasst und nur für wenige Filme komplett erforscht. So ist die Entertainmentbranche internationalisierter als die Forschung, die sie untersucht. Die jüngeren Arbeiten zum Thema Product Placement fokussieren auf das Medium TV. Hier sehen Experten die nächste Bühne für den erfolgreichen Einsatz des Product Placement. Während sich im Bereich Kino in den letzten Jahrzehnten wenige Elemente verändert haben, wandelt sich das Fernsehen ständig. Mit dem Einzug der Digitalisierung in die TV-Welt wendet sich die Werbebranche dem Product Placement zu.

Der Kampf um die Aufmerksamkeit der Konsumenten wird härter. Product Placement stellt durch seine Akzeptanz eine gute Möglichkeit dar, eine Marke auf effiziente Weise zu platzieren. Der nächste Entwicklungsschritt im Bereich des Product Placement wird die verstärkte Vernetzung mit interaktiven Medien sein. Der Zuschauer bekommt dabei die Möglichkeit, den Film an Stellen, an denen Placements integriert sind, anzuhalten, um nähere Informationen über das gezeigte Produkt zu erhalten. Dies wird im übernächsten Schritt sicher auch so weit ausgebaut werden, dass der Zuschauer direkt die Produkte kaufen kann. Die Chance besteht vor allem darin, dass Werbung so nur die Käufer erreicht, die sich auch wirklich für das Produkt interessieren und dadurch zielgruppengenau mit Produktinformationen ausgerichtet werden kann.

Neben den Grenzen, denen Product Placement aus – je nach Land in unterschiedlicher Form ausgeprägter – rechtlicher Sicht unterliegt, sind für eine erfolgreiche Umsetzung der entsprechenden Maßnahmen im Rahmen der Kommunikationspolitik vor allem die Grenzen zu berücksichtigen, die die Akzeptanz durch die Endverbraucher setzt. In der Praxis liegen zahlreiche Beispiele für einen zumindest grenzwertigen Einsatz von Product Placement vor. Beispiele, die in diesem Zusammenhang immer wieder genannt werden, sind die Filme *Cast Away*[330] und *You've got mail*[331]. Konsumenten fühlen sich durch derart überbordenden Einsatz von Product Placement eher abgestoßen, die erhoffte positive Kommunikationswirkung verkehrt sich in ihr Gegenteil.

Von Reitzenstein et al. (2006) befassen sich mit diesem Thema. Als Ergebnis ihrer Studie kann festgehalten werden:

---

[330] In diesem Film geht es um einen Angestellten des amerikanischen Paketdienstleisters Federal Express, der nach einem Flugzeugabsturz mit einer Frachtmaschine der Firma, fast ausschließlich mithilfe von FedEx-Paketen überlebt.

[331] In diesem Film geht es um ein Pärchen, das sich über das Internet näher kennen lernt. Hier präsentiert sich der amerikanische Telekommunikationsdienstleister AOL in seiner nahezu gesamten Produktvielfalt.

■ Generell wird angeführt, dass Konsumenten heutzutage in allen gesellschaftlichen Bereichen ständig von Werbung umgeben sind. Aus diesem Grund herrscht bei den meisten Verbrauchern ein gewisser Gewöhnungseffekt vor. Die Mehrzahl der befragten Personen rechnet entsprechend bei einem Besuch im Kino und auch bei Produktionen im Fernsehen mit Product Placement.

■ Die Konsumenten empfinden einerseits ganz klar Grenzen für einen sinnvollen Einsatz von Product Placement: Störend wird es dann empfunden, wenn die Zahl der Placements überhand nimmt[332] und ein dramaturgischer Zusammenhang zur gezeigten Handlung verloren geht. In der Folge würden die Konsumenten Reaktanz zeigen.

■ Andererseits wurde die Meinung geäußert, dass die Konsumenten von den Filmemachern heute sehr wohl erwarten, eine Handlung möglichst realitätsnah darzustellen. Dies hat nach Ansicht der Probanden die zwingende Verwendung von Placements zur Folge: Es wäre realitätsfern, Produkte nur in ‚neutraler Form', d. h. ohne jegliche Markenkennzeichnung zu verwenden.

Product Placement ist mittlerweile zu einem Teil unseres Alltags geworden. Dieser Tatsache trägt auch der im Vorschlag zur Änderung der geltenden EG-Fernsehrichtlinie enthaltene Ansatz zur rechtlichen Lieberalisierung von Product Placement Rechnung.

Der Erfolg von Product Placement in Deutschland wird in Zukunft gleichwohl weniger von der Qualität juristischer Argumente, als vielmehr vom Geschick der Werbetreibenden und ihrer Agenturen abhängen: Der informierte, aufmerksame und verständige Konsument, der zwischenzeitlich das Verbraucherbild auch der deutschen Gerichte prägt, hat ein sehr feines Gespür für die Notwendigkeit von Placements zur Sicherstellung der Realitätsnähe in Unterhaltungsinhalten und auch für eine gewisse augenzwinkernde Selbstironie bei der Verwendung von Markennamen und Produktkennzeichnungen, wie sie gerade die hier angesprochenen James Bond-Filme bieten. Sollten Filmschaffende hier die fein gezogene Grenzen aus Konsumentensicht überschreiten, schaden sie sich am Ende selbst: Filme wie *Cast Away* und *You've got mail* waren an den Kinokassen nicht die erhofften Erfolge, ebenso konnten FedEx und AOL nicht im erhofften Maße von den Placements profitieren.

3.7.3.7   Event-Marketing

Neben den Triebkräften wie Information Overload und Ausdifferenzierung des Mediaangebots, Marktsättigung und Ausreifung des Produktportfolios (Christensen et al., 2006), die Unternehmen veranlassen in immer stärkerem Maße auf innovative Kommunikationsinstrumente wie Sponsoring oder Product Placement zu setzen, beeinflussen auch gesellschaftspolitische Faktoren das Kommunikationsumfeld von Unternehmen (Krüger/Rennhak, 2006). Zur Beschreibung verschiedener gesellschaftlicher Veränderungen wird häufig der Begriff des Wertewandels herangezogen (Drengner, 2003). Werte können hierbei Objekte oder Zustände sein, die von einer Gesellschaft als erstrebenswert erachtet werden (Pirsching, 1992). Die grundlegenden Werte einer Gesellschaft erstrecken sich u. a.

---

[332] Hier nennen die Probanden allerdings stark unterschiedliche Intensitäten als Grenzen.

auf die Bereiche Religion, Besitz, Freiheit, Gleichheit, Solidarität und Selbstverwirklichung. Obwohl diesen grundlegenden Werten durchaus Bedeutung zukommt, wird das tägliche Leben von „banaleren" Werten geprägt (Erber, 2002). Ein Wandel dieser banalen Werte findet derzeit in der zu beobachtenden Erlebnisorientierung der Gesellschaft statt. Erlebnisorientierung meint nach *Schulze* (1997, S. 736), „sein Handeln an dem Ziel auszurichten, vorübergehende psychophysische Prozesse positiver Valenz (…) bei sich selbst herbeizuführen". Triebfeder der Erlebnisorientierung ist also nicht der Bedarf, sondern der Wunsch (Opaschowski, 2001). Aus diesem kollektiven Erlebniswunsch heraus haben sich geradezu „Erlebnismärkte" gebildet (Müller, 2002). Vielerorts sind in der letzten Zeit so genannte „Erlebniswelten" entstanden, wie etwa die Autostadt Wolfsburg[333] oder das Tropical Island Resort Berlin-Brandenburg[334].

Eng mit der Erlebnisorientierung ist die Entwicklung vom Versorgungs- zum Erlebniskonsum verknüpft (Müller, 2002). Während der Versorgungskonsum zur Befriedigung der Grundbedürfnisse als Pflicht empfunden wird, fußt der Erlebniskonsum auf dem Wunsch, „ein schönes Leben haben zu wollen". Laut *Opaschowski* (2001, S. 100) zählten sich im Jahr 2001 49% der Deutschen zu den Erlebniskonsumenten. Der Erlebniskonsument möchte „sich öfter mal was leisten" und lässt sich dies auch etwas kosten. Selbst in wirtschaftlich schwierigen Zeiten will er auf ein schönes Leben nicht verzichten. Von seinem Einkaufserlebnis erwartet der Erlebniskonsument dafür einen gewissen „Spaß" und das Versprechen einer „besonderen Lebensqualität" (Opaschowski, 2001). Der Erlebniskonsument sucht nach der „emotionalen Anregung, d. h. konkret nach emotionalen Konsumerlebnissen." Einkaufszentren werden zu Erlebnisinseln und Wohlstandsgüter zu Vehikeln des Erlebniskonsums. Aus der Angst heraus etwas zu verpassen, ist der Erlebniskonsument ständig mobil. Auf der Suche nach dem Erlebnis hastet er geradezu von einem Ort zum anderen. Mit der Hinwendung zum Erlebniskonsum wird der Verbraucher für die Unternehmen keineswegs berechenbar. Durch die Ausbildung einer „hier-mehr-, dort-weniger- Mentalität", die auch als inkonsistentes Verhalten beschrieben werden kann, vollzieht der Käufer „die Flucht aus dem Mainstream". Der multioptionale- oder auch hybride Käufer übt hier Verzicht, um sich das dort „etwas zu leisten" (Werle, 2001).

Zanger/Drengner (2004, S. 23ff.) dokumentieren, dass die Unternehmen bereits auf die sich verändernden Rahmenbedingungen in ihrem Kommunikationsumfeld reagieren. Eine Auswirkung ist die Neugewichtung der Prioritäten in der Unternehmenskommunikation. Die geplanten Steigerungsraten für die verschiedenen Instrumente veranschaulicht **Abbildung 3.27**.[335]

---

[333] www.autostadt.de.

[334] www.my-tropical-island.com.

[335] Mehr als ein Viertel der Unternehmen geben an, das Budget für die klassischen Kommunikationsinstrumente reduzieren zu wollen, wohingegen für die nicht-klassischen Instrumente der Kommunikation überwiegend deutliche Budgetausweitungen vorgesehen sind. Die vorgesehenen Ausweitungen in den Bereichen Direktmarketing und Verkaufsförderung sind Resultat der aktuellen Lage, möglichst kurzfristig messbare Verkaufserfolge zu erzielen.

Abbildung 3.27   Budgetentwicklung im Kommunikations-Mix

Online-Werbung	42,0%
Direktmarketing	36,4%
Verkaufsförderung	35,5%
Public Relations	32,0%
Event-Marketing	30,9%
Sponsoring	10,9%
TV- und Printwerbung	10,6%

Von jenen Unternehmen, die über die Gründe für ihre Budgetsteigerung im Event-Marketing befragt werden, geben 35,3% an, dass dies auf der Veränderung der Marketing-strategie beruht (Zanger/Drengner, 2004).

Die dargestellte inflationäre Verwendung des Event-Begriffs mag dazu beitragen, dass in der heutigen Fachliteratur weder ein allgemeingültiges Verständnis von Events, noch von Event-Marketing zu finden ist. Auffällig ist auch, dass weithin nicht zwischen den Begriffen Event, Marketing-Event und Event-Marketing differenziert wird, was das Verständnis dieser Termini zusätzlich erschwert. [336]

Nach *Erber* (2002) lassen sich Events grundsätzlich in Kultur-, Sport-, wirtschaftliche, gesellschaftspolitische und natürliche Events untergliedern. Enger an betriebswirtschaftlichen Belangen orientierte Definitionen des allgegenwärtigen Begriffes werden im Folgenden chronologisch dargestellt. Als eine der ersten Autoren nähern sich *Baum/Stalzer* (1991,

---

[336] *Nufer* (2006). Bei dem Begriff des Events handelt es sich offensichtlich um ein Wort aus dem englischen Sprachraum. Die sich daher anbietende Betrachtung der etymologischen Bedeutung des Begriffs führt zu der Beschreibung von Events als „something that happens, especially something important, interesting or unusual". In der deutschen Übersetzung wird Event als Ereignis, Geschehnis, oder als sportliche Veranstaltung bzw. Wettkampf umschrieben. Die Verwendung der Artikel „der" und „das", in Verbindung mit dem Begriff Event, ist laut Duden korrekt.

S. 113) dem Begriff Event aus betriebswirtschaftlicher Sicht an (Nufer, 2006). Allerdings beziehen sie sich in ihrer Definition nicht explizit auf Unternehmen als Initiatoren der Events. Sie definieren Events als „Aktionen mit zielgruppenorientiertem Erlebnischarakter, die in Form und Ausdruck individuell sind, also Ereignisse, die den Kriterien der Originalität, Aktualität und Unmittelbarkeit entsprechen." Die bis heute in der Literatur am häufigsten zitierte Definition liefert der *BDW* (1993, S. 3): „Unter Events werden inszenierte Ereignisse sowie deren Planung und Organisation im Rahmen der Unternehmenskommunikation verstanden, die durch erlebnisorientierte firmen- oder produktbezogene Veranstaltungen emotionale und physische Reize darbieten und einen starken Aktivierungsprozess auslösen." Dieser Ansatz bezieht im Gegensatz zu *Baum/Stalzer* die Unternehmensseite stärker mit ein. So werden Events von den Unternehmen inszeniert und in Hinblick auf die Zielgruppe in die Unternehmenskommunikation eingebunden. Ein anderer Ansatz stammt von *Inden* (1993, S. 29). Er berücksichtigt sowohl die Unternehmens-, als auch die Zielgruppenseite; jedoch liegt sein Fokus eher darauf, unter welchen Gegebenheiten ein Marketing-Event stattfindet: „Überall da, wo durch ein Unternehmen oder eine Institution zum Zwecke der Werbung, Verkaufsförderung, Public Relations oder der internen Kommunikation eine Botschaft in Form eines direkt erlebbaren Ereignisses vermittelt wird, findet ein Marketing-Event statt." Knapper formuliert *Bruhn* (2005, S. 777): „Ein Event ist eine besondere Veranstaltung oder ein spezielles Ereignis, das multisensitiv vor Ort von ausgewählten Rezipienten erlebt und als Plattform einer Unternehmenskommunikation genutzt wird." Zwar gelingt es *Bruhn*, durchaus pointiert wichtige Merkmale wie die Einzigartigkeit, das Erleben und die kommunikativen Eigenschaften von Events herauszuarbeiten, jedoch greift seine Ausführung insbesondere in Bezug auf die Rolle der Zielgruppe zu kurz.[337] Eben auf diese geht *Graf* (1998, S. 42) bei seiner Event-Definition ein: „Events stellen in erster Linie ein besonderes Ereignis in Form einer zu vermarktenden Veranstaltung dar, bei dem eine Vielzahl von Menschen kommunikativ in die Inszenierung des Ereignisses mit einbezogen wird. Das Event ist ein Ereignis, dem der Wunsch zur Teilnahme zugrunde liegt." *Graf* hebt sich von den anderen Autoren im Besonderen dadurch ab, dass er das Event als ein wirtschaftliches Gut, bzw. Produkt ansieht. Dieses Produkt dient dem Konsumenten zu dessen Bedürfnisbefriedigung, nämlich dem Bedürfnis nach Teilnahme am Event, bzw. dem Wunsch „etwas erleben zu wollen". In der Folge veröffentlichen *Nickel* (1999, S. 7), *Sistenich* (1999, S. 60f.) und *Zanger* (2001, S. 833) sich ähnelnde Event-Definitionen. Diese Autoren stellen heraus, dass es sich bei Events um Ereignisse handelt, die von Unternehmen inszeniert werden. Ziel ist es, die Kommunikationsinhalte – also Unternehmens-, Produkt- oder Markenbotschaften – für den Adressaten erlebbar zu machen. Stellvertretend für die drei Autoren sei hier die Definition von *Zanger* genannt, da die Autorin in ihrer Ausführung gleichzeitig den Begriff des Marketing-Events anführt: „Events bilden den inhaltlichen Kern des Event-Marketing und können als inszenierte Ereignisse in Form von Veranstaltungen und Aktionen verstanden werden, die dem Adressaten (Kunden, Händler, Meinungsführer, Mitarbeiter) firmen- oder produktbezogene Kommunikationsinhalte erlebnisorientiert vermitteln und auf diese Weise der Umsetzung

---

[337] Vgl. *BDW* (1993), S. 15: „(…) Reize darbieten und einen starken Aktivierungsprozess auslösen".

der Marketingziele des Unternehmens dienen. Events, die dieser Zielsetzung dienen, werden zur inhaltlichen Abgrenzung von sonstigen erlebnisorientierten Veranstaltungen[338] auch als Marketing-Events bezeichnet." *Nufer* (2006) beleuchtet den Begriff Event ebenso sowohl von der Unternehmens- als auch von der Zielgruppenseite her. Zusätzlich arbeitet er die bereits 1991 von *Baum/Stalzer* formuliert Einzigartigkeit von Events noch einmal deutlich heraus: „Marketing-Events zeichnen sich dadurch aus, dass sie aus einer Veranstaltung etwas Besonderes oder sogar Einmaliges generieren; sie ermöglichen ein Erleben von Marken bzw. Unternehmen. (…) Durch produkt-, unternehmens- oder dienstleistungsbezogene Ereignisse sollen kognitive, emotionale und physische Reize dargeboten, Aktivierungsprozesse ausgelöst sowie unternehmensgesteuerte Botschaften, Informationen und Assoziationen kommuniziert werden, die dem Aufbau von Unternehmens- und Markenwerten dienen."

Der Begriff des Event-Marketing findet in Deutschland erstmalig 1986 Verwendung (Nufer, 2006). Eine einheitliche Auffassung des Begriffs hat sich bisher allerdings nicht durchgesetzt (Bauer et al., 2003). Einigkeit herrscht aber darüber, dass Event-Marketing die „(…) die zielorientierte, systematische Planung, konzeptionelle und organisatorische Vorbereitung, Realisierung sowie Nachbereitung von Events (…)"beinhaltet (Drengner, 2003). Weiterhin wird konkretisiert, dass es sich bei einem Marketing-Event um ein Kommunikationsmittel, und beim Event-Marketing um ein Kommunikationsinstrument handelt (Bauer et al., 2003). Die Einordnung des Kommunikationsinstruments „Event-Marketing" in den Kommunikations-Mix führt jedoch zu Diskrepanzen. *Zanger/Sistenich* (1996) systematisieren die verschiedenen Definitionsansätze nach dem so genannten Partial- und dem Totalanspruch. Diese Unterscheidung lässt sich um das Kriterium des Event-Marketing als Sub-Instrument von *Nufer* (2006) erweitern. Die Eingliederung des Event-Marketing in den Kommunikations-Mix als Sub-Instrument leitet sich aus den Definitionsansätzen von Autoren wie z. B. *Nickel* (1999, S. 7) ab, die dem Event-Marketing nicht die Rolle eines eigenständigen Kommunikationsinstrumentes einräumen. So definiert *Nickel* Event-Marketing als „(…) die systematische Planung, Organisation, Durchführung und Kontrolle von Events innerhalb der Kommunikationsinstrumente Werbung, Verkaufsförderung, Public Relations oder interner Kommunikation (…)." Laut *Nufer* (2006) handelt es sich bei der subsidiären Einbindung des Event-Marketing in den Kommunikations-Mix um die in der Praxis gebräuchlichste Anwendungsform. Jedoch erachten *Zanger/Sistenich* (1996, S. 234) diese Einordnung des Event-Marketing als einen zu „engen" Definitionsansatz, da das Event-Marketing hierbei nicht über seine unterstützende Funktion hinauskommt, und somit dessen Möglichkeiten nicht vollends ausgeschöpft werden (Nufer, 2006).

---

[338] Z. B. Open-Air-Konzerte oder Opernfestspiele.

Abbildung 3.28   „Sub-Instrument" Event-Marketing im Kommunikations-Mix

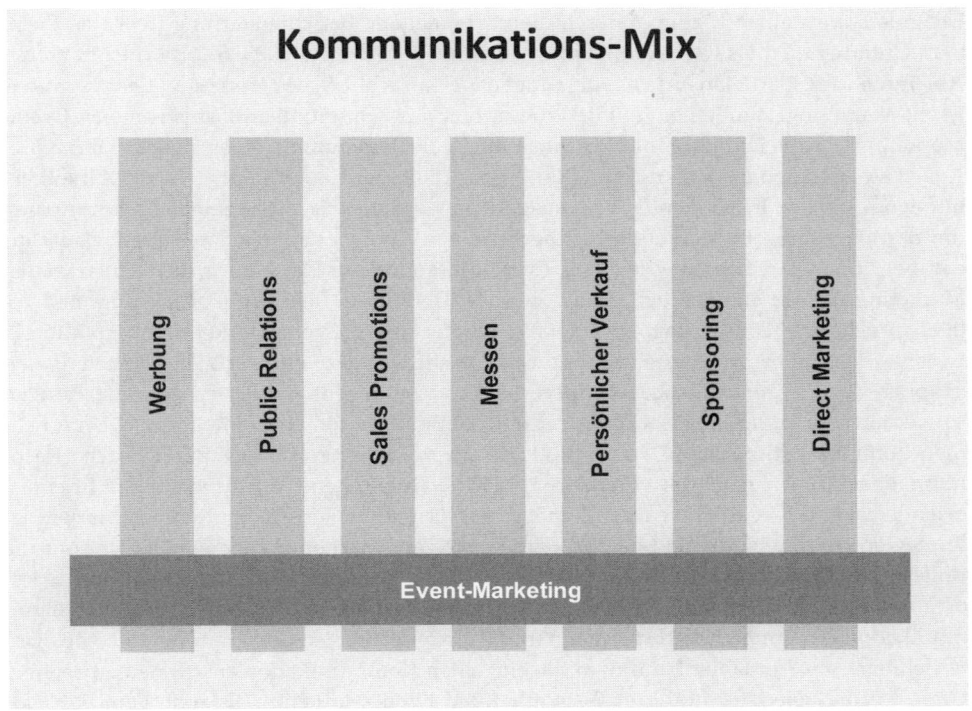

Quelle: Nufer, 2006

Im Zusammenhang mit der subsidiären Betrachtungsweise vermeidet *Drengner* (2003, S. 29) gar die Verwendung des Begriffs Event-Marketing. Für ihn handelt es sich hierbei lediglich um die Einbindung des Kommunikationsmittels Marketing-Event. Hierbei hebt er sich von den Autoren ab, die zwar ebenfalls im Event-Marketing kein eigenständiges Kommunikationsinstrument sehen, aber das Veranstalten von Events innerhalb anderer kommunikativer Instrumente als Event-Marketing bezeichnen. Aus dem Definitionsansatz von *Bruhn* (2005, S. 778) lässt sich der Partialanspruch des Event-Marketing ableiten. Er definiert Event-Marketing als „(...) die zielgerichtete, systematische Planung, Organisation, Inszenierung und Kontrolle von Events als Plattform einer erlebnis- und dialogorientierten Präsentation (...)." Im Gegensatz zum Sub-Instrument kommt dem Event-Marketing als Partial-Instrument eine gleichberechtigte Stellung im Kommunikations-Mix zu. Event-Marketing fungiert hier als eigenständiges Kommunikationsinstrument, das in Verbindung und Abstimmung mit den anderen Instrumenten zu einem einheitlichen Kommunikationskonzept verschmilzt (Erber, 2002). So ist es denkbar, dass ein Marketing-

Event einerseits in den Medien beworben wird, andererseits aber auch Elemente des Events für weitere Werbeinhalte verwendet werden. Ähnlich verhält es sich mit der Verknüpfung der Public Relations und des Event-Marketing. Zum einen wird das Event als Ereignis kommuniziert, zum anderen dient die mediale Berichterstattung über das Event dem Unternehmen als Kommunikationsplattform.[339] *Drengner* (2003, S. 29) kritisiert an der Ableitung des Partialanspruchs die ungenaue sprachliche Abgrenzung des Terminus Event-Marketing. Zum einen definiert dieser hier das Kommunikationsinstrument „Event-Marketing", zugleich kann hieraus aber auch die Benennung eines neuen Marketing-Ansatzes – nämlich die Verknüpfung der Kommunikationsinstruments „Event-Marketing" mit den restlichen Instrumenten – herausgelesen werden, was zur allgemeinen Verwirrung um den Begriff Event-Marketing beiträgt. Die von *Drengner* aufgezeigte Möglichkeit, aus der begrifflichen Ungenauigkeit des Event-Marketing im Partialanspruch einen neuen Marketing-Ansatz herzuleiten, findet in der Definition des Event-Marketing als Totalanspruch seine Umsetzung. *Nufer* (2006) definiert hier: „Event-Marketing ist ein interaktives sowie erlebnisorientiertes Kommunikationsinstrument, das der zielgerichteten, zielgruppen- bzw. szenenbezogenen Inszenierung von eigens initiierten Veranstaltungen sowie deren Planung, Realisation und Kontrolle im Rahmen einer integrierten Unternehmenskommunikation dient." *Nufer* trägt in seinem Definitionsansatz der Tatsache Rechnung, dass sich im Zuge der veränderten Marktbedingungen – die zunehmende Erlebnisorientierung der Gesellschaft – der Fokus von informativen hin zu emotionalen Marketing-Strategien verschiebt. Er stellt heraus, dass dem Event-Marketing hier jedoch nicht nur die Rolle einer „Reaktionsmaßnahme" zukommt, sondern dass Event-Marketing als ein „Aktionsmaßnahme" zu verstehen ist, die eine zentrale Bedeutung in der Unternehmenskommunikation einnimmt.. Hierbei fungieren die Grundsätze der Corporate-Identity des Unternehmens als Fundament, auf dem die einzelnen Kommunikationsinstrumente basieren. Diese werden wiederum in ihrer Gesamtheit am Event-Marketing als zentralem Bestandteil der Kommunikation – *Nufer* beschreibt das Event-Marketing hier als tragende Säule – ausgerichtet. Das Integrierte Event-Konzept bildet das „strategische Dach" dieses Definitionsansatzes.

---

[339] Bei der Verbindung der Kommunikationsinstrumente Event-Marketing und Sales Promotions ist es z. B. denkbar, dass im Vorfeld des Events Gewinnspielaktionen durchgeführt und während des Events Warenproben verteilt werden (vgl. Nufer, 2006).

Abbildung 3.29 Das „Partial-Instrument" Event-Marketing im Kommunikations-Mix (Nufer, 2006)

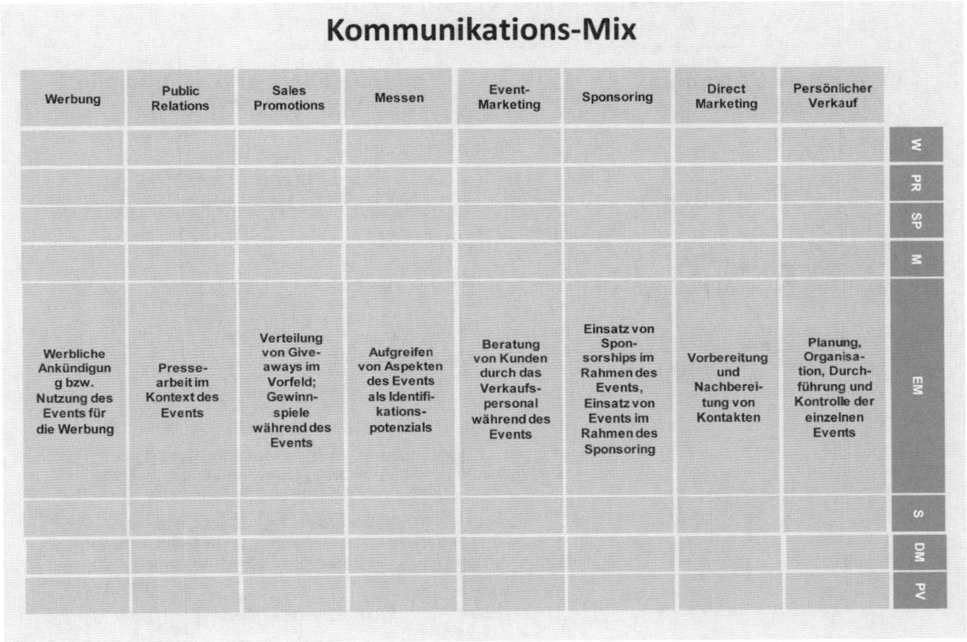

Kommunikations-Mix

Werbung	Public Relations	Sales Promotions	Messen	Event-Marketing	Sponsoring	Direct Marketing	Persönlicher Verkauf	
								W
								PR
								SP
								M
Werbliche Ankündigung bzw. Nutzung des Events für die Werbung	Presse-arbeit im Kontext des Events	Verteilung von Give-aways im Vorfeld; Gewinn-spiele während des Events	Aufgreifen von Aspekten des Events als Identifi-kations-potenzials	Beratung von Kunden durch das Verkaufs-personal während des Events	Einsatz von Spon-sorships im Rahmen des Events, Einsatz von Events im Rahmen des Sponsoring	Vorbereitung und Nachberei-tung von Kontakten	Planung, Organisa-tion, Durch-führung und Kontrolle der einzelnen Events	EM
								S
								DM
								PV

Quelle: Nufer, 2006

Während sich das Event-Marketing als Partial-Instrument den anderen Instrumenten gleichgestellt in den Kommunikations-Mix einfügt, bildet es hier den Kern jeglicher Kommunikationsmaßnahmen. Aufgrund der dominanten Stellung des Event-Marketing wird dieser Ansatz in der Literatur auch als Totalanspruch bezeichnet (Zanger/Sistenich, 1996).

Kritiker des Totalanspruchs bemängeln, dass durch diesen Ansatz die übrigen Kommunikationsinstrumente in ihrer Bedeutung „verwässert werden" (Drengner, 2003), was wiederum dazu führt, dass das Event-Marketing „nicht mehr scharf von anderen Instrumenten abgegrenzt werden kann" (Bauer et al., 2003).

Abbildung 3.30   Das Event-Marketing im „Integrierten Event-Konzept"

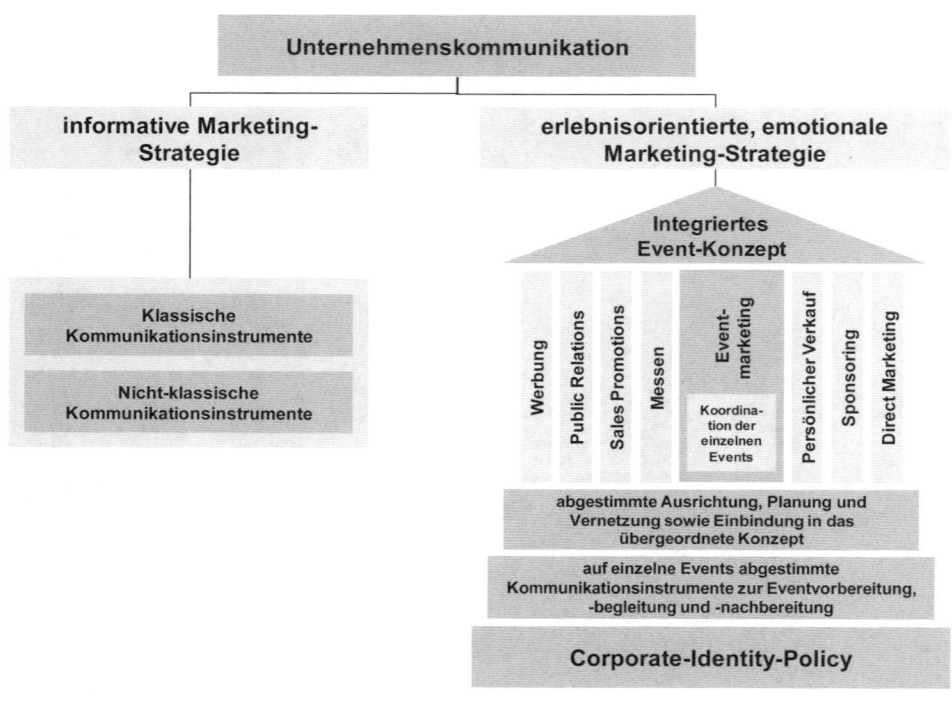

Quelle: Nufer, 2006

Das Fehlen einheitlicher Begriffskonventionen mag der Tatsache geschuldet sein, dass die wissenschaftliche Auseinandersetzung mit der Thematik gerade erst im Entstehen begriffen ist (Bauer et al., 2003). Doch auch in der Praxis hat sich bisher kein Konsens über das Event-Verständnis bzw. die Verwendung der darauf aufbauenden Begriffe herausgebildet (Zanger/Drengner, 2004). *Zanger/Drengner* (2004) zeigen auf, dass das „Eventverständnis" – die Autoren subsumieren unter diesem Begriff die Assoziationen der Befragten zu Event und Event-Marketing – von Unternehmen sich von dem der Event-Agenturen unterscheidet. Die Unternehmen assoziieren den Eventbegriff vor allem mit „Veranstaltung", der operativen Umsetzung von Veranstaltungen, und den Einsatz von Veranstaltungen als Kundenbindungsmaßnahme. Die befragten Event-Agenturen assoziieren hingegen am häufigsten die erlebnisorientierte Kommunikation, gefolgt von Event-Marketing als eigenständigem Kommunikationsinstrument, und der Umsetzung von Events.

Aus der vorherrschenden Unschärfe des Eventverständnisses in Wissenschaft und Praxis ergibt sich die Notwendigkeit zur Konkretisierung der Begrifflichkeiten. Wir definieren in Anlehnung an *Drengner* (2003, S. 3): Eventmarketing ist ein eigenständiges, dialogorientiertes Kommunikationsinstrument, mit dessen Einsatz die kommunizierten Botschaften dem Event-Nachfrager durch emotionale Stimulierung erlebbar gemacht werden. Event-Marketing beinhaltet die zielorientierte, systematische Planung, konzeptionelle und organisatorische Vorbereitung, Realisierung und Nachbereitung von Events.

Die Eigenschaft des Event-Marketing als Instrument der Unternehmenskommunikation wird hier deutlich betont. Durch die Hervorhebung des dialogischen Charakters des Eventmarketing, wird eine Abgrenzung zu monologen Formen der Unternehmenskommunikation – etwa der klassischen Werbung – vorgenommen. Die dargelegte Definition schließt eine Auffassung des Event-Marketing im Sinne des subsidiären Anspruchs aus. Abbildung 3.31 bereitet unser Eventverständnis graphisch auf.

Abbildung 3.31   Eventverständnis

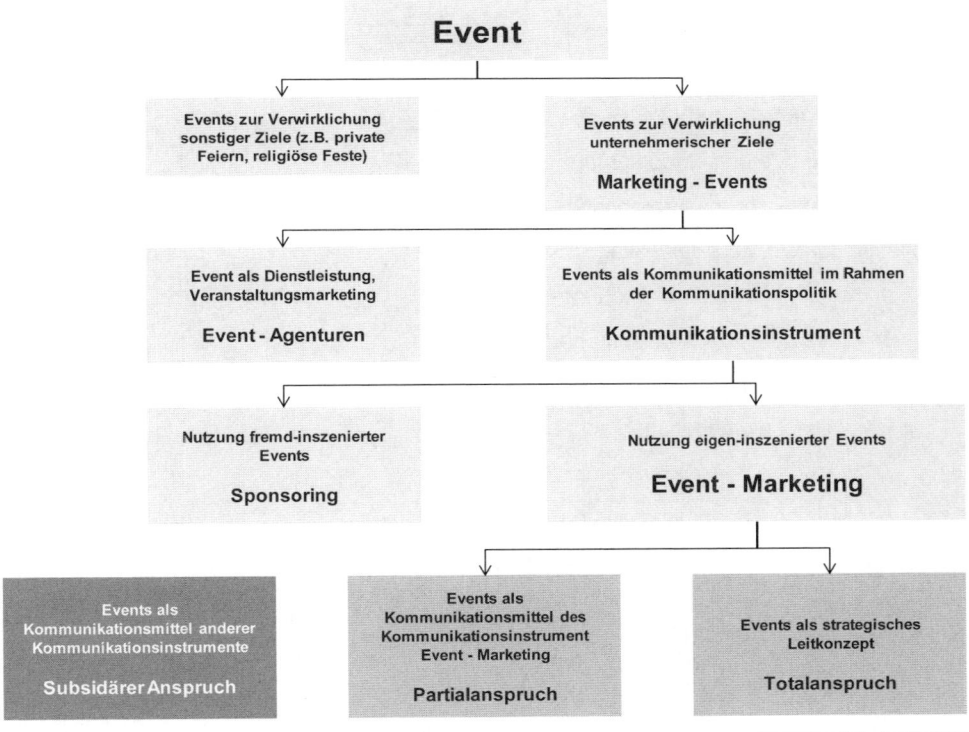

Quelle: Drengner, 2003

In der Literatur zum Event-Marketing wird zwischen operativen und strategischen Event-Zielen unterschieden (Bruhn, 2005). Operative Ziele sind wie üblich solche, die sich hauptsächlich auf die kurzfristige Wirkung beziehen. Hierzu sind z. B. die Kontaktherstellung, die erreichte Teilnehmerzahl am Event und die Resonanz der Eventteilnehmer zu rechnen. Strategische Ziele beziehen sich auf die mittel- bis langfristige Wirkung von Marketing-Events. Hierunter fallen etwa die Aktivierung der Zielgruppe, die Imagebildung, der Kauf, die Kontaktpflege und die emotionale Bindung (Erber, 2002). Zanger/Drengner (2004, S. 44) zeigen auf, dass Unternehmen in der Praxis mit dem Einsatz von Events vor allem langfristige Ziele verfolgen. Rund 20 % der von ihnen befragten Unternehmen geben an, mit Events auch kurz- bzw. langfristig konkrete Umsatzziele zu verfolgen (vgl. **Abbildung 3.32**).

Abbildung 3.32   Die häufigsten Eventziele bei Ansprache externer Zielgruppen

Quelle: Zanger / Drengner, 2004

In diesem Zusammenhang sei darauf hingewiesen, dass sich die Verfolgung konkreter ökonomischer Marketingziele mittels des Event-Marketing nicht anbietet. Derartige Ziele lassen sich zwar eindeutig messen, die Zuordnung des Erfolges zu den einzelnen Kommunikationsinstrumenten ist aber kaum zu realisieren. Ein Unternehmen, das im Nachgang zu einem Event Umsatzzuwächse verzeichnet, wird nicht in der Lage sein, auszuschließen, dass dieser Zuwachs nicht anderen Marketinginstrumenten oder gar externen Faktoren geschuldet ist (Christen, 2002). Der Betrachtung des Event-Marketing nach operativen und strategischen Zielen hält *Nufer* (2006) entgegen, dass sich mit dem Verständnis des Event-Marketings als Kommunikationsinstrument die Unterscheidung nach operativen und strategischen Zielen höchstens bedingt anbietet. Der Einsatz des Event-Marketing als Kommunikationsinstrument basiert auf einer systematischen Planung, die die Berücksichtigung von kurzfristigen Zielen nicht zum Inhalt hat. Nach *Nufer* dient das Event-Marketing hauptsächlich dem übergeordneten Ziel der „Emotionalisierung der Zielgruppe". Aus diesem Ziel lassen sich affektive- und kognitive Kommunikationsziele ableiten. Durch die Erweiterung um die Differenzierung zwischen internen und externen Events erhält *Nufer* vier Gruppen der Kommunikationsziele des Event-Marketing, die in Tabelle 3.19 zusammengefasst dargestellt sind (Krüger/Rennhak, 2006).

Tabelle 3.19   Psychologische Kommunikationsziele des Event-Marketing

Affektiv-orientierte externe Ziele	Kognitiv-orientierte externe Ziele
– Emotionales Erleben von Unternehmen und Produkten bzw. Marken – Aufbau, Pflege und Modifikation des Unternehmens- bzw. Markenimages – Emotionale Markenpositionierung – Integration der Marke und ihrer Inhalte in die Erlebniswelt des Rezipienten – Aktivierung der Wahrnehmung – Aufbau und Pflege einer Beziehung zwischen Unternehmen und Kunden auf der Basis eines kollektiven Erlebnisses – Erreichen von Sympathie und Glaubwürdigkeit – Einstellungsänderung bei der Zielgruppe	– Bekanntmachung insbesondere neuer Produkte – Vermittlung von Informationen über Produkte – Aktive Auseinandersetzung der Teilnehmer mit der Thematik – Kontaktpflege mit ausgewählten Kunden, Meinungsführern und Medienvertretern
Affektiv-orientierte interne Ziele	**Kognitiv-orientierte interne Ziele**
– Motivation der Mitarbeiter – Identifikation der Mitarbeiter mit dem Unternehmen – Integration der Mitarbeiter – Schaffung eines Zugehörigkeitsgefühls	– Fachwissen – Weiterbildung – Persönliche Fähigkeiten – Kundenbewusstsein

3.7.4   Messung der Kommunikationswirkung

In der Literatur findet sich eine ganze Reihe von Vorschlägen zur Systematisierung von Tests zur Messung der Kommunikationswirkung.[340] So unterscheiden z. B. *Berekoven et al.* (2006, S. 175) nach

- dem Untersuchungsanliegen in Pre- und Posttests,

- nach der Art der zu testenden Werbemittel in Anzeigen-, Plakat-, Radio-Spot-, TV-Spot- und Kino-Spot-Tests,

- nach der Untersuchungssituation in Labor- oder Studio-Tests und Felduntersuchungen,

- nach dem Bewusstseinsgrad der Probanden in offene, nicht-durchschaubare, quasi-biotische und vollbiotische Tests und

- nach dem Grad der Produktionsstufe des Kommunikationsmittels in Konzeptions- und Gestaltungstests, Tests von Rohentwürfen und Tests fertiger Kommunikationsmittel.[341]

Aus Praktikabilitätsgründen ist eine Systematisierung entlang der gewünschten Zielkategorien bzw. Wirkungsdimensionen der unterschiedlichen Kommunikationsinstrumente wie sie z. B. *Schwaiger* (1997, S. 39) vorschlägt[342], besonders geeignet (vgl. Abbildung 3.33).

Eine umfassende Diskussion aller psychologischen Marktforschungsverfahren wäre dem Erkenntnisziel des vorliegenden Lehrbuchs wenig dienlich.[343] Aus diesem Grunde soll im folgenden nur kurz auf die Eignung der entsprechenden Verfahren für die Zwecke dieser Arbeit eingegangen werden.[344]

---

[340] Je nach Erkenntnisziel kann auch eine Kombination mehrerer Verfahren nötig sein (vgl. z. B. Dworak, 1985, S. 1274).

[341] *Koch* (1997, S. 154) unterscheidet Werbewirkungstests zusätzlich noch nach der Untersuchungsmethode in apparative Verfahren der Beobachtung und qualitative Befragungsmethoden, sowie nach dem Untersuchungsziel in Tests der Aktualgenese, der Aktivierung, der Wahrnehmung, des Gedächtnisses und des Kaufverhaltens.

[342] Eine detaillierte Beschreibung der einzelnen Testverfahren würde den Rahmen des vorliegenden Lehrbuchs sprengen. Der interessierte Leser sei an dieser Stelle auf *Schwaiger* (1997, S. 43ff.) verwiesen.

[343] Für eine ausführlichere Darstellung dieser Verfahren sei der interessierte Leser z. B. auf *Schwaiger* (1997, S. 61ff.) und die dort gegebenen Literaturhinweise verwiesen.

[344] *Kölblin* (1994, S. 259) merkt an, dass diese Testverfahren bislang vergleichsweise selten zum Einsatz kommen. Er führt dies auf die mangelnde Objektivität dieser Verfahren zurück.

Abbildung 3.33 Systematisierung der Kommunikationswirkung

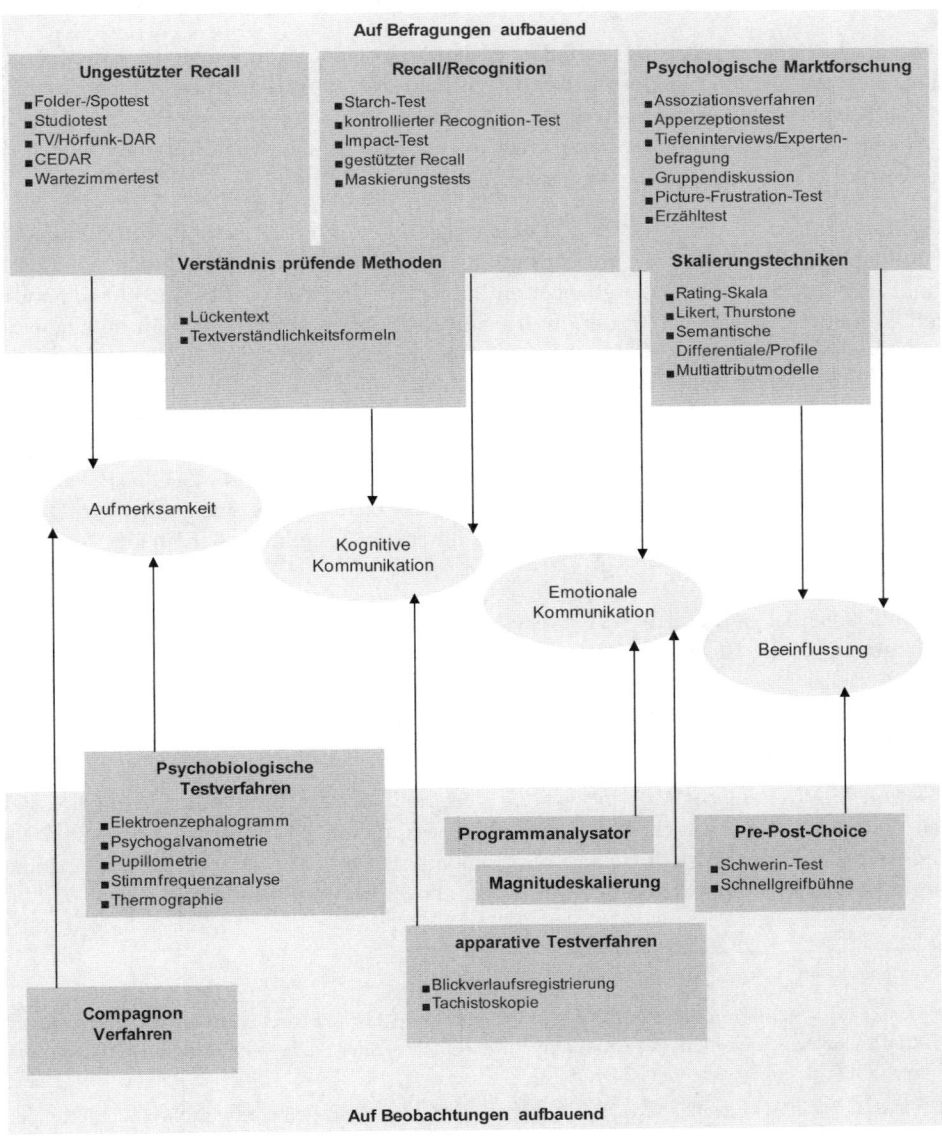

Beim Einsatz explorativer Befragungstechniken, zu denen das Einzelinterview, die Expertenbefragung, Tiefeninterviews und die Gruppendiskussion gehören, werden in der Regel unstrukturierte Antworten von Auskunftspersonen interpretiert. Stärker strukturiert ist die von *Wells* (1964) entwickelte EQ-Skala. Es handelt sich dabei um eine spezielle Form des Polaritätenprofils. Die verwendeten Items sind von der speziellen Ausdrucksweise von Hausfrauen geprägt und sollen die emotionale Bindung an ein Werbemittel messen. Andere Wirkfaktoren werden nicht berücksichtigt (Johannsen, 1970).

Die verschiedenen Skalierungstechniken sollen im Folgenden in gebotener Kürze dargestellt werden. Der Begriff der Skalierung wird in der wissenschaftlichen Literatur nicht einheitlich gebraucht (Berekoven et al., 2006). Im allgemeineren Sinn wird „Skalierung" als Synonym für den Begriff „Messung" verwendet, im speziellen wird hierunter jedoch die Konstruktion von Messskalen verstanden.[345]

Die Rating-Skala ist die in der Marktforschung wegen ihrer Vielseitigkeit und einfachen Handhabbarkeit zweifelsohne am häufigsten eingesetzte Skalierungsmethode zur Einstellungsmessung. Sie stellt materiell ein Kontinuum von in gleichen Abständen aneinandergefügten numerischen Werten dar, in das eine Auskunftsperson die von ihr an einem Stimulus wahrgenommene Merkmalsausprägung einträgt. Rating-Skalen werden in der Praxis sehr unterschiedlich ausgestaltet. Die im einzelnen verwendeten Variablen differieren in Bezug auf die Anzahl der vorgegebenen Ausprägungen und deren optische Hervorhebung. Häufig fasst man solche Items zu einer sogenannten Batterie zusammen, die dann zur Bildung eines Index herangezogen wird (Nieschlag et al., 1997). Gemäß der Annahme, dass die fest vorgegebene Aufteilung des Kontinuums eine ähnlich strukturierte Differenzierung der jeweiligen Merkmalsdimensionen bedingt, wird häufig ein Intervallmeßniveau der Angaben postuliert.[346]

Grundsätzlich ist es möglich, jede Einstellungsdimension eindimensional zu messen. Voraussetzung dafür ist jedoch, dass diese eine Dimension mittels geeigneter Indikatoren operationalisiert werden kann. Die in der Kommunikationsmittelwirkungsforschung gebräuchlichsten eindimensionalen Skalierungsverfahren sind die *Likert*-Skala und die *Thurstone*-Skala.[347]

Das von *Likert* (1932, S. 44ff.) entwickelte Verfahren der aufsummierten Itemwerte stellt das methodische Kernstück der Einstellungsmessung dar (Hammann/ Erichson, 2004). Einer Auskunftsperson stellt sie sich als eine Batterie von Items dar, wobei die einzelnen Items verbale Meinungsäußerungen über das Objekt der Einstellung verkörpern. Die Re-

---

[345] Das Ziel der Skalierungsverfahren besteht in erster Linie darin, theoretische Konstrukte zu messen. Zu diesem Zweck werden diese qualitativen Merkmale skaliert, d. h. in quantitative Größen transformiert (vgl. Berekoven et al., 2006, S. 72).

[346] Vgl. *Hammann/Erichson* (2004), S. 274. Andere Forscher gehen wegen der oft groben Gliederung des Kontinuums nur von einem ordinalen Meßniveau aus (vgl. Nieschlag et al., 1997, S. 694).

[347] Vgl. *Schwaiger* (1997), S. 67. Weitere in der Marketingforschung bekannte eindimensionale Skalierungstechniken sind die *Guttmann*-Skala (vgl. z. B. Schnell et al., 1999, S. 185ff.) und die auf dem „law of comparative judgement" von *Thurstone* (1927) basierte Paarvergleichsmethode. Für die Kommunikationsmittelwirkungsforschung sind diese Verfahren jedoch von geringerer Bedeutung (vgl. Green/Tull, 1982, S. 161; Schwaiger, 1997, S. 68).

aktion der Auskunftsperson besteht darin, zu diesen Items in unterschiedlicher Stärke Stellung zu nehmen, d. h. Zustimmung oder Ablehnung zu bekunden (Nieschlag et al., 1997). Die den einzelnen Items zugeordneten Zahlenwerte werden im Sinne eines gerichteten psychologischen Einstellungskontinuums vergeben (Nieschlag et al., 1997). Die Summe der einzelnen Zahlenwerte über alle Items ergibt eine Kennzahl für die Einstellung der Auskunftsperson zum Untersuchungsgegenstand.

Bei der Einstellungsmessung mittels der *Thurstone*-Skala (Thurstone/Chave, 1927) ist der Messvorgang aus Sicht der Auskunftsperson dem der *Likert*-Skala sehr ähnlich. Bei der *Thurstone*-Skala sind ebenfalls eine Reihe von Statements zu beurteilen, wobei die Auskunftsperson hier einer Aussage nur zustimmen oder sie ablehnen kann. Jedem einzelnen Statement wird ein auf einer Expertenbeurteilung basierender Score zugeordnet, den die Auskunftsperson nicht kennt (Nieschlag et al., 1997). Die Kennzahl für die Einstellung der Auskunftsperson ist die Summe der Scores aller Items, denen zugestimmt wurde.[348]

Die mehrdimensionale Einstellungsmessung erfasst sowohl die affektive als auch die kognitive Komponente der psychischen Verarbeitung von Werbung. Als Standardverfahren der mehrdimensionalen Einstellungsmessung gilt das semantische Differential.[349]

Semantische Differentiale werden ermittelt, indem Auskunftspersonen Beurteilungen auf mehrstufigen bipolaren Rating-Skalen mit adjektivistischen Gegensatzpaaren abgeben (Schwaiger, 1997). Insoweit handelt es sich bei der Anwendung des semantischen Differentials um eine Vervielfachung des Konzepts eindimensionaler Einstellungsmessung mittels Rating-Skalen auf der Basis ordinaler, semantisch differenzierter Antwortkategorien.[350]

Semantische Differentiale werden in der Marketingforschung gewöhnlich so abgeändert, dass an die Stelle der metaphorischen und objektfremden Adjektive Gegensätze von konkreten, objektbezogenen Beschreibungen gesetzt werden. In solchen Fällen spricht man auch von Polaritäten- oder Eigenschaftsprofilen.[351]

---

[348] Vgl. *Neibecker* (1992), S. 1065. Eine detaillierte Darstellung der Vorgehensweise zur Bildung und Auswertung von *Thurstone*-Skalen findet sich bei *Nieschlag et al.* (1997, S. 704ff.) und *Sixtl* (1982, S. 152ff.).

[349] Vgl. *Hammann/Erichson* (2004), S. 280. Dieses von *Osgood et al.* (1957, S. 76ff.) entwickelte Verfahren sollte zunächst der Messung von Wortbedeutungen dienen.

[350] Vgl. *Hammann/Erichson* (2004), S.281. Im Unterschied zu den eindimensionalen Verfahren werden bei semantischen Differentialen die einzelnen Itemwerte jedoch nicht aggregiert oder anderweitig verdichtet. Man analysiert stattdessen den graphischen Verlauf von Durchschnittsprofilen und ermittelt Distanzen und Korrelationen zwischen verschiedenen Profilen (vgl. Nieschlag et al., 1997, S. 713f.).

[351] Vgl. *Nieschlag et al.* (1997), S. 714f. Das von *Hofstätter* (1960) bzw. *Hofstätter/Lübbert* (1958) entwickelte Polaritätenprofil stellt ein spezielles semantisches Differential dar, das mit 24 stets identischen Eigenschaftspaaren zur Messung von Einstellungen eingesetzt wird. Eigenschaftsprofile unterscheiden sich von semantischen Differentialen nur dadurch, dass in den Itembatterien objektbezogene Items Verwendung finden (vgl. Schwaiger, 1997, S. 69).

Über die verschiedenen Problemaspekte von Rating-Skalen existieren zahlreiche Veröffentlichungen (Green/Tull, 1982). Genannt werden hier u. a.

- die Anzahl zu bildender Kategorien,

- die Wahl der Adjektive, die die Rating-Abstufungen kennzeichnen,[352]

- Halo-Effekte, d. h. die Auskunftspersonen können sich bei ihren Einschätzungen von
  übergeordneten Sachverhalten leiten lassen,

- Urteilsverzerrungen von Auskunftspersonen, wie z. B. die Neigung zu Angaben auf
  den Enden oder evtl. nur im mittleren Skalenbereich (Zentralitätseffekt) und

- Nachsichtseffekte, d. h. Auskunftspersonen schätzen ihnen bekannte Untersuchungsobjekte tendenziell günstiger ein als ihnen nicht bekannte.

Die wichtigsten Vertreter der so genannten Multiattributmodelle sind das Modell von
Fishbein (1963) und das Modell von *Trommsdorff* (1975, S. 67ff.).[353] Im *Fishbein*-Modell ergibt
sich die Einstellung als Linearkombination der wahrgenommenen und bewerteten Produktattribute; kognitive und affektive Komponenten sind multiplikativ verknüpft. Genau
diese Annahmen sind jedoch empirisch bisher nicht nachgewiesen (Schwei-
ger/Schrattenecker, 1995). Darüber hinaus stellt das Verfahren mit der Abfrage von Wahrscheinlichkeiten hohe Anforderungen an die Auskunftspersonen (Schwaiger, 1997).

Diese Nachteile werden im *Trommsdorff*-Modell umgangen. *Trommsdorff* (1975, S. 67ff.)
ermittelt die Einstellung, indem er die Urteile der Auskunftspersonen über die Produktattribute in Relation zu den Produktattributen eines Idealobjekts setzt.

Die praktische Bedeutung der Multiattributmodelle ist äußerst gering (Schwaiger, 1997).
Gierl (1995, S. 60) kritisiert, dass „durch Veränderung der Bewertungs- und Aggregations-
vorschriften jeder beliebige Messwert erzielt werden kann", somit Validität und Reliabilität nicht gegeben sind.

Wiederholungsfragen

1. Erläutern Sie die Kommunikationsbedingungen als Rahmenfaktor für die Werbege-
   staltung!

2. Erläutern Sie aktuelle Marktbedingungen als Rahmenfaktoren für die Kommunikationspolitik!

3. Erläutern Sie die Besonderheiten der Online-Werbung!

---

[352] Schwierigkeiten treten auch dann auf, wenn sogenannte zweipolige Rating-Skalen verwendet werden, deren Pole Ausdrücke mit diametralen Bedeutungsinhalten aufweisen. In solchen Fällen treten häufig Interpretationslücken bzgl. des Indifferenzpunktes der Skalen auf (vgl. Kroeber-Riel et
al., 2008, S. 193f.; Trommsdorff, 1975, S. 86ff.), da im Ergebnis nicht entschieden werden kann, ob
tatsächlich Indifferenz oder vielmehr Ambivalenz vorliegt.

[353] Eine ausführliche Darstellung der Multiattributmodelle findet sich z. B. bei *Andritzky* (1976, S. 223ff.).

4. Erläutern Sie das Wesen der Verkaufsförderung!

5. Erläutern Sie Wesen und Bedeutung des Product-Placements unter Berücksichtigung aktueller Kommunikationsbedingungen!

6. Erläutern Sie Ziele sowie Chancen und Risiken des Sponsoring an einem Beispiel!

7. Welche Kommunikationsmöglichkeiten bieten Marketingevents für ein Unternehmen?

8. Erläutern Sie Kriterien zur Auswahl geeigneter Kommunikationsinstrumente!

9. Welchen Einfluss hat das Involvement der Zielgruppe auf die Auswahl geeigneter Kommunikationsinstrumente?

10. Formulieren Sie jeweils ein ökonomisches und psychologisches Werbeziel!

11. Welche besonderen Vor- und Nachteile kennzeichnen das Kernmedium Fernsehen in der Mediaplanung?

3.8   Distributionspolitik

Lernziele

Da Produktion und Konsum von Gütern oft sowohl räumlich als auch zeitlich auseinanderfallen ergibt sich die Notwendigkeit, Leistungen über den Ort und den Zeitpunkt ihrer Erstellung hinaus dort anzubieten, wo sie von den Abnehmern nachgefragt werden. Vereinfacht gesagt ist die Distribution die Verbindung zwischen den Produzenten und Konsumenten von Gütern und Dienstleistungen. Dieses Kapitel hat die entsprechende Lernziele zum Inhalt und möchte folgendes vermitteln:

- welche Aufgaben und Entscheidungen im Rahmen der Distributionspolitik anfallen,

- welches der strategische Charakter der Distributionspolitik ist,

- welche Absatzorgane unterschieden werden können und

- welche Absatzwege gewählt werden können.

Im Rahmen der **Distributionspolitik** legt das Unternehmen Absatzwege[354], also den Weg, auf dem ein Wirtschaftsgut vom Hersteller zum Verbraucher gelangt (Diller, 2001), und Absatzorgane, also Organe der Hersteller mit Distributionsaufgaben, Distributionsmittler (Groß- und Einzelhandel), Distributionshelfer und Beschaffungsorgane der Konsumenten (Toporowski, 2009), fest.

---

[354] Synonyme Bezeichnungen sind Absatzkanal, Distributionskanal, Vertriebsschiene, Vertriebsweg.

Diese Entscheidungen sind für den Markterfolg ebenso wichtig wie die Wahl der richtigen Zielgruppe oder des erfolgversprechendsten Produktes. Nur eine ausreichende Präsenzleistung am Markt und die tatsächliche Verfügbarkeit des Produkts ermöglichen einen Abverkauf. Was nützt das beste Produkt, wenn es seine Zielgruppe nicht erreicht? Jedes markt- und kundenorientierte Unternehmen hat die Aufgabe die Vor- und Nachteile der verschiedenen Vertriebswege und -organe zu analysieren und einen optimalen Mix an Vertriebskanälen zu identifizieren und zu implementieren. Hierbei spielen vor allem die Vertriebskosten und die optimale Erreichung der gewünschten Zielgruppe (Reichweite) eine entscheidende Rolle. Aber auch die Imagewirkung des Vertriebskanals (z. B. Flagshipstore vs. Haustürverkauf) spielt eine nicht zu unterschätzende Rolle.

Das Aufkommen des Internets hat die Vertriebsstrukturen nachhaltig verändert: neue Absatzwege haben an Bedeutung gewonnen, traditionelle Kanäle haben an Bedeutung verloren bzw. sind gänzlich verschwunden (z. B. Fachgeschäfte für Bild- und Tonträger).

3.8.1   Absatzorgane

Absatzorgane können sein Absatzhelfer, unternehmenseigene, unternehmensgebundene und unternehmensfremde Organe.

Absatzhelfer vermitteln Aufträge ohne Eigentum an der Ware zu erwerben (z. B. Handelsvertreter, Makler, Kommissionäre), unternehmenseigene Absatzorgane gehören dem Unternehmen an (z. B. Geschäftsleitung, Reisende, etc.), unternehmensgebundene Organe sind rechtlich selbstständig, aber wirtschaftlich an den Hersteller gebunden (z. B. Franchisenehmer) und unternehmensfremde Organe erwerben selbst Eigentum an den Produkten (z. B. Groß- und Einzelhändler).[355]

Während die unternehmenseigenen Absatzorgane dem direkten Vertrieb zugeordnet werden, werden Absatzhelfer, unternehmensgebundene und unternehmensfremde Absatzorgane unter den indirekten Vertrieb systematisiert. Unternehmenseigene Absatzorgane sind – egal ob als Mitarbeiter des Herstellerunternehmens oder durch besondere vertragliche Vereinbarungen – weisungsgebunden. Unter die unternehmenseigenen Absatzorgane werden gewöhnlich die Reisenden, die Geschäftsleitung bzw. designierte Mitarbeiter, eigene Niederlassungen und E-Commerce gezählt:

■ **Reisende** sind Angestellter des Unternehmens und erbringen kaufmännische Leistungen gegen ein Entgelt, weshalb sie nach § 59 HGB auch als Handlungsgehilfe bezeichnet werden. Wie jeder Angestellte ist der Reisende an die Weisungen des Unternehmens gebunden. Er bezieht ein festes Gehalt, allerdings gibt es je nach Vertragslage die Möglichkeit einer Provision oder Prämie. Seine Hauptaufgaben bestehen darin Kunden

---

[355] Sie können entsprechend unabhängig vom Hersteller ihre Eigentumsrechte exekutieren und verfügen somit z. B. über eine sehr weitgehende Selbständigkeit im Einsatz der Marketinginstrumente (Preis, Präsentation der Ware, Expertise des Verkaufspersonals, etc.)

zu betreuen, die Leistungen des Unternehmens zu präsentieren, Bestellungen anzunehmen, Marktinformationen zu sammeln und die Geschäftsleitung mit Informationen zu versorgen (Pfetzig, 2004).

- ■ Wichtige Kunden („**Key Accounts**") werden in der Regel – abhängig von der Unternehmensgröße und der Bedeutung des Kunden – durch die Geschäftsleitung persönlich oder durch Key-Account-Manager betreut. Gerade in Kleinunternehmen oder im Mittelstand ist es üblich, dass die Geschäftsleitung wichtige Kunden selbst betreut, in großen Unternehmen kommt eher die Praxis des Key-Account-Management zur Anwendung.

- ■ Viele Unternehmen richten eigene Verkaufsstellen (Niederlassungen) an geeigneten Standorten ein (z. B. eigene Shops, Flagshipstores). Dieser Vertriebsweg ist oft relativ vertriebskostenintensiv, da hier sämtliche Kosten auf die Produkte nur eines Herstellers überwälzt werden.

- ■ **E-Commerce** (Electronic Commerce) beschreibt den Online-Handel über das Internet.[356] Dies ist aktuell sicher die populärste Form des medienvermittelten Vertriebs. Daneben spielt aber auch der Vertrieb z. B. über eigene Call Center (Telesales) eine zunehmend wichtige Rolle.

Als **Absatzhelfer** werden gewöhnlich rechtlich selbständige Einheiten bezeichnet, die eine rein abwicklungsunterstützende Funktion haben, z. B. Speditionen und Lagerhausbetriebe (Zentes, 1988). Absatzmittler (z. B. Groß- und Einzelhandel) dagegen begleiten die Ware ebenfalls vom Hersteller zum Endabnehmer begleiten, erwerben jedoch Eigentum an ihr (Pepels, 2007). Zu den Absatzhelfen gehören die Handelsvertreter, Kommissionäre und Makler:

- ■ **Handelsvertreter** sind rechtlich selbstständige Gewerbetreibende, die für andere Unternehmen Geschäfte zu vermitteln oder in deren Namen abzuschließen (Kreutzer, 2010). Der Handelsvertreter arbeitet damit im Namen und für Rechnung eines Unternehmens (oder mehrerer Unternehmen – letzteres ist eher die Regel denn die Ausnahme). Voraussetzung für die Vertretung mehrerer Unternehmen ist, dass die Produkte der Unternehmen nicht miteinander konkurrieren oder sich gar optimalerweise ergänzen (Pfetzig, 2004).

- ■ **Kommissionäre** arbeiten im eigenen Namen für die Rechnung des Auftraggebers (Kommittenten) (Pfetzig, 2004), d. h. sie übernehmen gewerbsmäßig Waren oder Wertpapiere, um diese für andere zu kaufen oder verkaufen. Hierfür erhält der Kommissionär in der Regel eine umsatzabhängige Provision.

- ■ Ein **(Handels-)Makler** ist gewerbsmäßig damit betraut Verträge zwischen Anbietern und Nachfragern in fremdem Namen und auf fremde Rechnung zu vermitteln (Kreutzer, 2010). Der Makler führt so als „Matchmaker" die Interessen des Anbieters und des Nachfragers zusammen (Pfetzig, 2004).

---

[356] Hierbei wird zwischen Business-to-Business (B2B) und Business-to-Consumer (B2C) unterschieden.

Um die Vorteile des direkten Vertriebs (wie z. B. direkter Kundenzugang, Kontrolle von Produktpräsentation und Preis, etc.) auch bei den Formen des indirekten Vertriebs realisieren zu können und den Zugriff auf Vertriebspartner zu stärken, wurden verschiedene Konzepte vertikaler Marketing-Systeme entwickelt, wie unter anderem Vertragshändlersysteme und Franchise-Systeme (Kreutzer, 2010).

Das Vertragshändlersystem setzt sich aus Hersteller bzw. Großhändler und Vertragshändler zusammen. Der Vertragshändler erwirbt hierbei – in der Regel im Rahmen eines langfristigen Vertrtagsverhältnisses – das Recht, Erzeugnisse in eigenem Namen und auf eigene Rechnung zu verkaufen. Der Vertragshändler ist rechtlich selbständig, aber durch den langfristigen Vertrag mit dem Hersteller stärker gebunden bzw. wirtschaftlich abhängig. Aus diesem Grund hat der Hersteller einen stärkeren Zugriff auf den Händler. Dies kommt z. B. durch die häufige Berücksichtigung von Herstellerempfehlungen in Bezug auf Marktauftritt oder bei der Durchführung der Geschäfte zum Ausdruck.

Das Franchise-System lässt sich in drei verschiedene Arten des Franchising unterteilen (Schallmo, 2003):

- ■ Beim Job-Franchising ist der finanzielle Investitionsbedarf am geringsten, weshalb diese Form hauptsächlich Einzelpersonen zu Gute kommt, die sich mit kleinen Unternehmen im Rahmen des Franchising selbständig machen möchten. Der Franchisenehmer arbeitet in diesem Fall von zu Hause aus oder mittels eines Kleintransporters (z. B. Eismann).

- ■ Beim Business-Franchising ist der Investitionsbedarf höher. Der Franchisenehmer arbeitet bei diesem Franchisingformat in einem Büro oder einem Ladengeschäft (z. B. Photo Porst). In der Regel arbeitet der Franchisenehmer auch persönlich im Betrieb mit.

- ■ Beim Investment- oder Investitions-Franchising ist das Investitionsvolumen teilweise erheblich höher als bei den anderen Formen. Der Franchisenehmer arbeitet in der Regel im Betrieb nicht operativ mit, sondern übernimmt die Rolle eines Geschäftsführers. Franchisnehmer führen dabei oft mehrere Niederlassungen parallel (z. B. Holiday Inn, Obi oder McDonalds) (Schallmo, 2003).

Die unternehmensfremden Absatzorgane (auch Absatzmittler), wie zum Beispiel der Groß- und Einzelhandel, sind nicht an die Weisungen des Herstellers gebunden.

Der Großhandel bezieht seine Ware beim Hersteller und verkauft diese an ein anderes Unternehmen, z. B. ein Handelsunternehmen oder einen Großabnehmer, im Gegensatz zum Einzelhandel, der seine Produkte direkt an den Endkunden (Konsumenten oder Unternehmen) weiterverkauft (Kreutzer, 2010). Der Großhandel lässt sich wiederum in den Ankaufgroßhandel, dessen Aufgabe überwiegend darin besteht Waren oder Rohstoffe verschiedener Lieferanten zu sammeln und aufzubewahren und den Absatzgroßhandel, der den Gütertransfer an andere Großabnehmer übernimmt, unterscheiden. Der Großhandel kann des Weiteren in Sortiments- (breites, flaches Sortiment) und in Spezial-Großhandel (enges, tiefes Sortiment) unterteilt werden.

Für den Einzelhandel bestehen die drei Kategorien stationärer Handel, nicht- bzw. halbstationärer Handel und Versandhandel. Der stationäre und nicht-stationäre (oder ambulante) Handel unterscheiden sich dadurch, dass der stationäre Handel an einem festen Standort vertreten ist, während es sich beim nicht-stationäre Handel z. B. um Wochenmärkte oder Verkaufswagen handelt, die über keinen festen Standort verfügen (Kreutzer, 2010).

3.8.2   Absatzwege

Es werden prinzipiell drei Absatzwege unterschieden: Der **direkte Vertrieb**, der **indirekte Vertrieb** und der **Multi-Channel-Vertrieb**. Letzterer ist die Kombination mehrerer Absatzwege (direkt und/oder indirekt) zu einem Vertriebskanal-Mix. Einflussfaktoren für die Wahl der Absatzwege sind insbesondere die Produktspezifika und das Kaufverhalten potenzieller Kunden. Die Wahl des Absatzweges ist zudem stark von externen Einflussfaktoren wie z. B. physische Umweltfaktoren, soziale Gegebenheiten oder Traditionen beeinflusst, weshalb sie auch für ein Unternehmen von Markt zu Markt variieren können.

Direkter Vertrieb bedeutet, dass der Hersteller seine Erzeugnisse direkt, d.h. ohne dabei andere selbstständige Institutionen einzubinden, an den Endabnehmer vermarktet (Kreutzer, 2010). Hierbei gibt es verschiedene Alternativen, wie der Vertrieb erfolgen kann, persönlich, schriftlich per Post, telefonisch oder über den elektronischen Weg (Renker, 2009). Die Absatzorgane der direkten Distribution sind zum Beispiel eine eigene Verkaufsabteilung oder Verkaufsniederlassungen oder einen eigenen Außendienst mit fest angestellten Mitarbeitern (z. B. Key Account, Reisende). In B2C-Märkten spricht man dabei in der Regel von "door-to-door-selling", d. h. der Außendienst besucht den Kunden zu Hause (z. B. Vorwerk). Dies ist besonders häufig bei erklärungsbedürftigen Produkten der Fall (Kreutzer, 2010). In B2B-Märkten spricht man in der Regel von "personal selling". Dieser Begriff deutet nicht nur auf den unmittelbaren Kontakt zwischen Käufer und Verkäufer hin, sondern auch auf die (angestrebte) langjährige (persönliche) Geschäftsbeziehung, die aufgebaut und gepflegt werden soll (Kleinaltenkamp, 2006). Bestandteile des personal selling können dabei auch Verkaufsgespräche auf Messen, Verhandlungsrunden mit Kunden und telefonische Verkaufsgespräche sein. Eigene Verkaufsniederlassungen sind besonders häufig bei Bekleidungsherstellern zu finden (z. B. Mango oder Zara), die ihre produzierte Ware über eigene Verkaufsstellen an verschiedenen Standorten vertreiben. Der Vertrieb über herstellereigene Internetshops, wie er zum Beispiel bei Dell betrieben wird, fällt ebenfalls unter die Kategorie des direkten Vertriebs (Kreutzer, 2010).

Der wesentliche Vorteil des direkten Vertriebs ist die Kontrolle der Kundenschnittstelle, d. h. dass der Hersteller im unmittelbaren Austausch mit dem Endkunden steht, sein Kundenverständnis schärfen und besser überlegene Lösungen für Kundenprobleme entwickeln kann. Er ist dabei unabhängig von dritten Vertriebspartnern. Das gesamte Distributionsmanagement kann vom Hersteller gesteuert werden. Zudem wird die Distributionsspanne eingespart (Pepels, 2007).

Ein weiterer Vorteil des direkten Vertriebs ist, dass eigene Mitarbeiter ihr Fachwissen zur Verfügung stellen, um Kunden zu beraten – dies besonders bei erklärungsbedürftigen Produkten im B2B-Markt von entscheidender Bedeutung, kann aber auch im B2C-Markt wichtig sein. Das Unternehmen Tupperware z. B. hatte ursprünglich versucht, seine Produkte über den Einzelhandel zu vertreiben, ist aber bald auf direkten Vertrieb umgestiegen (die so genannten „Tupper-Parties"), da nur eigene Vertriebsmitarbeiter in der Lage schienen, die Produktvorteile adäquat zu kommunizieren.

Ein bedeutender Nachteil des direkten Vertriebs ist, dass sowohl das Diustributionsmanagement wie auch das Distributionsrisiko beim Hersteller liegen. Dies wiegt um so schwerer als ein Hersteller zwar ein Produktspezialist in seinem Feld sein mag, dies aber nicht immer und zwangsläufig mit einer entsprechenden Verkaufsexpertise einhergeht. Ein Fehlen von Handelspartnern birgt vor allem Nachteile für Hersteller, die nur über ein schmales Leistungsprogramm verfügen. Dieses ist oftmals nur vermarktbar, wenn es in das umfassende Sortiment eines Handelspartners eingebunden wird (Kreutzer, 2010). Kosten für Aufbau und Unterhalt eigener Distributionskanäle oft sehr hoch und bedeuten eine hohe Fixkostenbelastung (Pepels, 2007). Hier sind wiederum Unternehmen mit einem schmalen Leistungsprogramm im Nachteil, da sich die Vertriebskosten hier nur auf wenige Produkte überwälzen lassen (Kreutzer, 2010).

Von **indirektem Vertrieb** spricht man, wenn ein Unternehmen sein Leistungsprogramm über rechtlich und wirtschaftlich selbstständige, unternehmensfremde Organisationen als Absatzmittler an die Endabnehmer vertreibt (Renker, 2009). Abhängig davon, wie viele Absatzmittler in den Vertriebsprozess eingebunden werden, spricht man von ein-, zwei- oder mehrstufigem Vertrieb. Der indirekte Vertrieb lässt sich sowohl im B2C- wie auch im B2B-Markt finden (Kreutzer, 2010). Vertriebspartner können dabei z. B. Groß- und Einzelhändler, Handelsvertreter, Kommissionäre und Handelsmakler sein.

Die Nachteile des direkten Vertriebs entsprechen den Vorteilen des indirekten Vertriebs und umgekehrt. Der indirekte Vertrieb ist vor allem für Unternehmen ratsam, denen es an Kenntnis und Erfahrung im Vertrieb, sowie den nötigen finanziellen Mitteln mangelt. Der indirekte Vertrieb ist besonders vorteilhaft bei wenig erklärungsbedürftige Produkte und Dienstleistungen mit hoher Kauffrequenz. Der Hersteller kann hierbei die Erfahrung, Organisationsstruktur und Kontakte seiner Distributionspartner nutzen (Pfetzig ‚2004).

Ein weiterer Vorteil des indirekten Vertriebs besteht darin, dass Konsumenten gerne ihren gesamten Bedarf aus einer Hand decken (one-stop-shopping). Über den indirekten Vertrieb bietet sich ihnen die Möglichkeit verschiedene Konkurrenzprodukte zu vergleichen und ergänzende Produkte zu kaufen (Russel, 2010). Der Handel wickelt also den Verkaufsvorgang ab, weshalb auch nur eine kleine Vertriebsorganisation benötigt wird, was dem Hersteller Kosten und Zeit spart (Pfetzig ‚2004). Der Handel kann weiterhin wichtige Funktionen wie die Beratung oder Finanzierung des Kaufs übernehmen (Kreutzer, 2010).

Ein Nachteil des indirekten Vertriebs ist, dass der Hersteller keinen Einfluss mehr auf Beratungsleistung der Mitarbeiter, Preis oder Präsentation des Produkts beim Handelspartner (z. B. im Ladengeschäft) hat. Dies kann sich negativ auf das Produktimage auswirken (z. B. wenn ein Produkt als Aktionsware benutzt wird) (Russel, 2010). Der Handel lässt sich seine Abverkaufs- wie auch die vorgelagerten Kommunikations- und Beratungsleistungen über die Handelsspanne entgelten, die den Gewinn des Herstellers schmälert (Kreutzer, 2010).

Häufig beschränken sich Unternehmen nicht nur auf einen Absatzkanal, sondern bedienen sich im Rahmen eines so genannten **Multi-Channel-Vertriebs** gleichzeitig mehrerer Vertriebskanäle. Dies dient zum einen der Erhöhung der Marktabdeckung, da Kunden mit unterschiedlichen Einkaufsstättenpräferenzen können besser erreicht werden. Zum anderen schaffen Hersteller auf diese Weise einen gewissen Risikoausgleich, indem z. B. Abhängigkeit von Handelspartnern reduziert bzw. die Verhandlungsmacht gegenüber einzelnen Kanälen gestärkt wird.

Beim **Multi-Channel-Vertrieb** ist besonders auf eine geeignete Orchestrierung der unterschiedlichen Kanäle zu achten (Winkelmann, 2008). Weder auf Kundenseite, noch auf Seiten der Handelspartner darf es zu Irritationen bzw. Unstimmigkeiten kommen (beispielsweise durch unabgestimmte parallele Angebote an Kunden oder Übervorteilung von Handelspartner, die zwar die Beratungsleistungen erbringen, aber bei der Allokation des Funktionsentgelts leer ausgehen). Das so genannte Channel-Management muss hier entsprechende Aussteuerungen vornehmen, um Kannibalisierungseffekte zwischen den verschiedenen Vertriebskanälen zu minimieren (bzw. bewusst zu optimieren). Auf Kundenseite ist einer Verunsicherung entgegenzuwirken, die dadurch entstehen kann, dass Kunden Produkte über verschiedene Kanäle angeboten werden Die gilt besonders, wenn die verschiedenen Vertriebskanäle mit unterschiedlichen Preisen oder Servicequalitäten werben (Kreutzer, 2010). In einem Multi-Channel-System mit einem ausgeklügelten Channel Management steigen die Komplexitätskosten, da Produkte, Kommunikation und Systeme und Prozesse abgestimmt werden müssen (Renker, 2009).

Verschiedene Dynamiken begünstigen dennoch die Entwicklung von Multi-Channel-Vertrieben (Winkelmann, 2008):

- Transformation der Märkte (Globalisierung, Öffnung neuer Märkte, sowie steigende Kundenansprüche)

- Transformation der Standorte (Dezentralisierung, Regionalisierung)

- Transformation des Produktmix (kürzere Produktlebenszyklen)

- Transformation der betrieblichen Leistungsprozesse (Fusionen, Kooperationen, Allianzen)

3.8.3   Dynamik in der Distributionspolitik

In den letzten Jahren hat sich das Einkaufsverhalten in den verschiedenen Zielgruppen stark verändert. Um diese nach wie vor erreichen zu können, haben die Hersteller entsprechend versucht, ihren Vertriebskanal-Mix anzupassen.

Generell lässt sich unterstellen, dass die Geschwindigkeit im Vertrieb zugenommen hat (z. B. Tchibo: "Jede Woche eine neue Welt") (Kreutzer, 2010). Damit einher geht das Bestreben nach geringerer Komplexität: Heute wird eine viel größere Auswahl an Produkten angeboten, die oft auf den ersten Blick sehr ähnlich wirken. Dies führt zu einem "Produkt-Flimmern" (Kreutzer, 2010), d. h. der Verbraucher hat so viele Produkte zur Auswahl hat, dass er mit den vielen Informationen überfordert ist und die unterschiedlichen Marken kaum mehr wahrnimmt. Die Kunden wünschen sich deshalb eine höhere Überschaubarkeit, Orientierung, Berechenbarkeit und dauerhafte Werte bei den Produkten, die sie kaufen, d. h. eine Vorstrukturierung der Angebotsvielfalt.

Darüber hinaus ist zunehmend zu beobachten, dass der "Markt der Mitte" (Kreutzer, 2010) zunehmend an Bedeutung verliert. Preisbewusste Konsumenten kaufen eher beim Discounter, während nach Luxus strebenden Konsumenten "high-end" Produkte präferieren. Das führt zu einer Polarisierung des Konsums, d. h. der Markt in der Mitte verliert Kunden sowohl an den oberen Markt als auch an den unteren Markt (Sazepin et al., 2006).

Die Gründe für die **Polarisierung des Konsums** sind vielfältig (Kreutzer, 2010):

- ■ zunehmende soziale Polarisierung (mehr Reichtum einerseits, zunehmende Armut andererseits)

- ■ Produkte des mittleren Markts werden als "mittelmäßig" wahrgenommen

- ■ Erfolgsgeschichten schreiben hauptsächlich Unternehmen im Premium- und im Discountersegment

Diese Entwicklungen finden nicht zuletzt in der Distributionspolitik ihren Niederschlag. Unternehmen sehen sich bei der Sicherstellung ihres Verkaufserfolges vielerlei Herausforderungen gegenüber. Eine klare Positionierung und ein einzigartiges Nutzenversprechen an die Kundinnen und Kunden spielt hierbei eine immer wichtigere Rolle. Kundenorientierte Unternehmen können Wettbewerbsvorteile erzielen, ausbauen und gegenüber ihren Konkurrenten verteidigen. Dies wird den Anbietern durch die fortwährende Dynamik im Kaufverhalten jedoch systematisch erschwert: Demographischer Wandel, die Entwicklung der Einkommensstruktur und technischer Fortschritt sind externe Kräfte, die das das Einkaufsverhalten nachhaltig beeinflussen. Dazu gesellen sich Trends wie Cocooning, Individualisierung oder Convenience, die wesentlichen Einfluss auf den Konsumstil entwickeln und auf den verschiedenen Märkten wie Zentrifugalkräfte wirken: Die traditionell breit besetzte Marktmitte scheint zugunsten von spezialisierten Nischenpositionen zu erodieren.

Im Zuge von persönlicher Nutzenmaximierung weist der Konsument unstetiges Kaufverhalten auf. Er fährt *Porsche*, und kauft bei *Aldi* ein. Bei seiner Mode kombiniert er *Prada* mit *H&M* und fliegt für 29 Euro nach Mailand, um dort ein Luxuswochenende zu verbringen. Das Kundenverhalten von heute folgt keinem auf den ersten Blick eindeutigen Schema mehr (Hainer, 2006). Die Verbraucher weisen vielmehr zunehmend multioptionales Verhalten auf. Sie fordern qualitativ ansprechende Produkte zu preisgünstigen Bedingungen, und gleichzeitig leisten sie sich auch Luxusgüter.

Die Konsumenten lassen sich nicht einfach nur in die Sparten reich und arm unterteilen und auch die gängigen Klassifizierungskriterien wie Alter, Bildung und Beruf sind für eine Konsumentenanalyse unzureichend. „Entstanden ist ein undurchsichtiges sozial-psychologisches Konglomerat, das die gesamte Geschäftswelt durchdringt" (Hainer, 2006). Unternehmen sind mit einer komplexen Handelslandschaft konfrontiert, in der nur wenige das Potenzial und Know-how haben, das Tempo vorzugeben. Die Märkte scheinen durch einen Trend zur Polarisierung gekennzeichnet zu sein. Der Anteil des mittleren Markt-segments mit den Fachgeschäften und Warenhäusern steht unter Druck, wovon Discount- und Luxusanbieter profitieren. Während allerdings das Luxussegment von einem Preis-verfall weitgehend verschont bleibt, herrscht bei den Anbietern der preislichen Mitte und besonders im niedrigen Preissegment ein harter Preiskampf (Hainer, 2006). Gewinner sind Discounter wie *Aldi* oder *Lidl*, die ihren Anteil am Gesamtumsatz des deutschen Einzel-handels in fast zwei Jahrzehnten verdoppelt haben (Hainer, 2006). Billig einkaufen ist nicht mehr mit negativen Assoziationen verbunden, sondern wird zunehmend „schick" (Bosshardt et al., 2004). In Deutschland ist der Hang zum billigen Einkauf besonders aus-geprägt. „Der Deutsche leidet unter neurotischer Preissensibilität" (Hainer, 2006).

Seit einiger Zeit ist in diversen Branchen zu beobachten, dass Marken, die in der Mitte positioniert sind, Stück für Stück ihre Marktposition verschlechtern. Das Phänomen vom „Verlust der Mitte" sorgt immer mehr für Diskussionen. Wie in Abbildung 3.34 zu sehen ist, gleicht der Markt immer mehr einer Sanduhr: Die Mitte dünnt aus, Discount und Pre-mium boomen.

Abbildung 3.34   Der Sanduhr-Effekt

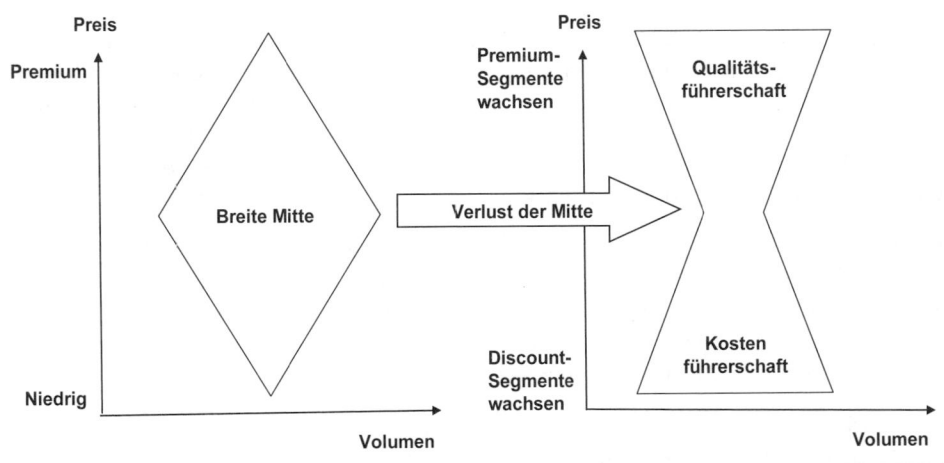

Quelle: Dudenhöffer, 2005

Die deutsche Handelslandschaft ist geprägt von einer überaus starken Präsenz von Eigenmarken auf der einen und Premiummarken auf der anderen Seite. 36 Prozent des 2006 im deutschen Lebensmitteleinzelhandel (LEH) und Drogeriemarkt realisierten Umsatzes entfielen auf Handelsmarken (Twardawa, 2007). Auf der anderen Seite trugen Premiummarken mit 30 Prozent zum Umsatz bei, deren Anteil 2006 weiter gestiegen ist (Twardawa, 2007). Es kristallisiert sich heraus, dass es über alle Einkaufsstätten hinweg einen spürbaren Trend zu höherem Qualitätsbewusstsein bei einem gleichzeitigen Bedürfnis nach preiswertem Einkaufen gibt. Der Discount-Trend lässt sich mittlerweile in allen Segmenten beobachten. Ein Prozess, der mit *„Aldisierung* der Gesellschaft" bezeichnet werden könnte, ist in Deutschland im Voranschreiten.

Wird die Handelslandschaft nur noch von Billigprodukten für die „Schnäppchenjäger" und Premiumprodukten für diejenigen, die Genuss regelrecht zelebrieren, geprägt sein (Riekhof, 2004)?

Für die Marken des mittleren Segmentes wird es in Folge dieser Dynamik immer schwieriger, sich zu behaupten. In den letzten sieben Jahren haben sie fast 15 Prozentpunkte ihres Marktanteils in Deutschland eingebüßt (Twardawa, 2007). Daher ist die Diskussion um das „Verschwinden-der-Mitte"-Phänomen gegenwärtig von großer Relevanz. Vor welchem Hintergrund können Aussagen wie: „Überleben wird nur, wer entweder fit ist wie [*Aldi*], oder sexy wie *Gucci*" (Werle, 2005) belegt werden? Hat sich das neue Lebensgefühl durchgesetzt, bei dem niemand mehr Mittelmaß sein möchte, und die Mitte deshalb langfristig den anderen Segmenten weichen wird? Steht der deutsche Markt wirklich vor einer gravierenden Teilung in die beiden Extremsegmente Premium bzw. Luxus und Discount?

In Deutschland ist die Affinität der Konsumenten zum Discount im Vergleich zu anderen europäischen Ländern am stärksten ausgeprägt: Laut einer Auswertung aus dem *A.C. Nielsen*-Haushaltspanel kauften knapp 97 Prozent aller Haushalte in Deutschland im vergangenen Jahr bei Discountern ein. Im europäischen Ausland ist die Resonanz dagegen zum Teil erheblich schwächer (Dawson, 2005). Die Lebensmittelindustrie ist die Domäne der Harddiscounter. Aufgrund der Dominanz der Discounter ist es dem deutschen LEH innerhalb eines Jahrzehnts gelungen, sich kollektiv auf das niedrigste Preisniveau in Europa herunterzuschrauben (Riekhof, 2004).

Die Beliebtheit von *Aldi, Lidl* und vergleichbaren Anbietern entsteht vor allem durch eine erzeugte Glaubwürdigkeit ihrer Geschäftspolitik. Diese erzeugte Glaubwürdigkeit trägt zum Aufbau von Vertrauen seitens der Kunden bei (Hellmann/Pichler, 2005). Niedrigpreisige Produkte vermitteln den Kunden konstant den Eindruck, durch den Einkauf in entsprechenden Discountern wirklich sparen zu können.

Der Marktanteil der Discounter liegt mittlerweile bei über 41 Prozent am Gesamtumsatz im deutschen Lebensmittelhandel. Handelsexperten halten für die kommenden Jahre noch Marktanteilsgewinne von weiteren drei bis maximal fünf Prozent für durchaus realistisch, bis der tatsächliche Sättigungspunkt dann erreicht ist (Bundesverband des deutschen Lebensmittelhandels, 2007). Als Grund für diese natürliche Wachstumsstagnation kann das sehr engmaschige Filialnetz der Discounter genannt werden. In Deutschland gibt es bereits

15.000 *Aldi-, Lidl-, Penny-, Plus-, Norma-* oder *Netto*-Filialen, jeder vierte Lebensmittelladen ist ein Discounter (Brueck, 2007). Die Zahl der Standorte betreffend konnten die Billigläden sogar die Tankstellen übertreffen.[357] Aufgrund dieser enormen Flächendichte werden mögliche potenzielle Standorte immer seltener.

Die Expansion der Discounter ist unter anderem darauf zurückzuführen, dass das Produktattribut „billig" heutzutage nicht mehr zwangsläufig mit negativen Assoziationen besetzt ist: „Die Zeit läuft ab, in der – wie auf der Hochpreisinsel Schweiz – der Durchschnittskunde der festen Überzeugung ist, dass das, was zehnmal teurer ist, auch zwingend zehnmal besser ist" (Bosshart, 2004). Ein Produkt, das zehn Euro kostet, muss nicht zwingend fünfmal besser sein als ein entsprechendes Produkt einer Handelsmarke zu einem Preis von zwei Euro (Bosshart, 2004). Diesen Sachverhalt belegt *Stiftung Warentest* durch regelmäßige Vergleiche von Markenprodukten mit unbekannten Handelsmarken. *Aldi*-Produkte zum Beispiel schneiden dabei auffallend oft mit der Note „gut" ab. „Nimmt man alle Testergebnisse der vergangenen zwei Jahre unter die Lupe, so haben die Handelsmarken keine schlechtere, sondern – im Gegenteil – sogar eine bessere Benotung als die Markenartikel der Industrie."[358] Mit diesen Testergebnissen untermauern die Discounter mit ihren Handelsmarken ihr Qualitätsimage. So schaffte *Aldi* es, ein „Billig-Anbieter ohne Billig-Image" (Schneider, 2005) zu werden.[359]

Dem aktuellen Qualitäts-Trend entsprechend dringen Discounter zunehmend auch in höherwertige Segmente der Lebensmittelbranche vor. Sie verfolgen ein neues Konzept der höherwertigen Sortimentsgestaltung und befinden sich mitten in einem Veredelungsprozess (Brueck, 2007). Sie bieten Leistungen an, die den Kunden einen deutlichen Mehrwert vermitteln. Die niedrigen Preise jedoch haben sich beim Kunden als Selbstverständlichkeit verankert (Brueck, 2007). Heute findet man beim Discounter abgepacktes Frischfleisch, Obst und Gemüse ebenso wie Wellness-, Bio- und Gesundheitsprodukte. Zudem halten Discounter ihre Läden länger offen und machen sie übersichtlicher und moderner, indem sie beispielsweise EC-Karten akzeptieren. Sie werben Kunden an, indem sie wöchentlich wechselnde Aktionen wie Asia-Wochen, Handytarife, Flugreisen oder Musicalkarten anbieten. „An dieser Strategie führt kein Weg vorbei. Nur über Mehrwert – sprich Bio,

---

[357] Der ADAC (2007) meldet in seiner jüngsten Statistik über die Entwicklung von Tankstellen eine Anzahl von 14.659 im Jahre 2007.

[358] Schneider (2005), S. 13f. Aldi erhielt die Durchschnittsnote 1,93. Die Markenartikel hingegen schnitten im Schnitt mit einer Note von „nur" 2,14 ab.

[359] Das Unternehmen Aldi ist für den Kunden glaubwürdig, da es ein stimmiges Konzept vermittelt und Adis Werbeaussagen und -versprechen mit der Wirklichkeit übereinstimmen. Der Kunde zweifelt nicht, weil er nie enttäuscht wurde. Oder wie Brandes (1998, S. 72) formuliert: „Früher hat er sicherlich Preisvergleiche angestellt, inzwischen [entfällt diese Arbeit, da der Kunde weiß], dass er [Aldi] vertrauen kann." Seit 30 Jahren hält Aldi ein konstantes Niveau, was für Kunden und Lieferanten schlicht Berechenbarkeit bedeutet. Nur so ist es zu erklären, dass Kunden heute bereit sind, bei Aldi für 1000 Euro einen Computer „ohne Namen" zu kaufen. Und dies ganz ohne Beratung oder Empfehlung durch einen Fachverkäufer (vgl. Schneider, 2005, S. 15).

Fairtrade, Spezialitäten, Frischeprodukte und Service – können die Discounter in Zukunft mehr Umsatz machen" (Brueck, 2007).

In den letzten Jahren hat eine Vielzahl von Lebensmittelskandalen die Lebensmittelbranche geprägt. Das Aufkommen von BSE, Manipulation von Haltbarkeitsdaten, hohe Pestizidbelastung bei Obst und Gemüse und andere negative Schlagzeilen führten zu einer dauerhaften Verunsicherung und Verärgerung der Verbraucher (Kreimer/Gerling, 2006). Vor allem die preisorientierten Discountmärkte haben mit dem Vertrauensverlust der Konsumenten in die generelle Qualität der Lebensmittel zu kämpfen. Konsequenterweise bescherte das den unabhängigen Einzelhandelssupermärkten zusätzliche Umsätze. Allerdings reagierten die Discounter im Zuge der Verunsicherung der Verbraucher schnell und initiierten eine Reihe von Qualitätssicherungsmaßnahmen. Sie stellten sich der qualitativen Herausforderung der Supermärkte und konnten ihre Konkurrenz teilweise überholen. Anlässlich der jüngsten *Greenpeace* Studie zur Pestizidbelastung von Obst und Gemüse haben die Discounter *Lidl* und *Aldi* von ihren Lieferanten verlangt, die Pestizidbehandlung bei den von ihnen gehandelten Früchten deutlich zu reduzieren (Brueck, 2007). Somit haben die Discounter angemessen auf die Brisanz der gegenwärtigen Situation reagiert und sehr schnell auf bessere Ware umgestellt.

Im Zuge des Veredelungsprozesses der Discounter ist zu beobachten, dass diese immer tiefer in das Revier der Vollsortimenter und Nahversorger, also der klassischen Supermärkte, eindringen. Die Supermarktbranche ist nicht mehr in der Lage, etwa bei Frischfleisch oder Bio-Produkten eine klare Monopolstellung zu behaupten und sich somit von den Discountern zu differenzieren. *Plus* ist mittlerweile der größte deutsche Händler für Bio-Produkte unter der Marke *BioBio* und schon jetzt landet fast jeder zweite Euro, den Kunden für Gesundheitsprodukte ausgeben, in den Kassen der Discounter.[360]

„Aufgrund der zentralistischen Organisationsstrukturen und der Einheitlichkeit des Ladenaufbaus könnte der Discount künftig noch stärker die Rolle des Trendsetters im Handel übernehmen, weil er offensichtlich flexibler und kurzfristiger auf Markttrends reagieren kann" (Brueck, 2007). Und wie ein Handelsmanager verlauten lässt, kann der Discount „alles besser und schneller als der Supermarkt" (Brueck, 2007).

3.8.3.1   Handels- und Herstellermarken

Eigenmarken haben vor allem im Lebensmittelbereich in den letzten Jahren deutlich an Gewicht gewonnen. In den meisten Sortimenten bestimmen Eigenmarkenprodukte das Preiseinstiegssegment und werden im Konkurrenzkampf mit Discountern von den mitstreitenden Anbietern forciert (Kreimer et al., 2006). Dabei ist zu beobachten, dass verschiedene Anbieter zeitnah auf Preisreduktionen vergleichbarer Produkte bei Discountern

---

[360] Vgl. Brueck (2007), S. 58. Nach dem Bio-Erfolg brachte Plus ernährungsphysiologisch wertvolle Lebensmittel in die Läden, die unter der Marke Viva Vital mit großem Werbeaufwand in den Markt gebracht wurden.

wie *Aldi* und *Lidl* reagieren (Kreimer et al., 2006). Dies schwächt allerdings die Kalkulation und mindert den Vorteil einer Ertragsverbesserung für die Händler durch eine gesicherte Spanne deutlich ab (Kreimer et al., 2006). Handelsmarken tragen zur Differenzierung der Händler gegenüber dem Wettbewerb bei. Denn bei weitgehend ähnlichen Sortimenten, die keine Serviceleistung erfordern, macht der Kunde seine Kaufentscheidung letztlich vom Preis abhängig (Kreimer et al., 2006). Durch eine erfolgreiche Eigenmarkenstrategie kann der Händler somit die Vergleichbarkeit gegenüber konkurrierenden Anbietern mindern und sich dadurch ein Alleinstellungsmerkmal sichern. In diesem Bereich kann sich der Händler über bspw. eine Eigenmarke im untersten Preissegment und eine höherwertige Zweiteigenmarke profilieren. Vor allem die höherwertige Eigenmarke verstärkt ein Vordringen in das mittlere Preissegment, in welchem sie durch ihre Leistung überzeugt und die Produkte den höheren Preis durch Einzigartigkeit und qualitative Hochwertigkeit rechtfertigen (Oess, 2006a). Hier tritt die Handelsmarke in direkte Konkurrenz zur Industrie-Herstellermarke und macht vor allem den Zweit- und Drittmarken, den sog. B- und C-Marken, Marktanteile streitig (Kreimer et al., 2006).

Diese Strategie lässt sich beispielsweise bei *Rewe* feststellen. Das Sortiment von *Rewe* weist aktuell einen Eigenmarkenanteil von 17 Prozent auf (Brueck/Biskamp, 2007). Dieser Anteil soll in Zukunft deutlich zunehmen und mittel- bis langfristig 30 Prozent erreichen (Brueck/Biskamp, 2007). Um dies zu erreichen, führt *Rewe* eine neue Premiumhandelsmarke ein, die auch unter dem Namen *Rewe* läuft und auf Markenartikel-Niveau liegt.[361] *Rewe* differenziert sich von konkurrierenden Anbietern, indem das Unternehmen das Preiseinstiegssegment mit der Eigenmarke *Ja* abdeckt und gleichzeitig dem Anspruch an höhere Qualität und Premiumprodukte mit der Premiumhandelsmarke *Rewe* gerecht wird.

Heutzutage halten bereits 66 Prozent der deutschen Haushalte Markenartikel für stark überteuert. Vier Jahre zuvor waren es laut Aussage des Marketing-Informationsunternehmens *A.C. Nielsen* noch 58 Prozent. Damit einher geht die geringer werdende Überzeugung der Verbraucher, dass Markenartikel auch qualitativ besser seien als vergleichbare andere Produkte (Feldhusen, 2005). Ist die Qualität eines Produktes kein kaufentscheidendes Kriterium für eine Marke mehr, bleiben Preis und Nutzen als einzige Unterscheidungsmerkmale (Feldhusen, 2005). Der Nutzen kann in diesem Zusammenhang eine Innovation oder Produktneuheit sein, aufgrund derer der Kunde die Kaufentscheidung für die Marke trifft. Der Konsument braucht einen wahrnehmbaren Zusatznutzen, der erstens Andersartigkeit bzw. Nutzensteigerung darstellt und zweitens einen offensichtlichen Mehrwert bietet (Feldhusen, 2005). „Nur was der Verbraucher deutlich erkennt, kann er honorieren" (Brueck/Biskamp, 2007). Daher ist der Aufbau einer starken Marke und die Markenpflege von herausragender Bedeutung für die Hersteller, um sich gegen Handelsmarken durchsetzen zu können.

---

[361] Vgl. Brueck/Biskamp (2007), S. 71. Die Eigenmarke Ja im Preiseinstiegsbereich bleibt erhalten. Die verbleibenden Eigenmarken wie Salto bei Tiefkühlartikeln oder Erlenhof bei qualitätsgeprüften Frischeartikeln werden langsam aus dem Sortiment genommen.

3.8.3.2   Entwicklung der SB-Warenhäuser und Supermärkte

Die SB-Warenhäuser[362] werden aktuell als Sorgenkinder der deutschen Lebensmittelbranche bezeichnet. Innerhalb des Sortiments weist das SB-Warenhaus einen sehr
hohen Anteil an Nichtlebensmitteln auf (Brueck/Biskamp, 2007). In diesem Bereich haben
die Warenhäuser den Leistungsverbesserungen der Konkurrenz zu wenig entgegengesetzt
und haben aufgrund dessen viel Boden an Billigfachgeschäfte wie *KiK, Takko* oder *Media-
Markt* verloren (Brueck/Biskamp, 2007). Die SB-Warenhäuser haben trotz stabiler Anzahl
der Filialen im Jahre 2005 Umsatzeinbußen von drei Prozent gegenüber dem Vorjahr hin-
nehmen müssen (A.C. Nielsen, 2006). Ein weiteres Problem liegt in der Positionierung
begründet, aus welcher nicht klar hervorgeht, ob die SB-Warenhäuser ein Lebensmittelge-
schäft oder aber ein Kaufhaus sind (Brueck/Biskamp, 2007). Zudem öffnet die Erreichbarkeit ein weiteres Problemfeld. Ein SB-Warenhaus ist außerhalb des Stadtzentrums gelegen
und in der Regel nur mit dem Auto erreichbar. Bei den steigenden Benzinpreisen fällt das
beim Verbraucher heutzutage ebenfalls ins Gewicht (Brueck/Biskamp, 2007).

Marktkauf kann an dieser Stelle als Beispiel für ein SB-Warenhaus mit schlechter Marktper-
formance herangezogen werden: „Die *Edeka*-Tochter *Marktkauf* war einst der Stern am
Renditehimmel des hiesigen Lebensmittelmarktes und steckt nun in der Verlustzone"
(Kreimer/Gerling, 2006). Die *Metro*-Tochter *Real* ist ein weiteres Beispiel für ein defizitäres
SB-Warenhaus (Oess, 2006b). Preis- und Leistungszufriedenheit wurden von den Kunden
als unterdurchschnittlich bewertet. Ferner führte ein Skandal um umetikettiertes Hack-
fleisch, das in zwei *Real*-Häusern trotz abgelaufenem Haltbarkeitsdatum weiterhin ver-
kauft wurde, zu Misserfolg und Vertrauensverlust der Konsumenten in die *Real*-Märkte
(Oess, 2006b). Um gegen diesen Imageverlust anzukämpfen, haben die *Real* SB-
Warenhäuser bei ihrem neuen Werbeauftritt den Schwerpunkt auf das Thema Kunden-
freundlichkeit und -zufriedenheit gelegt.[363]

Jetzt können Supermärkte nach einer lang anhaltenden Krise jedoch wieder einer positiven
Entwicklung entgegen sehen. Sie konnten ihren Umsatz im Jahre 2006 flächenbereinigt um
4,6 Prozent steigern und gehören damit noch vor den Discountern zu dem Betriebstyp, der
das größte Wachstum generierte (Kreimer/Gerling, 2006). Die Discounter konnten flächen-

---

[362] Ein SB-Warenhaus ist ein Einzelhandelsgeschäft mit mindestens 5.000 Quadratmeter Verkaufsfläche, die ein breites, warenhausähnliches Sortiment in Selbstbedienung anbietet (vgl. A.C. Nielsen,
2006, S. 73).

[363] Das Unternehmen hat fünf „Garantien" formuliert: Für ihre Frischeprodukte gibt Real eine sog.
„Frische-Garantie" ab und verspricht Kunden einen Kaufpreiserstattung, sofern sie mit der Ware
unzufrieden sind. Die „Discount-Garantie" betrifft sämtliche Produkte der Real-Eigenmarke Tip.
Findet ein Kunde ein vergleichbares Produkt in der gleichen Stadt günstiger, verspricht Real die
Gratis-Abgabe des Artikels. Die „Tiefpreis-Garantie" hingegen bezieht sich auf Markenartikel.
Findet ein Kunde einen Artikel bei konkurrierenden Anbietern günstiger, erstattet Real 20 Prozent
des Kaufpreises. Mit der „Angebots-Garantie" und der „Umtausch-Garantie" verpflichtet sich Real
zudem zu Kulanz beim Umtausch von Artikeln und garantiert, Angebotsware schnellstmöglich zu
beschaffen, sofern sie nicht sofort verfügbar ist (vgl. Schulz, 2006, S. 8).

bereinigt nur um 2,4 Prozent wachsen (Kreimer/Gerling, 2006). Moderne und leistungsfähige Supermärkte mit einer Verkaufsfläche von rund 1.500 bis 2.000 m² haben laut Kreimer/Gerling (2006, S. 24) in den nächsten Jahren das größte Wachstumspotenzial. Diese Aussage trifft vor allem auf diejenigen Supermärkte zu, die von selbständigen Unternehmern in Eigenregie betrieben werden (Bundesverband des deutschen Lebensmittelhandels, 2007).

Im Vergleich zum Discounter ist das Serviceangebot im Supermarkt um ein Vielfaches höher. Eine weitere Stärke der Supermärkte ist eine an die regionalen und lokalen Erfordernisse angepasste Sortimentspolitik (Bundesverband des deutschen Lebensmittelhandels, 2007). Aufgrund der ausgearbeiteten Sortimente hat insbesondere der inhabergeführte Supermarkt die Möglichkeit, den spezifischen Bedürfnisse seiner Kunden gerecht zu werden und dadurch Wettbewerbsvorteile zu erzielen (Bundesverband des deutschen Lebensmittelhandels, 2007). Der Supermarkt profiliert sich jedoch nicht nur über Produkte regionaler Herkunft. Auch die in Eigenregie betriebene Herstellung und Veredelung von Erzeugnissen eröffnet dem Supermarkt die Möglichkeit, ganz neue Käuferschichten zu

erschließen.[364] Zudem fungieren Supermärkte als Motor für Innovationen in der Lebensmittelbranche: Technische Neuheiten wie elektronische Regaletiketten, Self-Scanning, Zahlung per Fingerabdruck oder Sauerstoffanlagen zur Verbesserung der Angebotsqualität von Frischfleisch haben oftmals ihren Ursprung im Supermarkt (Kreimer/Gerling, 2006). Wird von diesen Stärken auf richtige Art und Weise Gebrauch gemacht und gelingt die Besetzung bedarfsgerechter Nischen, dann kann der gut geführte Supermarkt auch im Wettbewerb mit Discountern erfolgreich sein. Als gutes Beispiel dient an dieser Stelle die Supermarktkette *Edeka*, welche heute mit einem Gruppenumsatz von über 38 Milliarden Euro und fast 11.000 Geschäften Deutschlands größter Lebensmittelhändler ist.[365] Der Supermarkt stellt das Gegenmodell zum Discounttrend dar, „denn *Edeka* hat zwar auch seine Billigmarken im Regal, punktet aber vor allem mit Qualität, Vielfalt und Service statt Einheitsware" (Brueck/Schürmann, 2006). Die *Edeka* Supermärkte werden größtenteils von selbständigen Unternehmern geführt, wodurch sie eine persönliche Note erhalten. Aufgrund von Regionalität und Qualität des eigenen Profils sind die Supermärkte in der Lage, sich von der Konkurrenz zu differenzieren.[366]

---

[364] Beispiele hierfür sind küchenfertige Obst- oder Salatmischungen, grillfertige Fleischgerichte, hausgemachte Frischkäsezubereitungen oder kreative Dessertvariationen aus eigener Herstellung. Ebenso schaffen Catering-Services oder einfallsreiche Veranstaltungen, wie beispielsweise eine Weinverkostung, Kundenbindung (vgl. Bundesverband des deutschen Lebensmittelhandels, 2007).

[365] Zum Vergleich: Rewe kommt auf knapp 8500 Läden, die Aldi Gruppe kommt auf rund 4200 Filialen in Deutschland (vgl. Brueck, 2007, S. 55).

[366] Vgl. Bundesverband des deutschen Lebensmittelhandels e.V. (2007), S. 22. Als Beispiel können hierfür Kooperationen mit ortsansässigen Winzern oder regionalen Lieferanten genannt werden.

Der Supermarkt-Filialist *Kaiser's Tengelmann*[367] hat ebenfalls mit stagnierenden Umsätzen zu kämpfen. Daher schlägt das Unternehmen eine ähnliche Richtung wie *Edeka* ein und entwickelt das Geschäftskonzept neu. Ein schärferes, unverwechselbares Profil der Märkte und mehr Freiheiten für die Marktleiter sind dabei die Kernpunkte der Neuausrichtung. Es soll mehr als bisher regionales Kolorit ausgestrahlt werden, um sich im bestehenden Vertriebsnetz zu differenzieren (Vogel, 2004). Da die *Kaiser's Tengelmann* Filialen sich aufgrund der Preisaggressivität der Discounter nicht allein über den Preis profilieren können, stellen hervorragende Qualität und ein unverkennbares Sortiment die einzige Möglichkeit dar, sich von der Konkurrenz abzuheben (Vogel, 2004).

Der Vertriebstyp Supermarkt muss sein Profil weiter ausbauen und schärfen, für den Kunden erlebnisreiche Einkaufswelten schaffen und ihm mit immer wieder neuen Ideen und Innovationen begegnen, um langfristig die eigene Marktposition zu sichern. Zudem ist die Orientierung an Kundenwünschen verbunden mit einem weit reichenden Serviceangebot essentiell. All diese Möglichkeiten stehen dem Supermarkt zur Verfügung. Werden die Chancen genutzt, kann der Supermarkt in Deutschland weiterhin auch neben dem Discount gute Umsätze und Gewinne verzeichnen (Bundesverband des deutschen Lebensmittelhandels, 2007).

3.8.3.3   Trends im Lebensmitteleinzelhandel

Aktuell kristallisieren sich im LEH besonders die Trends Convenience und Bio-Produkte aus ökologischem Anbau heraus. Die Bedeutung dieser beiden Aspekte für den deutschen LEH steht im Zentrum des Interesses des folgenden Abschnitts.

Convenience (Herrmann, 2003) ist ein wichtiger Trend, der über alle Altersgruppen hinweg die Lebensmittelindustrie prägt und als Garant für Umsatzzuwachs bezeichnet werden kann (Oltmanns, 2006). Convenience-Lebensmittel zeichnen sich durch eine bequeme und schnelle Zubereitung, eine sofortige Verfügbarkeit, eine einfache Handhabung sowie durch einen geringen Einkaufsaufwand aus. Ein Sortiment mit einem Convenience-Schwerpunkt umfasst somit verzehrfertige Produkte in allen Kategorien.[368] Ein Kernpunkt der Convenience-Entwicklung liegt jedoch auf gekühlten Fertiggerichten. Außerdem liegen Produkte mit einem besonderen Fokus auf Ein- bis Zwei-Personen-Haushalte (Kreimer/Gerling, 2006) sowie Bio-Fertiggerichte (Zehm, 2006) im Trend. Dies bietet vor allem dem selbständigen Supermarktbetreiber die Chance durch Kreativität bei der Sortimentsgestaltung einen Wettbewerbsvorteil gegenüber anderen Verkaufsformaten, insbesondere aber gegenüber dem Discounter, zu erlangen.

Convenience-Orientierung manifestiert sich jedoch nicht nur auf Produktebene, sondern auch auf der Ebene der Vertriebsformate. Eine wachsende Bedeutung von Convenience-

---

[367] Die Supermärkte unter dem Namen Tengelmann befinden sich im Süden und Südwesten Deutschlands, Kaiser's werden die Filialen im Westen und rund um Berlin genannt (vgl. Vogel, 2004).

[368] Vgl. Kreimer/Gerling (2006), S. 37. Dies beinhaltet vorgefertigte Obst- und Gemüsesalate, frische Backwaren und fertige Menüs, die lediglich erwärmt werden müssen.

Stores wird Tankstellen-Shops, Flughafen- und Bahnhofsgeschäften beigemessen (Herr-mann, 2003). Dass ein derartiges Convenience-Konzept in Deutschland längst überfällig war, dokumentiert die rasante Entwicklung dieses Geschäftstyps. Allein zwischen 1985 und 2002 stiegen die Umsätze der Convenience-Shops um über 400 Prozent (Riekhof, 2007). Treibende Kräfte dieser Entwicklung sind in Deutschland die Mineralölgesellschaf-ten, die im Convenience-Geschäft eine renditestarke Ergänzung zu ihrem Kerngeschäfts-feld gefunden haben und damit sogar teilweise höhere Umsätze machen (Riekhof, 2007). Die Preisunempfindlichkeit der Convenience-Kunden hat allerdings vielfach zu einer übertriebenen Preispolitik geführt. Gerade Tankstellen-Shops wurden verstärkt kritisiert und haben dadurch ein negatives Image erworben (Kreimer/Gerling, 2006).

Hinsichtlich des weiter andauernden Convenience-Trends kann von einer Änderung der Vertriebsformate für Convenience-Produkte ausgegangen werden. Neben den dominie-renden Tankstellen-Shops werden zunehmend Express-Formate und LEH-Kleinformate an Bedeutung gewinnen, welche als eine Art „Tante Emma Laden" im Franchising-Format fun-gieren, bei der ein Verzehrbereich mit integriert ist.

Ein weiterer Aspekt des Convenience-Ansatzes im LEH ist die Zielsetzung eines unkom-plizierten und stressfreien Einkaufs. Es dominiert der Ansatzpunkt der effizienten Beschaf-fung von Lebensmitteln. Die Aufgabenstellung der einzelnen Lebensmittelhändler sieht daher eine Verkürzung der Einkaufszeit für die Kunden und eine damit einhergehende Rationalisierung des Einkaufprozesses vor (Tscheulin/Helmig, 2001).

Dies wird unter anderem durch Reduzierung von Wartezeiten an den Kassen und Bedie-nungsinseln durch Innovationen wie Self- oder Automatic-Scanning, eine übersichtliche Warenpräsentation, ein intelligentes Informations- und Leitsystem durch das Geschäft und nicht zuletzt durch ein freundliches Personal erreicht. Der Convenience Shopper ist bereit, diese Effizienzgewinne im Einkauf dem Handel zu entgelten, welches sich zum einen in einer höheren Preisbereitschaft und in der Präferenz für solche „einkaufseffizienten" Ge-schäftsstätten äußert (Tscheulin/Helmig, 2001).

Allerdings muss im Rahmen der Convenience-Fokussierung der „richtige Nerv" der Nach-frager getroffen werden. Servicekonzepte wie das Einpacken der Produkte an der Kasse oder der „Einkaufsbegleiter" im Geschäft, die in den USA oder in Japan sehr beliebt sind, treffen nicht den Convenience-Bedarf der deutschen Verbraucher. Deshalb sind sie nur zö-gernd bereit, für derart Zusatzservice einen Preisaufschlag zu bezahlen (Tscheulin/Helmig, 2001).

Es ist festzuhalten, dass Convenience-Orientierung einen Trend verkörpert, der auch in Zukunft an Bedeutung hinzugewinnen wird. Derzeit herrscht im Handel bereits ein harter Kampf um jeden Zentimeter Regalplatz. Daher lebt das Segment Convenience vor allem von einer schnellen Abfolge von Produktinnovationen. Denn nur innovative Produkte können bestehende Produkte verdrängen und sich einen begehrten Regalplatz sichern. Dies bietet Markenartikelherstellern die Chance, einen entscheidenden Wettbewerbsvorteil gegenüber den Handelsmarken zu erlangen (Kreimer/Gerling, 2006).

Zudem erscheint die Convenience-Fokussierung als Ausweg aus der Preisfalle, in die der deutsche LEH aufgrund von aggressiver Preispolitik getrieben wurde. Dennoch birgt dieses Konzept die Gefahr, dass finanzstarke Konkurrenten diesen erfolgreichen Ansatz implementieren und den Wettbewerbsvorsprung des Pioniers damit vernichten. „Insbesondere das Konzept, den Verbrauchern ein effizientes Einkaufen zu ermöglichen, erweist sich als durchaus mit dem Discount-Prinzip vereinbar" (Tscheulin/Helmig, 2001).

Neben Convenience lassen sich Bio-Lebensmittel als weiterer Trend in der Lebensmittelbranche identifizieren. Längst der Öko-Nische entwachsen, gehören Bio-Produkte zu denjenigen Warengruppen im Sortiment, von denen der Handel am ehesten Umsatzzuwachs erwarten kann (Mihr, 2007).

Entsprechend dem zukunftsweisenden Trend verzeichnen Bio-Supermärkte ein rasantes Wachstum. Bio-Supermärkte entsprechen nicht nur dem Zeitgeist, sie „verbinden Gesundheit, Genuss und Lifestyle" (Dannenberg, 2006). Im Durchschnitt wird in Deutschland jede Woche ein neuer Markt eröffnet und die Umsatzzuwächse liegen in zweistelliger Höhe weit über dem Branchendurchschnitt.[369] Zu den größten Gewinnern zählen Ketten wie der

Marktführer *Alnatura*[370], die *SuperBioMärkte*, und die Märkte *Basic*, *Naturata* und *SuperNatural* (Dannenberg, 2006). Der Anteil von Bio-Lebensmitteln am gesamten Lebensmittelhandel lag im Jahre 2006 bei rund drei Prozent, eine Ausweitung auf fünf bis sechs Prozent bis 2010 wird von Branchenexperten für durchaus realistisch angesehen

Dem Trend zu Lebensmitteln aus ökologischem Anbau ist auch der konventionelle LEH einschließlich der Discounter gefolgt. Diese sind verstärkt in das Bio-Segment eingestiegen und stellen inzwischen den wichtigsten Vertriebsweg für Bio-Lebensmittel dar. Mit der Ausdifferenzierung des Bio-Marktes verschwimmen die bisherigen Grenzen zwischen dem ökologisch orientierten Handel und dem eher konventionell orientierten Lebensmittelsektor (Zehm, 2006).

Gerade bei Schlüsselprodukten des Frischesektors mit hoher Einkaufsfrequenz[371] spielen Discounter bei Bio-Produkten die wichtigste Rolle. Inzwischen verfolgen alle großen Discounter Dachmarkenkonzepte für Bio-Ware auch im restlichen Sortiment. Allerdings konzentrieren sie sich aufgrund des beschränkten Regalplatzes lediglich auf eine über-

---

[369] Vgl. Kreimer/Gerling (2006), S. 33 und. Dannenberg (2006). Im Jahre 2006 gab es deutschlandweit rund 350 Bio-Supermärkte.

[370] Der Marktführer Alnatura konnte seinen Umsatz im Jahre 2006 um 24 Prozent auf 145 Millionen Euro steigern (vgl. Kreimer/Gerling, 2006, S. 33). Aktuell werden Alnatura Bio-Produkte in 28 Alnatura Super Natur Märkten vertrieben. Zudem vertreibt Alnatura eine Eigenmarke über den konventionellen Handel in den Drogeriemärkten Budnikowsky und in den dm-Drogeriemärkten (vgl. www.alnatura.de).

[371] Produkte des Frischesektors mit hoher Einkaufsfrequenz sind unter anderem Kartoffeln, Tomaten, Möhren, Bananen und Eier.

schaubare Anzahl von Produkten aus ökologischem Anbau. Der Bedarf der Intensivkäufer von Bio-Produkten kann demnach nicht adäquat bedient werden. Dies eröffnet Supermärkten große Chancen. Die Profilierungsmöglichkeiten liegen in der Sortimentsvielfalt und nicht zuletzt in einer größeren Beratungskompetenz (Kreimer/Gerling, 2006).

Wiederholungsfragen

1. Welches sind die zentralen Entscheidungsbereiche der Distributionspolitik?

2. Welch besonderen Wesensmerkmale charakterisieren die Distributionspolitik gegenüber den anderen Marketinginstrumenten?

3. Weshalb ist die Distributionspolitik für den Markterfolg vieler Unternehmen besonders bedeutsam?

4. Erläutern Sie produktspezifische Rahmenbedingungen für distributionspolitische Entscheidungen!

5. Nennen Sie die Beurteilungskriterien, die für einen Direktvertrieb sprechen!

6. Beschreiben Sie Wesen und typische Aufgabenbereiche unternehmenseigener Distributionsorgane!

7. Welch Chancen und Risiken bestehen für Hersteller durch die zunehmende Wettbewerbskonzentration im Einzelhandel?

8. Nennen Sie typische Zielkonflikte zwischen Industrie und Handel!

4 Investition und Finanzierung

4.1 Investition

Lernziele

Zur langfristigen Existenzsicherung von Unternehmen ist es notwendig, deren Kapital gewinnmaximierend zu investieren. In den nachfolgenden Abschnitten wird deshalb vermittelt:

- welche Arten von Investitionen es gibt,

- wie die für Investitionsentscheidungen benötigten Daten ermittelt werden,

- wie bei statischen dynamischen Verfahren der Investitionsrechnungen vorgegangen wird,

- wie die Ergebnisse der Investitionsrechnungen zu interpretieren sind und

- welche qualitativen Aspekte bei Investitionsentscheidungen zu berücksichtigen sind.

4.1.1 Grundlagen der Investitionsplanung

Ausgehend von güter- und finanzwirtschaftlichen Umsatzprozess bedeutet "investieren" - wie das vom lateinischen „investire" (einkleiden) abgeleitete Wort zum Ausdruck bringt - die Einkleidung des Unternehmens mit Vermögenswerten. Damit stellen die Investitionsvorgänge die der Finanzierung unmittelbar folgende Phase dar.

Investition ist die Umwandlung der durch Finanzierung oder aus Umsätzen stammenden flüssigen Mittel des Unternehmens in Sachgüter, Dienstleistungen und Forderungen (Käfer, 1974).

Je nach Umfang der betrachteten Investitionsobjekte können dabei zwei verschieden weit gefasste Begriffe unterschieden werden (Thommen und Achleitner, 2008):

- **Investitionen im weiteren Sinne**: in einem sehr weiten Sinne umfassen die Vermögenswerte, welche investiert wird, sämtliche Unternehmensbereiche, und zwar unabhängig von ihrer bilanziellen Erfassung oder Erfassbarkeit. Es handelt sich dabei um alle Investitionen, die ein Leistungspotenzial, das heißt einen erwarteten künftigen Nutzenzugang, darstellen. Dazu gehört:

  - das Umlaufvermögen (zum Beispiel Vorräte, Forderungen),
  - das materielle (zum Beispiel Maschinen), immaterielle (zum Beispiel Patente) und finanzielle (zum Beispiel Beteiligungen) Anlagevermögen,

- Informationen und Know-how (zum Beispiel Informationssysteme des Rechnungswesens),
- das Humanvermögen oder Human Capital (zum Beispiel Ausbildung von Mitarbeitern).

■ **Investitionen im engeren Sinne**: Beschränkt man sich dagegen auf einen ganz bestimmten Unternehmensbereich oder eine bestimmte Art von Gütern, in welche investiert wird, so handelt es sich um eine enge Fassung des Investitionsbegriffes. Insbesondere versteht man darunter Umwandlung finanzieller Mittel immaterielles Anlagevermögen.

Den folgenden Abschnitten liegt ein enger Investitionsbegriff zu Grunde.

4.1.2   Investitionsarten

Investitionen lassen sich hinsichtlich des Investitionsobjektes, der Zielsetzung der Investitionen, der Nutzungsdauer Investitionsobjekts und des Auftretens im Zeitablauf klassifizieren (Vahs und Schäfer-Kunz, 2007).

Investitionen im Betriebsmittel beziehungsweise Sachanlagen werden als **Real**- oder **Sachinvestitionen** bezeichnet. Sie stehen im Mittelpunkt der nachfolgenden Abschnitte. Bei Investitionen in Unternehmensbeteiligungen oder in andere Möglichkeiten der Finanzanlage handelt es sich um **Finanzinvestitionen**, bei Investitionen in Dienstleistungen oder Know-how um so genannte **immaterielle Investitionen**.

Von besonderer Bedeutung für die Beurteilung von Investitionen ist die Zielsetzung beziehungsweise der Anlass einer Investition. Diesbezüglich lassen sich folgende Investitionen unterscheiden (Vahs und Schäfer-Kunz, 2007):

■ **Errichtungsinvestitionen**: eine Errichtung Investitionen bei der erstmaligen Beschaffung eines Betriebsmittels zur Produktion eines neuen Produktes vor dieses beispielsweise der Fall, wenn eine neue Fabrik errichtet wird.

■ **Erweiterungsinvestitionen:** charakteristisch für eine Erweiterungsinvestitionen ist, dass die Kapazität der vorhandenen Betriebsmittel vergrößert wird, beispielsweise indem eine zweite, mit der bisherigen Einrichtung identische Produktionseinrichtungen geschafft wird.

■ **Ersatzinvestitionen:** im Falle von Ersatzinvestitionen erfolgt der Ersatz alter, nicht mehr perfekt funktionierende Anlagen durch neue gleiche oder zumindest gleichartige Anlagen.

■ **Rationalisierungsinvestitionen:** im Kontext von Rationalisierungsinvestitionen mit menschliche Arbeitskraft durch automatische Betriebsmittel ersetzt, also beispielsweise ein manueller Montageplatz durch einen Montageautomaten.

■ **Sicherungsinvestitionen:** Darunter sind alle Investitionen zusammengefasst, welche die Sicherung beziehungsweise das fortbestehen eines Unternehmens gewährleisten in diesem Zusammenhang sind besonders Investitionen in Forschung und Entwicklung, Werbung, Beteiligung an Unternehmen des Beschaffungsmarktes und Umweltschutzmaßnahmen zu nennen.

■ **Diversifizierungsinvestitionen:** mit diesen Investitionen ist besonders die Erschließung branchenfremder Märkte durch die Beteiligung an Unternehmen gemeint im weitesten Sinne werden damit Investitionen zusammengefasst, die eine Diversifikation, das heißt Auffächerung des Produktions- beziehungsweise Absatzprogrammes bewirken. Die Bedeutung liegt vorrangig in der Verringerung des unternehmerischen Risikos.

4.1.3 Investitionsrechnung im Zahlungstableau

Die Investitionsrechnung hat die Aufgabe, den künftigen Investitionserfolg zu prognostizieren und zu bewerten und Zwecke der Beurteilung bedient man sich in der Unternehmenspraxis des Verfahrens der **statischen Investitionsrechnung** sowie der **dynamischen Investitionsrechnung** (Thommen und Achleitner, 2008):

■ Die **statischen Verfahren** sind dadurch gekennzeichnet, dass sie die Unterschiede des zeitlichen Anfalls der jeweiligen Rechnungsgrößen nicht berücksichtigen und damit auf einer Ab - oder Aufzinsung verzichten. Bei diesem Verfahren werden für alle Perioden die gleichen Werte angenommen, so dass den Rechnungen in der Regel lediglich eine Periode zu Grunde liegt. Dies bedeutet, dass man mit Durchschnittswerten rechnet. Es handelt sich somit um relativ einfache Rechnungen, welche sich aus den Informationen des Rechnungswesens ableiten lassen. Aus diesem Grunde finden Sie in der Praxis häufig Anwendung.

■ Die **dynamischen Verfahren** zeichnen sich demgegenüber dadurch aus, dass sie versuchen, die zeitlich unterschiedlich anfallenden Ströme während der gesamten Nutzungsdauer zu erfassen. Die Vergleichbarkeit der zeitlich unterschiedlich anfallenden Einzahlungs-und Auszahlungsströme wird dadurch erreicht, dass diese auf einen bestimmten Zeitpunktzins werden.

Einen Überblick hinsichtlich der verschiedenen Investitionsrechnungsverfahren gibt die nachstehende Abbildung (vgl. **Abbildung 4.1**).

Abbildung 4.1   Übersicht über die Investitionsrechenverfahren

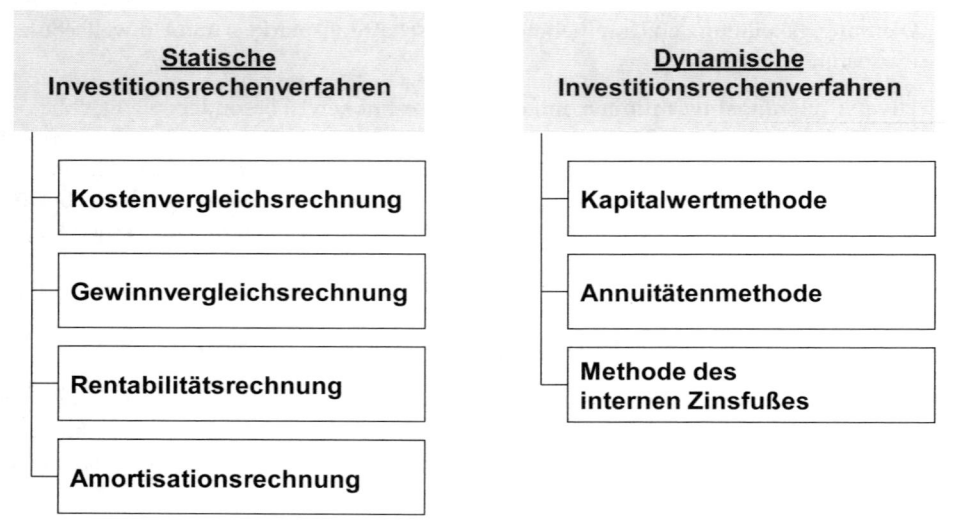

Diese beiden unterschiedlichen Verfahren der Investitionsrechnungen können besser verstanden werden, wenn man alle aus einem Projekt resultierenden Ein- und Auszahlungen in einer Tabelle, einem **Zahlungstableau**, zusammengefasst.

Da eine Investitionsrechnung vor der Investitionsentscheidungen zu erstellen ist, muss man in einer ex ante-Rechnung folgende Werte prognostizieren (Wöhe, 2010):

■ die Einzahlungen Et

■ die Auszahlungen At

■ Investitionsdauer mit den Perioden t=1…n

■ den Liquidationserlös der Anlage am Ende der Nutzungsdauer Ln

■ den Zinssatz (für Fremdkapital) i

Die Einzahlungen basieren bei einer Sachinvestitionen im Wesentlichen auf Umsatzerlösen (welche sich durch Multiplikation von Preis und Menge ergeben), die Auszahlungen auf Zahlungen für Lohn, Material, Energie, Reparaturen usw. In den Modellen wird üblicherweise unterstellt, dass die Ein- beziehungsweise Auszahlungen jeweils zum Periodenende anfallen.

Die zu Beginn der Investitionstätigkeit in to anfallende Anschaffungsauszahlung Ao für das Investitionsprojekt ist in jedem Fall bekannt. In einem Modell unter Sicherheit, von dem das folgende Beispiel ausgeht, gelten auch die anderen Größen als in to bekannt (vgl. **Tabelle 4.1**)

Tabelle 4.1   Ausgangsdaten Investitionsprojekt I

Zeitpunkt	t0	t1	t2
Anschaffungsauszahlung Ao	- 1.000		
Einzahlung Et		500	900
Auszahlung At		-400	-200
Liquidationserlös Ln			
Kreditaufnahme	1.000		
Tilgung			
Fremdkapitalzins i	10%	10%	10%

Quelle: Wöhe, 2010

Das Projekt ist vollständig fremdfinanziert; der Kredit wird in t2 zurückgezahlt. Aus den sicheren Erwartungsgrößen lässt sich folgendes Zahlungstableau ableiten:

Tabelle 4.2   Zahlungstableau Investitionsprojekt I

Zeitpunkt	Zahlungsvorgang	Betrag
t0	Zufluss Kreditaufnahme	1.000
t0	Anschaffungsauszahlung Ao	- 1.000
t1	E1	500
t1	A1	- 400
t1	Fremdkapitalzinsen (Periode 1)	- 100
t1	**Bestand Schulden beziehungsweise Guthaben**	-

Zeitpunkt	Zahlungsvorgang	Betrag
t2	E2	900
t2	A2	- 200
t2	Fremdkapitalzinsen (Periode 2)	- 100
t2	Liquidationserlös Ln	600
t2	Tilgung	- 1.000
t2	**Bestandschulden beziehungsweise Guthaben**	**200**

Quelle: Wöhe, 2010

In dem obigen Beispiel reichen die Einzahlungen aus, die laufenden Auszahlungen, die Fremdkapitalzinsen die Tilgung abzudecken. Darüber hinaus steht dem Investor nach Ablauf des zweiten Jahres ein Guthaben von 200 € zur Verfügung.

Wie ist nun die Vorteilhaft des oben genannten Investitionsprojektes zu beurteilen? Der Investor hat kein Eigenkapital eingesetzt. Sein Reinvermögen in to war also Null. Sein Reinvermögen in t2 beträgt +200. Im Reinvermögenszuwachs (= Gewinn) von +200 konkretisiert sich der Investitionserfolg.

4.1.4   Statische Verfahren der Investitionsrechnung

Investitionsrechnungen sind Rechenverfahren zur Beurteilung der monetären vorteilhaft von Investitionen (Vahs und Schäfer-Kunz, 2007).

Im Rahmen der statischen Verfahren der Investitionsrechnung wird mit Durchschnittswerten operiert. Der Zeitpunkt, zu welchem die Rückflüsse anfallen, hat demnach keinen Einfluss auf das Ergebnis der Rechnung. In der betrieblichen Praxis werden die statischen Verfahren vor allem wegen ihrer einfachen Handhabung und des damit verbundenen geringen Kosten- und Aufwandes sehr häufig eingesetzt. Sie werden als statisch bezeichnet, weil sie den unterschiedlichen zeitlichen Anfall von Einzahlungen und Auszahlungen nicht oder nur teilweise berücksichtigen und außerdem nur eine Planungsperiode betrachten.

Die statischen Verfahren werden in den folgenden Abschnitten näher behandelt.

4.1.4.1   Kostenvergleichsrechnung

Im Rahmen der **Kostenvergleichsrechnung** werden die Kosten von zwei oder mehr Investitionsalternativen einander gegenübergestellt. Die Investitionen mit den niedrigsten Kosten ist die vorteilhaft beste Alternative.

In die Kostenvergleichsrechnung gehen grundsätzlich nur die Kosten allein, welche durch das jeweilige Investitionsprojekt unmittelbar verursacht werden. Vernachlässigt werden allerdings jene Kosten, die für alle Investitionsvarianten in gleicher Höhe anfallen. Entscheidungsrelevant sind damit folgende Kosten (Jung, 2009):

- **Betriebskosten**, die als Kosten der laufenden Fertigung Ausprägung abhängig anfallen (**variable Kosten**), das heißt im wesentlichen Lohn-, Material-, Instandhaltungs-, Energie-sowie Werkzeugkosten,

- **Kapitalkosten**, die Ausprägung unabhängig anfallen (**fixe Kosten**). Diese setzen sich zusammen aus den Abschreibungen pro Zeitperiode und den Zinskosten des durchschnittlich gebundenen Kapitals.

Mithilfe der **kalkulatorischen Abschreibung** will man den Werteverzehr an der jeweiligen Anlage berücksichtigen. Dabei geht man von einem kontinuierlichen Verzehr aus. Im einfachsten Fall ermittelt man die kalkulatorische Abschreibung wie folgt:

$$\text{kalkulatorische Abschreibung} = \frac{Ao - RWn}{n}$$

Ao   = Anschaffungsausgabe zum Zeitpunkt 0 (Gegenwart)

n   = Nutzungsdauer in Jahren

RW   = Restwert / Liquidationserlös am Ende der Nutzungsdauer

Unabhängig von der Eigen- beziehungsweise Fremdfinanzierung ermittelt man **kalkulatorische Zinsen** nach der Durchschnittsmethode. Die kalkulatorischen Zinsen werden also nach Maß Gabe des durchschnittlich gebundenen Kapitals wie folgt ermittelt:

$$\text{kalkulatorische Zinsen} = \frac{Ao}{2} * i$$

Ao   = Anschaffungsausgabe zum Zeitpunkt 0 (Gegenwart)

i   = kalkulatorischer Kapitalkostensatz p.a. als Renditeforderung

Kostenvergleichsrechnung soll nun anhand eines Beispiels dargestellt werden (Jung, 2009). Es soll eine zusätzliche Anlage angeschafft werden. Zwei Anlagen stehen zur Auswahl, deren Auslastung gleich ist. Es wird die folgende Kostenvergleichsrechnung durchgeführt:

Tabelle 4.3   Beispiel einer Kostenvergleichsrechnung

Kostenvergleichsrechnung	Anlage A	Anlage B
Anschaffungsausgabe Ao in EUR	200.000	100.000
Nutzungsdauer n in Jahren	10	10
Liquidationserlös / Restwert RW in EUR	-	-
Zinssatz i in %	10	10
Auslastung in Mengeneinheiten / Jahr	20.000	20.000
Abschreibungen in EUR	20.000	10.000
kalkulatorische Zinsen in EUR	10.000	5.000
sonstige Fixkosten in EUR	8.000	8.200
Summe Fixkosten in EUR	38.000	23.200
Löhne und Nebenkosten in EUR	5.700	16.810
Materialkosten in EUR	1.690	1.690
Sonstige variable Kosten in EUR	1.210	1.500
Summe variable Kosten in EUR	8.600	20.000
Gesamtkosten pro Jahr in EUR	**46.600**	**43.200**

Quelle: Jung, 2009

Der Kostenvergleich zeigt, dass bei gleicher Auslastung der Anlage B der Anlage A überlegen ist, da sie geringere Kosten verursacht.

Eine **Beurteilung der Kostenvergleichsrechnung** ergibt, dass dem Vorteil eines einfach zu handhabenden Verfahrens folgende Nachteile gegenüberstehen:

■ die Erlösseite wird nicht in die Berechnungen einbezogen. Man kann damit nicht einmal bei der kostengünstigsten Alternative sicher sein, dass sie überhaupt einen Gewinnbeitrag generiert.

- Unterschiedliche qualitative Leistungen von Investitionsobjekten können nicht in das Verfahren einfließen.

- Mögliche für Änderungen der Kosteneinflussgrößen (zum Beispiel Änderung der Lohnkosten, der Rohstoffpreise) werden nicht berücksichtigt (Jung, 2009).

4.1.4.2 Gewinnvergleichsrechnung

Im Gegensatz zu Kostenvergleichsrechnung sieht die Gewinnvergleichsrechnung die Erlösseite mit in die Überlegungen ein. Insofern stellt die Gewinnvergleichsrechnung eine Erweiterung der Kostenvergleichsrechnung dar.

> Im Rahmen der **Gewinnvergleichsrechnung** werden die Gewinner von zwei oder mehr Investitionsalternativen einander gegenübergestellt. Die Investitionen mit dem höchsten durchschnittlichen Gewinn pro Periode ist die vorteilhafteste Alternative.

Bei gleichen Erlösen pro Mengeneinheit führen Kostenvergleichsrechnung und Gewinnvergleichsrechnung zum gleichen Ergebnis.

Die Gewinndefinition lautet:

$$\text{Gewinn} = \text{Erlös} - \text{Kosten}$$

Auch die Gewinnvergleichsrechnung wird im folgenden anhand eines einfachen Beispiel des dargestellt. Man entscheidet sich für Anlage A, da diese nach Maßgabe des Ergebnisses einen höheren Gewinn aufweist.

Tabelle 4.4   Beispiel einer Gewinnvergleichsrechnung

Gewinnvergleichsrechnung	Einheiten	Anlage A	Anlage B
Leistung	Stück/Jahr	19.500	20.000
Erlöse	€/Jahr	482.000	484.000
Fixe Kosten	€/Jahr	42.000	27.000
Variable Kosten	€/Jahr	295.000	326.500
Gesamte Kosten	€/Jahr	337.000	353.500
Gewinn	€/Jahr	145.000	130.500
Gewinndifferenz A - B	**€/Jahr**	**14.500**	

Die Gewinnvergleichsrechnung unterliegt grundsätzlich den Schwächen, welche durch die kurzfristige, statische Betrachtung entstehen. Auch wird keine Aussage über die Rentabilität des eingesetzten Kapitals gemacht. Die Gewinnvergleichsrechnung ist nur sinnvoll einsetzbar, wenn Investitionsalternativen mit einer gleich langen Nutzungsdauer betrachtet werden (Jung, 2009).

4.1.4.3 Rentabilitätsvergleichsrechnung

Benötigen die betrachteten Investitionsvorhaben unterschiedliche Kapitaleinsätze, sinnvoll, die Rentabilität denn bei der Beurteilung zu berücksichtigen.

> Im Rahmen der **Rentabilitätsvergleichsrechnung** wird der **Return on Investment (ROI)** oder **Return on Capital Employed** ermittelt und die Investitionsalternative mit der höchsten Rentabilität gewählt.

Mithilfe der Rentabilitätsrechnung können sowohl mehrere Investitionsmöglichkeiten als auch einzelne Projekte beurteilt werden. Stehen mehrere Varianten so Auswahl, so wird man sich für jene mit der höchsten Rentabilität entscheiden. Geht es hingegen um die Beurteilung eines einzigen Vorhabens, so erweist sich jenes als vorteilhaft, welches eine bestimmte, als Zielgröße vorgegebene Mindestrendite übersteigt.

Die Rentabilität berechnet sich wie folgt:

$$\text{Rentabilität} = \frac{\text{durchschnittlicher Gewinn}}{\text{durchschnittlicher Kapitaleinsatz}}$$

Bei abnutzbaren Wirtschaftsgütern muss der durchschnittliche Kapitaleinsatz (das heißt die Hälfte der Anschaffungskosten) angesetzt werden, lediglich bei nicht abnutzbaren Gütern (Grundstücke, Umlaufvermögen etc.) wird der ursprüngliche Kapitaleinsatz angesetzt, da keine Abschreibungen erfolgen.

Die Rentabilitätsrechnung wird ebenfalls anhand eines einfachen Beispiels dargestellt.

Tabelle 4.5 Beispiel einer Rentabilitätsvergleichsrechnung

Rentabilitätsvergleichsrechnung	Einheiten	Anlage A	Anlage B
Anschaffungskosten	€	90.000	88.020
Nutzungsdauer	Jahre	6	6
Leistungsmenge	Stück/Jahr	20.000	23.000
Fixe Kosten	€/Jahr	20.000	18.670

Rentabilitätsvergleichsrechnung	Einheiten	Anlage A	Anlage B
Variable Kosten	€/Jahr	72.000	70.000
Gesamte Kosten	€	107.000	103.340
Erlöse	€	112.300	114.230
Gewinn	€	5.300	10.890

$$\text{Rentabilität A} = \frac{5.300 * 100}{45.000} = 11,77\%$$

$$\text{Rentabilität B} = \frac{10.890 * 100}{44.010} = 24,74\%$$

Eine Beurteilung des Verfahrens der Rentabilitätsrechnung ergibt die bereits oben genannten Probleme hinsichtlich der kurzfristigen Betrachtungsweise, welche zukünftige Änderungen auf Kosten und Erlösen unberücksichtigt lässt. Weiterhin muss auch bei diesem Verfahren unterstellt werden, dass Differenzen in der Nutzungsdauer einzelner Objekte nicht von Bedeutung sind, das heißt das Kapital der kurzlebigeren Investitionen muss in der Nutzungsdauerdifferenz die gleiche Rendite erwirtschaften (Jung, 2009).

4.1.4.4 Amortisationsrechnung

Im Rahmen der **Amortisationsrechnung** wird der Zeitraum ermittelt, welche benötigt wird, um das investierte Kapital über die Rückflüsse zurückzugewinnen. Damit sich Investitionen überhaupt amortisieren, muss die Amortisationsdauer kleiner als die Nutzungsdauer sein. Die Investition mit der kürzesten Amortisationszeit ist die vorteilhafteste Alternative.

Die statische Amortisationsrechnung wird vorwiegend zur Beurteilung des Risikos von Investitionen eingesetzt. Die Amortisationsrechnung kann dabei nicht nur zum Alternativenvergleich, sondern auch zur absoluten Beurteilung des Risikos von Investitionen eingesetzt werden. Die meisten Unternehmen machen deshalb Vorgaben, in welchem Zeitraum sich eine Investition amortisieren muss. Anders als die bisher vorgestellten statischen Verfahren der Investitionsrechnung betrachte die Amortisationsrechnung die Rückflüsse über mehrere Perioden. Die Amortisationsdauer kann ermittelt werden durch (Vahs und Schäfer-Kunz, 2007):

■ die Gegenüberstellung der kumulierten Einzahlungen und Auszahlungen (**Kumulationsmethode**) oder

■ anhand des Verhältnisses des Kapitaleinsatzes zu den durchschnittlichen Rückflüssen (**Durchschnittsmethode**).

Bei der Durchschnittsmethode wird das ursprünglich eingesetzte Kapital durch die durchschnittlichen Rückflüsse (durchschnittliche Gewinn plus Abschreibungen) dividiert. Die Amortisationsdauer errechnet sich daher wie folgt:

$$\text{Amortisationsdauer} = \frac{\text{Kapitaleinsatz}}{\text{durchschnittliche Rückflüsse}}$$

Dabei ergeben sich die durchschnittlichen Rückflüsse durch Addition des durchschnittlichen Gewinns und der Abschreibung.

Folgende Aufgabe soll die Berechnung verdeutlichen:

Tabelle 4.6   Beispiel einer Amortisationsrechnung

Rentabilitätsvergleichsrechnung	Einheiten	Anlage A	Anlage B
Anschaffungskosten	€	100.000	150.000
Nutzungsdauer	Jahre	5	5
Durchschnittlicher Gewinn	€/Jahr	28.000	36.000

$$A = \frac{100.000}{28.000 + (100.000 / 5)} = 2{,}08 \text{ Jahre}$$

$$B = \frac{150.000}{36.000 + (150.000 / 5)} = 2{,}27 \text{ Jahre}$$

Anlage A. ist wegen der kürzeren Amortisationsdauer als vorteilhafter zu bewerten.

Im Rahmen der **Kumulationsrechnung** werden die erwarteten Rückflüsse pro Periode geschätzt und kumuliert, bis sie der Höhe des Kapitaleinsatzes entsprechen. Diese Variante ist dann vorzuziehen wenn der Gewinnverlauf unregelmäßig.

Eine **Bewertung der Amortisationsrechnung** ergibt, dass dieses Verfahren in Ergänzung zu Rentabilitätsrechnung wertvolle Hinweise südlich der Risikoabschätzung von Investitionsvorhaben liefert. Je länger die Kapitalbindung (beziehungsweise Amortisationsdauer) desto unsicherer ist die Rückgewinnung des investierten Kapitals. Bei unterschiedlicher Nutzungsdauer von Investitionsalternativen ist es wenig sinnvoll, die Investitionsentscheidung ausschließlich auf Grundlage der Amortisationsrechnung zu treffen, da die jährlichen Abschreibungen von der Nutzungsdauer abhängen und somit die Amortisationsdauer wesentlich beeinflussen. Auch diesem Verfahren haftet die Schwäche der Nichtberücksichtigung des zeitlichen Anfalls von Zahlungen an (Jung, 2009).

4.1.4.5   Bewertung der statischen Verfahren

Die größten Nachteile der statischen Investitionsrechnungen liegen in

- der kurzfristigen Betrachtungsweise und

- der Nichtberücksichtigung des zeitlichen Anfalls von Einzahlungen und Auszahlungen.

Die kurzfristige Betrachtung unterstellt für einen längeren Zeitraum konstante Verhältnisse (Löhne, Erlöse etc.), welche in der Praxis teilweise hohen Schwankungen unterliegen. Die zeitliche Berücksichtigung des Anfalls von Zahlungen, das heißt die unterschiedliche Bewertung von Zahlungen zu unterschiedlichen Zeitpunkten, kann dazu führen, dass sich die Rangordnung der nach statischen Gesichtspunkten beurteilten Alternativen erheblich verändert. Zum anderen ist man auch hierbei vor Fehlentscheidungen nicht sicher wie folgendes Beispiel einer Gewinnvergleichsrechnung zeigt (Wöhe, 2010):

Tabelle 4.7   Beispiel einer problematischen Gewinnvergleichsrechnung

Investition/ Periode	1	2	3	4	Durchschnittsgewinn
A	100,0	500,0	900,0	1.300,0	700,0
B	1.300,0	900,0	500,0	80,0	695,0

Berechnet man den Gewinn der repräsentativen Einzelperiode als Durchschnittsgewinn, muss man sich für alternative A. entscheiden. Betrachtet man aber die zeitliche Struktur der Rückflüsse und unterstellt man, dass der geplante Gewinn pro Periode mit dem Einzahlungsüberschuss pro Periode identisch ist, wird man sich für alternative B. entscheiden, weil man für hohe Rückflüsse in der Gegenwart eine größere Präferenz hat als für hohe Rückflüsse in einer ferneren Zukunft. Anders formuliert: der statische Charakter der Rechnungen vernachlässigt die intertemporären Ergebnisunterschiede, welche bei den dynamischen Verfahren der Investitionsrechnung durch die Berücksichtigung von Zins und Zinseszins erfasst werden.

Zusammenfassend kann festgehalten werden, dass sich die statischen Investitionsrechnungen durch ihre große Praktikabilität auszeichnen. Es handelt sich um einfache Verfahren mit leicht verständlichen Berechnungen und verfügbaren Basisdaten.

Allerdings weisen sie auch einige grundlegende Nachteile auf die abschließend kurz dargestellt werden sollen (Thommen und Achleitner, 2008):

◼ Zeitliche Unterschiede in Bezug auf Ein- und Auszahlungen bleiben weit gehend unberücksichtigt. Für ein Unternehmen spielt dieser Aspekt vor allem bezüglich der Rentabilität eine entscheidende Rolle. Je weiter der ein Einzahlungsüberschuss in der Zukunft liegt, umso kleiner wird die Rentabilität, da das Geld zur Reinvestition erst zu einem späteren Zeitpunkt zur Verfügung steht.

◼ Die Betrachtung einer einzigen Periode und somit die Rechnung mit Durchschnittswerten ist eine grobe Vereinfachung, welche nicht der betrieblichen Realität entspricht.

◼ Die Zurechnung von Kosten und Gewinnen auf die einzelnen Investitionsvorhaben ist in der Realität äußerst problematisch.

◼ Die effektive Nutzungsdauer bleibt unberücksichtigt. Damit besteht die Gefahr, dass längerfristige Investitionsprojekte unterbewertet werden.

Die statischen Investitionsrechnungen können somit vor allem dann eingesetzt werden, wenn die zu bewertenden Investitionsprojekte nicht durch schwankende, voneinander abweichende Ströme charakterisiert sind. Sie eignen sich zudem als Entscheidungsgrundlage für kleinere Investitionen, welche wenig innerbetriebliche Abhängigkeiten aufweisen.

4.1.5   Dynamische Verfahren der Investitionsrechnung

Die Investitionsrechnungsverfahren versuchen, die oben genannten Schwächen der statischen Verfahren beseitigen. Dies geschieht im Wesentlichen in zweifacher Hinsicht (Wöhe, 2010):

◼ Es wird nicht mit Durchschnittswerten gerechnet, sondern mit **Zahlungsströmen**, welche während der ganzen Nutzungsdauer der Investition auftreten.

◼ Der **zeitlich unterschiedliche Anfall der Einzahlungen und Auszahlungen** berücksichtigt.

> Die **dynamische Investitionsrechnung** hat die Aufgabe, Zahlungen, welche zu unterschiedlichen Zeitpunkten anfallen, durch Aufzinsung beziehungsweise Abzinsung auf einen einheitlichen Zeitpunkt vergleichbar zu machen.

Im Falle der **Aufzinsung** wird berechnet, welchen entbehrt eine gegenwärtige Zahlung zum zukünftigen Zeitpunkt hat. Die Berechnung erfolgt mithilfe des Aufzinsungsfaktors:

$$\text{Aufzinsungsfaktor} = (1 + i)^t$$

i = Zinssatz

t = Periode

Beispiel: Wenn 100 € heute zu 10 % angelegt werden, berechnet sich der Endwert durch Multiplikation des Anlagebetrages (Ao) mit dem Aufzinsungsfaktor:

$$\text{Endwert} = \text{Ao} * (1 + i)^t = 100 * (1 + 0,1)^2 = 121$$

Die **Diskontierung** beziehungsweise **Abzinsung** ist eine **umgekehrte Zinseszinsrechnung**. Die Abzinsung erfolgt mittels des **Kalkulationszinsfußes i**, der die gewünschte **Mindestverzinsung** des Kapitals darstellt. Der abgegrenzte Betrag wird als **Barwert** bezeichnet. Er gibt an, was ein in der Zukunft liegende Rückfluss zu Beginn der Investitionen Wert ist, wenn eine periodische Verzinsung mit dem Kalkulationszinsfuß erfolgen würde.

Der **Abzinsungsfaktor** berechnet sich wie folgt:

$$\text{Abzinsungsfaktor} = \frac{1}{(1 + i)^t}$$

Beispiel: Ein Rückfluss von 121 € in zwei Jahren (R_2) wäre also bei einem Kalkulationszinsfuß von 10 % heute 100 € wert:

$$\text{Barwert} = \text{Rn} * \frac{1}{(1 + i)^t} = 121 * \frac{1}{(1 + 0,1)^2} = 100$$

Einen Spezialfall stellt die Berechnung des Barwertes B dar, wenn während n Jahren eine Zahlung jeweils am Jahresende fällig wird, welche in ihrer Höhe konstant bleibt. In diesem Fall ergibt sich der Barwert durch Multiplikation der jährlichen Zahlung mit dem so genannten **Rentenbarwertfaktor**:

$$\text{Rentenbarwertfaktor} = \frac{(1 + i)^n - 1}{i * (1 + i)^n}$$

Da es sich bei dem Rückfluss R. um eine während n Jahren jährlich anfallende, nach schlüssige (das heißt am Ende des Jahres fällige) Rente handelt, nennt man den Barwert Bo auch den **Rentenbarwert** oder **Kapitalwert**.

Beispiel: Mithilfe des Rentenbarwertfaktors soll die Frage beantwortet werden, wie viel ein Investor in der Gegenwart zahlen muss, um drei Jahre lang eine Rente von 1002 pro Jahr zu erhalten. Der Zinssatz beträgt 10 %:

$$\text{Rentenbarwert} = R * \frac{(1 + i)^n - 1}{i * (1 + i)^n} = \frac{(1 + 0,1)^3 - 1}{0,1 * (1 + 0,1)^3} = 1.000 * 2,487 = 2.487$$

Wird in Umkehrung zu oben genannten Beispiel nach der jährlichen Rente Rn gesucht, welche aus einem Gegenwartswert Bo gezahlt werden kann, dann kann diese Frage mittels des **Annuitätenfaktors** oder **Kapitelwiedergewinnungsfaktors** beantwortet werden. Der Annuitätenfaktor berechnet sich wie folgt:

$$\text{Annuitätenfaktor} = \frac{(1+i)^n * i}{(1+i)^n - 1}$$

Beispiel: Mithilfe des Annuitätenfaktors soll die Frage beantwortet werden, welchen gleich bleibenden Jahresbeitrag (Rente) ein Rentenempfänger erwarten kann, wenn er in der Gegenwart to eine Einmalzahlung Zo = 1.000 für zwei Jahre verrenten lässt. Der Zinssatz beträgt auch in diesem Falle 10 %. Die gesuchte an Novität berechnet sich durch Multiplikation des Annuitätenfaktors mit der Ausgangszahlung:

$$\text{Annuität} = Zo * \frac{(1+i)^n * i}{(1+i)^n - 1} = 1.000 * \frac{(1+0,1)^2 * 0,1}{(1+0,1)^2 - 1} = 1.000 * 0,576 = 576$$

Die nachfolgenden **Zinstabellen** enthalten Aufzinsungsfaktoren, Abzinsungsfaktoren, Rentenbarwertfaktoren und Annuitätenfaktoren, mit deren Anwendung sich wie gezeigt unterschiedliche ökonomische Fragestellungen beantworten lassen.

Abbildung 4.2   Aufzinsungsfaktoren

Jahre	3%	4%	5%	6%	7%	8%	9%	10%
1	1,030	1,040	1,050	1,060	1,070	1,080	1,090	1,100
2	1,061	1,082	1,103	1,124	1,145	1,166	1,188	1,210
3	1,093	1,125	1,158	1,191	1,225	1,260	1,295	1,331
4	1,126	1,170	1,216	1,262	1,311	1,360	1,412	1,464
5	1,159	1,217	1,276	1,338	1,403	1,469	1,539	1,611
6	1,194	1,265	1,340	1,419	1,501	1,587	1,677	1,772
7	1,230	1,316	1,407	1,504	1,606	1,714	1,828	1,949
8	1,267	1,369	1,477	1,594	1,718	1,851	1,993	2,144
9	1,305	1,423	1,551	1,689	1,838	1,999	2,172	2,358
10	1,344	1,480	1,629	1,791	1,967	2,159	2,367	2,594
15	1,558	1,801	2,079	2,397	2,759	3,172	3,642	4,177
20	1,806	2,191	2,653	3,207	3,870	4,661	5,604	6,727

Quelle: Wöhe, 2010

Abbildung 4.3   Abzinsungsfaktoren

Abzinsungsfaktoren								
Jahre	3%	4%	5%	6%	7%	8%	9%	10%
1	0,971	0,962	0,952	0,943	0,935	0,926	0,917	0,909
2	0,943	0,925	0,907	0,890	0,873	0,857	0,842	0,826
3	0,915	0,889	0,864	0,840	0,816	0,794	0,772	0,751
4	0,888	0,855	0,823	0,792	0,763	0,735	0,708	0,683
5	0,863	0,822	0,784	0,747	0,713	0,681	0,650	0,621
6	0,837	0,790	0,746	0,705	0,666	0,630	0,596	0,564
7	0,813	0,760	0,711	0,665	0,623	0,583	0,547	0,513
8	0,789	0,731	0,677	0,627	0,582	0,540	0,502	0,467
9	0,766	0,703	0,645	0,592	0,544	0,500	0,460	0,424
10	0,744	0,676	0,614	0,558	0,508	0,463	0,422	0,386
15	0,642	0,555	0,481	0,417	0,362	0,315	0,275	0,239
20	0,554	0,456	0,377	0,312	0,258	0,215	0,178	0,149

Quelle: Wöhe, 2010

Abbildung 4.4   Rentenbarwertfaktoren

Rentenbarwertfaktoren								
Jahre	3%	4%	5%	6%	7%	8%	9%	10%
1	0,971	0,962	0,952	0,943	0,935	0,926	0,917	0,909
2	1,913	1,886	1,859	1,833	1,808	1,783	1,759	1,736
3	2,829	2,775	2,723	2,673	2,624	2,577	2,531	2,487
4	3,717	3,630	3,546	3,465	3,387	3,312	3,240	3,170
5	4,580	4,452	4,329	4,212	4,100	3,993	3,890	3,791
6	5,417	5,242	5,076	4,917	4,767	4,623	4,486	4,355
7	6,230	6,002	5,786	5,582	5,389	5,206	5,033	4,868
8	7,020	6,733	6,463	6,210	5,971	5,747	5,535	5,335
9	7,786	7,435	7,108	6,802	6,515	6,247	5,995	5,759
10	8,530	8,111	7,722	7,360	7,024	6,710	6,418	6,145
15	11,938	11,118	10,380	9,712	9,108	8,559	8,061	7,606
20	14,877	13,590	12,462	11,470	10,594	9,818	9,129	8,514

Quelle: Wöhe, 2010

Abbildung 4.5   Annuitätenfaktoren

Annuitätenfaktoren								
Jahre	3%	4%	5%	6%	7%	8%	9%	10%
1	1,030	1,040	1,050	1,060	1,070	1,080	1,090	1,100
2	0,523	0,530	0,538	0,545	0,553	0,561	0,568	0,576
3	0,354	0,360	0,367	0,374	0,381	0,388	0,395	0,402
4	0,269	0,275	0,282	0,289	0,295	0,302	0,309	0,315
5	0,218	0,225	0,231	0,237	0,244	0,250	0,257	0,264
6	0,185	0,191	0,197	0,203	0,210	0,216	0,223	0,230
7	0,161	0,167	0,173	0,179	0,186	0,192	0,199	0,205
8	0,142	0,149	0,155	0,161	0,167	0,174	0,181	0,187
9	0,128	0,134	0,141	0,147	0,153	0,160	0,167	0,174
10	0,117	0,123	0,130	0,136	0,142	0,149	0,156	0,163
15	0,084	0,090	0,096	0,103	0,110	0,117	0,124	0,131
20	0,067	0,074	0,080	0,087	0,094	0,102	0,110	0,117

Quelle: Wöhe, 2010

Auf Basis der oben dargestellten finanzmathematischen Grundlagen werden im Folgenden dynamischen Investitionsrechnungen vorgestellt (Wöhe, 2010; Jung, 2009; Vahs und Schäfer-Kunz, 2007; Thommen und Achtleitner, 2006).

4.1.5.1   Kapitalwertmethode

Die Kapitalwertmethode ist das gängigste Verfahren zur Beurteilung von Investitionsprojekten. Bei der **Kapitalwertmethode** werden alle durch eine Investition verursachten Einzahlungen und Auszahlungen auf einem bestimmten Zeitpunkt abgezinst (vgl. Abbildung 4.13). In der nachstehenden Abbildung wird gezeigt, welchen Kapitalwert ein jährlicher Überschuss von jeweils 1000 € über einen Zeitraum von drei Jahren ergeben würde.

Abbildung 4.6   Darstellung der Kapitalwertmethode

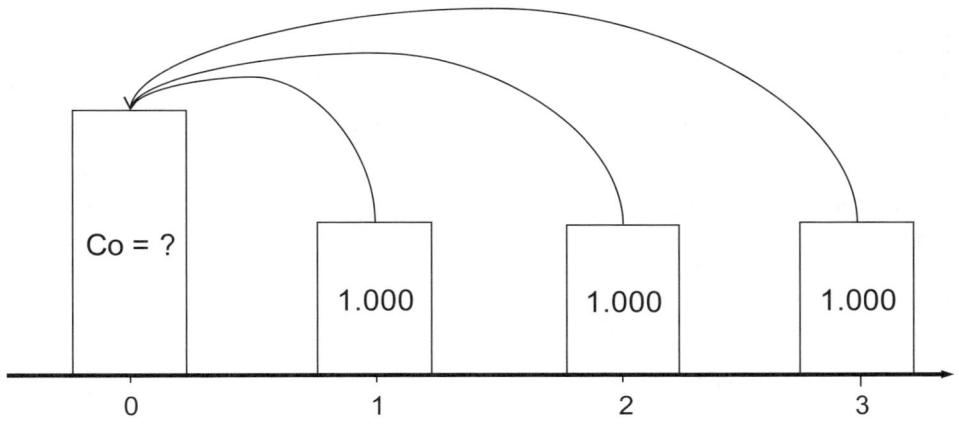

Im Rahmen der **Kapitalwertmethode** wird eine Investition an einer Alternativinvestition gemessen, welche sich mit dem Kalkulationszinsfuß i verzinst. Alle Investitionen deren Kapitalwert (Vahs und Schäfer-Kunz, 2007):

- \>0 ist, erzielen im Vergleich zur Alternativinvestition einen Kapitalzuwachs

- = 0 ist, erzielen dieselbe Verzinsung wie die Alternativinvestition

- < = 0 ist, erzielen eine schlechtere Verzinsung als die Alternativinvestition, und die Investitionsauszahlung wird unter Umständen nicht wiedergewonnen.

Der Kapitalwert kann nicht nur zur absoluten Beurteilung der Vorteilhaftigkeit einer Investitionen, sondern auch zum Alternativenvergleich herangezogen werden. Die Investition mit dem höheren Kapitalwert ist die vorteilhaftere Alternative.

Der Kapitalwert wird durch die Addition aller Zinsrückflüsse und des Liquidationserlöses abzüglich der Investitionsauszahlung ermittelt:

$$\text{Kapitalwert } C_0 = -A_0 + \sum_{t=1}^{n} \frac{(E_t - A_t)}{(1 + i)^t} + \frac{L_n}{(1 + i)^n}$$

t	=	Zeitindex, wobei $t = 0,1,2,\ldots,n$
n	=	Nutzungsdauer der Investitionen in Jahren
i	=	Diskontierungszinssatz (Kalkulationszinssatz)
A_0	=	Auszahlungen im Zusammenhang mit der Beschaffung des Investitionsobjektes, zum Beispiel Kaufpreis einer Maschine.

E_t	=	Einzahlungen während der Nutzungsdauer, fällig am Ende der jeweiligen Zeitperiode t; diese beinhalten in erster Linie die Erlöse aus dem Verkauf der erstellten Leistungen
A_t	=	Auszahlungen während der Nutzungsdauer, fällig am Ende der jeweiligen Zeitperiode t wie zum Beispiel Zahlungen für Löhne
L_n	=	Liquidationserlös am Ende der Nutzungsdauer

Beispiel: Ermittlung des Kapitalwertes einer einzelnen Investition. Die Diskontierung der Rückflüsse (Et – At) geschieht mit Abzinsungsfaktoren, welche aus den oben genannten Tabellen für den entsprechenden Kalkulationszinsfuß entnommen werden können:

n	=	5 Jahre
i	=	10%
A0	=	100.000
Ln	=	0

Tabelle 4.8   Beispiel zur Kapitalwertmethode

Jahre	Auszahlungen	Einzahlungen	Rückflüsse (Et - At)	Abzinsungsfaktoren für i = 0,1	Barwerte der Zahlungen
0	- 100.000	-	- 100.000	1,0000	100.000
1	- 15.000	55.000	40.000	0,9091	36.364
2	- 15.000	50.000	35.000	0,8264	28.924
3	- 20.000	50.000	30.000	0,7513	22.539
4	- 20.000	50.000	30.000	0,6830	20.490
5	- 25.000	50.000	25.000	0,6209	15.523
				Kapitalwert	**223.840**

Diese Investition ist vorteilhaft. Neben der geplanten Mindestverzinsung von 10 % erwirtschaftet die Investitionen eine Reinvermögensmehrung von 23.840 €. In anderen Worten: hätte der Investor das Kapital von 100.000 € über fünf Jahre zu 10 % angelegt, würde er 23.840 € weniger herausbekommen, als wenn er den Betrag in das oben genannte Projekt mit den entsprechenden Rückflüssen investiert hätte.

Das Grundmodell der Kapitalwertermittlung geht von der wirklichkeitsfremden Annahme aus, dass

- zum einheitlichen Kalkulationszinsfuß i
- zu jedem beliebigen Zeitpunkt t1, t2, t3,..., tn
- beliebig große Beträge als Guthaben angelegt, beziehungsweise als Kredit aufgenommen

werden können.

Im Rahmen der Kapitalwertrechnung gilt (Wöhe, 2010):

- Je höher der Kalkulationszinsfuß, desto geringer ist der Barwert einer künftigen Zahlung
- Ein Investitionsvorhaben sollte nur durchgeführt werden, wenn der errechnete Kapitalwert positiv ist.
- Bei einem negativen Kapitalwert wird der Investor die Investitionen unterlassen, bei einem Kapitalwert gleich Null ist er indifferent.
- Zu einem positiven Kapitalwert gelangt man nur, wenn der Barwert der erwarteten Kapitalrückflüsse höher ist als die Anschaffungsauszahlung.
- Ein positiver Kapitalwert zeigt, welche Reinvermögensmehrung bezogen auf den Zeitpunkt t0 aus dem Investitionsprojekt erwartet werden kann.
- Mit steigenden Kapitalkosten i verringert sich der Kapitalwert.

Daraus wird ersichtlich, dass der **Wahl des Kalkulationszinssatzes** ein besonderes Gewicht zukommt. Grundsätzlich stehen drei Möglichkeiten offen, diesen Zinssatz zu bestimmen (Thommen und Achtleitner, 2006):

1. Man legt die **Finanzierungskosten** zu Grunde und verlangt, dass die Investitionen mindestens eine Rendite in Höhe der Kosten des eingesetzten Kapitals erzielt.

2. Man nimmt die Rendite, welche bei alternativen Anlagemöglichkeiten erzielt werden könnte, sei dies bei sachähnlichen oder sachfremden Investitionsprojekten.

3. Man gibt eine Zielrendite vor, welche man unter Berücksichtigung verschiedener Faktoren (zum Beispiel Marktchancen, Risiko) erreichen möchte.

4.1.5.2   Annuitätenmethode

Die Annuitätenmethode als weiteres dynamisches Verfahren der Investitionsrechnung stellt eine Variante der Kapitalwertmethode dar. Während bei der Kapitalwertmethode mit dem Kapitalwert einer Investitionen der Betrag ermittelt wird, der - im positiven Fall - den Überschuss bezeichnet, der über die geforderte Mindestverzinsung des eingesetzten Kapitals hinaus erwirtschaftet wird, rechnet die Annuitätenmethode diesen Kapitalwert in **uniforme (gleichgroße) jährliche Zahlungen** um.

Bei der **Annuitätenmethode** wird der Kapitalwert einer Investition demnach in **gleichgroße jährliche Beträge beziehungsweise Annuitäten** umgerechnet, deren Zinssumme wieder den Kapitalwert ergeben würde. Dieses Vorgehen kommt der in der Praxis üblichen Betrachtungsweise jährlicher Gewinn entgegen. Eine Investition ist in diesem Kontext dann vorteilhaft, wenn die Annuität positiv ist. Bei der Wahl zwischen zwei Investitionsalternativen ist die Alternative mit der größeren Annuität zu wählen.

Abbildung 4.7   Darstellung der Annuitätenmethode

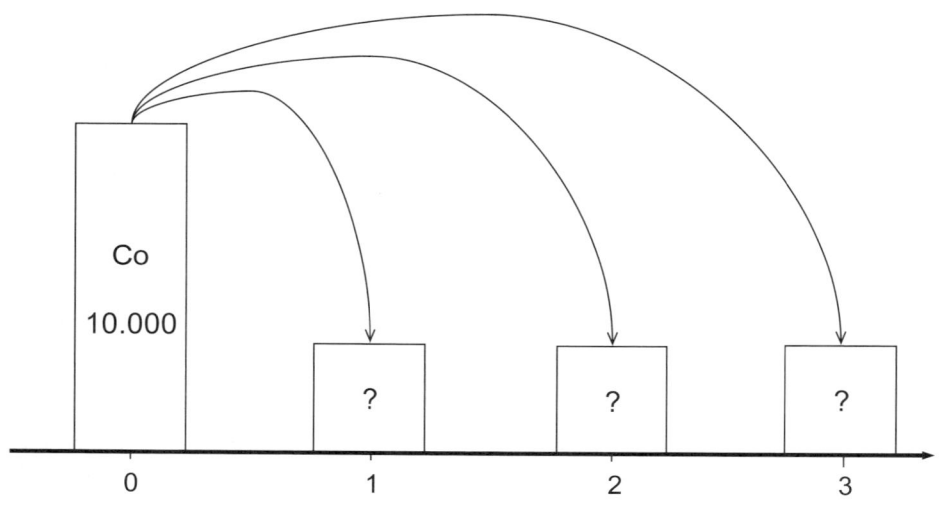

Aus der vorstehenden Abbildung ist ersichtlich, dass im Rahmen der Annuitätenmethode errechnet wird, welche jährlich gleich bleibenden Zahlungen beziehungsweise Annuitäten ein bestimmter Kapitalwert (im Beispiel 10.000 €) ergeben würde.

Die Ermittlung der Annuität erfolgt über den so genannten **Kapitalwiedergewinnungsfaktor**. Dieser Faktor stellt den Kehr Wert des oben dargestellten Rentenbarwertfaktors dar. Die Formel für die Berechnung der Annuität einer Investition lautet somit:

$$\text{Annuität AN} = C_0 * \frac{i * (1+i)^n}{(1+i)^n - 1} = C_0 * WGF_n^i$$

AN = Annuität

Co = Kapitalwert

i = Kalkulationszinsfuß

n = Nutzungsdauer

Die Vorgehensweise wird am **Beispiel** aus Abbildung 4.15 dargestellt: im Rahmen der Annuitätenrechnung soll ermittelt werden, welche Rente einer Laufzeit von 3 Jahren sich bei einer Verzinsung von i = 10% aus einem gegebenen Anfangskapital Co ergibt. Wird bei gegebenem Anfangskapital die Annuität gesucht, so erfolgt die Berechnung mittels des oben dargestellten Kehrwertes des Rentenbarwertfaktors, des Wiedergewinnungs-/Annuitätenfaktors. Der Wert für den Annuitätenfaktor kann dabei der entsprechenden Tabelle in Abbildung 5.2 entnommen werden:

$$\text{Annuität AN} = C_0 * \frac{i * (1 + i)^n}{(1 + i)^n - 1} = C_0 * WGF_3^{0,1} = 10.000 * 0,40211 = 4.021,10$$

Eine positive Annuität zeigt (Wöhe, 2010)

- welchen gleich bleibenden Jahresbetrag der Investor als Erfolgsrate entnehmen kann, ohne sein ursprüngliches Reinvermögen zu reduzieren oder

- um welchen gleich bleibenden Jahresbetrag die objektbezogenen Einzahlungsüberschüsse im Krisenfall absinken könnten, ohne dass das Investitionsprojekt und vorteilhaft wird.

4.1.5.3   Interne Zinsfußmethode

Auch die **interne Zinsfußmethode** ist in einer bestimmten Weise mit der Kapitalwertmethode verbunden. Sie unterscheidet sich von Letzterer formal dadurch, dass sie im Rahmen der Investitionsanalyse den Zinssatz errechnet, bei welchem ein **Kapitalwert gerade null** wird. Eine Investition mit einem Kapitalwert von null bringt dem Investor bei Fremdfinanzierung keinen reinen Vermögenszuwachs. Die Einzahlungsüberschüsse reichen gerade aus, die Anschaffungsauszahlungen zu kompensieren und die Finanzierungskosten zu decken. Das investierte Kapital verzinst sich genau zum Kalkulationszinsfuß. Eine Investition mit einem positiven (negativen) Kapitalwert verzinst sich dagegen zu einem Zinssatz, welcher über (unter) dem Kalkulationszinsfuß liegt.

Der **interne Zinsfuß r** zeigt an, zu welchem Prozentsatz sich das in einem Investitionsprojekt gebundene Kapital verzinst.

Zur Beurteilung der Vorteilhaftigkeit einer einzelnen Investition vergleicht man im Rahmen einer Kosten Nutzen Analyse

- die interne Verzinsung r (Investitionsnutzen) mit

- dem Kapitalzinsfuß i (Kapitalkosten).

Die **Entscheidungsregel** lautet:

r > i   Investition vorteilhaft
r = i   Entscheidungsindifferenz
r < i   Investition unvorteilhaft

Die Ermittlung des internen Zinsfußes r erfolgt, indem der Kapitalwert gleich Null gesetzt wird. Da hierzu in der Regel eine Gleichung-ten Grades gelöst werden muss, wird der Kapitalwert in der Praxis mittels Interpolation ermittelt. Dazu werden zu zwei beliebigen Versuchszinsen i1 und i2 die entsprechenden Kapitalwerte errechnet. Anhand dieser Werte kann der interne Zinsfuß näherungsweise wie folgt ermittelt werden:

$$r_i \approx i_1 - C_{01} * \frac{i_2 - i_1}{C_{02} - C_{01}}$$

i = Versuchszinssatz (1 bzw. 2)

r = interner Zinsfuß

Co = Kapitalwert (bei i1 bzw. i2)

Die Vorgehensweise wird im Folgenden anhand eines **Beispiels** nochmals dargestellt: Bei einer Maschine mit einem Anschaffungswert von 100.000 € und einer Nutzungsdauer von 5 Jahren ergeben sich bei Versuchszinssätzen von 8% und 16% folgende Kapitalwerte (vgl. **Tabelle 4.9**):

Tabelle 4.9   Beispiel zur Annuitätenmethode

Jahr	Rückfluss	Versuchszinssatz 8%		Versuchszinssatz 16%	
		Abzinsungsfaktor	Barwert	Abzinsungsfaktor2	Barwert
1	10.000	0,9259	9.259	0,862069	8.620
2	35.000	0,8573	30.006	0,743163	26.010
3	25.000	0,7938	19.845	0,640658	16.016
4	35.000	0,7340	25.726	0,55229	19.330
5	30.000	0,6806	20.417	0,476113	14.283
Summe (€)			105.253		84.259
./.Anschaffungs-wert (€)			100.000		100.000
Kapitalwert			5.253		- 15.741

Die Ermittlung des internen Zinsfußes erfolgt dann wie folgt:

$$r_i \approx i_1 - C_{01} * \frac{i_2 - i_1}{C_{02} - C_{01}} = 8 - 5.253 * \frac{16 - 8}{-15.741 - 5.253} \approx 10\%$$

Versucht man, die interne Zinsfußmethode ökonomisch zu interpretieren, kann er als Rendite der Investitionen angesehen werden. Bei vollständiger Eigenfinanzierung zeigt er die Verzinsung des eingesetzten Eigenkapitals. Bei vollständiger Fremdfinanzierung*den Zinsfuß an, bis zu dem der Kreditgeber die Zinsen anheben könnte, ohne dass das Projekt für den Investor unrentabel wird.

Den Zusammenhang zwischen Kapitalwert internen Zins verdeutlicht die nachfolgende Abbildung (vgl. **Abbildung 4.8**).

Abbildung 4.8   Kapitalwert und interner Zins

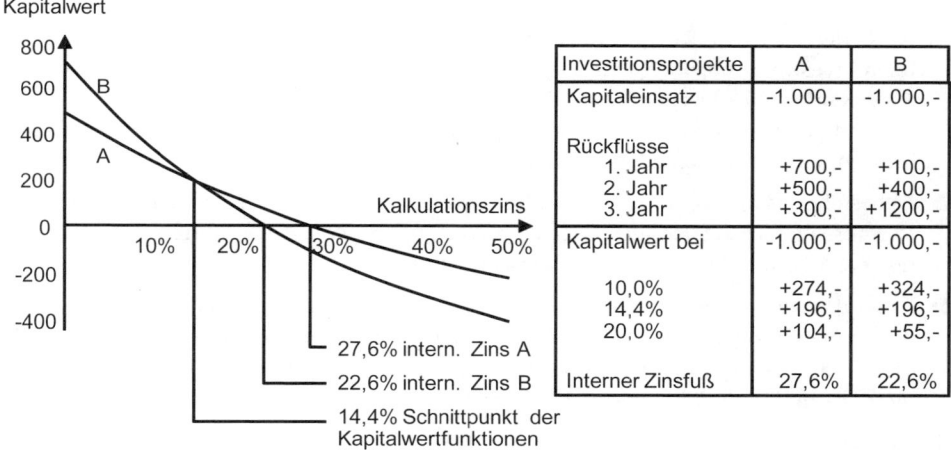

Quelle: Schierenbeck und Wöhle, 2008

Die Grafik zeigt die Abhängigkeit des Kapitalwertes vom Kapitalkostensatz anhand der Darstellung der Kapitalwert der Zweierinvestitionen bei alternativen Kapitalkostensätzen. Je höher der Kapitalkostensatz eingesetzt wird, umso geringer ist der Kapitalwert des betrachteten Investitionsprojekts. Der Schnittpunkt der Kapitalwertkurve mit der Achse der Kapitalkostensätze ergibt den internen Zins.

4.1.5.4   Beurteilung der dynamischen Investitionsrechenverfahren

Die Vorteile der dynamischen Verfahren ergeben sich in erster Linie daraus, dass sie den zeitlichen Ablauf eines Investitionsprojekts berücksichtigen und damit einen höheren Realitätsbezug aufweisen. Dies bedeutet vor allem, dass

- sämtliche Daten über alle Perioden der Nutzungsdauer einzeln erfasst werden und

- der zeitlich unterschiedliche Anzahl aller relevanten Zahlungsgrößen auf der Grundlage der Zinseszinsrechnung berücksichtigt wird.

Dennoch vermögen die dynamischen Verfahren nicht alle Nachteile der statischen zu beheben die Mängel können wie folgt zusammengefasst werden (Thommen und Achleitner, 2008; Jung, 2009):

- Es wird unterstellt, dass zukünftige Zahlungen zuverlässig geschätzt werden können (**vollkommene Voraussicht**). Tatsächlich sind diesbezügliche Annahmen (zum Beispiel Nutzungsdauer, Höhe und zeitliche Verteilung von Ein- und Auszahlungen etc.) oft nur mit hohen Unsicherheiten vorhersehbar.

- Außerdem wird das **Zurechnungsproblem** von Ein- und Auszahlungen zu den jeweiligen Investitionsobjekten stets als gelöst gesehen. Es bestehen in der Praxis jedoch Interdependenzen zwischen Investitionsobjekt und anderen Faktoren (zum Beispiel bestehenden Betriebsstrukturen, zukünftigen Investitionsvorhaben etc.) so dass die Zuordnung oft Schwierigkeiten bereitet.

- Es besteht das **Problem der Kalkulationszinssatzermittlung**: da bei den klassischen Verfahren kein zuverlässiger Ansatz für eine zuverlässige Berechnung existiert, beruht der Kalkulation Zinssatz auf Schätzungen und ist damit Unsicherheiten behaftet.

- Es wird angenommen, dass Kapital in beliebiger Höhe zum Kalkulationszinsfuß aufgenommen beziehungsweise angelegt werden kann (**vollkommener Kapitalmarkt**). Ist diese Prämisse nicht haltbar, so wird die Rentabilität einer Investition bei Kapitalwertmethode und Annuitätenmethode verzerrt wiedergegeben.

- Die **Wiederanlageprämisse** setzt voraus, dass bei der Kapitalwertmethode Rückflüsse zum Kalkulationszinsfuß, bei der internen Zinsfußmethode zum internen Zinssatz reinvestiert werden können. Bei unterschiedlicher Struktur der Rückflüsse oder Nutzungsdauer der Investitionsobjekte liefert die Anwendung beider Verfahren unterschiedliche Rangfolgen der Vorteilhaftigkeit.

- Bei der Berücksichtigung von **Differenzinvestitionen** bei der Alternativauswahl wird davon ausgegangen, dass konkrete Möglichkeiten der Zwischenanlage bekannt sind. Kalkulationszinsfuß und interner Zinssatz können dann zuverlässig bestimmt werden.

Wiederholungsfragen

1.   Was wird unter einer Investition verstanden?

2.   Welche Arten von Investitionen gibt es?

3.   Wie wird bei Investitionsentscheidungen vorgegangen?

4. Welche Investitionsdaten müssen ermittelt werden?

5. Wovon hängt die Nutzungsdauer ab?

6. Wie werden die Rückflüsse der verschiedenen Investitionsarten ermittelt?

7. Was ist unter dem Liquidationserlös zu verstehen?

8. Welche Unterschiede bestehen zwischen den statischen und in den dynamischen Verfahren der Investitionsrechnung?

9. Wie wird bei der Kostenvergleichsrechnung, der Gewinnvergleichsrechnung und der Rentabilitätsvergleichsrechnung vorgegangen?

10. Wie wird die Amortisationsdauer ermittelt?

11. Was wird anhand der Amortisationsdauer beurteilt?

12. Was wird über die Diskontierung ermittelt?

13. Welche Verzinsung wird beim Kapitalwert von null erreicht?

14. Viele der interne Zinsfuß ermittelt?

15. Wie wird die Annuitätenmethode, und was sagt sie aus?

4.2 Finanzierung

Lernziele

Neben dem Marketing ist die Finanzierung in vielen Unternehmen ein kritischer Engpassfaktor. Das nachfolgende Kapitel möchte hier eine kompakte Einführung geben und hat folgende Lernziele zum Inhalt:

- was Gegenstand der Finanzierung ist,

- wie sich die Bedeutung der Finanzierung in der letzten Zeit gewandelt hat,

- wie sich die verschiedenen Formen der Finanzierung unterscheiden,

- was unter dem Begriff „Liquidität" zu verstehen ist und warum sie von herausragender Bedeutung für alle Unternehmen ist,

- wie sich der Cashflow berechnet,

- was unter Kreditrisiko zu verstehen ist und wie sich dieses managen lässt,

- welche Methoden der Bewertung von Finanztitel prinzipiell zur Verfügung stehen und

- was die wesentlichen Aussagen von Portfoliotheorie und Capital Asset Pricing Model sind.

In der Betriebswirtschaftslehre verstand man unter dem Begriff „Finanzen" zunächst alle Aktivitäten, die sich mit den verschiedenen Zahlungsströmen und den korrespondierenden Zahlenwerken (Finanzbuchhaltung, Jahresabschluss, Kalkulation und später dann Controlling und Treasury) befassten (Bieg und Kußmaul, 2000; Copeland et al., 2008; Drukarczyk, 2003; Perridon und Steiner, 2009). Im Vergleich zur vergangenheitsorientierten Buchhaltung, deren Fokus die ex-post Sammlung und Bewertung von zahlenrelevanten Unternehmensvorgängen ist, soll das moderne Finanzwesen entscheidungsrelevante Information für die zukunftsorientierte Ausrichtung des Unternehmens liefern. In der traditionellen Betriebswirtschaftslehre kommt den Finanzen nur eine Unterstützungsfunktion, nämlich zur Finanzierung von Investitionen in Anlagen und Vorprodukten bzw. Materialien zu. Dieser Finanzierungsbedarf kann dann durch die unterschiedlichen Finanzierungsmöglichkeiten gedeckt werden, wobei aus Gesamtunternehmenssicht ein finanzielles Gleichgewicht zu jedem Zeitpunkt sicherzustellen ist (Liquidität und Schuldendeckungsfähigkeit).

Die traditionelle Finanzierungslehre fokussiert in ihrer Betrachtung stark auf die Eigen- und Fremdkapitalgeber. Inhaltliche Schwerpunkte sind dabei die unterschiedlichen Arten der Finanzierung und die Diskussion der entsprechenden Finanzstrukturregeln sowie die verschiedenen Finanzierungsmaßnahmen im Lebenszyklus des Unternehmens (Gründungsfinanzierung, Kapitalerhöhung bei Expansion, Kapitalherabsetzung, Liquidation).

Moderne Ansätze der Finanzierungslehre fokussieren auf den Zusammenhang zwischen Investitions- und Finanzierungsfragen. Hier rücken Fragen der Kapitalaufbringung und der Kapitalanlage stärker in den Mittelpunkt. Entsprechend bilden kapitalmarktorientierte Betrachtungen den Schwerpunkt (Süchting, 1995).

Das Finanzwesen hat in den letzten Jahren einen enormen Bedeutungszuwachs erfahren, der konsequenterweise in der Etablierung der Position des Chief Financial Officer zum Ausdruck kommt, der sämtliche Bereiche des Finanz- und Rechnungswesens im Unternehmen verantwortet und die Geschäftspolitik des Unternehmens hinsichtlich ihrer finanziellen Umsetzungsmöglichkeiten überprüft: alle betriebswirtschaftlichen Entscheidungen werden auf die Erfüllung finanzieller Ziele hin bewertet. Die Unternehmen verfolgen ausschließlich finanzielle Ziele und nutzen zu deren Erreichung die attraktivsten Anlagemöglichkeiten, die sich keineswegs zwangsläufig nur im eigenen Unternehmen finden müssen. Im Extremfall haben realwirtschaftliche Vorgänge im Unternehmen nur dahingehend Bedeutung, als dass sie zu Zu- oder Abfluss finanzieller Mittel führen. Der Chief Financial Officer steht in seinem gesamten Handeln konsequenterweise in enger Kommunikation mit den Kapitalgebern (Investor Relations).

4.2.1   Corporate Finance

Zusätzlich zur Bündelung aller finanzwirtschaftlicher Verantwortung in der Position des Chief Financial Officers und seiner gewachsenen Bedeutung im Rahmen der Unternehmensführung drückt sich die zunehmende Wichtigkeit der Finanzierung auch im umfassenden Steuerungsanspruch der neubegründeten Spezialfunktion im Rahmen der Finanzierung, der so genannten Corporate Finance, aus (Brealey und Myers, 2005; Damodaran, 2001; Schulte, 2005). Oberziel aller Entscheidungen im Rahmen des Corporate Finance ist die Maximierung des Unternehmenswertes. Dies kann prinzipiell durch Erhöhung der Kapitalrendite oder durch Senkung der Kapitalkosten geschehen. Typischerweise sind Kapitalanlageentscheidungen (inkl. Projektbewertungen), das Working Capital Management, Finanzierungsentscheidungen, die Ausschüttungspolitik und das Finanzrisikomanagement Aufgabenfelder des Corporate Finance.

Im Rahmen von (langfristigen) **Kapitalanlageentscheidungen** ist festzulegen, in welche Projekte und Finanztitel investiert werden soll und wie diese Investitionen finanziert werden sollen. Investitionen sind dann lohnend (und erhöhen den Unternehmenswert), wenn sie sich über den risikoadjustierten Kapitalkosten verzinsen. Bestehen keine entsprechenden Investitionsmöglichkeiten, sollten die überschüssigen liquiden Mittel an die Anteilseigner ausgeschüttet werden, damit diese sie zum Marktzins am Kapitalmarkt investieren können. Grundsätzlich stehen alle Investitionsmöglichkeiten im Wettbewerb um das entsprechend benötigte Investmentkapital.[372] Die Investitionsmöglichkeiten sind deshalb in der Reihenfolge ihrer Attraktivität zu bedienen. Diese bemisst sich in der Regel am jeweiligen Barwert der Investition, d. h. den mit dem risikoadäquaten Zinssatz[373] abdiskontierten Zahlungsmittelüberschüssen (deren Höhe und Zeitpunkt müssen in der Regel geschätzt werden). Die langfristigen Investitions- und Finanzierungsentscheidungen strukturieren das Anlagevermögen des Unternehmens und legen die Kapitalstruktur fest.

Im Zuge des (kurzfristigen) **Working Capital Managements** werden Umlaufvermögen (current assets) und kurzfristige Verbindlichkeiten (current liabilities) bzw. deren Verhältnis optimiert. Dabei ist als Nebenbedingung die jederzeitige Liquidität des Unternehmens und damit die Weiterführung des Geschäftsbetriebs (so genanntes Going Concern) sicherzustellen. Zugleich soll die Kapitalbindung (z. B. bei den Vorräten an Roh-, Hilfs- und Betriebsstoffen, Vorprodukten und Waren) minimiert werden. Das Management des Working Capital bezieht sich auf einen Zeithorizont von zwölf Monaten oder weniger, weshalb Zahlungszuflüsse und Renditen periodenorientiert und nicht diskontiert betrachtet werden. Die wichtigste Kenngröße, die im Rahmen des Working Capital Management gesteuert wird, ist der Geldumschlag. Der Geldumschlag misst mit der Zeit zwischen der Bezahlung der Vorleistung bis zum Zahlungseingang der gestellten Rechnungen an die eigenen Kunden die Kapitalbindung im Umlaufvermögen. Sie zeigt so die wechselseitigen Abhängigkeiten zwischen Beschaffung von Roh-, Hilfs- und Betriebsstoffen, Vorprodukten, Waren, etc., Lagerumschlagsgeschwindigkeit sowie den jeweiligen Zahlungskonditionen bei Debitoren und Kreditoren auf. Idealerweise ist der Geldumschlag minimal.

---

[372] In einer Welt mit effizienten Kapitalmärkten kann der zusätzliche Kapitalbedarf am Kapitalmarkt beschafft werden. Da sich dies für viele Unternehmen als hinreichend schwierig erweist, ist – neben dem Marketing – auch die Finanzierung zunehmend zum Engpassfaktor bei der Führung von Unternehmen geworden.

[373] Der risikoadäquate Zinssatz wird in der Regel über das Capital Asset Pricing Model (s. Abschnitt 4.2.6.3) bestimmt.

Unternehmen müssen sämtliche Investitionen adäquat finanzieren. Die **Strukturierung der Finanzierung** in Eigen- und Fremdkapital sowie die Verwendung unterschiedlicher Arten der Finanzierung (s. dazu 4.2.2) wiederum beeinflusst die Gestalt der zukünftigen Zahlungsströme, die das Unternehmen leisten muss und seine Kapitalkosten und damit die Bewertung der verschiedenen Investitionsmöglichkeiten (s. oben). Aufgabe des Chief Financial Officers ist es deshalb u. a. die Kapitalstruktur, d. .h. den Mix aus den unterschiedlichen Arten der Finanzierung optimal zu gestalten. Dieser wird von einer Vielzahl von Faktoren beeinflusst. So beeinflusst das Verhältnis von Eigen- zu Fremdkapital ganz wesentlich die Risikoposition des Unternehmens (s. dazu auch 4.2.2). Weiter spielen steuerliche Überlegungen eine nicht zu unterschätzende Rolle. Zusätzlich sind Überlegungen zum Timing der Finanzierung anzustellen: Idealerweise passen die Kapitalaufnahmezeitpunkte exakt zur Fälligkeit der Investitionsaufwendungen und die entsprechenden Zahlungsmittelüberschüsse aus der Investition zu den Rückzahlungszeitpunkten der Finanzierung.

Im Zuge der **Ausschüttungspolitik** entscheidet der Chief Financial Officer prinzipiell, ob überschüssige finanzielle Mittel zur Finanzierung weiterer Investitionsprojekte verwendet oder als Dividende an die Eigenkapitalgeber ausgeschüttet werden sollen. Typischerweise erfolgt die Bemessung der Ausschüttung an die Eigenkapitalgeber auf Basis des Gewinns der Vorperiode unter Beachtung der Finanzierungserfordernisse der laufenden bzw. zukünftigen Perioden. Chief Financial Officer wünschen zudem eine gewisse Stetigkeit in der Dividendenpolitik, d. h. die Ausschüttung sollen nicht zu stark von Periode zu Periode schwanken. Insbesondere Kürzungen bei der Ausschüttungen werden in der Regel eher vermieden, sofern sie nicht unumgänglich sind. Die Ausschüttungspolitik wird zudem vom Industrielebenszyklus beeinflusst: insbesondere junge Wachstumsunternehmen verzichten oft gänzlich auf eine Ausschüttung (da innerhalb des Unternehmens eine Vielzahl interessanter Investitionsmöglichkeiten besteht, die sich sämtlich risikoadjustiert über dem Marktzins rentieren). In länger etablierten Branchen ist dies gegebenenfalls nicht immer der Fall. Wie oben bereits geschildert, sollte der Chief Financial Officer überschüssige finanzielle Mittel theoretisch immer dann an die Eigenkapitalgeber ausschütten, wenn sich mit den vorliegenden Investitionsmöglichkeiten keine Rendite erzielen lässt, die risikoadjustiert über dem Marktzins liegt. Ein hoher Bestand an finanziellen Mitteln lässt ein Unternehmen zudem als Übernahmekandidat attraktiv erscheinen. Eine Ausschüttung kann grundsätzlich in Form einer Dividendenzahlung an die Eigenkapitalgeber oder durch Rückkauf eigener Unternehmensanteile (z. B. Erwerb eigener Aktie über die Börse) erfolgen. Die zu bevorzugende Lösung ergibt sich oft als Resultat steuerlicher Erwägungen.

Im Rahmen des **Finanzrisikomanagements** werden finanzielle Risiken identifiziert und gemessen. Dazu werden adäquate Strategien zu deren bestmöglicher Bewältigung entwickelt. Das Finanzrisikomanagement konzentriert sich dabei auf Risiken aus Änderungen von Finanztitel, z. B. Zinsänderungen, Währungsschwankungen, etc. Im Zuge des Finanzrisikomanagements werden so genannte Hedging-Strategien entwickelt, die dazu dienen die finanziellen Risiken im Falle ihres Eintretens zu kompensieren. Hier kommen häufig so genannte Finanzderivate (abgeleitete Finanzierungstitel, die ihren Wert aus dem Wert des zugrundeliegenden Finanztitels beziehen) zum Einsatz (z. B. Optionen, Futures, Swaps, etc.). Diese werden mittlerweile auch an so genannten Terminbörsen gehandelt und sind – entgegen ihrer ursprünglichen Bestimmung – Gegenstand lebhafter Spekulationsgeschäfte. Spekulationen mit Derivaten sind besonders riskant, da mit relativ geringem Einsatz hohe Hebelwirkungen erzielt werden können. Das Handelsvolumen an den Terminbörsen übersteigt den Wert der Transaktionen, die ursprünglich abgesichert werden sollten, mittlerweile um ein Vielfaches.

4.2.2 Formen der Finanzierung

Die eigentliche Finanzierung ist die Spiegelfunktion zur Investition und umfasst sämtliche Aktivitäten zur Beschaffung und Rückzahlung der für die Investitionen benötigen finanziellen Mittel. Hierzu zählen auch alle Maßnahmen der damit verbundenen Gestaltung der Zahlungs-, Informations- und Sicherungsbeziehungen zwischen dem Unternehmen und seinen Kapitelgebern.

Kapitalgeber sind natürliche oder juristische Personen (z. B. Kapitalsammelstellen wie Banken oder Versicherungen), die Unternehmen mit den erforderlichen Finanzmitteln durch Eigen- und Fremdfinanzierung versorgen (Schnek, 2005). Von Eigenkapitalgebern spricht man dabei, wenn die Kapitalgeber Eigentumsrechte in Form einer Unternehmensbeteiligung mit Anspruch auf eine Gewinnbeteiligung (als Residualeinkommen) sowie Partizipation an der Gestaltung der Unternehmensführung und einen Anspruch auf den Liquidationserlös erwerben. Ein Eigenkapitalgeber erhält also keine festen Zahlungen (Zinsen) und es besteht kein Tilgungs- oder fester Rückzahlungstermin für das zur Verfügung gestellte Kapital. Vereinbaren die Kapitalgeber hingegen eine feste Verzinsung des Kapitals unabhängig vom Unternehmensgewinn und verzichten auf die oben genannten Eigentumsrechte, sind sie Fremdkapitalgeber (Thommen und Achleitner, 1998). Im Falle der Liquidierung eines Unternehmens werden die Fremdkapitalgeber vorrangig vor den Eigenkapitalgebern aus dem Vermögen des Unternehmens bedient. Entsprechend höher ist das Risiko der Eigenkapitalgeber, weshalb diese ihre Renditeerwartung um einen Risikoaufschlag erhöhen.

Das Unternehmen verwendet Eigen- und Fremdkapital (Mittelherkunft, d. h. die Passivseite der Bilanz) zur Beschaffung von Anlage- und Umlaufvermögen (Mittelverwendung) – hier spiegeln sich sachlogisch die beiden Seiten der Bilanz wider (Schierenbeck, 2008). Eine Erhöhung des Eigenkapitals bedeutet für ein Unternehmen entsprechend eine erhöhte Tragfähigkeit für unternehmerische Risiken: Je höher das Eigenkapital, desto mehr Verluste können verkraftet werden, ohne dass das Unternehmen Gefahr läuft, illiquide und damit insolvent zu werden.

Die verschiedenen Formen der Finanzierung lassen sich nach der Mittelherkunft in die **Innen- und die Außenfinanzierung** und nach der Stellung der Kapitalgeber zum Unternehmen in **Eigen- und Fremdfinanzierung** unterscheiden (vgl. **Abbildung 4.9**).

Abbildung 4.9   Formen der Finanzierung

Mittelherkunft

		Innenfinanzierung	Außenfinanzierung
Rechtsstellung	**Eigenkapitalgeber**	Selbstfinanzierung	Beteiligungsfinanzierung
	Fremdkapitalgeber	Finanzierung aus Rückstellungen	Kreditfinanzierung

Die **Innenfinanzierung** erfolgt durch Thesaurierung, d. h. durch Einbehaltung von Zahlungsmittelüberschüssen: Dem Unternehmen fließen im Rahmen der betrieblichen Leistungsprozesse finanzielle Mittel zu, denen keine Auszahlungen gegenüberstehen. Die Innenfinanzierung kann jedoch auch einen negativen Saldo aufweisen, da im Zuge der betrieblichen Leistungsprozesse auch Auszahlungen (z. B. für Personal, Zinsen, Roh-, Hilfs- und Betriebsstoffe und Vorprodukte, etc.) anfallen. Bei der Innenfinanzierung sind Selbstfinanzierung und Finanzierung aus Rückstellungen zu unterscheiden.

Die **Selbstfinanzierung** kann als offene Selbstfinanzierung durch Gewinnthesaurierung, d. h. Bildung von Gewinnrücklagen oder als verdeckte Selbstfinanzierung in Form von stillen Reserven erfolgen:

■ Im Zuge einer offenen Selbstfinanzierung werden ausgewiesene Gewinne ganz oder teilweise im Unternehmen thesauriert. Dies kann technisch über den Verzicht der Gesellschafter auf eine vollständige Gewinnausschüttung oder über eine Gewinnausschüttung und simultane Kapitalerhöhung (so genannte Schütt-aus-hol-zurück-Methode) durchgeführt werden. Bei der Überlegung, welche Form der offenen Selbstfinanzierung angewendet werden soll, spielen oft steuerliche Erwägungen eine entscheidende Rolle: Schüttet eine Kapitalgesellschaft ihren Gewinn nicht vollständig an die Gesellschafter aus, kann es – abhängig vom Körperschaftssteuersystem – dazu kommen, dass thesaurierte Gewinne niedriger besteuert werden als ausgeschüttete. Abgesehen von diesen steuerlichen Überlegungen sollte (wenn man von etwaigen Transaktionskosten für Ausschüttung bzw. Wiederanlage abstrahiert) die Ausschüttungspolitik keinen Einfluss auf den Unternehmenswert haben.

■ Eine verdeckte Selbstfinanzierung durch stille Reserven ist grundsätzlich durch die Anwendung gesetzlich verpflichtender Gewinnermittlungsvorschriften (z. B. dem Vorsichtsprinzip bei der Festlegung der Höhe von Abschreibungen oder Rückstellungen) oder durch die Nutzung von Bewertungsspielräumen (z. B. Nutzung von Bewertungs- und Bilanzierungswahlrechten) im zugrunde liegenden Bilanzierungssystem möglich (Überbewertung von Passiva, Unterbewertung von Aktiva durch Anwendung des Niederstwertprinzips, z. B. Nichtaktivierung von Vermögenswerten wie geringwertigen Wirtschaftsgütern, geringerer Ansatz von Vermögensgegenständen durch Ausnutzung von Sonderabschreibungen oder Unterlassung von Zuschreibungen z. B. bedingt durch die bilanzielle Anschaffungskosten/Herstellungskosten-Obergrenze). Rückstellungen sind nicht unmittelbar liquiditätswirksam, sie weisen jedoch auf zukünftige Abflüsse von Liquidität hin (z. B. wenn Pensionsrückstellungen aufgelöst werden). Auch Wertberichtigungen in Form von Abschreibungen sind nicht unmittelbar liquiditätswirksam weisen aber auf zukünftig potenziell niedrigere Einzahlungen (z. B. bei abgeschriebenen Vermögensgegenständen) hin.

Die Selbstfinanzierung erscheint vor allem aus steuerlichen Erwägungen vorteilhaft. Kritisch ist allerdings anzumerken, dass ein wirklicher Vergleich mit den Opportunitätskosten, d. h. der am Markt erzielbaren Verzinsung unterbleibt und es dadurch regelmäßig zu Fehlallokationen kommt.

Rückstellungszuführungen und Abschreibungen[374] mindern den Jahresüberschuss eines Unternehmens. Entsprechend stehen weniger finanzielle Mittel für Gewinnausschüttungen[375] zur Verfügung. Wichtig sind hier vor allem Pensionsrückstellungen, denn aus der Perspektive des Unternehmens ähneln diese aufgrund ihrer Langfristigkeit beinahe dem Eigenkapital.

Unter dem Begriff **Außenfinanzierung** werden alle Finanzierungsvorgänge zusammengefasst, im Zuge derer ein Unternehmen Mittel von außerhalb des Unternehmens erhält. Man unterscheidet hier Beteiligungsfinanzierung und Kreditfinanzierung.

Die **Beteiligungsfinanzierung** bezeichnet sämtliche Finanzierungsvorgänge, bei denen dem Unternehmen Eigenkapital durch die Eigentümer zur Verfügung gestellt wird. Diese erhalten im Gegenzug Mitspracherechte und eine Gewinnbeteiligung. Die Beteiligungsfinanzierung kann durch die Erhöhung oder Neubegründung der Eigenkapitaleinlage, d. h. die Aufnahme neuer Eigentümer in den Kreis der Unternehmenseigner geschehen. Sie findet durchwegs bei der Unternehmensgründung statt. Im laufenden Geschäftsbetrieb geht die Beteiligungsfinanzierung in der Regel mit einer Kapitalerhöhung einher. Für eine Beteiligungsfinanzierung kommen Geld- oder Sacheinlagen in Frage. Bei der Beteiligungsfinanzierung spielt die Rechtsform des Unternehmens eine wichtige Rolle. Nur die Aktien-

---

[374] Streng genommen muss man natürlich von einer Finanzierung aus Abschreibungsgegenwerten sprechen.

[375] Gewinnausschüttungen sind Mittelabflüsse.

gesellschaften (AG, KGaA) haben die Möglichkeit an der Börse Aktien zu begeben und so Eigenkapital einzusammeln. Für nicht-emissionsfähigen Unternehmen (oHG, GmbH, Ltd., KG, etc.) ist ein Anteilskauf (oder auch späterer Verkauf) deutlich komplexer, weshalb sich die Eigentümer deutlich stärker binden müssen.

Neuere Formen der Beteiligungsfinanzierung sind **Private Equity** und **Venture Capital** (Davis und Steil, 2001; Gröne, 2005; Jugel, 2003). Private Equity (außerbörsliches Eigenkapital) zeichnet sich zunächst dadurch aus, dass die eingegangene Beteiligung nicht an der Börsen oder sonstigen institutionalisierten Märkten handelbar ist. Kapitalgeber sind hier in der Regel Privatpersonen oder Kapitalsammelstellen, die häufig spezialisierte Kapitalbeteiligungsgesellschaften sind. Wird Private Equity im Bereich junger, besonders innovativer Start-up-Unternehmen eingesetzt, wird es als Venture Capital bezeichnet. Venture Capital ist ein beliebtes Finanzierungsinstrument für Unternehmensneugründungen, denen klassische Finanzierungsformen nicht immer offen stehen, da die Erträge aus einer Beteiligung zum Zeitpunkt der Begründung des Beteiligungsverhältnisses in der Regel nicht absehbar sind und für eine Fremdfinanzierung oft die von Fremdkapitalgebern geforderten Sicherheiten fehlen. Da Beteiligungen an dieser Kategorie von Unternehmen oft mit einem höheren Risiko (bis hin zum Totalverlust des eingesetzten Kapitals) einhergehen, spricht man in diesem Zusammenhang auch oft von Risiko- oder Wagniskapital. Den besonderen Risiken stehen in der Regel entsprechend überdurchschnittliche Renditeerwartungen gegenüber. Neben der Bereitstellung von Beteiligungskapital stellen die Venture Capital-Gesellschaften auch oft Know-how und ein Beziehungsnetzwerk zur Verfügung, um die in der Regel noch nicht so erfahrenen und vernetzten Gründer zu unterstützen (und die eigene Investition zu schützen). Man spricht hier auch von Business Incubation und bezeichnet denjenigen, der die Unterstützung leistet als Business Angel.

Privat Equity-Transaktionen werden bisweilen per Leveraged Buy Out durchgeführt. Hierunter versteht man Beteiligungsgeschäfte, die unter einem hohen Einsatz von Fremdkapital realisiert werden, um den so genannten Financial Leverage-Effekt auszunutzen. D. h. durch den (teilweise extrem) hohen Fremdkapitalanteil einer Transaktion lässt sich ceteris paribus die Eigenkapitalrendite einer Transaktion steigern, solange die Gesamtkapitalrendite die Höhe der Fremdkaitalzinsen übersteigt.

Von einem **Management Buy Out** spricht man, wenn in der Regel bereits etablierte Unternehmen vom Management-Team übernommen werden. Die jeweiligen Mitglieder des Management-Teams sind gewöhnlich nicht in der Lage, den Kaufpreis aufzubringen und suchen deshalb die Unterstützung von Private Equity-Gesellschaften, die sich am übernommenen Unternehmen beteiligen.

In Deutschland wird um das Thema Private Equity eine teilweise sehr lebhafte öffentliche und politische Debatte geführt. Die vom damaligen SPD-Parteivorsitzenden Franz Müntefering gewählte Bezeichnung „Heuschrecken" für Private Equity-Gesellschaften, die hohe Financial Leverage-Effekte einsetzen und ihre Transaktionen aus dem Cashflow des übernommenen Unternehmens finanzieren und dabei keineswegs das langfristige Wohl des übernommenen Unternehmens oder die Sicherung der dortigen Arbeitsplätze zum Ziel haben, hat sich mittlerweile in weiten gesellschaftlichen Kreisen und in vielen Medien als Metapher etabliert. Die hier kritisch betrachteten Private Equity-Gesellschaften fokussieren ihre Aktivitäten nicht auf junge und innovative Wachstumsunternehmen, sondern suchen gezielt Übernahmen etablierter mittelständischer Unternehmen und zum Teil auch von großen Konzernen.

Die **Kreditfinanzierung** bezeichnet sämtliche Finanzierungsvorgänge, bei denen dem Unternehmen Fremdkapital durch Kreditgeber zur Verfügung gestellt wird. Diese erhalten im Gegenzug eine Verzinsung des von ihnen eingesetzten Kapitals, die neben dem gängigen Marktzinssatz einen unternehmensspezifischen Risikozuschlag beinhaltet, der sich in Abhängigkeit der Kreditbesicherung und dem Ausfallrisiko bemisst. Während die Gewinnbeteiligung der Eigentümer in Abhängigkeit der Gewinnentwicklung variabel ist, ist der Kreditzins keine variable Größe. Kann das Unternehmen ausstehende Kredite nicht bedienen, ist es insolvent. Unterschiedliche Formen der Kreditfinanzierung werden gewöhnlich nach Fristigkeit in kurzfristige (Lieferantenkredit, Kundenkredit, Kontokorrentkredit, Wechsel, etc.) und langfristige Kredite (Darlehen, Obligationen, Wandel- und Optionsanleihen, etc.) sowie Sonderformen der Kreditfinanzierung (Leasing, Factoring, Mezzanine-Kapital und forderungsbesicherte Finanztitel) unterschieden.

Beim **Leasing** wird das Leasingobjekt vom Leasinggeber, dem Kreditgeber, beschafft und finanziert und dem Leasingnehmer, also dem Unternehmen gegen Zahlung einer vereinbarten Leasingrate zur Nutzung überlassen (Dietz, 1980; Feinen, 2002). Der Leasingnehmer zahlt an den Leasinggeber für die Überlassung und Nutzung des Leasingobjekts Leasingraten, die die Kosten für den Wertverlust des Leasingobjektes während der Laufzeit des Leasingvertrags, dessen Finanzierung sowie einen Aufschlag für Verwaltungskosten und die Marge des Leasinggebers decken sollen. Nach Ablauf des Leasingvertrages kann der Leasinggeber wieder über das Leasingobjekt verfügen.[376] Leasing ähnelt also sehr stark der Miete bzw. Pacht.[377] Als Leasinggeber treten sowohl unabhängige Unternehmen auf, aber auch Tochtergesellschaften von Banken oder Herstellern von Leasinggütern. Motive für den Abschluss eines Leasinggeschäfts können die Gewinnung einer kurzfristigen Liquidität sein (vor allem bei so genannten Sale-and-Lease-back-Geschäften) oder auch steuerliche Vorteile sein (dies ist oft der Fall, wenn Leasingnehmer und Leasinggeber unterschiedlichen nationalen Steuerrechten unterliegen). Insbesondere sehr große Leasinggesellschaften haben häufig einen einfacheren Zugang zu Kapitalmärkten und können diesen Vorteil ggfs. mit dem Leasingnehmer teilen, so dass ein Leasinggeschäft auf diese Weise für beide Seiten vorteilhaft ist.

---

[376] Außer der Leasingnehmer übt eine eventuell vorab vereinbarte Kauf- oder Verlängerungsoption aus.

[377] Der Unterschied besteht im Wesentlichen darin, dass die in einem Mietvertrag geschuldete Wartungs- und Instandsetzungsleistung bzw. der Anspruch auf Gewährleistung auf den Leasingnehmer übertragen wird.

Der Begriff **Mezzanine-Kapital** beschreibt sämtliche Arten der Finanzierung, die in ihren rechtlichen und/oder wirtschaftlichen Ausgestaltungformen eine Mischung aus Eigen- und Fremdkapital darstellen (Dürr, 2007). Typischerweise wird hier einem Unternehmen wirtschaftliches oder bilanzielles Eigenkapital zugeführt ohne den Kapitalgebern Stimmrechte oder sonstigen Einfluss auf die Unternehmensführung zu gewähren. In der Regel handelt es sich dabei um die verschiedenen Spielarten von Genussrechten (in der verbrieften Variante spricht man von Genussscheinen) oder stillen Beteiligungen bzw. (nachrangigen) Gesellschafterdarlehen. Der Vorteil von Mezzanine-Kapital besteht darin, dass es die Kapitalbasis des Unternehmens erweitert ohne die den Fremdkapitalgebern potenziell zur Verfügung stehenden Sicherheiten zu schmälern. Gleichzeitig müssen den Kapitalgebern nicht dieselben Mitspracherechte eingeräumt werden wie klassischen Eigenkapitalgebern; zudem sind die Ausgestaltungsmöglichkeiten von Mezzanine-Kapital sind gesetzlich weniger stark reglementiert als dies bei klassischem Eigenkaptal der Fall ist. Geber von Mezzanine-Kapital sind neben den Unternehmensgesellschaftern oft Private Equity-Unternehmen oder spezialisierte Fondsgesellschaften.

Beim **Factoring** verkauft ein Unternehmen Forderungen an so genannte Factoringgesellschaften und erhält dafür unmittelbar einen Teil der Forderung. Die Factoringgesellschaft wird rechtliche Eigentümerin der Forderung und trägt damit ab dem Zeitpunkt des Verkaufs auch das Ausfallrisiko. Das verkaufende Unternehmen verbessert so unmittelbar seine Liquidität und Risikoposition. Zugleich entfallen alle Unternehmensaktivitäten im Bereich des Debitorenmanagements. Demgegenüber steht der Abschlag auf die Forderung, mit dem die Factoringgesellschaft ihre Kapital- und Risikokosten deckt und eine Marge erzielen will.

Die Finanzierung mittels forderungsbesicherter Finanztitel ist dem Factoring sehr ähnlich. Anstelle der Factoringgesellschaft kauft hier eine spezielle Ankaufsgesellschaft (ein so genanntes Special Purpose Vehicle) die Forderungen, verbrieft diese als so genannte Asset Backed Securites und platziert diese Finanztitel am Kapitalmarkt. Käufer sind dabei typischer Kapitalsammelstellen wie Banken, Versicherungen oder Fonds. Traditionellerweise wurden die Ausfallrisiken für Asset Backed Securites von Ratingagenturen wie Standard & Poor's, Moody's oder Fitch bewertet. Das Rating hatte entsprechend einen starken Einfluss auf die Bepreisung der Asset Backed Securites am Kapitalmarkt. Vor Beginn der Finanzkrise 2008/2009 war das Vertrauen der institutionellen Anleger in die Ratings sehr ausgeprägt und Asset Backed Securites waren entsprechend populär. Im Zuge der Finanzkrise erwiesen sich zahlreiche Asset Backed Securites als illiquide, was zu entsprechenden Schieflagen bei den betroffenen Banken und Versicherungen auf Käuferseite führte. Ob Asset Backed Securites in Zukunft an den Kapitalmärkte folgerichtig kritischer bewertet werden, bleibt abzusehen.

Auf Basis der Unternehmensbilanz (oder entsprechender Zwischenberichte) lassen sich finanzwirtschaftliche Kennzahlen ermitteln, die den Fremdkapitalgebern Anhaltspunkte zur Beurteilung des Ausfallrisikos einer Fremdfinanzierung oder den Eigenkapitalgebern Hinweise zur Abschätzung der wirtschaftlichen Lage des Unternehmens geben können. In der betriebswirtschaftlichen Theorie und Praxis hat sich für diese Kennzahlen eine Reihe von Regeln etabliert, die besonders günstige Relationen von Eigen- und Fremdkapital (so genannte – bezugnehmend auf die Position der Vergleichsgrößen in der Bilanz – **vertikale Finanzierungsregel**) bzw. Kapital- und Vermögen (so genannte **horizontale Finanzierungsregel** proklamieren:

- 1:1-Regel: Fremdkapital ≤ Eigenkapital

- Anlagendeckung I („**Goldene Bankregel**"): Eigenkapital ≥ Anlagevermögen

- Anlagendeckung II („**Goldene Bilanzregel**"): Eigenkapital + langfristiges Fremdkapital ≥ Anlagevermögen

Gemein ist diesen Regeln, dass in ihnen das Prinzip der kaufmännischen Vorsicht zum Ausdruck kommt. Verschuldung (obwohl steuerlich gegenüber Eigenkapital steuerlich begünstigt) wird mit einer gewissen Skepsis betrachtet. Wenn auch die 1:1-Regel in vielen Branchen deutlich nicht eingehalten wird, erwarten Kapitalgeber ab einem gewissen Verschuldungsgrad (Relation Fremdkapital zu Eigenkapital) eine höhere Rendite als Ausgleich für ein (vermeintlich oder tatsächlich) höheres Risiko, denn ein hoher Fremdfinanzierungsanteil (bzw. ein niedriger Eigenfinanzierungsanteil) bedeuten bisweilen ein erhöhtes Risiko, da im Insolvenzfall die nicht vollständig durch Sicherheiten gedeckten Kredite zumindest teilweise ausfallen können. Langfristig im Unternehmen gebundene Vermögensgegenstände sollen auch langfristig finanziert sein. Zur Begleichung kurzfristiger Verbindlichkeiten sind Unternehmen bisweilen in der Lage Teile des Umlaufvermögens zu liquidieren. Dies ist beim Anlagevermögen eher nicht der Fall.

Kritisch ist hierzu allerdings anzumerken, dass die Auswertung der oben genannten Finanzkennzahlen keinerlei Auskünfte über die den Finanzkennzahlen vorgelagerten Kenngrößen der Wertgenerierung im Unternehmen (F&E-Know-how, Produktqualität, Markenimage, Marktposition, Marktpotenzial, Qualität der Mitarbeiter und Manager, etc.) gibt, die wesentlich über den zukünftigen Erfolg des Unternehmens entscheiden. Die Bilanz ist (wie entsprechende Zwischenberichte) eine retrograde Stichtagsübersicht.

4.2.3   Liquidität

Letztendliche Hauptaufgabe der Finanzierung, zu deren Erfüllung die vorgestellten Instrumente und Regeln dienen, ist die Sicherstellung der **Liquidität** (Witte, 1995)[378] des Unternehmens bzw. die Vermeidung einer Illiquidität bzw. Zahlungsunfähigkeit.[379] Liquidität kann nur gewährleistet werden, wenn zu jedem Zeitpunkt ein Gleichgewicht zwischen Zahlungsein- und -ausgängen besteht. Liquidität bedeutet dabei im engeren Sinn jederzeit fristgerecht fällige Verbindlichkeiten uneingeschränkt begleichen zu können (Wöhe und Bilstein, 2002).

Nach dem **Fälligkeitszeitpunkt** unterscheidet man **kurzfristige, mittelfristige und langfristige Verbindlichkeiten**. Kurzfristige Verbindlichkeiten sind innerhalb eines Jahres fällig, von mittelfristigen Verbindlichkeiten spricht man bei einem Fälligkeitszeitraum zwischen einem und fünf Jahren. Langfristig sind Verbindlichkeiten, wenn die Fälligkeit noch über fünf Jahre in der Zukunft liegt.

Ein Mangel an Liquidität tritt insbesondere dann auf, wenn im Unternehmen die Liquidität nur unzureichend geplant wurde. Einer zu geringen Ausstattung mit Liquidität kann durch zusätzliche Aufnahme von Eigen- bzw. Fremdkapital (z. B. mittels Kapitalerhöhung bzw. Kreditaufnahme), Kürzung von auszahlungsrelevanten Ausgaben und durch eine Verbesserung der Zahlungskonditionen (z. B. Verkürzung der Zahlungsziele) entgegengewirkt werden (Lauer, 1998). In der Praxis versuchen Unternehmen einen kurzfristigen Liquiditätsmangel durch eine Verschleppung bei der Begleichung von Verbindlichkeiten, eine Nichtausnutzung von Lieferantenskonto und eine Ausnutzung (in kritischen Fällen auch eine Überzie-

---

[378] Daneben hat Liquidität noch weitere Bedeutungen. Liquidität meint auch die „Zahlungsmittelnähe" eines Wirtschaftsgutes, d. h. wie schnell und unter welchen Abschlägen auf den tatsächlichen Wert sich ein Wirtschaftsgut in ein geldwertes Zahlungsmittel verwandeln lässt (Liquidierbarkeit). So verfügen Bargeld bzw. Sichteinlagen bei Banken (z. B. Girokonto) über die höchste Liquidität, wohingegen Immobilien oder Grundstücke zwar in der Regel sehr wertbeständig sind, sich aber nur unter nicht unerheblichen Transaktionskosten und nicht unmittelbar in liquide Mittel umwandeln lassen. Für Unternehmen gilt insbesondere, dass der Wertverlust auf Investitionen proportional zum Individualisierungs- bzw. Spezifitätsgrad der Investition ist.

Die dritte Bedeutung von Liquidität bezeichnet die Liquidität eines Marktes. Ein Markt weist eine hohe Liquidität auf, wenn zusätzliches Angebot oder zusätzliche Nachfrage den Marktpreis nur unwesentlich beeinflusst, d. h. der Marktliquide genug ist, zusätzlich angebotene oder nachgefragte Mengen leicht zu verkraften..

[379] Dies erfolgt idealerweise unter der Nebenbedingung der Rentabilitätsmaximierung bzw. der Minimierung der Kapitalkosten, d. h. auch eine so genannte Überliquidität, die aufgrund fehlender Zinseinnahmen zu Opportunitätskosten führt, soll vermieden werden. Zum Abbau von Überliquidität können Investitionen getätigt werden, die sich höher verzinsen als der Bestand an flüssigen Zahlungsmitteln. Weiterhin kann Fremdkapital getilgt werden, das in aller Regel höher verzinst ist als der Bestand an flüssigen Zahlungsmitteln oder es können Sonderausschüttungen an die Eigenkapitalgeber vorgenommen werden, die diese wiederum zu einem höheren Zinssatz anlegen können als dies beim Bestand an flüssigen Zahlungsmitteln der Fall ist.

hung) von Kreditlinien, die von den Hausbanken des Unternehmens eingeräumt wurden, auszugleichen. Spitzt sich die Liquiditätskrise weiter zu, werden oft nicht unabdingbare Wirtschaftsgüter (unter dem tatsächlichen Wert) veräußert. Alle diese Sofortmaßnahmen führen zu einer Verschlechterung von Wirtschaftskraft und Bonität des Unternehmens, was wiederum die zukünftige Liquidität des Unternehmens weiter reduziert. Nächste Schritte sind typischerweise Auszahlungsverzögerungen bei Löhnen und Gehältern sowie bei der Abführung (der in der Regel ebenfalls monatlich fälligen) Umsatzsteuer.

Um jederzeit liquide zu sein, ist die Liquidität also genau zu planen. Dies geschieht zum einen tagesgenau im Rahmen der so genannten Liquiditätsdisposition und zum anderen auf Wochen- oder Monatsbasis im Rahmen der so genannten Finanzplanung. Hierunter versteht man die Ablaufplanung und -steuerung bezüglich des Einsatzes finanzieller Mittel. Ziel ist es Mittelzu- und -abflüsse bestmöglich in Deckung zu bringen. Um dies zu ermöglichen wird eine Vielzahl von Finanzanalysen erstellt. Zur Planung der Liquidität werden ähnlich den oben vorgestellten vertikalen Finanzierungsregel und horizontalen Finanzierungsregeln Liquiditätskennzahlen ermittelt. Üblich sind hier vor allem die dynamische Liquidität und die Periodenliquidität.

Die dynamische Liquidität ergibt sich als Verhältnis von Zahlungsmittelbestand, Forderungsbestand und geschätzten Umsätzen innerhalb eines Betrachtungszeitraumes (Wochen- oder Monatsbasis) in Relation zu den kurzfristigen Verbindlichkeiten. Inhaltlich lässt sich diese Kenngröße also als Fähigkeit, die kurzfristigen Verbindlichkeiten aus dem kurzfristig verfügbaren Zahlungsmitteln und Umsätzen begleichen zu können, interpretieren. Zur Ermittlung der Periodenliquidität werden die Zahlungsausgänge den zu erwarteten Zahlungseingängen gegenübergestellt. Übersteigen die Zahlungsausgänge entsprechend die erwarteten Zahlungseingänge, besteht zusätzlicher Finanzierungsbedarf in Höhe der Differenz, auf den sich das Unternehmen einzustellen hat.

Die Liquidität ist operativ so zu steuern, dass zu jedem Zeitpunkt sämtliche Verbindlichkeiten mit genügend liquiden Mitteln bedient werden können, dass aber gleichzeitig möglichst wenig Kapital im Umlaufvermögen gebunden ist. Kasse, Lager und ausstehende Forderungen sollten also minimal sein, jedoch mit genügend Reserven abgesichert sein, so dass die jederzeitige Zahlungsfähigkeit und Lieferbarkeit der Unternehmensleistungen sichergestellt ist. Dazu bedient sich das Liquiditätsmanagement einer Reihe von Maßnahmen: Kurzfristig nicht benötigte Liquidität kann am Kapitalmarkt angelegt werden, um das Finanzergebnis zu optimieren. Zur Optimierung des Lagerumschlags werden die unabdingbaren Mindestbestände ermittelt, die für eine unterbrechungsfreie Leistungserstellung benötigt werden. Hier ergibt sich über die Anwendung des Just-in-time-Konzepts ein Anknüpfungspunkt zur Materialbedarfs- bzw. Produktionsplanung.

Im Rahmen des Debitorenmanagements werden drei (teilweise konkurrierende) Ziele verfolgt:

■ die Zahlungsausfälle sind minimal zu halten – dies kann z. B. über Bonitätsprüfung und Kredit-Scoring-Modelle, in Rahmen derer die Kreditwürdigkeit von Kunden bewertet wird, erreicht werden

- die den Kunden eingeräumten Kreditrichtlinien sollen ein möglichst kurzfristiges Zahlungsziel beinhalten

- die Zahlungsbedingungen sollen insgesamt trotzdem für die Kunden attraktiv sein, stellen sie doch ein wesentliches Instrument der Preispolitik dar. Die Auswirkungen einer möglicherweise höheren Kapitalbindung im Umlaufvermögen müssen dann jedoch durch die zusätzlich erzielten Deckungsbeiträge aus der Kundenbeziehung überkompensiert werden.

4.2.4   Cashflow

Der **Cashflow (Nettokassenfluss)** ist eng verknüpft mit dem Themenkomplex Liquidität, misst er doch den aus der Geschäftstätigkeit eines Unternehmens innerhalb des Betrachtungszeitraumes erzielten Nettozufluss (netto, da alle Abflüsse bereits bei der Ermittlung dieser wichtigen Messgröße abgezogen werden) an liquiden Mitteln (Amen, 1998; Coenenberg et al., 2009). Der Cashflow ist somit eigentlich eine Liquiditätskennzahl. Der Cashflow ist als Maßstab dafür, ob das Unternehmen im Rahmen der Geschäftstätigkeit die notwendigen Mittel zur Substanzerhaltung des bilanziellen Vermögens und zusätzlich für die darüber hinaus gehende Investitionstätigkeit selbst erwirtschaften kann, eine wesentliche Messgröße zur Beurteilung der Innenfinanzierungskraft und damit der finanziellen Stabilität eines Unternehmens.[380]

Bei der Bestimmung des Cashflows ist zu beachten, dass ihm Erträge und Aufwendungen zugrunde liegen, die zahlungswirksam sind, d. h. im Betrachtungszeitraum zu Ein- oder Auszahlungen führen. Es wird also versucht, die tatsächlichen Zahlungsströme im Betrachtungszeitraum abzubilden. Dies kann prinzipiell auf zwei Arten geschehen: durch die direkte oder durch die indirekte Ermittlung. Beide Wege führen bei Anwendung identischer Ermittlungskriterien und Abgrenzungsregeln zum selben Ergebnis.

Bei der **direkten Ermittlung** des Cashflows werden alle betriebsnotwendigen und zugleich zahlungswirksamen Aufwendungen (z. B. für Roh-, Hilfs- und Betriebsstoffe, Bezug von Vorprodukten, Löhne und Gehälter, Zinsen, etc.) im Betrachtungszeitraum von den zahlungswirksamen Erträgen (z. B. Umsatzerlöse, Erträge aus Beteiligungen, Zinsen etc.) abgezogen (vgl. **Abbildung 4.10**).

---

[380] Gerade Start-up Unternehmen sind häufig noch nicht in der Lage einen positiven Cashflow zu generieren. Kolloquial spricht man hier von einem Cash Drain bzw. bezogen auf den Betrachtungszeitraum von der Cash Burn Rate.

Abbildung 4.10   Direkte Ermittlung des Cashflows

Bruttoumsatz

\+   Bestandszunahme Halb- und Fertigprodukte im Betrachtungszeitraum

–   Bestandsabnahme Halb- und Fertigprodukte im Betrachtungszeitraum

–   Materialaufwand im Betrachtungszeitraum

–   Personalaufwand im Betrachtungszeitraum (abzgl. Pensionsrückstellungen)

–   Fremdleistungsaufwand im Betrachtungszeitraum

–   übriger Sachaufwand im Betrachtungszeitraum

=   **Cashflow before Interest and Taxes**

–   Fremdkapitalzinsen im Betrachtungszeitraum

–   Ertragsteuern im Betrachtungszeitraum

=   **Netto-Cashflow**

–   Zunahme Forderungsbestand im Betrachtungszeitraum

–   Bestandszunahme Roh-, Hilfs- und Betriebsstoffe im Betrachtungszeitraum

\+   Bestandsabnahme Halb- und Fertigprodukte im Betrachtungszeitraum

–   Investitionen ins Anlagevermögen im Betrachtungszeitraum

\+   Desinvestitionen des Anlagevermögens im Betrachtungszeitraum

=   **Free Cashflow**

Bei der **indirekten Ermittlung** des Cashflows wird der bilanzielle Erfolg des Unternehmens im Betrachtungszeitraum (in der Regel der Periodenüberschuss oder der Bilanzgewinn) um nicht auszahlungswirksame (bilanzielle Verrechnungsposten) Aufwendungen wie z. B. Abschreibungen oder Zuführungen zu Rückstellungen und nicht einzahlungswirksame Erträge wie z. B. Zuschreibungen korrigiert. Die nicht auszahlungswirksamen Aufwendungen werden dabei zum bilanziellen Erfolg addiert, die nicht einzahlungswirksamen Erträge werden vom bilanziellen Erfolg subtrahiert (vgl. **Abbildung 4.11**).

Abbildung 4.11　　Indirekte Ermittlung des Cashflows

Periodenüberschuss bzw. Periodenfehlbetrag

+　Abschreibungen im Betrachtungszeitraum

-　Zuschreibungen im Betrachtungszeitraum

+　Zunahme der langfristigen Rückstellungen im Betrachtungszeitraum (inklusive Pensionsrückstellungen und Sonderposten mit Rücklagenanteil)

-　Abnahme der langfristigen Rückstellungen im Betrachtungszeitraum (inklusive Pensionsrückstellungen und Sonderposten mit Rücklagenanteil)

=　**Netto-Cashflow/Free Cashflow**

Als externer Betrachter muss man in der Regel auf die weniger detaillierte und damit weniger aussagekräftige indirekte Methode der Ermittlung zurückgreifen. Hier gibt es keine universell gültige Methode. Es empfiehlt sich, die Berechnungsformel der DVFA (Deutsche Vereinigung der Finanzanalysten) und SG (Schmalenbach-Gesellschaft für Betriebswirtschaft) anzuwenden.

4.2.5　　Kreditrisiko

Unter dem **Kredit- oder** auch **Debitorenrisiko** versteht man die Gefahr, dass ein Fremdkapitalnehmer den gewährten Kredit nicht vollständig zurückzahlt (Bröder, 2006). Für Fremdkapitalgeber wie z. B. Kreditinstitute ist das Kreditrisiko das bedeutendste Risiko. In der Literatur (Schmeisser et al., 2005) wird der Risikobegriff nicht einheitlich verwendet. Manche Autoren verstehen unter dem Begriff Kreditrisiko lediglich Bonitätsrisiko, d. h. den insolvenzbedingten Ausfall eines Fremdkapitalnehmers (Büschgen, 1998). Andere Autoren berücksichtigen neben dem Insolvenzrisiko noch das Emittenten-, das Beteiligungs-, das Besicherungs- und das Länderrisiko (Germann, 2004):

■　Unter dem **Emittentenrisiko** wird der Gefahr einer Bonitätsverschlechterung bzw. im Extremfall des Ausfall eines Emittenten. Es besteht in erster Linie dann, wenn Kreditinstitute Finanztitel (z. B. Zertifikate, Aktien- oder Wandelanleihen) emittieren. Der wohl spektakulärste Fall der jüngeren Vergangenheit war hier die Insolvenz des Bankhauses Lehman Brothers; der Ausfall traf zahlreiche Investoren, die in Zertifikate dieses Emittenten investiert hatten.

■　Das **Beteiligungsrisiko** ähnelt sehr stark dem Bonitätsrisiko. Es besteht in der Gefahr, dass von einem Kreditinstitut eingegangene Beteiligungen zu Verlusten führen.

■　Das **Besicherungsrisiko** ist ein nachrangiges Risiko, das nur zum Tragen kommt, wenn zugleich ein Bonitsrisiko schlagend wird. Es besteht in der Gefahr, dass die Sicherheiten zur Absicherung eines Fremdkapitalgeschäfts an Wert verlieren und damit die ihnen zugedachte Funktion verlieren. Fremdkapitalgeber sichern sich für gewöhnlich ge-

gen Besicherungsrisiken dadurch ab, dass Kreditsicherheiten nur bis zu einem bestimmten Anteil ihres tatsächlichen Wertes als Sicherheit anerkannt werden (Belei-
hungsgrenze).

■ Das **Länderrisiko** bezeichnet die Gefahr, dass ein Staat als Schuldner ausfällt. Das
   Bonitätsrisiko eines Staates ist für gewöhnlich die Untergrenze für das Bonitätsrisiko
   der dort beheimateten Fremdkapitalnehmer. Für diese wird das Länderrisiko im Zusammenhang mit grenzüberschreitenden Zahlungsgeschäften schlagend. Daneben sind
   Staaten Emittenten von Fremdkapitaltiteln. Entsprechend wird beim Eintritt des Län-
   derrisikos auch das entsprechende Emittenten- bzw. Bonitätsrisiko schlagend.

Fremdkapitalgeber versuchen mit einem systematischen Kreditrisikomanagement diesen
Risikokategorien zu begegnen. Hierunter sind zunächst einmal die mannigfaltigen Methoden zur Ermittlung möglicher Kreditrisiken zu nennen. Einzelne Engagements werden
ausgeklügelter Kennzahlensysteme (so genannter Kredit-Ratings) bewertet und entsprechend risikoorientiert bepreist, d. h. Kreditnehmer mit einem schlechteren Risikoprofil
müssen höhere Kreditzinsen bezahlen (Risikoaufschlag oder -prämie). Anschließend werden die Risiken in den Einzelengagements verdichtet, um so genannte Klumpenrisiken zu
identifizieren, d. h. Risiken die sich daraus ergeben, dass sich bestimmte Faktoren verändern, die die Riskobewertung vieler Einzelengagements beeinflussen. Dies können z. B.
Entwicklungen in bestimmten Regionen oder Branchen sein oder auch Preisentwicklungen
bei bestimmten Rohstoffen. Ist nun ein solider Kenntnisstand hinsichtlich der Risikopo-
sitionen erreicht, so setzt die Risikosteuerung ein. Hierunter fallen alle Maßnahmen zum
Umgang mit und zur Überwachung von identifizierten Risiken.

Die bekanntesten Maßnahmen sind die Limitsteuerung, die Steuerung des Economic Capital, die Steuerung des Expected Loss und der (zuletzt auch im Zusammenhang mit Bahn-
höfen und vor allem Atomkraftwerken immer wieder genannte) Stresstest:

■ Im Rahmen der **Limitsteuerung** wird jedem Einzelengagement wie auch jedem Cluster
   an Engagements (Risikogruppe) eine risikoorientierte maximale Kredithöhe (Kreditli-
   mit) zugewiesen, die sich in der Regel am Kredit-Rating orientiert.

■ Das **Economic Capital** misst die Höhe des erforderlichen Eigenkapitals, über das ein
   Fremdkapitalgeber verfügen muss, will er in der Lage sein, auch extreme Verluste aus
   dem Kreditportfolio aufzufangen, ohne selbst insolvent zu werden.

■ Der **Expected Loss** misst mittels komplexer statistischer Modelle den potenziellen
   Verlust, der im Betrachtungszeitraum aus Kreditrisiken zu erwarten ist.

■ Mittels eines **Stresstests** werden die Einflüsse unterschiedlicher Szenarien (z. B. Veränderungen in den wirtschaftlichen Umfeldbedingungen) auf das Kreditportfolio geprüft

Das Kreditrisikomanagement spielt auch im Bereich der Bankenaufsicht eine entscheidende Rolle. Ziel der Aufsichtsbehörden ist es, eine ausreichende Risikotragfähigkeit der Banken sicherzustellen, um so die Kundeneinlagen zu schützen. Die fachliche wie politische
Diskussion zu diesem Themenkomplex hat im Zuge der Finanzkrise 2008/2009 deutlich an
Fahrt aufgenommen.

4.2.6   Bewertung von Finanztiteln

Aus Sicht von Eigen- und Fremdkapitalgebern wie -nehmern ist die Bepreisung von Kapital ein entscheidender Punkt in ihren Finanzierungsüberlegungen. Im Folgenden sollen in der gebotenen Kürze mit der so genannten technischen Analyse, der Fundamentalanalyse, der Portfolioanalyse und dem Capital Asset Pricing Model die hierfür entscheidenden Methoden kurz beschrieben und erläutert werden.

4.2.6.1   Technische Analyse

Die **technische Analyse (Chartanalyse)** versucht auf der Basis von Kursverläufen von Finanztiteln (und Indizes) in der Vergangenheit z. B. über Trendverläufe Vorhersagen über deren zukünftigen Verlauf zu treffen und besonders geeignete Kauf- bzw. Verkaufszeitpunkte für die untersuchten Finanztitel zu identifizieren (Murphy, 1999).[381]

Die allen charttechnischen Analysemodellen zugrundeliegende Annahme ist, dass es auf den Finanzmärkten mit hoher Wahrscheinlichkeit zu regelmäßig wiederkehrenden Kursverläufen kommt. Charts, d. h. Diagramme, die solche Kursverläufe über einen gewissen Zeitraum abbilden, zeigen bestimmte geometrische Muster die so genannte charttechnische Signale für den Kauf oder Verkauf eines Finanztitels aussenden. Als Diagrammtypen werden in der Regel Linien-, Balken oder Candlestick-Charts[382] verwendet.

Typische Handelsstrategien, die auf charttechnischer Analyse sind die Strategien der gleitenden Durchschnitte, der Aufwärts- bzw. Abwärtstrends sowie der speziellen Formationen:

■ **Gleitende Durchschnitte** errechnen sich aus dem Durchschnitt einer Anzahl von Kurswerten. Typischerweise werden zur Berechnung die Tagesschlusskurse der letzten 50, 100 oder 200 Tage verwendet. Man spricht dann in der Charttechnik von der so genannten 50-, 100- oder 200-Tagelinie. Schneidet das aktuelle Kursdiagramm nun die

---

[381] Dies setzt informationsineffiziente Kapitalmärkte voraus, d. .h. in den Preisen der untersuchten Finanztitel ist die zum Zeitpunkt der Bewertung nicht sämtliche vorliegende Information eingepreist. Nur so kann es gelingen mittels technischer Analyse zusätzliche (über der Marktrendite liegende) Renditen zu erzielen (und so praktisch „den Markt zu schlagen"). Ob dies mittels technischer Analyse tatsächlich gelingen kann, ist höchst umstritten. Die wissenschaftlichen Vertreter der klassischen Finanzmarkttheorie gehen von informationseffizienten Kapitalmärkten aus, auf denen Kursverläufe einem so genannten Random Walk folgen, d. .h die Bewertung sich nur beim Eintreffen neuer kursrelevanter Information ändert (vgl. Bankhofer und Rennhak, 1997, 1998 und 1999).

[382] Candlestick-Charts sind eine spezielle Art von Balkencharts, die die Trenderkennung erleichtern. Bei Candlestick-Chart wird die Spanne zwischen Eröffnungs- und Schlusskurs eines Finanztitels an einem Handelstag als Rechteck dargestellt. Über Eröffnungs- bzw. Schlusskurs hinausgehende Schwankungen werden mit einem, darüber hinaus gehenden Strich gekennzeichnet. Dieser wird – entsprechend der Kerzenanalogie – als Docht oder Lunte bezeichnet. Farbliche Kennzeichnungen ermöglichen eine Unterscheidung, ob jeweils der Eröffnungs- über dem Schlusskurs lag oder umgekehrt.

Linie des gleitenden Durchschnitts von unten sprechen die Charttechniker von einem Kauf-, schneidet sie von oben von einem Verkaufssignal.

■ **Aufwärtstrends** erkennen die Charttechniker sobald ein aktuelles Kursmaximum oberhalb eines vorangegangen Kursmaximums zum Liegen kommt und gleichzeitig das letzte Kursminimum ebenfalls oberhalb des vorangegangenen Kursminimums zum Liegen kam (graphisch entsteht ein so genannter Aufwärtstrendkanal durch die Verbindung der jeweiligen Kursmaxima bzw. Kursminima). Die Charttechniker wittern das Ende einer Aufwärtsbewegung (Verkaufssignal), wenn das Diagramm der aktuellen Kursbewegungen den Aufwärtskanal nach unten durchbricht. Im Fall, dass ein aktuelles Kursmaximum unterhalb des vorangegangenen Kursmaximums zum Liegen kommt und gleichzeitig das letzte Kursminimum ebenfalls unterhalb des des vorangegangenen Kursminimums zum Liegen kam, sprechen die Charttechniker von einem Abwärtstrend (graphisch entsteht wiederum ein so genannter Abwärtstrendkanal durch die Verbindung der jeweiligen Kursmaxima bzw. Kursminima). Die Charttechniker wittern das Ende einer Abwärtsbewegung (Kaufsignal), wenn das Diagramm der aktuellen Kursbewegungen den Abwärtskanal nach oben durchbricht.

■ Die Charttechnik kennt zusätzlich zu diesen relativ simplen Kaufs- oder Verkaufssignalen eine nahezu unbegrenzte **Vielfalt an so genannten Formationen**, d. h. geometrischen Formen, die aus Kursmustern herausgelesen werden und die Indikatoren für Trendumkehrungen nach unten (z. B. Zweifachhoch, Dreifachhoch, umgekehrte Untertasse, umgekehrtes Dreieck) oder nach oben (z. B. Zweifachtief, Dreifachtief, Untertasse) sowie für die Bestätigung eines Trends (z. B. Rechteck, Dreiecke und Keile, Flaggen und Wimpel) sein sollen.

Bei aller Kritik an der wissenschaftlichen Fundierung der technischen Analyse und den großen subjektiven Interpretationsspielräumen beim „Lesen" der ihr zugrundeliegenden Chartdiagramme ist sie dennoch bei vielen Anlegern sehr populär und entsprechend große Kapitalbewegungen werden durch charttechnische Signale ausgelöst, was wiederum dazu führt, dass die charttechnischen Prognosen tatsächlich eintreten. Man spricht hier von einer so genannten self fulfilling prophecy.

4.2.6.2   Fundamentalanalyse

Die **Fundamentalanalyse** versucht, den angemessenen Preis von Finanztiteln auf Basis der betriebswirtschaftlichen Kennzahlen des betreffenden Unternehmens zu bestimmen. Übertrifft dieser angemessene Preis (Fundamentalanalysten sprechen hier oft vom so genannten inneren Wert eines Finanztitels) den aktuellen Kurswert, so ist der Finanztitel „billig" bzw. „fundamental unterbewertet" und sollte gekauft werden (und umgekehrt). Die Fundamentalanalyse basiert auf der Analyse der kaufmännischen Rechenwerke (z. B. Quartals- oder Jahresberichte) des Unternehmens (z. B. Bewertung des Unternehmens auf Basis des Discounted Cashflow) sowie auf der Betrachtung einer Reihe von kurzbezogenen Indikatoren, wie z. B. der Dividendenrendite beispielsweise einer Aktie. In der Regel werden hierzu Relationen verwendet, was auch der Vergleichbarkeit von Unternehmen unterschiedlicher Größe dient.

Die gebräuchlichsten Kennzahlen der Fundamentalanalyse sind das Kurs-Gewinn-Verhältnis (KGV bzw. Price Earnings Ratio, PER), das Kurs-Cashflow-Verhältnis (KCF), das Kurs-Buchwert-Verhältnis (KBV), die Gesamtkapitalrendite und die Eigenkapitalquote:

■ Das **Kurs-Gewinn-Verhältnis** ist sicher die bekannteste Kennzahl im Bereich der Fundamentalanalyse. Es berechnet sich durch Division des aktuellen Kurswertes durch den (aktuellen oder erwarteten) Unternehmensgewinn je Aktie. Aktie mit niedrigem (z. B. im Vergleich zum langjährigen Branchenmittel oder im Wettbewerbsvergleich) KGV gelten als billig.

■ Analog errechnet sich das **Kurs-Cashflow**-Verhältnis durch Division des aktuellen Kurswertes durch den Cashflow je Aktie. Fundamentalanalysten präferieren in der Regel das das Kurs-Cashflow-Verhältnis im Vergleich zum Kurs-Gewinn-Verhältnis, weil der Cashflow in geringerem Maße buchhalterischen Gestaltungsmöglichkeiten (z. B. Bewertung von Rückstellungen, Abschreibungspolitik) aus unterliegt als der Gewinn. Bei der „Gestaltung" des Gewinns stehen oft steuerliche Erwägungen im Vordergrund bzw. das Bestreben den bilanziellen Gewinn für Eigen- und/oder Fremdkapitalgeber attraktiv wirken zu lassen. Finanzanalysten sind in der Regel auch weniger an absoluten Größen denn an Längs- oder Querschnittsvergleichen interessiert.

■ Das **Kurs-Buchwert-Verhältnis** errechnet sich durch Division des aktuellen Kurswertes durch den Buchwert je Aktie. Letzter berechnet sich als bilanzieller Wert des Eigenkapitals (Subtraktion der Verbindlichkeiten des Unternehmens von seinen Aktiva). Fundamentalanalysten präferieren niedrige Kurs-Buchwert-Verhältnisse.

■ Fundamentalanalysten verwenden die **Gesamtkapitalrendite**, um die Profitabilität eines Unternehmens einschätzen zu können. Die Gesamtkapitalrendite berechnet sich, indem zum Gewinn des Unternehmens der Zinsaufwand addiert und die resultierende Größe durch das Gesamtkapital dividiert wird. Die Gesamtkapitalrendite kann wiederum zu Längs- oder Querschnittsvergleichen herangezogen werden, um festzustellen wie sich die Profitabilität des untersuchten Unternehmens im Zeitablauf bzw. im Wettbewerbsvergleich entwickelt.

■ Die **Eigenkapitalquote** berechnet sich durch Division des Eigenkapitals des Unternehmens durch sein Gesamtkapital. Die Eigenkapitalquote misst die finanzielle Stabilität des Unternehmens im Zeit- und Branchenvergleich. Konservativ bzw. nach dem Prinzip der kaufmännischen Vorsicht geführte Unternehmen streben in der Regel hohe Eigenkapitalquoten an. Eine hohe Eigenkapitalquote verbessert einerseits die Kreditwürdigkeit eines Unternehmens, es ist jedoch andererseits anzumerken, dass dadurch die sich durch ein financial leverage bietenden Chancen nicht vollständig genutzt werden: in der Regel ist Fremdkapital steuerlich begünstigt und aufgrund seiner Vorrangigkeit müssen im Vergleich zum Eigenkapital niedrigere Kapitalkosten bezahlt werden.

Fundamentalanalysten schätzen den Wert eines Unternehmens in der Regel über so genannte multiples ab, d. h. die errechneten Kennzahlen für das zu bewertende Unternehmen werden mit den entsprechenden Kennzahlen und Bewertungen für vergleichbare Unternehmen ins Verhältnis gesetzt, um dann den fairen Wert des zu analysierenden Unternehmens zu bestimmen. Da die unterschiedlichen Berechnungen auf Basis der verschiedenen Kennzahlen zu unterschiedlichen Bewertungen führen, ergibt sich in der Regel eine (mehr oder weniger breite) Spanne, innerhalb derer die Fundamentalanalysten den fairen Wert des zu bewertenden Unternehmens vermuten.

Die Fundamentalanalyse ist für die – insbesondere langfristige – Bewertung von Finanztiteln unverzichtbar. Im Vergleich zur – kurzfristiger orientierten Charttechnik – kann ihr auch ein Stück weit eine höhere Objektivität zugesprochen werden, da sie stärker auf „harten" Fakten basiert und nicht so stark von subjektiven Interpretationen abhängt.

4.2.6.3   Portfoliotheorie und Capital Asset Pricing Model

Gegenstand der **Portfolioanalyse** ist die Analyse des Investitionsverhaltens von Anlegern auf Kapitalmärkten mit dem Ziel Handlungsanweisungen zur Entwicklung optimaler Anlagestrategien zu geben (Elton et al., 2003; Maier, 2004; Markowitz, 1952; Ross und Westerfield, 2005; Spremann, 2003). „Optimal" in diesem Zusammenhang bedeutet rendite-risiko-effizient, d. h. bei gegebenem Risiko ist keine höhere Rendite bzw. bei gegebener Rendite ist kein geringeres Risiko möglich. Risiko bemisst sich dabei durch die Standardabweichung der Rendite. Die Portfoliotheorie konzentriert sich hierbei auf die Unterscheidung zwischen systematischem (nicht diversifizierbares Marktrisiko) und unsystematischem (durch die Hereinnahme vieler möglichst un- oder negativ korrelierter Finanztitel diversifizierbares Unternehmensrisiko) Risiko. Für die Übernahme des systematischen Risikos erhalten Anleger eine Prämie, für die Übernahme des unsystematischen Risikos nicht.

Optimale Kombinationen von Rendite und Risiko sind abhängig von der Risikopräferenz des Investors. Die Portfoliotheorie postuliert, dass sich optimale Anlagestrategien immer als Mischung eines riskanten Portfolio und einer risikolosen Anlage (in der Vergangenheit wurden hier als Beispiel immer Staatsanleihen herangezogen) darstellen lässt: je risikofreudiger der Investor, desto geringer der Anteil der risikolosen Anlage in seiner Anlagestrategie. Der Anteil des riskanten Finanztitels wächst ceteris paribus mit der Rendite und fällt mit steigendem Risiko des riskanten Finanztitels. Das riskante Portfolio besteht aus allen Anlagemöglichkeiten und ist unabhängig von Vermögen und Risikoeinstellung des Investors – nur die Risiko-Rendite-Kombinationen der gehandelten Finanztitel und deren Korrelationen spielen hier eine Rolle.

Das **Capital Asset Pricing Model** (Brealey und Myers, 2005; Sharpe, 1964) nimmt den Grundgedanken der Portfoliotheorie – die Risikodiversifikation durch Portfoliobildung – auf und entwickelt diese einen Schritt weiter: es geht davon aus, dass sich am Markt Gleichgewichtskurse bilden, wenn sich alle Investoren rational verhalten und entsprechend effiziente Portfolios halten. Eine wichtige Annahme des Modells besagt, dass Investoren zum risikolosen Zinssatz unbegrenzt Geld ausleihen oder anlegen können. So können sie ihren individuellen Risikopräferenzen Rechnung tragen und ihre persönliche Mischung aus risikoloser Anlage und Marktportfolio herstellen. Das Capital Asset Pricing

Model erweitert die Portfoliotheorie also um die Fragestellung, welche Teil des Gesamt-risikos eines Finanztitels sich durch Diversifikation eliminieren lässt und welcher eben nicht. Darüber hinaus erklärt es, wie Finanztitel auf effizienten Kapitalmärkten zu bewer-ten sind. Das Capital Asset Pricing Model untersucht dazu die Anlageentscheidung eines risikoaversen Investors, der sich entscheiden muss, welchen Teil seines Vermögens er zu risikolosen Zinssatz und welchen er in risikobehaftete Finanztitel anlegen will.

Das Capital Asset Pricing Model erklärt, dass diese Entscheidung unter gewissen Annah-men nur von der erwarteten Rendite und dem Risiko des Finanztitels abhängig ist. Als Rendite-Schätzer wird dabei das arithmetische Mittel der Kurse in der Vergangenheit verwendet; der Risiko-Schätzer wird aus der Standardabweichung der Kurse in der Ver-gangenheit ermittelt. Das Capital Asset Pricing Model besagt, dass die zu erwartende Rendite eines Finanztitels nur von dessen Beta-Faktor[383] und dem Überschuss der Markt-rendite (der Rendite des Marktportfolios, in dem alle marktgängigen Finanztitel entspre-chend ihres Marktwertes vertreten sind) über den risikolosen Zins abhängt. Der Über-schuss der Marktrendite über den risikolosen Zinssatz wird in der Terminologie des Capi-tal Asset Pricing Models als Marktpreis für das Risiko bezeichnet. Der Marktpreis für das Risiko ist für alle Finanztitel ident. Somit hängt die individuell erwartete Rendite eines Finanztitels nur von dessen Beta-Faktor ab: je höher der Beta-Faktor, desto die erwartete Rendite und umgekehrt.

Erklärungskraft und praktischer Nutzen des Modells sind enorm: auf Basis des Capital Asset Pricing Models wird klar, wie viel zusätzliche Rendite erzielt werden muss, um ein höheres Risiko zu rechtfertigen bzw. in der umgekehrten Betrachtungsweise, auf wie viel Rendite der Investor verzichten muss, will er sein Risiko reduzieren. In der Praxis wird das Capital Asset Pricing Model u. a. dazu verwendet die risikoadjustierten Kapitalkosten von Unternehmen bzw. Investitionsprojekten (weighted average cost of capital – wacc) zu bestimmen und die Performance von Anlagefonds zu beurteilen. Letzteres geschieht, in dem die tatsächlich erzielte Rendite mit der nach dem Capital Asset Pricing Model theore-tisch erzielbaren Rendite verglichen wird.

Kritisch anzumerken ist, dass sich das Capital Asset Pricing Model einer empirischen Überprüfung entzieht, da sich das Marktportfolio, dass alle risikobehafteten Finanztitel enthält nur theoretisch konstruieren, aber nicht praktisch bilden lässt. Daneben lassen sich an den Kapitalmärkten bisweilen Phänomene beobachten, die das Capital Asset Pricing Model nicht erklären kann. Zu nennen wären hier der so genannte Januareffekte und der Small-Caps-Effekt, die besagen, dass der Kapitalmarkt nicht erklärbare Überrenditen zu bestimmten Jahreszeiten und für eine bestimmte Gruppe von Unternehmen zeigt.

---

[383] Der Beta-Faktor bemisst den Risikobeitrag jedes Finanztitels im Marktportfolio und ergibt sich als Relation der Kovarianz von betroffenem Finanztitel und Marktportfolio zur Varianz des Markt-portfolios. Der Beta-Faktor des Marktportfolios beträgt entsprechend 1. Der Beta-Faktor misst nur das auch durch Portfoliobildung nicht weiter diversifizierbare Marktrisiko eines Finanztitels (sys-tematisches Risiko).

Wiederholungsfragen

1. Was ist der Gegenstand der Finanzierung? Wie unterscheiden sich traditionelle und moderne Ansätze?

2. Was sind die Aufgabenfelder der Corporate Finance? Erläutern Sie diese kurz!

3. Systematisieren Sie die unterschiedlichen Formen der Finanzierung! Was versteht man unter Private Equity und Venture Capital?

4. Wie lässt sich die Liquidität des Unternehmens jederzeit sicherstellen?

5. Auf welche unterschiedlichen Arten lässt sich der Cashflow bestimmen? Zeigen Sie die Berechnungsmethoden auf!

6. Wie lassen sich Kreditrisiken systematisieren und managen?

7. Diskutieren Sie die Kernaussagen der Chartanalyse kritisch!

8. Was sind wesentliche Kennziffern der Fundamentalanalyse?

9. Was sind die Kernaussagen des Capital Asset Pricing Models?

5 Das betriebliche Rechnungswesen

5.1 Internes Rechnungswesen

Lernziele

Für die meisten betrieblichen Entscheidungen werden Informationen über Kosten und die ihnen gegenüberstehenden Leistungen benötigt. Nachfolgend wird deshalb vermittelt

- welche Aufgaben das interne Rechnungswesen hat,

- welche Kostenrechnungssysteme es gibt,

- wie Kosten ermittelt werden,

- worin sich Einzel- und Gemein- sowie fixe und variable Kosten unterscheiden,

- wie Kosten auf Kosten stellen und auf Kostenträger verrechnet werden und

- wie der Erfolg von Betrieben analysiert wird.

5.1.1 Grundlagen

Das interne Rechnungswesen ist neben dem externen der zweite Teilbereich des Rechnungswesens. Innerhalb dieses Systems hat es insbesondere die Aufgabe, die zur Steuerung der betrieblichen Leistungserstellung notwendigen Informationen über Kosten und Leistungen bereitzustellen.

Gegenstand des **internen Rechnungswesens** ist die Ermittlung und die Bereitstellung von Informationen über monetäre und mengenmäßige Größen, welche benötigt werden, um die betrieblichen Leistungserstellung zu planen und zu kontrollieren (Vahs und Schäfer-Kunz, 2007).

Das interne Rechnungswesen wird auch als **Betriebsbuchführung** bezeichnet und wendet sich dabei im Gegensatz zu dem externen Rechnungswesen an Informationsempfänger innerhalb des Unternehmens, wie beispielsweise das Management oder bestimmte Unternehmensbereiche, wie das Controlling oder das Marketing.

Teilbereiche des internen Rechnungswesens sind die Kostenrechnung und die Betriebsstatistik. Die wichtigste Funktion der Kosten- beziehungsweise **Kosten- und Leistungsrechnung**, welche im Mittelpunkt der nachfolgenden Ausführungen steht, besteht darin, stimmte Kosten und Leistungen auf bestimmte Objekte zu verteilen.

5.1.1.1   Unterteilung von Kostenrechnungssystemen

Kostenrechnungssysteme lassen sich in Abhängigkeit vom Zeitbezug der Rechengrößen in
Ist-, Normal- und Plankostenrechnungen unterteilen. In Abhängigkeit von dem Ausmaß
der verrechneten Kosten werden außerdem Voll- und Teilkostenrechnungen unterschieden:

- ■ **Ist-, Normal- und Plankostenrechnungen**

  Gegenstand der **Istkostenrechnung** sind die tatsächlich in einer Periode angefallenen
  Kosten. Da sich diese Kosten nur nachträglich ermitteln lassen, ist die Ist Kostenrechnung vergangenheitsorientiert.

  Gegenstand der **Normalkostenrechnung** sind die in den vergangenen Perioden durchschnittlich angefallenen Istkosten. Durch die Durchschnittsbildung werden Schwankungen der Kosten in verschiedenen Perioden nivelliert und die Kosten somit vergleichbar gemacht. Auch bei dieser Rechnung handelt es sich um eine vergangenheits-
  orientierte Kalkulation.

  Gegenstand der **Plankostenrechnung** sind zukünftige für eine erwartete Beschäftigung
  prognostizierte Kosten. Hierbei handelt es sich entsprechend um eine zukunftsorientierte Rechnung. Die Plankosten stellen in der Regel Vorgaben für Kostenstellen dar.
  Im Rahmen der Plankostenrechnung werden die Einhaltung dieser Kosten kontrolliert
  und die Ursache von Abweichungen analysiert.

- ■ **Voll- und Teilkostenrechnung**

  Im Rahmen der **Vollkostenrechnung** werden alle angefallenen Kosten auf die entsprechenden Kostenträger verrechnet. Durch dieses Vorgehen wird sichergestellt, dass mit
  den kalkulieren Preisen alle entstehenden Kosten gedeckt werden. Dabei erfolgt Kostenrechnung alle und somit auch die fixen Kosten Proportionalität werden, werden den
  Kostenträgern Kosten zugerechnet, welche diese gar nicht verursacht haben (vergleiche
  Abschnitt zum Marketing).

  Im Rahmen der **Teilkostenrechnung** erfolgt in allen Stufen der Kostenrechnung eine
  Kostenspaltung, welche es ermöglicht, Kostenträgern nur die Einzelkosten oder variablen Kosten zuzurechnen, welche diese tatsächlich verursacht haben (**Verursachungs-
  prinzip**).

5.1.1.2   Vorgehensweise bei der Kostenrechnung

Die Kostenrechnung erfolgt immer drei aufeinander aufbauend in Stufen, nämlich der
Kostenarten-, der Kostenstellen- und der Kostenträgerrechnung (vergleiche **Abbildung
5.1**).

Abbildung 5.1 Zusammenhang zwischen Kostenarten-, Kostenstellen- und Kostenträgerrechnung

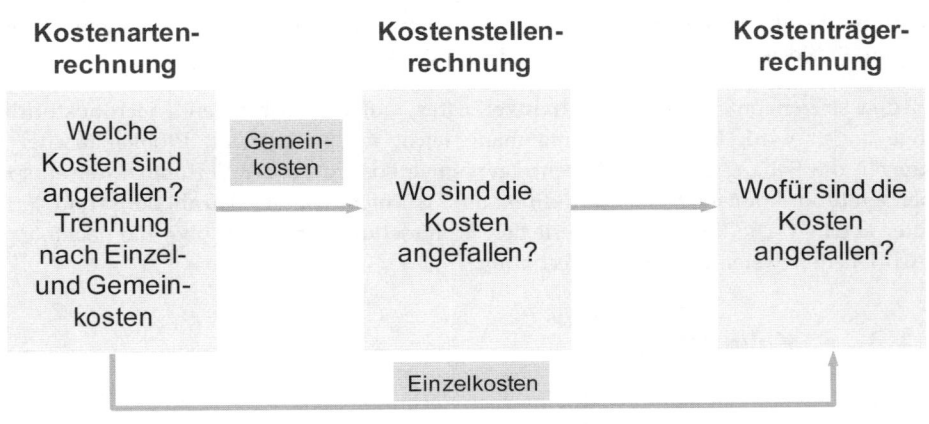

| Kostenarten-
rechnung | Kostenstellen-
rechnung | Kostenträger-
rechnung |

Welche Kosten sind angefallen? Trennung nach Einzel- und Gemeinkosten → Gemeinkosten → Wo sind die Kosten angefallen? → Wofür sind die Kosten angefallen? ← Einzelkosten

Die Kostenartenrechnung dient dabei der Kostenermittlung, während die Kostenstellen- und die Kostenträgerrechnung der Kostenverteilung auf Kostenstellen und Kostenträger dienen. Die verschiedenen Kostenrechnungssysteme umfassen immer die genannten Stufen. Sie unterscheiden sich jedoch hinsichtlich der Vorgehensweise innerhalb der Stufen (vergleiche **Abbildung 5.2**).

Abbildung 5.2 Zusammenhang zwischen Kostenarten-, Kostenstellen- und Kostenträgerrechnung

Kostenartenrechnung

▸ **Welche** Kosten sind in welcher Höhe angefallen?
– Die Kosten werden hierbei vollständig erfasst und nach verschiedenen Gesichtspunkten gegliedert.

Kostenstellenrechnung

▸ **Wo** sind die Kosten angefallen?
– Dazu wird untersucht, an welchen Orten bzw. in welchen Bereichen (Kostenstellen, abgekürzt KST) des Unternehmens die Kosten verursacht wurden

Kostenträgerrechnung

▸ **Wofür** sind die Kosten angefallen?
– Unter Kostenträgern (KTR) versteht man die Leistungseinheiten (zumeist Produkte oder Aufträge), die den Kostenanfall letztlich verursachen.

5.1.2   Kostentheorie

Das interne Rechnungswesen basiert auf der **Kostentheorie**, welche ihrerseits auf der **Produktionstheorie** aufbaut und diese ergänzt. Die Kostentheorie erklärt, wie sich die Gesamtkosten K im Verhältnis zur Anzahl der produzierten Güter x verändern. Dabei können die Kostenfunktionen unterschiedliche Verlaufsformen haben.

Bei den so genannten **Kostenträgereinzelkosten**, auf die nachfolgend noch ausführlich eingegangen wird, ist der Zusammenhang leicht nachvollziehbar. Problematischer ist dagegen die Behandlung von Kostenträgergemeinkosten, da der Verbrauch der entsprechenden Produktionsfaktoren nur indirekt oder gar nicht von der Anzahl der produzierten Güter abhängt. Die deshalb erforderlichen Schlüsselungen erfolgen über die nachfolgend beschriebenen Systeme der Kostenrechnung.

5.1.3   Kalkulation

Die Kalkulation bildet den Kern des internen Rechnungswesens. Es handelt sich dabei um eine volle Kostenkalkulation auf Ist- oder normal Kostenbasis, welche zur Ermittlung der Kosten von Kostenträgern, also insbesondere von Produkten, geführt wird. Nachfolgend werden die dazu in der Kostenarten-, der Kostenstellen- und der Kostenträgerrechnung durchzuführenden Schritte beschrieben (Vahs und Schäfer-Kunz, 2007).

5.1.3.1   Kostenartenrechnung

Die **Kostenartenrechnung** ist die erste Stufe der Kostenrechnung und damit die Basis für die nachfolgenden Kostenstellen- und Kostenträgerrechnung. Die Kostenartenrechnung hat die Aufgabe, die in der Kostenrechnung zu verteilenden Kosten zu ermitteln und die Kosten für die Festlegung der weiteren Behandlung in Einzel- und Gemein- sowie in fixe und variable Kosten zu unterteilen (vergleiche **Abbildung 5.3**).

Abbildung 5.3   Kostenartengliederung

Kostenartengliederung	
Kosteneinteilung nach...	**Einteilungsergebnis**
(1) Art verbrauchter Produktionsfaktoren	Personalkosten, Materialkosten, Abschreibungen, Zinskosten usw.
(2) Betrieblichen Funktionen	Beschaffungs-, Lager-, Fertigungs-, Verwaltungs- und Vertriebskosten
(3) Art der Verrechnung	Einzelkosten und Gemeinkosten
(4) Art der Kostenerfassung	Aufwandsgleiche und kalkulatorische Kosten
(5) Herkunft der Kostengüter	Primäre und sekundäre Kosten
(6) Verhalten bei Beschäftigungsänderungen	Fixe und variable Kosten

5.1.3.1.1 Kostenermittlung

5.1.3.1.1.1 Materialkosten

Die **Materialkosten** können abhängig von der Materialart in Kosten für Rohstoffe, Hilfsstoffe, Betriebsstoffe und Waren unterteilt werden. Rohstoffe und Waren werden dabei in der Regel als Einzelkosten, Hilfsstoffe und Betriebsstoffe als Gemeinkosten behandelt. Die kostenmäßige Bewertung des verbrauchten Materials erfolgt über den Anschaffungspreis oder über den Wiederbeschaffungspreis.

5.1.3.1.1.2 Personalkosten

Die **Personalkosten** werden auf Basis der Daten ermittelt, welche die Lohn- und Gehaltsbuchhaltung liefert. Die Personalkosten werden üblicherweise weiter in folgende Arten untergliedert:

- ■ **Lohnkosten**

  Lohnkosten entstehen durch die Bezahlung der Arbeiter. Fertigungslöhne, die über Arbeitspläne direkt bestimmten Produkten zugerechnet werden können, sind dabei Kostenträgereinzelkosten. Hilfslöhne sind in der Regel Gemeinkosten.

- ■ **Gehaltskosten**

  Gehaltskosten entstehen durch die Bezahlung der Angestellten. In der Regel sind die Gehälter auch Gemeinkosten.

- ■ **Personalzusatzkosten**

  Unter den Personalzusatzkosten werden insbesondere Lohn- und Gehaltsnebenkosten, aber auch Zulagen und Prämien zusammengefasst. Beispiele sind der Arbeitgeberanteil zur Krankenversicherung, die vermögenswirksame Leistungen oder die Beihilfen für die Verpflegung. Die Personalzusatzkosten stellen in der Regel Gemeinkosten dar.

- ■ **Kalkulatorischer Unternehmerlohn**

  Der kalkulatorische Unternehmerlohn wird bei Eigentümerunternehmen eingesetzt, deren Eigentümer kein Gehalt für ihre Tätigkeit beziehen. Die Höhe des kalkulatorische Unternehmerlohn des richtet sich dabei nach dem Gehalt von Führungskräften in vergleichbaren Positionen.

5.1.3.1.1.3 Abschreibungen

Durch **Abschreibungen** sollen die Wertminderungen des abnutzbaren Anlagevermögens abgebildet werden. Einen Überblick hinsichtlich der Wertminderungsursachen gibt die nachfolgende Abbildung (vgl. **Abbildung 5.4**).

Abbildung 5.4   Wertminderungsursachen bei Abschreibungen

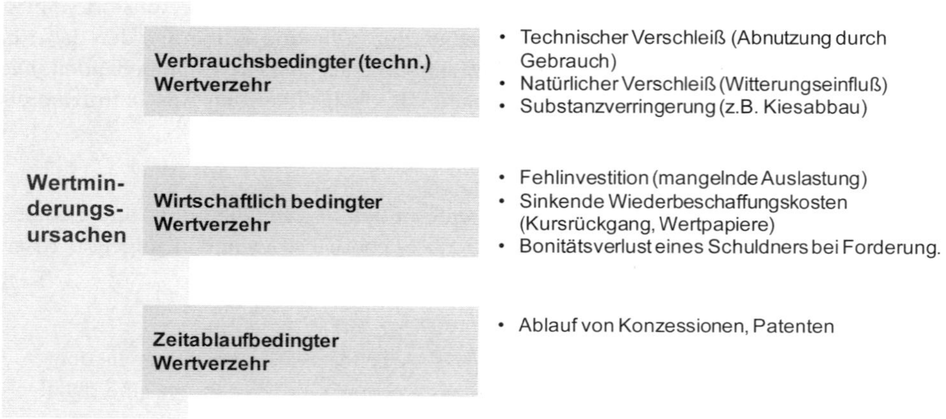

	Verbrauchsbedingter (techn.) Wertverzehr	• Technischer Verschleiß (Abnutzung durch Gebrauch) • Natürlicher Verschleiß (Witterungseinfluß) • Substanzverringerung (z.B. Kiesabbau)
Wertmin-derungs-ursachen	Wirtschaftlich bedingter Wertverzehr	• Fehlinvestition (mangelnde Auslastung) • Sinkende Wiederbeschaffungskosten (Kursrückgang, Wertpapiere) • Bonitätsverlust eines Schuldners bei Forderung.
	Zeitablaufbedingter Wertverzehr	• Ablauf von Konzessionen, Patenten

Abschreibungen stellen dabei im Hinblick auf die Kostenträger in der Regelgemeinkosten dar, können aber über das Anlagevermögen den Kostenstellen als Einzelkosten zugerechnet werden.

In der Kostenrechnung werden die so genannten **kalkulatorischen Abschreibungen** verwendet. Während die bilanziellen Abschreibungen im externen Rechnungswesen aufgrund von handels- und steuerrechtlichen Vorschriften sowie denen vom Bundesministerium der Finanzen herausgegebenen **AfA-Tabellen (AfA: Absetzung für Abnutzung)** berechnet werden, sollen die kalkulatorischen Abschreibungen den wirklichen Verbrauch des Anlagevermögens aufzeigen.

Durch die Abschreibungsmethode wird festgelegt, wie die Wertminderung auf die Perioden innerhalb der Nutzungsdauer verteilt wird. In der Praxis gebräuchliche Abschreibungsmethoden sind insbesondere die lineare teilweise die geometrisch degressive Abschreibung.

Bei Anwendung der **linearen Abschreibungsmethode** werden die in der Kostenrechnung zu berücksichtigenden Abschreibungsbeträge folgendermaßen berechnet:

$$\text{Abschreibungsbetrag} = \frac{\text{Wiederbeschaffungskosten} - \text{Liquidationserlös}}{\text{Nutzungsdauer}}$$

Im Vergleich hierzu werden die Abschreibungsbeträge bei Anwendung der **geometrisch degressiven Abschreibungsmethode** nach folgender Formel ermittelt:

$$\text{Abschreibungsbetrag} = \text{Fortgeführte Wiederbeschaffungskosten} * \text{Abschreibungssatz}$$

Die fortgeführten Wiederbeschaffungskosten ergeben sich dabei aus dem Wiederbeschaffungskosten abzüglich der bisher vorgenommenen Abschreibungen.

Diese Methode unterstellt, dass der Wertverlust während der Nutzungsdauer abnimmt. Die jährlichen Abschreibungsbeträge werden dabei als fester Prozentsatz vom jeweiligen Restbuchwert berechnet.

5.1.3.1.1.4 Fremdleistungskosten

Fremdleistungskosten entstehen durch die Inanspruchnahme von Dienstleistungen Externer. Beispiele sind Instandhaltungs-, Rechtsberatungs-, Versicherungs- und Forschungsleistungen sowie die Vermietung von Gebäuden und Anlagen. Die Fremdleistungskosten stellen in der Regel Kostenträgergemeinkosten dar.

5.1.3.1.1.5 Wagniskosten

Durch das Einsetzen von **Wagniskosten** sollen Einzelrisiken wie beispielsweise der Verlust von Anlagegütern aufgrund von außergewöhnlichen Schäden, der Verlust von gelagerten Erzeugnissen sowie Transportschäden in der Kostenrechnung berücksichtigt werden. Die Höhe der anzusetzenden Wagniskosten kann sich an den Schadensaufwendungen der Vergangenheit oder an den entsprechenden Versicherungsprämien orientieren. Die Wagniskosten stellen in der Regel Kostenträgergemeinkosten dar.

5.1.3.1.1.6 Zinsen

Während im externen Rechnungswesen nur Fremdkapitalzinsen als Aufwand berücksichtigt werden, können bei der Kostenrechnung auch **Zinsen** für das im betriebsnotwendigen Kapital enthaltene Eigenkapital angesetzt werden. Durch diese kalkulatorischen Zinsen soll dem Umstand Rechnung getragen werden, dass durch die Bindung von Kapital im Unternehmen diese Geldmittel einer anderweitigen Nutzung (also zum Beispiel einer Anlage in Aktien) entzogen werden und somit Zinserträge verloren gehen. Im Hinblick auf die Zurechnung auf Kostenträger stellen die kalkulatorischen Zinsen Gemeinkosten dar.

Eine einfache Möglichkeit zur Berechnung der kalkulatorischen Zinsen besteht darin, das durchschnittlich betriebsnotwendige Kapital mit dem durchschnittlichen Kapitalkostensatz des Unternehmens zu multiplizieren.

5.1.3.1.1.7 Steuern, Gebühren und Abgaben

Zusätzlich zu den genannten Kostenarten müssen Unternehmen eine Reihe von Abgaben an die öffentliche Hand leisten. Neben Steuern sind das auch Gebühren, wie beispielsweise die Müllabfuhrgebühren, und öffentliche Abgaben, wie beispielsweise Erschließungsbeiträge.

Steuern, Gebühren und Abgaben stellen in der Regel ebenfalls Kostenträgergemeinkosten dar.

5.1.3.1.2 Kostencharakterisierung

Ergänzend zu der Ermittlung der Kosten muss im Rahmen der Kostenartenrechnung für die nachfolgenden Schritte der Kostenrechnung deren Charakter bestimmt werden. Abhängig von dieser Einordnung wird festgelegt, welche Kosten in welcher Weise den Kostenträgern und Kostenstellen zugerechnet werden können. Für die Charakterisierung werden die Kosten in Einzel- und Gemeinkosten sowie in fixe und variable Kosten unterteilt.

5.1.3.1.2.1 Einzel- und Gemeinkosten

Je nachdem, ob die Kosten einen Kalkulationsobjekt, wie einem Kostenträger oder Kostenstelle, zugerechnet werden können oder nicht, erfolgt eine Unterteilung in Einzel- und Gemeinkosten.

Einzelkosten können einer Bezugsgröße (Kostenträger, Kostenstelle) direkt (ohne Schlüsselung) zugerechnet werden. Beispiele sind Fertigungslohnkosten oder Materialkosten.

Gemeinkosten (z.B. Miete) lassen sich einer Kostenträgereinheit nicht unmittelbar zurechnen, da sie im üblichen Fall des Mehrproduktunternehmens durch die Leistungserstellung insgesamt verursacht werden. Aufgabe der Kostenstellenrechnung ist es, die Gemeinkosten mit Hilfe von Kostenverteilungsschlüsseln zunächst auf Kostenstellen und nachher im Wege der Kostenträgerrechnung über sog. Kalkulationssätze auf die einzelnen Kostenträgereinheiten weiter zu verrechnen.

5.1.3.1.2.2 Fixe und variable Kosten

In Abhängigkeit davon, ob sich Kosten mit der Beschäftigung ändern oder nicht, werden sie in variablen fixe Kosten unterteilt.

Fixe Kosten (K_f) sind Kosten, die innerhalb bestimmter Leistungsgrenzen und innerhalb eines bestimmten Zeitraumes keine Veränderungen aufweisen, beispielsweise Mieten   oder   Versicherungsgebühren.
Sprungfixe Kosten sind Kosten, die nur für bestimmte Beschäftigungsintervalle fix sind. Das heißt, sie steigen mit der Beschäftigung treppenförmig an. Die ist beispielsweise der Fall, wenn bei Produktionsausweitung ab einer bestimmten Menge eine weitere Maschine angeschafft und abgeschrieben werden muss.

Variable Kosten (K_v) sind als sog. **Mengenkosten** von der Menge abhängig und ändern sich bei Leistungsschwankungen unmittelbar, beispielsweise Materialkosten.

Die vorgenannten Möglichkeiten von Kostenverläufen in Abhängigkeit von der Beschäftigung werden in der nachstehenden Abbildung zusammengefasst (vergleiche **Abbildung 5.5**).

Abbildung 5.5   Kosten nach der Veränderung bei Beschäftigungsschwankungen

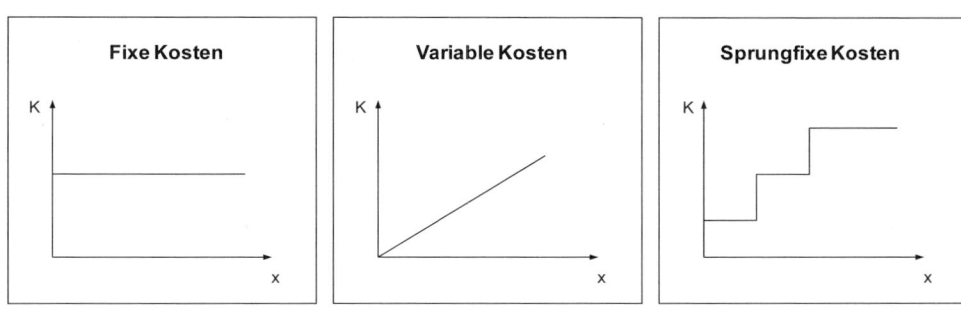

Um das Verhalten der verschiedenen Kostenarten in Bezug auf Beschäftigungsänderungen zu charakterisieren, wird im Rahmen der so genannten Kostenauflösung häufig eine Funktion K (x) zur Beschreibung des Kostenverlaufs aufgestellt:

$$K(x) = K_f + k_v * x$$

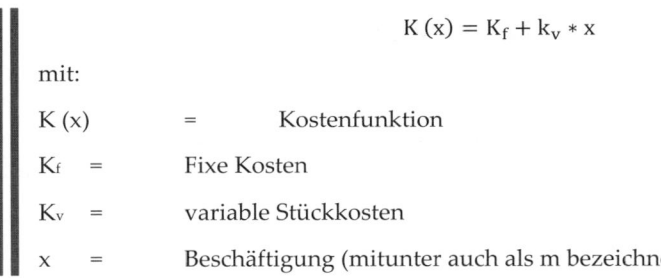

mit:

K (x)   =   Kostenfunktion

K_f =   Fixe Kosten

K_v =   variable Stückkosten

x   =   Beschäftigung (mitunter auch als m bezeichnet)

Die **Kostenfunktion** beschreibt für jeweils eine Periode den funktionalen Zusammenhang zwischen den Gesamtkosten K und der Ausbringungsmenge x. Typisch für die industrielle Produktionsweise sind proportionale Kostenverläufe. Dabei führt eine Veränderung der Ausbringungsmenge x (oder auch m) zu einer proportionalen Veränderung der Kosten K (vergleiche **Abbildung 5.6**).

Abbildung 5.6   Proportionaler Gesamtkostenverlauf mit Fixkosten

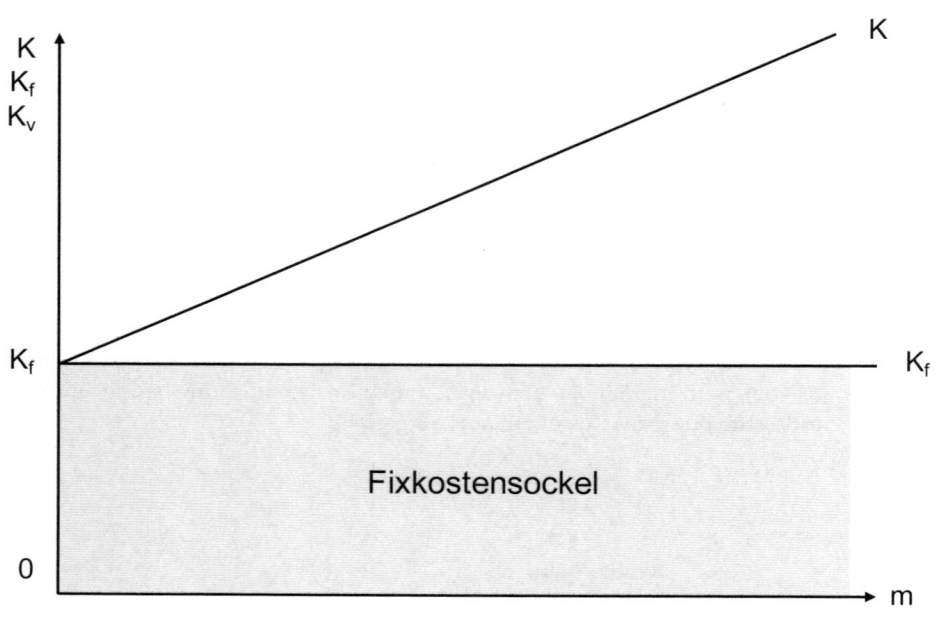

Quelle: Wöhe, 2010

5.1.3.2   Kostenstellenrechnung

Die **Kostenstellenrechnung** ist die zweite Stufe der Kostenrechnung. Sie verbindet die Kostenarten- mit der Kostenträgerrechnung. In die Kostenstellenrechnung gehen die Gemeinkosten ein, welche nicht direkt den Kostenträgern zugerechnet werden können. Im Rahmen der Kostenstellenrechnung werden diese Kostenträgergemeinkosten dann auf die Kostenstellen verteilt. Die Kostenstellenrechnung hat die Aufgabe, eine möglichst verursachungsgerechte Verteilung der Gemeinkosten über die Kostenstellen auf die Kostenträger (Produkte) des Unternehmens zu ermöglichen. Daneben ermöglicht sie eine Wirtschaftlichkeitskontrolle der Kostenstellen durch eine Gegenüberstellung von geplanten Kosten (Plankosten) und tatsächlichen Kosten (Istkosten).

5.1.3.2.1 Bildung und Strukturierung von Kostenstellen

Damit die Frage „Wo sind die Kosten angefallen?" auch beantwortet werden kann, müssen im Unternehmen zunächst Kostenstellen gebildet werden.

> **Kostenstellen** sind Teilbereiche des Unternehmens, deren Kosten erfasst, geplant und kontrolliert werden (Hummel und Männel, 1995). Die den Kostenstellen zugerechneten Gemeinkosten werden auf die Kostenstellennutzer weiter verrechnet.

Damit die Gemeinkosten möglichst verursachungsgerecht auf die Kostenstellen verteilt werden können, sind bei der Bildung von Kostenstellen folgende Grundsätze zu beachten:

- Die Kostenstellen müssen eindeutig abgrenzbar sein und eine eindeutige Erfassung und Zuordnung der Kosten ermöglichen.

- Sie sollen sich an der Organisationsstruktur (Funktionsbereiche, Produktbereiche, Räumlichkeiten) und Verantwortungsstruktur des Unternehmens orientieren, so dass die Kostenstellenverantwortlichen die den Kostenstellen zugeordneten Kosten beeinflussen und für Kostenabweichungen verantwortlich gemacht werden können.

- Die Kostenstellenbildung muss den Grundsatz der Wirtschaftlichkeit beachten da der Verwaltungsaufwand mit der Anzahl der Kostenstellen ansteigt.

Bei den Kostenstellen werden Hauptkostenstellen und Hilfskostenstellen unterschieden (Coenenberg, 2003):

- **Hauptkostenstellen** erbringen Leistungen direkt für die Kostenträger, so dass ihre Kosten auch direkt auf Diesel umgelegt werden. Zu den Haupt Kostenstellen werden neben der Fertigung meist auch Material stellen, Verwaltungsstellen und Vertriebsstellen gezählt.

- **Hilfskostenstellen** erbringen Hilfsleistungen für andere Kostenstellen, so dass ihre Kosten nicht auf die Kostenträger, sondern auf die Hauptkostenstellen verrechnet werden. Typische Hilfskostenstellen sind allgemeine Hilfskostenstellen wie die Energieerzeugung, die Raumkosten oder die Kantine sowie Fertigungshilfsstellen wie die Arbeitsvorbereitung oder Reparaturwerkstatt.

Die Kostenstellenrechnung erfolgt in drei Schritten:

1. Zunächst werden die Gemeinkosten auf die einzelnen Kostenstellen verteilt.

2. Dann werden im Rahmen der innerbetrieblichen Leistungsverrechnung die Kosten der Hilfskostenstellen auf die Hauptkostenstellen umgelegt.

3. Im dritten Schritt werden Zuschlagsätze oder Verrechnungssätze berechnet, mit denen die Gemeinkosten dann auf die Kostenträger verrechnet werden können.

Diese drei Schritte werden im Folgenden anhand eines **Betriebsabrechnungsbogens (BAB)** erläutert. Dabei handelt es sich um eine Tabelle, bei der in der vertikalen zu verteilenden Kostenarten und in der horizontalen empfangenden Kostenstellen, unterteilt in Hilfskostenstellen und Hauptkostenstellen, aufgeführt werden.

5.1.3.2.2 Verrechnung der Kostenträgergemeinkosten

Zunächst werden die Gemeinkosten aus der Kostenartenrechnung übernommen und den einzelnen Hilfs- und Hauptkostenstellen zugerechnet. Dies wird an einem Zahlenbeispiel eines Holz verarbeitenden Unternehmens dargestellt (vgl. **Tabelle 5.1**).

Tabelle 5.1   Verteilung der Gemeinkosten im BAB

		Kostenstellen					
		Hilfskostenstellen		Hauptkostenstellen			
Kostenarten	**Summe**	**Gebäude**	**Strom**	**Material**	**Fertigung**	**Vertrieb**	**Verwaltung**
Löhne und Gehälter	50.000,00	5.000,00	4.000,00	5.000,00	18.000,00	8.000,00	10.000,00
Hilfs- und Betriebsstoffe	25.000,00	1.000,00	400,00	10.000,00	8.600,00	1.000,00	4.000,00
Energie	15.000,00	0,00	15.000,00		0,00	0,00	0,00
kalk. Abschreibungen	40.000,00	18.000,00	7.000,00	2.000,00	9.000,00	1.000,00	3.000,00
Summe primäre Kosten	**130.000,00**	**24.000,00**	**26.400,00**	**17.000,00**	**35.600,00**	**10.000,00**	**17.000,00**

Addiert man alle den Hilfs- und Hauptkostenstellen jeweils zugerechneten Gemeinkosten, erhält man die primären Kosten der einzelnen Kostenstellen.

5.1.3.2.3 Verrechnung innerbetrieblicher Leistungen

Im 2. Schritt der Kostenstellenrechnung werden die Kosten der Hilfskostenstellen auf die Hauptkostenstellen im Rahmen der innerbetrieblichen Leistungsverrechnung umgelegt.

1. **Die Kosten der Hilfskostenstelle „Gebäude" werden auf die anderen Kostenstellen umgelegt**
   Dazu benötigt man einen geeigneten Verrechnungssatz. Bei den Gebäudekosten bietet sich hier z.B. die genutzte Raumfläche an. Angenommen das Gebäude hat eine von den Kostenstellen insgesamt beanspruchte Fläche von 2.000 qm. Dann beträgt der Verrechnungssatz pro qm: 24.000 Euro / 2.000 qm = 12 Euro / qm

Belegt die Kostenstelle „Strom" eine Fläche von 300 qm, so werden ihr von der Hilfskostenstelle „Gebäude" folgende Kosten angelastet:
300 qm * 12 Euro / qm = 3.600 Euro

2. **Anschließend werden die Kosten der Hilfskostenstelle „Strom" auf die anderen Kostenstellen verteilt**
Als Verrechnungsgröße kann hier der Stromverbrauch der Kostenstelle in Kilowatt-
stunden (kwh) herangezogen werden. Berücksichtigt man bei der Kostenstelle „Strom"
neben den primären Kosten von 26.400 Euro auch die anteiligen Gebäudekosten von
3.600 Euro, so kann der Verrechnungssatz bei einem Gesamtstromverbrauch von
200.000 kwh berechnet werden mit: 30.000 Euro / 200.000 kwh = 0,15 Euro / kwh
Die Hauptkostenstellen werden gemäß ihrem Stromverbrauch belastet.
Zur Durchführung der innerbetrieblichen Leistungsverrechnung gibt es verschiedene
Verfahren, welche den unterschiedlichen Leistungsverflechtungen gerecht werden. Im
Beispiel wurde das **Stufenleiterverfahren** angewendet, welches unterstellt, dass die
Kostenstelle „Strom" Fahrleistungen von der Kostenstelle „Gebäude" bezieht, aber
nicht umgekehrt.

Die bei der innerbetrieblichen Leistungsverrechnung umgelegten Kosten werden sekundäre Kosten genannt. In der nachfolgenden Tabelle wird die innerbetriebliche Leistungsverrechnung im unteren Teil der Tabelle durchgeführt (vergleiche Tabelle 5.2).

Tabelle 5.2   Innerbetriebliche Leistungsverrechnung im BAB

| Kostenarten | Summe | Kostenstellen | | | | | |
| | | Hilfskostenstellen | | Hauptkostenstellen | | | |
		Gebäude	Strom	Material	Fertigung	Vertrieb	Verwaltung
Löhne und Gehälter	50.000,00	5.000,00	4.000,00	5.000,00	18.000,00	8.000,00	10.000,00
Hilfs- und Betriebsstoffe	25.000,00	1.000,00	400,00	10.000,00	8.600,00	1.000,00	4.000,00
Energie	15.000,00	0,00	15.000,00		0,00	0,00	0,00
kalk. Abschreibungen	40.000,00	18.000,00	7.000,00	2.000,00	9.000,00	1.000,00	3.000,00
Summe primäre Kosten	**130.000,00**	**24.000,00**	**26.400,00**	**17.000,00**	**35.600,00**	**10.000,00**	**17.000,00**

| Kostenarten | Summe | Hilfskostenstellen | | Hauptkostenstellen | | | |
		Gebäude	Strom	Material	Fertigung	Vertrieb	Verwaltung
Innerbetriebliche Leistungsverrechnung							
Kosten Gebäude		-24.000,00	3.600,00	2.400,00	14.000,00	1.000,00	3.000,00
Kosten Strom			-30.000,00	2.600,00	18.400,00	3.000,00	6.000,00
Gesamtkosten	**130.000,00**	**0,00**	**0,00**	**22.000,00**	**68.000,00**	**14.000,00**	**26.000,00**

Nach diesem zweiten Schritt steht fest, wie hoch die Gesamtkosten der Hauptkostenstellen sind. Somit können im dritten Schritt die Zuschlagssätze für die Produktkalkulation bestimmt werden.

5.1.3.2.4 Ermittlung von Kalkulationsätzen

Der dritte Schritt in der Kostenstellenrechnung besteht darin, die **Gemeinkostenzuschlagssätze** zu ermitteln, die in der Kostenträgerrechnung für die Produktkalkulation benötigt werden.

Zur Ermittlung der Gemeinkostenzuschlagssätze werden die **Gemeinkosten der Hauptstellen durch eine Bezugsgröße** geteilt, die möglichst in einem **proportionalen Zusammenhang** mit den Gemeinkosten steht, d.h. wenn sich die Gemeinkosten um x % verändern, dann soll sich auch die Bezugsgröße um x % verändern. Besonders schwierig ist es, in der Verwaltung und im Vertrieb geeignete Bezugsgrößen zu finden. Daher werden idR sämtliche Einzel- und Gemeinkosten der anderen Kostenstellen als Bezugsgröße ansetzt, die man auch als **Herstellkosten** bezeichnet.

Für das **Beispiel** müssen zunächst die Einzelkosten der Hauptkostenstellen und die Herstellkosten ermittelt werden. Es gilt:

$$\text{Materialeinzelkosten} = 100.000 \text{ € und Fertigungseinzelkosten} = 204.000 \text{ €}$$
$$\text{Herstellkosten} = 100.000 \text{ €} + 204.000 \text{ €} + 22.000 \text{ €} + 68.000 \text{ €} = 394.000 \text{ €}$$

Für das Beispiel mit dem Betriebsabrechnungsbogen ergeben sich die in der nachfolgenden Abbildung berechneten Gemeinkostenzuschlagssätze (vergleiche **Abbildung 5.7**).

Abbildung 5.7   Ermittlung der Gemeinkostenzuschlagssätze

Material	Fertigung	Verwaltung	Vertrieb
$\dfrac{\text{MGK}}{\text{MEK}} \cdot 100$	$\dfrac{\text{FGK}}{\text{FL}} \cdot 100$	$\dfrac{\text{VerwGK}}{\text{HK}} \cdot 100$	$\dfrac{\text{VertrGK}}{\text{HK}} \cdot 100$

MGK = Materialgemeinkosten	VerwGK = Verwaltungsgemeinkosten
MEK = Materialeinzelkosten	VertrGK = Vertriebsgemeinkosten
FGK = Fertigungsgemeinkosten	HK = Herstellkosten
FL = Fertigungslöhne	

▸ **Am Beispiel**

MG-Zuschlagssatz	=	(22.000 / 100.000) * 100	=	22%
FG-Zuschlagssatz	=	(68.000 / 204.000) * 100	=	33,33%
VertrGK-Zuschlagssatz	=	(14.000 / 394.000) * 100	=	3,55%
VerwGK-Zuscglagssatz	=	(26.000 / 394.000) * 100	=	6,6%

Nachdem in diesem letzten Schritt der Kostenstellenrechnung die Gemeinkosten Zuschlag setzte ermittelt worden sind, können nun in der Kostenträgerrechnung die Produktkosten kalkuliert werden.

5.1.3.3   Kostenträgerrechnung

Die **Kostenträgerrechnung** ist die dritte und letzte Stufe der Kostenrechnung. Im Rahmen der Kostenträgerrechnung werden die **Einzelkosten und die Gemeinkosten der Kostenträger (das heißt der Produkte und Dienstleistungen) verrechnet**. Dabei kann zwischen zwei Verfahren unterschieden werden:

■ Bei der **Kostenträgerstückrechnung** (auch **Kalkulation** genannt) werden die **Herstellkosten** und **Selbstkosten** pro Stück berechnet.

■ Bei der **Kostenträgerzeitrechnung** werden sämtliche in einer Abrechnungsperiode angefallenen Kosten erfasst und auf die Kostenträger verteilt. Werden zusätzlich die Erlöse der Kostenträger berücksichtigt, so kann eine kalkulatorische Erfolgsrechnung aufgestellt werden.

Abhängig von der Komplexität und der Verschiedenartigkeit der Produkte eines Betriebes eignen sich verschiedene Verfahren der Kostenträgerrechnung für die Bestimmung der Selbstkosten (vergleiche **Abbildung 5.8**).

Abbildung 5.8   Zusammenhang zwischen Fertigungsverfahren und Kostenträgerstück-
                     rechnung

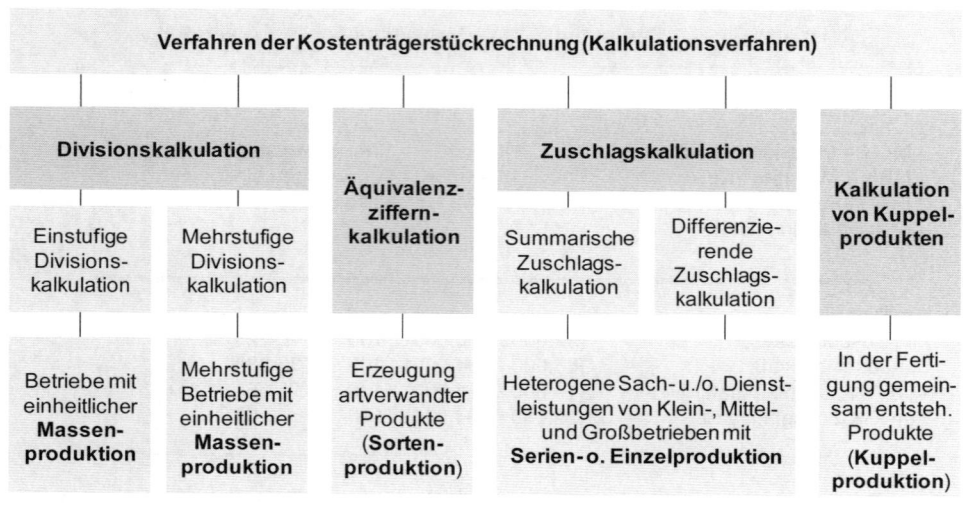

5.1.3.3.1 Divisionskalkulation

Die **Divisionskalkulation** wird zur Ermittlung der Selbstkosten bei der Massenfertigung eines einheitlichen Produktes angewendet. Man unterscheidet:

- **Einstufige Divisionskalkulation**: Fertigt das Unternehmen nur ein einziges Produkt in einem einstufigen Prozess und treten keine Lagerbestände auf, werden die Selbstkosten pro Stück wie folgt ermittelt:

$$\text{Selbstkosten pro Stück} = \frac{\text{Gesamtkosten einer Periode}}{\text{Produktionsmenge}}$$

- **Zwei- oder mehrstufige Divisionskalkulation**: Hier verläuft der Prozess in mehreren Fertigungsstufen und/oder es treten Lagerbestände auf. Die Gesamtkosten werden in diesem Fall in Kostenblöcke aufgeteilt, die Kosten eines Blockes werden wiederum auf die erstellte Leistung verteilt. Die Selbstkosten ergeben sich dabei aus der Summe der Stückkosten der Kostenblöcke.

5.1.3.3.2 Äquivalenzziffernkalkulation

Die **Äquivalenzziffernkalkulation** ist sinnvoll, wenn mehrere ähnliche Produkte (Sortenfertigung) mit fertigungstechnischen Ähnlichkeiten hergestellt werden. Dabei werden für die artverwandten Produkte einmalig die Kostenverhältnisse zueinander festgelegt und in Äquivalenzziffern (Kostengewichtungsziffern) ausgedrückt. Je höher die Ziffer eines Produktes ist, desto höher ist auch die Kostenbelastung des Produktes.

Die **Selbstkosten pro Sorte** werden ermittelt, indem zunächst die Äquivalenzziffer jeder Sorte (z.B. 1,2 der Sorte A) mit der produzierten Menge (z.B. 10.000 Stück) multipliziert wird: 1,2 * 10.000 = 12.000 Rechnungseinheiten.

Anschließend werden die Gesamtkosten (z.B. 4.000.000 €) geteilt durch die Summe der Rechnungseinheiten aller Sorten (z.B. 50.000 RE). Das Ergebnis sind dann die Stückkosten pro Recheneinheit: 4.000.000 € / 50.000 RE = 80 € / RE.

Die Selbstkosten einer Sorte ergeben sich, indem die Selbstkosten pro RE mit der Äquivalenzziffer der Sorte multipliziert wird: 80 € * 1,2 = 96 €.

5.1.3.3.3 Zuschlagskalkulation

Bei der Zuschlagskalkulation werden den Kostenträgern die Einzelkosten direkt zugeschlagen. Die Gemeinkosten werden über die Zuschlagssätze, die in der Kostenstellenrechnung ermittelt werden, zugerechnet.

Das typische Berechnungsschema sieht wie folgt aus (vgl. die nachstehende **Abbildung 5.9**):

Abbildung 5.9   Berechnungsschema der Zuschlagskalkulation

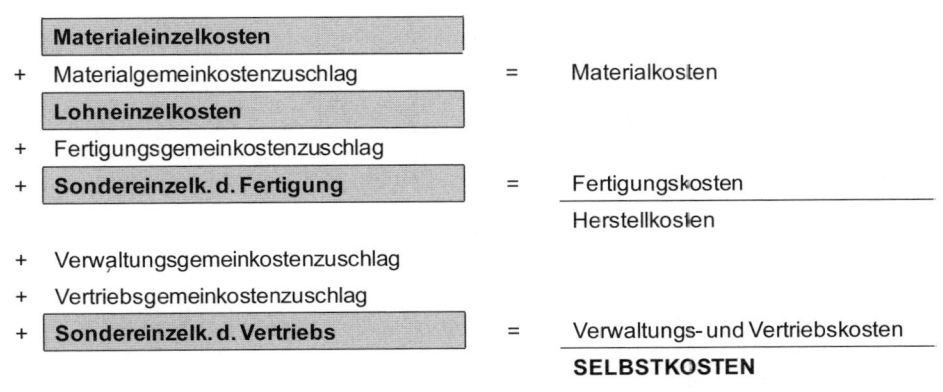

Bevor die Herstell- und Selbstkosten für das Beispiel kalkuliert werden können, müssen neben den oben ermittelten Zuschlagssätzen die Einzelkosten für ein bestimmtes Produkt (in diesem Fall ein besonderer Holzrahmen) bekannt sein.

Beispielhaft werden folgende Daten angenommen:

- Materialeinzelkosten: 15 €
- Fertigungslöhne: 33 €

- Sondereinzelkosten der Fertigung (Spezialwerkzeug): 3 €

- Vertriebseinzelkosten (Vertriebsprovision): 6 €

- Sondereinzelkosten des Vertriebs (Spezialverpackung): 8 €

- Weiterhin gelten die im obigen Beispiel berechneten Gemeinkostenzuschlagssätze.

Die Herstell- und Selbstkosten pro Stück können dann nach dem in der nachfolgenden Tabelle dargestellten Schema ermittelt werden (vgl. Tabelle 5.3).

Tabelle 5.3   Zuschlagskalkulation am Beispiel

	Kostenarten	Kosten in € / St.	Zuschläge
	Materialeinzelkosten	15,00	
+	Materialgemeinkosten	3,30	22%
=	Materialkosten (1)	18,30	
+	Fertigungseinzelkosten	33,00	
+	Fertigungsgemeinkosten	11,00	33,33%
+	Sondereinzelkosten der Fertigung	3,00	
=	Fertigungskosten (2)	47,00	
	Herstellkosten (1) + (2) = (3)	65,30	
	Verwaltungsgemeinkosten (4)	4,31	6,6%
	Vertriebseinzelkosten	6,00	
+	Vertriebsgemeinkosten	2,32	3,55%
+	Sondereinzelkosten des Vertriebs	8,00	
=	Vertriebskosten (5)	16,32	
	Selbstkosten (3) + (4) + (5)	**85,93**	

Die Herstellkosten sind hier gleich der Summe der Material- und Fertigungskosten, welche sich aus den Einzelkosten und den mithilfe der Zuschlagssätze errechneten Gemeinkosten zusammensetzen, zuzüglich der Sondereinzelkosten der Fertigung. Werden zudem Herstellkosten noch die Verwaltungsgemeinkosten und die Vertriebskosten dazu gerechnet, erhält man die Selbstkosten einer Produkteinheit.

Die **Selbstkosten** sind in vielen Unternehmen eine wichtige Grundlage für die Preiskalkulation, da sie die **langfristige Preisuntergrenze** darstellen.

In der Praxis wird häufig nach folgen den Schema kalkuliert:

	Selbstkosten
+	Gewinnzuschlag
=	Zielverkaufspreis (netto)
+	Umsatzsteuer (19%)
=	Zielverkaufspreis (brutto)
+	Kundenrabatte
=	**ausgewiesener Preis**

5.1.3.4   Erfolgsrechnungen

Die Erfolgsrechnungen haben die Aufgabe, gehen im Rahmen der gewöhnlichen betrieblichen Tätigkeit der Periode erwirtschafteten Gewinn oder Verlust von Unternehmen und ihren Geschäftsbereichen zu ermitteln. Die im internen Rechnungswesen durchgeführten Erfolgsrechnungen unterscheiden sich dabei von den im externen Rechnungswesen durchgeführten Gewinn- und Verlustrechnungen dadurch, dass Leistungen und Kosten statt Erträge und Aufwendungen einander gegenübergestellt werden.

5.1.3.4.1 Erfolgsrechnungen auf Vollkostenbasis

Die Erfolgsrechnungen auf Vollkostenbasis werden auch Kostenträgerzeitrechnungen bezeichnet. Die erzeugten Leistungen einer Periode, also eines Geschäftsjahres, eines Quartals oder eines Monats, werden bei diesen Rechnungen den entstandenen Kosten gegenübergestellt.

Die klassische Kostenrechnung ist eine Vollkostenkalkulation. Das bedeutet, dass den Kostenträgern sämtliche Kosten perioden- und verursachungsgerecht zugerechnet werden, es werden demnach alle Kosten auf die Produkte verteilt. Die Vollkostenrechnung ist jedoch für unternehmerische, markt- und zukunftsbezogene Entscheidungen nur bedingt geeignet da sie diese Zwecke erhebliche Schwachstellen aufweist:

■ **Willkürliche Schlüsselung der Gemeinkosten auf die Kostenträger**
In der Kostenrechnung werden Zuschlags- oder Verrechnungssätze ermittelt, mit denen die Gemeinkosten der Kostenstellen auf die Kostenträger umgelegt werden. Dieser Schlüsselung liegen Verursachungsannahmen zu Grunde, welche oft problematisch sind, weil sie nur begrenzt richtig sind.

■ **Proportionalisierung von Fixkosten**

Bei der klassischen Kostenkalkulation besteht das Problem, dass sie wenig Aussagen über die Veränderung der Kosten bei Änderung der Beschäftigungsmenge zulässt. Denn die Höhe der Selbstkosten pro Stück bezieht sich immer nur auf einen bestimmten Beschäftigungsgrad. Mit zunehmender Ausbildungsgänge verteilen sich aber die Fixkosten (gleich Gemeinkosten) auf mehr Stück, so dass die Selbstkosten pro Stück sinken (auch **Fixkostendegressionseffekt** genannt). Umgekehrt führt eine sinkende Produktionsmenge zu steigenden Fixkosten pro Stück. Dabei besteht die Gefahr, dass sich das Unternehmen aus dem Markt regelrecht „raus kalkuliert".

5.1.3.4.2 Erfolgsrechnungen auf Teilkostenbasis

Zur Vermeidung des Problems der verursachungsgerechten Gemeinkostenschlüsselung gibt es die **Teilkostenrechnung (TKR)**. Dies bedeutet aber *nicht*, dass nicht alle Kosten berücksichtigt und verrechnet werden. Der Unterschied zur Vollkostenrechnung besteht darin, dass bei der TKR die Kosten in fixe und variable Teile aufgeteilt werden und den Kostenträgern nur die Kosten zugerechnet werden, bei denen ein Verursachungszusammenhang besteht. Die Fixkosten, die den Kostenträgern nicht verursachungsgerecht zugerechnet werden können, werden als Block in das Betriebsergebnis übernommen.

Die Arten der Teilkostenrechnung sind die **einstufige Deckungsbeitragsrechnung (DBR)**, die **mehrstufige DBR** und die **DBR mit relativen Einzelkosten**.

> Der **Deckungsbeitrag** ist dabei die **Differenz aus Erlösen und variablen Kosten**. Er sagt aus, welchen Beitrag ein Produkt zur Abdeckung der fixen Kosten und zur Gewinnerzielung beiträgt.

5.1.3.4.2.1 Einstufige Deckungsbeitragsrechnung

Bei der **einstufigen DBR (auch Direct Costing)** werden zunächst die Deckungsbeiträge der Produkte ermittelt und erst dann sämtliche Fixkosten in einer Summe von den Deckungsbeiträgen abgezogen:

> Deckungsbeitrag = Umsatzerlös – variable Selbstkosten

Die nachfolgende Tabelle zeigt die einstufige Deckungsbeitragsrechnung an einem Beispiel (vgl. **Abbildung 5.10**).

Abbildung 5.10 Einstufige Deckungsbeitragsrechnung

Produkt	A	B	C
(1) Umsatzerlöse	800	500	700
(2) Kostenvariabel	350	150	400
(3) Deckungsbeitrag (1)–(2)	+450	+350	+300
(4) $\sum$ Deckungsbeiträge		+1.100	
(5) Kosten$_{fix}$		-800	
(6) Betriebsergebnis (1)–(4)		+ 300	

Das Ergebnis macht deutlich, dass C einen erheblichen Beitrag zur Deckung der Fixkosten leistet. Ein Produkt sollte demnach erst dann aus dem Sortiment genommen werden, wenn der Erlös die variablen Kosten nicht mehr deckt.

5.1.3.4.2.2 Mehrstufige Deckungsbeitragsrechnung

Bei der **mehrstufigen DBR** werden die **Fixkosten auf unterschiedliche Verrechnungsebenen (z.B. DB I, DB II) aufgeteilt**, sofern sich die Fixkosten der Ebenen eindeutig und verursachungsgerecht zuordnen lassen.

Typische Verrechnungsebenen sind:

- **Produkt-Fixkosten**: Sie werden von einer Produktart verursacht und können dieser zugerechnet werden (z.B. Entwicklungskosten für ein Produkt)

- **Produktgruppen-Fixkosten**: Sie werden von einer Erzeugnisgruppe verursacht (z.B. Kosten für gemeinsame Werbung)

- **Bereichs-Fixkosten**: Gemeinsame Fixkosten eines Bereiches (z.B F&E-Kosten in der Pharmasparte eines Chemie-Konzerns)

- **Unternehmens-Fixkosten**: Restfixkosten, die sich den unteren Hierarchieebenen eines Unternehmens nicht zuordnen lassen (z.B. Personalkosten der Unternehmensleitung).

Beispiel einer mehrstufigen DBR: In einer Werkhalle werden die Produkte A und B jeweils auf einer Spezialmaschine gefertigt. Die Kosten der Gebäude- und Maschinenvorhaltung (Abschreibungen, Zinsen etc.) sind Fixkosten. **Eine verursachungsgerechte Zurechnung dieser Fixkosten auf eine Produkteinheit ist nicht möglich.**

Bei einer Einstellung der Produktion des Erzeugnisses A werden aber die **Produktfixkosten** (Abschreibungen der Maschine A) **disponibel**, d.h. die Spezialmaschine zur Produktion von A kann verkauft werden. Allerdings können erst bei einer Produktionseinstellung der Sorten A und B die Produktgruppenfixkosten (Abschreibung Werkhalle) abgebaut werden.

Die mehrstufige DBR unterstellt, dass **Fixkosten nur mit zeitlicher Verzögerung (Kündigungsfristen für Mietverträge usw.) abgebaut werden**. Somit setzt die **Rechnung eine mittelfristige Planungsperspektive** voraus, welche einen schrittweisen Fixkostenabbau erlaubt (vgl. Tabelle 5.5).

Abbildung 5.11   Mehrstufige Deckungsbeitragsrechnung

Mehrstufige Deckungsbeitragsrechnung						
Unternehmensbereiche	X		Y			Insgesamt
Produktgruppen	I		II		III	
Produktarten	(1)	(2)	(3)	(4)	(5)	
Umsatzerlöse	400	600	800	700	500	3.000
- variable Kosten Produktart	150	200	100	350	200	1.000
Deckungsbeitrag I	250	400	700	350	300	2.000
- fixe Kosten Produktart	300	200	150	100	100	850
Deckungsbeitrag II	-50	200	550	250	200	1.150
- fixe Kosten Produktgruppe	250		200		50	500
Deckungsbeitrag III	-100		600		150	650
- fixe Kosten U.bereich	80		200			280
Deckungsbeitrag IV	-180		550			370
- fixe Kosten Unternehmen	200					200
Betriebsergebnis	170					170

Streicht man **Produkt 1** aus dem Programm, kann das Betriebsergebnis um 50 verbessert werden. **Voraussetzung** ist allerdings die **Abbaufähigkeit der Produktfixkosten von 300** (z.B. durch Kündigung eines Leasingvertrages für eine produktspezifische Fertigungsanlage).

Eine Steigerung des Betriebsergebnisses um 180 ist möglich, wenn die ganze **Produktgruppe I** gestrichen wird. Diese Ergebnisverbesserung setzt aber einen Abbau der Produkt-Fixkosten (300 + 200), der Produktgruppen-Fixkosten (250) und der Bereich-Fixkosten (80) voraus.

5.1.3.4.2.3 Relative Deckungsbeitragsrechnung
Im Rahmen der DBR mit relativen Einzelkosten werden nur ganz bestimmte Kosten berücksichtigt . **Dabei wird auf jegliche Form der Schlüsselung verzichtet**, so dass die Gemeinkosten nicht auf die Kostenträger aufgeteilt werden.

Den Bezugsobjekten (Produkte, Aufträge, Kunden) werden nur die dem jeweiligen Bezugsobjekt direkt zurechenbaren Einzelkosten angelastet. Da der Einzelkostenbegriff daher streng auf das jeweilige Kalkulationsobjekt bezogen ist, spricht man von **relativen Einzelkosten.**

Die **relative Einzelkostenrechnung** setzt eine Bezugsgrößenhierarchie (Kostenträger, Kostenträgergruppen, Kostenstellen, Teilbetriebe, Gesamtunternehmen) und eine stark differenzierte Kostenauflösung voraus und ist deshalb **aufwendig und in der Praxis weniger verbreitet.**

Wiederholungsfragen

1. Welche Aufgaben hat das interne Rechnungswesen?

2. Welche Grundtypen von Kostenrechnungssystemen lassen sich unterscheiden?

3. Welche Stufen umfasst die Kostenrechnung?

4. Welche Kostenarten werden unterschieden?

5. Wie werden die verschiedenen Kostenarten ermittelt?

6. Wie lassen sich Einzel- und Gemeinkosten voneinander abgrenzen?

7. Worin unterscheiden sich fixe von variablen Kosten?

8. Welche Aufgaben hat die Kostenstellenrechnung?

9. Wie ist ein Betriebsabrechnungsbogen aufgebaut?

10. Wie können Kostenträgergemeinkosten auf Kostenstellen verrechnet werden?

11. Wie werden innerbetriebliche Leistungen verrechnet?

12. Welche Arten von Kalkulationssätzen gibt es

13. Welche Aufgaben hat die Kostenträgerrechnung?

14. Worin unterscheidet sich die Äquivalenzziffernkalkulation von der Divisionskalkulation?

15. Wie wird bei der Zuschlagskalkulation vorgegangen?

16. Wie ist der Deckungsbeitrag definiert?

17. Wozu dient die einstufige Deckungsbeitragsrechnung?

18. Welche Vorteile bietet die mehrstufige Deckungsbeitragsrechnung?

5.2   Externes Rechnungswesen

Lernziele

Um die Interessen von Anteilseignern, Gläubigern, Finanzbehörden, Lieferanten und Fremdkapitalgebern zu wahren, ist es von entscheidender Bedeutung, diese zutreffend über die Situation des Unternehmens zu informieren. In dem nachfolgenden Abschnitt wird deshalb vermittelt:

- welche Begriffe zur Charakterisierung betrieblicher Geschäftsfelder verwendet werden,

- welche Aufgaben das externe Rechnungswesen hat,

- wie bei der Buchführung vorgegangen wird,

- wie der Jahresabschluss mit seinen Bestandteilen Bilanz, Gewinn- und Verlustrechnung, Kapitalflussrechnung sowie Anhang und Lagebericht aufgebaut ist und

- wie sich Geschäftsfelder auf die Bilanz und die Gewinn- und Verlustrechnung auswirken.

Zur Steuerung der betrieblichen Leistungserstellung und zur Rechenschaft gegenüber allen externen Stakeholdern, ist es notwendig, alle monetären wirksamen betrieblichen Aktivitäten zu planen, zu kontrollieren und zu dokumentieren. Diese Aufgaben werden auf Basis der im Rechnungswesen ermittelten Informationen durchgeführt.

Gegenstand des **externen Rechnungswesens** ist die Ermittlung und die Bereitstellung von Informationen über monetäre und mengenmäßige Größen, welche benötigt werden, um die betrieblichen Geschehnisse gegenüber externen Stakeholdern zu dokumentieren (Vahs und Schäfer-Kunz, 2007).

Das externe Rechnungswesen wird auch als Finanz- oder Geschäftsbuchführung bezeichnet. Es wendet sich an Informationsempfänger außerhalb des Unternehmens, vor allem an:

- Anteilseigner, wie Gesellschafter oder Aktionäre,

- Gläubiger, wie Banken,

- Lieferanten und

- Finanzbehörden.

Ziel des externen Rechnungswesens ist eine systematische, chronologische und lückenlose Dokumentation aller wirtschaftlich relevanten Geschäftsvorfälle. Zu diesem Zweck erstellen Unternehmen jährlich einen so genannten Jahresabschluss, welcher in der Regel aus einer Gewinn- und Verlustrechnung, einer Handels- und einer Steuerbilanz besteht. Ausnahme bilden Freiberufler und nicht kaufmännisch tätige Unternehmen. Diese müssen zur Erhebung ihrer Steuerlast lediglich eine Gewinn- und Verlustrechnung erstellen. Kapitalgesellschaften müssen ihren Jahresabschluss um einen Anhang erweitern. Die Abrechnungszeitraum wird als Geschäftsjahr (englisch: Fiscal Year oder FY) bezeichnet. Dieses entspricht in der Regel dem Kalenderjahr. Unternehmen, welchem Handelsregister eingetragen sind, können den Beginn ihres Geschäftsjahres frei wählen.

5.2.1   Grundbegriffe

Für das Verständnis der nachfolgenden Ausführungen ist es notwendig, sich mit den Definitionen und der gegenseitigen Abgrenzung der nachfolgenden Begriffspaare vertraut zu machen (Vahs und Schäfer-Kunz, 2007).

Einzahlungen bezeichnen Mehrung in der flüssigen Mittel durch den Zugang von Bar-oder Buchgeld.

Auszahlungen bezeichnen Minderungen der flüssigen Mittel durch den Abgang von Bar- oder Buchgeld.

Bei den flüssigen Mitteln handelt es sich dabei um eine Bilanz Positionen, welche das Bargeld, also materielle Zahlungsmittel, wie Münzen oder Geldscheine, und das Buchgeld, also insbesondere Guthaben auf Konten bei Kreditinstituten, umfasst. Zu einer Auszahlung kommt es beispielsweise, wenn ein Unternehmen Löhne und Gehälter an die Mitarbeiter überweist oder die Rechnung eines Zulieferers bezahlt. Zu einer Einzahlung kommt es wenn ein Käufer eines Produktes den Kaufpreis an das Unternehmen überweist.

Einnahmen bezeichnen Mehrung in des aus den flüssigen Mitteln zuzüglich den Forderungen abzüglich den Verbindlichkeiten bestehenden Geldvermögens durch den Abgang von Gütern.

Analog hierzu bezeichnen **Ausgaben** Minderungen des aus den flüssigen Mitteln zuzüglich den Forderungen abzüglich den Verbindlichkeiten bestehenden Geldvermögens durch den Zugang von Gütern.

Zwischen Einzahlungen und Einnahmen und Auszahlungen und Ausgaben gibt es keine wertmäßigen Differenzen, sondern in bestimmten Fällen nur zeitliche Unterschiede. So erfolgt bei einem Barkauf beispielsweise die Ausgabe zum gleichen Zeitpunkt wie die Auszahlung. Einen Zielkauf, also einem Kauf mit einem Zielzeitpunkt bis zu dem gezahlt werden soll, erfolgt eine Ausgabe, wenn die Güter geliefert werden, und später eine Auszahlung, wenn die Güter bezahlt werden. Einer Vorauszahlung erfolgt schließlich erst eine Auszahlung und später, wenn die Güter geliefert werden, eine Ausgabe. Zu einer Ausgabe kommt es beispielsweise, wenn ein Unternehmen von einem Zulieferer Rohstoffe geliefert bekommt, zu einer Einnahme, wenn ein Kunde des Unternehmens ein gekauftes Produkt abholt (Vahs und Schäfer-Kunz, 2007).

Erträge bezeichnen Mehrungen des Erfolges durch die Erstellung, die Bereitstellung oder den Absatz von Gütern.

Aufwendungen bezeichnen Minderungen des Erfolges durch den Verbrauch oder den Gebrauch von Gütern.

Erträge und Aufwendungen beeinflussen den Erfolg des Unternehmens und somit indirekt immer die Bilanzpositionen Eigenkapital vor diesem Hintergrund sind Erträge und Aufwendungen insbesondere im Hinblick auf die Erfolgsrechnung des Unternehmens, also die Gewinn- und Verlustrechnung, von entscheidender Bedeutung.

Bei den aufwenden wird Zwischenzweck aufwenden und neutralen aufwenden unterschieden (Vahs und Schäfer-Kunz, 2007):

■ **Zweckaufwendungen** fassen alle aufwende, die mit der betrieblichen Leistungserstellung und Verwertung in direktem Zusammenhang stehen.

■ **Neutrale Aufwände** umfassen **betriebsfremde Aufwände**, welche nicht aus der eigentlichen betrieblichen Tätigkeit resultieren, **periodenfremde Aufwände**, die nicht in der Abrechnungsperiode entstehen und **außerordentliche Aufwände**, welche zwar im Zusammenhang mit der betrieblichen Leistungserstellung stehen, aber aufgrund ihrer Höhe und nicht vorhersehbar kalt nicht den Zweck aufwenden zugerechnet werden.

ǁ   **Umsatzerlöse** bezeichnen Erträge aus dem Absatz von Gütern.

So entsteht beispielsweise einem Unternehmen ein Aufwand, wenn ein Teil der gekauften Rohmaterialien in die Produktion fließt und somit verbraucht wird oder wenn eine Maschine eingesetzt und damit verbraucht wird. Ein Ertrag entsteht beispielsweise durch die Erstellung eines Produktes. Die Einnahmen durch den Absatz der Produkte und die Ausgaben für die verwandten Materialien werden dabei zur Bewertung der Erträge und Aufwendungen herangezogen.

Leistungen bezeichnen Mehrungen des Erfolges durch die Erstellung, die Bereitstellung oder den Absatz von Gütern im Rahmen der gewöhnlichen betrieblichen Geschäftstätigkeit der Periode.

Kosten bezeichnen Minderungen des Erfolges durch den Verbrauch oder den Gebrauch von Gütern im Rahmen der gewöhnlichen betrieblichen Tätigkeit der Periode.

Weder der sich bei den Erträgen beziehungsweise den Aufwendungen um alle Arten der Erfolgserhöhung beziehungsweise der Erfolgsreduktion handelt, umfassende Leistungen beziehungsweise Kosten nur die Erfolgserhöhungen beziehungsweise die Erfolgsreduzierung, welche im Rahmen einer betriebstypischen Tätigkeit in nicht außerordentlicher Weise innerhalb der Periode, also in der Regel des Geschäftsjahres, entstehen.

Kosten, welche in ihrer Höhe Aufwendungen entsprechen, werden als **Grundkosten** bezeichnet. Um darüber hinaus die Kosten aus den Aufwendungen zu ermitteln, müssen von den Aufwendungen die so genannten neutralen Aufwendungen abgezogen und die so genannten **Zusatzkosten** addiert werden. Bei den **neutralen Aufwendungen** handelt es sich um Aufwendungen oder Kostenbezug, welche in nicht betriebstypischer Weise oder in einer anderen Prärie oder entstanden sind oder die in unerwarteter Höhe auftreten (Vahs und Schäfer-Kunz, 2007).

5.2.2 Aufgaben des externen Rechnungswesens

Die Dokumentationsaufgaben des externen Rechnungswesens umfassen die Durchführung der Buchführung und darauf aufbauend die Erstellung des Jahresabschlusses. Im Rahmen der Durchführung werden jedes Jahr folgende Tätigkeiten durchgeführt (Vahs und Schäfer-Kunz, 2007):

■ **Tätigkeiten zu Beginn des Geschäftsjahres**
Zu Beginn des Geschäftsjahres, welches bei den meisten Unternehmen mit dem Kalenderjahr übereinstimmt, wird die Eröffnungsbilanz aus der Schlussbilanz des Vorjahres abgeleitet. Basierend auf der Eröffnungsbilanz werden dann die Konten eröffnet.

■ **Tätigkeiten während des Geschäftsjahres**
Während des Geschäftsjahres werden die anhand von Belegen, wie Rechnungen oder Kontoauszüge, abgebildeten Geschäftsfelder des Unternehmens aufgezeichnet, indem entsprechend auf den Bestands- und den Erfolgskonten gebucht wird. In der vollständigen und richtigen Erfassung aller Geschäftsfälle liegt dabei die Hauptaufgabe der Buchführung.

■ **Tätigkeiten am Ende des Geschäftsjahres**
Am Ende des Geschäftsjahres werden Erträge und Einnahmen sowie Aufwendungen und Ausgaben, die jeweils unterschiedlichen Geschäftsjahren zuzuordnen sind, seit ich abgegrenzt. Im Anschluss erfolgen im Rahmen einer **Inventur** zunächst eine mengenmäßige Bestandsaufnahme und dann eine Bewertung des gesamten Vermögens und der gesamten Schulden. Die daraus resultierende detaillierte Auflistung über das **Inventar** bezeichnet. Das Inventar dient insbesondere dazu, falsche Buchbestände zu korrigieren. Zum Schluss werden zuerst die Erfolgs- und dann die Bestandskonten abgeschlossen und aus dem resultierenden Schlussbilanzkonto die **Schlussbilanz** abgeleitet.

Parallel zur Buchführung wird im externen Rechnungswesen der Jahresabschluss des vorausgegangenen Geschäftsjahres erstellt (Vahs und Schäfer-Kunz, 2007):

■ **Aufstellung des Jahresabschlusses**
Basierend auf den Informationen aus der Buchführung innerhalb von drei Monaten nach dem Bilanzstichtag der aus der Bilanz, der Gewinn- und Verlustrechnung, dem Anhang, im Lagebericht und eventuell der Kapitalflussrechnung bestehende Jahresabschluss aufgestellt. Dieser Nachhandels Gesetzbüchern erstellte Jahresabschluss wird auch als **Handelsbilanz** bezeichnet. Aus ihm wird nachfolgend die so genannte **Steuerbilanz** abgeleitet, bei der insbesondere Erträge und Aufwendungen aufgrund der Steuergesetzgebung in Anders als in der Handelsbilanz bewertet werden.

■ **Prüfung und Feststellung des Jahresabschlusses**
Im Anschluss an die Aufstellung des Jahresabschlusses wird dieser durch von der Hauptversammlung gewählt und vom Aufsichtsrat beauftragte Wirtschaftsprüfer kontrolliert, ein Prüfbericht erstellt und ein Bestätigungsvermerk erteilt. Diese Unterlagen werden zusammen mit dem Jahresabschluss dem Aufsichtsrat zur abschließenden Prüfung vorgelegt. Mit der Zustimmung des Aufsichtsrats ist es der Jahresabschluss dann festgestellt.

■ **Durchführung der Hauptversammlung**
Innerhalb von acht Monaten nach dem Bilanzstichtag Beruf der Vorstand einer Hauptversammlung ein, die den festgestellten Jahresabschluss und den Beschluss über die Verwendung des Jahresergebnisses entgegennehmen, stetigen und über die Verwendung des verbleibenden Bilanzgewinn des entscheiden muss.

■ **Offenlegung des Jahresabschlusses**
Um externe Stakeholder zu informieren, wird der Jahresabschluss zuletzt vor Ablauf des neunten Monats nach dem Bilanzstichtag durch den Vorstand beim Bundesanzeiger zur Veröffentlichung eingereicht.

5.2.3   Jahresabschluss

Der Jahresabschluss von Kapitalgesellschaften muss in Abhängigkeit von der Unternehmensgröße innerhalb von 3-6 Monaten nach Abschluss des Geschäftsjahres erstellt werden. Der Jahresabschluss richtet sich insbesondere an die Eigentümer und die Gläubiger des Unternehmens sowie an die Steuerbehörden. Je nach der Größe und der Rechtsform des Unternehmens umfasst der Jahresabschluss insbesondere die Folgen unterlagen (Vahs und Schäfer-Kunz, 2007):

■ Bilanz,

■ Gewinn- und Verlustrechnung,

■ Kapitalflussrechnung,

■ Anhang,

■ Lagebericht.

Aus der Wirtschaftspraxis: die Industriegiganten

Gemessen am Umsatzerlös waren die größten Industrieunternehmen der Welt im Jahr 2009 (Umsatz 1.000.000 $):

1.   Wal-Mart, Vereinigte Staaten, 408.214, Einzelhandel

2.   Royal Dutch Shell, Niederlande, 285.129, Öl und Gas

3.   ExxonMobil, Vereinigte Staaten, 284.650, Öl und Gas

4.   BP, Vereinigtes Königreich, 246.138, Öl und Gas

5.   Toyota Motor, Japan, 204.106, Automobile

6.   Japan Post Group, Japan, 202.196, Dienstleistungen

7.   Sinopec, China, 187.518, Öl und Gas

8.   State Grid, China, 184.496, Versorger

9. AXA, Frankreich, 175.257, Versicherungen

10. China National Petroleum, China, 165.496, Öl und Gas

Quelle: Fortune, 26.7.2010

Einen Überblick über die Hauptelemente des Jahresabschlusses gibt die nachfolgende Abbildung (**Abbildung 5.12**).

Abbildung 5.12 (Haupt-)Elemente der externen Rechnungslegung

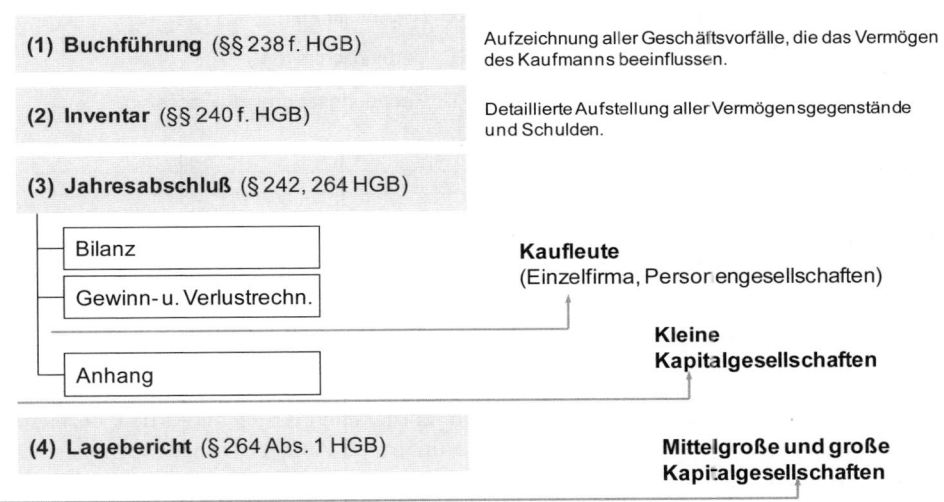

5.2.3.1 Bilanz

Der Begriff **Bilanz** stammt von dem italienischen Begriff „bilancia" ab, die Bezeichnung für eine zweischalige Waage. Die Bilanz ist die durch eine umfassende Darstellung von Art, Größe und Zusammensetzung des **Vermögens (Aktiva)** sowie des **Fremd- und Eigenkapitals (Passiva)** auf einen bestimmten Stichtag in erstellte übersichtliche Zusammenstellung der Vermögens-und Finanzlage des Unternehmens.

Die Aktiva geben dabei über die Verwendung des Kapitals Auskunft, die Passiva über die Herkunft (**Abbildung 5.13**).

Abbildung 5.13   Aufbau einer Bilanz

Vermögen (Aktiva)	**Bilanz**	Kapital (Passiva)
A. Anlagevermögen	A. Eigenkapital	
I. Immaterielle Vermögensgegenstände	I. Gezeichnetes Kapital	
II. Sachanlagen	II. Kapitalrücklage	
III. Finanzanlagen	III. Gewinnrücklagen	
B. Umlaufvermögen	IV. Gewinnvortrag/Verlustvortrag	
I. Vorräte	V. Jahresüberschuß/Jahresfehlbetrag	
II. Forderungen und sonstige Vermögensgegenstände	B. Rückstellungen	
III. Wertpapiere	C. Verbindlichkeiten	
IV. Füssige Mittel	D. Rechnungsabgrenzungsposten	
C. Rechnungsabgrenzungsposten		

Die Handelsbilanz gibt Auskunft über die einzelnen Vermögensgegenstände (wie beispielsweise Grundstücke, Maschinen, Fahrzeuge oder Bargeld) und Schulden (wie beispielsweise Kredite oder zu bezahlende Rechnungen). Die Differenz von Vermögensgegenständen und Schulden wird als **Reinvermögen** oder **Eigenkapital** bezeichnet.

Die linke Seite der Bilanz zeigt eine Auflistung aller Vermögensgegenstände eines Unternehmens. Sie wird als **Aktivseite** und die in ihr enthaltenen Posten als **Aktiva** bezeichnet. Die Aktivseite der Bilanz ist in zwei Bereiche unterteilt: Anlage- Umlaufvermögen. Zum **Anlagevermögen** gehören alle Vermögensgegenstände, welche für einen längeren Zeitraum im Unternehmen eingesetzt werden. Dazu zählen beispielsweise Grundstücke, Maschinen oder Büromöbel. Vermögensgegenstände, welche nicht dazu bestimmt sind dauernd den Geschäftsbetrieb zu dienen, zählen zum **Umlaufvermögen**. Beispiele hierfür sind Rohstoffe oder waren, aber auch flüssige Mittel wie Bargeld.

Die rechte Seite der Bilanz wird als **Passivseite**, die in ihr enthaltenen Posten als Passiva bezeichnet. Sie zeigt die **Verbindlichkeiten** eines Unternehmens sowie das **Eigenkapital**, welches durch Subtraktion der Verbindlichkeiten von den Vermögensgegenständen des Unternehmens (Aktiva) ermittelt wird.

Damit die Bilanz im Gleichgewicht ist, muss das Vermögen immer denselben Wert haben, wie das von den Eigenkapital Gebern und den Gläubigern bereitgestellte Kapital. Entsprechend gilt immer die folgende **Bilanzgleichung: Aktiva = Passiva** (Vahs und Schäfer-Kunz, 2007).

5.2.3.1.1 Bilanzpositionen der Aktivseite

Die Aktivseite der Bilanz umfasst nach § 266 HGB die nachfolgend aufgeführten Positionen (Vahs und Schäfer-Kunz, 2007):

A. Anlagevermögen

Gemäß § 247 Abs. 2 HGB setzt sich das Anlagevermögen aus allen Gegenständen zusammen, welche bestimmt sind, dauernd den Geschäftsbetrieb zu dienen. Kennzeichnend für die Gegenstände des Anlagevermögens ist also ihr langfristiger Verbleib im Unternehmen. Das Anlagevermögen setzt sich aus folgenden Positionen zusammen:

- **Immaterielle Vermögensgegenstände**
  Die Bilanzposition immaterielle Vermögensgegenstände umfasst insbesondere Konzessionen (öffentlich-rechtliche Befugnisse, beispielsweise Verkehrskonzessionen), gewerbliche Schutzrechte (Patente, Gebrauchsmuster, Warenzeichen), Lizenzen (Erlaubnis zur Nutzung von gewerblichen Schutzrechte) sowie Geschäfts-und Firmenwerte.

- **Sachanlagen**
  Die Bilanzposition Sachanlagen umfasst insbesondere Grundstücke und Bauten einschließlich der Bauten auf fremden Grundstücken, technische Anlagen und Maschinen, Betriebs- und Geschäftsausstattung (zum Beispiel Möbel, Computer, Fuhrpark) sowie geleistete Anzahlungen und Anlagen im Bau.

- **Finanzanlagen**
  Die Bilanzposition Finanzanlagen umfasst insbesondere Anteile an verbundenen Unternehmen (Tochterunternehmen, auf die aufgrund einer einheitlichen Leitung oder aufgrund typischer Merkmale ein beherrschender Einfluss besteht), Ausleihungen an verbundenen Unternehmen und Beteiligungen.

B. Umlaufvermögen

Das Umlaufvermögen besteht aus allen Gegenständen, welche nicht dazu bestimmt sind, dauerhaft dem Geschäftsbetrieb zu dienen. Das Sondervermögen setzt sich aus folgenden Positionen zusammen (Vahs und Schäfer-Kunz, 2007):

- **Vorräte**
  Die Bilanzpositionsvorräte umfasst insbesondere Roh-, Hilfs- und Betriebsstoffe, unfertige Erzeugnisse, fertige Erzeugnisse und Waren sowie geleistete Anzahlungen.

- **Forderungen aus Lieferungen und Leistungen**
  Forderungen aus Lieferungen und Leistungen entstehen in der Regel bei Verkäufen auf Ziel, wenn ein Kunde nach der Lieferung oder der Erstellung von Leistungen bei der Rechnungsstellung nicht sofort zahlt, sondern ein gegebenes Zahlungsziel nutzt.

- **Übrige Forderungen und sonstige Vermögensgegenstände**
  Die Bilanzposition übrige Forderungen und sonstige Vermögensgegenstände umfasst primär Positionen, welche von keiner anderen Bilanzposition des Umlaufvermögens erfasst werden, wie beispielsweise Forderungen gegenüber verbundener Unternehmen, Forderungen gegen Gesellschafter auf noch nicht eingezahltes Eigenkapital, Forderungen gegen Mitarbeiter und sonstige Forderungen.

■ **Wertpapiere**

Die Bilanzposition Wertpapiere umfasst insbesondere Wertpapiere, welche zur vorübergehenden Anlage flüssiger Mittel oder zu Spekulation eingesetzt werden.

■ **Flüssige Mittel**

Die Bilanzposition flüssige beziehungsweise liquide Mittel umfasst insbesondere Guthaben bei Kreditinstituten und Kassenbestände, also beispielsweise Bargeld im Set des Unternehmens.

C. Rechnungsabgrenzungsposten

Rechnungsabgrenzungsposten dienen dazu, Aufwendungen und Erträge den Geschäftsjahren zuzuordnen, in denen sie tatsächlich entstanden sind. Auf der Aktivseite der Bilanz werden bereits getätigte Ausgaben aufgeführt, welche erst in einem nachfolgenden Geschäftsjahrsaufwendungen darstellen, so beispielsweise eine Vorauszahlung des Unternehmens.

5.2.3.1.2 Bilanzpositionen der Passivseite

Die Passivseite der Bilanz umfasst die nachfolgenden Positionen (Vahs und Schäfer-Kunz, 2007):

A. Eigenkapital

Das Eigenkapital ist das Kapital, welches die Aktionäre beziehungsweise die Gesellschafter in das Unternehmen eingebracht und dort belassen haben. Das Eigenkapital setzt sich aus folgenden Positionen zusammen:

■ **Gezeichnetes Kapital**

Das gezeichnete Kapital wird abhängig von der Rechtsform auch als Grund-, Stamm- oder Nominalkapital bezeichnet. Es ist das im Handelsregister eingetragene Kapital, auf welches die Haftung der Aktionäre beziehungsweise der Gesellschafter beschränkt ist. Bei der Gesellschaft mit beschränkter Haftung sind dies derzeit mindestens 25.000 €, bei der Aktiengesellschaft mindestens 50.000 €.

■ **Kapitalrücklagen**

Die Bilanzposition Kapitalrücklagen umfasst insbesondere das dem Unternehmen neben dem gezeichneten Kapital von außen zugeführter Eigenkapital. Kapitalrücklagen entstehen in der Regel durch das **Aufgeld (Agio)** bei einer Kapitalerhöhung, wenn Aktien oder Gesellschaftsanteile zu einem Preis über dem Nennwert verkauft werden.

■ **Gewinnrücklagen**

Gewinnrücklagen werden auf Beschluss der Haupt-beziehungsweise der Gesellschafterversammlung durch Einbehaltung eines Teils des bereits versteuerten Jahresergebnisses gebildet.

■ **Bilanzgewinn**

Der Bilanzgewinn ist der in der Gewinn-und Verlustrechnung ermittelte Gewinn oder Verlust des Geschäftsjahres. Die Bilanzposition die Bilanzgewinn bildet insofern die Schnittstelle der Bilanz zu dieser Rechnung.

B. Rückstellungen

Unternehmen bilden Rückstellungen für Verpflichtungen, welche zwar am Bilanzstichtag bekannt sind, deren Fälligkeitstermin und/oder deren genaue Höhe aber noch unsicher sind. Rückstellungen setzen sich aus folgenden Positionen zusammen (Vahs und Schäfer-Kunz, 2007):

■ **Rückstellungen für Pensionen und ähnliche Verpflichtungen**

■ **Übrige Rückstellungen**
Die Bilanzposition übrige Rückstellungen umfasst insbesondere Steuerrückstellungen sowie Rückstellungen für Risiken, für Verpflichtungen, für drohende Verluste aus laufenden Geschäften und für Aufwendungen für Instandhaltung.

C. Verbindlichkeiten

Die Schulden eines Unternehmens werden als Verbindlichkeiten bezeichnet. Sie setzen sich aus folgenden Positionen zusammen:

■ **Finanzverbindlichkeiten**
Die Bilanzposition Finanzverbindlichkeiten umfasst insbesondere Anleihen und Verbindlichkeiten gegenüber Kreditinstituten.

■ **Verbindlichkeiten aus Lieferungen und Leistungen**
Verbindlichkeiten aus Lieferungen und Leistungen entstehen in der Regel bei Käufen auf Ziel, wenn das Unternehmen nach dem Erhalt von Gütern oder nach der Erstellung von Leistungen bei der Rechnungsstellung nicht sofort zahlt, sondern ein gegebenes Zahlungsziel nutzt.

■ **Übrige Verbindlichkeiten**
Die Bilanzposition übrige Verbindlichkeiten umfasst insbesondere erhaltener Anzahlungen auf Bestellungen, Verbindlichkeiten gegenüber verbundenen Unternehmen, Verbindlichkeiten gegenüber Unternehmen, mit denen ein Beteiligungsrecht des besteht und sonstige Verbindlichkeiten.

D. Rechnungsabgrenzungsposten

Auf der Passivseite der Bilanz werden bereits erhaltener Einnahmen aufgeführt, welche erst in einem nachfolgenden Geschäftsjahr einen Ertrag darstellen, so beispielsweise die Mietvorauszahlung eines Mieters von Gebäuden des Unternehmens.

5.2.3.2   Gewinn-und Verlustrechnung

Die **Gewinn- und Verlustrechnung (GuV)** ist eine periodische Erfolgsrechnung, welche eine übersichtliche Ertrags- und Aufwandszusammenstellung des abgelaufenen Geschäftsjahres enthält (Thommen und Achtleitner, 2006).

Die **Gewinn- und Verlustrechnung** verfolgt das Ziel, detailliert über die Unternehmenstätigkeit Rechenschaft abzulegen und in Periodenerfolg (Jahresüberschuss beziehungsweise Jahresfehlbetrag als Differenz zwischen Ertrag und Aufwand) zu ermitteln. Die enge Verbindung mit der Bilanz ergibt sich aus dem **System der doppelten Buchführung**. Demnach wird jeder Geschäftsvorfall, der sich auf Aufwand und Ertrag des Unternehmens auswirkt, in der Gewinn- und Verlustrechnung gegengebucht. Entsprechend weisen die Bilanz und die Gewinn- und Verlustrechnung einen Jahresüberschuss oder Jahresfehlbetrag beziehungsweise Bilanzgewinn/Bilanzverlust aus.

Die Gliederung der Gewinn- und Verlustrechnung ist in § 275 HGB festgelegt und bestimmt, dass die Gewinn- und Verlustrechnung in Staffelform aufzustellen ist. Dabei kann sie nach den **Gesamtkostenverfahren** oder dem **Umsatzkostenverfahren** erstellt werden. Der wesentliche Unterschied zwischen beiden Verfahren besteht darin, dass zur Bestimmung des Betriebserfolges nach den Gesamtkostenverfahren sämtliche produzierte Leistungen (Umsatzerlöse und Bestandsmehrungen) berücksichtigt, hingegen beim Umsatzkostenverfahren nur die umgesetzten Leistungen (ohne Bestandsmeldungen) betrachtet werden (vgl. **Abbildung 5.14**).

Abbildung 5.14   GuV-Rechnung im Überblick

	Gesamtkostenverfahren		**Umsatzkostenverfahren**
	Umsatzerlöse		Umsatzerlöse
+/-	Bestandsveränderungen	-	Herstellungskosten der zur
+	Aktivierte Eigenleistungen		Erzielung der Umsatzerlöse
+	sonstige betriebliche Erträge		erbrachten Leistungen
-	Materialaufwand	=	Bruttoergebnis vom Umsatz
-	Personalaufwand	-	Vertriebskosten
-	Abschreibungen	-	allgemeine Verwaltungskosten
		+	sonstige betriebliche Erträge

-	sonstige betriebliche Aufwendungen
+/-	Finanzergebnis
=	**Ergebnis der gewöhnlichen Geschäftstätigkeit**
+/-	außerordentliches Ergebnis
-	Steuern
=	**Jahresüberschuss / Jahresfehlbetrag**

Wie die Abbildung zeigt, wird der Jahresüberschuss beziehungsweise Betriebserfolg beim Gesamtkostenverfahren durch die Gegenüberstellung der produzierten Leistungen auf der Ertragsseite mit dem gesamten Periodenaufwand auf der Aufwandseite ermittelt.

Beim Umsatzkostenverfahren wird der Betriebserfolg als Differenz zwischen den Gesamt Umsatzerlösen und dem Umsatzaufwand der in der Abrechnungsperiode abgesetzten Produkte errechnet. Der Umsatzaufwand wird kalkuliert, indem die Herstellkosten der Bestandsmehrung vom gesamten Periodenerfolg abgezogen werden.

5.2.3.3 Anhang und Lagebericht

Gemäß § 264 HGB müssen alle Kapitalgesellschaften den Jahresabschluss um einen Anhang erweitern. Ziel des Anhangs ist es, den Leser des Jahresabschlusses einer Gesellschaft durch ergänzende Angaben mit sämtlichen erforderlichen Informationen zu versorgen, welche einen den tatsächlichen Verhältnissen entsprechenden Einblick in die Vermögens-, Finanz- und Ertragslage des Unternehmens Gewähr leisten.

Gemäß der §§ 284-285 HGB müssen im Anhang unter anderem die folgenden Angaben gemacht werden:

- Vorgehensweise bei der Erstellung von Konzernjahresabschlüssen,

- angewandten Bilanzierungs- und Bewertungsmethoden und Abweichungen davon,

- Vorgehensweise bei der Umrechnung von Währungen,

- Erläuterungen zu den einzelnen Positionen der Bilanz und der Gewinn- und Verlustrechnung,

- Namen und Gesamtbezüge der Organmitglieder, also von Vorständen, Geschäftsführern und Aufsichtsräten, sowie

- wesentliche Beteiligungen an anderen Unternehmen.

Zudem ist ein **Lagebericht** zu erstellen und zu veröffentlichen, welche eine schriftliche Darstellung des Geschäftsverlaufs und der wirtschaftlichen Situation des Unternehmens beinhaltet. In § 289 HGB sind die Aufgaben und Anforderungen des Lageberichtes geregelt, welche jedoch kein gesetzlicher Bestandteil des Jahresabschlusses ist.

Der Lagebericht ist eine ergänzende Informationsquelle für die Bilanzadressaten bezieht sich in Anlehnung an den Anhang auf dem Geschäftsverlauf und die Lage der Kapitalgesellschaft im Berichtsjahr. Dabei sind insbesondere Risiken der künftigen Entwicklung aufzudecken und unter anderem Fortschritte im Bereich Forschung und Entwicklung darzustellen (Vahs und Schäfer-Kunz, 2007).

Im Lagebericht werden insbesondere folgende Angaben gemacht:

- Verlauf des vergangenen Geschäftsjahres,

- Situation des Unternehmens,

- geplante Weiterentwicklung des Unternehmens,

- Situation der verschiedenen Geschäftsbereiche des Unternehmens,

- Aktivitäten im Bereich Forschung und Entwicklung sowie Entwicklungen im Personalbereich.

Sowohl der Anhang als auch der Lagebericht unterstützen somit die Aussagefähigkeit des Jahresabschlusses zusätzliche Angaben und Begründungen über Vorgänge, welche nach dem Schluss des Geschäftsjahres aufgetreten und von besonderer Bedeutung für die Gesellschaft sind. Die Aussagefähigkeit wird weiterhin durch zusätzliche Informationen und auf Gliederungen über die voraussichtliche Entwicklung der Kapitalgesellschaft unterstützt, welche nicht in der Bilanz oder Gewinn- und Verlustrechnung dargestellt werden (Thommen und Achtleitner, 2006).

5.2.4   Grundlagen internationaler Rechnungslegung

In den letzten Jahren haben für das externe Rechnungswesen neben den handelsrechtlichen Rechnungslegungsvorschriften zunehmend auch internationaler Rechnungslegungsnormen an Bedeutung gewonnen. Im Vordergrund stehen dabei die **International Financial Reporting Standards (IFRS)** und - falls eine Aktiennotierung an einer amerikanischen Börse angestrebt wird - die in den vereinigten Staaten geltenden **Generally Accepted Accounting Principles (US-GAAP)**.

Die International Financial Reporting Standards (IFRS), welche bis zum Jahr 2003 **International Accounting Standards (IAS)** hießen, werden vom International Accounting Standards Board (IASB) entwickelt, um die internationale Vergleichbarkeit von Jahresabschlüssen und von Unternehmensbewertungen sicherzustellen.

Kapitalmarkt orientierte und damit in der Regel börsennotierte europäische Konzerne müssen inzwischen ihre Konzernabschlüsse gemäß dieser Standards erstellen, nicht kapitalmarktorientierte europäische Konzerne dürfen ihre Konzernabschlüsse statt der landesüblichen Regelung Vorschriften gemäß dieser Standards erstellen und Nichtkonzerne dürfen ihre Abschlüsse zusätzlich zu den landesüblichen Regelung Vorschriften gemäß dieser Standards erstellen.

Die Berücksichtigung der internationalen Rechnungslegungsnormen stellt die Unternehmen insofern vor große Herausforderungen, als diese Normen einer anderen Bilanzierungstradition entspringen. Die handelsrechtliche Rechnungslegung, welche den kontinentaleuropäischen Systemen (zum Beispiel HGB) zugerechnet wird, verfolgt als Primärziele der Rechnungslegung das Vorsichtsprinzip, den Gläubigerschutz und die Stärkung der Selbstfinanzierungskraft des Unternehmens. Demgegenüber liegt das Hauptaugenmerk der angloamerikanischen Systeme (IFRS, US_GAAP) auf der Vermittlung eines „**true and fair view**" oder einer „**fair presentation**" des Unternehmens sowie auf der Vertretung der Investoreninteressen und der Kapitalmarktfähigkeit des Wertpapiers. Auf kontinentaleuropäischer Ebene fehlt die Wahrung der Investoreninteressen eher zu den untergeordneten Zielen des Rechnungswesens (Thommen und Achleitner, 2008). Auf angloamerikanischer Seite ist dagegen die unter nehmendes Erhaltung und der Gläubigerschutz eher von sekundärer Bedeutung für die Rechnungslegung.

Der Grund für diese Differenzen im Fokus liegt in der unterschiedlichen Finanzierungstradition kontinentaleuropäischer und angloamerikanischer Unternehmen begründet. Während kontinentaleuropäische Unternehmen vor allem bankenfinanziert waren und in der Regel von einem beschränkten Eigentümerkreis gehalten wurden, welche sich auch anders als durch den Jahresabschluss informieren konnte, nahmen angloamerikanische

Unternehmen schon lange Eigenkapital auf dem Kapitalmarkt auf und mussten daher den Informationsbedürfnissen vielfältige Aktionäre Genüge tun, deren primäre Informationsquelle der Jahresabschluss war (Thommen und Achtleitner, 2006).

Wiederholungsfragen

1. Was ist der Gegenstand des Rechnungswesens?

2. Was sind Beispiele für Geschäftsfälle, bei denen es sich jeweils nur um eine Einzahlung, eine Einnahme oder ein Ertrag handelt?

3. Was sind Beispiele für Geschäftsfälle, bei denen es sich zwar um einen Ertrag aber nicht um einen Umsatzerlös handelt?

4. Was sind Beispiele für Geschäftsfälle, bei denen es sich jeweils nur um eine Auszahlung, eine Ausgabe oder ein Aufwand handelt?

5. Welche zwei Teilbereiche umfasst das Rechnungswesen?

6. Welche Aufgaben sind im externen Rechnungswesen jährlich durchzuführen?

7. Was kennzeichnet die doppelte Buchführung?

8. Welche Unterlagen umfasst der Jahresabschluss?

9. Welche Rechnungslegungspflichten hängen von der Unternehmensgröße ab?

10. Wozu die die Bilanz?

11. Wie wird die Bilanz gegliedert?

12. Was wird in der Gewinn- und Verlustrechnung gegenübergestellt?

13. Worin unterscheidet sich das Gesamtkosten- vom Umsatzkostenverfahren bei der Gewinn- und Verlustrechnung?

14. Welche Angaben werden im Anhang und im Lagebericht gemacht?

15. Welch unterschiedlichen Zielsetzungen verfolgen die Rechnungslegungsvorschriften des Handelsgesetzbuches und die der IFRS?

6   Materialwirtschaft

Lernziele

Insbesondere in Industrieunternehmen ist die Sicherstellung der Versorgung mit Material von großer Bedeutung. Nachfolgend wird deshalb vermittelt:

- welche Materialarten es gibt,

- welche Ziele die Materialwirtschaft verfolgt,

- welche Aufgaben die Beschaffung innerhalb der Materialwirtschaft hat und

- welche Aufgaben die Logistik innerhalb der Materialwirtschaft hat.

6.1   Grundbegriffe

Die Materialwirtschaft umfasst die beiden materialbezogenen Funktionen der Beschaffung und der Logistik:

> Gegenstand der **Materialwirtschaft** ist es, durch die Beschaffung und durch die Logistik die Versorgung mit und die Entsorgung von Gütern für alle Bereiche und alle Kunden von Unternehmen entsprechend der jeweiligen Bedarfe sicherzustellen.

Spezifischer formuliert hat die Materialwirtschaft dafür zu sorgen, dass die benötigten materiellen Produktionsfaktoren in der richtigen Art, am richtigen Ort, zur richtigen Zeit, in der richtigen Menge, in der richtigen Qualität im Betrieb zur Verfügung stehen.

Im Mittelpunkt Materialwirtschaft steht das Material als Oberbegriff für eine Reihe von Gütern:

> Das **Material** umfasst die Werkstoffe, die unfertigen und die fertigen Erzeugnisse sowie die Waren eines Unternehmens.

Die in der Produktion als Produktionsfaktor eingehenden Werkstoffe werden weiter in Roh-, Hilfs- und Betriebsstoffe bzw. in die sogenannten RHB-Stoffe unterteilt:

- **Rohstoffe** als Stoffe, die **unmittelbar in das zu fertigende Erzeugnis eingehen** und dessen Hauptbestandteil bilden.

    - Beispiele: Tuch-/Bekleidungsindustrie, Blech-/Automobilindustrie

- **Hilfsstoffe**, die ebenfalls **unmittelbar in das zu fertigende Erzeugnis eingehen**, aber im Vergleich zu den Rohstoffen lediglich eine **Hilfsfunktion** erfüllen, da ihr mengen- und wertmäßiger Anteil gering ist.

    - Beispiele: Leim, Schrauben, Lack bei der Möbelherstellung

■ **Betriebsstoffe**, die selbst **keine Bestandteil des fertigen Erzeugnisses** bilden, sondern mittelbar oder unmittelbar bei der Herstellung des Erzeugnisses verbraucht werden. Zu den Betriebsstoffen rechnen alle Güter, die den Leistungsprozess ermöglichen und in Gang halten.

  – Beispiele: Energiestoffe, Schmierstoffe, Büromaterialien, Betriebsmaterialien

Der **Materialbedarf** kann aus der **Herstellungsplanung** abgeleitet werden. Diese wiederum ergibt sich aus dem **erwarteten Umsatz**, welcher sich aus den vorliegenden Aufträgen von Kunden und Prognosen über den künftigen Absatz ableiten lässt.

Dabei werden die **Endprodukte als Primärbedarf** bezeichnet und die **Betriebs- und Produktionsmittel als Sekundärbedarf**. Wird vom Gesamtbedarf der Bestand an vorhandenen Materialien abgezogen, so erhält man den **Nettobedarf**, welchen es schließlich zu beschaffen gilt.

6.2   Ziele der Materialwirtschaft

Die Ziele der Materialwirtschaft ergeben sich aus den übergeordneten Unternehmenszielen. In der Materialwirtschaft werden insbesondere die folgenden Ziele verfolgt (vgl. **Abbildung 6.1**):

■ **Kostenziele**
  Im Hinblick auf die eigentliche Erbringung der materialwirtschaftlichen Aufgaben ist es ein Ziel, die Beschaffungskosten und die meist relativ hohen Logistikkosten zu reduzieren.

■ **Sicherheitsziele**
  Das wichtigste Ziel der Logistik ist in der Regel die Termineinhaltung bei der Versorgung der Produktion und der Kunden mit Material und damit die Vermeidung von sogenannten Fehlmengenkosten. Fehlmengenkosten entstehen, wenn die Produktion oder die Kunden das entsprechende Material nicht zum vereinbarten Termin erhalten und dann die Produktion stillsteht, teureres Ersatzmaterial verwendet oder Konventionalstrafen gezahlt werden müssen (Vahs und Schäfer-Kunz,. 2007).

■ **Qualitätsziele**
  Der Beschaffungsbereich hat nicht nur das Ziel, die Materialkosten zu senken, sondern muss gleichzeitig sicherstellen, dass die beschafften Materialien die benötigte Qualität aufweisen.

■ **Liquiditätsziele**
  Eine weitere, sehr wichtige Zielsetzung der Materialwirtschaft ist die Aufrechterhaltung der betrieblichen Liquidität, so dass das Unternehmen jederzeit in der Lage ist, seinen kurz- und mittelfristigen Zahlungsverbindlichkeiten nachzukommen.

Abbildung 6.1   Zentrale Ziele der Beschaffung

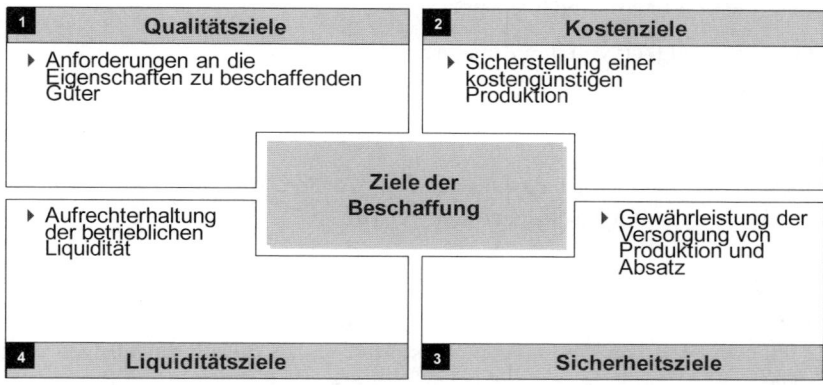

6.3   Beschaffung

6.3.1   Insourcing versus Outsourcing

Primäre Aufgabe der Beschaffung ist die Versorgung des Unternehmens mit Produktionsfaktoren.

Im Rahmen der Entscheidung zur **Frage „Make or Buy?"** wird analysiert, welche der benötigten Materialien und Güter von außerhalb bezogen werden müssen und welche nicht besser selbst hergestellt werden.

Insofern bereits bestimmte Leistungen und Materialien im Unternehmen hergestellt werden, stellt sich die Frage, ob diese Materialien weiterhin durch das Unternehmen selbst bereitgestellt oder ob die Leistungen ausgelagert, d.h. **„outgesourced"** und dann von außen bezogen werden sollen.

Geeignet für den Einkauf und somit für die Auslagerung sind alle Aufgaben welche die anderen Unternehmen wirtschaftlicher und damit günstiger lösen können. Die Leistungen, die das Unternehmen selbst besser erbringen kann und in denen es so gut ist, dass sie von anderen nicht nachgemacht oder nicht so effektiv und wirtschaftliche erbracht werden können, gehören zu den **Kernkompetenzen.**

Weitere **Anlässe für die eigene Fertigung** sind:

■ Vorhandensein und Nichtauslastung von eigenen Produktionsmöglichkeiten sowie die günstigere Produktion zum Beispiel aufgrund von größeren Stückmengen (Skalenerträgen).

- Vermeiden von Transaktionskosten zur Beschaffung der benötigten Güter bei den Zulieferern

- Vermeidung von Liefer- und Transportzeiten

- Weniger Abhängigkeit von den Zulieferern

- Geheimhaltungsgründe

- Know-how-Sicherung

Die **Fertigungstiefe** bezeichnet das Ausmaß bis zu dem die zur Produktion benötigten Materialien im Unternehmen selbst erzeugt werden:

|| Fertigungstiefe = Umfang der Eigenfertigung / Umfang der Gesamtfertigung

Bei einer **Fertigungstiefe von 1 bzw. 100 Prozent** würden alle Güter selbst hergestellt werden, d.h. von der Gewinnung von Rohstoffen bis zu den Endprodukten würde der gesamte Herstellungsprozess und somit die **gesamte Wertschöpfung in der Fertigung im Unternehmen stattfinden.**

Bei einer **Fertigungstiefe von 0,0 bzw. 0 Prozent** würde dagegen die **gesamte Produktion außerhalb des Unternehmens stattfinden** und der eigene Leistungsbeitrag bestünde dann nur noch im Vertrieb der fremdbezogenen Produkte im Handel.

Von einer **totalen vertikalen Integration entlang der Fertigung** spricht man, wenn die gesamte Wertschöpfung in den Händen des Unternehmens verbleibt.

Gründe für das Outsourcing und den **Fremdbezug von Material** sind dagegen die folgenden Aspekte:

- Die zu beziehenden Leistungen gehören nicht zum Kerngeschäft des Unternehmens

- Die zu beziehenden Güter stammen aus einer Massenproduktion, bei der der Zulieferer aufgrund der großen Mengen vergleichsweise große Kostenvorteile erzielen kann

- Der Zulieferer hat aufgrund seiner Spezialisierung einen großen Kompetenz- und Know-how-Vorsprung, der daneben auch eine höhere Qualität zur Folge hat

- Mit der Selbstleistung sind erhebliche zusätzliche Investitionen erforderlich

- Die eigenen Produktionskapazitäten sind voll ausgelastet

- Eventuelle Transport- und Lagerkosten des Fremdbezugs sind relativ gering

6.3.2   ABC-Analyse

Die **ABC-Analyse** ist eine zentrale Methode der Materialklassifizierung im Hinblick auf Wert und Menge. In Bezug auf die Beschaffung von Materialien liegt der Verwendung der ABC-Analyse die **Annahme zugrunde, dass ein kleinerer mengenmäßiger Anteil bestimmter benötigter Materialien einen vergleichsweise größeren Anteil an dem Gesamtwert aller erforderlichen Materialien** hat.

Ob eine bestimmte Materialart in die **A, B, oder C-Kategorie** gehört, hängt von der Festlegung der Grenzwerte ab. Häufig stützt sich die Analyse auf folgende Einteilung (vgl. **Tabelle 6.1**):

Tabelle 6.1   Grenzwerte der ABC-Analyse

Materialart	Wertanteil in %	Mengenanteil in %
A-Güter	Ca. 80 %	Ca. 10 %
B-Güter	Ca. 15 %	Ca. 20 %
C-Güter	Ca. 5 %	Ca. 70 %

Die ABC-Analyse teilt die Beschaffungsgüter oder andere zu klassifizierende Objekte demnach nach ihrem relativen Anteil am Gesamtwert in A-, B- und C-Güter ein. Die Vorgehensweise beinhaltet im Allgemeinen die folgenden Schritte (Vahs und Schäfer-Kunz, 2007):

1. Zunächst wird basierend auf den Verbrauchsdaten der Vergangenheit der Periodenverbrauch aller Güter in Mengeneinheiten ermittelt.

2. Dann werden diese Mengeneinheiten mit ihren Preisen multipliziert, um den Wertverbrauch der einzelnen Güter festzustellen.

3. Danach wird jede Güterart entsprechend diesem Wertverbrauch geordnet.

4. Schließlich werden die kumulierten Verbrauchswerte und Prozentsätze des mengendu wertmäßigen Verbrauchs errechnet und die Güter nach dem wertmäßigen Verbrauch in A-, B- und C-Güter klassifiziert

Die Ergebnisse der ABC-Analyse lassen sich anschließend grafisch mit einem Balkendiagramm oder einer sogenannten Lorenz- oder Konzentrationskurve verdeutlichen (vgl. **Abbildung 6.2**).

Abbildung 6.2   ABC-Analyse im Beschaffungsbereich

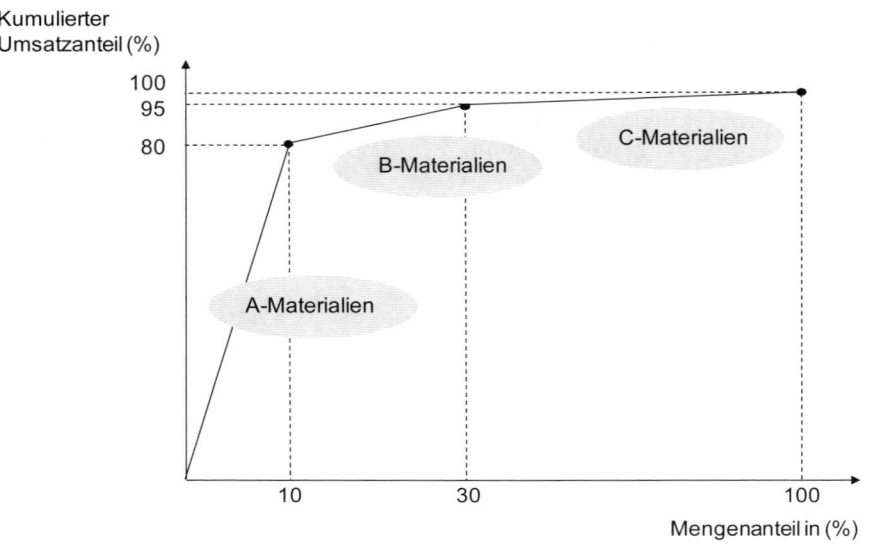

Quelle: Wöhe, 2010

Entsprechen der Klassifikation der einzelnen Güter lassen sich folgende **strategische Implikationen** ableiten:

- **A-Güter, A-Lieferanten, A-Abnehmer**: Auf sie gerichtete Maßnahmen bedürfen sorgfältiger Planung, Steuerung und Kontrolle. Es lohnen sich beschaffungsanalytische (z.B. Preisvergleich von verschiedenen Anbietern) und beschaffungspolitische Maßnahmen (z.B. das Aushandeln von bestimmten Konditionen). Neben der Anwendung von genaueren Kosten- und Preisanalysen ist bei diesen Materialposten auch eine genaue Überwachung und Steuerung der Lieferzeiten und der Lagerung der Materialien zu erwägen.

- **B-Gütern** sollte durchschnittliche Aufmerksamkeit geschenkt werden.

- **C-Güter** sollten lediglich routinemäßig behandelt werden, da hohe Anstrengungen nur einen verhältnismäßig geringen Nutzen bringen. Für diese Materialien bzw. Güter müssen deshalb auch keine speziellen und genaueren Analysen durchgeführt werden. Einfachere Bestellvorgänge (z.B. Sammelbestellungen) oder eine einfacherer Lagerführung sind für diese Klasse angezeigt.

6.3.3 XYZ-Analyse

Bei der **XYZ-Analyse** ist nicht der Anteil am Gesamtwert, sondern die Regelmäßigkeit des Bedarfsanfalls von Bedeutung, um Entscheidungen über die Beschaffung zu treffen.

Die **XYZ-Analyse** unterstellt, dass der **Bedarf** an bestimmten Materialien mehr oder weniger **über den Zeitablauf schwanken kann**:

■ **X-Materialien sind Materialien, deren Bedarf relativ gleichmäßig anfällt** (z.B. bei einem Textilhersteller bestimmte Garnsorten). Für diese Materialien ist eine fertigungsnahe Bestellung wirtschaftlich und sinnvoll, da der Bedarf hinsichtlich der benötigten Mengen recht gut vorhergesagt werden kann.

■ **Y-Materialien unterliegen hinsichtlich des Bedarfs regelmäßigen Schwankungen** (z.B. aufgrund saisonaler Einflüsse erhöhter Baumwollbedarf für die Sommerkollektion und erhöhter Schurwollbedarf für die Wintersaison). Für diese Güter erscheint eine gewisse Vorratsbeschaffung angemessen.

■ **Z-Materialien sind Materialien, die völlig unregelmäßig benötigt werden** und deren Bedarf daher kaum genau prognostiziert werden kann (z.B. individuelle Wünsche von Abnehmern für ganz bestimmte Knöpfe). Diese Güter sollten nur im Bedarfsfall bestellt werden.

6.3.4 Bestellpolitik

Im Rahmen der **Bestellpolitik** müssen Entscheidungen hinsichtlich der **Bestellzeitpunkte** und der **Bestellmengen** getroffen werden, mit dem Ziel, die Bestände, die Fehlmengen und die Bestellaufwendungen zu minimieren.

6.3.4.1 Bereitstellungsprinzipien

Hinsichtlich der Bereitstellung der Güter sind drei Prinzipien zu unterscheiden:

■ Die **Vorratsbeschaffung**, die bei industriellen Unternehmen häufig anzutreffen ist. Bei ihr werden relativ großen Materialmengen beschafft und auf Lager genommen. Möglicherweise günstigen Beschaffungspreisen stehen hohe Lager- und Zinskosten sowie ein hohe Kapitalbindung gegenüber.

■ Die **Einzelbeschaffung**, bei der die Materialien in der benötigten Menge unmittelbar vor ihrem Bedarf beschafft werden. Geringen Lager- und Zinskosten sowie einer minimalen Kapitalbindung stehen hohe Beschaffungskosten und das Risiko einer ausbleibenden oder fehlerhaften Lieferung gegenüber.

■ Die **fertigungssynchrone Beschaffung (Just-in-Time)**, bei der es sich um eine Kombination von Vorratsbeschaffung und Einzelbeschaffung handelt. Das beschaffende Unternehmen schließt rahmenmäßige Lieferverträge über große Materialmengen, ruft aber jeweils nur die für die Fertigung unmittelbar benötigten Mengen ab. Bei der **Just-**

in-Time Beschaffung werden zwar Lagerkosten minimiert, dafür steigen aber die mittelbaren Beschaffungskosten (z.B. Personal- und Transportkosten für den Verkehr zwischen Liefergroßhändler und Handwerksbetrieb) an.

Die Vor- und Nachteile fasst folgende Tabelle zusammen (vgl. Tabelle 6.2):

Tabelle 6.2   Vor- und Nachteile der vorratslosen Beschaffung

Beschaffungsart	Vorteil	Nachteil
Fallweise Beschaffung bei Einzelfertigung	Lagerkosten sinken	mittelbare Beschaffungskosten steigen
Just-in-Time-Konzept	Lagerkosten sinken	Unmittelbare Beschaffungskosten (Einkaufspreise) steigen

6.3.4.2   Optimale Bestellmenge

Hinsichtlich der **optimalen Bestellmengen** ist über geeignete Verfahren eine annähernd optimale Lösung zu suchen, mit welche die Summe aus bestellfixen Kosten und Lagerkosten minimiert wird. Bestellfixe Kosten fallen dabei bei jeder Bestellung unabhängig von dem Bestellvolumen an, beispielsweise Kosten der Bestellabwicklung oder der Materialannahme. Lagerkosten entstehen durch die Lagerung von Gütern in Betrieben und steigen mit der einzulagernden Menge. Die Bestimmungsgrößen der Lagerkosten sind die Lagerbestandsmenge, der Lagerbestandswert, die Lagerdauer, die Kapitalbindungs- und Versicherungskosten und die Wertminderungen der gelagerten Güter zum Beispiel durch Verderb oder Marktpreisschwankungen.

Die Zusammenhänge werden im Folgenden anhand eines **Beispiels** verdeutlicht:

Das Unternehmen Audio GmbH vertreibt Flachbildfernseher. Routinemäßig werden zweimal jährlich 50 neue Geräte (M) beim Hersteller bestellt. Der jährliche Gesamtbedarf bzw. Absatz (x) von 100 Geräten beim Endkunden verteilt sich gleichmäßig über das ganze Jahr. Der Herstellerpreis (P) pro Fernseher liegt bei 500 Euro pro Gerät. Unabhängig von den bestellten Mengen fällt dabei für jede Bestellung ein fixer Betrag von 2.000 Euro (K_f) für Verwaltungsdienstleistungen im Einkauf an. Außerdem werden noch Lagerhaltungskosten (Kl), bestehend aus einem Zinskostenanteil von 3 Prozent (i) und einem Lagerkostenanteil von 7 Prozent (l) für die Beschaffungen angesetzt.

Die Geschäftsleitung möchte nun wissen, wie hoch die **Beschaffungskosten** jährlich insgesamt sind und inwiefern durch eine **Optimierung der Bestellmenge** und **Bestellhäufigkeit** noch eine Verbesserung in der Wirtschaftlichkeit erzielt werden kann.

Die **jährlichen gesamten Beschaffungskosten (K$_g$)** bestehen aus den direkten Beschaffungskosten (K$_d$), den indirekten Beschaffungskosten (K$_{in}$), den Lagerhaltungskosten (Kl) sowie eventuellen Fehlmengenkosten.

K$_d$ = P * x = 500 * 100 = 50.000 Euro

K$_{in}$ = (K$_f$ * x) / M = (2.000 * 100) / 50 = 4.000 Euro (z.B. Transportkosten)

Kl = [(P * x) / 2] * (i + l) = [(100 * 500) / 2] * (0,03 + 0,07) = 2.500 Euro

K$_g$ = 56.500 Euro

Das Kostenminimum lässt sich ermitteln, indem die erste Ableitung der Kostenfunktion nach der Bestellmenge M vorgenommen und gleich Null gesetzt wird. Es ergibt sich nach Umformung die **Andler'sche Formel:**

$$Mopt = \sqrt{\frac{2 * X * Kf}{P * (i + l)}} = \sqrt{\frac{2 * 100 * 2.000}{500 * 0,1}} = 89,443$$

d.h., die optimale Anzahl sind 89 TV-Geräte pro Bestellung.

Die **optimale Bestellhäufigkeit (Y$_{opt}$)** ergibt sich wie folgt:

Y$_{opt}$ = X / M$_{opt}$ = 100 / 89,443 = 1,12, d.h., es sollte nur 1 x jährlich bestellt werden.

K$_g$ = 50.000 + 2.000 + 2.500 = 54.500 Euro.

6.4   Logistik

Im Rahmen der Materialwirtschaft muss sichergestellt werden, dass die richtigen Güter im richtigen Zustand zur richtigen Zeit am richtigen Empfangsort verfügbar sind. Alle diejenigen Funktionen, welche dieses Ziel verfolgen, werden unter dem Begriff Logistik zusammengefasst:

> Gegenstand der **Logistik** ist es, für alle Bereiche und Kunden von Unternehmen durch die Änderung der räumlichen, zeitlichen und strukturellen Eigenschaften von Gütern die Versorgung mit und die Entsorgung von Gütern entsprechend der jeweiligen Bedarfe sicherzustellen (Vahs und Schäfer-Kunz, 2008).

Das **Einsatzgebiet der Logistik** wird mittlerweile nicht nur im Bereich der Beschaffung von Materialien von externen Zulieferunternehmen gesehen.

Als **Querschnittsleistung** zu den anderen Bereichen eines Unternehmens (z.B. Einkauf, Verwaltung, Produktion, Absatz) umfasst es die Gestaltung und Steuerung des gesamten Materialflusses.

Zur **Logistik** gehören Tätigkeiten wie die **Warenprüfung**, die **Sicherung der Materialien beim Transport** und **Lagerung** und die **Verpackung** der Produkte.

Den Grundzusammenhang zwischen Beschaffung, Produktion, Absatz und Logistik verdeutlicht die nachstehende Abbildung (vgl. **Abbildung 6.3**).

Abbildung 6.3   Grundzusammenhang zwischen Beschaffung, Produktion, Absatz und Logistik

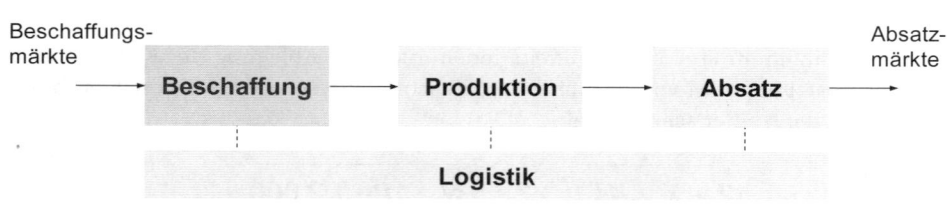

Zur optimalen Ausführung der Lagerfunktionen stehen eine Vielzahl von Verfahrensweisen und **Lagerstrategien** zur Verfügung.

Die bekanntesten Lagerverwaltungsstrategien sind:

■ **FIFO (First In – First Out)-Strategie**: Die zuerst im Lager aufgenommenen Materialien werden zuerst ausgelagert.

■ **LIFO (Last In – First Out)-Strategie**: Die zuletzt angelieferten Materialien werden zuerst ausgeliefert.

Wichtige **Entscheidungen im Rahmen des Transport-Managements sind**:

■ wie das Material transportiert werden soll, d.h. die **Wahl des Transportmittels** (z.B. mit der Eisenbahn, dem LKW, dem Schiff oder dem Flugzeug)

■ auf welcher Strecke, auf welchem Weg das Material transportiert werden soll, d.h. die **Wahl des Transportweges** (z.B. auf welchem Flug-, See- oder Landstrecken die Wer transportiert werden soll.

■ wer den Transport durchführen soll, d.h. die **Wahl des Transporteurs** (dazu gehört z.B. die Entscheidung, ob selbst oder durch eine andere Firma transportiert werden soll und wenn Letzteres, welche Firmen infrage kommen)

Wiederholungsfragen

1. Was ist der Gegenstand der Materialwirtschaft?

2. Welche Materialarten können unterschieden werden?

3. Welche Ziele verfolgt die Materialwirtschaft?

4. Was ist Gegenstand der Beschaffung?

5. Welche strategischen Handlungsoptionen gibt es in der Beschaffung?

6. Welche strategischen, qualitativen und kostenmäßigen Dimensionen haben Make-or-buy-Entscheidungen?

7. Welche Aussagen lassen sich aus der ABC-Analyse ableiten?

8. Welche Aussagen lassen sich aus der XYZ-Analyse ableiten?

9. Wie wird nach Andler die optimale Bestellmenge bestimmt?

10. Was ist Gegenstand der Logistik?

7 Produktion

Lernziele

Die Möglichkeit, Produkte wirtschaftlich herstellen zu können, ist eine grundlegende Voraussetzung für die Wirtschaftlichkeit von Betrieben. Nachfolgend wird deshalb vermittelt:

- was Produktionsfaktoren sind,

- welche Aufgaben die Produktionswirtschaft hat,

- was Gegenstand der Produktionstheorie ist,

- welche Produktionsformen es gibt,

- was eine Produktionsfunktion ist und

- was das Ertragsgesetz besagt.

7.1 Grundlagen

Die Produktionswirtschaft bildet das Bindeglied zwischen der Beschaffung auf der einen und dem Absatz auf der anderen Seite der betrieblichen Wertschöpfungskette.

Gegenstand der **Produktionswirtschaft** ist die wirtschaftliche Gestaltung und Durchführung von Transformationen. Dazu werden Produktionsfaktoren (Input) in Eigenleistungen und Produkte (Output) umgewandelt. Der schematische Umwandlungsprozess wird als Produktion (Throughput) bezeichnet (vgl. **Abbildung 7.1**).

Abbildung 7.1   Produktionsprozess

Input	Produktions-faktoren -Faktormengen -Faktorpreise
Produktion	Kombination von Produktions-faktoren
Output	Ausbringungs-menge von Produkten

Quelle: Wöhe, 2010

Das **Ziel der Produktionstheorie** besteht darin, die funktionalen Zusammenhänge zwischen der Menge der eingesetzten Produktionsfaktoren und der Menge der hergestellten Produkte zu zeigen. Die Zielsetzung der Produktionswirtschaft ähnelt dabei in vielen Punkten derjenigen der Materialwirtschaft. Im Wesentlichen werden Kosten-, Zeit-, Ergebnis- und Flexibilitätsziele verfolgt. Im Speziellen geht es darum, Herstellkosten zu senken, Termine einzuhalten, Stückzahlen zu gewährleisten und die Qualität der Produktion, Produktions- sowie Lieferflexibilität zu optimieren.

Klassisch werden in der Volkswirtschaftslehre die **Produktionsfaktoren** Arbeit, Kapital und Boden unterschieden (Baßeler et al., 2006):

- ■ Träger des Faktors **Arbeit** ist der einzelne Mensch. Er umfasst das Potenzial der Arbeitskräfte, einschließlich deren Wissen und ihren Fähigkeiten.

- ■ Der Begriff **Boden** bezog sich ursprünglich auf den zur Produktion verwendeten Ackerboden. Heute umfasst der Begriff die verwendete Produktionsfläche sowie die Werkstoffe, welche zu Produktion benötigt werden.

- ■ **Kapital** umfasst die produzierten Produktionsmittel, die Werkzeuge, Maschinen, Gebäude, Anlagen sowie die Infrastruktur in Form von Verkehrs- und Kommunikationswegen.

In der modernen Betriebswirtschaftslehre werden die Produktionsfaktoren heute meist im Sinne von Gutenberg in Werkstoffe, Betriebsmittel und menschliche Arbeit unterteilt (vgl. Abbildung 1.4 im 1. Kapitel):

- ■ **Werkstoffe**
  hierunter fallen Roh-, Hilfs- und Betriebsstoffe, welche für die Produktion und die Aufrechterhaltung der Produktion eingesetzt werden.

- ■ **Betriebsmittel**
  Hierunter werden die Güter des Anlagevermögens verstanden, welche bei der Produktion genutzt werden, so insbesondere Boden, Gebäude, Anlagen, Einrichtungen, Knowhow, Patente sowie Lizenzen.

- ■ **Menschliche Arbeit**
  Der Faktor menschliche Arbeit umfasst objektbezogene, ausführende Tätigkeiten sowie dispositive Arbeiten zur Gestaltung und Führung der Produktion.

7.2 Gestaltungsmöglichkeiten von Produktionssystemen

7.2.1 Festlegung des Prozesstyps der Produktion

Je nach **Auflagen-** beziehungsweise **Losgröße**, also der Anzahl an gleichen Erzeugnissen, welche nacheinander produziert werden sollen, und in Abhängigkeit davon, ob die Betriebsmittel umgerüstet werden oder nicht, lassen sich verschiedene Prozessketten der Produktion unterscheiden (Corsten, 1996):

- **Einzelproduktion**
  die Einzelproduktion eignet sich, wenn von einem Produkt nur wenige Einheiten hergestellt werden. In der Regel kommt sie zum Einsatz, wenn nicht standardisierte Erzeugnisse im Kundenauftrag produziert werden. In der Regel werden die Betriebsmittel bei der Einzelproduktion nach jeder Auflage für die nächste Auflage umgerüstet. Ein klassisches Beispiel ist der Anlagenbau. wichtigste Eigenschaft aller in diesem Zusammenhang zur Anwendung kommenden Betriebsmittel ist eine vielseitige Einsetzbarkeit.

- **Serienproduktion**
  Bei der Serienproduktion handelt es sich um eine Mehrfachproduktion, bei welcher die Auflagengröße vor dem Produktionsbeginn festgelegt wird. Nach Abschluss einer Fertigungsserie werden die Betriebsmittel in der Regel auf eine neue Fertigungsserie umgerüstet. Im Rahmen der Serienfertigung werden standardisierte Erzeugnisse mit kundenspezifischen Merkmalen gefertigt. ein Beispiel hierfür sind Autotüren verschiedener Modellserien.

- **Massenproduktion**
  Im Rahmen der Massenfertigung wird von einem bestimmten Produkt über einen längeren Zeitraum hinweg eine große Menge hergestellt. Meist findet hierbei eine Produktion hoch standardisierter und homogener Produkte statt. Ein in Massenproduktion hergestelltes Produkt sind zum Beispiel Zündkerzen und Schrauben.

7.2.2 Festlegung des Organisationstyps der Produktion

Bei der Festlegung des Organisationstyps der Produktion geht es um die räumliche Anordnung der Maschinen und Arbeitsplätze zu technischen Einheiten. grundsätzlich werden folgende Organisationstypen der Produktion unterschieden (Corsten, 1996):

- **Punktfertigung**
  Die Punktfertigung Ist durch ein unbewegliches Erzeugnis gekennzeichnet, welches dazu führt, dass alle zur Produktion benötigten Betriebsmittel an dem Ort des Erzeugnisses zusammengefasst werden müssen. Ein klassisches Beispiel ist die Baustellenfertigung bei Schiffen oder Gebäuden. Auch die Einzelplatzfertigung oder Werkbankfertigung von Uhren fällt unter diesem Bereich.

■ **Werkstattfertigung**

bei der Werkstattfertigung werden Gruppen gleicher, aber unbewegliche Betriebsmittel zu so genannten Werkstätten zusammengefasst. Im Produktionsprozess durchlaufen die Erzeugnisse dann Schritt für Schritt die einzelnen Werkstätten. Für den Transport der Erzeugnisse zwischen den einzelnen Werkstätten werden in der Regel Unstetigförderer, wie beispielsweise Gabelstapler, eingesetzt. dies führt zu einer hohen Flexibilität, welche allerdings einen entsprechenden Koordinationsaufwand mit sich bringt. Die Werkstattfertigung eignet sich insofern insbesondere für die Einzel- und die Serienproduktion.

■ **Fließfertigung**

Bei der Fließfertigung durchlaufen die Erzeugnisse auf Stetigförderern, wie beispielsweise Förderbänder, nacheinander angeordnete unbewegliche Betriebsmittel. Der Umfang der einzelnen Arbeitsaufgaben ist bei der Fließfertigung in der Regel relativ gering. die Zeit, welche zur Ausführung eines einzelnen Arbeitsgang zur Verfügung steht, wird Taktzeit genannt. Die Fließfertigung ist eng mit dem Namen *Taylor* und ihrem Einsatz in den *Ford*-Werken zu Beginn des 20. Jahrhunderts verbunden. Die heute aus Gründen der Motivation und der starken physischen und psychischen Belastung der Mitarbeiter mit negativen Attributen versehene Fließfertigung kommt in der Regel dann zum Einsatz, wenn große Mengen gleichartiger Produkte hergestellt werden müssen. die hohe Produktivität geht jedoch mit einer hohen in Flexibilität im Hinblick auf die produzierbaren Erzeugnistypen einher.

■ **Gruppenfertigung**

die Gruppefertigung stellt eine Kombination aus Werkstatt- und Fließfertigung dar. Sie wird häufig auch als **Inselfertigung** bezeichnet. Teile der Produktion werden dabei zu so genannten Produktionsinseln zusammengefasst. Da unterschiedliche Gruppen verschiedene Inseln durchlaufen können, werden die Flexibilitätsvorteile der Werkstattfertigung mit den Produktivitätsvorteilen der Fließfertigung kombiniert.

7.3   Produktionstheorie

Gegenstand der Produktionstheorie ist die Erklärung der Relationen zwischen der für die Produktion eingesetzten Menge an Produktionsfaktoren und der damit produzierten Menge an Ausprägung Güter. Im Rahmen der Produktionstheorie wird versucht, über Produktionsfunktionen Gesetzmäßigkeiten zwischen dem Input und dem Output zu formulieren (Vahs und Schäfer-Kunz, 2007).

Produktionsfunktionen stellen die Beziehungen zwischen den technisch effizienten Faktoreinsatzkombinationen von Produktionsfaktoren und den Ausbildungsmengen an Gütern dar (Wöhe, 2010).

Mathematisch kann die Ausbringungsmenge an Gütern x als eine Funktion der Mengen an Produktionsfaktoren q definiert werden:

$x = f(r_1, r_2, \ldots, r_n)$

mit:

x	=	Ausbringungsmenge an Erzeugnissen
f()	=	Produktionsfunktion
r	=	Verbrauchsmengen der Produktionsfaktoren
n	=	Anzahl der Produktionsfaktoren

Im Allgemeinen werden mehrere Produktionsfaktoren zur Herstellung von Gütern benötigt. denn um ein komplexes Gut, wie einen Computer oder ein Auto herstellen zu können, ist eine Vielzahl von Materialien, Maschinen, Werkzeugen und Arbeitsleistungen erforderlich.

Bei der Produktionsplanung stellen sich unter anderem die folgenden Fragen:

■ Wie kombiniert das Unternehmen die Produktionsfaktoren?

■ In welchem Verhältnis werden die Produktionsfaktoren zueinander eingesetzt?

■ Wie viel müssen von welchen Produktionsfaktoren eingesetzt werden, um eine bestimmte Anzahl von Gütern produzieren zu können?

■ Wie viele Produkte können mit einer gegebenen Produktion Faktormengen hergestellt werden?

In Abhängigkeit davon, ob die Mengen an Produktionsfaktoren r in einem bestimmten Verhältnis zueinanderstehen müssen oder nicht, werden **substitutionale** und **limitationale** Produktionsfunktionen unterschieden.

7.3.1   Substitutionale Produktionsfunktionen

Bei **substitutionalen Produktionsfunktionen** müssen die Mengen an Produktionsfaktoren q nicht in einem genau festgelegten Verhältnis zueinanderstehen. Die Veränderung der Menge eines einzigen Produktionsfaktors r führt in der Regel zu einer Veränderung der Ausbringungsmenge an Gütern x. Ebenso können gleiche Ausbringungsmengen x durch unterschiedliche Mengen Kombinationen der Produktionsfaktoren generiert werden, da sich diese gegenseitig substituieren (vgl. **Abbildung 7.2**).

Abbildung 7.2   Substitutionale Produktionsfunktion

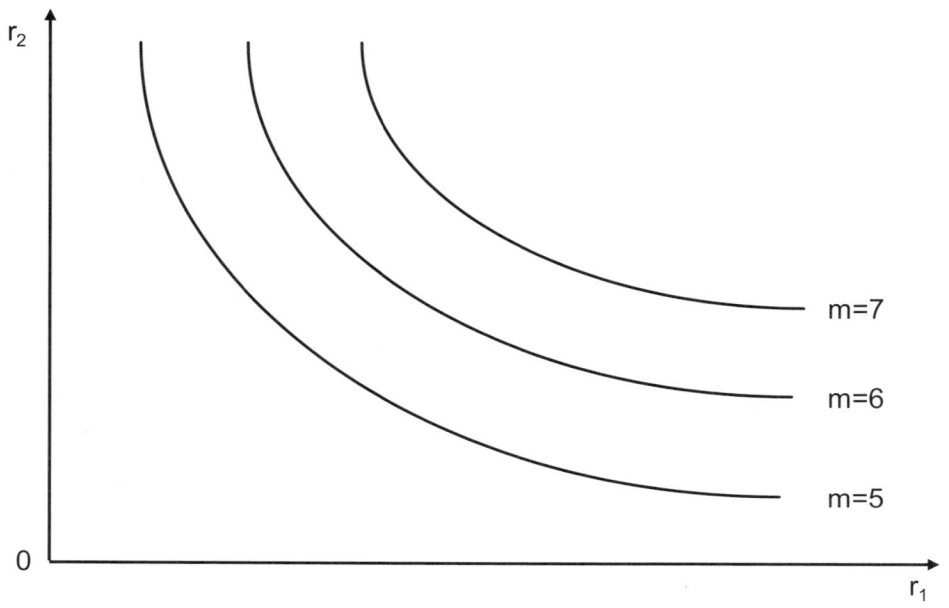

Quelle: Wöhe, 2010

7.3.2   Limitationale Produktionsfunktionen

Bei limitationalen Produktionsfunktionen stehen die Mengen an Produktionsfaktoren r anders als bei substitutionalen Produktionsfunktionen in einem bestimmten Verhältnis zueinander. Diese Änderung der Menge eines einzigen Produktionsfaktors führt in der Regel nicht zu einer Veränderung der Ausbringungsmenge an Gütern x. Vielmehr müssen alle Mengen an Produktionsfaktoren in einem bestimmten Verhältnis zueinander die steigert werden (vgl. Abbildung 7.3).

Abbildung 7.3   Limitationale Produktionsfunktion

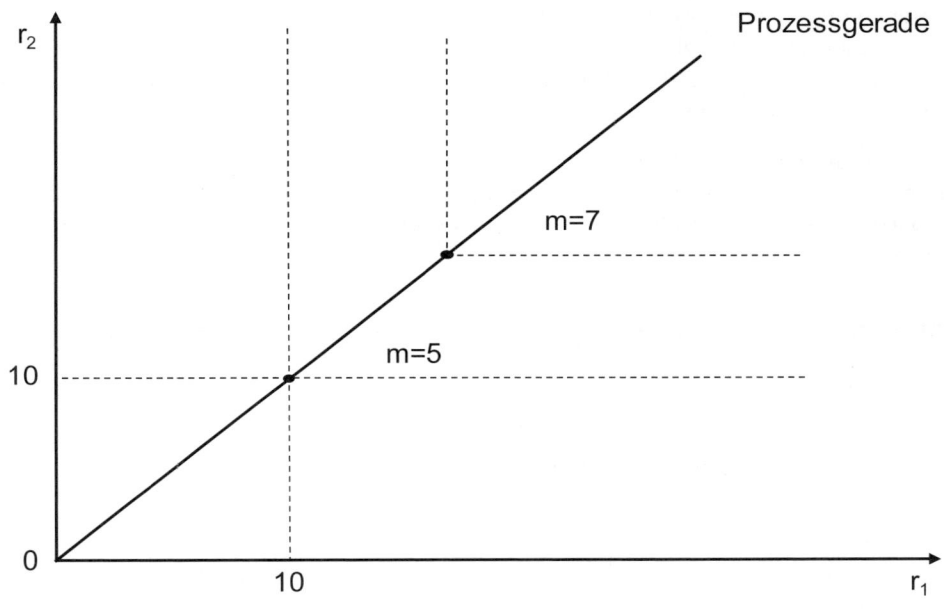

Quelle: Wöhe, 2010

Substitutionale und limitationale Produktionsfunktionen sind Grundtypen von Produktionsfunktionen im Hinblick auf das Mengenverhältnis der Produktionsfaktoren r zueinander. Das Verhältnis des Einsatzes an Produktionsfaktoren r zur Ausbringungsmenge x ist Gegenstand der nachfolgend beschriebenen Produktionsfunktion.

7.3.3   Produktionsfunktion vom Typ A (Ertragsgesetz)

Der älteste aus der Literatur bekannte Typ einer Produktionsfunktion ist die im 18. Jahrhundert von Turgot (1766) für die landwirtschaftliche Produktion entwickelte und im 19. Jahrhundert von v. Thünen (1842) statistisch nachgewiesene **ertragsgesetzliche Produktionsfunktion** (auch **Produktionsfunktion vom Typ A** genannt).

Das **Ertragsgesetz** ist eine Theorie aus der Volkswirtschaftslehre. Es beschäftigt sich mit der Frage, wie sich die Effizienz eines Wertschöpfungsprozesses entwickelt, wenn nur ein variabler Produktionsfaktor erhöht wird, die anderen aber gleich bleiben (ceteris paribus).

Die Produktionsfunktion vom Typ A ist typisch für die landwirtschaftliche Produktion und ein Beispiel für eine substitutionale Produktionsfunktion. In der Landwirtschaft führt ein zunehmender Einsatz von Düngemitteln, also die Steigerung der Menge des Produktionsfaktors r_1, zunächst zu einer progressiven Steigerung der Erntemenge, also der Ausbringungsmenge x. bei einer weiteren Erhöhung der Menge an Düngemitteln wird der Anstieg degressiv. Schließlich ist sogar ein absoluter Rückgang der Erntemenge aufgrund der Überdüngung des Bodens festzustellen.

Wie sich unter den Produktionsbedingungen des Ertragsgesetzes der Gesamtertrag E, der Grenzertrag E' sowie der Durchschnittsertrag e in Abhängigkeit von unterschiedlichen Einsatzmengen des variablen Faktors r_1 entwickeln, zeigt die nachfolgende Abbildung (Wöhe, 2010).

Abbildung 7.4   Ertragsgesetzlicher Verlauf von Gesamtertrag E, Grenzertrag E' und Durchschnittsertrag e

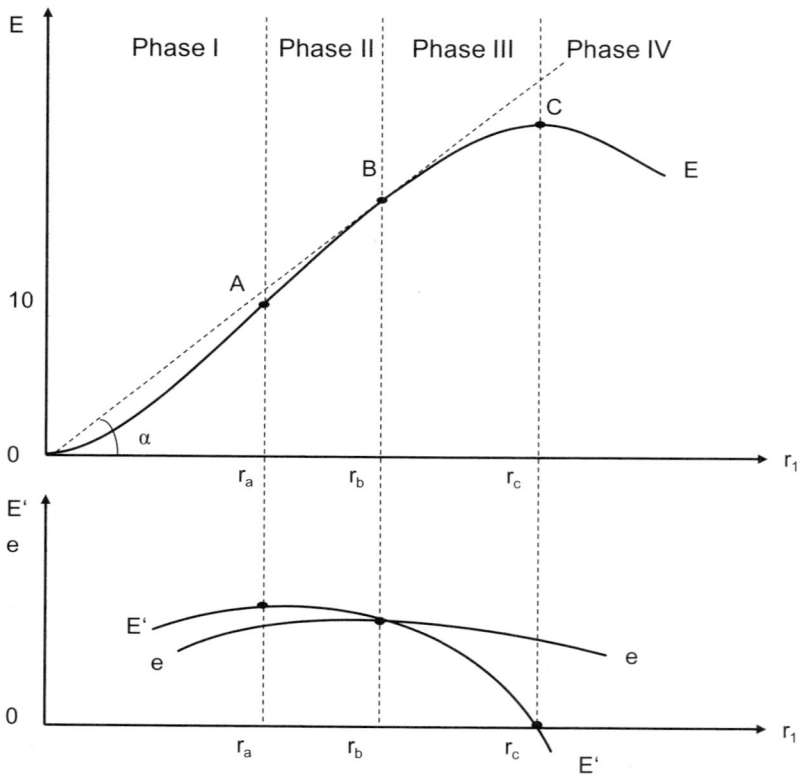

Quelle: Wöhe, 2010

Vom Beginn der Produktion bis zum Wendepunkt A steigt der Gesamtertrag E progressiv an. Danach steigt der Gesamtertrag degressiv an und erreicht sein Maximum in Punkt C. eine darüber hinausgehende Steigerung des Inputfaktors r_1 ist kontraproduktiv, was sich aus der Abnahme des Grenzertrages erkennen lässt.

In Phase I, das heißt bei progressiv steigendem Grenzertrag E, gelangt man mit zunehmender Faktoreinsatzmenge zu steigenden Grenzerträgen E'. Im Wendepunkt A erreicht der Grenzertrag E' sein Maximum. In Phase II und III sind der Grenzertrag E', ist jedoch immer noch positiv. mit dem Überschreiten des Punktes C, das heißt mit dem beginnenden Rückgang des Gesamtertrages E wird der Grenzertrag negativ.

Legt man vom Nullpunkt aus die Tangente an die Gesamterlösfunktion E, gelangt man im Berührungspunkt B zu jener Einsatzmenge r_1, wo der Grenzertrag E' mit dem Durchschnittsertrag e deckungsgleich ist. Hier erreicht der Durchschnittsertrag e sein Maximum.

Mit Hilfe der Punkte A, B und C lässt sich die Gesamtertragsfunktion anhand eines von Gutenberg entwickelten **Vierphasenschemas** darstellen (vgl. **Abbildung 7.5**).

Abbildung 7.5   Vierphasenschema der ertragsgesetzlichen Produktionsfunktion

Phase	Gesamtertrag E	Durchschnittsertrag e	Grenzertrag E'	Endpunkt der Phase
I	progessiv steigend	steigend	positiv, steigend bis Max.	Wendepunkt E' = max.
II	degressiv steigend	steigend bis Max.	positiv, fallend	e = max. E = E'
III	degressiv steigend bis Max.	fallend	positiv, fallend bis 0	e = max. E' = 0
IV	fallend	fallend	negativ, fallend	

Quelle: Wöhe, 2010

Die **Gesamtkostenfunktion K** nach dem Ertragsgesetz ist durch folgende Punkte gekennzeichnet (Wöhe, 2010):

■ Da eine partielle Gesamtertragsfunktion mit einem variablen einem oder mehreren fixen Produktionsfaktoren vorliegt, beginnt die Gesamtkostenfunktion nicht im Ursprung, sondern auf dem Fixkostensockel K_f.

■ Der Einsatz des variablen Produktionsfaktors r_1 führt – wie die nachstehende Abbildung zeigt (vgl. **Abbildung 7.6**) – zunächst zu einer progressiven, nach dem Wendepunkt A zu einer degressiven Entwicklung des Gesamtertrags.

Abbildung 7.6   Ertragsgesetzlicher Verlauf von Gesamtkosten K, Durchschnittskosten k,
                      variablen Stückkosten kv, und Grenzkosten K'

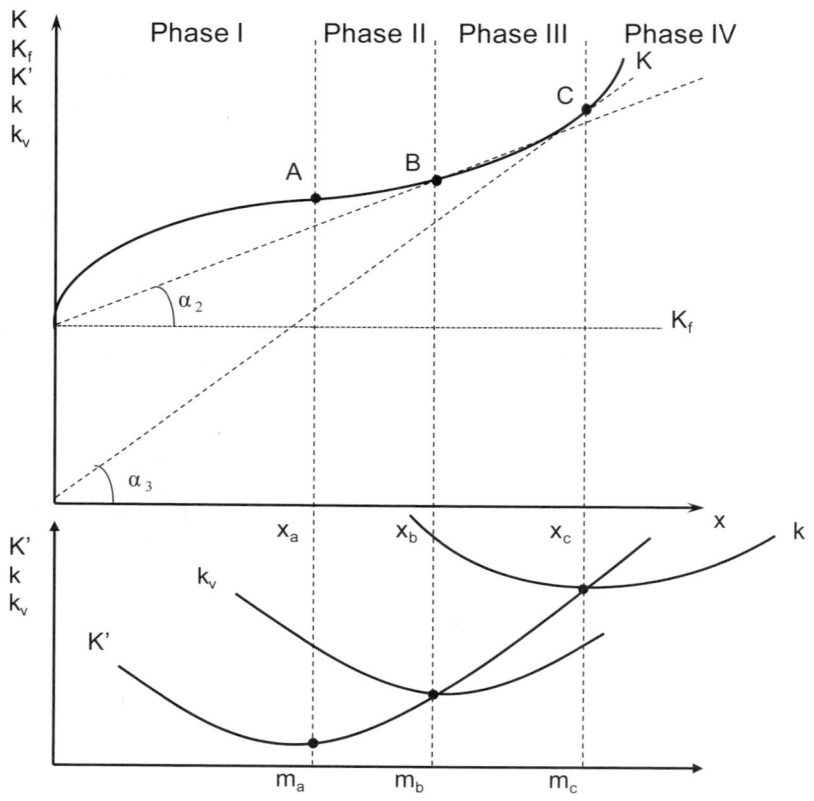

Quelle: Wöhe, 2010

Die Gesamtkostenfunktion einer ertragsgesetzlichen Produktionsfunktion verläuft demnach ausgehend vom Fixkostensockel K_f zunächst degressiv und anschließend progressiv,
so dass sich ein S-förmiger Kostenverlauf ergibt.

Von Beginn der Produktion bis zum Wendepunkt A steigen die Gesamtkosten K degressiv
an. Die **Grenzkosten K'** sind die Kosten, welche darüber informieren, wie sich die Gesamtkosten für ein dann, wenn die Produktionsmenge sich um eine Produkteinheit erhöht
oder verringert. Sie fallen und erreichen am Ende der Phase I ihr Minimum.

Die Gesamtkosten K setzen sich aus den **Fixkosten K_f** und den **variablen Kosten K_v** zusammen. legt man vom Ursprungspunt der Gesamtkostenfunktion K ausgehend die Tan-

gente an die Gesamtkostenfunktion, erhält man den Punkt B. die Ausbringungsmenge m_B markiert das Ende der Phase II. Hier erreichten die variablen Stückkosten k_v Ihr Minimum und sind deckungsgleich mit denen ansteigenden Grenzkosten K'.

Legt man vom Nullpunkt ausgehend die Tangente an die Gesamtkostenfunktion K, erhält man den Tangentialpunkt C. die Ausbringungsmenge m_c markiert das Ende der Phase III. am Ende dieser Phase erreichen die Stückkosten k ihr Minimum und sind deckungsgleich mit den ansteigenden Grenzkosten K'.

Das **Stückkostenminimum** bildet gleichzeitig die **Untergrenze für den Preis**, den ein Unternehmen mit dem Verkauf der Produkte am Markt erzielen muss. Sollte der Preis darunter liegen, würde der Betrieb Verluste machen, denn der Preis deckt in diesem Fall nicht die durchschnittlichen Kosten beziehungsweise die Stückkosten. langfristig gesehen bedeutet dies, dass die Produktion in jedem Fall eingestellt werden müsste, sollen Verluste vermieden werden.

Einen Überblick über die vier Phasen der ertragsgesetzlichen Kostenfunktion gibt die nachstehende Abbildung (vgl. **Abbildung 7.7**).

Abbildung 7.7   Vierphasenschema der ertragsgesetzlichen Kostenfunktion

Phase	Gesamtkosten K	variable Durchschnittskosten kv	gesamte Durchschnittskosten k	Grenzkosten K'	Endpunkt der Phase
I	degressiv steigend	fallend	fallend	fallend bis Min.	Wendepunkt K' = Minimum
II	progressiv steigend	fallend bis Minimum	fallend	steigend K' <= kv K' < k	kv = Minimum kv = K'
III	progressiv steigend	steigend	fallend bis Minimum	steigend K' >= kv K' <= k	k = Minimum k = K'
IV	progressiv steigend	steigend	steigend	steigend K' > kv K' >= k	

Quelle: Wöhe, 2010

Wiederholungsfragen

1. Welche klassischen Produktionsfaktoren werden in der Volkswirtschaftslehre unterschieden und welche nach Gutenberg?

2. Welche Ziele verfolgt die Produktionswirtschaft?

3. Was beschreiben die verschiedenen Produktionsfunktionen?

4. Für welche Einsatzbereiche eignen sich die verschiedenen Organisationstypen der Produktion?

5. Beschreiben Sie die unterschiedlichen Phasen der ertragsgesetzlichen Kostenfunktion!

Literaturverzeichnis

A.C. Nielsen (2006): Universen 2006 – Trends & Insights, www.acnielsen.de.

Aaker, D. A. / Joachimsthaler, E. (2000): Brand Leadership, New York.

Aaker, D. A. / Stayman, D. M. / Hagerty, M. R. (1986): Warmth in Advertising – Measurement, Impact, and Sequence Effects. In: Journal of Consumer Research, Vol. 12, S. 365-381.

ADAC (2007): Entwicklung der Anzahl und Markenverteilung der Tankstellen in Deutschland, www.adac.de.

Advertising Research Foundation (1961): Toward Better Media Comparisons, New York.

Ahearne, A. / Mathieu, J. / Rapp, A. (2005): To empower or not to empower your sales force? An empirical examination of the influence of leadership empowerment behaviour on customer satisfaction and performance. In: Journal of Applied Psychology, Vol. 90, S. 945-955.

Ahn, Y. K. / Lassere, P. / Chandon, J. L. (1986): Centralization and Standardization of Marketing Decisions in South Korean Multinational Subsidiaries, Seoul.

Ajzen, I. / Fishbein M. (1970): The Prediction of Behavior from Attitudinal and Normative Variables. In: Journal of Experimental Social Psychology, Vol. 6, S. 466-487.

Ajzen, I. / Fishbein, M. (1973): Attitudinal and Normative Variables as Predictors of Specific Behavior. In: Journal of Personality and Social Psychology, Vol. 27, S. 41-57.

Alba, J. A. / Hutchinson, J. W. (1987): Dimensions of Consumer Expertise. In: Journal of Consumer Research, Vol. 13, S. 411-454.

Albers, S. / Klapper, D. / Konradt, U. / Walter, A. / Wolf, J. (Hrsg.) (2007): Methodik der empirischen Sozialforschung, 2. Auflage, Wiesbaden.

Allen, C. T. / Machleit, K. A. (1992): A Comparison of Attitudes and Emotions as Predictors of Behavior at Diverse Levels of Behavioral Experience. In. Journal of Consumer Research, Vol. 18, S. 493-504.

Alt, G. / Bill, H. / Machnig, M. (2002): Innovation. Technik. Zukunft – Die Wissens- und Informationsgesellschaft gestalten, Opladen.

Alwitt, L. F. / Prabhaker, P.R. (1994): Identifying who dislikes television advertising – not by demographics alone. In: Journal of Advertising Research, Vol. 34, No. 6, S. 17-29.

Amen, M. (1998): Erstellung von Kapitalflussrechnungen, 2. Auflage, München/Wien.

American Marketing Association (2007): Definition of Marketing. www.marketingpower.com.

Ammann, P. (2000): Marktsegmentierung für Industriegüter. In: Pepels, W. (Hrsg.): Marktsegmentierung. Marktnischen finden und besetzen, Heidelberg, S. 313-355.

Andreasen, A. R. (1996): Profits For Nonprofits. Find a Corporate Partner. In: Harvard Business Review, Vol. 74, Issue 6, S. 47-59.

Andritzky, K. (1976): Die Operationalisierung von Theorien zum Konsumentenverhalten, Berlin.

Angenendt, C. / Bolten, B. / Krüger, J. (2004): Sponsor Visions 2004 – Sponsoring im Fokus der Unternehmen und Agenturen, Hamburg.

Angenendt, C. / Krüger, J. (Hrsg.) (1999): Das Sponsoring-Klima 1999, München.

Antil, J. (1984): Conceptualization and Operationalization of Involvement. In: Advances in Consumer Research, Vol.11, S. 203-209.

Areni, C. S. / Lutz, R. J. (1988): The Role of Argument Quality in the Elaboration Likelihood Model. In: Advances in Consumer Research, Vol. 15, S. 197-203.

Arvidsson, A. (2008): Brand value. In: Journal of Management, Vol.13, No. 3, S. 188-193.

Asche, F. (1996): Das Product Placement im Kinospielfilm, Frankfurt am Main.

Assael, H. (1992): Consumer Behavior and Marketing Action, 4. Auflage, Boston et al.

Atteslander, P. (2008): Methoden der empirischen Sozialforschung, 12. Auflage, Berlin.

Auer, M. / Diederichs, F. (1993): Werbung below the line. Product Placement, TV-Sponsoring, Licensing..., Landsberg/Lech.

Auer, M. / Kalweit, U. (1988): Das ist Product Placement. In: Der Markenartikel, 4. Jg., S. 173-175.

Auer, M. / Kalweit, U. / Nüßler, P. (1991): Product Placement. Die neue Kunst der geheimen Verführung, Düsseldorf.

Ausschuss für Begriffsdefinitionen aus der Handels- und Absatzwirtschaft (Hrsg.) (1995): Katalog E. Begriffsdefinitionen aus der Handels- und Absatzwirtschaft, 4. Aufl., Köln.

Austin, J. (2003): Strategic Alliances. In: Stanford Social Innovation Review, Vol. 1, Issue 2, S. 48-55.

Babin, J-U. (1994): Perspektiven des Sportsponsoring, Frankfurt am Main et al.

Backhaus, K. (1997): Industriegütermarketing, 5. Aufl., München.

Backhaus, K. / Büschken, J. / Voeth, M. (2003): Internationales Marketing, 5. überarb. Aufl., Stuttgart.

Backhaus, K. / Erichson, B. / Plinke, W. / Weiber, R. (2006): Multivariate Analysemethoden. Eine anwendungsorientierte Einführung, 11., überarbeitete Aufl., Berlin u. a.

Backhaus, K. / Voeth, M. (2004): Besonderheiten des Industriegütermarketing. In: Backhaus, K. / Voeth, M. (Hrsg.): Handbuch Industriegütermarketing. Strategien – Instrumente – Anwendungen, Wiesbaden, S. 3-21.

Backhaus, K. / Voeth, M. (2007): Industriegütermarketing, 8., vollständig neu bearbeitete Aufl., München.

Bagozzi, R. P. / Rosa, J. A. / Celly, K. / Coronel, F. F. (2000): Marketing-Management, München u. a.

Baim, J. (1991): Response Rates – A Multinational Perspective. In: Marketing & Research Today, Vol. 19, S. 114-119.

Balderjahn, I. (1993): Marktreaktionen von Konsumenten: Ein theoretisch-methodisches Konzept zur Analyse der Wirkung marketingpolitischer Instrumente, Berlin.

Bamberg, G. / Baur, F. / Krapp, M. (2008): Statistik, 14. Aufl., München.

Bankhofer, U. / Rennhak, C. (1997): Ansätze zur Prognose von Wechselkursen – ein empirischer Vergleich. In: Institut für Statistik und Mathematische Wirtschaftstheorie der Universität Augsburg (Hrsg.): Arbeitspapiere zur Mathematischen Wirtschaftsforschung, Heft 152/1997.

Bankhofer, U. / Rennhak, C. (1998): Ansätze zur Wechselkursprognose. In: Finanzmarkt und Portfolio Management, 12. Jg., Nr. 2, S. 197-212.

Bankhofer, U. / Rennhak, C. (1999): An Application of Methods of Multivariate Data Analysis to Compare Different Approaches to Exchange Rate Forecasting. In: Gaul W./ Locarek-Junge, H. (Hrsg.): Classification in the Information Age, Berlin, S. 430-438.

Bänsch, A. (1998): Einführung in die Marketing-Lehre, 4. Aufl., München.

Barry, T. E. / Howard, D. J. (1990): A Review and a Critique of the Hierarchy of Effects in Advertising. In: International Journal of Advertising, Vol. 9, S. 121-135.

Bartlett, F. C. (1932): Remembering – A Study in Experimental and Social Psychology, Cambridge.

Baßeler, U. / Heinrich, J. / Utrecht, B. (2006): Volkswirtschaft: Grundlagen und Probleme der Volkswirtschaft, 18. Aufl., Stuttgart.

Basil, D. Z. / Deshpande, S. / Runte, M. (2008): The Impact of Cause-related Marketing on Nonprofit Organizations, Partnerships, Proof and Practice. International Nonprofit and Social Marketing Conference 2008, ro.uow.edu.au/cgi

Batra, R. / Ray M. L. (1983): Operationalizing Involvement as Depth and Quality of Cognitive Response. In: Advances in Consumer Research, Vol. 10, S. 309-313.

Batra, R. / Ray, M. L. (1986): Affective Responses Mediating Acceptance of Advertising. In: Journal of Consumer Research, Vol. 13, S. 234-249.

Bauer, H. H. / Sauer, N. E. / Müller, V. (2003): Lifestyle-Typologien auf dem Prüfstand. In: absatzwirtschaft 9/2003, S. 36-39.

Bauer, H. H. / Sauer, N. E. / Wagner, S. (2003): Event-Marketing – Handlungsempfehlungen zur erfolgreichen Gestaltung von Events auf Basis der Werthaltungen von Eventbesuchern, Mannheim.

Baum, A. / Stalzer, H. E. (1991): Event-Marketing liegt im Trend – Kommunikation zum Anfassen macht Information zum Ereignis. In: Marktforschung & Management, Heft 3, S. 113-116.

Baum, F. (1994): Marktsegmentierung im Handel, Göttingen.

Bausch, Th. (1990): Stichprobenverfahren in der Marktforschung, München.

Bayerl, S. / Rennhak, C. (2006): Entwicklungslinien Sponsoring. In: Rennhak, C. (Hrsg.): Unternehmenskommunikation 2.0 – Neue Wege im Marketing, Stuttgart, S. 123-137.

Bayerl, S. / Rennhak, C. (2007): E-Markenführung. Munich Business School Working Paper 2007-01.

BDW (1993): Erhebungsbericht 1992 – Bedeutung, Planung und Durchführung von Events, Bonn.

Beattie, A. E. (1983): Product Expertise and Advertising Persuasiveness. In: Advances in Consumer Research, Vol. 10, S. 581-584.

Becker, J. (2006): Marketing-Konzeption. Grundlagen des ziel-strategischen und operativen Marketing-Managements, 8. überarbeitete und erweiterte Aufl., München.

Beckwith, N. E. / Lehmann, D. R. (1973): The Importance of Differential Weights in Multiple Attribute Models of Consumer Attitude. In: Journal of Marketing Research, Vol. 10, S. 141-145.

Bedell, C. (1940): How to Write Advertising that sells, New York.

Beer, S. (1967): Management Science, London.

Behrens, G. (1991): Konsumentenverhalten – Entwicklung, Abhängigkeiten, Möglichkeiten, 2. überarbeitete und erweiterte Auflage, Heidelberg.

Behrens, K. Chr. (1966): Demoskopische Marktforschung, 2. Auflage, Wiesbaden.

Bei, L. / Heslin, R. (1997): The Consumer Report Mindset – Who seeks Value – The Involved or the Knowledgeable. In: Advances in Consumer Research, Vol. 24, S. 151-158.

Belch, G. E. / Belch, M.A. (2001): Advertising and promotion – an integrated marketing communications perspective, 5. Auflage, New York.

Bente, K. (1990): Product Placement – Entscheidungsrelevante Aspekte in der Werbepolitik, Wiesbaden.

Berekoven, L. / Eckert, W. / Ellenrieder, P. (2006): Marktforschung. Methodische Grundlagen und praktische Anwendung, 11., überarbeitete Aufl., Wiesbaden.

Berekoven, L. / Spintig, S. (2001): Panel. In: Diller, H. (Hrsg.): Vahlens Großes Marketinglexikon, 2. Aufl., München 2001, S. 1240-1243.

Berend, P. (2002): Interne und externe Markenerweiterungen, Wiesbaden.

Bergmann, K. (1998): Angewandtes Kundenbindungsmanagement, Frankfurt/Main.

Berndt, H. (1983): Konsumentenentscheidung und Informationsüberlastung – Der Einfluss von Quantität und Qualität der Werbeinformationen auf das Konsumentenverhalten, München.

Berndt, R. (1978): Optimale Werbeträger- und Werbemittelselektion, Wiesbaden.

Berndt, R. / Fantapié, Altobelli C. / Sander, M. (2005): Internationales Marketing-Management, 3. überarb. und erw. Aufl., Berlin et al.

Berndt, R. / Kapousouzi, K. / Scheck, C. (2001): Kommunikationspolitik im Internet. In: Berndt, R. (Hrsg.): E-Business-Management, Band 8 der Schriftenreihe „Herausforderungen an das Management" der Graduate School of Business Administration Zürich, Berlin et al., S. 195-209.

Berry, L. (1983): Relationship Marketing. In: Berry, L. / Shostack, G. / Upah, G. (Hrsg.): Emerging Perspectives on Services Marketing, Chicago, S. 25-28.

Bestmann, U. (1992): Kompendium der Betriebswirtschaftslehre, 5. Aufl., München.

Bettman, J. R. (1979): An Information Processing Theory of Consumer Choice, Reading et al.

Bettman, J. R. / Kakkar, P. (1977): Effects of Information Presentation Format on Consumer Information Acquisition Strategies. In: Journal of Consumer Research, Vol. 3, S. 233-240.

Bettman, J. R. / Luce, M. F. / Payne, J. W. (1998): Constructive Consumer Choice Processes. In: Journal of Consumer Research, Vol. 25, S. 187-217.

Bettman, J. R. / Park, C. W. (1980): Effects of Prior Knowledge and Experience and Phase of the Choice Process on Consumer Decision Processes – A Protocol Analysis. In: Journal of Consumer Research, Vol. 7, S. 234-248.

Bettman, J. R. / Zins, M. A. (1977): Constructive Processes in Consumer Choice. In: Journal of Consumer Research, Vol. 4, S. 75-85.

Bettman, J. R. / Zins, M. A. (1979): Information Format and Choice Task Effects in Decision Making. In: Journal of Consumer Research, Vol. 6, S. 141-53.

Beutelmeyer W. / Mühlbacher, H. (1986): Standardisierungsgrad der Marketingpolitik transnationaler Unternehmungen, Wien.

Bieg, H. / Kußmaul, H. (2000): Investitions- und Finanzmanagement, München.

Bijmolt, T. H. A. / Wedel, M. / Pieters, R. G.M. / DeSarbo, W. S. (1998): Judgements of Brand Similarity. In: International Journal of Research in Marketing, Vol. 15, S. 249-268.

Birbaumer, N. (1975): Physiologische Psychologie, Berlin et al.

Bitner, M. (1990): Evaluating service encounters: The effects of physical surroundings and employee responses. In: Journal of Marketing, Vol. 54, S. 69-82.

Blackwell, R. / Miniard, P.W. / Engel, J.F. (2006): Consumer Behavior, 10. Aufl., Mason.

Blümelhuber, C. (1998): Über die Szenerie der Dienstleistung: Aufgaben, Wahrnehmungs- und Gestaltungsaspekte von ‚Geschäftsräumen'. In Meyer, A. (Hrsg.): Handbuch Dienstleistungsmarketing, Stuttgart, S. 1194-1215.

Böcker, J. / Ziemen, W. / Butt, K. (2004): Marktsegmentierung in der Praxis. Der Kunde im Fokus, Göttingen.

Bode, J. (1997): Der Informationsbegriff in der Betriebswirtschaftslehre. In: Zeitschrift für betriebswirtschaftliche Forschung, 49. Jg., 5/1997, S. 449-468.

Böhler, H. (1977): Methoden und Modelle der Marktsegmentierung, Stuttgart.

Böhler, H. (1992): Marktforschung, 2. überarbeitete Auflage, Stuttgart et al.

Böhler, H. (2005): Marktsegmentierung im Sportartikel-Einzelhandel: ein Ansatz auf Basis von Kaufverbundanalysen. In: Brehm, W. / Heermann, P. W. / Woratschek, H. (Hrsg.): Sportökonomie – das Bayreuther Konzept in zehn exemplarischen Lektionen. Beiträge aus Wissenschaft und Forschung, Bayreuth, S. 13-26.

Böhm, D.-N. / Rennhak, C. / Ebert, T. (2006): Kundenbindung in B2B-Beziehungen. In: Rennhak, C. (Hrsg.): Herausforderung Kundenbindung, Wiesbaden, S. 261-272.

Bohner, G. / Chaiken, S. / Hunyadi, P. (1994): The Role of Mood and Message Ambiguity in the Interplay of Heuristic and Systematic Processing. In: European Journal of Social Psychology, Vol. 3, S. 207-222.

Bolz, J. (1992): Wettbewerbsorientierte Standardisierung der internationalen Marktbearbeitung. Eine empirische Analyse in europäischen Schlüsselmärkten, Darmstadt.

Bongartz, M. / Burmann, C. / Maloney, P. (2005): Marke und Markenführung im Kontext des Electronic Commerce. In: Meffert, H. / Burmann, C. / Koers, M. (Hrsg.): Markenmanagement – Identitätsorientierte Markenführung und praktische Umsetzung, 2. vollst. überarb. und erw. Aufl., Wiesbaden, S. 433-467.

Boochs, W. (2000): Sponsoring in der Praxis – Steuerrecht, Zivilrecht, Musterfälle, Neuwied et al.

Booz Allen Hamilton (2000): Customer Lifetime Value. Insight, Jg. 6, Ausgabe 1. o.O.

Bortoluzzi Dubach, E. (2004): Kultursponsoring. In: Klein, A. (Hrsg.) (2004): Kompendium Kulturmanagement, Handbuch für Studium und Praxis, München, S. 328-330.

Bortoluzzi Dubach, E. / Frey, H. (2002): Sponsoring – Der Leitfaden für die Praxis, 3. Auflage, Bern et al.

Bosshart, D. (2004): Billig – Wie die Lust am Discount Wirtschaft und Gesellschaft verändert, Heidelberg.

Bosshart, D. / Nueno, J. L. / Staib, D. (2004): Age of Cheap – Warum Kunden immer weniger bezahlen wollen und der Aufstieg des Preises unvermeidlich ist. GDI Studie Nr. 13.

Brander, S. / Kompa, A. / Peltzer, U. (1989): Denken und Problemlösen – Einführung in die kognitive Psychologie, 2., durchgesehene Auflage, Opladen.

Brandes, D. (1998): Konsequent einfach – Die Aldi-Erfolgsstory. 4. Auflage, Frankfurt/Main.

Brauchlin, E. / Heene, R. (1995): Problemlösungs- und Entscheidungsmethodik – Eine Einführung, 4. vollständig überarbeitete Auflage, Bern et al.

Braun, K. (2006): Marketing und Vertriebspower durch Sponsoring, Sponsoringbudgets strategisch managen und refinanzieren, Berlin et al.

Brealey, R. und Myers, S. (2005): Principles of Corporate Finance, 8th edition, New York.

Breinker, C. / Schmitt, Z. / Katz, G. (2005): TV-Werbung für Einsteiger, www.Ip-deutschland.de.

Brennan, I. / Babin L. (2004): Brand Placement Recognition – The Influence of Presentation Mode and Brand Familiarity. In: Galician, M.-L. (Hrsg.): Handbook of Product Placement in the Mass Media – New Strategies in Marketing Theory, Practice, Trends and Ethics, Binghamton.

Bröder, T. (2006): Risiko-Management im internationalen Bankgeschäft. Bern et al.

Bromme, R. und Hömberg, E. (1977): Psychologie und Heuristik, Darmstadt.

Brøndmo, H.-P. (2004): Open-Source-Marketing – Uncommon Sense, www.clickz.com.

Broom, G. / Center, A. / Cutlip, S. (1994): Effective Public Relations, 7. Auflage, New Jersey.

Brown, S. P. / Stayman, D. M. (1992): Antecedents and Consequences of Attitude toward the Ad – A Meta-Analysis.In: Journal of Consumer Research, Vol. 19, S. 34-51.

Brucks, M. (1985): The Effects of Product Class Knowledge on Information Search Behaviour. In: Journal of Consumer Research, Vol. 12, S. 1-16.

Brueck, M. (2007): Keine Tabus. In: WirtschaftsWoche, Nr. 10, S. 53-58.

Brueck, M. / Biskamp, S. (2007): Warm anziehen – Rewe-Chef Alain Caparros über Altlasten seiner Vorgänger, die Übernahme der Marktkauf-Baumärkte und die Furcht vor einem neuen Preiskrieg. In: WirtschaftsWoche, Nr. 21, S. 68-71.

Brueck, M. / Schürmann, C. (2006): Faul oder Frisch? In: WirtschaftsWoche, Nr. 30, S. 40.

Bruhn, M. (2001): Relationship Marketing – Das Management von Kundenbindung, München.

Bruhn, M. (2003): Sponsoring – Systematische Planung und integrativer Einsatz, 4. Auflage, Frankfurt am Main et al.

Bruhn, M. (2004): Vorwort. In: Bruhn, M. (Hrsg.): Handbuch Markenführung – Kompendium zum erfolgreichen Markenmanagement – Strategien – Instrumente – Erfahrungen, Band 1, 2. vollst. überarb. und erw. Aufl., Wiesbaden, S. V-IX.

Bruhn, M. (2005): Kommunikationspolitik – Bedeutung, Strategien, Instrumente, 3. Auflage, München.

Bruhn, M. / Georgi, D. (1998): Wirtschaftlichkeit des Kundenbindungsmanagements. In: Bruhn, M. / Homburg, C. (Hrsg.): Handbuch Kundenbindungsmanagement, 3. Aufl., Wiesbaden, S. 411-439.

Bruns, J. (2000): Marktsegmentidentifizierung. In: Pepels, W. (Hrsg.): Marktsegmentierung. Marktnischen finden und besetzen, Heidelberg 2000, S. 47-64.

Büschgen, H. (1998): Bankbetriebslehre – Bankgeschäfte und Bankmanagement, Wiesbaden.

Büschken, J. / Meyer, M. / Weiber, R. (Hrsg.) (1998): Entwicklungen des Investitionsgütermarketing, Wiesbaden.

Büttner, H. (1986): Die segmentorientierte Marketingplanung im Einzelhandelsbetrieb, Göttingen.

Bundesverband des deutschen Lebensmittelhandels e.V. (2007): Supermärkte im Aufwind, www.bundesverbandlebensmittel.de.

Burke, M. / Edell, J. (1989): The Impact of Feelings on Ad-Based Affect and Cognition. In: Journal of Marketing Research, Vol. 26, S. 69-83.

Burmann, C. / Meffert, H. / Koers, M. (2005): Stellenwert der Markenführung in Wissenschaft und Praxis. In: Meffert, H. / Burmann, C. / Koers, M. (Hrsg.): Markenmanagement – Identitätsorientierte Markenführung und praktische Umsetzung, 2. vollst. überarb. und erw. Aufl., Wiesbaden, S. 3-17.

Buzzell, R. D. (1968): Can you standardize multinational marketing? In: Harvard Business Review, November/December 2005, S. 102-113.

Cacioppo, J. T. / Petty, R. E. (1979): Effects of Message Repetition and Position on Cognitive Responses, Recall, and Persuasion. In. Journal of Personality and Social Psychology, Vol. 37, S. 97-109.

Cacioppo J. T. / Petty, R. E. (1980): Sex differences in Influenceability – Toward Specifying the Underlying Processes. In: Personality and Social Psychology Bulletin, Vol. 6, S. 651-656.

Cacioppo, J. T. / Petty, R. E. (1982): The Need for Cognition. In: Journal of Personality and Social Psychology, Vol. 42, S. 116-131.

Cacioppo, J. T. / Petty, R. E. (1985): Central and Peripheral Routes to Persuasion – The Role of Message Repetition. In: Alwitt, L.F. / Mitchell, A. A. (Hrsg.): Psychological Processes and Advertising Effects, Hillsdale, S. 91-111.

Campbell, D. T. / Fiske, D. W. (1959): Convergent and Discriminant Validation by the Multitrait-Multimethod-Matrix. In: Psychological Bulletin, Vol. 56, S. 81-105.

Camphausen, B. (2008): Grundlagen der Betriebswirtschaftslehre, Oldenbourg.

Celsi, R. L. / Olson, J. C. (1988): The Role of Involvement in Attention and Comprehension Processes. In: Journal of Consumer Research, Vol. 15, S. 210-224.

Chaiken, S. / Stangor, Ch. (1987): Attitudes and Attitude Change. In: Annual Review of Psychology, Vol. 38, S. 575-630.

Chi, M. (1982): The Role of Knowledge in Problem Solving and Consumer Choice Behaviour. In: Advances in Consumer Research, Vol. 10, S. 569-571.

Christen, T. (2002): Kundenevents im Marketing für komplexe Leistungen, St. Gallen.

Christensen, C. M. / Cook, S. / Hall, T. (2006): Wünsche erfüllen statt Produkte verkaufen. In: Harvard Business Manager, Heft 3, S. 71-78.

Christof, K. (2000): Formale Segmentierungsverfahren. In: Pepels, W. (Hrsg.): Marktsegmentierung. Marktnischen finden und besetzen, Heidelberg 2000, S. 100-126.

Churchill, G. A. (1979): A Paradigm for Developing Better Measures of Marketing Constructs. In: Journal of Marketing Research, Vol. 16, S. 64-73.

Cochran, W. G. (1977): Sampling Techniques, 3rd ed., New York.

Coenenberg, A. / Haller, A. / Schultze, W. (2009): Jahresabschluss und Jahresabschlussanalyse, 21. Auflage, Stuttgart.

Coenenberg, A. B. (2003): Kostenrechnung und Kostenanalyse, 5. Aufl., Stuttgart.

Cohen, A. D. / Stotland, E. / Wolfe, D. M. (1955): An Experimental Investigation of Need for Cognition. In: Journal of Abnormal and Social Psychology, Vol. 51, S. 291-294.

Cohen, B. C. (1963): The Press and Foreign Policy, Princeton.

Cohen, J. B. (1982): Consumer Behavior, New York.

Cohen, J. B. (1983): Involvement and You – 1000 great ideas. In: Advances in Consumer Research, Vol. 10, S. 325-328.

Cohen, J. B. / Fishbein, M. / Ahtola, O. T. (1972): The Nature and the Uses of Expectancy-Value Modells in Consumer Attitude Research. In: Journal of Marketing Research, Vol. 9, S. 456-460.

Colley, R. H. (1961): Defining Advertising Goals for Measured Advertising Results, New York.

Cone, C. L. / Feldmann, M. A. / DaSilva, A. T. (2003): Causes and Effects. In: Harvard Business Review, Vol. 81, Issue 7, S. 95-101.

Cooper, R. G. (1985): Selecting winning new product projects, In: Journal of Product Innovation Management, Vol. 2 (1), S. 34-44.

Copeland, Th. / Weston, J. F. / Shastri, K. (2008): Finanzierungstheorie und Unternehmenspolitik, 4. aktualisierte Auflage, München et al.

Cornwell, B. (2008): State of the Art and Science in Sponsorship-linked Marketing. In: Journal of Advertising, Vol. 37, No. 3, S. 41-55.

Corsten, H. / Reiß, M. (1996): Betriebswirtschaftslehre, 2. Auflage, München.

Corsten, H. (1996): Produktionswirtschaft, 6. Aufl., München.

Costley, C. L. (1988): Meta-analysis of Involvement Research. In: Advances in Consumer Research, Vol. 15, S. 554-562.

Cote, J. A. / Buckley, M. R. (1987): Estimating Trait, Method, and Error Variance – Generalizing across 70 Construct Validation Studies. In: Journal of Marketing Research, Vol. 24, S. 315-318.

Cowley, E. / Barron, C. (2008): When Product Placement goes wrong – The Effects of Program Linking and Placement Prominence. In: Journal of Advertising, Vol. 37/1, S. 89-98.

Cronbach, L. J. (1951): Coefficient Alpha and the Internal Structure of Tests. In: Psychometrika, Vol. 16, S. 297-334.

Cronbach, L. J. und Meehl, P. E. (1955): Construct Validity in Psychological Tests. In: Psychological Bulletin, Vol. 52, S. 281-302.

Cui, Y. / Trent, E. S. / Sullivan, P. M. / Matiru, G. N. (2003): Cause-related marketing – How generation Y responds. In: International Journal of Retail and Distribution Management, Vol. 31, Issue 6, S. 310-320.

Czepiel, J. A. / Solomon, M. R. / Surprenant, C. F. (Hrsg.) (1985): The Service Encounter. Managing Employee/Customer Interaction in Service Businesses, Lexington.

Damodaran, A. (2001): Corporate Finance – Theory and Practice, 2nd edition, New York.

Dangelmaier, W. / Helmke, S. / Uebel, M. (2004): Grundrahmen des Customer Relationship Management-Ansatzes. In: Dangelmaier, W. / Helmke, S. / Uebel, M. (Hrsg.): Praxis des Customer Relationship Management, 2. Aufl., Wiesbaden, S. 2-16.

Dannenberg, A. (2006): Biosupermärkte als Trendsetter, www.wdr.de.

Davis, E. / Steil, B. (2001): Institutional Investors, Cambridge MA.

Dawson, M. (2005): Discount siegt in Europa. In: Lebensmittelzeitung, Nr. 28, S. 31.

Decker, A. (2000): Die Händlerzufriedenheit als Zielgröße im vertikalen Marketing der Automobilwirtschaft, Frankfurt am Main et al.

Deimel, K. (1989): Grundlagen des Involvement und Anwendung im Marketing. In: Marketing – Zeitschrift für Forschung und Praxis, 11. Jg., Heft 3, S. 153-161.

Deming, W. E. (1960): Sample Design in Business Research, New York.

DeVoe, M. (1956): Effective Advertising Copy, New York.

Dhar, R. / Nowlis, S. M. (1999): The Effect of Time Pressure on Consumer Choice Deferral. In: Journal of Consumer Research, Vol. 25, S. 369-384.

Dhar, R. / Sherman, S. J. (1996): The Effect of Common and Unique Features in Consumer Choice. In: Journal of Consumer Research, Vol. 23, S. 193-203.

Dietz, A. (1980): Betriebswirtschaftslehre und die Praxis der Leasing-Anwendung. In: Zeitschrift für Betriebswirtschaftslehre, 50. Jg., Heft 9, S. 1017-1027.

Diller, H. (1995): Beziehungsmarketing. In: Wirtschaftswissenschaftliches Studium, 9. Jg., S. 442-447.

Diller, H. / Müllner, M. (1998): Kundenbindungsmanagement. In Meyer, A. (Hrsg.): Handbuch Dienstleistungsmarketing, Stuttgart, S. 1219-1240.

Diller, H. (2001): Vahlens Großes Marketing, 2. Aufl., München.

Döpfner, C. (2004): Kunst und Kultur – voll im Geschäft? Kulturverträgliches Kunstsponsoring, Frankfurt a. M. et al.

Dormann, C. / Kaiser, D. (2002): Job conditions and customer satisfaction. In: European Journal of Work and Organizational Psychology, Vol. 11, S. 257-283.

Dormann, C. / Spethmann, K. / Weser, D. / Zapf, D. (2003): Organisationale und persönliche Dienstleistungsorientierung und das Konzept des kundenorientierten Handlungsspielraums. In: Zeitschrift für Arbeits- und Organisationspsychologie, 47. Jg., S. 194-207.

Dörner, D. (1976): Problemlösen als Informationsverarbeitung, Stuttgart.

Dörner, D. / Kreuzig, H. W. / Reither, F. / Stäudel, T. (1983): Lohhausen – Vom Umgang mit Unbestimmtheit und Komplexität, Bern.

Dörtelmann, T. (1997): Marke und Markenführung – Eine institutionstheoretische Analyse, Dissertation, Bochum.

Drees, N. (1989): Charakteristika des Sportsponsoring. In: Hermanns, A. (Hrsg.): Sport- und Kultursponsoring, München, S. 49-61.

Drees, N. (1992): Sportsponsoring, 3. Auflage, Wiesbaden.

Drengner, J. (2003): Imagewirkungen von Eventmarketing – Entwicklung eines ganzheitlichen Messansatzes, Wiesbaden.

Drew, K. (2002): Online Branding, London.

Drukarczyk, J. (2003): Finanzierung, 9. neu bearbeitete Auflage, Stuttgart.

Drumwright, M. E. (1996): Company Advertising With a Social Dimension – The Role of Noneconomic Criteria. In: Journal of Marketing, Vol. 60, Issue 4, S. 71-87.

Drumwright, M. E. und Murphy, P. E. (2001): Corporate Social Marketing. In: Bloom P. N./ Gundlach G. T. (Hrsg.): Handbook of Marketing and Society, S. 162-183.

Dudenhöffer, F. (2005): Das Phänomen vom Verlust der Mitte. In: FAZ, S. 24.

Dürr, U. (2007): Mezzanine-Kapital in der HGB- und IFRS- Rechnungslegung, Berlin.

Duncker, K. (1935): Zur Psychologie des produktiven Denkens, Unveränderter Neudruck 1963, Berlin.

Dworak, K. (1985): Noch ein Plädoyer für die Sachprobleme, nicht nur in der Marktforschung. In: Zeitschrift für Betriebswirtschaft, 55. Jg., S. 1272-1275.

Eagly, A. H. / Chaiken, S. (1993): The Psychology of Attitudes, Orlando.

Edell, J. A. / Burke, M. C. (1987): The Power of Feelings in Understanding Advertising Effects. In: Journal of Consumer Research, Vol. 14, S. 421-433.

Edell, J. A. / Mitchell, A. A. (1978): An Information Processing Approach to Cognitive Response. In: Jain, S. C. (Hrsg.): Research Frontiers in Marketing –Dialogues and Directions, Chicago, S. 178-183.

Elton, E. / Gruber, M. / Brown, S. / Goetzman, W. (2003): Modern Portfolio Theory and Investment Analysis, 6th edition, New York.

Emundts, R. (2003): Kunst- und Kulturförderung – Symbol der Unternehmenskultur? Berlin.

Engelhardt, W. H. / Günter, B. (1981): Investitionsgütermarketing: Anlagen, Einzelaggregate, Teile, Roh- und Einsatzstoffe, Energieträger, Stuttgart.

English, L. (1999): Improving Data Warehouse and Business Information Quality, New York.

Ennew, C. T. / Waite, N. (2007): Financial Services Marketing – an International Guide to Principles and Practice, Oxford.

Eppler, M. / Mengis, J. (2004). The Concept of Information Overload – A Review of Literature from Organization Science, Accounting, Marketing, MIS, and Related Disciplines. In: The Information Society – An International Journal, Vol. 20, No. 5, S. 1-20.

Erber, S. (2002): Erlebnisstrategien für Marken, 3. Auflage, München.

Esch, F.-R. (2005): Strategie und Technik der Markenführung, 3. überarb. und erw. Aufl., München.

Esch, F.-R. / Langner, T. / Rempel, J. E. (2005): Ansätze zur Erfassung und Entwicklung der Markenidentität. In: Esch, F.-R. (Hrsg.): Moderne Markenführung – Grundlagen, innovative Ansätze, praktische Umsetzungen, 4. vollst. überarb. und erw. Aufl., Wiesbaden, S. 103-129.

Eschenbach, S. (2002), Bis auf den letzten Fleck mit Logos zugeklebt. In: Sport und Medien, Tendenz 2/02, S. 22-24.

Eysenck, H.-J. (1957): Characterology, Stratification Theory, and Psycho-analysis. In: Bracken, H. / David, H. P. (Hrsg.): Perspectives in Personality Theory, New York, S. 323-335.

Faison, E. J. W. (1980): Advertising – A Behavioral Approach for Managers, New York et al.

Fantapié Altobelli, C. (2005): E-Brands. In: Esch, F.-R. (Hrsg.): Moderne Markenführung – Grundlagen, innovative Ansätze, praktische Umsetzungen, 4. vollst. überarb. und erw. Aufl., Wiesbaden, S. 189-209.

Fantapié Altobelli, C. / Sander, M. (2001): Internet-Branding. Marketing und Markenführung im Internet, Stuttgart.

Faulstich, W. (2001): Grundwissen Öffentlichkeitsarbeit, München.

Fazio, R. N. / Zanna, M. P. (1981): Direct Experience and Attitude-Behavior Consistency. In: Advances in Experimental Social Psychology, Vol. 14, S. 161-202.

Fehring, K. (1998): Kultursponsoring – Bindeglied zwischen Kunst und Wirtschaft? Eine interdisziplinäre und praxisorientierte Analyse, Bd. 3, Freiburg im Breisgau.

Feinen, K. (2002): Das Leasinggeschäft, Frankfurt.

Feldhusen, B. (2005): Innovationen – Top oder Flop? In: A.C. Nielsen Essentials, Nr. 1, www.acnielsen.de.

Feldwick, P. (1995): Im Dickicht der Werbepretests. In: planung&analyse 5/95, S. 59-65.

Fill, C. (2005): Marketing Communications, London.

Fischer, W. B. (2004): Kunst vor Management. Führung und Förderung von Kulturinstitutionen, Zürich et al.

Fischl, C. / Rennhak, C. (2006): Conglomerate Discount – eine empirische Analyse am Beispiel der DAX30-Unternehmen. Munich Business School Working Paper 2006-02.

Fishbein, M. (1963): An Investigation of the Relationships between Beliefs about an Object an the Attitude towards the Object. In: Human Relation, Vol. 16, S. 233-239.

Fishbein, M. (1967): Attitude and the Prediction of Behavior. In: Fishbein, M. (Hrsg.): Readings in Attitude Theory and Measurement, New York, S. 472-492.

Fishbein, M. / Middlestadt, S. (1995): Noncognitive Effects on Attitude Formation and Change – Fact or Artifact? In: Journal of Consumer Psychology, Vol. 4, S. 181-202.

Fiske, C. / Luebbehausen, L. / Miyazaki, A. / Urbany, J. (1994): The Relationship between Knowledge and Search – It Depends. In: Advances in Consumer Research, Vol. 21, S. 43-49.

Fleischer, K. (1999): Stichprobenauswahlverfahren. In: Das Wirtschaftsstudium, 29. Jg., S. 306-309.

Foscht, T. / Swoboda, B. (2007): Käuferverhalten – Grundlagen, Perspektiven, Anwendungen, 3. Aufl., Wiesbaden.

Frank, B. / Rennhak, C. (2009): Product Placement am Beispiel des Kinofilms Sex and the City: The Movie. In: Rennhak, C. / Nufer, G. (Hrsg.): Reutlinger Diskussionsbeiträge zu Marketing & Management/Reutlingen Working Papers on Marketing & Management 2009-03.

Frank, B. / Rennhak, C. (2010): Product Placement – Das Beispiel Sex and the City: The Movie. In: Rennhak, C. (Hrsg.): Kommunikationspolitik im 21. Jahrhundert, Ibidem, 2010, S. 49-84.

Frank, R. E. / Massy, W. F. / Wind, Y. (1972): Market Segmentation, Englewood Cliffs/ New Jersey.

Freter, H. (1983): Marktsegmentierung, Stuttgart u. a.

Fritz, W. (2004): Internet-Marketing und Electronic Commerce – Grundlagen – Rahmenbedingungen – Instrumente, 3. vollst. überarb. und erw. Aufl., Wiesbaden.

Fuchs, C. (2005): Leise schleicht's durch mein TV. Product Placement und Schleichwerbung im öffentlich-rechtlichen Fernsehen. Eine Inhaltsanalyse am Beispiel von „Wetten, dass...?", Jena.

Funder, M. (1998): Konzernreorganisation im Spannungsfeld zwischen Zentralisierung und Dezentralisierung. Eine soziologische Analyse des organisatorischen Wandels von Konzernunternehmungen und seiner Auswirkung auf Mitbestimmung und Industrielle Beziehungen, Bochum.

Gäfgen, G. (1968): Theorie der wirtschaftlichen Entscheidung, 2. Auflage, Tübingen.

Galinanes-Garcia, A. / Rennhak, C. (2006): Kundenbindung – Grundlagen und Begrifflichkeiten. In: Rennhak C. (Hrsg.): Herausforderung Kundenbindung, Wiesbaden, S. 3-14.

Garbarino, E. C. / Edell, J. A. (1997): Cognitive Effort, Affect, and Choice. In: Journal of Consumer Research, Vol. 24, S. 147-158.

Gardner, M. P. (1983): Advertising Effects on Attributes Recalled and Criteria Used for Brand Evaluations. In: Journal of Consumer Research, Vol. 10, S. 310-318.

Gardner, M. P. (1985): Does Attitude-Toward-the-Ad Affect Brand Attitude Under a Brand Evaluation Set? In: Journal of Marketing Research, Vol. 22, S. 192-198.

Garvin, D. (1988): What does „Product Quality" really mean? In: Sloan Management Review, 26. Jg., 1/1988, S. 25-43.

Gaulik, T. / Kellner, J. / Seifert, D. (2002): Effiziente Kundenbindung mit CRM, Bonn.

Georgi, D. (2003): Kundenbindungsmanagement im Kundenbeziehungslebenszyklus. In: Bruhn, M. / Homburg, C. (Hrsg.): Handbuch Kundenbindungsmanagement, 4. Aufl., Wiesbaden, S. 223-243.

Germann, S. (2004): Strategische Implikationen des Kreditrisikomanagements bei Banken, Wiesbaden.

Gierl, H. (1989): Konsumententypologie oder A-priori-Segmentierung als Instrumente der Zielgruppenauswahl. In: Zeitschrift für betriebswirtschaftliche Forschung, 11. Jg., Nr. 9, S. 766-789.

Gierl, H. (1995): Marketing, Stuttgart et al.

Glaister, D. (2005): US networks cash in as advertisers turn to product placement. Spending on ‚branded entertainment‘ soars, guardian.co.uk.

Glöckler, T. (1995): Strategische Erfolgspotentiale durch Corporate Identity – Aufbau und Nutzung, Wiesbaden.

Glöckner, A. (2006): Cause Related Marketing. online-werberecht.de.

Glogger, A. (1999): Imagetransfer im Sponsoring – Entwicklung eines Erklärungsmodells, Frankfurt am Main.

Gorn, G. J. (1982): The Effects of Music in Advertising on Choice Behavior – A Classical Conditioning Approach. In: Journal of Marketing, Vol. 46, S. 94-101.

Gourville, J. T. / Rangan, V. K. (2004): Valuing the Cause Marketing Relationship. In: California Management Review, Vol. 47, Issue 1, S. 38-57.

Graf, C. (1998): Event-Marketing – Konzeption und Organisation in der Pop-Musik, Wiesbaden.

Graf, G. (2002): Grundlagen der Volkswirtschaftslehre, 2. Aufl., Heidelberg.

Green, P. E. / Tull, D. S. (1982): Methoden und Techniken der Marketingforschung, 4. Auflage, Stuttgart.

Greeno, J. G. (1978): Natures of Problem Solving Abilities. In: Estes, W. K. (Hrsg.): Handbook of Learning and Cognitive Processes, Vol. 5, Hillsdale, S. 239-270.

Greenwald, A. G. (1968): Cognitive Learning, Cognitive Response to Persuasion, and Attitude Change. In: Greenwald, A. G. / Brock, T. C. / Ostrom, T. M. (Hrsg.): Psychological Foundations of Attitudes, New York, S. 147-170.

Griffith, L. R. / Pol, L. G. (1994): Segmenting Industrial Markets. In: Industrial Marketing Management, Vol. 23, No. 1, S. 39-46.

Gröne, T. (2005): Private Equity in Germany – Evaluation of the Value Creation Potential for German Mid-Cap Companies, Stuttgart.

Grünewald, St. (1998): Psychologische Repräsentativität als Qualitätskriterium in der Marktforschung. In: planung&analyse 2/98, S. 22-25.

Grunig, T. E. / Hunt, T. T. (1984): Managing Public Relations, New York.

Günter, B. / Helm, S. (2001) (Hrsg.): Kundenwert: Grundlagen – innovative Konzepte – praktische Umsetzungen, Wiesbaden.

Gutek, B. / Bhappu, A. / Liao-Troth, M. / Cherry, B. (1999): Distinguishing between service relationships and encounters. In: Journal of Applied Psychology, Vol. 84, S. 218-233.

Gutenberg, E. (1983): Grundlagen der Betriebswirtschaftslehre, Band 1: Die Produktion, 24. Aufl., Berlin et al.

Gutsche, J. (1995): Produktpräferenzanalyse. Ein modelltheoretisches und methodisches Konzept zur Marktsimulation mittels Präferenzerfassungsmodellen, Berlin.

Habisch, A. / Wegner, M. (2004): Gesetze und Anreizstrukturen für CSR in Deutschland, corporatecitizen.de.

Haibach, M. (2002): Handbuch Fundraising – Spenden, Sponsoring, Stiftungen in der Praxis, aktual. und erweiterte Neuausgabe, Frankfurt am Main.

Hainer, H. (2006): Der störrische Konsument – Marketing und Wertewandel. Vortrag anlässlich der Mitgliederversammlung 2006 der Wirtschaftswissenschaftlichen Gesellschaft an der Humboldt-Universität zu Berlin e.V., zope.wiwi.hu-berlin.de.

Haley, R. I. / Baldinger, A. L. (1991): The ARF Copy Research Validity Project. In: Journal of Advertising Research, Vol. 31, S. 11-32.

Halfmann, M. / Rennhak, C. (2006): Kundenwert. In: Rennhak, C. (Hrsg.): Herausforderung Kundenbindung, Gabler, 2006, S. 15-24.

Hall, S. R. (1915): Writing an Advertisement – Analysis of the Methods and Mental Processes that Play a Part in the Writing of Successful Advertising, Boston.

Haller, S. (2000): Marktsegmentierung im Dienstleistungsbereich. In: Pepels, W. (Hrsg.): Marktsegmentierung. Marktnischen finden und besetzen, Heidelberg, S. 296-312.

Hammann, P. / Erichson, B. (2004): Marktforschung, 5. Auflage, Stuttgart.

Hammer, T. (2005): Das surfende Klassenzimmer – Wie der amerikanische Software-Konzern Microsoft versucht, die Hoheit über die Schulcomputer zu erlangen. In: Die ZEIT, 43. Jg., S. 35.

Hansen, J. (1982): Das Panel. Zur Analyse von Verhaltens- und Einstellungswandel, Opladen.

Hansen, U. (1990): Absatz- und Beschaffungsmarketing des Einzelhandels, 2. Aufl., Göttingen.

Hansmann, K.-W. (1974): Entscheidungsmodelle zur Standortplanung der Industrieunternehmen, Wiesbaden.

Hanusch, H. / Kuhn, Th. (1991): Einführung in die Volkswirtschaftslehre, Berlin et al.

Harbrücker, U. / Wiedmann, K.-P. (1987): Product-Placement – Rahmenbedingungen und Gestaltungsperspektiven, Mannheim.

Harter, G. / Koster, A. / Peterson, M. / Stomberg, M. (2005): Managing Brands for Value Creation – eine Studie der Booz Allen Hamilton GmbH und Wolff Olins (www.boozallen.de).

Haubl, R. / Molt, W. / Weidenfeller, G. / Wimmer, P. (1986): Struktur und Dynamik der Person – Einführung in die Persönlichkeitspsychologie, Opladen.

Hauser-Schmolck, K. (2003): Aufforderung zum Tanz ums goldene Kalb – auch in der Konjunkturflaute unterstützen Banken die Kultur. In: Neue Musikzeitung, 52. Jg., S. 5.

Hedlund, G. (1981): Autonomy of Subsidiaries and Formalization of Headquarters-Subsidiary Relationships in Swedish MNCs. In: Otterbeck, L. (Hrsg.): The Management of Headquarters-Subsidiary Relationships in Multinational Corporations, Aldershot, S. 25-78.

Heilman, C. M. / Bowman, D. / Wright, G. P. (2000): The Evolution of Brand Preferences and Choice Behaviors of Consumers New to a Market. In: Journal of Marketing Research, Vol. 37, S. 139-155.

Heinemann, G. (1989): Betriebstypenprofilierung und Erlebnishandel. Eine empirische Analyse am Beispiel des textilen Facheinzelhandels, Wiesbaden.

Heinemann, K. (1989): Sportsponsoring – Ökonomische Chance oder Weg in die Sackgasse? In: Hermanns, A. (Hrsg.): Sport- und Kultursponsoring, München, S. 62-77.

Heinrich, B. / Helfert M. (2003): Nützt Datenqualität wirklich im CRM? Wirkungszusammenhänge und Implikationen. In: Diskussionspapier WI-130 der Universität Augsburg, 5/2003, S. 1-21.

Heinrichs, W. (1997): Kulturpolitik und Kulturfinanzierung, Strategien und Modelle für eine politische Neuorientierung der Kulturfinanzierung, München.

Helfert, M. (2000): Maßnahmen und Konzepte zur Sicherung der Datenqualität. In: Jung, R. / Winter, R. (Hrsg.): Data Warehousing Strategie – Erfahrungen, Methoden, Visionen, Berlin, S. 61-77.

Helfert, M. (2002): Proaktives Datenqualitätsmanagement in Data-Warehouse-Systemen – Qualitätsplanung und Qualitätslenkung, Berlin.

Hellmann, K.-U. / Pichler, R. (2005): Ausweitung der Markenzone – Interdisziplinäre Zugänge zur Erforschung des Markenwesens, Wiesbaden.

Helmreich, T. (2002): e-branding in schwierigem Fahrwasser, www.marketing-marktplatz.de.

Herbst, D. (2009): Das professionelle 1x1 – Corporate Identity, 4. Aufl., Berlin.

Herkner, W. (1992): Psychologie, 2. Auflage, Wien et al.

Hermann, N. / Kraneis, M. / Rennhak, C. (2005): Herausforderung Personalmarketing. Munich Business School Working Paper 2005-06.

Hermanns, A. (1979): Konsument und Werbewirkung – Das phasenorientierte Werbewirkungsmodell, Bielefeld et al.

Hermanns, A. (1989): Grundlagen des Sponsoring. In: Hermanns, A. (Hrsg.): Sport- und Kultursponsoring, München, S. 1–14.

Hermanns, A. (1995): Aufgaben des internationalen Marketing-Managements. In: Hermanns, A. / Wissmeier, U. (Hrsg.): Internationales Marketing-Management – Grundlagen, Strategien, Instrumente, Kontrolle und Organisation, München, S. 23-68.

Hermanns, A. (1997): Sponsoring – Grundlagen, Wirkungen, Management, Perspektiven, 2. völlig überarb. und erw. Auflage, München.

Hermanns, A. (2004): Sponsoring Trends 2004, www.bbdo.de.

Herrmann, A. K. (2003): Kaufverhalten bei Innovationen auf dem Lebensmittelmarkt, Wiesbaden.

Hesse, J. / Neu, M. / Theuner, G. (2007): Marketing-Grundlagen, Berlin.

Hieke, M.-S. / Sarstedt, M. / Rennhak, C. (2007): Consumer Generated Advertising: Open-Source-Marketing, Munich Business School Working Paper 2007-02.

Hildebrandt, L. (2001): Multivariatenanalyse (MVA). In: Diller, H. (Hrsg.): Vahlens Großes Marketinglexikon, 2. Auflage, München 2001, S. 1155-1157.

Hinrichs, H. (2002): Datenqualitätsmanagement in Data Warehouse-Systemen, Oldenburg.

Hippner, H. (2004): CRM – Grundlagen, Ziele und Konzepte. In: Hippner, H. / Wilde, K. (Hrsg.): Grundlagen des CRM – Konzepte und Gestaltung, Wiesbaden, S. 13-41.

Hippner, H. / Rentzmann, R. / Wilde, K. (2004): CRM aus Kundensicht – Eine empirische Untersuchung. In: Hippner, H. / Wilde, K. (Hrsg.): Grundlagen des CRM – Konzepte und Gestaltung, Wiesbaden, S. 135-163.

Hippner, H. / Wilde, K. (2003): CRM – Ein Überblick. In: Helmke, S. / Uebel, M. / Dangelmaier, W. (Hrsg.): Effektives Customer Relationship Management, 3. Auflage, Wiesbaden, S. 4-37.

Hoffmann, H. J. (1981): Psychologie der Werbekommunikation, 2., neubearbeitete Auflage, Berlin et al.

Hofstätter, P. R. (1960): Das Denken in Stereotypen, Göttingen.

Hofstätter, P. R. / Lübbert, H. (1958): Bericht über eine neue Methode der Eindruckanalyse in der Marktforschung. In: Psychologie und Praxis, 2. Jg., S. 71-77.

Holbrook, M. B. (1986): Emotion in the Consumption Experience – Toward a New Model of the Human Consumer. In: Peterson, R. A. / Hoyer, W. D. / Wilson, W. R. (Hrsg.): The Role of Affect in Consumer Behavior – Emerging Theories and Applications, Lexington, S. 17-52.

Holbrook, M. B. / Batra, R. (1987): Assessing the Role of Emotions as Mediators of Consumer Responses to Advertising. In: Journal of Consumer Research, Vol. 14, S. 404-420.

Holland, H. (2000): Mikrogeographische Segmentierung. In: Pepels, W. (Hrsg.): Marktsegmentierung. Marktnischen finden und besetzen, Heidelberg, S. 127-143.

Holland, H. (2004): Direktmarketing, 2. Aufl., München.

Hollensen, S. / Opresnik, M. (2010): Marketing. A Relationship Approach, München.

Homburg, C. / Bruhn, M. (2003): Kundenbindungsmanagement – Eine Einführung in die theoretischen und praktischen Problemstellung. In: Bruhn, M. / Homburg, Chr. (Hrsg.): Handbuch Kundenbindungsmanagement, 4. Aufl., Wiesbaden, S. 3-37.

Homburg, C. / Giering, A. / Hentschel, F. (2003): Der Zusammenhang zwischen Kundenzufriedenheit und Kundenbindung. In: Bruhn, M. / Homburg, Chr. (Hrsg.): Handbuch Kundenbindungsmanagement, 4. Aufl., Wiesbaden, S. 91-121.

Homburg, C. / Krohmer, H. (2003): Marketingmanagement – Strategie, Instrumente, Umsetzung, Wiesbaden.

Homburg, C. / Sieben, F. (2003): Customer Relationship Management – Strategische Ausrichtung statt IT-getriebenem Aktivismus. In: Bruhn, M. / Homburg, C. (Hrsg.): Handbuch Kundenbindungsmanagement, 4. Aufl., Wiesbaden S. 423-450.

Homburg, C. / Stock, R. (2004): The link between salespeople's job satisfaction and customer satisfaction in a business-to-business context: a dyadic analysis. In: Journal of the Academy of Marketing Science, Vol. 32, S. 144-158.

Homer, P. M. (1990): The Mediating Role of Attitude Toward the Ad – Some Additional Evidence. In: Journal of Marketing Research, Vol. 27, S. 78-86.

Hossinger, H.-P. (1982): Pretests in der Marktforschung, Würzburg, Wien.

Howard, J. A. (1977): Consumer Behavior – Application of Theory, New York et al.

Howard, N. / Sheth, J. N. (1969): The Theory of Buyer Behavior, New York.

Huang, M.-H. (1998): Exploring a New Typology of Advertising Appeals – Basic, versus Social, Emotional Advertising in a Global Setting. In: International Journal of Advertising, Vol. 17, S. 145-168.

Hudson, S. / Hudson, D. (2006): Branded Entertainment: A New Advertising Technique or Product Placement in Disguise? In: Journal of Marketing Management, Vol. 22, S. 489-504.

Hübner, L. / Rennhak, C. (2006): Anwendungsbeispiele Kultursponsoring. In: Rennhak, C. (Hrsg.): Unternehmenskommunikation 2.0 – Neue Wege im Marketing, Stuttgart, S. 167-173.

Hünerberg, R. (1994): Internationales Marketing, Landberg/Lech.

Hüttner, M. / Schwarting, U. (2002): Grundzüge der Marktforschung, 7. Auflage, München.

Hummel, T. (2004): Internationales Marketing, München et al.

Hummel, S. / Männel, W. (1995): Kostenrechnung, Band 1, 4. Aufl., Wiesbaden.

Huth, R. / Pflaum, D. (1993): Einführung in die Werbelehre, 5. Auflage, Stuttgart.

Inden, T. (1993): Alles Event?! Erfolg durch Erlebnismarketing, Landsberg/Lech.

Inra (2000): Inra-Grundlagenstudie 1999/2000. In: absatzwirtschaft 6/2000, S. 43.

Jacoby, J. (1977): Information Load and Decision Quality – Some Contested Results. In: Journal of Marketing Research, Vol. 14, S. 569-573.

Jacoby, J. (1978): Consumer Research – A State of the Art Review. In: Journal of Marketing, Vol. 42, S. 87-96.

Jacoby, J. / Chestnut, R. W. / Karl, C. / Fisher, W. (1976): Pre-purchase Information Acquisition – Description of Process Methodology, Research Paradigm, and Pilot Investigation. In: Advances in Consumer Research, Vol. 4, S. 306-314.

Jacoby, J. / Speller, D. / Kohn, C. A. (1974): Brand Choice Behavior as a Function of Information Load. In: Journal of Marketing, Vol. 11, No.1, S. 63-69.

Janis, I. L. / Mann, L. (1977): Decision Making – A Psychological Analysis of Conflict, Choice, and Commitment, New York.

Jenner, T. (1999): Markenführung als Lernprozess. In: Harvard Businessmanager, 5/1999, S. 20-29.

Johannsen, U. (1970): Methoden der Werbeerfolgskontrolle aus psychologischer Sicht. In: Behrens, K. Ch. (Hrsg.): Handbuch der Werbung, Wiesbaden, S. 753-772.

John, G. / Reve, T. (1978): Construct Validation in Marketing – A Comparison of Methods in Assessing the Validity of the Affective, Conative, and Cognitive Components of Attitudes. In: Advances in Consumer Research, Vol. 6, S. 288-294.

Johnson, E. J. / Russo, J. E. (1984): Product Familiarity and Learning New Information. In: Journal of Consumer Research, Vol. 11, S. 542-550.

Jugel, S. (2003): Private Equity Investments. Praxis des Beteiligungsmanagements, Wiesbaden.

Jung, H. (2009): Allgemeine Betriebswirtschaftslehre, 11. Aufl., München.

Kaas, K.-P. (1977): Empirische Preisabsatzfunktionen bei Konsumgütern, Berlin et al.

Käfer, K. (1974): Investitionsrechnungen, 4. Aufl., Zürich.

Kahle, U. / Hasler, W. (2001): Informationsbedarf und Informationsbereitstellung im Rahmen von CRM-Projekten. In Link, J. (Hrsg.): Customer Relationship Management – Erfolgreiche Kundenbeziehungen durch integrierte Informationssysteme, Berlin, S. 213-234.

Kapferer, J.-N. (1992): Die Marke – Kapital des Unternehmens, Landsberg/Lech.

Kapferer, J.-N. / Laurent, G. (1985): Consumer Involvement Profiles – A New Practical Approach to Consumer Involvement. In: Journal of Advertising Research, Vol. 25, S. 48-56.

Kaplan, A. M. / Haenlein, M (2010): Users of the world, unite! The challenges and opportunities of social media. In: Business Horizons, Vol. 53 (1), S. 59-68.

Kaschube, J. / Gasteiger, R. (2006): Psychologische Grundlagen des Kundenverständnisses. In: Rennhak, C. (Hrsg.): Herausforderung Kundenbindung, Gabler, 2006, S. 41-51.

Kaschube, J. / Koch, S. (2005): Ein neuer Ansatz zur Systematisierung der beruflichen Leistung. In: Gruppendynamik und Organisationsberatung, 36. Jg., Nr. 2, S. 141-156.

Kearsley, J. (1995): Die Werbewirkung direkt-vergleichender Werbung unter besonderer Berücksichtigung des Involvement-Konstrukts, Göttingen.

Keegan, W. J. / Schlegelmilch, B. / Stöttinger, B. (2002): Globales Marketing-Management – Eine europäische Perspektive, München.

Keller, K. L. / Staelin, R. (1987): Effects of Quality and Quantity of Information on Decision Effectiveness. In: Journal of Consumer Research, Vol. 14, S. 200-213.

Kellerer, H. (1963): Theorie und Technik des Stichprobenverfahrens, 3. Auflage, München.

Kelley, C. A. (1973): The Process of Causal Attribution, American Psychologist, Vol. 28, S. 107-128.

Kennedy, K. / Lassk, F. / Goolsby, J. (2002): Customer mind-set of employees throughout the organization. In: Journal of the Academy of Marketing Science, Vol. 30, S. 159-171.

Kesting, T. / Rennhak, C. (2008): Marktsegmentierung in der deutschen Unternehmenspraxis, Wiesbaden.

Khalil, O. / Harcar, T. (1999): Relationship Marketing and Data Quality Management. In: SAM Advanced Management Journal, 64. Jg., 2/1999, S. 26-33.

Kiel, G. C. / Layton, R. A. (1981): Dimensions of Consumer Information Seeking Behavior. In: Journal of Marketing Research, Vol.18, No. 2, S. 233-239.

Kienzle, S. / Rennhak, C. (2009): Cause-Related Marketing. In: Rennhak, C. / Nufer, G. (Hrsg.): Reutlinger Diskussionsbeiträge zu Marketing & Management/Reutlingen Working Papers on Marketing & Management 2009-04.

Kiesler, C. A. / Collins, B. E. / Miller, N. (1969): Attitude Change – A Critical Analysis of Theoretical Approaches, New York.

Kim, Ch. K. (1991): Testing the Independence of Cognitive and Affective Involvement. In: King, R. (Hrsg.): Developments in Marketing Science, Fort Lauderdale, S. 71-75.

Kim, Ch. K. / Lord, K. R. (1991): A New Grid and Its Strategic Implications for Advertising. In: Schellinck, T. (Hrsg.): Proceedings of the Annual Conference of the Administrative Sciences Association of Canada, Niagara Falls, S. 51-60.

Kim, J. / Lim, J.-S. / Bhargava, R. N. (1998): The Role of Affect in Attitude Formation – A Classical Conditioning Approach. In: Journal of the Academy of Marketing Science, Vol. 26, S. 143-152.

Kirchgeorg, M. / Klante, O. (2003): Trendbarometer Live Communication 2003 – Stellenwert und Entwicklung von "Live Communicaton" im Kommunikationsmix, Kerpen.

Kish, L. (1965): Survey Sampling, New York.

Kitson, H. D. (1921): The Mind of the Buyer: A Psychology of Selling, New York.

Kleinaltenkamp, M. (2002): Marktsegmentierung. In: Kleinaltenkamp, M. / Plinke, W. (Hrsg.): Strategisches Business-to-Business-Marketing, 2. Auflage, Berlin u. a., S. 191-234.

Kleinaltenkamp, M. (2006): Markt- und Produktmanagement – Die Instrumente des Business-to-Business-Marketing, Wiesbaden.

Kloss, I. (2007): Werbung. Handbuch für Studium und Praxis, 4. Auflage, München.

Klunzinger, E. (2004): Grundzüge des Gesellschaftsrechts, 13. Aufl., München.

Koch, J. (1997): Marktforschung – Begriffe und Methoden, 2. erweiterte Auflage, München, Wien.

Koch, J. (1999): Marketing – Einführung in die marktorientierte Unternehmensführung, München et al.

Kocks, K. / Merten, K. (2000): Das Handwörterbuch der PR, Frankfurt am Main.

Köhler, R. (1993): Beiträge zum Marketing-Management – Planung, Organisation, Controlling, 3. Auflage, Stuttgart.

Köhler, R. (2001): Customer Relationship Management – Interdisziplinäre Grundlagen der systematischen Kundenorientierung. In: Klein, S. / Loebbecke, C. (Hrsg.): Interdisziplinäre Managementforschung und Lehre, Wiesbaden, S. 79-107.

Köhler, R. (2003): Kundenorientiertes Rechnungswesen als Voraussetzung des Kundenbindungsmanagements. In: Bruhn, M. / Homburg, Chr. (Hrsg.): Handbuch Kundenbindungsmanagement, 4. Aufl., Wiesbaden, S. 391-422.

Kölblin, M. (1994): Werbeforschung – Drehen wir uns im Kreis oder gibt es wirklich Innovationen. In: Tomczak, T. / Reinecke, S. (Hrsg.): Thexis – Fachbuch für Marketing, S. 256-263.

Konken, M. (2007): Pressearbeit – Journalistisch professionell in Theorie und Praxis, Meßkirch.

Koolwijk, J. (1974): Das Quotenverfahren. In: Koolwijk, J. / Wieken-Mayser, M. (Hrsg.): Techniken der Empirischen Sozialforschung, München, S. 81-99.

Kotler, P. (2003): Marketing Management, 11th edition, New Jersey.

Kotler, P. / Armstrong, G. / Saunders, J. / Wong, V. (2010): Grundlagen des Marketing, 5. Aufl., München.

Kotler, P. / Bliemel, F. (2006): Marketing-Management. Analyse, Planung und Verwirklichung, 10., überarbeitete und aktualisierte Aufl., München.

Kotler, P. / Armstrong, G. (2006): Principles of Marketing, 11th edition, New Jersey.

Krafft, M. (1999): Der Kunde im Fokus: Kundennähe, Kundenzufriedenheit, Kundenbindung und Kundenwert? In: Die Betriebswirtschaft, 59. Jg., S. 511-530.

Krafft, M. (2002): Kundenbindung und Kundenwert, Heidelberg.

Kranz, H. T. (1979): Einführung in die klassische Testtheorie, Frankfurt.

Krech, D. / Crutchfield, R. S. (1971): Grundlagen der Psychologie, Bd. II, Weinheim.

Krech, D. / Crutchfield, R. S. / Balachey, E. L. (1962): Individual in Society, New York.

Kreimer, T. / Acar, C. / Vogell, K. (2006): Trends im Handel 2010, www.kpmg.de.

Kreimer, T. / Gerling, M. (2006): Status quo und Perspektiven im deutschen Lebensmitteleinzelhandel 2006, www.kpmg.de.

Kreutzer, R. (2010): Praxisorientiertes Marketing – Grundlagen, Instrumente, Fallbeispiele, Wiesbaden.

Kroeber-Riel, W. (1987): Informationsüberlastung durch Massenmedien und Werbung in Deutschland. In: Die Betriebswirtschaft, 47 Jg., Nr. 3, S. 257-264.

Kroeber-Riel, W. (1988): Kommunikation im Zeitalter der Informationsüberlastung. In: Marketing ZFP, 10. Jg., Nr. 3, S. 182-189.

Kroeber-Riel, W. (1993): Strategie und Technik der Werbung – verhaltenswissenschaftliche Ansätze, 4. Auflage, Stuttgart et al.

Kroeber-Riel, W. / Meyer-Hentschel, G. (1982): Werbung – Steuerung des Konsumentenverhaltens, Würzburg.

Kroeber-Riel, W. / Weinberg, P. / Gröppel-Klein, A. (2008): Konsumentenverhalten, 9. Auflage, München.

Krüger, J. / Bacher, J. (2005): Sponsor Visions 2005.

Krüger, J. / Rennhak, C. (2006): Alles Event? In: Rennhak, C. (Hrsg.): Unternehmenskommunikation 2.0 – Neue Wege im Marketing, Stuttgart, S. 177-197.

Krugman, H. E. (1965): The Impact of Television Advertising – Learning Without Involvement. In: Public Opinion Quarterly, Vol. 29, S. 349-356.

Krugman, H. E. (1966): Answering some Unanswered Questions in Measuring Advertising Effectiveness. In: Proceedings of the Advertising Research Foundation, Vol. 12, S. 18-23.

Kuhlmann, E. (2001): Schicht, soziale. In: Diller, H. (Hrsg.): Vahlens Großes Marketinglexikon, 2. Aufl., München 2001, S. 1514-1515.

Kunczik, M. (2002): Public Relations – Konzepte und Theorien, Köln.

Kuß, A. (1991): Käuferverhalten, Stuttgart u.a.

Ladegast, S. / Rennhak, C. (2006): Kommunikationsinstrument Sportsponsoring. In: Rennhak, C. (Hrsg.): Unternehmenskommunikation 2.0 – Neue Wege im Marketing, Stuttgart, S. 139-151.

Lastovicka, J. L. (1979): Questioning the Concept of Involvement Defined Product Classes. In: Advances in Consumer Research, Vol. 6, S. 174-179.

Lastovicka, J. L. / Gardner, D. M. (1979): Components of Involvement. In: Maloney, J. C. / Silverman, B. (Hrsg.): Attitude Research Plays for High Stakes, Chicago, S. 53-73.

Lauer, H. (1998): Konditionen-Management – Zahlungsbedingungen optimal gestalten und durchsetzen, Düsseldorf.

Laurent, G. / Kapferer, J.-N. (1985): Measuring Consumer Involvement Profiles. In: Journal of Marketing Research, Vol. 22, S. 41-53.

Lavidge, R. J. / Steiner, G. A. (1961): A Model for Predictive Measurement of Advertising Effectiveness. In: Journal of Marketing, Vol. 25, S. 59-62.

Lazarus, R. S. (1984): On the Primacy of Cognition. In: American Psychologist, Vol. 39, S. 124-129.

Lee, A. Y. / Sternthal B. (1999): The Effects of Mood on Memory. In: Journal of Consumer Research, Vol. 26, S. 115-127.

Lenzen, A. (1996): Corporate Identity in Banken, Wiesbaden.

Leonard, D. (2004): Nightmare on Madison Avenue. In: Fortune, Vol. 149/13, S. 93-108.

Levermann, T. (1998): Markt- und Kommunikationsbedingungen für den Einsatz innovativer Marketingmaßnahmen. In: Nickel, O. (Hrsg.): Eventmarketing – Grundlagen und Erfolgsbeispiele, München, S. 15-24.

Levitt, T. (1983): The Globalization of Markets. In: Harvard Business Review, 61. Jg., Nr. 2, S. 92-102.

Lewis, E. (2003): Why giving is good for you. In: Brand Strategy, Issue 170, S. 26-28.

Lienert, G. A. (1969): Testaufbau und Testanalyse, 3. Auflage, Weinheim.

Likert, R. (1932): A Technique for the Measurements of Attitudes. In: Archives of Psychology, Vol. 140, S. 44-53.

Lindsay, P. H. / Norman, D. A. (1981): Einführung in die Psychologie – Informationsaufnahme und -verarbeitung beim Menschen, Berlin.

Lindzey, G. / Hall, C. S. (1978): Psychology, 2. Auflage, New York.

Link, J. / Hildebrand, V. (1995a): Mit IT immer näher zum Kunden. In: Harvard Business Manager, 3/1995, S. 30-38.

Link, J. / Hildebrand, V. (1995b): Wettbewerbsvorteile durch kundenorientierte Informationssysteme. In: Link, J. / Hildebrand, V. (Hrsg.): EDV-gestütztes Marketing im Mittelstand, München, S. 1-21.

Loock, F. (1988): Kunstsponsoring. Ein Spannungsfeld zwischen Unternehmen, Künstlern und Gesellschaft, Wiesbaden.

Lord, F. M. / Novick, M. R. (1968): Statistical Theories of Mental Test Scores, Reading.

Lussier, D. A. / Olshavsky, R. W. (1979): Task Complexity and Contingent Processing in Brand Choice. In: Journal of Consumer Research, Vol. 6, S. 154-165.

Lutz, R. J. / MacKenzie, S. B. / Belch, G. E. (1983): Attitude toward the Ad as a Mediator of Advertising Effectiveness – Determinants and Consequences. In: Advances in Consumer Research, Vol. 10, S. 532-539.

MacKenzie, S. B. (1986): The Role of Attention in Mediating the Effect of Advertising on Attribute Importance. In: Journal of Consumer Research, Vol. 13, S. 174-195.

MacKenzie, S. B. / Lutz, R. J. (1989): An Experimental Examination of the Structural Antecedents of Attitude Toward the Ad in an Advertising Pretesting Context. In: Journal of Marketing, Vol. 53, S. 48-65.

Madden, Th. J. / Debevec, K. / Twible, J. L. (1985): Asssessing The Effects of Attitude Toward the Ad on Brand Attitudes – A Multitrait-Multimethod Design. In: Advances in Consumer Research, Vol. 12, S.109-113.

Magrath, A. J. (1986): When Marketing Services 4 Ps Are Not Enough. In: Business Horizons, May/June, 29. Jg., S. 44-50.

Maheswaran, D. (1994): Country of Origin as a Stereotype – Effects of Consumer Expertise an Attribute Strength on Product Evaluations. In. Journal of Consumer Research, Vol. 21, S. 354-365.

Maheswaran, D. / Sternthal, B. (1990): The Effects of Knowledge, Motivation, and Type of Message on Ad Processing and Product Judgements. In: Journal of Consumer Research, Vol. 17, S. 66-73.

Maheswaran, D. / Sternthal, B. / Zeynap, G. (1996): Acquisition and Impact of Consumer Expertise. In: Journal of Consumer Expertise, Vol. 5, S. 115-133.

Maier, K. (2004): Risikomanagement im Immobilien- und Finanzwesen – Ein Leitfaden für Theorie und Praxis,. 2. überarbeitete und erweiterte Auflage, Frankfurt am Main.

Maier, N. R. F. (1930): Reasoning in Humans – On direction. In: Journal of Comparative Psychology, Vol. 10, S. 115-143.

Malhotra, N. K. (1982): Information Load and Consumer Decision Making. In: Journal of Consumer Research, Vol. 8, Nr. 4, S. 419-430.

Mantel, S. P. / Kardes, F. R. (19999: The Role of Direction of Comparison, Attribute-Based Processing, and Attitude-Based Processing in Consumer Preference. In: Journal of Consumer Research, Vol. 25, S. 335-352.

March, J. G. / Simon, H. A. (1976): Organisation und Individuum – Menschliches Verhalten in Organisationen, Wiesbaden.

Markowitz H. (1952): Portfolio Selection. In: Journal of Finance, Vol. 7, S. 77-91.

Marsh, C. / Scarbrough, E. (1990): Testing Nine Hypotheses about Quota Sampling. In: Journal of the Market Research Society, Vol. 32, S. 485-506.

Martin, B. / Marshall R. (1999): The Interaction of Message Framing and Felt Involvement in the Context of Cell Phone Commercials. In: European Journal of Marketing, Vol. 33, S. 206-218.

Martin, M. (1993): Mikrogeographische Marktsegmentierung. Ein Ansatz zur Segmentidentifikation und zur integrierten Zielgruppenbearbeitung. In: Marketing, Zeitschrift für Forschung und Praxis 15. Jg., Nr. 3, S. 164-180.

Mauri, A. G. (2007): Yield management and perception of fairness in the hotel business. In: International Review of Economics, Vol. 54 (2), S. 284-293.

Mayer, H. (1990): Werbewirkung und Kaufverhalten unter ökonomischen und psychologischen Aspekten, Stuttgart.

Mayer, H. (1993): Werbepsychologie, 2. überarbeitete Auflage, Stuttgart.

McGlone, C. / Martin, N. (2006): Nike's Corporate Interest Lives Strong. A Case of Cause-Related Marketing and Leveraging. In: Sport Marketing Quarterly, Vol. 15, Issue 3, S. 184-188.

McGuire, W. J. (1969): An Information-Processing Model of Advertising Effectiveness, Working Paper, University of Chicago.

McGuire, W. J. (1978): The Communication/Persuasion Matrix. In: Lipstein, B. / McGuire, W. J. (Hrsg.): Evaluating Advertising, New York, S. 27-35.

McQuarrie, E. F. / Munson, J. M. (1987): The Zaichkowsky Personal Involvement Inventory – Modification and Extension. In: Advances in Consumer Research, Vol. 14, S. 36-40.

Mead, G. H. (1975): Geist, Identität und Gesellschaft, Frankfurt/Main.

Meffert, H. (2000): Marketing. Grundlagen marktorientierter Unternehmensführung. Konzepte – Instrumente – Praxisbeispiele, 9., überarbeitete und erweiterte Aufl., Wiesbaden.

Meffert, H. (2001): Erfolgreiche Markenführung im Internetzeitalter – Integration von klassischem und e-Branding. In: GFK (Hrsg.): Markenführung im Wandel – E-Branding als Baustein moderner Marktkommunikation, Nürnberg, S. 7-36.

Meffert, H. (2003): Kundenbindung als Element moderner Wettbewerbsstrategien. In: Bruhn, M. / Homburg, C. (Hrsg.): Handbuch Kundenbindungsmanagement, 4. Aufl., Wiesbaden, S. 125-145.

Meffert, H. / Bolz, J. (1998): Internationales Marketing-Management, 3. überarb. und ergänzte Aufl., Stuttgart et al.

Meffert, H. / Bruhn, M. (2006): Dienstleistungsmarketing. Grundlagen – Konzepte – Methoden, 5., überarbeitete und erweiterte Auf., Wiesbaden.

Meffert, H. (1992): Marketingforschung und Käuferverhalten, 2. Aufl., Wiesbaden.

Meffert, H. (1999): Marktorientierte Unternehmensführung im Wandel, Wiesbaden.

Mesch F. / Rennhak C. (2006): Kultursponsoring – der State of the Art. In: Rennhak, C. (Hrsg.): Unternehmenskommunikation 2.0 – Neue Wege im Marketing, Stuttgart, S. 153-166.

Meyer, A. (1989): Mikrogeographische Marktsegmentierung. In: Jahrbuch für Absatz- und Verbrauchsforschung 4/1989, S. 342-365.

Meyer, H. (1999): When the Cause is Just. In: The Journal of Business Strategy, Vol. 20, Issue 6, S. 27-30.

Meyer, H. / Illmann, T. (2000): Markt- und Werbepsychologie, 3. Auflage, Stuttgart.

Meyer, P. W. (1996): Integrierte Marketingfunktionen, 4. Auflage, Stuttgart et al.

Meyers-Levy, J. / Tybout, A. (1989): Schema-Congruity as a Basis for Product Evaluation. In: Journal of Consumer Research, Vol. 16, S. 39-54.

Michael, B. M. / Schmitz, R. T. (2001): DOT COM JUNGLE – brand or die. In: Riekhof, H.-C. (Hrsg.): E-Branding-Strategien, Wiesbaden, S. 107-130.

Mihr, R. (2007): Trend 2007 – Ausblick mit Zuversicht. In: Lebensmittelpraxis, Nr. 1, S. 13.

Miller, G. A. (1956): The Magical Number Seven, Plus or Minus Two – Some Limits on Our Capacity for Processing Information. In: Psychological Review, Vol. 63, S. 81-97.

Mitchell, A. A. (1979): Involvement – A potentially important Mediator of Consumer Behavior. In: Advances in Cosumer Research, Vol. 6, S. 191-196.

Mitchell, A. A. (1983): The Effects of Visual and Emotional Advertising – An Information Processing Approach. In: Percy, L. / Woodside, A. G. (Hrsg.): Advertising and Consumer Psychology, Lexington, S. 203-211.

Mitchell, A. A. (1986): The Effect of Verbal and Visual Components of Advertisements on Brand Attitudes and Attitude toward the Advertisement. In: Journal of Consumer Research, Vol. 13, S. 12-30.

Mitchell, A. A. / Dacin, P. A. (1996): The Assessment of Alternative Measures of Consumer Expertise. In: Journal of Consumer Research, Vol. 23, S. 219-239.

Mitchell, A. A. / Olson, J. C. (1981): Are Product Attribute Beliefs the only Mediator of Advertising Effects on Brand Attitude. In: Journal of Marketing Research, Vol. 18, S. 318-332.

Mittal, B. (1987): A Framework for Relating Consumer Involvement to Lateral Brain Functioning. In: Advances in Consumer Research, Vol. 14, S. 41-45.

Mittal, B. / Lee, M. S. (1989): A Causal Model of Consumer Involvement. In: Journal of Economic Psychology, Vol. 10, S. 363-389.

Moore, W. L. / Hutchinson, J. W. (1983): The Effects of Ad Affect on Advertising Effectiveness. In: Advances in Consumer Research, Vol. 10, S. 526-531.

Moorman, C. / Rindfleisch, A. (1995): The Role of Prior Knowledge in the Acquisition of Product Information – A Test of four Models. In: Advances in Consumer Research, Vol. 22, S. 564-565.

Morlock, F. / Schäffler, R. / Schaffer, Ph. / Rennhak, C. (2006): Erfolgsrezept Product Placement? In: Rennhak, C. (Hrsg.): Unternehmenskommunikation 2.0. Neue Wege im Marketing, Stuttgart, S. 97-109.

Morris, C. D. / Bransford, J. D. / Franks, J. J. (1977): Levels of Processing versus Transfer Appropriate Processing. In: Journal of Verbal Learning and Verbal Behavior, Vol. 16, S. 519-533.

Moser, K. (1990): Werbepsychologie – Eine Einführung, München.

Mosmann, H. (1999): PAPI, CAPI, CATI – Ambivalenter technischer Fortschritt in der Datenerhebung. In: planung&analyse 1/99, S. 50-54.

Müller, M.-G. (2006): Wo Wirtschaft die Kultur küsst, www.wams.de.

Müller, W. (2002): Eventmarketing. Grundlagen – Rahmenbedingungen – Konzepte – Zielgruppe – Zukunft, Norderstedt.

Müller-Hagedorn, L. (1986): Das Konsumentenverhalten – Grundlagen für die Marktforschung, Wiesbaden.

Müller-Hagedorn, L. (2001): Familienlebenszyklus. In: Diller, H. (Hrsg.): Vahlens Großes Marketinglexikon, 2. Aufl., München 2001, S. 466-468.

Müller-Hagedorn, L. (2005): Handelsmarketing, 4., überarbeitete Aufl., Stuttgart.

Mummenday, H. D. (1988): Die Beziehung zwischen Verhalten und Einstellung. In: Mummenday, H. D. (Hrsg.): Verhalten und Einstellung, Berlin et al., S. 1-26.

Murphy, J. (1999): Technical Analysis of the Financial Markets – A Comprehensive Guide to Trading Methods and Applications, Upper Saddle River.

Nagel, K. (1991) die sechs Erfolgsfaktoren des Unternehmens, Landsberg/Lech

Nagle, T. T. / Hogan, J. E. (2007): Strategie und Taktik in der Preispolitik, 4. Auflage, München.

Neibecker, B. (1990): Werbewirkungsanalyse mit Expertensystemen, Konsum und Verhalten, Bd. 26, Heidelberg.

Neibecker, B. (1992): Skalierungstechnik. In: Diller, H. (Hrsg.): Vahlens Großes Marketinglexikon, München, S. 1063-1065.

Neisser, U. (1976): Cognition and Reality, Reading.

Nerdinger, F. (1994): Psychologie der Dienstleistung, Stuttgart.

Nerdinger, F. (2003): Kundenorientierung, Göttingen.

Newell, A. / Simon, H. A. (1972): Human Problem Solving, Englewood Cliffs.

Nickel, O. (1999): Event – Ein neues Zauberwort? In: Nickel, O. (Hrsg.): Eventmarketing – Grundlagen und Erfolgsbeispiele, München, S. 5-35

Niemann, K. (2009): Ethik-Werbung. Einkaufen mit gutem Gewissen, wdr.de.

Nieschlag, R. / Dichtl, E. / Hörschgen, H. (1997): Marketing, 18., durchgesehene Auflage, Berlin.

Nisbett, R. E. / Ross, L. (1980): Human Inference – Strategies and Shortcomings of Social Judgement, Englewood Cliffs.

Noelle-Neumann, E. / Petersen, Th. (1996): Alle, nicht jeder – Einführung in die Methoden der Demoskopie, München.

Nufer, G. (2006): Wirkungen von Event-Marketing – Theoretische Fundierung und empirische Analyse, 2. Auflage, Wiesbaden.

Nufer, G. / Rennhak, C. (2008): Marktforschung. In: Häberle, S. (Hrsg.): Das neue Lexikon der Betriebswirtschaftslehre, Oldenbourg, 2008, Band F-M, S. 828-832.

Nunnally, J. C. (1967): Psychometric Theory, New York.

o.V. (1910): Advertising and its rules, Printer's Ink Editorial, Vol. 1, Dezember, S. 74.

o.V. (1995a): DIN 55 350, Deutsches Institut für Normung e.V.

o.V. (1995b): DIN, Deutsches Institut für Normung e.V., S. 244-246.

o.V. (2005): End of the love affair, www.collaboratemarketing.com.

o.V. (2007): Creative Commons License, www.creativecommons.org.

Oehme, W. (2000): Marktsegmentierung durch Absatzaktivitäten. In: Pepels, W. (Hrsg.): Marktsegmentierung. Marktnischen finden und besetzen, Heidelberg, S. 201-226.

Oehme, W. (2001): Handels-Marketing. Die Handelsunternehmen auf dem Weg vom namenlosen Absatzmittler zur Retail Brand, 3., neubearbeitete und erweiterte Aufl., München.

Oess, M. (2006a): Eigenmarken – Mehr Nutzen, mehr Profit. In: Lebensmittelpraxis, Nr. 21, S. 13.

Oess, M. (2006b): Erfolgszwang. In: Lebensmittelpraxis, Nr. 7, S. 24.

Ohmae, K. (1985): Managing in a Borderless World. In: Harvard Business Review, 67. Jg., Nr. 3, S. 152-161.

Olson, J. C. / Muderrisoglu, A. (1979): The Stability of Responses obtained by Free Elicitation – Implications for Measuring Attribute Salience and Memory Structure. In: Advances in Consumer Research, Vol. 6, S. 269-275.

Olson, J. C. / Toy, D. R. / Dover, P. A. (1978): Mediating Effects of Cognitive Responses to Advertising on Cognitive Structure. In: Advances in Consumer Research, Vol. 5, S. 72-78.

Oltmanns, B. (2006): Wachstumsmotor. Eins, zwei – fertig! n: Lebensmittelpraxis, Nr. 9, S. 41.

Opaschowski, H. W. (2001): Deutschland 2010 – Wie wir morgen leben – Voraussagen der Wissenschaft zur Zukunft unserer Gesellschaft, Hamburg.

Opaschowski, H. W. (2004): Deutschland 2020 – Wie wir morgen leben – Prognosen der Wissenschaft, Wiesbaden.

Osborn, A. F. (1922): A Short Course in Advertising, New York.

Osgood, C. E. / Suci, G. J. / Tannenbaum, P. H. (1957): The Measurement of Meaning, Urbana.

Paivio, A. (1971): Imagery and Verbal Processes, Hillsdale.

Palda, K. S. (1966): The Hypothesis of a Hierarchy of Effects – A Partial Evaluation. In: Journal of Marketing Research, Vol. 3, S. 13-24.

Parasuraman, A. / Zeithaml, V. / Berry, L. (1985): A conceptual model of service quality and its implications for future research. In: Journal of Marketing, Vol. 49, S. 41-50.

Park, C. W. (1976): The Effect of Individual and Situation-Related Factors on Consumer Selection of Judgemental Models. In: Journal of Marketing Research, Vol. 13, S. 144-151.

Park, C. W. / Lessing, P. (1981): Familiarity and its Impact on Consumer Biases and Heuristics. In: Journal of Consumer Research, Vol. 8, S. 223-230.

Park, C. W. / Young, S. M. (1986): Consumer Response to Television Commercials – The Impact of Involvement and Background Music on Brand Attitude Formation. In: Journal of Marketing Research, Vol. 23, S. 11-24.

Payne, A. / Rapp, R. (2003): Relationship Marketing – Ein ganzheitliches Verständnis vom Marketing. In: Payne, A. / Rapp, R. (Hrsg.): Handbuch Relationship Marketing – Konzeption und erfolgreiche Umsetzung, 2. Aufl., München, S. 3-16.

Pepels, W. (1994): Werbung und Absatzförderung, Wiesbaden.

Pepels, W. (1995): Käuferverhalten und Marktforschung. Eine praxisorientierte Einführung, Stuttgart.

Pepels, W. (1996): Werbeeffizienzmessung, Stuttgart.

Pepels, W. (1997): Einführung in die Kommunikationspolitik, Stuttgart.

Pepels, W. (1998): Auswahlverfahren in der Quantitativen Marktforschung. In: planung&analyse 1/98, S. 47-51.

Pepels, W. (2000b): Lebensstilbezogene Segmentierungskriterien. In: Pepels, W. (Hrsg.): Marktsegmentierung. Marktnischen finden und besetzen, Heidelberg, S. 84-99.

Pepels, W. (2007): Marketing – Lehr- und Handbuch, 5. Auflage, München.

Pepels, W. (2000a): Segmentierungsdeterminanten im Käuferverhalten. In: Pepels, W. (Hrsg.): Marktsegmentierung. Marktnischen finden und besetzen, Heidelberg, S. 65-83.

Peracchio, L. A. / Tybout, A. M. (1996): The Moderating Role of Prior Knowledge in Schema-Based Product Evaluation. In: Journal of Consumer Research, Vol. 23, S. 177-191.

Perrey, J. / Hölscher, A. (2003): Nutzenorientierte Kundensegmentierung – eine Zwischenbilanz nach 35 Jahren. In: Thexis Nr. 4/2003, S. 8-11.

Perridon, L. / Steiner, M. (2009): Finanzwirtschaft der Unternehmung, 15. überarbeitete und erweiterte Auflage, München.

Peter, J. P. (1979): Reliability – A Review of Psychometric Basics and Recent Marketing Practices. In: Journal of Marketing Research, Vol. 16, S. 6-17.

Peterson, R. A. / Hoyer, W. D. / Wilson, W. R. (1986): Reflections on the Role of Affect in Consumer Behavior. In: Peterson, R. A. / Hoyer, W. D. / Wilson, W. R. (Hrsg.): The Role of Affect in Consumer Behavior – Emerging Theories and Applications, Lexington, S. 141-159.

Petty, R. E. / Cacioppo, J. T. (1979): Issue Involvement can increase or decrease Persuasion by enhancing message-relevant Cognitive Responses. In: Journal of Personality and Social Psychology, Vol. 37, S. 1915-1926.

Petty, R. E. / Cacioppo, J. T. (1981): Attitudes and Persuasion – Classic and Contemporary Approaches, Dubuque.

Petty, R. E. / Cacioppo, J. T. (1983b): Source Factors and the Elaboration Likelihood Model of Persuasion. In: Advances in Consumer Research, Vol. 11, S. 668-672.

Petty, R. E. / Cacioppo, J. T. (1984): The Effects of Involvement on Responses to Argument Quantity and Quality – Central and Peripheral Routes to Persuasion. In: Journal of Personality and Social Psychology, Vol. 46, S. 69-81.

Petty, R. E. / Cacioppo, J. T. (1986): Communication and Persuasion – Central and Peripheral Routes to Attitude Change, New York et al.

Petty, R. E. / Cacioppo, J. T. / Goldman, R. (1981): Personal Involvement as a Determinant of Argument-Based Persuasion. In: Journal of Personality and Social Psychology, Vol. 41, S. 847-855.

Petty, R. E. / Unnava, R. H. / Strathmann, A. J. (1991): Theories of Attitude Change. In: Robertson, T. / Kassarjian, H. (Hrsg.): Handbook of Consumer Behavior, Englewood Cliffs, S. 241-280.

Petty, R. E. / Cacioppo, J. T. (1983a): Central and Peripheral Routes to Persuasion – Application to Advertising. In: Pery, L. / Woodside, A. (Hrsg.): Advertising and Consumer Psychology, Lexington, S. 3-23.

Pfetzig, A. (2004): Instrumente des Marketing, Berlin.

Philippe, A. / Ngobo, P. (1999): Assessment of Consumer Knowledge and its Consequences – A Multi-Component Approach. In: Advances in Consumer Research, Vol. 26, S. 569-575.

Pieters, R. / Warlop, L. (1999): Visual Attention during Brand Choice – The Impact of Time Pressure and Task Motivation. In: International Journal of Research in Marketing, Vol. 16, S. 1-16.

Pine, J. B. (1994): Maßgeschneiderte Massenfertigung: neue Dimensionen im Wettbewerb, Wien.

Pirsching, M. (1992): Soziologie. Themen – Theorien – Perspektiven, Köln, et al.

Pluschke, U. (2005): Kunstsponsoring. Vertragsrechtliche Aspekte, Band 4, Berlin.

Polonsky, M. J. / Macdonald, E. K. (2000): Exploring the link between cause-related marketing and brand building. In: International Journal of Nonprofit and Voluntary Marketing, Vol. 5, Issue 1, S. 46-57.

Polonsky, M. J. / Wood, G. (2001): Can the Overcommercialization of Cause-Related Marketing Harm Society? In: Journal of Macromarketing, Vol. 21, Issue 1, S. 8-22.

Polya, G. (1967): Vom Lösen mathematischer Aufgaben, Bd. 2, Bern.

Pracejus, J. W. / Olsen, G. D. / Brown, N. R. (2003): On the Prevalence and Impact of Vague Quantifiers in the Advertising of Cause-Related Marketing (CRM). In: Journal of Advertising, Vol. 32, Issue 4, S. 19-28.

Preston, I. L. (1982): The Association Model of the Advertising Communication Process. In: Journal of Advertising, Vol. 11, S. 3-15.

Preston, I. L. / Thorson, E. (1983): Challenges to the Use of Hierarchy Models in Predicting Advertising Effectiveness. In: Proceedings of the Annual Convention of the American Academy of Advertising, Vol. 7, S. 27-33.

Preston, I. L. / Thorson, E. (1984): The Expanded Association Model – Keeping the Hierarchy Concept Alive. In: Journal of Advertising Research, Vol. 24, S. 59-65.

Puschmann, T. / Alt, R. (2002): Benchmarking Customer Relationship Management. In: Berichte der Universität St. Gallen, S. 1-42.

Putrevu, S. / Lord, K. R. (1994): Comparative and Noncomparative Advertising – Attitudinal Effects under Cognitive and Affective Involvement Conditions. In: Journal of Advertising, Vol. 23, S. 77-91.

Quelch, J. A. / Hoff, E. J. (1986): Globales Marketing – nach Maß. In: Harvard Manager, Heft 4/1986, S. 107-117.

Quester, P. G. / Smart, J. (1998): The Influence of Consumption Situation and Product Involvement over Consumers' Use of Product Attribute. In: Journal of Consumer Marketing, Vol. 15, S. 220-238.

Ramme, I. / Waldner, A. / Franchi, D. / Köhler, A. (2008): Product Placement Monitor 2008. Wirkungen und Chancen, Nürtingen.

Rao, A. / Monroe, K. (1988): The Moderating Effect of Prior Knowledge on Cue Utilization in Product Evaluations. In: Journal of Consumer Research, Vol. 15, S. 253-264.

Rao, A. / Sieben, W. (1992): The Effect of Prior Knowledge on Price Acceptability and the Type of Information Examined. In: Journal of Consumer Research, Vol. 19, S. 256-270.

Rao, V. R. (2009): Handbook of Pricing Research in Marketing, Cheltenham et al.

Rapp, R. (2000): Customer Relationship Management – Das neue Konzept zur Revolutionierung der Kundenbeziehungen, Frankfurt/Main.

Ray, M. L. (1973): Marketing Communications and the Hierarchy of Effects, Working Paper No. 73-112, Marketing Science Institute, Harvard University, Cambridge.

Ray, M. L. / Sawyer, A. G. / Rothschild, M. L. / Heeler, R. M. / Strong, E. C. / Reed, J. B. (1973): Marketing Communications and the Hierarchy of Effects. In: Clarke, P. (Hrsg.): New Models for Mass Communication Research, Beverly Hills, S. 147-176.

Redman, T. (1996): Data Quality for the Information Age, Norwood.

Rehorn, J. (1988): Werbetests, Neuwied.

Reichheld, F. (1997): Der Loyalitätseffekt – Die verborgene Kraft hinter Wachstum und Gewinnen und Unternehmenswert, Frankfurt.

Renker, C. (2009): Marketing im Mittelstand. Anforderungen, Strategien, Maßnahmen, 3. Auflage, Berlin.

Rennhak, C. (2001): Die Wirkung vergleichender Werbung, Wiesbaden.

Rennhak, C. (2003): Markenaffinität bei Kreditkarten, Munich Business School Workingpaper, 2003-01.

Rennhak, C. (2006a): Ansätze zur Erklärung der Kommunikationswirkung. In: Rennhak, C. (Hrsg.): Unternehmenskommunikation 2.0 – Neue Wege im Marketing, Stuttgart, S. 25-49.

Rennhak, C. (Hrsg.) (2006b): Herausforderung Kundenbindung, Wiesbaden.

Rennhak, C. / Nufer, G. (2008): Stichwort Product Placement. In: Häberle, S. G. (Hrsg.): Das neue Lexikon der Betriebswirtschaftslehre, München.

Rich R. (2004): Data Quality: CRM's weak link. In: Customer Interaction Solutions, 3/2004, S. 36-38.

Ridder, C.-M. / Engel, B. (2005): Massenkommunikation 2005 – Images und Funktionen der Massenmedien im Vergleich. In: Media Perspektiven, 9/2005, S. 422-448.

Riedmüller, F. (2003): Sport als inhaltlicher Bezug für die Marketing-Kommunikation. In: Hermanns, A. / Riedmüller, F. (Hrsg.): Sponsoring und Events im Sport, München, S. 5-21.

Riekhof, H.-C. (2001): Strategische Optionen im E-Branding. In: Riekhof, H.-C. (Hrsg.): E-Branding-Strategien, Wiesbaden, S. 13-29.

Riekhof, H.-C. (2007): Retail Business in Deutschland – Perspektiven, Strategien, Erfolgsmuster, 2. Aufl., Wiesbaden.

Ringlstetter, M. (1997): Organisation Organisation von Unternehmen und Unternehmensverbindungen: Einführung in die Gestaltung der Organisationsstruktur, München.

Rinne, S. / Rennhak, C. (2006): Information Overload – Der Zwang neue Wege in der Kommunikation zu gehen. In: Rennhak, C. (Hrsg.): Unternehmenskommunikation 2.0 – Neue Wege im Marketing, Stuttgart, S. 51-68.

Robertson, T. (1971): Innovative Behavior and Communication, New York.

Robertson, T. / Zielinsky, J. / Ward, S. (1984): Consumer Behavior, Glenview.

Rode, V. / Vallster, C. (2004): Was ist Corporate Branding? In: Harvard Business Manager, Mai 2004, S. 8-9.

Rogers, E. M. (1962): Diffusion of Innovation, New York.

Rogge, H.-J. (1981): Marktforschung, München/Wien.

Rogge, H.-J. (1993): Werbung, 3., erweiterte Auflage, Kiel.

Rose, G. / Glorius-Rose, C. (2001): Unternehmen: Rechtsformen und Verbindungen. Ein Überblick aus betriebswirtschaftlicher, rechtlicher und steuerlicher Sicht, 3. Aufl., Köln.

Ross, S. / Westerfield, R. / Jaffe J. (2005): Corporate Finance, 7th edition, Boston.

Roth, E. (1967): Einstellung als Determination individuellen Verhaltens, Göttingen.

Rothe, C. (2001): Kultursponsoring und Image-Konstruktion – Interdisziplinäre Analyse der rezeptionsspezifischen Faktoren des Kultursponsoring und Entwicklung eines kommunikationswissenschaftlichen Image-Approaches, Bochum.

Rothman, J. / Mitchell, D. (1989): Statisticians can be creative too. In: Journal of the Market Research Society, Vol. 31, S. 456-466.

Röttger, U. (2004): Theorien der Public Relations, Wiesbaden.

Rüegg-Stürm, J. (2002): Das neue St. Galler Management-Modell, 2. Aufl., Bern et al..

Russel, E. (2010): Grundlagen des Marketing, München.

Russell, C. A. (2002): Effectiveness of Product Placements – The Role of Modalitiy and Plot Connection Congruence on Brand Memory and Attitude. In: Journal of Consumer Research, Vol. 29, S. 306-318.

Russell, C. A. / Belch, M. (2005): A Managerial Investigation into the Product Placement Industry. In: Journal of Advertising Research, Vol. 45, No. 1, S. 73-92.

Russell, C. A. / Stern, B. (2006): Consumers, Characters, and Products – A Balance Model of Sitcom Product Placement Effects. In: Journal of Advertising, Vol. 35/1, S. 7-21.

Russo, J. E. / Johnson, E. J. (1980): What Do Consumers know about Familiar Products? In: Advances in Consumer Research, Vol. 7, S. 417-423.

Sander, U. (2002): STERN-Marketing. In: media business 07/2002, Hamburg.

Sattler, H. (2001): Markenpolitik, Stuttgart et al.

Sausen, K. (2006): Development of a Resource-Based Model of Market Segmentation, St. Gallen.

Sazepin, J. / Mertens, B. / Rennhak, C. (2008): Stirbt die Mitte? Konsumentenverhalten im 21. Jahrhundert – Herausforderungen und Strategien für Marketing und Management. In: Rennhak, C. (Hrsg.): Reutlinger Schriften zu Marketing & Management, Band 2, Stuttgart.

Schaefer, W. (1988): Die totale Konkurrenz im Handel. In: Berufsverband der deutschen Markt- und Sozialforscher e.V. (Hrsg.): Marktforschung im magischen Viereck, Offenbach, S. 425-437.

Schaller, C. / Stotko, C. / Piller, F. (2004): Mit Mass Customization basiertem CRM zu loyalen Kundenbeziehungen. In: Hippner, H. / Wilde, K. (Hrsg.): Grundlagen des CRM – Konzepte und Gestaltung, Wiesbaden, S. 67-89.

Schallmo, D. (2003): Grundzüge des Franchising und Umsetzungsbeispiele, Berlin.

Schank, R. C. (1980): Language and Memory. In: Journal of Cognitive Science, Vol. 4, S. 243-284.

Scharf, A. / Döring, M. / Jellinek, J. S. (1996): Bildung von Konsumententypen zur Erklärung des Markenverhaltens bei Parfüm/Duftwasser. In: planung & analyse, Heft 3, S. 60-67.

Schenk, H.-O. (2007): Psychologie im Handel – Entscheidungsgrundlagen für das Handelsmarketing, 2. Auflage, München, Wien.

Scheuch, E. K. / Zehnpfenning, H. (1974): Skalierungsverfahren in der Sozialforschung. In: König, R. (Hrsg.): Handbuch der empirischen Sozialforschung, Bd. 3a, Grundlegende Methoden und Techniken der empirischen Sozialforschung, Teil II, 3. Auflage, Stuttgart, S. 97-203.

Schick, A. G. / Gordon, L. A. / Haka, S. (1990): Information Overload – A temporal approach. In: Accounting Organizations and Society, Vol. 15, S. 199-220.

Schierenbeck H. (2008): Grundzüge der Betriebswirtschaftslehre, 17. Auflage, München.

Schierenbeck, H. / Wöhle, C. B. (2008): Grundzüge der Betriebswirtschaftslehre, 17. Aufl., München.

Schiffman, L. / Kanuk, L. / Hansen, H. (2008): Consumer Behaviour – A European Outlook, Harlow.

Schildbach, T. (1993): Entscheidung, in: Bitz, M. et al. (Hrsg.): Vahlens Kompendium der Betriebswirtschaftslehre, Bd. 2, 3. Aufl., München 1993, S. 59-99.

Schmeisser, W. / Mauksch, C. / Schindler, F. (2005): Ausgewählte Verfahren zur Analyse und Steuerung von Risiken im Kreditgeschäft unter Berücksichtigung der neuen Anforderungen – unter Berücksichtigung der neuen Anforderungen Basel II und MaK am praktischen Beispiel aus der Kreditwirtschaft, München/Mering.

Schmidt, C. (2006): Erlaubt ist, was gefällt. In: Süddeutsche Zeitung Nr. 104 vom 6./7. Mai 2006, S. 25.

Schneck, O. (2005): Lexikon der Betriebswirtschaft, 6. Auflage, München.

Schneeweiß, H. (1967): Entscheidungskriterien bei Risiko, Berlin et al.

Schneider, B. / Bowen, D. (1985): Employee and customer perception of service in banks – replication and extension. In: Journal of Applied Psychology, Vol. 70, S. 423-433.

Schneider, M. (2005): Aldi – Welche Marke steckt dahinter? 100 Aldi-Top-Artikel und ihre prominenten Hersteller, München.

Schnell, R. / Hill, P. B. / Esser, E. (1999): Methoden der empirischen Sozialforschung, 6. völlig überarbeitete und erweiterte Auflage, München/Wien.

Schneller, J. / Faehling, G. (2005): ACTA 2005 – Allensbacher Computer- und Technikanalyse 2005 – Trends in der Internetnutzung und Entwicklung der Online-Medien, www.acta-online.de.

Schorr, A. (1999): Ganzheitlicher forschen – Emotionaler werben, Teil 1. In: absatzwirtschaft 11/98, S. 86-98.

Schregenberger, J. W. (1982): Methodenbewußtes Problemlösen – Ein Beitrag zur Ausbildung von Konstrukteuren, Beratern und Führungskräften, Bern.

Schreyögg, G. (2008) Organisation: Grundlage moderner Organisationsgestaltung, 5. Aufl., Wiesbaden

Schroder, H. M. / Driver, M. J. / Streufert, S. (1967): Human information processing – Individuals and groups functioning in complex social situations, New York.

Schubert, W. / Küting, K. (1981): Unternehmenszusammenschlüsse, München.

Schulte, C. (2005): Corporate Finance – Die aktuellen Konzepte und Instrumente im Finanzmanagement, München.

Schulte-Zurhausen, M. (1999): Organisation, 2. Aufl., München.

Schulz, H.-J. (2006): Real wirbt mit Garantien. In: Lebensmittelzeitung, Nr. 39, S. 8.

Schulze, G. (1997): Die Erlebnisgesellschaft – Kultursoziologie der Gegenwart, 7. Auflage, Frankfurt et al.

Schumacher, P. (2007): Effektivität von Ausgestaltungsformen des Product Placement, Wiesbaden.

Schwaiger, M. (1993): Hochrechnungsverfahren im Marketing, München.

Schwaiger, M. (1997): Multivariate Werbewirkungskontrolle – Konzepte zur Auswertung von Werbetests, Reihe Neue betriebswirtschaftliche Forschung, Bd. 231, Wiesbaden.

Schwaiger, M. (2001): Messung der Wirkung von Sponsoringaktivitäten im Kulturbereich. In: Schriften zur Empirischen Forschung und Quantitativen Unternehmensplanung, Heft 3/2001, Ludwig-Maximilians-Universität, München.

Schwaiger, M. (2002): Die Wirkung des Kultursponsoring auf die Mitarbeitermotivation. In: Schriften zur Empirischen Forschung und Quantitativen Unternehmensplanung, Heft 8/2002, Ludwig-Maximilians-Universität, München.

Schwaiger, M. (2003): Evaluierung von Kultursponsoring-Maßnahmen. In: Litzel, S. / Loock, F. / Brackert, A. (Hrsg.), Handbuch Wirtschaft und Kultur. Formen und Fakten Unternehmerischer Kulturförderung, Berlin/Heidelberg, S. 98-113.

Schwaiger, M. (2004): Components and Parameters of Corporate Reputation – an Empirical Study. In: Schmalenbach Business Review, Vol. 56, Januar 2004, S. 46-71.

Schwaiger, M. / Bury, A. (2003): Was Sponsoren von Kulturinstitutionen erwarten. In: Stiftung & Sponsoring, Heft 2, 2003, S. 36-38.

Schwaiger, M. / Steiner-Kogrina, A. (2003): Wie wirkt Kultursponsoring auf die Kundenbindung? In: Stiftung & Sponsoring, Heft 4, 2003, S. 31-34.

Schwartz, J. C. / Shaver, P. (1987): Emotions and Emotion Knowledge in Interpersonal Relations. In: Advances in Personal Relationships, Vol. 1, S. 105-127.

Schwede, S. (2000): Vision und Wirklichkeit von CRM. In: Information Management Consulting, 1/2000, S. 7-11.

Schweiger, G. / Schrattenecker, G. (1995): Werbung, 4. völlig neu bearbeitete und erweiterte Auflage, Stuttgart et al.

Schweikl, H. (1985): Computergestützte Präferenzanalyse mit individuell wichtigen Produktmerkmalen, Berlin.

Schwetz, W. (2000): Customer Relationship Management – Mit dem richtigen CAS/CRM-System Kundenbeziehungen erfolgreich gestalten, Wiesbaden.

Selltiz, C. / Wrightsman, L. S. / Cook, St. W. (1976): Research Methods in Social Relations, 3. Auflage, New York.

Sharpe, W. (1964), Capital Asset Prices: A Theory of Market Equilibrium under Conditions of Risk. In: Journal of Finance, Vol. 19, S. 425-442.

Sheldon, A. F. (1911): The Art of Selling, Chicago.

Shenk, D. (1998): Datenmüll und Infosmog: Wege aus der Informationsflut, München.

Sherif, M. / Hovland, C. (1961): Social Judgement – Assimilation and Contrast Effects in Communication and Attitude Change, New York.

Sheth, J. / Talarzyk, W. (1972): Perceived Instrumentality and Value Importance as Determinants of Attitudes. In: Journal of Marketing Research, Vol. 9, S. 6-9.

Shimp, T. / Yokum, J. (1982): Advertising Inputs and Psychophysical Judgements in Vending Machine Retailing. In: Journal of Retailing, Vol. 58, S. 95-113.

Sichrovsky, P. (1984): Krankheit auf Rezept – Die Praktiken der Praxisärzte, Köln.

Silberer, G. (1979): Warentest – Informationsmarketing – Verbraucherverhalten, Berlin.

Simon, H. A. (1957a): Models of Man, New York.

Simon, H. A. (1957b9: Administrative Behavior, 2. Auflage, New York.

Simon, H. A. (1964): Rationality. In: Gould, J. / Kold, W. L. (Hrsg.): A Dictionary of the Social Science, London, S. 573-586.

Simon, H. / Fassnacht, M. (2009): Preismanagement – Strategie, Analyse, Entscheidung, Umsetzung, 3. Auflage, Wiesbaden.

Sistenich, F. (1999): Eventmarketing – Ein innovatives Instrument zur Metakommunikation im Unternehmen, Wiesbaden.

Sixtl, F. (1982): Meßmethoden der Psychologie, 2. Auflage, Weinheim.

Slovic, P. (1972): Information Processing, Situation Specifity, and Generality of Risk-Taking Behavior. In: Journal of Personality and Social Psychology, Vol. 22, S. 128-134.

Slovic, P. / MacPhillamy, D. (1974): Dimensional Commensurability and Cue Utilization in Comparative Judgement. In: Organizational Behavior and Human Performance, Vol. 11, S. 172-194.

Smith, R. E. (1993): Integrating Information from Advertising and Trial – Processes and Effects on Consumer Response to Product Information. In: Journal of Marketing Research, Vol. 30, S. 204-219.

Smith, R. E. / Swinyard, W. R. (1982): Information Response Models – An Integrated Approach. In: Journal of Marketing, Vol. 46, S. 81-93.

Spintig, S. (2001): Mikrogeographische Segmentierung. In: Diller, H. (Hrsg.): Vahlens Großes Marketinglexikon, 2. Aufl., München, S. 1128-1129.

Spremann, K. (2006): Portfoliomanagement, 3. überarbeitete und ergänzte Auflage, München et al.

Stadtler, K. (1983): Die Skalierung in der empirischen Forschung – Einführung in die Methoden und Tests der Leistungsfähigkeit verschiedener Ratingskalen, hrsg. von Infratest Burke, München.

Stanley, T. L. (2003): Universal asks brands – Can we be co-creators? In: Advertising Age, Vol. 74, S. 10.

Stauss, B. (1998): Beschwerdemanagement. in: Meyer, A. (Hrsg.): Handbuch Dienstleistungsmarketing, Stuttgart, S. 1255-1271

Stauss, B. (2003): Kundenbindung durch Beschwerdemanagement. In: Bruhn M./Homburg, C. (Hrsg.): Handbuch Kundenbindungsmanagement, 4. Aufl., Wiesbaden, S. 309-336.

Stauss, B. (2004): Grundlagen und Phasen der Kundenbeziehung: Der Kundenbeziehungslebenszyklus. In: Hippner, H. / Wilde, K. (Hrsg.): Grundlagen des CRM – Konzepte und Gestaltung, Wiesbaden, S. 339-360.

Stayman, D. M. / Aaker, D. A. (1988): Are All the Effects of Ad-Induced Feelings Mediated by AAD. In: Journal of Consumer Research, Vol. 15, S. 368-373.

Steffenhagen, H. (1993): Werbeziele. In: Berndt, R. / Hermanns, A. (Hrsg.): Handbuch Marketing-Kommunikation, Strategien – Instrumente – Perspektiven, Wiesbaden, S. 285-300.

Steffenhagen, H. (1997a): Werbeziele als Instrument der Markenführung. In: Fischer, G. (Hrsg.): Marketing, Loseblatt-Ausgabe, 19. Nachlieferung, Teil B 2.5, S. 1-22.

Steffenhagen, H. (1997b): Erfolgsfaktorenforschung für die Werbung – Bisherige Ansätze und deren Beurteilung. In: Bruhn, M. / Steffenhagen, H. (Hrsg.): Markorientierte Unternehmensführung – Reflexionen, Denkanstöße, Perspektiven, Wiesbaden, S. 324-350.

Steffenhagen, H. / Siemer, S. (1996): Untaugliche Werbezielformulierungen der Praxis, In: Marketing – Zeitschrift für Forschung und Praxis, 18. Jg., Heft 1, S. 45-54.

Stehle, H. / Stehle, A. (2005): Die rechtlichen und steuerlichen Wesensmerkmale der verschiedenen Gesellschaftsformen, 19. Aufl., Stuttgart et al..

Stein, J. (2004): Automakers go Hollywood. In: Automotive News, Vol. 78, S. 42.

Steiner, M. (1993): Konstituierende Entscheidungen, in: Bitz, M. et al. (Hrsg.): Vahlens Kompendium der Betriebswirtschaftslehre, Bd. 1, 3. Aufl., München 1993, S. 115-169.

Stier, W. (1999): Empirische Forschungsmethoden, 2. Auflage, Berlin.

Stiff, J. (1986): Cognitive Processing of Persuasion Message Cues – A Meta-analytic Review of the Effects of Supporting Information on Attitudes. In: Communication Monographs, Vol. 53, S. 75-89.

Stojek, M. (2000): Customer Relationship Management - Software, Strategie, Prozess oder Konzept? In: IM – Die Fachzeitschrift für Information Management und Consulting, 15. Jg., 1/2000, S. 37-42.

Strandberg, K. W. (2003): Watch placements in high-profile movies can fuel retail sales. In: National Jeweler, Vol. 97, S. 22-23.

Stroebe, W. (1980): Grundlagen der Sozialpsychologie, Stuttgart.

Strong, E. K. (1925): The Psychology of Selling and Advertising, New York.

Süchting, J. (1995): Finanzmanagement, 6. Auflage, Wiesbaden.

Sullivan, J. L. / Feldman, S. (1979): Multiple Indicators – An Introduction, Beverly Hills.

Suvatjis, J. Y. / de Chernatony, L. (2005): Corporate Identity Modelling – A Review and Presentation of a New Multi-dimensional Model. In: Journal of Marketing Management, Vol. 21, S. 809-834.

Szymanski, D. / Bharadwaj, S. G. / Vaharadajan, P. R. (1993): Standardization versus Adaptation of International Marketing Strategy: An Empirical Investigation. In: Journal of Marketing, Vol. 57, No. 4, S. 1-17.

Szymanski, D. / Henard, D. (2001): Customer satisfaction – A meta-analysis of the empirical evidence. In: Journal of the Academy of Marketing Science, Vol. 29, S. 16-35.

Szyszka, P. (2009): Public Relations in Deutschland, Konstanz.

Taylor, H. (1995): Horses for Courses – How Survey Firms in Different Countries measure Public Opinion with Very Different Methods. In: Journal of the Market Research Society, Vol. 37, S. 211-219.

Tewes, M. (2003): Der Kundenwert im Marketing – Theoretische Hintergründe und Umsetzungsmöglichkeiten einer wert- und marktorientierten Unternehmensführung, Wiesbaden.

Thommen, J.-P. / Achleitner, A.-K. (1998): Allgemeine Betriebswirtschaftslehre, 2. Auflage, Wiesbaden.

Thommen, J.-P. / Achleitner, A.-K. (2006, 2008): Allgemeine Betriebswirtschaftslehre. Umfassende Einführung aus managementorientierter Sicht, 5., überarbeitete und erweiterte Aufl., Wiesbaden.

Thurstone, L. L. (1927): A Law of Comparative Judgement. In: Psychological Review, Vol. 34, S. 273-286.

Thurstone, L. L. / Chave, E. J. (1927): The Measurement of Attitude, Chicago.

Tietz, B. / Zentes, J. (1980): Die Werbung der Unternehmung, Reinbek.

Tietz, W. (2001): AID (Automatic Interaction Detector). In: Diller, H. (Hrsg.): Vahlens Großes Marketinglexikon, 2. Aufl., München, S. 32-34.

Till, B. D. / Nowak, L. I. (2000): Toward effective use of cause-related marketing alliances. In: Journal of Product and Brand Management, Vol. 9, Issue 7, S. 472-484.

Tomczak, T. / Sausen, K. (2003): Integrierte Marktsegmentierung. In: persönlich – Die Zeitschrift für Marketing und Unternehmensführung, Ausgabe August, S. 50-51.

Tonnemacher, J. (2003): Kommunikationspolitik in Deutschland, Stuttgart.

Töpfer, A. (2008): Betriebswirtschaftslehre: anwendungs- und prozessorientierte Grundlagen, 2. Aufl., New York.

Toporowski, W. (2009): Strategisches Beschaffungsmanagement und Vertriebsmanagement, München.

Treis, B. (1992): Grundlagen der Allgemeinen Betriebswirtschaftslehre, Göttingen.

Triandis, H. C. (1964): Cultural Influences upon Cognitive Processes. In: Advances in Experimental Social Psychology, Vol. 1, S. 2-41.

Trommsdorff, V. (1975): Die Messung von Produktimages für das Marketing – Grundlagen und Operationalisierung, Köln et al.

Trommsdorff, V. (1993): Konsumentenverhalten, 2. Auflage, Stuttgart et al.

Trommsdorff, V. / Schuster, H. (1981): Die Einstellungsforschung für die Werbung. In: Tietz, B. (Hrsg.): Die Werbung, Bd. 1, Handbuch der Kommunikations- und Werbewirtschaft, Landsberg am Lech, S. 717-765.

Tscheulin, D. / Helmig, B. (2001): Branchenspezifisches Marketing – Grundlagen, Besonderheiten, Gemeinsamkeiten, Wiesbaden.

Twardawa, W. (2007): Zwischen Premium- und Preisstrategie – Gibt es ein Überleben für die Marken in der Mitte? www.gfk.at/de.

Ulrich, P. / Fluri, E. (1995): Management – eine konzentrierte Einführung, 7. Aufl., Bern.

Unger F. / Fuchs, W. (2005): Management der Marketing-Kommunikation, Berlin.

Unkelbach, W. (1979): Marktsegmentierung im Einzelhandel – Dargestellt am Beispiel des modisch orientierten Damenoberbekleidungs-Einzelhandels, Hamburg.

Vahs, D. / Schäfer-Kunz, J. (2007): Einführung in die Betriebswirtschaftslehre, 5. Aufl., Stuttgart.

Vakratsas, D. / Ambler, T. (1999): How Advertising Works – What Do We Really Know? In: Journal of Marketing, Vol. 63, S. 26-43.

van Raaij, W. F. (1976): Consumer Choice Behavior – An Information-Processing Approach, Voorschoten.

Varadarajan, P. R. / Menon, A. (1988): Cause-Related Marketing. A Coalignment of Marketing Strategy and Corporate Philanthropy. In: Journal of Marketing, Vol. 52, Issue 3, S. 58-74.

Vaughn, R. (1980): How Advertising Works – A Planning Model. In: Journal of Advertising Research, Vol. 20, S. 27-33.

Vaughn, R. (1986): How Advertising Works – A Planning Model revisited. In: Journal of Advertising, Vol. 26, S. 57-66.

Vehlow, B. (2005): Time Budget 12: 1999 bis 2005, November 2005, http://appz.sevenone-media.de.

Vogel, M. (2004): Kaiser's Tengelmann sucht nach neuer Identität, www.lz-net.de.

von Reitzenstein, B. / Strassner, S. / Rennhak, C. (2006): Grenzen des Product Placement. In: Rennhak, C. (Hrsg.): Unternehmenskommunikation 2.0 – Neue Wege im Marketing, Stuttgart, S. 111-120.

von Rosenstiel, L. / Ewald, G. (1979): Marktpsychologie, Bd. 1, Stuttgart.

Vossebein, U. (2000): Grundlegende Bedeutung der Marktsegmentierung für das Marketing. In: Pepels, W. (Hrsg.): Marktsegmentierung. Marktnischen finden und besetzen, Heidelberg, S. 19-46.

Vranica, S. (2004): Product Placement Sheds it's Cozy Trappings. In: Wall Street Journal, Sep. 23, S. B1.

Wagner, H. / Teege, G. / Baumann, D. (2001): Digital Brand Management: Erfolgreiches Markenmanagement im Internet-Zeitalter. In: Riekhof, H.-C. (Hrsg.): E-Branding-Strategien, Wiesbaden.

Wand, Y. / Wang, R. (1996): Anchoring Data Quality Dimensions in Ontological Foundations. In: Communications of the ACM, 39. Jg., 11/1996, S. 86-95.

Wang, R. (1998): A Product Perspective on Total Data Quality Management. In: Communications of the ACM, 41. Jg., 2/1998, S. 59-65.

Wang, R. / Strong, D. (1996): Beyond Accuracy: What Data Quality Means to Data Consumers. In: Journal of Management Information Systems, 12. Jg., 4/1996, S. 5-33.

Webb, N. / Wybrow, B. (1987): Henry Durant – Trailblazer. In: Journal of the Market Research Society, Vol. 29, S. 385-390.

Weber, A. (1914): Industrielle Standortlehre, Tübingen.

Wedel, M. / Vriens, M. / Bijmolt, T. H. A. / Krijnen, W. / Leeflang, P. S. H. (1998): Assessing the Effects of Abstract Attributes and Brand Familiarity in Conjoint Choice Experiments. In: International Journal of Research in Marketing, Vol. 15, S. 71-78.

Wegener, B. (1983): Wer skaliert? Die Messfehler-Testtheorie und die Frage nach dem Akteur. In: ZUMA – Zentrum für Umfragen, Methoden und Analysen (Hrsg.): ZUMA-Handbuch Sozialwissenschaftlicher Skalen, Mannheim, Bonn, S. 1-110.

Wegmann, C. (2000): eServices-Marketing. Grundlagen und Besonderheiten des Dienstleistungsmarketing von eServices, Ingolstadt.

Wehrle, F. (1984): Strategische Marketingplanung in Warenhäusern, 2. Aufl., Frankfurt u. a.

Weinberg, P. (1981): Das Entscheidungsverhalten der Konsumenten, Paderborn et al.

Weinberger, A. (2010): Corporate Identity – Großer Auftritt für kleine Unternehmen, München.

Wells, W. D. (1964): EQ, Son of EQ, and the Reaction Profile. In: Journal of Marketing, Vol. 28, S. 45-49.

Wells, W. D. / Gubar, G. (1966): Life Cycle Concept in Marketing Research. In: Journal of Marketing Research 1966, S. 355-363.

Werle, K. (2005): Aldi trifft Gucci. In: Manager Magazin 1/2005, S. 96-102.

Wertheimer, M. (1957): Produktives Denken, Frankfurt/Main.

Wessel, A. (2007): Vollsortimenter bangen um ihr Image. In: Lebensmittelzeitung, Nr. 9, S. 4.

Wessells, M. G. (1982): Cognitive Psychology, New York et al.

Wiechmann, U. E. (1976): Marketing Management in Multinational Firms: The Consumer Packed Industry, New York.

Wiedmann, K.-P. / Langner, S. (2006): Open-Source-Marketing – Ein schlafender Riese erwacht. In: Lutterbeck, B. / Bärwolf, M. (Hrsg.): Open Source Jahrbuch 2006, Berlin, S. 139-150.

Wilkie, W. L. (1974): Analysis of Effects of Information Load. In: Journal of Marketing Research, Vol. 11, No. 4, S. 462-466.

Wilkie, W. L. (1994): Consumer Behavior, 3. Auflage, New York.

Wilkie, W. L. / Pessemier, E. A. (1973): Issues in Marketing's Use of Multi-Attribute Attitude Models. In: Journal of Marketing Research, Vol. 10, S. 428-441.

Wimmer, F. / Roleff, R. (1998): Steuerung der Kundenzufriedenheit bei Dienstleistungen. In: Meyer, A. (Hrsg.), Handbuch Dienstleistungsmarketing, Stuttgart, S. 1241-1254.

Wind, Y. / Green, P. E. (1974): Some Conceptual, Measurement and Analytical Problems in Life Style Research. In: Wells, W. D. (Hrsg.): Life Style and Psychographics, Chicago/Illinois 1974, S. 99-126.

Winkelmann, P. (2008): Vertriebskonzeption und Vertriebssteuerung – Die Instrumente des integrierten Kundenmanagements, München.

Witt, M. (2000): Kunstsponsoring. Gestaltungsdimensionen, Wirkungsweise und Wirkungsmessung, Reihe KulturKommerz, Band 6, Berlin.

Witte, E. (1995): Liquidität. In: Gerke, W. / Steiner, M. (Hrsg.): Handwörterbuch des Bank- und Finanzwesens, 2. Auflage, Stuttgart, Sp. 1381–1387.

Wöhe, G. / Bilstein, J. (2002): Grundzüge der Unternehmensfinanzierung, 9. überarbeitete und erweiterte Auflage, München.

Wöhe, G. (2010): Einführung in die Allgemeine Betriebswirtschaftslehre, 24. Aufl., München.

Wolfe, H. D. / Brown, J. K. / Thompson, G. C. (1962): Measuring Advertising Results, New York.

Wright, P. L. (1973): The Cognitive Processes Mediating Acceptance of Advertising. In: Journal of Marketing Research, Vol. 10, S. 53-62.

Wright, P. L. (1974): The Harassed Decision Maker – Time Pressures, Distractions, and the Use of Evidence. In: Journal of Applied Psychology, Vol. 59, S. 555-561.

Wünschmann, S. / Leuteritz, A. / Johne, U. (2004): Erfolgsfaktoren des Sponsoring – Ergebnisse einer empirischen Studie. In: Dresdner Beiträge zur Betriebswirtschaftslehre der Technischen Universität Dresden, Nr. 90/04.

Yang, M. / Roskos-Ewoldsen, D. (2007): The Effectiveness of Brand Placements in the Movies – Levels of Placement, Explicit and Implicit Memory, and Brand-Choice Behaviour. In: Journal of Communication, Vol. 57, S. 469-488.

Yankelovich Partners (2004): Consumer Resistance Study 2004, Chapel Hill.Wilbur K. (2008): How the digital video recorder (DVR) changes tradtional television advertising. In: Journal of Advertising, Vol. 37/1, S. 147-149.

Zaichkowsky, J. L. (1985): Measuring the Involvement Construct. In: Journal of Consumer Research, Vol. 12, S. 341-352.

Zaichkowsky, J. L. (1987): The Emotional Aspect of Product Involvement. In: Advances in Consumer Research, Vol. 14, S. 32-35.

Zajonc, R. B. (1980a): Feeling and Thinking – Preferences Need No Inferences. In: American Psychologist, Vol. 35, S. 151-175.

Zajonc, R. B. (1980b): Cognition and Social Cognition – an Historical Perspective. In: Festinger, L. (Hrsg.): Four Decades of Social Psychology, Oxford, S. 1-42.

Zajonc, R. B. (1984): On the Primacy of Affect. In: American Psychologist, Vol. 39, S. 117-123.

Zajonc, R. B. (19869: Basic Mechanisms of Preference Formation. In: Peterson, R. A. / Hoyer, W. D. / Wilson, W. R. (Hrsg.): The Role of Affect in Consumer Behavior – Emerging Theories and Applications, Lexington, S. 1-16.

Zajonc, R. B./Markus H. (1982): Affective and Cognitive Factors in Preferences. In: Journal of Consumer Research, Vol. 9, S. 123-131.

Zaltman, G. / Angelmar, C. R. A. / Angelmar, R. (1973): Metatheory and Consumer Research, New York.

Zanger, C. (2001): Eventmarketing. In: Tscheulin, D. / Helmig, B. (Hrsg.): Branchenspezifische Besonderheiten des Marketing, Stuttgart, S. 833-853.

Zanger, C. / Drengner, J. (2004): Eventreport 2003 – Eine Trendanalyse des deutschen Eventmarktes und dessen Dynamik, Chemnitz.

Zanger, C. / Sistenich, F. (1996): Eventmarketing. In: Marketing ZfP, 18. Jg., Nr. 4, S. 233-240.

Zehm, A. (2006): Die neue Dynamik der Bio-Branche – Chancen und Herausforderungen, http://idw-online.de.

Zeithaml, V. / Parasuraman, A. / Berry, L. (1992): Qualitätsservice, Frankfurt/Main.

Zeller, R. A. / Carmines, E. G. (1980): Measurement in the Social Sciences – The Link between Theory and Data, Cambridge.

Zellner, G. (2002): Beziehungsmanagement im Fokus – Ergebnisse einer empirischen Untersuchung. In: Berichte der Universität St. Gallen, S. 1-23.

Zentes, J. / Swoboda, B. / Schramm-Klein, H. (2006): Internationales Marketing, München.

Zentes, J. (1988): Grundbegriffe des Marketing, Stuttgart.

Zipfel, A. (2009): Wirkung von Product Placement. In: Gröppel-Klein, A. / Germelmann, C. (Hrsg.): Medien im Marketing – Optionen der Unternehmenskommunikation, Wiesbaden, S. 151-174.

Stichwortverzeichnis

Rico Baldegger / Pierre-André Julien

Regionales Unternehmertum

Ein interdisziplinärer Ansatz
2011. 350 S., Br. EUR 39,95
ISBN 978-3-8349-2630-2

Jörg Fischer / Florian Pfeffel

**Systematische Problemlösung
in Unternehmen**

Ein Ansatz zur strukturierten Analyse
und Lösungsentwicklung
2010. 341 S., Br. EUR 34,95
ISBN 978-3-8349-0776-9

Swetlana Franken

Verhaltensorientierte Führung

Handeln, Lernen und Diversity
in Unternehmen
3. überarb. u. erw. Aufl. 2010. XII, 355 S.,
Br. EUR 32,95 ISBN 978-3-8349-2232-8

Jörg Freiling / Martin Reckenfelderbäumer

Markt und Unternehmung

Eine marktorientierte Einführung
in die Betriebswirtschaftslehre
3., überarb. u. erw. Aufl. 2010. XXVIII, 492 S.,
Br. EUR 36,90 ISBN 978-3-8349-1710-2

Urs Fueglistaller / Christoph Müller /
Thierry Volery

Entrepreneurship

Modelle - Umsetzung - Perspektiven
Mit Fallbeispielen aus Deutschland,
Österreich und der Schweiz
2. überarb. u. erw. Aufl. 2008. XXVI, 512 S.,
Br. EUR 39,90 ISBN 978-3-8349-0729-5

Asmus J. Hintz

**Erfolgreiche Mitarbeiterführung
durch soziale Kompetenz**

Eine praxisbezogene Anleitung
2011. 373 S., Br. EUR 39,95
ISBN 978-3-8349-2441-4

Harald Hungenberg

Strategisches Management in Unternehmen

Ziele - Prozesse - Verfahren
6., überarb. u. erw. Aufl. 2010. XXVI, 605 S.,
Br. EUR 46,95 ISBN 978-3-8349-2546-6

Hartmut Kreikebaum / Dirk Ulrich Gilbert /
Glenn O. Reinhardt

**Organisationsmanagement
internationaler Unternehmen**

Grundlagen und moderne Netzwerkstrukturen
2., vollst. überarb. u. erw. Aufl. 2002. XVI, 243 S.,
Br. EUR 34,95 ISBN 978-3-409-23147-3

Klaus Macharzina / Joachim Wolf

Unternehmensführung

Das internationale Managementwissen
Konzepte – Methoden – Praxis
7., vollst. überarb. u. erw. Aufl. 2010.
XXXIX, 1.181 S., Geb. EUR 59,95
ISBN 978-3-8349-2214-4

Klaus North

Wissensorientierte Unternehmensführung

Wertschöpfung durch Wissen
5., akt. u. erw. Aufl. 2010. XII, 378 S.,
Br. EUR 49,95 ISBN 978-3-8349-2538-1

Götz Schmidt

Einführung in die Organisation

Modelle – Verfahren – Techniken
2., akt. Aufl. 2002. X, 179 S., Br. EUR 39,95
ISBN 978-3-409-21504-6

Änderungen vorbehalten. Stand: Februar 2011.
Erhältlich im Buchhandel oder beim Verlag

Gabler Verlag . Abraham-Lincoln-Str. 46 . 65189 Wiesbaden . www.gabler.de

Management / Unternehmensführung / Organisation ↗

Georg Schreyögg

Organisation

Grundlagen moderner
Organisationsgestaltung
Mit Fallstudien
5., vollst. überarb. u. erw. Aufl. 2008.
XII, 516 S., Br. EUR 36,90
ISBN 978-3-8349-0703-5

Georg Schreyögg / Jochen Koch

Grundlagen des Managements

Basiswissen für Studium und Praxis
2., überarb. u. erw. Aufl. 2010. XIV, 496 S.,
Br. EUR 26,95
ISBN 978-3-8349-1589-4

Albrecht Söllner

**Einführung in das Internationale
Management**

Eine institutionenökonomische Perspektive
2008. XXII, 487 S., Br. EUR 42,95
ISBN 978-3-8349-0404-1

Claus Steinle

Ganzheitliches Management

Eine mehrdimensionale Sichtweise
integrierter Unternehmungsführung
2005. XL, 910 S., Geb. EUR 54,95
ISBN 978-3-8349-0059-3

Horst Steinmann / Georg Schreyögg

Management

Grundlagen der Unternehmensführung
Konzepte – Funktionen – Fallstudien
6., vollst. überarb. Aufl. 2005.
XX, 952 S., Geb. EUR 44,90
ISBN 978-3-409-63312-3

Christine K. Volkmann / Kim Oliver Tokarski /
Marc Grünhagen

Entrepreneurship in a European Perspective

Concepts for the Creation and Growth
of New Ventures
2010. XXII, 499 S., Br. EUR 42,95
ISBN 978-3-8349-2067-6

Martin K. Welge / Andreas Al-Laham

Strategisches Management

Grundlagen – Prozess –
Implementierung
5., vollst. überarb. Aufl. 2008.
XXVIII, 1025 S., Geb. EUR 57,95
ISBN 978-3-8349-0313-6

Axel v. Werder

Führungsorganisation

Grundlagen der Corporate Governance,
Spitzen- und Leitungsorganisation
2., akt. u. erw. Aufl. 2008. XXVIII, 445 S.,
Br. EUR 47,95
ISBN 978-3-8349-0678-6

Joachim Wolf

**Organisation, Management,
Unternehmensführung**

Theorien, Praxisbeispiele und Kritik
4., vollst. überarb. u. erw. Aufl. 2010.
XXVIII, 712 S., Br. EUR 46,95
ISBN 978-3-8349-2628-9

Kerstin Wüstner

Arbeitswelt und Organisation

Ein interdisziplinärer Ansatz
2006. X, 280 S., Br. EUR 34,95
ISBN 978-3-8349-0144-6

Änderungen vorbehalten. Stand: Februar 2011.
Erhältlich im Buchhandel oder beim Verlag

Gabler Verlag . Abraham-Lincoln-Str. 46 . 65189 Wiesbaden . www.gabler.de